编 委 会

高校强基计划物理教程

力 学

■ 邓靖武　肖址敏　主编

中国科学技术大学出版社

内 容 简 介

本书以高中物理力学内容为起点，通过适度课外延伸、核心问题讨论及分层次练习，帮助学生提升物理学科素养。具体内容包括物体的运动、物体的受力、物体受力与运动状态的改变、功和能、动量和角动量、振动和波动，不仅涵盖了高中物理力学的核心知识与典型问题，拓展了与刚体相关的力学内容，还融入了大量近年的自主招生与强基计划试题。书中对学习力学所需的相关数学知识也进行了必要的补充，符合读者的知识掌握规律。

本书适合高中阶段有志于备考强基计划、突破高考压轴题和构建中学生物理竞赛知识体系的学生使用。对于高一和高二学生，本书能帮助他们拓展课堂内的知识和方法；对于高三学生，本书能协助他们高效地提升相应考试的应试能力与技巧。此外，本书也可以作为相关教师的重要教学参考用书。

图书在版编目(CIP)数据

高校强基计划物理教程. 力学/邓靖武，肖址敏主编. —合肥：中国科学技术大学出版社，2022.1(2024.10 重印)

ISBN 978-7-312-05344-3

Ⅰ. 高…　Ⅱ. ①邓…②肖…　Ⅲ. 力学—高等学校—教材　Ⅳ. O4

中国版本图书馆 CIP 数据核字(2021)第 240352 号

高校强基计划物理教程 · 力学

GAOXIAO QIANGJI JIHUA WULI JIAOCHENG · LIXUE

出版　中国科学技术大学出版社
安徽省合肥市金寨路 96 号，230026
http://press.ustc.edu.cn
https://zgkxjsdxcbs.tmall.com

印刷　合肥市宏基印刷有限公司

发行　中国科学技术大学出版社

开本　787 mm×1092 mm　1/16

印张　28

字数　699 千

版次　2022 年 1 月第 1 版

印次　2024 年 10 月第 4 次印刷

定价　78.00 元

序

新中国成立初期，我国科技非常落后，为了赶上发达国家，最好的办法就是快速学习先进科技，然后再将其投入生产实际，改善人民生活。经过 70 多年的不懈努力，尤其是改革开放以来，通过不断学习先进科技和自主创新，我国在盾构机、高铁、桥梁、航天、核能等诸多领域已处于国际先进水平。随着新发展阶段的到来，我国虽然已经在电子商务、超高压输电、光伏发电等领域达到世界领先水平，但在高端芯片与软件、智能科技、新材料、先进制造和国家安全等关键领域仍然有诸多瓶颈有待突破。这就对新时代的科技和教育提出了新的要求：需要加强基础学科人才培养，取得原创性突破。

2020 年教育部发布了《教育部关于在部分高校开展基础学科招生改革试点工作的意见》的文件，该文件指出："强基计划"主要选拔培养有志于服务国家重大战略需求且综合素质优秀或基础学科拔尖的学生，重点在数学、物理、化学、生物等相关专业招生，致力于为国家经济社会发展培养紧缺的高层次人才。针对"强基计划"，从高校层面来看，相关高校已经进行了招生制度改革和培养方式的设计；从中学层面来看，不少学校也在积极面向"强基计划"进行资优生的培养。

我在高校物理教学与优秀中学生的培养方面有一些经历与经验。我于 2005 年从北京大学物理学院获得理论物理博士学位，之后留校承担教学工作，长期讲授热学、普通物理、演示物理学等课程。同时我也多次带队参加了国际物理奥林匹克竞赛(IPhO)，接触了不少优秀的物理竞赛学生。多年来，我一直在思考物理教学相关问题，研究物理认知规律，并创建了 ETA 物理认知模型，将物理认知规律模型化为实验认知(E)、理论认知(T)、应用认知(A)三个模式，并提出了 ETA 物理教学法，帮助学生深刻理解物理学知识，构建科学认知模型，训练科学方法，养成科学精神，这三者共同构成了科学认知能力。从科学认知的角度分析，国家提出的"强基计划"人才战略，其目标就是培养能看清未来国家科技发展方向的探索型创新人才，而这种人才的核心能力就是科学认知能力。

《高校强基计划物理教程》正是一套响应国家人才战略号召、注重科学认知能力培养的好书。这套书呈现了如下几个特点。

在例题呈现方式上，通过带领学生研究并解决与实际生活相关联的问题来帮助学生深刻理解物理学知识，提升其认知能力。比如，力学篇 1.1 节的例题 3 以"物理竞赛班的同学来到颐和园春游，每位同学各驾一只船在宽广而平静的昆明湖中游玩"这样的实际情景为背景，设置了四大问题，从简单到复杂，层层递进，详细地讨论了在不同的参考系中运动学量如何转化的问题。这四大问题虽然由独立的4道题目改编而来，但将其编制在一起，便形成了有情境、有逻辑、有层次的问题系列，对知识的探究逐步深入，符合学生的认知规律。

在数学知识的应用上，这套书将数学工具融入物理学习过程中，努力让数学工具顺利服务于物理学习。物理中需要用到许多数学知识，一般书籍的处理方式是把这些公式作为附录部分罗列在书籍的最后，供学生查阅。但从多年的教学实践情况来看，学生往往会被一大堆抽象的数学工具吓退，去查阅公式继续学习的学生并不多，导致罗列的数学工具的使用率并不高。我注意到，这套书把各节需要用到的数学知识直接写进了正文部分，有些数学工具结合物理知识单独成节进行介绍，如《力学》第1章中把求导法研究物体的运动和积分法研究物体的运动分别作为两节写进了正文，结合物理来讲解求导和积分，从认知角度来看更加自然合理。

在内容的安排上，遵循认知规律，由简到难，既做到重点突出，又将难点分散。比如，刚体是教学中的一个难点，也是物理学中的重要模型，不管是高中竞赛书籍还是大学书籍，大部分都是把刚体作为一章独立出来系统地介绍。但是，《力学》在第1章的圆周运动中，讲解了刚体的平面平行运动等运动学问题；在第2章的平衡中，讨论了刚体的力矩平衡等问题；在第3章的动力学中，应用了刚体的转动定理；在第4章的能量中，计算了刚体的转动动能；在第5章的角动量中，拓展了刚体碰撞；在第6章的简谐运动中，研究了刚体的振动。这样处理的好处就是化解了难点，使学生易于接受。再比如，对天体运动也采用了类似的处理方式，在第3～6章都有部分介绍，逐渐加大难度，使学生的能力螺旋式上升到最高。

物理认知模型、物理方法和物理精神构成了物理学家认知能力的核心，也就是物理文化。物理教育本质上就是传承这种文化。物理文化代表的是人类对未知对象的有效探索能力，也是国家未来发展需要的核心能力。资优生的培养关系到国家与民族的发展，以科学的认知方式来培养显得更为重要。如果能让物理文化植根于每个学生乃至每个公民的心中，显然对整个国家和民族的进步都有巨大的意义。

穆良柱
北京大学物理学院
2021年12月

前　　言

2020 年，教育部发布了《教育部关于在部分高校开展基础学科招生改革试点工作的意见》，决定自 2020 年起，在部分高校开展基础学科招生改革试点，也称“强基计划”。“强基计划”是高校人才选拔培养迎来的一次重大变革，集中体现了新高考的改革方向。

在多数试点高校的选拔中，物理是重要的选拔科目。为了帮助广大优秀学子提升物理学科能力、助力名校“强基计划”的准备，北京教育学院组织北京知名高中的物理竞赛教练、强基计划辅导教师编写了这套《高校强基计划物理教程》。本教程分三册，分别为力学、电磁学及热学、光学、近代物理。本册为力学篇。本册以高中物理力学内容为起点，通过适度课外延伸、核心问题讨论及分层次练习，帮助学生提升物理学科能力。具体内容包括物体的运动、物体的受力、物体受力与运动状态的改变、功和能、动量和角动量、振动和波动，不仅涵盖了物理学中力学部分的核心知识与典型问题，拓展了与刚体相关的力学内容，而且融入了大量近年的自主招生与“强基计划”试题。书中对学习所需的相关数学知识也进行了必要的补充，符合读者的知识掌握规律。

本书在编写过程中注重学科思维的引导与学生能力的提升。思维的发展与能力的提升是学好物理、应对学科挑战的不变法则。本书整体框架的搭建遵循了物理学科的内在规律，在章节的设计上也作了精心的考虑，每一节包含“课外知识延伸”“核心问题讨论”和“习题实战演练”三个板块。其中，“核心问题讨论”是引导读者深刻理解各节核心物理问题的精华所在。“核心问题讨论”以问题解读 + 例题的形式帮助读者掌握核心思想方法。值得一提的是，在每一道例题的呈现中，不仅给出解答，在解答的前后还有“分析”与“点拨”，这是引导读者思考和螺旋式提升思维的关键内容。相信通过“核心问题讨论”的学习，读者能对相应的内容有更进一步的理解与掌握。

本书在编写过程中关注学习的起点与层次的差异。本书以高中物理课内知识为起点，在每一节开始就提供了必要的“课外知识延伸”，既实现了与课内学习的对接，也有效拓展了学习的广度与深度。同时，本书在例题和习题的选择上注重选题的基础性与层次性，特别是在“习题实战演练”中将习题分为“基础练习”与“提高练习”，满足不同起点的读者学习需求。在知识结构层面上，本书特别注重难点分散，让读者逐渐化解难点。例如，刚体力学是学习的难点，本书并没有将其独立成章，而是先在第 1 章和第 2 章中分别介绍刚体的运动学和刚体的转动平衡，作为刚体力学的基础内容；然后在第 3 章和第 4 章中分别引入刚体的转动定律和刚体的转动动能，作为刚体力学的延伸；最后在第 5 章和第 6 章中上升到刚体的碰撞和刚体的摆动，作为刚体力学的综合总结。

本书在编写过程中充分地考虑了学习内容的实效性与及时性。本书编写团队成员均为具有丰富经验的一线教师，他们正在辅导备战“强基计划”的优秀学子。因此，本书能够在课外知识、核心问题、例题与习题的选择上注重实效性，抓住关键内容、本质问题、经典练习。同时，团队也选择了不少近年来的名校自主招生和“强基计划”选拔的真题，确保了学习内容的及时性。

本书的编写团队成员均来自北京知名高中学校，具有丰富的“强基计划”（自主招生）和竞赛辅导经验，其学生曾获得优异的成绩。按照章节编写顺序，他们分别是肖址敏（北京市十一学校）、黎周（北京市第八中学）、王朝祥（北京市第八十中学）、詹凯（首都师范大学附属中学）、吴滨（北京市第一〇一中学）、王军（北京市第四中学）、赵子龙（中国人民大学附属中学）、俞鹏（清华大学附属中学）、邓峰（北京理工大学附属中学）。作为团队的负责人，邓靖武具有多年物理竞赛和自主招生、“强基计划”辅导经验，所带的学生在第31届全国中学生物理竞赛中获得5枚金牌、2枚银牌，其中4人入选国家集训队，1人最终获得国际金牌。2015年所带的26名物理竞赛学生中有17人顺利升入北京大学、清华大学两所高校。

本书适合高中阶段有志于备考“强基计划”、突破“高考压轴题”和构建“中学生物理竞赛知识体系”的学生使用。对于高一和高二学生，本书能帮助他们拓展课堂内的知识和方法；对于高三学生，本书能协助他们高效地提升相应考试的应试能力与技巧。此外，本书也可以作为相关教师的重要教学参考用书。

在本书的编写过程中，我们得到了北京教育学院科学教育创新平台的支持，也得到了许多老师的指导与帮助，他们是清华大学王青教授、北京大学穆良柱教授、北京教育学院冯华教授和张芳副教授等。我们还得到了北京物理学会李子恒副理事长的关心与指导。中国科学技术大学出版社为本书的出版做了大量工作。在此一并表示衷心的感谢！

由于时间仓促与编者水平有限，书中难免会有不足与疏漏之处，恳请各位读者批评指正！

邓靖武
北京教育学院
2021年10月

目　　录

第 1 章　物体的运动

要精确地描述和研究一个物体的实际运动是比较复杂的,比如足球在足球场上的滚动,其运动形式包括:足球的球心在运动,足球绕着过球心的轴在转动,过球心的轴也可能发生转动,还有足球在运动过程中可能发生形变等。为了便于研究,通常需要将物体作适当简化,比如将物体看成质点、刚体(形状不发生变化的物体)、不可伸长的绳等。当然,即使把物体简化成质点或刚体等理想模型,物体的运动形式也可能很复杂。

我们研究问题往往从简单情形入手,试着将复杂问题转化为简单问题来处理。我们对运动的研究即是如此:先研究直线运动,再研究曲线运动。在多种曲线运动中,我们也是从简单情形入手,先研究平抛运动和斜抛运动,再研究圆周运动,最后研究一般的曲线运动。而对于一般的曲线运动的研究,我们可以把它分解成多个直线运动,也可以把它看成很多个圆周半径不同的圆运动,甚至可以采用更高级的数学工具,比如极坐标系、自然坐标系。

要研究更复杂的运动,往往需要较多的数学知识。比如,正余弦定理、三角函数间的相互转化、等差数列和等比数列的基础知识、微积分的简单应用、极坐标系和自然坐标系等。因此,本章将补充一部分运动研究中经常用到的数学知识。当然,本章也涉及多种处理物理问题的科学思想方法,如微元法、等效替代法、化曲为直的方法、极限思想等。

本章的内容分为 7 节,包括相对运动、极限与微元、应用导数研究运动、应用积分研究运动、抛体运动、圆周运动、关联运动。无论从数学知识层面还是科学思想方法层面,通过本章的学习都将会为后面章节的学习打下坚实的基础。

1.1　相 对 运 动

课外知识延伸

1. 参考系

要描述物体的运动,需要选取参照物;要定量研究物体的运动,常常在参照物上建立坐标系。参照物和坐标系这个整体称为参考系。物理学中,在参照物上建立的坐标系常常包括直角坐标系(包括平面直角坐标系和空间直角坐标系)、球坐标系、柱坐标系、极坐标系和自然坐标系。

参考系可分为惯性参考系和非惯性参考系。惯性参考系简称惯性系，它是指相对于地面静止或做匀速直线运动的物体，例如在地面上匀速行驶的汽车。非惯性参考系简称非惯性系，它是指相对于地面做变速运动的物体，例如加速直线运动的汽车、旋转的转盘等。严格地说，实际生活中惯性系是不存在的，连地面也只是一个近似的惯性系。参考系还可分为平动参考系和转动参考系，转动参考系相对复杂，本章中只涉及平动参考系。

2. 矢量加减运算

矢量相加满足关系：

$$\boldsymbol{A} + \boldsymbol{B} = \boldsymbol{B} + \boldsymbol{A} = \boldsymbol{C}$$

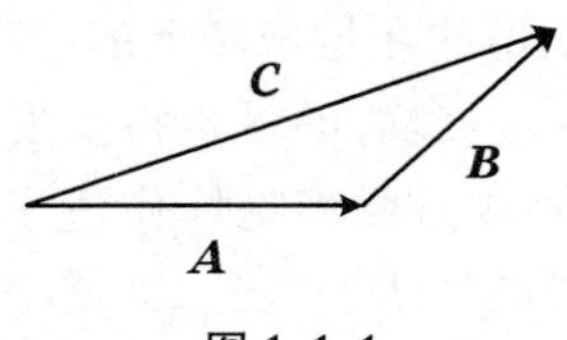

图 1.1.1

矢量相加满足三角形定则，如图 1.1.1 所示。

矢量相减满足关系：

$$\boldsymbol{C} - \boldsymbol{A} = \boldsymbol{C} + (-\boldsymbol{A}) = \boldsymbol{B}$$

将矢量 $\boldsymbol{C}$、$\boldsymbol{A}$ 的起点放在一起，结果指向被减数。

3. 参考系转化

在不同的参考系中观察同一物体的运动，其结果可能是不同的，但是它们之间可以转化，转化关系为

$$\boldsymbol{x}_{A\to C} = \boldsymbol{x}_{A\to B} + \boldsymbol{x}_{B\to C}, \quad \boldsymbol{v}_{A\to C} = \boldsymbol{v}_{A\to B} + \boldsymbol{v}_{B\to C}, \quad \boldsymbol{a}_{A\to C} = \boldsymbol{a}_{A\to B} + \boldsymbol{a}_{B\to C}$$

以速度为例，介绍角标的意义：$\boldsymbol{v}_{A\to C}$、$\boldsymbol{v}_{A\to B}$、$\boldsymbol{v}_{B\to C}$分别指 A 相对于 C 的速度、A 相对于 B 的速度、B 相对于 C 的速度。若选取的 C 是地面，则 $\boldsymbol{v}_{A\to 地}$、$\boldsymbol{v}_{A\to B}$ 和 $\boldsymbol{v}_{B\to 地}$ 常常称为绝对速度、相对速度、牵连速度。

1. 如何选择合适的参考系?

在研究物体的运动时，参考系可以任意选取。选取不同的参考系，物体运动的情况往往不同，运动的复杂程度也不同，当我们选择合适的参考系时物体的运动可以变得很简单。通常情况下，当两个物体都在运动时，选择其中一个物体作为参考系，会使问题简化。

例题 1　某人乘船逆流而上，在 A 处不小心使一只水壶掉入水中，水壶立刻和水有相同的速度在水面漂流。船又前行了 $t_1 = 15$ min 他才发现此事，于是他立即掉头返回寻找水壶，结果在离 A 处 $s = 3$ km 的 B 处找到了水壶。已知水流速度大小 v_1、船相对于水的速度大小 v_2 始终不变，忽略船掉头需要的时间，求：

(1) 返回寻找水壶的时间 t_2；

(2) 水流的速度大小 v_1；

(3) 船相对于水的速度大小 v_2 的取值范围。

分析　我们习惯上以地面为参考系，如果选取地面为参考系，则水壶的速度与水流的速度是相同的，船顺流和逆流的速度是不同的，船顺流时的速度大小是船速大小 v_2 与水速大小 v_1 的和，船逆流时的速度是船速大小 v_2 与水速大小 v_1 的差。可以画出整个过程中船和

水壶的空间关系，根据空间关系列出相应的方程求解。对于本题，若以水流为参考系，则水壶相对于水流始终静止，船相对于水流的速度大小也不变，水壶和船的运动都比较简单。根据以上分析，本题可以有两种解法求解 t_2，其一是以地面为参考系，其二是以水流为参考系。

解　(1) 解法一

以地面为参考系，从水壶落水到发现的过程中，水壶以速度 v_1 往下游运动了 v_1t_1，船以速度 v_2-v_1 往上游运动了 $(v_2-v_1)t_1$；从发现到找到水壶的过程中，水壶以速度 v_1 往下游运动了 v_1t_2，船以速度 v_2+v_1 往下游运动了 $(v_2+v_1)t_2$，如图 1.1.2 所示。有

$$v_1t_1+v_1t_2=(v_1+v_2)t_2-(v_2-v_1)t_1$$

代入数据，解得

$$t_2=t_1=15\ \text{min}$$

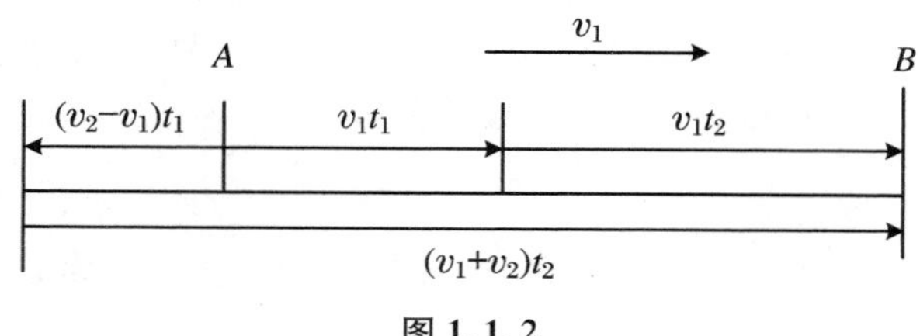

图 1.1.2

解法二

以水流为参考系，从水壶落水到发现的过程中，水壶相对于水流静止，船相对于水流以速度 v_2 往上游运动了 v_2t_1；从发现到找到水壶的过程中，水壶相对于水流静止，船相对于水流以速度 v_2 往下游运动了 v_2t_2，如图 1.1.3 所示。有

$$v_2t_1=v_2t_2$$

代入数据，解得

$$t_2=t_1=15\ \text{min}$$

v_2t_1

v_2t_2

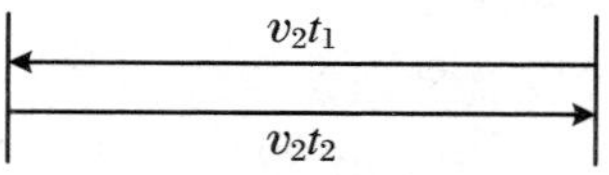

图 1.1.3

(2) 根据上问的求解可知，水从 A 处流向 B 处所用时间为 $t=t_1+t_2=2t_1=30\ \text{min}$。又知 A 和 B 的距离为 $s=3\ \text{km}$，所以水流速度为

$$v_1=\frac{s}{t}=\frac{s}{2t_1}=6\ \text{km/h}$$

(3) 从(1)问中的解法一和解法二都可以看出，船相对于水的速度大小 v_2 的具体值与本题无关，只需满足题目的要求——船可以逆流而上，所以 $v_2>v_1=6\ \text{km/h}$。

点拨　(1) 通过本题的求解，可以发现：在研究物体的运动时，虽然参考系可以任意选取，但是参考系的选取决定了解题的难易程度。如本题中以水流为参考系，船的运动变得非常简单，逆流和顺流行驶的速度大小一样，所以时间相等。

(2) 若 $v_2\leqslant v_1$，虽然船不能逆流而上，但是船返回追上水壶的时间 t_2 还是等于 t_1。所以，若无“船可以逆流而上”的要求，则(3)问中 v_2 可取任意值。

例题 2　某航空母舰上的战斗机起飞过程的最大加速度是 $a=5.0\ \text{m/s}^2$，相对于地面的速度须达到 $v_m=50\ \text{m/s}$ 才能安全起飞。航母的甲板长度为 $L=160\ \text{m}$，飞机起飞可看成匀

加速直线运动，且对航母的状态没有影响。

(1) 为使飞机能安全起飞，航空母舰以一定的速度沿直线航行，求航母的最小速度 v_1。

(2) 若航母静止在海面上，为使飞机能安全起飞，航母上一弹射装置需给飞机一初速度，设飞机瞬间获得该初速度，求弹射装置给飞机的初速度的最小值 v_2。

(3) 设在(1)问中飞机相对于地面加速的距离为 x_1，在(2)问中飞机相对于地面加速的距离为 x_2，比较 x_1 和 x_2 之间的大小关系。

(4) 比较 v_1 和 v_2 之间的大小关系，并结合(3)问的结果解释 v_1 和 v_2 为什么存在这样的大小关系。

分析 对于(1)问，若以海面为参考系，航母在运动，飞机也在运动，根据两者运动的位移关系可列出 v_1 应该满足的方程，从而解出 v_1；若以航母为参考系，飞机相对于航母做初速度为0、加速度为 a 的匀加速直线运动，根据匀变速直线运动的规律也可求出 v_1。另外，根据匀变速直线运动的规律可以快速求出 v_2，可以发现 v_1 和 v_2 是不同的。v_1 与 v_2 之所以不同，是因为飞机相对于地面加速的距离 x_1 和 x_2 不同。

解 (1) 解法一

以海面为参考系，飞机的位移 $v_1t+\frac{1}{2}at^2$ 比航母的位移 v_1t 多L，所以有

$$\begin{cases} v_1t+\frac{1}{2}at^2-v_1t=L \\ v_1+at=v_m \end{cases}$$

解得 $v_1=10\ \mathrm{m/s}$。

解法二

以航母为参考系，飞机的初速度为零，末速度为 v_m-v_1，加速度 $a'=a=5.0\ \mathrm{m/s^2}$，位移 $s'=L=160\ \mathrm{m}$，根据运动学关系，有

$$(v_m-v_1)^2-0=2a's'$$

解得 $v_1=10\ \mathrm{m/s}$。

(2) 根据运动学关系，有

$$v_m^2-v_2^2=2aL$$

代入数据，解得

$$v_2=\sqrt{v_m^2-2aL}=30\ \mathrm{m/s}$$

(3) 若航母运动，飞机相对于航母运动了 L，飞机相对于地面运动的距离 $x_1>L$；若航母不动，飞机相对于地面运动的距离 $x_2=L$。所以 $x_1>x_2$。

(4) 通过(1)问和(2)问的求解，我们可以看到 $v_1<v_2$。之所以存在这样的大小关系，是因为以海面为参考系，在两种情况下飞机的末速度相同，但是当航母运动时飞机的实际加速距离大于 L，所以初速度就变小了。

点拨 位移、速度和加速度满足的运动学规律都应该是相对于同一个参考系而言的。当应用运动学规律解题时，应该把这些量转化为相对量，就像本题(1)问中的解法二那样处理。

2. 在不同的参考系中运动学量如何转化?

在不同的参考系中,物体的位移、速度和加速度往往不同,它们之间存在如下关系:

$$\boldsymbol{x}_{AC} = \boldsymbol{x}_{AB} + \boldsymbol{x}_{BC} \quad 或 \quad \boldsymbol{x}_{AB} = \boldsymbol{x}_{AC} - \boldsymbol{x}_{BC}$$

$$\boldsymbol{v}_{AC} = \boldsymbol{v}_{AB} + \boldsymbol{v}_{BC} \quad 或 \quad \boldsymbol{v}_{AB} = \boldsymbol{v}_{AC} - \boldsymbol{v}_{BC}$$

$$\boldsymbol{a}_{AC} = \boldsymbol{a}_{AB} + \boldsymbol{a}_{BC} \quad 或 \quad \boldsymbol{a}_{AB} = \boldsymbol{a}_{AC} - \boldsymbol{a}_{BC}$$

若 C 指的是地面,上式通常写为

$$\boldsymbol{v}_{绝对} = \boldsymbol{v}_{相对} + \boldsymbol{v}_{牵连}, \quad \boldsymbol{a}_{绝对} = \boldsymbol{a}_{相对} + \boldsymbol{a}_{牵连}$$

以上各式中的三个量均为矢量,可构成矢量三角形。在处理运动学中的最值问题时,我们常常通过画矢量三角形来分析。

例题 3　物理竞赛班的同学来到颐和园春游,每位同学各驾一只船在宽广而平静的昆明湖中游玩。

(1) 小明和小华驾驶着船都朝东以相同速度 v_1 做匀速直线运动,小华在前行驶,小明在后追赶,两人分别用皮球瞄准对方,同时以相对于自身的初速度 v_2 水平射出,皮球的竖直下落、空气阻力及抛球过程对船速度的影响均可忽略不计,则皮球先砸中谁?

(2) 如图 1.1.4 所示,A 船上的欢欢在 P 点准备去拦截正以速度 v_0 沿直线航行的船 B 上的乐乐,P 与 B 所在航线的垂直距离为 b,A 船起航时,B 与 P 的距离为 $c(c>b)$。若忽略 A 启动的时间,并认为 A 一起航就做匀速直线运动,为使 A 船能以最小速率拦截到 B 船,问:

① A 船航行的方向如何?

② A 船的最小速率为多少?

(3) 如图 1.1.5 所示,三只船 A、B、C 处在正三角形的三个顶点,三角形边长为 l,每只船以恒定速率 v 运动,途中始终保证 A 朝着 B,B 朝着 C,C 朝着 A,三只船均可视为质点,问:何时相遇?

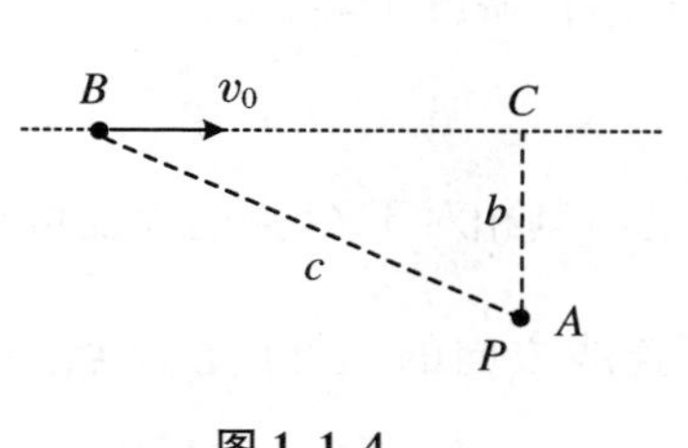

图 1.1.4

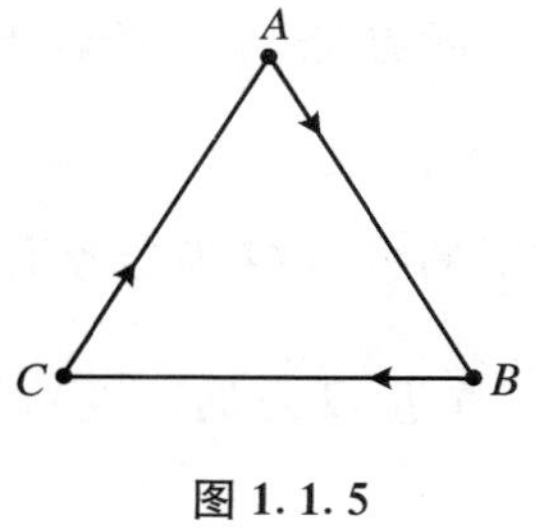

图 1.1.5

(4) 若有 $n(n>3)$ 只船处在正 n 边形的 n 个顶点,正 n 边形边长为 l,每只船以恒定速率 v 运动,途中任意一只船始终保持朝着下一只船的方向(与(3)问类似),n 只船均可视为质点,问:何时相遇?

分析　(1)问中,若以地面为参考系,则分析起来比较麻烦;若以船为参考系,则两皮球都以速度 v_2 匀速直线运动,所以两位同学被同时砸中。(2)问中,两船都在运动,若以 B 船为参考系，就变成了 A 船去拦截静止的 B 船，这时 A 船相对于 B 船的速度方向就是 $A\to B$，根据 $\boldsymbol{v}_{AB}=\boldsymbol{v}_{A地}-\boldsymbol{v}_{B地}$，可画出矢量三角形求解。(3)问中，三船都在运动，并且运动比较复杂，如果只研究 A、B 两船，以 B 船为参考系，则 A 船一方面以速度 $v_{\perp}=\dfrac{\sqrt{3}v}{2}$ 绕着 B 船旋转，另一方面以速度 $v_{/\!/}=\dfrac{v}{2}+v=\dfrac{3v}{2}$ 靠近 B 船，A 船遇上 B 船之时也就是三船相遇之时。若以三角形的中心 O 为参考系，任意一只船在任意时刻相对于 O 点的速度可分解成指向 O 点的速度（靠近 O 点的速度）$v_{/\!/}=\dfrac{\sqrt{3}v}{2}$ 和垂直于连线方向的速度（绕 O 点旋转的速度）$v_{\perp}=\dfrac{v}{2}$，则三只船同时到达 O 点。根据以上分析，(3)问可以应用两种方法求解，而(4)问是(3)问的推广，可以应用类似的方法求解。

解 (1) 以船为参考系，两人相对于参考系都处于静止状态，两皮球都以大小为 v_2 的速度做匀速直线运动，所以两位同学将被同时砸中。

(2) 设 B 船的初始位置为 K，根据

$$\boldsymbol{v}_{A\to地}=\boldsymbol{v}_{A\to B}+\boldsymbol{v}_{B\to地}$$

作出三个速度满足的矢量三角形，如图 1.1.6 所示。由图可看出，当 $\boldsymbol{v}_{A\to地}$ 与 PK 垂直时，A 的速度最小，由三角函数知最小速度为

$$v_{\min}=v_0\sin\angle PKC=v_0\frac{b}{c}$$

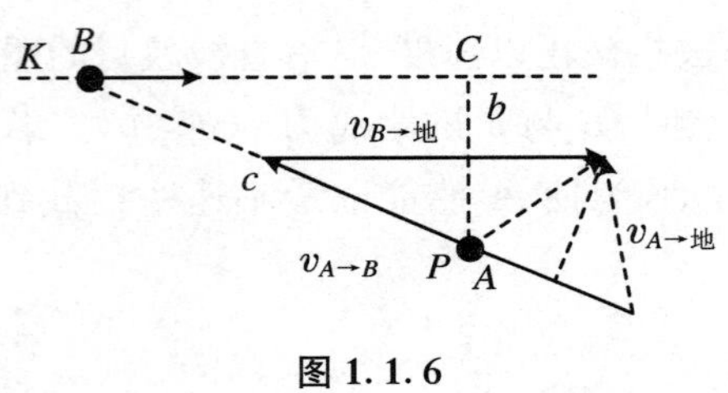

图 1.1.6

(3) 解法一

以 B 船为参考系，A 船一方面以速度 $v_{\perp}=\dfrac{\sqrt{3}v}{2}$ 绕着 B 船旋转，另一方面以速度 $v_{/\!/}=\dfrac{v}{2}+v=\dfrac{3v}{2}$ 靠近 B 船，从开始到相遇的过程满足 $l=v_{/\!/}t$，所以 $t=\dfrac{2l}{3v}$。

解法二

以三角形的中心 O 为参考系，任意一只船在任意时刻相对于 O 点的速度可分解成指向 O 点的速度（靠近 O 点的速度）$v_{/\!/}=\dfrac{\sqrt{3}v}{2}$ 和垂直于连线方向的速度（绕 O 点旋转的速度）$v_{\perp}=\dfrac{v}{2}$，一开始 A、O 的距离 $x=\dfrac{\sqrt{3}}{3}l$，从开始到相遇满足 $x=\dfrac{\sqrt{3}}{2}vt$，所以 $t=\dfrac{2l}{3v}$。

(4) 因为正 n 边形的外角为 $\alpha=\dfrac{2\pi}{n}$，所以相邻两船的靠近速度大小为

$$v_{/\!/}=v-v\cos\alpha=v-v\cos\frac{2\pi}{n}$$

从开始到相遇的过程满足 $l = v_{/\!/} t$，所以

$$t = \frac{l}{v - v\cos\frac{2\pi}{n}}$$

点拨　(1) 在本题中，两只船都在运动，若以地面为参考系，则运动情况较为复杂，但是它们之间的相对距离较为简单；若以其中某一船为参考系，则会使问题简化。

(2) (2)问中，容易画错速度的矢量三角形，需要认真体会。

例题 4　汽车前面的挡风玻璃与水平方向的夹角为 β。冰雹以大小为 v_0 的速度竖直下落，与挡风玻璃发生弹性碰撞(弹性碰撞满足：在被碰物体看来，反射角等于入射角)，司机看到冰雹从挡风玻璃上反弹后竖直向上运动。

(1) 在司机看来，冰雹下落方向与水平方向的夹角 α 为多少？

(2) 汽车的行驶速度大小 v 为多少？

(3) 若有两辆汽车，前面的挡风玻璃与水平方向的夹角分别为 $\beta_1 = 30°$，$\beta_2 = 15°$，冰雹仍然竖直下落，且与挡风玻璃发生弹性碰撞，两司机都看到冰雹从挡风玻璃上反弹后竖直向上运动，求两车速度大小之比 $v_1 : v_2$。

分析　题中"冰雹竖直下落"与"看到冰雹从挡风玻璃上反弹后竖直向上运动"，前者是冰雹对地的运动，后者是冰雹相对于汽车的运动。由于在被碰物体看来，反射角等于入射角，故我们需要找到冰雹对地的速度和冰雹对车的速度之间的联系。可以根据 $\boldsymbol{v}_{冰\to地} = \boldsymbol{v}_{冰\to车} + \boldsymbol{v}_{车\to地}$ 画出矢量三角形，找到两者的关系，从而求出相关量。

解　(1) 根据题意，在汽车参考系中看：冰雹反射方向与玻璃法线方向的夹角为 β，所以冰雹入射方向与玻璃法线方向的夹角亦为 β，如图 1.1.7 所示。因此，在司机看来，冰雹下落方向与水平方向的夹角 $\alpha = 90° - 2\beta$。

(2) 根据 $\boldsymbol{v}_{冰\to地} = \boldsymbol{v}_{冰\to车} + \boldsymbol{v}_{车\to地}$，画出这三个速度之间满足的矢量关系，如图 1.1.8 所示。根据矢量关系，有

$$v_{车\to地} = v_{冰\to地}\cot\alpha$$

所以汽车的行驶速度大小为

$$v = v_0\cot\alpha = v_0\tan 2\beta$$

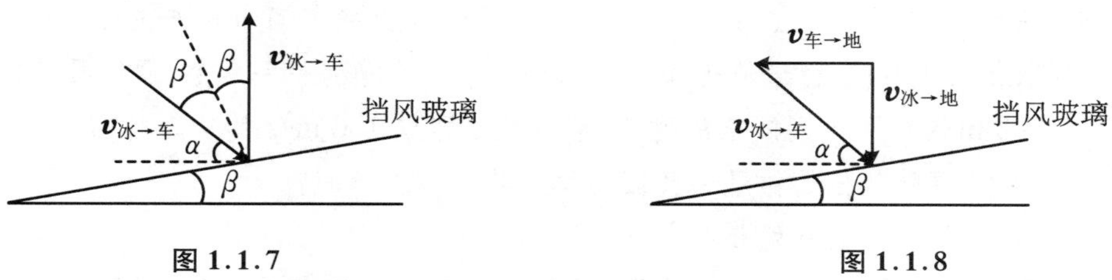

图 1.1.7　　　　图 1.1.8

(3) 根据上述(2)问的求解，可得

$$\frac{v_1}{v_2} = \frac{v_0 \tan 2\beta_1}{v_0 \tan 2\beta_2} = 3$$

即两车速度之比 $v_1 : v_2 = 3 : 1$。

点拨 本题容易把反弹后竖直向上的速度当作对地速度，以为冰雹与玻璃的碰撞过程遵循反射定律是相对于地面参考系来说的。为了降低难度，已经在题目中明确地指出，弹性碰撞满足：在被碰物体看来，反射角等于入射角。其实，即使题目中不明确地指出这一点，我们也应该知道该知识，因为弹性碰撞是在玻璃上发生的，所以碰撞过程遵循反射定律应当以汽车为参考系。

基 础 练 习

1.（2016 年清华领军）从地面以初速度 v_0 竖直向上抛出一小球，与此同时在该小球上抛能达到的最高处有另一个小球以初速度 v_0 竖直向下抛出。忽略空气阻力，则两球相遇时速度之比为（　　）

A. $1:1$　　B. $1:\sqrt{2}$　　C. $3:5$　　D. $1:3$

2. 升降机的顶板上有一个螺丝脱落后落到它的地板上，在升降机加速上升、匀速上升、匀速下降和加速下降这四种情况下，螺丝从脱落到落到地板上的时间分别为 t_1、t_2、t_3 和 t_4。比较这四种情况下的落地时间，正确的结论是（　　）

A. $t_1 < t_2 < t_3 < t_4$　　B. $t_1 < t_2 = t_3 < t_4$

C. $t_1 = t_2 = t_3 = t_4$　　D. $t_1 > t_2 > t_3 > t_4$

3.（2008 年清华大学自主招生）在地球赤道上的 A 点处静止放置一个小物体。现在设想地球对小物体的万有引力突然消失，则在数小时内小物体相对于 A 点处的地面来说，将（　　）

A. 水平向东飞去　　B. 原地不动，物体对地面的压力消失

C. 向上并渐偏向西方飞去　　D. 向上并渐偏向东方飞去

4. 一列队伍长 120 m，行进速率 $v_1 = 1.6$ m/s。为了传达一个命令，通讯员从队伍的排尾以速率 $v_2 = 3$ m/s 跑步赶到队伍的排头，然后又立即以 1.6 m/s 的速率赶回排尾。问：

(1) 通讯员从离开队伍的排尾到又回到排尾共需多少时间？

(2) 通讯员归队处与离队处相距多远？

5. A、B 两棒均长 1 m，A 棒悬挂于天花板上，B 棒与 A 棒在一条竖直线上，直立在地面上，A 棒的下端与 B 棒的上端相距 20 cm，如图 1.1.9 所示。某时刻烧断悬挂 A 棒的绳子，同时将 B 棒以 $v_0 = 20$ m/s 的初速度竖直上抛。若空气阻力可忽略不计，且 $g = 10$ m/s^2，问：

(1) A、B两棒出发后何时相遇?

(2) A、B两棒相遇后交错而过需用多少时间?

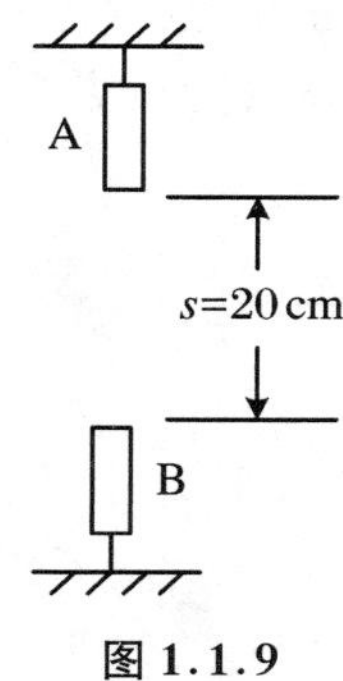

图1.1.9

6. 骑自行车的人以20 km/h的速率向东行驶,他感到风从正北方向吹来;以40 km/h的速率向东行驶,他感到风从东北方向吹来。已知风对地的速度不变,求风对地的速度大小和方向。(答案可保留根号。)

提高练习

7. (2018年北大博雅) A、B两船在海上航行,A船航向为东北,船速为u;B船航向为正北,船速为$v=\sqrt{2}u$。设正午时,A船在B船正北距离l处,下列说法正确的是　(　　)

A. $t=\dfrac{l}{\sqrt{2}u}$时距离最近,最近距离为$s_{\min}=\dfrac{l}{\sqrt{2}}$

B. $t=\dfrac{l}{2\sqrt{2}u}$时距离最近,最近距离为$s_{\min}=\sqrt{2}l$

C. $t=\dfrac{2\sqrt{2}l}{u}$时距离最近,最近距离为$s_{\min}=\dfrac{l}{\sqrt{2}}$

D. $t=\dfrac{\sqrt{2}l}{u}$时距离最近,最近距离为$s_{\min}=\sqrt{2}l$

8. (2017年北大博雅) 在一个竖直平面内有三个小球A、B、C,某时刻它们恰好位于正方形的三个顶点上,方位如图1.1.10所示。设此时A以$v_0=1$ m/s的初速度竖直向下运动,B(位于A的正下方)无初速地自由下落,C则以某个初速度v开始自由运动。不计空气阻力,设B离地足够高,若A、B、C能在空中同时相遇,求C球的速度大小和方向。

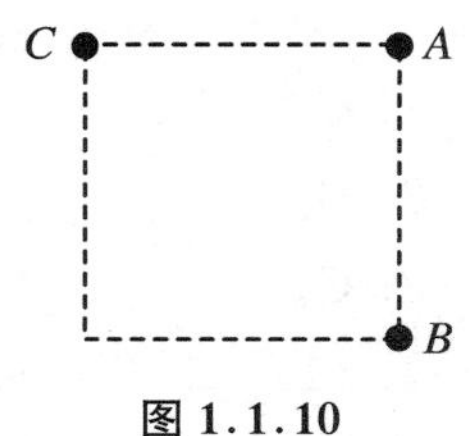

图1.1.10

9. 模型飞机以相对于空气的速度$v=39$ km/h绕一个边长为2 km的等边三角形飞行。设风速$u=21$ km/h,方向与三角形的一边平行并与飞机起飞方向相同,问:飞机绕三角形一周需要多少时间?

10. 反坦克手站在离公路 $d=50\ \mathrm{m}$ 远的地方，路上有一敌方坦克驶来，如图 1.1.11 所示，速度为 $v_1=10\ \mathrm{m/s}$。若坦克与人相距 $s=200\ \mathrm{m}$，而人跑步的速度为 $v_2=3\ \mathrm{m/s}$，问：

(1) 此人应朝什么方向跑才能与坦克相遇？

(2) 当人的速度小于多少时就不可能遇上坦克？

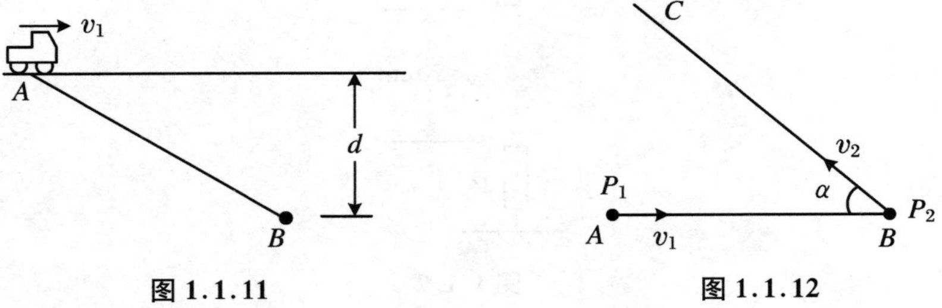

图 1.1.11　　图 1.1.12

11. 如图 1.1.12 所示，质点 P_1 在时间 $t=0$ 时以速度 v_1 由 A 向 B 匀速运动，同时质点 P_2 以速度 v_2 由 B 向 C 匀速运动，$AB=L$，$\angle ABC=\alpha$，问：时间 t 为多少时，P_1、P_2 相距最短？最短距离 r 为多少？

12. 如图 1.1.13 所示，一串相同的汽车以等速 v 沿宽度为 c 的直公路行驶，车宽为 b，相邻两车头尾间距为 a，则人能以最小速率沿一直线穿过马路所用时间为多少？

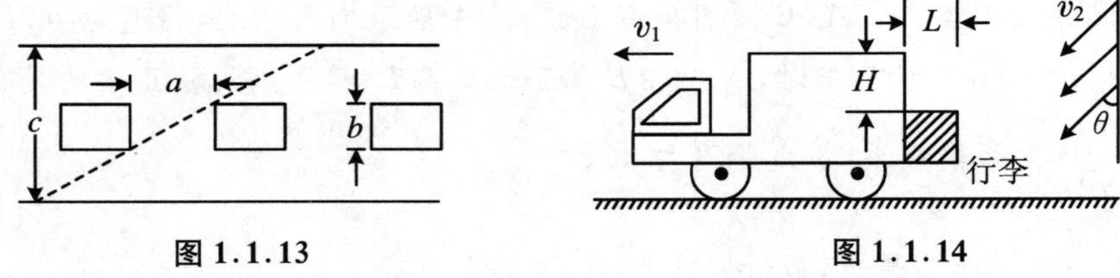

图 1.1.13　　图 1.1.14

13. 如图 1.1.14 所示，一辆汽车以速度 v_1 在雨中行驶，雨滴落下的速度 v_2 向前偏离竖直方向 θ 角。要使车后一捆行李不被雨淋湿，v_1 应该满足什么条件？

参考答案

1. C。
2. B。
3. C。
4. (1) 123.2 s；(2) 197.1 m。
5. (1) 0.01 s；(2) 0.1 s。
6. $v_{风对地}=20\sqrt{2}\ \mathrm{km/h}$，方向为东偏南 45°。

提示　如图 1.1.15 所示，AC 边代表的就是风对地的速度大小。在 $\mathrm{Rt}\triangle DBC$ 中，$\angle DBC=45°$，所以 $DC=DB$，根据勾股定理，$v_{风对地}=20\sqrt{2}\ \mathrm{km/h}$，方向为东偏南 45°。

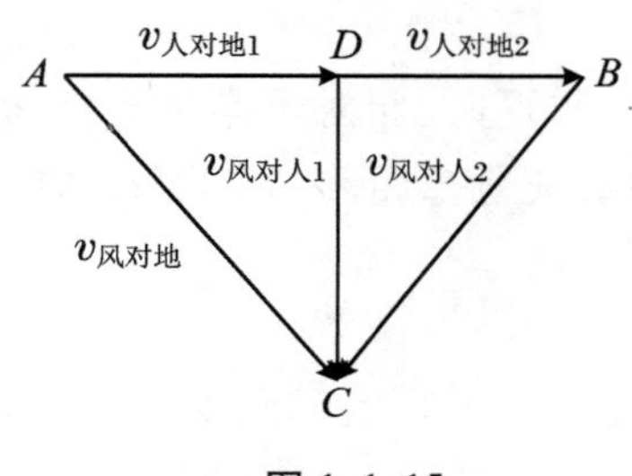

图 1.1.15

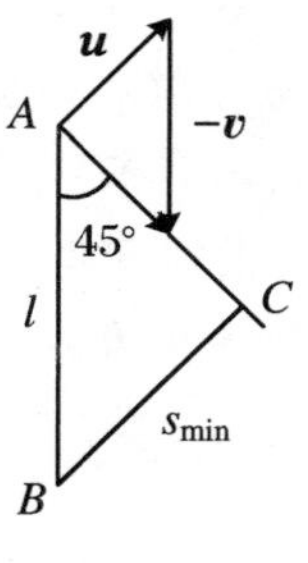

图 1.1.16

7. A。

提示　解法一

先以海面为参照系，设在午后 t 时两船相距

$$s = \sqrt{(l - vt)^2 + (ut)^2 - 2(l - vt)ut\cos 135^\circ} = \sqrt{l^2 - \sqrt{2}lut + u^2t^2}$$

当 $t = l/(\sqrt{2}u)$ 时，s 取极值 s_{min} 且 $s_{min} = l/\sqrt{2}$. 也就是说，往后 $t = l/(\sqrt{2}u)$ 时，两船距离最近。

解法二

以 B 船为参照系，A 船相对于 B 船的速度为

$$\boldsymbol{v}_{AB} = \boldsymbol{u} - \boldsymbol{v}$$

方向为东南，如图 1.1.16 所示。由图显而易见，从 A 船位置沿东南方向取 C 点，使 $AC \perp BC$，则 BC 长度为两船最近距离，有

$$s_{min} = BC = \frac{AB}{\sqrt{2}} = \frac{l}{\sqrt{2}}$$

时间应为

$$t = \frac{AC}{v_A} = \frac{l}{\sqrt{2}u}$$

8. $v_C = \sqrt{2}$ m/s，速度与水平方向的夹角为 45°。

提示　取做自由落体运动的 B 物体为参考系，A 相对于 B 做匀速直线运动，运动了 l，C 在水平方向运动了 l，在竖直方向也运动了 l。

9. 0.2 h(或 12 min)。

提示　三角形各边的方向为飞机相对于地面的速度方向(而非机头的指向)。

第一段(底边)飞机相对于地面的速度为 60 km/h，第二段和第三段 $\boldsymbol{v}_{飞机对地}$ 的大小相同。参见图 1.1.17，显然有

$$v^2 = v_{飞机对地}^2 + u^2 - 2v_{飞机对地}u\cos 120^\circ$$

可解出 $v_{飞机对地} = 24$ km/h。

10. (1) 与 AB 方向的夹角为 $\theta = \arcsin\dfrac{5}{6}$ 或 $\theta = \pi - \arcsin\dfrac{5}{6}$；(2) $v_{min} = 2.5$ m/s。

提示 人和车都做匀速运动,故人相对于车的运动也是匀速的。以车为参考系,根据运动的合成与分解和匀速运动的规律可求解。

(1) 以车为参照系,人做匀速运动,故要使人与车相遇,人相对于车的速度 $\boldsymbol{v}_3$ 必须沿 BA 方向。根据三角形法则,可以得到图 1.1.18 所示的矢量三角形,$\boldsymbol{v}_3$ 与 $\boldsymbol{v}_2$ 的夹角为 θ,$\boldsymbol{v}_3$ 与 $\boldsymbol{v}_1$ 的夹角为 β,由正弦定理有

$$\frac{v_1}{\sin\theta} = \frac{v_2}{\sin\beta}$$

而 $\sin\beta = \dfrac{d}{s}$,得 $\sin\theta = \dfrac{5}{6}$。

(2) 从速度矢量图不难看出,当 $\theta = 90°$时,v_2 最小,故人奔跑的最小速度为

$$v_{\min} = v_1\sin\beta = 2.5\ \text{m/s}$$

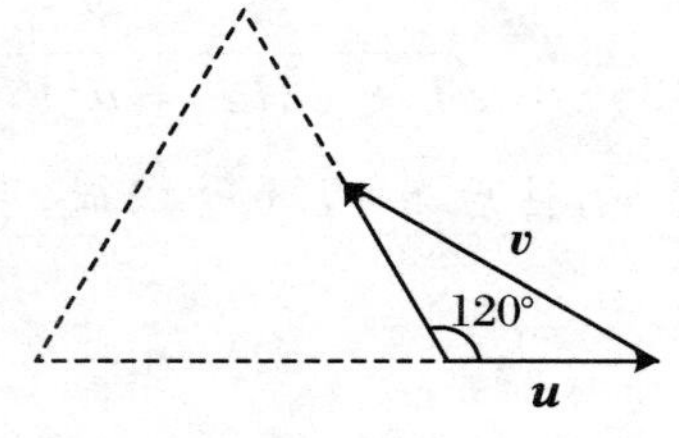

图 1.1.17

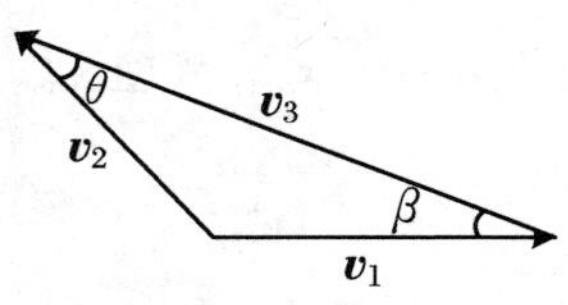

图 1.1.18

11. $t = \dfrac{L(v_1 + v_2\cos\alpha)}{v_1^2 + v_2^2 + 2v_1v_2\cos\alpha}$,$r = \dfrac{Lv_2\sin\alpha}{\sqrt{v_1^2 + v_2^2 + 2v_1v_2\cos\alpha}}$。

提示 以 P_2 为参考系,画出速度矢量三角形,如图 1.1.19 所示。设 P_1 相对于 P_2 的速度为 v_3,从而得到 P_1 相对于 P_2 的运动轨迹,P_2 到该轨道的距离即为两者的最短距离。

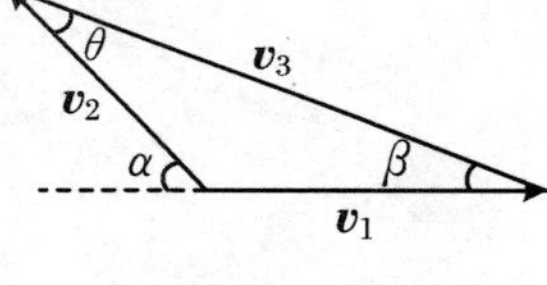

图 1.1.19

由余弦定理有

$$v_3 = \sqrt{v_1^2 + v_2^2 + 2v_1v_2\cos\alpha}$$

$$\cos\beta = \frac{v_1 + v_2\cos\alpha}{\sqrt{v_1^2 + v_2^2 + 2v_1v_2\cos\alpha}}$$

所以两者之间的最短距离和经历的时间分别为

$$r = L\sin\beta = \frac{Lv_2\sin\alpha}{\sqrt{v_1^2 + v_2^2 + 2v_1v_2\cos\alpha}}$$

$$t = \frac{L\cos\beta}{v_3} = \frac{L(v_1 + v_2\cos\alpha)}{v_1^2 + v_2^2 + 2v_1v_2\cos\alpha}$$

12. $t = \dfrac{c(a^2 + b^2)}{vab}$。

提示 以车为参考系,设车向左行,人从下往上穿越公路,人相对于车的速度为 $\boldsymbol{v}_1$,与车的速度 $\boldsymbol{v}$ 反方向成 α 角,则人对地的速度 $\boldsymbol{v}_2$ 满足图 1.1.20 所示的矢量关系。在 α 角一

定时，显然人对地的速度 v_2 的方向与人对车的速度方向垂直时，人对地的速度最小。对于不同的 α 角，α 角最小时，人对地的速度最小。由图 1.1.20 可知，α 角最小值满足

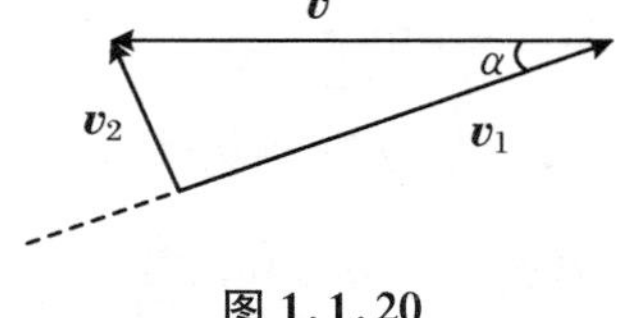

图 1.1.20

$$\tan\alpha = \frac{b}{a}$$

所以人对地的速度为

$$v_2 = v\sin\alpha = \frac{vb}{\sqrt{a^2 + b^2}}$$

人相对于车的最小速度为

$$v_1 = v\cos\alpha = \frac{va}{\sqrt{a^2 + b^2}}$$

穿越马路所用时间为

$$t = \frac{c}{v_1\sin\alpha} = \frac{c(a^2 + b^2)}{vab}$$

13. $v_1 \geqslant \dfrac{v_2(H\sin\theta + L\cos\theta)}{H}$。

提示　以车为参考系，画出速度矢量三角形。行李在车厢后面，要不被雨淋湿，车厢必须挡住可能落在行李上的雨，即雨相对于车的速度方向如图 1.1.21 所示。

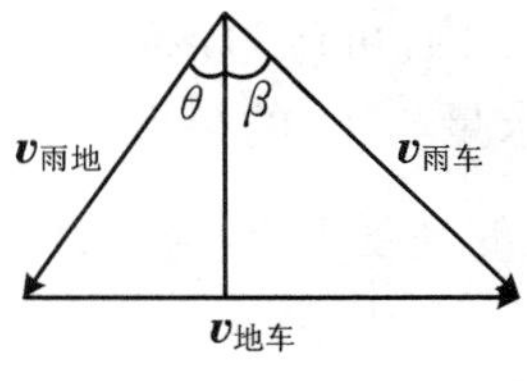

图 1.1.21

雨滴相对于车的速度为

$$\boldsymbol{v}_{雨车} = \boldsymbol{v}_{雨地} + \boldsymbol{v}_{地车}$$

由图 1.1.21 可得

$$\tan\beta = \frac{v_1 - v_2\sin\theta}{v_2\cos\theta}$$

要使行李不被雨淋湿，则有 $\tan\beta \geqslant \dfrac{L}{H}$，故所求条件是

$$v_1 \geqslant \frac{v_2(H\sin\theta + L\cos\theta)}{H}$$

1.2　极限与微元

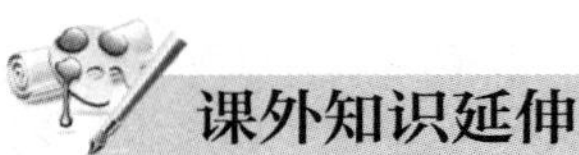

1. 平均速度、平均加速度的极限

瞬时速度是物体在某一时刻或过某一位置时的速度，它定义为 $\Delta t \to 0$ 时平均速度的极

限，即 $v=\lim\limits_{\Delta t\to 0}\dfrac{\Delta x}{\Delta t}$。

瞬时加速度是物体在某一时刻或过某一位置时的加速度，它定义为 $\Delta t\to 0$ 时平均加速度的极限，即 $a=\lim\limits_{\Delta t\to 0}\dfrac{\Delta v}{\Delta t}$。

2. 曲线极限

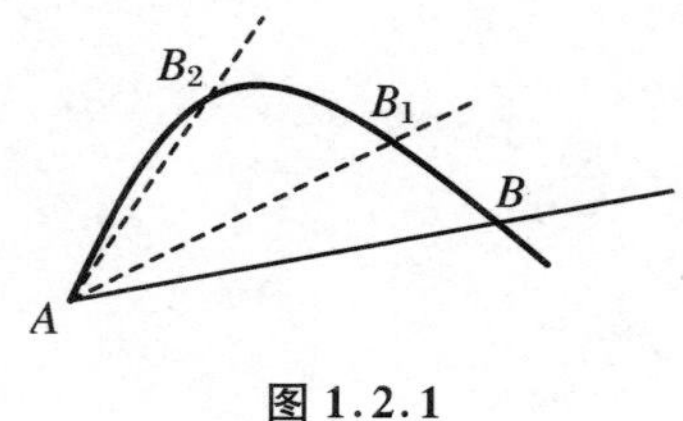

图 1.2.1

如图 1.2.1 所示，物体做曲线运动，一段时间 Δt 内由 A 运动到 B。显然，曲线的长度大于线段 AB 的长度。当时间越来越短时，这种差异也越来越小，当 $\Delta t\to 0$ 时，可以认为曲线的长度等于线段的长度，即把曲线看成直线。通过上面的分析，我们可以发现瞬时速度的大小和瞬时速率相等。

3. 角度极限

在等腰三角形中，当顶角趋于 0°时，底角趋于 90°。

核心问题讨论

1. 在直线运动中应用微元法解决问题

对于变速运动，微元法是一种常用的方法，即在很短的时间 Δt_i 内，可认为该物体的速度 v_i 不变（当然，对于不同的 Δt_i，v_i 也不同），从而可以分析出被求量与 v_i 的关系。

例题 1 如图 1.2.2 所示，一只飞鸟水平向左飞行，鸟距离地面的高度为 h，与前方一竖直墙壁的垂直距离为 s，鸟的飞行速度大小为 v_0，此时鸟的影子恰好在墙脚，太阳光对地面的倾角为 θ。

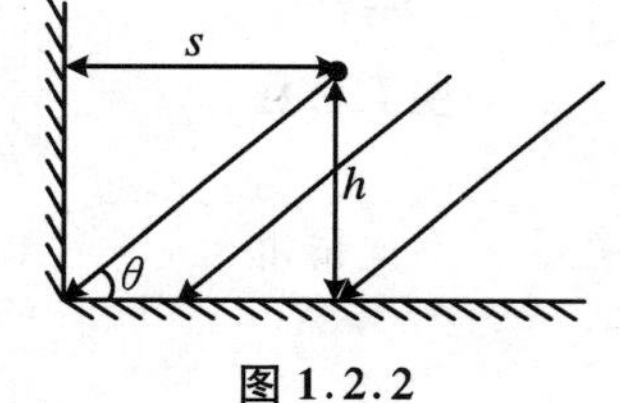

图 1.2.2

(1) 若 v_0 的大小恒定不变，问：飞鸟影子的速度大小为多少？

(2) 若 v_0 的大小增长率为 a，问：飞鸟影子的速度大小为多少？

分析 已知飞鸟的速度，要求影子的速度，关键是要找到飞鸟的速度和影子的速度之间的关系，可以找飞鸟的位移和影子的位移间的关系。在相同的时间内，飞鸟的位移和影子的位移找到了，其速度间的关系也就可以求解了。

解 (1) 如图 1.2.3 所示，在很短的时间 Δt 内，假设飞鸟从 A 点运动到了 B 点，位移为 Δx；飞鸟的影子从 A' 点运动到了 B' 点，位移为 Δy。从图中可以明显地看出

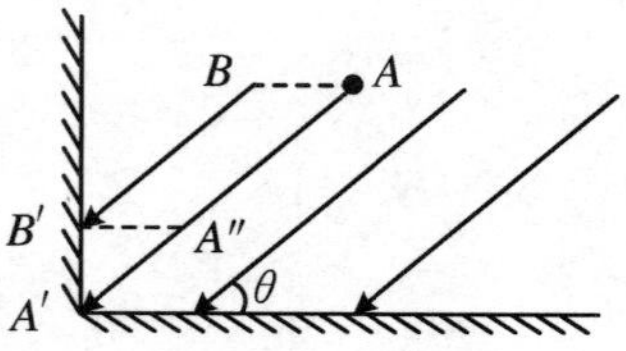

图 1.2.3

$$\Delta y=\Delta x\cdot\tan\theta$$

等式两边同时除以运动的时间 Δt，即

$$\frac{\Delta y}{\Delta t}=\frac{\Delta x}{\Delta t}\cdot\tan\theta$$

所以

$$v = v_0\tan\theta$$

(2) 通过上面的求解过程可以看到，$v = v_0\tan\theta$ 与飞鸟是否匀速运动无关，所以当飞鸟做变速运动时，其影子的速度大小仍为 $v = v_0\tan\theta$。

点拨　平均速度的表达式为 $v=\dfrac{\Delta x}{\Delta t}$，当 $\Delta t\to 0$ 时，平均速度就变成了瞬时速度。要求瞬时速度，可以取很短一段时间 Δt，求出这一小段时间内的位移 Δx，再求比值即可。这种方法通常称为微元法，在高考中有所体现，在强基计划考试和竞赛中是一种常用的方法。

对于本题的(1)问，也可以这样想，当小鸟飞行距离为 s 时，鸟和影子重合，影子走过的距离为 h，于是影子的速度为 $v=\dfrac{h}{t}=\dfrac{h}{s/v_0}=v_0\tan\theta$。这里采用了极限的思想，这种方法在强基计划考试中也是一种常用的方法。但是，这种方法对于(2)问就无用武之地了。

因为微元法是从定义出发，所以往往有更广阔的实用空间。

2. 在曲线运动中应用微元法解决问题

当物体做曲线运动时，如果时间取得极短(时间 $\Delta t\to 0$)，则这段时间内的轨迹可以看成直线，从而将问题简化。

例题2　如图1.2.4所示，直杆 AB 以速度 v_0 在半径为 r 的固定圆环上做平动。在图示位置时，杆与环的交点的速度 v_M 为多少？(其中 φ 为已知量。)

分析　M 点是杆与圆环在空间中的交点，交点的运动轨迹是圆弧，而杆是竖直向下做平动的，关键是找到杆竖直向下运动的速度和交点运动的速度间的关系，可以找出在很短的时间内杆竖直向下运动的位移和交点沿圆弧的位移间的关系。

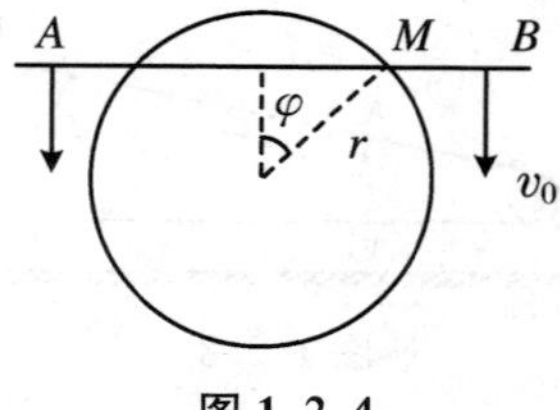

图1.2.4

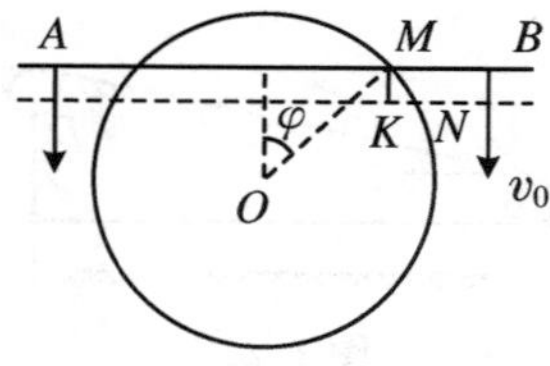

图1.2.5

解　如图1.2.5所示，假设经过很短的一段时间 Δt，杆 AB 由图中实线位置运动到了图中虚线的位置，杆 AB 与圆环的交点由 M 位置运动到了 N 位置。由于时间很短，圆弧 MN 可以看成线段，则在 Rt△MKN 中，$\angle MNK=\varphi$，斜边 MN 和直角边 MK 满足关系

$$MN = \frac{MK}{\sin\varphi}$$

等式两边同时除以时间 Δt，即

$$\frac{MN}{\Delta t} = \frac{MK}{\Delta t\sin\varphi}$$

$\frac{MN}{\Delta t}$为M点移动的速度大小v_M，$\frac{MK}{\Delta t}$为杆竖直向下移动的速度大小v_0，所以

$$v_M = \frac{v_0}{\sin\varphi}$$

点拨 物体做曲线运动，当运动时间$\Delta t \to 0$时，这段时间内的轨迹可以看成直线。这实际上就是一种微元思想，在强基计划考试和竞赛中是常见的。

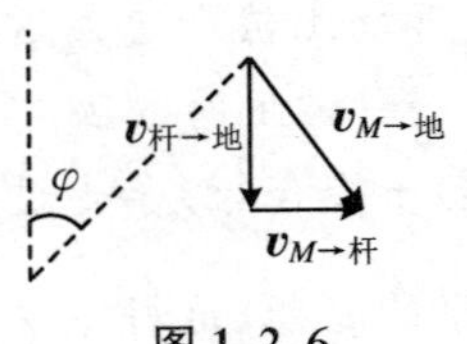

图 1.2.6

当然，本题也可以利用相对运动进行求解，根据$\boldsymbol{v}_{M\to地} = \boldsymbol{v}_{M\to杆} + \boldsymbol{v}_{杆\to地}$可以画出三个速度的矢量图，其中$\boldsymbol{v}_{M\to地}$垂直于半径方向，$\boldsymbol{v}_{M\to杆}$水平向右，$\boldsymbol{v}_{杆\to地}$竖直向下，所以这三个速度首尾连接构成直角三角形，如图1.2.6所示，在该直角三角形中易得$v_M = \frac{v_0}{\sin\varphi}$。

3. 角度微元

在分析物体的运动时，常常截取一小段位移进行分析，这一小段位移对某点的张角是趋于0°的，有时可以据此构造出一个顶角趋于0°的等腰三角形。在一个等腰三角形中，当顶角趋于0°时，底角趋于90°，根据这个性质，许多运动学问题可以求解。

例题3 如图1.2.7所示，物体A置于水平面上，物体A上固定有动滑轮B，D为定滑轮，一根轻绳绕过滑轮D、B后固定在C点，BC段水平。当以速度v_0拉绳头时，物体A在水平面运动，若绳与水平面的夹角为α，则物体A运动的速度是多少？

分析 绳子缩短的速度即为拉绳子的速度v_0，要求A移动的速度和v_0之间的关系，可以先求绳子缩短的距离和A移动的距离之间的关系，A移动的速度可以用A移动的距离除以移动该距离所用的时间表示。

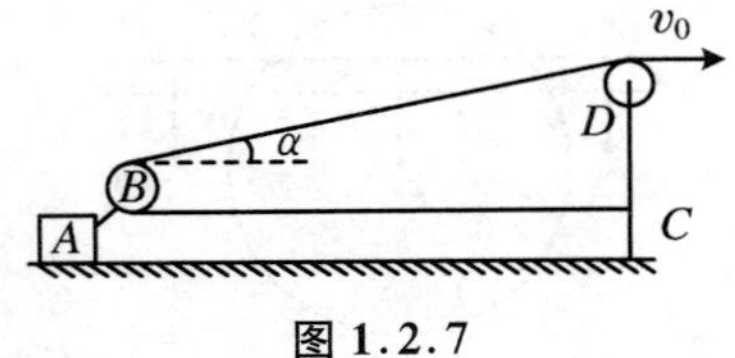

图 1.2.7

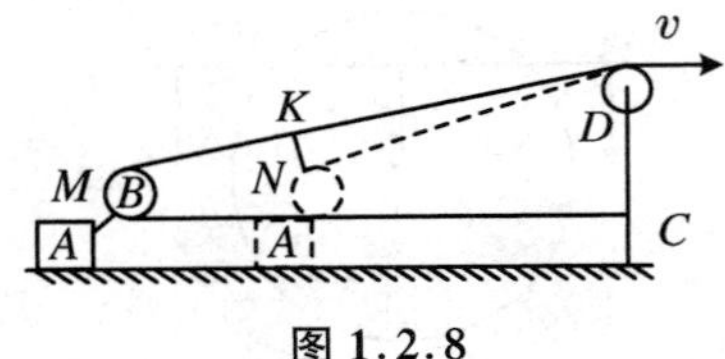

图 1.2.8

解 如图1.2.8所示，设经过很短一段时间$\Delta t(\Delta t \to 0)$，A物体由M点移动到了N点，在绳子MD上截取$KD = ND$，则$\triangle DKN$为等腰三角形，且顶角趋于0°，即底角$\angle NKD \to 90°$，所以$\angle NKM \to 90°$，$MK = MN\cos\alpha$，绳子缩短的长度为

$$\Delta l = MN + MN\cos\alpha$$

等式两边同时除以时间Δt，即

$$\frac{\Delta l}{\Delta t} = \frac{MN + MN\cos\alpha}{\Delta t}$$

$\frac{\Delta l}{\Delta t}$为绳子缩短的速率$v_0$，$\frac{MN}{\Delta t}$为物体$A$移动的速度$v_A$，将上式整理，得

$$v_A = \frac{v_0}{1+\cos\alpha}$$

点拨　本题也用到了微元的思想，在题图中构造了一个等腰三角形，当等腰三角形的顶角趋于0°时，底角趋于90°，从而找到绳子缩短的距离和 A 移动的距离之间的关系。这种微元的思想在解答强基计划和竞赛试题时经常用到。

4．变分思想

在运动学中常常遇到最值问题，若某一物理量取得最值，则在自变量的无穷小的范围内该物理量不应该发生变化，这就是变分思想。该思想可以用来处理许多涉及最值问题的运动学问题。

例题 4　在一场足球比赛中，一攻方队员在图 1.2.9 中的 A 处沿 AX 方向传球，球在草地上以速度 v 匀速滚动，守方有一队员在图中 B 处，以 L 表示 A、B 间的距离，以 α 表示 AB 与 AX 之间的夹角，已知 $\alpha<90°$。设在球离开 A 处的同时，位于 B 处的守方队员开始沿一直线匀速运动去抢球，以 v_P 表示他的速率。在不考虑场地边界限制的条件下，求：

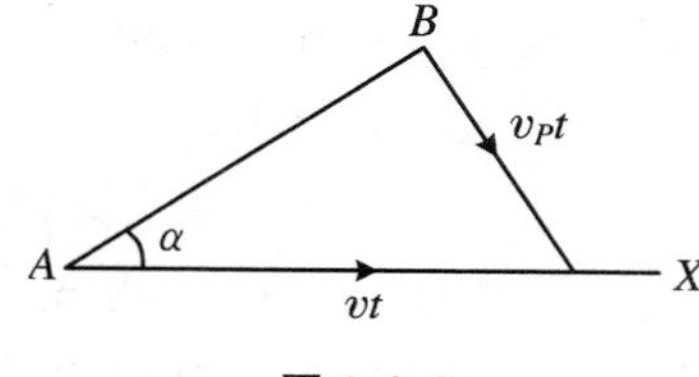

图 1.2.9

(1) 守方要能抢到球，v_P 应取的最小值；

(2) 在满足上问的条件下，守方抢到球的时间 t。

分析　求解本题的方法有很多，在这里我们利用变分思想来处理该问题。如图 1.2.10 所示，若在 C 点追上球时 v_P 有最小值$\left(\frac{v_Pt}{vt}=\frac{BC}{AC}\text{有最小值}\right)$，则在无限靠近 C 点的 C' 点应该满足$\frac{BC}{AC}=\frac{BC'}{AC'}$，据此可求解此题。

解　(1) 若在 C 点追上球时 v_P 有最小值，则在无限靠近 C 点的 C' 点应该满足

$$\frac{BC}{AC}=\frac{BC'}{AC'}$$

在 BC 上取一点 D，使得 $BD=BC'$，则

$$\frac{BC}{BD}=\frac{AC}{AC'}$$

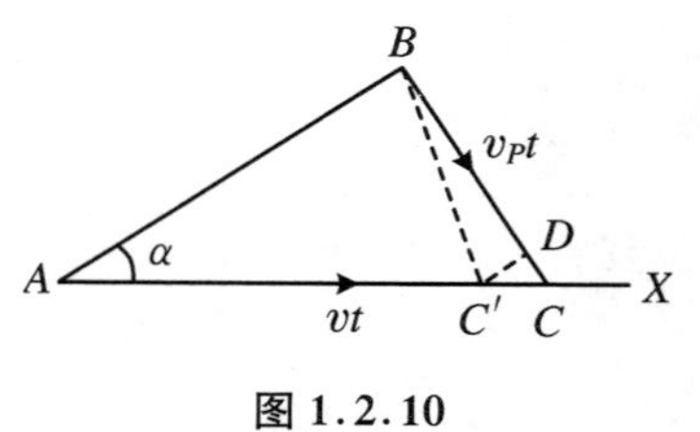

图 1.2.10

所以 $DC'\parallel AB$。又因为在等腰三角形 BDC' 中，顶角 $\angle DBC'\to 0°$，底角 $\angle BDC'\to 90°$，所以 $\angle ABC\to 90°$，故 $v_{P\min}=v\sin\alpha$。

(2) 由图 1.2.10 可得

$$t=\frac{BC}{v_{P\min}}=\frac{L\tan\alpha}{v\sin\alpha}=\frac{L}{v\cos\alpha}$$

点拨　变分思想在物理中应用非常广泛，尤其在处理最值问题时应用较多。

5. 研究对象微元

对于不可压缩的连续流体，常常选取一小段液体(或一小段时间内流过某个横截面的液体)作为研究对象，该小段液体的横截面可认为不发生变化。单位时间内通过横截面的体积称为流量，流量的表达式为

$$Q = \frac{\Delta V}{\Delta t} = \frac{\Delta(S \cdot l)}{\Delta t} = S\frac{\Delta l}{\Delta t} = Sv$$

可见，流量一定，流速快则横截面积小，流速慢则横截面积大。

例题5 拧开水龙头水就会流出来，连续的水流柱的直径在下流过程中会变小。设水龙头的开口处直径为1 cm，安装在离地面75 cm高处。若水龙头开口处水的流速为1 m/s，则水流柱落到地面时的直径应为多少？(g取10 m/s^2。)

分析 在时间t内，通过任一水流柱截面的水的体积是一定的，由于水流柱顶点的水流速小于下面部分的水流速，因此水流柱直径上面比下面大，据此也可以定量地计算水流柱落到地面时的直径的大小。

解 设水流柱在水龙头开口处直径为d_1，流速为v_1，落到地面时直径为d_2，流速为v_2，则$v_2^2 - v_1^2 = 2gh$，其中$v_1 = 1$ m/s，$h = 75$ cm $= 0.75$ m，代入上式，得$v_2 = 4$ m/s。在很短的时间Δt内，水流柱的横截面积可以认为不变，水流柱的高度可以认为是$v\Delta t$，通过水龙头开口处截面的水的体积为

$$V_1 = \frac{1}{4}\pi d_1^2 v_1 \Delta t \quad ①$$

在时间Δt内通过落地处截面的水的体积为

$$V_2 = \frac{1}{4}\pi d_2^2 v_2 \Delta t \quad ②$$

结合$V_1 = V_2$，由①、②式得$d_2 = 0.5$ cm。

故水流柱落到地面时的直径应为0.5 cm。

点拨 本题的研究对象是很短一段时间内流过横截面的水，由于水在下落过程中的流速和面积都在变化，以整个水流柱为研究对象意义不大。适当地选择研究对象是解题的关键，是高考和强基计划考试的重点考查目标。

基础练习

1. 如图1.2.11所示，某人用一不可伸长的绳子通过定滑轮拉物体M，当人以速度u水平匀速拉动绳子的一端时，物体将沿水平地面向左运动，当绳子与水平方向的夹角为θ时，物体M的速度为v，则下面关于u和v的关系正确的是 ( )

A. $u = v\cos\theta$　　B. $v = u\cos\theta$　　C. $u = v\sin\theta$　　D. $v = u\sin\theta$

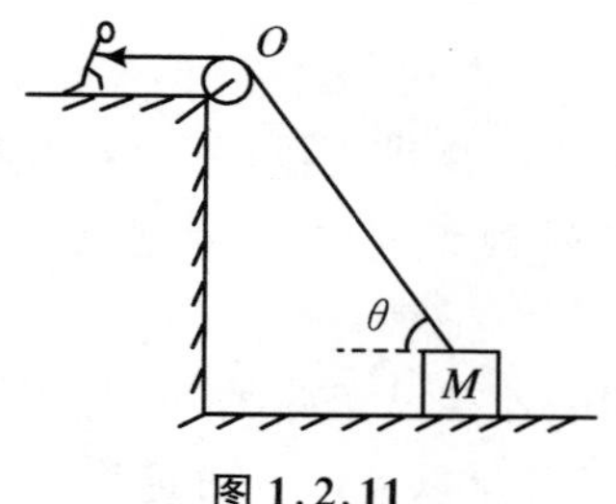

图 1.2.11

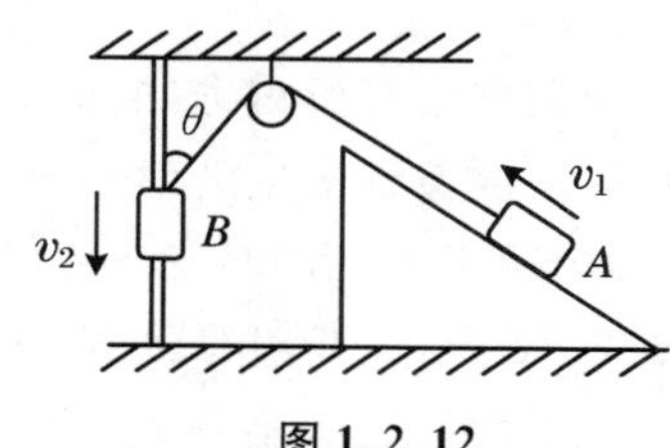

图 1.2.12

2. 如图 1.2.12 所示，A、B 通过绕过定滑轮的细绳连接，斜面和竖直杆固定，不计一切摩擦阻力，且 B 的质量大于 A 的质量，从静止释放，B 向下运动，A 向上运动。当 B 的速度大小为 v_2，绳与竖直杆的夹角为 θ 时，A 的速度大小为　(　　)

A. $v_2\sin\theta$　　B. $v_2/\sin\theta$　　C. $v_2\cos\theta$　　D. $v_2/\cos\theta$

3. 如图 1.2.13 所示，在水平地面上匀速直线运动的汽车通过定滑轮用绳子吊起一个物体。已知汽车运动的速度为 v_0，求两绳夹角为 θ 时物体上升的速度 v。

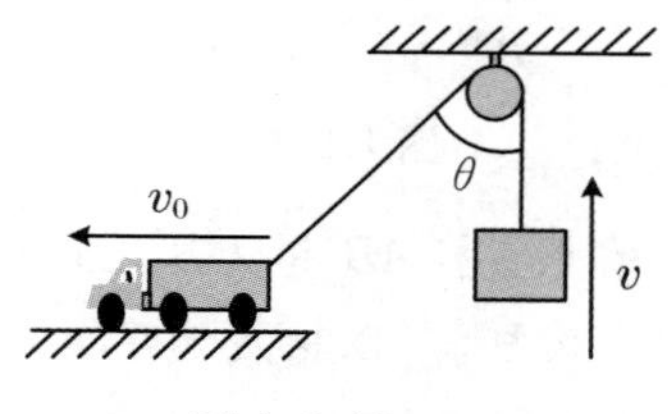

图 1.2.13

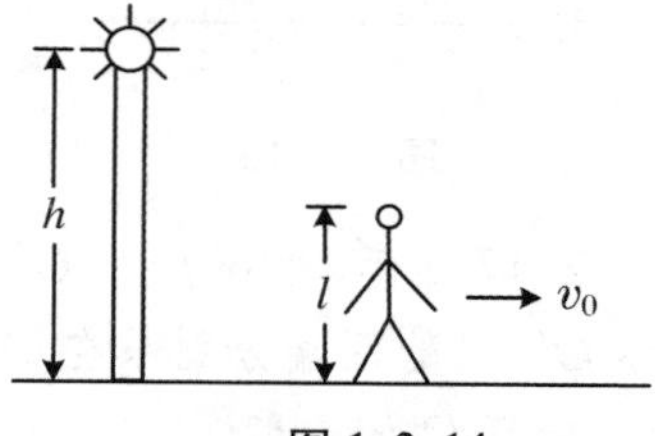

图 1.2.14

4. 一路灯距地面的高度为 h，身高为 l 的人以速度 v_0 匀速行走，如图 1.2.14 所示。

(1) 试证明人的头顶的影子做匀速运动。

(2) 求人影的长度随时间的变化率。

(3) 若人不是匀速直线运动，当某时刻的速度大小为 v 时，人的头顶的影子的速度大小为多少？

5. 2004 年 1 月 28 日某报上有一则消息，说某城市新近建成一口深水喷井。报道说，经过一年的钻探，在 847 m 深处有温水，所用钻头直径为 17.5 cm，水温为 45 ℃，水流量为 17 L/s，钻头上水压为 51 MPa，温水的喷高达 51 m，请分析判断其可信度。

6. 如图 1.2.15 所示，直杆下端与凸轮接触，在卡槽的作用下只能沿竖直方向运动。半圆形凸轮的半径为 R，当凸轮以速度 v_0 水平向右匀速运动时，直杆沿竖直方向上升。O 为凸轮圆心，P 为其顶点。当 $\angle AOP = \alpha$ 时，应用微元法求 AB 杆的速度大小。

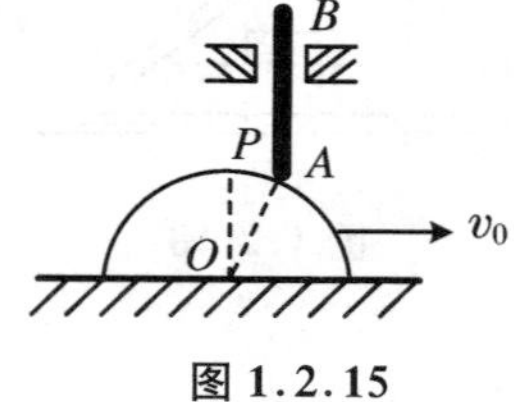

图 1.2.15

提 高 练 习

7. 老鼠离开洞穴沿直线前进，它的速度与到洞穴的距离成反比，当它行进到距洞穴 x_1 的甲处时速度为 v_1。假设老鼠继续远离洞穴运动，行进到距洞穴 x_2 的乙处。利用微元法求老鼠从甲处运动到乙处所用的时间。

8. 如图 1.2.16 所示，设河岸 MN 为一条直线，有一小船从河岸的 A 点沿与河岸成 15° 角的直线 AB 匀速滑行，同时有一人也从 A 点出发，沿河岸以 4 m/s 的速度行走，然后由河岸的某处跳到水中由直线路径追上船。已知此人在水中的速度为 2 m/s，要能追上船，船的速度最多不能超过多少？

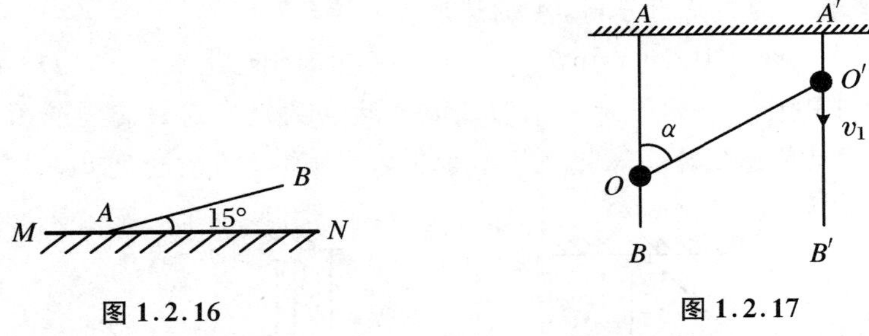

图 1.2.16　　　　图 1.2.17

9. 如图 1.2.17 所示，小环 O 和 O' 分别套在不动的竖直杆 AB 和 $A'B'$ 上，一根不可伸长的绳子穿过环 O'，绳的两端分别系在 A' 点和 O 环上。设环 O' 以恒定速度 v 向下运动，求当 $\angle AOO'=\alpha$ 时环 O 的速度。

10. 在竖直平面内有一固定的光滑直角三角形细管道 ABC，AB 竖直，BC 水平，AC 与 BC 成 θ 角，光滑小球从顶点 A 处沿斜边管道自静止出发滑到端点 C 处所需时间恰好等于小球从顶点 A 处自静止出发自由地经两条直角边轨道滑到端点 C 处所需时间。这里假设竖直轨道 AB 与水平轨道 BC 的交接处 B 有极小的圆弧，可确保小球无撞击地拐弯，且拐弯时间忽略不计。在此直角三角形范围内构建一系列如图 1.2.18 中虚线所示的光滑折线轨道，每一轨道由若干竖直部分与水平部分交接而成，交接处有极小圆弧（作用与 B 点处相同），轨道均从 A 点出发到 C 点终止，且不越出该直角三角形边界。已知小球在与水平面成 θ 角的光滑斜面上运动时的加速度为 $g\sin\theta$，求：

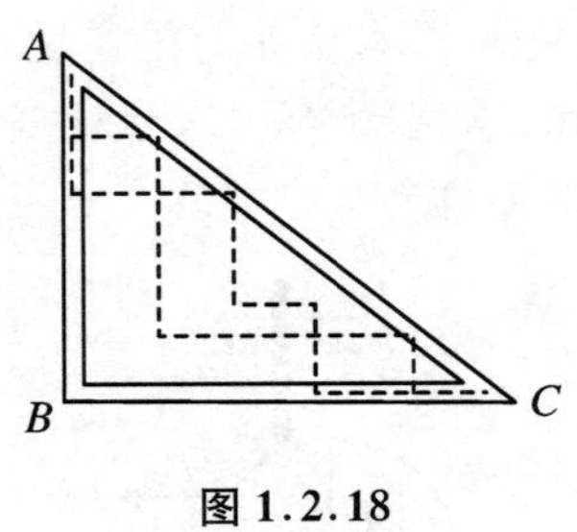

图 1.2.18

(1) $\tan\theta$ 的值；

(2) 小球在各条轨道中由静止出发自由地从 A 点滑行到 C 点所经历时间的最大值与最小值的比值。

参考答案

1. A。

2. C。

3. $v_0\sin\theta$。

4. (1) 略;(2) $\dfrac{v_0 l}{h-l}$;(3) $\dfrac{v_0 h}{h-l}$。

5. 水流量 $Q=\left(\dfrac{d}{2}\right)^2\pi v_0=769.3\ \text{L/s}$,可见计算出的水流量比报道的要大得多,因此可判断这则报道不可信。

6. $v_0\tan\alpha$。

7. $\dfrac{x_2^2-x_1^2}{2x_1 v_1}$。

提示　取很小一段位移 Δx,在这一小段位移内速度可认为是常量 v,经过这一小段位移所用时间为 $\Delta t=\dfrac{\Delta x}{v}=\dfrac{1}{v}\cdot\Delta x$,以 x 为横轴,$\dfrac{1}{v}$ 为纵轴,画出物体的 $\dfrac{1}{v}$-x 图线,该图线的延长线是过原点的直线,该图线与横轴所围成的面积即代表物体运动的时间。

8. $2\sqrt{2}$ m/s。

提示　本题解法很多,结合本节介绍的知识,可以应用变分的思想求解,即:若某一物理量取得最值,则在自变量的无穷小的范围内该物理量不应该发生变化。

9. $v\left(\dfrac{1}{\cos\alpha}-1\right)$。

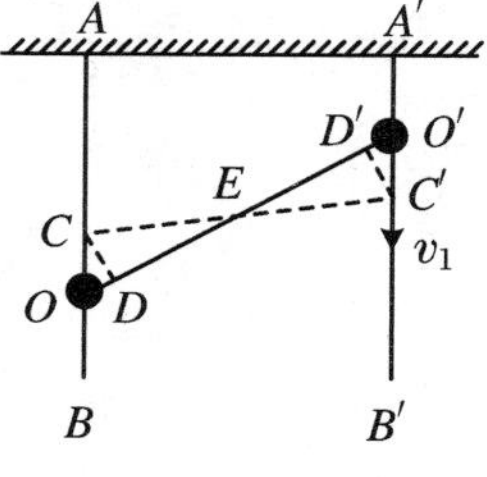

图 1.2.19

提示　O、O' 之间的速度关系与 O、O' 的位置有关,即与 α 角有关,因此要用微元法。设经历一段极短的时间 Δt,O' 环移到 C',O 环移到 C,自 C' 与 C 分别作 $O'O$ 的垂线 $C'D'$ 和 CD,从图 1.2.19 可看出

$$OC=\frac{OD}{\cos\alpha},\quad O'C'=\frac{O'D'}{\cos\alpha}$$

因此

$$OC+O'C'=\frac{OD+O'D'}{\cos\alpha} \tag{①}$$

因为 $\Delta\alpha$ 极小,所以 $EC'\approx ED'$,$EC\approx ED$,从而有

$$OD+O'D'\approx OO'-CC' \tag{②}$$

由于绳子总长度不变,故

$$OO'-CC'=O'C' \tag{③}$$

由①～③式可得

$$OC = O'C'\left(\frac{1}{\cos\alpha} - 1\right)$$

等式两边同时除以 Δt，得环 O 的速度为

$$v_0 = v\left(\frac{1}{\cos\alpha} - 1\right)$$

10. (1) 3/4；(2) 7∶5。

提示 (1) 物体经历 $A \to C$ 的时间为

$$t_{AC} = \sqrt{\frac{2L}{g\sin\theta}}$$

物体经历 $A \to B \to C$ 的时间为

$$t_{ABC} = \sqrt{\frac{2L\sin\theta}{g}} + \frac{L\cos\theta}{\sqrt{2gL\sin\theta}}$$

根据 $t_{AC} = t_{ABC}$，可解出 $\tan\theta = 3/4$。

(2) 通过分析不难发现，用时最短的路径为 $A \to B \to C$，所以

$$t_{\min} = \sqrt{\frac{2L\sin\theta}{g}} + \frac{L\cos\theta}{\sqrt{2gL\sin\theta}} = \sqrt{\frac{10L}{3g}}$$

用时最长的路径为由无穷多个竖直线段和水平线段构成的趋近于 AC 的轨迹，把竖直线段挑出来构成一个从 A 到 B 的自由落体运动轨迹，把水平段挑出来构成一个变速运动轨迹，该变速运动所用时间是自由落体运动的 4/3 倍，所以

$$t_{\max} = \sqrt{\frac{2L\sin\theta}{g}}\left(1 + \frac{4}{3}\right) = \frac{7}{3}\sqrt{\frac{2L\sin\theta}{g}} = \frac{7}{3}\sqrt{\frac{6L}{5g}}$$

所以，$t_{\max} : t_{\min} = 7 : 5$。

1.3 应用导数研究运动

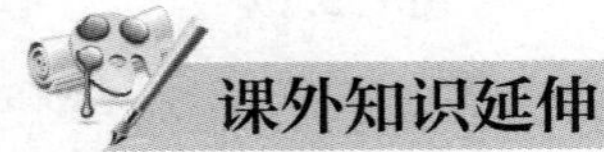

1. 斜率与导数

如果函数 $x(t)$ 图像在 t_0 处存在斜率，则该斜率称为函数在 t_0 处的导数，可表示为

$$\lim_{\Delta t \to 0} \frac{\Delta x}{\Delta t} = \frac{\mathrm{d}x}{\mathrm{d}t} = \frac{\mathrm{d}}{\mathrm{d}t}x = \dot{x} = x'$$

$\left(\text{其中 } \mathrm{d}x\text{、}\mathrm{d}t \text{ 分别称为 } x \text{ 的微分和 } t \text{ 的微分，} \frac{\mathrm{d}x}{\mathrm{d}t} \text{ 称为 } x \text{ 对 } t \text{ 的微商}\right)$。

函数 $x(t)$ 在 t_0 处的导数为正数时，函数 $x(t)$ 图像在 t_0 处的斜率为正数，表示函数图

像在该点向上倾斜；函数 $x(t)$在 t_0 处的导数为负数时，函数 $x(t)$图像在 t_0 处的斜率为负数，表示函数图像在该点向下倾斜；函数 $x(t)$在 t_0 处的导数为 0 时，函数 $x(t)$图像在 t_0 处的斜率为 0，表示函数图像在该点存在极值，有可能是极大值，也有可能是极小值。

2. 常见函数的导数

(1) 常数的导数为零，如果用 C 来表示常数，则$\dfrac{\mathrm{d}C}{\mathrm{d}x}=0$。

(2) 幂函数($y=x^n, n\neq 0$)的导数：$\dfrac{\mathrm{d}y}{\mathrm{d}x}=\dfrac{\mathrm{d}(x^n)}{\mathrm{d}x}=nx^{n-1}$。

(3) 三角函数的导数：$\dfrac{\mathrm{d}\sin x}{\mathrm{d}x}=\cos x$，$\dfrac{\mathrm{d}\cos x}{\mathrm{d}x}=-\sin x$，$\dfrac{\mathrm{d}\tan x}{\mathrm{d}x}=\dfrac{1}{\cos^2 x}$。

(4) 指数和对数的导数：$\dfrac{\mathrm{d}\mathrm{e}^x}{\mathrm{d}x}=\mathrm{e}^x$，$\dfrac{\mathrm{d}\ln x}{\mathrm{d}x}=\dfrac{1}{x}$。

3. 常用的求导法则

(1) $Z(x)=y(x)\pm z(x)$的导数为$\dfrac{\mathrm{d}Z}{\mathrm{d}x}=\dfrac{\mathrm{d}y}{\mathrm{d}x}\pm\dfrac{\mathrm{d}z}{\mathrm{d}x}$。

(2) $\dfrac{\mathrm{d}Z}{\mathrm{d}t}=\dfrac{\mathrm{d}y}{\mathrm{d}t}g(t)+y(t)\dfrac{\mathrm{d}g}{\mathrm{d}t}$(其中 $Z(t)=g(t)y(t)$)。

(3) $\dfrac{\mathrm{d}Z}{\mathrm{d}t}=\dfrac{\dfrac{\mathrm{d}y}{\mathrm{d}t}g(t)-\dfrac{\mathrm{d}g}{\mathrm{d}t}y(t)}{g^2(t)}$$\left(\text{其中 } Z(t)=\dfrac{y(t)}{g(t)}\right)$。

(4) $\dfrac{\mathrm{d}f}{\mathrm{d}t}=\dfrac{\mathrm{d}f(x)}{\mathrm{d}x}\cdot\dfrac{\mathrm{d}x(t)}{\mathrm{d}t}$(其中 $f=f(x(t))$)。

4. 导数与微分

根据导数的定义$\dfrac{\mathrm{d}x}{\mathrm{d}t}=x'$，可得 $\mathrm{d}x=x'\mathrm{d}t$，可见 $x(t)$的微分可表示为 $x(t)$的导数 x'与自变量t 的微分 $\mathrm{d}t$ 的乘积。特别地，当 $x(t)$在 t_0 处取得极值时 $x'=0$，所以 $\mathrm{d}x=0$，这里隐含着变分的重要思想。

5. 速度和加速度的导数表示形式

瞬时速度可表示为

$$v=\lim_{\Delta t\to 0}\frac{\Delta x}{\Delta t}=\frac{\mathrm{d}x}{\mathrm{d}t}=\frac{\mathrm{d}}{\mathrm{d}t}x=\dot{x}=x'$$

瞬时加速度可表示为

$$a=\lim_{\Delta t\to 0}\frac{\Delta v}{\Delta t}=\frac{\mathrm{d}v}{\mathrm{d}t}=\frac{\mathrm{d}^2x}{\mathrm{d}t^2}=\frac{\mathrm{d}^2}{\mathrm{d}t^2}x=\ddot{x}=x''$$

核心问题讨论

1. 幂函数的导数求解举例

例题 1 一物体沿 x 轴运动，其位置随时间变化的关系为 $x=t^3$，所有物理量的单位都是国际单位，从瞬时速度和瞬时加速度的定义推导瞬时速度、瞬时加速度随时间变化的关系。

分析 根据瞬时速度的定义 $v=\lim\limits_{\Delta t\to 0}\dfrac{\Delta x}{\Delta t}$，要求 t 时刻的瞬时速度就需要求出 $t\sim t+\Delta t$ 时间内的位移，用该位移除以时间 Δt，再令 $\Delta t\to 0$ 求极限即可；求瞬时加速度同理。

解 物体在 $t\sim t+\Delta t$ 时间内的平均速度为

$$\bar{v}=\frac{\Delta x}{\Delta t}=\frac{x_2-x_1}{\Delta t}=\frac{(t+\Delta t)^3-t^3}{\Delta t}=\frac{t^3+3t^2\cdot\Delta t+3t(\Delta t)^2+(\Delta t)^3-t^3}{\Delta t}$$
$$=3t^2+3t\cdot\Delta t+(\Delta t)^2$$

要求 t 时刻的瞬时速度，只需要令 $\Delta t\to 0$ 求极限，即

$$v=\lim_{\Delta t\to 0}\frac{\Delta x}{\Delta t}=\lim_{\Delta t\to 0}(3t^2+3t\cdot\Delta t+(\Delta t)^2)=3t^2$$

所以，物体在任意时刻 t 的瞬时速度的表达式为

$$v=3t^2$$

同理，物体在任意时刻 t 的瞬时加速度的表达式为

$$a=\lim_{\Delta t\to 0}\frac{\Delta v}{\Delta t}=6t$$

点拨 本题用到了微元和极限，这种方法较难理解，要慢慢体会和练习才能掌握。该方法在高考中也有所体现，但是在强基计划考试和竞赛中体现得更明显。

2. 关于速度和加速度的导数应用举例

例题 2 一物体沿 x 轴运动，其位置随时间变化的关系为 $x=t^3-3t^2-9t+5$。问：

(1) 在哪段时间内该物体沿 x 轴正向运动？在哪段时间内该物体沿 x 轴负向运动？

(2) 在哪段时间内该物体加速运动？在哪段时间内该物体减速运动？

分析 质点沿 x 轴正向运动，则速度 $v>0$，即位置对时间的导数大于零。速度对时间的导数是加速度，物体做加速运动则必定满足：加速度和速度的方向相同，即同为正或同为负。否则做减速运动。

解 (1) 根据质点的位置随时间变化的关系为 $x=t^3-3t^2-9t+5$，可得

$$v=3t^2-6t-9$$

当 $v>0$，即 $t>3$ s 时，质点沿 x 轴正向运动；

当 $v<0$，即 $t<3$ s 时，质点沿 x 轴负向运动。

(2) 根据质点的速度随时间变化的关系为 $v=3t^2-6t-9$，可得

$$a = 6t - 6$$

当 $v>0$ 且 $a>0$ 或 $v<0$ 且 $a<0$，即 $t>3$ s 或 0 s$<t<1$ s 时，质点做加速运动；

当 $v>0$ 且 $a<0$ 或 $v<0$ 且 $a>0$，即 1 s$<t<3$ s 时，质点做减速运动。

点拨　一物体做直线运动，其位置与时间的函数关系为二次函数，则这个物体的加速度恒定，利用匀变速直线运动的规律可以求相关量。但是，如果物体的位置与时间的函数关系是一个更高次的函数关系，则需要通过求导来求物体的速度和加速度。这在强基计划考试中也常常出现。

3. 利用导数求最值

例题3　两质点 A、B 沿同一直线同时出发向东行驶，质点 A 的位置 x_A 与时间的函数关系为 $x_A(t)=t^3+2t^2+2t+1$，质点 B 的位置 x_B 与时间的函数关系为 $x_B(t)=t^2+3t+1$（x_A、x_B 的单位为 m，t 的单位为 s）。

(1) 求第 1 s 内质点 A 的位移大小。

(2) 求 1 s 末质点 B 的速度大小。

(3) 在 0～0.5 s 内，两质点何时相距最远？最大距离为多少？

分析　知道两质点的位置随时间变化的关系，易求两质点各自的位移、速度随时间变化的关系；要求两质点间的最大距离，可先把两质点间的距离表示成时间的函数，然后再用数学方法求该函数的最值。

解　(1) $t=0$ 时，质点 A 的位置为 $x_1=1$ m；$t=1$ s 时，质点 A 的位置为 $x_2=6$ m。所以，第 1 s 内质点 A 的位移为 $x=x_2-x_1=5$ m。

(2) 由质点 B 的运动方程可以看出，它做匀加速直线运动，初速度为 $v_0=3$ m/s，加速度为 $a=2$ m/s^2。由匀变速直线运动的规律可得 1 s 末质点 B 的速度为

$$v = v_0 + at = 5\ \text{m/s}$$

(3) 两质点间的距离随时间变化的关系为

$$s = x_B - x_A = -t^3 - t^2 + t$$

两质点相遇最远，则 s 关于 t 的函数的导数必定为 0，即

$$\frac{\mathrm{d}s}{\mathrm{d}t} = -3t^2 - 2t + 1 = 0$$

解得 $t=\dfrac{1}{3}$ s。

所以当 $t=\dfrac{1}{3}$ s 时，两质点相距最远，最大距离为 $\dfrac{5}{27}$ m。

点拨　求物理量的最值是物理学中常见的一种题型，在高考和强基计划考试、竞赛中都会遇到，可利用图像、均值不等式、三角函数、二次函数、导数，以及通过从物理情景中找临界情况求最值。

例题4　如图 1.3.1 所示，一人在岸上的 A 点看见另一人在水中的 B 点溺水，已知他在

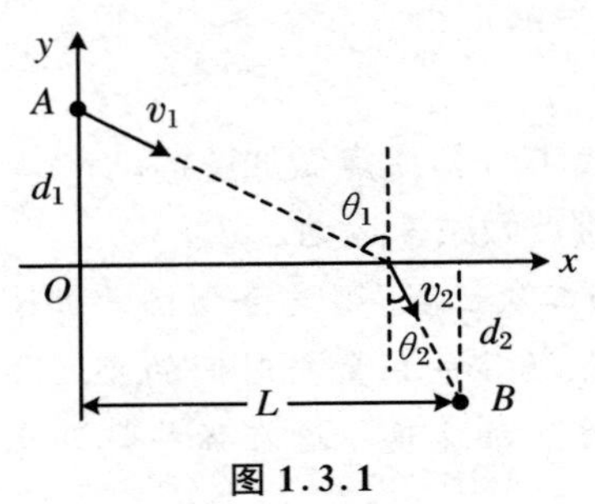

图 1.3.1

地面奔跑的速度大小为 v_1，在水中游泳的速度大小为 v_2，各长度均在图中标出，x 轴是岸和水的分界线。此人在岸上和水中均走直线，他的入水点不同，θ_1 和 θ_2 将不同。此人想在最短的时间内到达 B 点，应用函数求导的方法求 v_1、v_2、θ_1 和 θ_2 满足的关系。

分析 人的入水点不同，θ_1 和 θ_2 将不同，到达 B 点所用时间也不同，此人想在最短的时间内到达 B 点，可先写出 $t(x)$ 的表达式，x 为入水点坐标，应用函数 $t(x)$ 取极值时 $\dfrac{\mathrm{d}t(x)}{\mathrm{d}x}=0$，可求 v_1、v_2、θ_1 和 θ_2 满足的关系。

解 根据题意，有

$$t(x)=\frac{\sqrt{d_1^2+x^2}}{v_1}+\frac{\sqrt{d_2^2+(L-x)^2}}{v_2}$$

上式对 x 求导，得

$$\frac{\mathrm{d}t(x)}{\mathrm{d}x}=\frac{2x}{2v_1\sqrt{d_1^2+x^2}}-\frac{2(L-x)}{2v_2\sqrt{d_2^2+(L-x)^2}}$$

函数 $t(x)$ 取极小值，则满足 $\dfrac{\mathrm{d}t(x)}{\mathrm{d}x}=0$，整理得

$$\frac{\dfrac{x}{\sqrt{d_1^2+x^2}}}{v_1}=\frac{\dfrac{L-x}{\sqrt{d_2^2+(L-x)^2}}}{v_2}$$

所以，v_1、v_2、θ_1 和 θ_2 满足的关系为

$$\frac{\sin\theta_1}{v_1}=\frac{\sin\theta_2}{v_2}$$

点拨 在物理学中常常遇到求极值的情况，这种问题一般有两种思路。一种思路是根据该物理量取极值时的特征，直接求解；另一种思路是先写出该物理量所满足的函数关系式，然后求该关系式的极值，求极值又常常用到求导法，如本题的 $\dfrac{\mathrm{d}t(x)}{\mathrm{d}x}=0$。本题的结果和光的折射定律很像，实际上就是费马原理，这里就不再详细介绍了。

4. 利用导数求约束问题

例题 5 如图 1.3.2 所示，物体 A 置于水平面上，物体 A 上固定有动滑轮 B，D 为定滑轮，一根轻绳绕过滑轮 D、B 后固定在 C 点，BC 段水平。当物体 A 在水平面上以大小为 v_0 的速度运动时，绳与水平面的夹角为 α。用微分和求导的方法求 D 端拉绳子的速度大小 v。

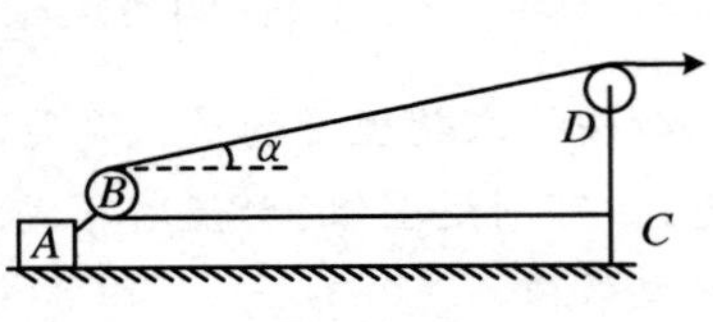

图 1.3.2

分析 一方面，我们可以应用上节介绍过的微元法

求解；另一方面，尽管 BC 和 BD 都在变化，但△BCD 是直角三角形，所以三边长应该满足勾股定理，可以据此写出三边长的约束方程，然后应用求导的方式求解。

解　为表示方便，设 B、C 的距离为 x，B、D 的距离为 l，C、D 的距离为 h，则

$$x^2 + h^2 = l^2$$

两边对时间 t 求导，得

$$2x\frac{\mathrm{d}x}{\mathrm{d}t} = 2l\frac{\mathrm{d}l}{\mathrm{d}t}$$

变形为

$$2x\frac{\mathrm{d}x}{\mathrm{d}t} = 2l\left(\frac{\mathrm{d}l}{\mathrm{d}t} + \frac{\mathrm{d}x}{\mathrm{d}t} - \frac{\mathrm{d}x}{\mathrm{d}t}\right) = 2l\left(\frac{\mathrm{d}l}{\mathrm{d}t} + \frac{\mathrm{d}x}{\mathrm{d}t}\right) - 2l\frac{\mathrm{d}x}{\mathrm{d}t}$$

其中$\frac{\mathrm{d}x}{\mathrm{d}t} = -v_0$，$\frac{\mathrm{d}l}{\mathrm{d}t} + \frac{\mathrm{d}x}{\mathrm{d}t} = -v$，所以上式变为

$$-2xv_0 = -2lv + 2lv_0$$

解得

$$v = \frac{xv_0 + lv_0}{l} = v_0(\cos\alpha + 1)$$

点拨　若能轻松地写出某些空间距离之间的约束关系，则可以考虑通过对时间求导来求出这些空间距离随时间的变化率间的关系，从而求出相应的速度间的关系，这是一种常用的解题思路。

习题实战演练

基 础 练 习

1. 在 1～5 s 内，假设某质点的位置随时间的变化关系为 $x = \frac{1}{\sqrt{t}} + \sqrt{t}$（单位都为国际单位），在 $t = 4$ s 时，质点的速度大小为　（　　）

A. $\frac{1}{8}$　　B. $-\frac{1}{8}$　　C. $-\frac{3}{16}$　　D. $\frac{3}{16}$

2. 一质点沿直线 Ox 方向做变速运动，它离开 O 点的距离随时间变化的关系为 $x = 5 + 2t^3$(m)，下列说法正确的是　（　　）

A. 质点的速度随时间变化的关系为 $v = 6t^2$

B. 质点的加速度随时间变化的关系为 $a = 12t$

C. 质点在 $t = 0$ 到 $t = 2$ s 间的平均速度为 10.5 m/s

D. 质点的速度变化越来越快

3. 在 0～5 s 内，假设某质点的位置随时间变化的关系为 $x(t) = 5t^3$，某时刻质点的速度

大小为 $v(t_0)=15\ \text{m/s}$，则 t_0 的值为________。

4. 某物体沿直线运动，轨迹方程为 $x=t^3-4t$（单位都为国际单位），则物体在 $t=1\ \text{s}$ 时的加速度为________。

5. 一质点沿 x 轴做直线运动，其位置坐标与时间的关系为 $x=10+8t-4t^2$，求：

(1) 质点在第 1 s 内、第 2 s 内的平均速度；

(2) 质点在 $t=0,1\ \text{s},2\ \text{s}$ 时的速度。

6. 一质点按规律 $x=t^3-3t^2-9t+5$ 沿 x 轴运动。

(1) 写出质点的速度随时间变化的规律。

(2) 什么时候质点速度为零？什么时候质点加速度为零？

7. 在 0～5 s 内，假设某质点的位置随时间变化的关系为 $x=t^3+t^2-5t-5$，则在哪段时间内该质点沿 x 轴负方向运动？

提 高 练 习

8. 两质点 A、B 由同一地点向同一方向沿同一直线同时出发，质点 A 的运动方程为 $x=3t^3+9t^2-4t+5$，质点 B 做匀加速直线运动，初速度为 0，加速度为 $9\ \text{m/s}^2$。

(1) 两者第一次相遇前何时相距最远？

(2) 最远距离为多少？

9. 一个做一维运动的质点的坐标 x 与时间 t 的关系如下：

(1) $x(t)=v_0t+\dfrac{1}{2}at^2$，其中 v_0 和 a 是已知常量；

(2) $x(t)=A\mathrm{e}^{-\beta t}\cos\omega t$，其中 A、β 和 ω 是已知常量；

(3) $x(t)=\dfrac{mv_0}{\beta}\left|1-\mathrm{e}^{-\frac{\beta}{m}t}\right|$，其中 m、v_0 和 β 是已知常量。

求质点的瞬时速度 v、瞬时加速度 a 与时间 t 的关系。

10. 雷达 A 与火箭发射台 B 的距离为 L，观测沿竖直方向向上发射的火箭，如图 1.3.3 所示。在 0～T 时间内，观测得到 θ 的规律为 $\theta=kt^2$（k 为常量）。在 0～T 时间内，求火箭的速度随时间变化的关系 $v(t)$。

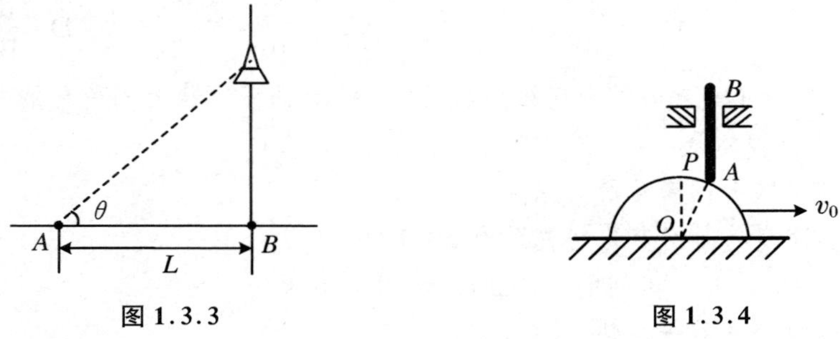

图 1.3.3　　　　图 1.3.4

11. 如图 1.3.4 所示，直杆下端与凸轮接触，在卡槽的作用下只能沿竖直方向运动。半

圆形凸轮的半径为 R，当凸轮以速度 v_0 水平向右匀速运动时，直杆沿竖直方向上升。O 为凸轮圆心，P 为其顶点。当 $\angle AOP=\alpha$ 时，利用求导法求：

(1) AB 杆的速度大小 v；

(2) AB 杆的加速度大小 a。

参考答案

1. D。
2. ABD。
3. 1 s。
4. 6 m/s^2。
5. (1) 4 m/s，−4 m/s；(2) 8 m/s，0，−8 m/s。
6. (1) $v=3t^2-6t-9$；(2) $t=3$ s 时速度为零，$t=1$ s 时加速度为零。
7. 0～1 s。
8. (1) $\dfrac{1}{3}$ s；(2) $\dfrac{13}{18}$ m。

提示　根据题意，可写出两质点距离的表达式为 $y=3t^3+\dfrac{9}{2}t^2-4t$，两质点相距最远时，$\dfrac{dy}{dt}=9t^2+9t-4=0$，解得 $t=\dfrac{1}{3}$ s，将 $t=\dfrac{1}{3}$ s 代入 y 的表达式，则 $y=-\dfrac{13}{18}$ m，负号代表 B 质点在 A 质点前。

9. (1) $v=v_0+at$，a 是已知常量；(2) $v(t)=-A\beta e^{-\beta t}\cos\omega t-A\omega e^{-\beta t}\sin\omega t$，$a(t)=A\beta^2e^{-\beta t}\cos\omega t+2A\beta\omega e^{-\beta t}\sin\omega t-A\omega^2e^{-\beta t}\cos\omega t$；(3) $v(t)=v_0e^{-\frac{\beta}{m}t}$，$a(t)=-\dfrac{v_0\beta}{m}e^{-\frac{\beta}{m}t}$。

提示　应用求导法则依次求导即可。

10. $v(t)=2kL\dfrac{t}{\cos kt^2}$。

提示　写出火箭与发射台 B 点的距离的关系 $x=L\tan kt^2$；应用链式法则求导可得 $v(t)$。

11. (1) $v_A=v_0\tan\alpha$；(2) $a=\dfrac{v_0^2}{R\cos^3\alpha}$。

提示　(1) 沿竖直方向建立图 1.3.5 所示的坐标轴，则

$$y=R\cos\alpha$$

由

$$-v_0=\frac{dR\sin\alpha}{dt}=R\frac{d\sin\alpha}{d\alpha}\cdot\frac{d\alpha}{dt}=R\cos\alpha\cdot\frac{d\alpha}{dt}$$

得

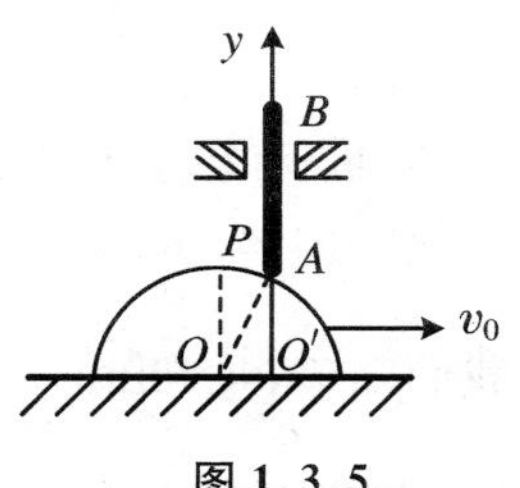

图 1.3.5

$$\frac{\mathrm{d}\alpha}{\mathrm{d}t}=\frac{-v_0}{R\cos\alpha}$$

从而得 AB 杆的速度大小为

$$v=\frac{\mathrm{d}y}{\mathrm{d}t}=\frac{\mathrm{d}y}{\mathrm{d}\alpha}\cdot\frac{\mathrm{d}\alpha}{\mathrm{d}t}=-R\sin\alpha\cdot\frac{-v_0}{R\cos\alpha}=v_0\tan\alpha$$

(2) AB 杆的加速度大小为

$$a=\left|\frac{\mathrm{d}v}{\mathrm{d}t}\right|=\left|\frac{\mathrm{d}v}{\mathrm{d}\alpha}\cdot\frac{\mathrm{d}\alpha}{\mathrm{d}t}\right|=\left|\frac{v_0}{\cos^2\alpha}\cdot\frac{-v_0}{R\cos\alpha}\right|=\frac{v_0^2}{R\cos^3\alpha}$$

1.4 应用积分研究运动

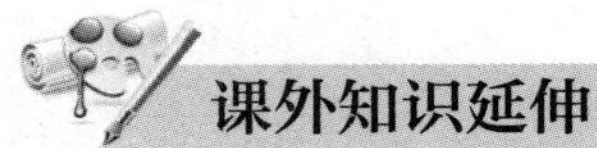

1. 定积分

一质点做变速运动,我们可以采用下列方法来近似地计算质点从 T_1 到 T_2 时间段内的位移:将时间切割成相等的 n 份,每一份的长度为 Δt,第 i 段时间内的速度近似认为不变,都为 $v_i(t)$,则质点从 T_1 到 T_2 时间段内的位移可近似表示为 $x=\sum_{i=1}^{n}v_i(t_i)\Delta t$,就是图 1.4.1 中各长方形的面积之和。切割的份数 n 越大,求得的位移越接近真实值,长方形的面积之和也越接近曲线与 t 轴围成的面积;当 $n\to\infty$ 时,$x=\lim\limits_{n\to\infty}\sum_{i=1}^{n}v_i(t_i)\Delta t$,可以认为与真实的位移已经无差别了,长方形的面积之和与曲线和 t 轴围成的面积也无差别了。这时的求和可以认为就是函数 $v(t)$ 对时间 t 的定积分,表示为 $x=\lim\limits_{n\to\infty}\sum_{i=1}^{n}v_i(t_i)\Delta t=\int_{T_1}^{T_2}v(t)\mathrm{d}t$,$T_1$ 和 T_2 分别为积分的下限和上限。显然,上述 Δt 没必要切割成相同的长度,只要 $\Delta t_i\to 0$ 即可。可见,求函数 $v(t)$ 对 t 的定积分实际上就是在 v-t 图像中求曲线与 t 轴围成的面积。

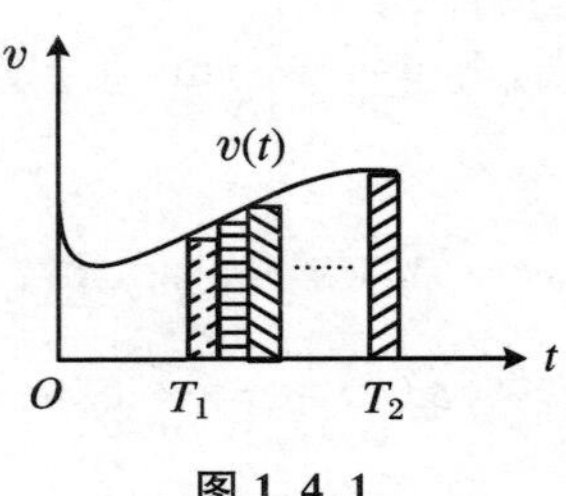

图 1.4.1

2. 牛顿-莱布尼茨公式

为便于理解,下面以匀变速运动为例来说明如何求函数 $v(t)$ 对 t 的定积分。

我们知道,$v=\lim\limits_{\Delta t\to 0}\frac{\Delta x}{\Delta t}$,其中 Δx 和 Δt 在图 1.4.2 中的 x-t 图像中通过放大标出,v 就是质点在 t 时刻的瞬时速度。在图 1.4.2 中的 v-t 图像中,阴影部分的面积表示 $\Delta x=v\Delta t$。

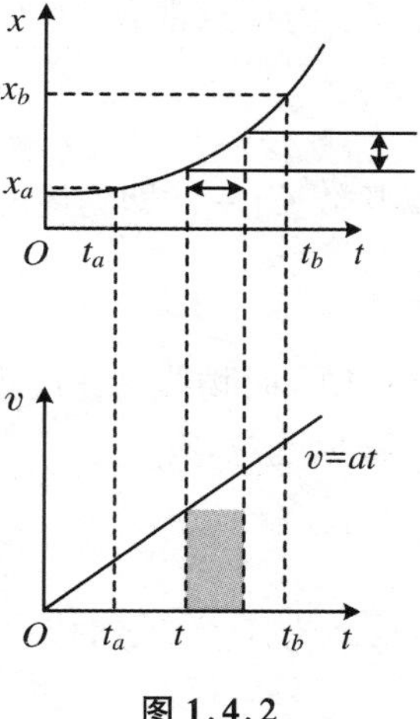

图 1.4.2

上式两边对变量进行求和，起点选为 t_a，终点选为 t_b，则得

$$x_b - x_a = \lim_{n\to\infty}\sum_{i=1}^{n} v_i(t_i)\Delta t$$

改写成积分的形式，则为

$$\int_{t_a}^{t_b} v(t)\mathrm{d}t = x_b - x_a$$

可见，定积分的值就是原函数在积分上下限处作差的值，上式也称牛顿-莱布尼茨公式。

3. 不定积分

求积分的过程就是求面积的过程，也就是求原函数的过程，所以积分与求导可以认为互为逆运算。因为常数的导数为零，所以积分通常会有一个不定项系数 C，C 为任意常数，需要初始条件来确定这个不定常数。带积分上下限的称为定积分，不带积分上下限的称为不定积分。常见的函数不定积分公式如下：

$$\int x^n \mathrm{d}x = \frac{1}{n+1}x^{n+1} + C(n \neq -1),\quad \int \frac{1}{x}\mathrm{d}x = \ln|x| + C,\quad \int \mathrm{e}^x \mathrm{d}x = \mathrm{e}^x + C$$

$$\int \sin x\mathrm{d}x = -\cos x + C,\quad \int \cos x\mathrm{d}x = \sin x + C$$

4. 速度和加速度的积分

速度对时间的积分即为位移，即 $\Delta x = \int_{t_1}^{t_2} v(t)\mathrm{d}t$。加速度对时间的积分即为速度的改变量，即 $\Delta v = \int_{t_1}^{t_2} a(t)\mathrm{d}t$。

核心问题讨论

1. 从 $a(t)$ 求 $v(t)$，再求 $x(t)$

加速度 a 是速度 v 对时间 t 的导数，即 $a = \frac{\mathrm{d}v}{\mathrm{d}t}$。已知 $a(t)$，可以通过直接积分求得 $v(t)$，即求 $a(t)$ 的原函数，但是需要注意初始条件，把常数 C 定下来。

例题1 已知一质点沿 x 轴做直线运动，其加速度为 $a=4+3t$，式中所有物理量的单位都为国际单位。在 $t=0$ 时，$x=5\ \mathrm{m}$，$v=0$，求该质点在 $t=10\ \mathrm{s}$ 时的速度和位置。

分析 质点的加速度随时间在发生变化，不能用匀变速直线运动的规律求速度和位移，但是，我们知道，加速度对时间的积分是速度，速度对时间的积分是位移，题目中 a-t 关系已知，所以易求关系 v-t 和 x-t 关系。

解 根据题意，有

$$v = \int a\mathrm{d}t = \int (4+3t)\mathrm{d}t = \frac{3}{2}t^2 + 4t + C_1$$

其中 C_1 为任意常数，代入初始条件 $t=0, v=0$，得

$$v_0 = \frac{3}{2}t^2 + 4t + C_1 = 0$$

所以常数 $C_1=0$，即物体的速度随时间变化的关系为

$$v = \frac{3}{2}t^2 + 4t$$

当 $t=10\ \mathrm{s}$ 时物体的速度为 $v_{10}=190\ \mathrm{m/s}$。

根据题意，有

$$x = \int v\mathrm{d}t = \int\left(\frac{3}{2}t^2 + 4t\right)\mathrm{d}t = \frac{1}{2}t^3 + 2t^2 + C_2$$

其中 C_2 为任意常数，代入初始条件 $t=0, x=5\ \mathrm{m}$，得

$$x_0 = \frac{1}{2}t^3 + 2t^2 + C_2 = 5$$

所以常数 $C_2=5$，即物体的位置随时间变化的关系为

$$x = \frac{1}{2}t^3 + 2t^2 + 5$$

当 $t=10\ \mathrm{s}$ 时物体的速度为 $x_{10}=705\ \mathrm{m}$。

点拨 这是利用积分处理物理问题的一个较为基础的例题，只要理解定积分的含义，本题就比较容易求解。在高考中几乎不涉及应用积分处理物理问题，但在强基计划考试和竞赛中应用积分处理物理问题比较常见。在强基计划考试中，应用积分能求解的题目多数也可应用小量求和或其他方法求解。当然，积分作为一种求和的便捷方法，还是应该掌握的。

2. 从 $a(v)$ 求 $v(t)$，再求 $a(t)$ 和 $x(t)$

根据 $a=\dfrac{\mathrm{d}v}{\mathrm{d}t}$，若 a 是 v 的函数（$a(v)$），则可将 $a(v)$ 移到等式右边，$\mathrm{d}t$ 移到等式左边，这样就完成了变量分离，左边对 t 积分，同时右边对 v 积分，即两边同时积分可得到 $v(t)$。

例题 2 有一个沿直线运动的质点，在 $t=0$ 时刻速度为 v_0 并做减速运动，此后任意时刻的加速度与速度方向相反，且正比于当时的速度值，即 $a=-kv$。求：

(1) 质点的速度和时间的关系 $v(t)$；

(2) 质点的加速度随时间变化的关系 $a(t)$；

(3) 质点的位移随时间变化的关系 $x(t)$。

分析 根据 $a=\dfrac{\mathrm{d}v}{\mathrm{d}t}=-kv$，可将 v 移到等式左边，$\mathrm{d}t$ 移到等式右边，这样就完成了变量分离，再两边同时积分可得到 v-t 关系，进而可求出 a-t 和 x-t 关系。

解 (1) 根据题意，有

$$\frac{\mathrm{d}v}{\mathrm{d}t} = -kv$$

分离变量，得

$$\frac{\mathrm{d}v}{v}=-k\mathrm{d}t$$

左边对 v 积分，右边对 t 积分，并注意积分上下限，得

$$\int_{v_0}^{v}\frac{\mathrm{d}v}{v}=-\int_0^t k\mathrm{d}t$$

积分，得

$$\ln\frac{v}{v_0}=-kt$$

解得

$$v=v_0\mathrm{e}^{-kt}$$

(2) 将 $v(t)$ 对时间 t 求导，得

$$a=\frac{\mathrm{d}v}{\mathrm{d}t}=-kv_0\mathrm{e}^{-kt}$$

(3) 根据 $v=\frac{\mathrm{d}x}{\mathrm{d}t}=v_0\mathrm{e}^{-kt}$，得 $\mathrm{d}x=v_0\mathrm{e}^{-kt}\mathrm{d}t$，左边对 x 积分，右边对 t 积分，得

$$\int_{x_1}^{x_2}\mathrm{d}x=\int_0^t v_0\mathrm{e}^{-kt}\mathrm{d}t$$

将上式积分，得

$$\Delta x=x_2-x_1=\frac{v_0}{k}(1-\mathrm{e}^{-kt})$$

点拨　相当多的名校强基计算考试不回避积分，而计算积分时用得最多的方法就是分离变量。

3. 从 $a(x)$ 求 $v(x)$

加速度 a 是速度 v 对时间 t 的导数，即 $a=\frac{\mathrm{d}v}{\mathrm{d}t}$。若已知 $a(x)$，则此时需要变形，$a(x)=\frac{\mathrm{d}v}{\mathrm{d}t}=\frac{\mathrm{d}v}{\mathrm{d}x}\cdot\frac{\mathrm{d}x}{\mathrm{d}t}=v\frac{\mathrm{d}v}{\mathrm{d}x}$，分离变量，即 $a(x)\mathrm{d}x=v\mathrm{d}v$，可以看出上式左边含有 x，右边含有 v，可以将上式两边同时积分，左边对 x 积分，同时右边对 v 积分，注意积分上下限，即 $\int_{x_1}^{x_2}a(x)\mathrm{d}x=\int_{v_1}^{v_2}v\mathrm{d}v$。

例题3　已知一质点做变加速直线运动，初速度为 v_0，其加速度随位移成线性递减的关系，即加速过程中加速度与位移之间的关系满足条件 $a=a_0-kx$，式中 a 为任一位置处的加速度，x 为位移，a_0、k 为常量，求位移为 x 时质点的瞬时速度。(已知 $x<a_0/k$。)

分析　我们知道加速度可表示为 $a=\frac{\mathrm{d}v}{\mathrm{d}t}$，但是题目中并没有告诉我们加速度随时间变化的关系，而告诉的是 a-x 关系，知道了 a-x 关系，可以将 a 对 x 积分，或将 a 对 x 求导。我

们知道 $a=\frac{\mathrm{d}v}{\mathrm{d}t}=\frac{\mathrm{d}x}{\mathrm{d}t}\cdot\frac{\mathrm{d}v}{\mathrm{d}x}=v\frac{\mathrm{d}v}{\mathrm{d}x}$,变形得 $a\mathrm{d}x=v\mathrm{d}v$,分离变量后就可以积分了。

解 由 $a=\frac{\mathrm{d}v}{\mathrm{d}t}=\frac{\mathrm{d}x}{\mathrm{d}t}\cdot\frac{\mathrm{d}v}{\mathrm{d}x}=v\frac{\mathrm{d}v}{\mathrm{d}x}$得$a\mathrm{d}x=v\mathrm{d}v$,即$(a_0-kx)\mathrm{d}x=v\mathrm{d}v$,等式左边对 x 积分,同时等式右边对 v 积分,得

$$\int_0^x(a_0-kx)\mathrm{d}x=\int_{v_0}^v v\mathrm{d}v$$

积分结果为

$$a_0x-\frac{kx^2}{2}=\frac{v^2}{2}-\frac{v_0^2}{2}$$

解得

$$v(x)=\sqrt{v_0^2+2a_0x-kx^2}$$

点拨 本题较为灵活,对能力要求较高,在强基计划考试和竞赛中属于常规题。本题也可以利用微元法求解,简单提示如下:在很小一段位移内,加速度可以看成常量,即

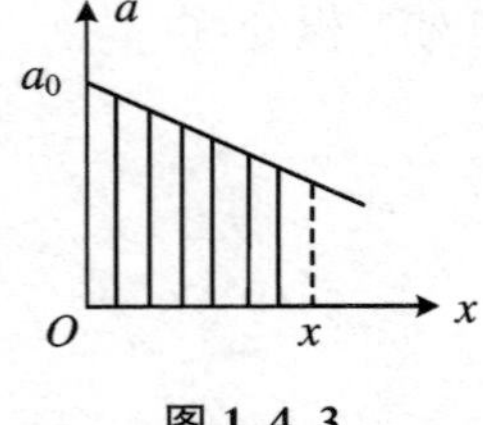

图 1.4.3

$$v^2-v_0^2=\sum 2a\cdot\Delta x=2\sum a\cdot\Delta x$$

故可利用 a-x 图像与 x 轴围成的面积求出 $v^2-v_0^2$。建立 a-x 图,如图 1.4.3 所示,图中阴影部分面积的两倍就表示 $v^2-v_0^2$,故

$$v^2-v_0^2=2\cdot\frac{a_0+(a_0-kx)}{2}\cdot x=2a_0x-kx^2$$

解得答案。积分法容易想到,但对数学知识的要求较高;微元法不易想到,但对数学知识的要求并不高。同学们在解题时根据自己的情况选择适合自己的方法。

习题实战演练

基 础 练 习

1. 某物体沿 x 轴运动,其速度随时间变化的关系为 $v=-3t^2+2t+1$,所有物理量的单位都为国际单位,在 $t=0$ 时,$x=0$,则在 $t=1\,\mathrm{s}$ 时,质点的坐标为 ( )

A. 1 m　　B. −1 m　　C. 0　　D. 2 m

2. 某物体沿 x 轴运动,其速度随时间变化的关系为 $v=-3t^2+2t+1$,所有物理量的单位都为国际单位,在 $t=0$ 时,$x=1\,\mathrm{m}$,则在 $t=1\,\mathrm{s}$ 时,质点的坐标为 ( )

A. 1 m　　B. −1 m　　C. 0　　D. 2 m

3. 某物体沿 x 轴运动,其速度随时间变化的关系为 $v=-3t^2+2t+1$,所有物理量的单位都为国际单位,则在第 2 s 内,质点的位移为 ( )

A. 3 m　　B. −3 m　　C. 0　　D. 2 m

4．某物体沿 x 轴运动，其速度随时间变化的关系为 $v=\sin t+\cos t+2t+1$，所有物理量的单位都为国际单位，则在 0～1 s 内物体的位移(单位：m)为　（　）

A. $\cos 1-\sin 1+3$　　B. $\cos 1-\sin 1+1$　　C. $\sin 1-\cos 1+3$　　D. $\sin 1-\cos 1+1$

5．一质点沿直线 Ox 方向做变速运动，它离开 O 点的速度随时间变化的关系为 $v=5+2t^3$(m/s)，已知物体的初始位置为 $x=0$，下列说法中正确的是　（　）

A. 质点的位移随时间变化的关系为 $x=5t+t^4/2$

B. 质点的加速度随时间变化的关系为 $a=6t^2$

C. 质点在 $t=0$ 到 $t=2$ s 间的平均加速度为 12 m/s^2

D. 质点的加速度变化越来越快

6．一质点沿直线 Ox 方向做变速运动，它离开 O 点的加速度随时间变化的关系为 $a=5+2t^3$(m/s^2)，已知物体在初始位置时，$x=0$，$v=0$，下列说法中正确的是　（　）

A. 质点的速度随时间变化的关系为 $v=5t+\dfrac{t^4}{2}$

B. 质点的位移随时间变化的关系为 $x=\dfrac{5}{2}t^2+\dfrac{t^5}{10}$

C. 质点在 $t=0$ 到 $t=2$ s 间的平均速度为 13.2 m/s

D. 质点的位移变化越来越快

7．如图 1.4.4 所示，已知抛物线的解析式为 $f(x)=kx^2$，求从 $x=0$ 到 $x=a$ 段抛物线与横轴围成的面积。

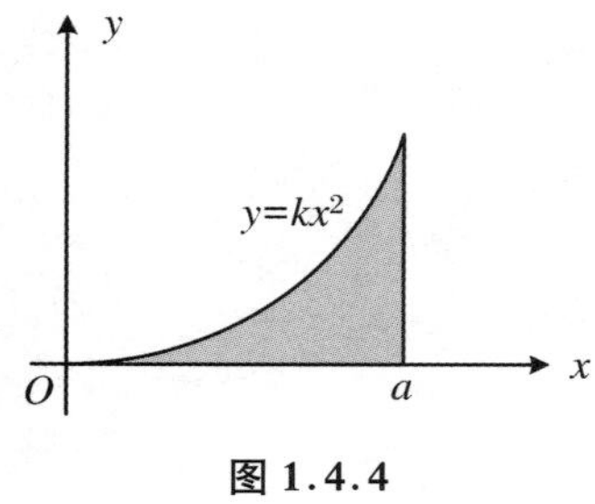

图 1.4.4

提高练习

8．根据已知量，推导下列熟悉的数学公式。

(1) 已知圆的周长公式为 $l=2\pi r$，r 为圆的半径，推导出圆的面积公式。

(2) 已知球的表面积公式为 $S=4\pi r^2$，r 为圆的半径，推导出球的体积公式。

(3) 已知圆锥的底面半径为 R，高为 h，推导出圆锥的体积公式。

9．老鼠离开洞穴沿直线前进，它的速度与到洞穴的距离成反比，当它行进到与洞穴相距 x_1 的甲处时速度为 v_1。假设老鼠继续远离洞穴运动，行进到距洞穴 x_2 的乙处。问：从甲处运动到乙处用了多长时间?

10. 一质点沿 x 轴方向做变速直线运动,其加速度随时间变化的关系为 $a=-A\omega^2\cos\omega t$,式中 A、ω 均是常量,且各量均已是国际单位,初始条件为 $t=0$ 时,$v_0=0$,$x_0=A$。求:

(1) 质点的速度随时间变化的关系;

(2) 质点的位移随时间变化的关系。

11. 利用积分写出以下两个物体质量的表达式,结果用积分表示即可。

(1) 轴对称的物体:沿对称轴建立 Ox 坐标系,该物体的底部 $x=0$,顶部 $x=H$,半径 r 与 x 的关系为 $r(x)$,密度与高度的关系为 $\rho(x)$。

(2) 半径为 R 的球对称的物体:密度与到球心的距离 r 之间的关系由函数 $\rho(r)$ 给出。

12. 质点沿 x 轴运动,其加速度和位置的关系为 $a=1+2x+3x^2$。质点在 $x=0$ 处,速度为 10 m/s,试求质点的速度随位移变化的关系 $v(x)$。

13. 有一个沿直线运动的质点,在 $t=0$ 时刻速度为 v_0 并做减速运动,此后任意时刻的加速度与速度方向相反,且正比于当时的速度值的平方,即 $a=-\beta v^2$,β 为已知量。求:

(1) 质点的速度随时间变化的关系 $v(t)$;

(2) 质点的加速度随时间变化的关系 $a(t)$;

(3) 质点的位移随时间变化的关系 $x(t)$。

参考答案

1. A。
2. D。
3. B。
4. C。
5. ABD。
6. ABD。
7. $\dfrac{1}{3}ka^3$。
8. (1) $S=\pi r^2$;(2) $V=\dfrac{4}{3}\pi r^3$;(3) $V=\dfrac{1}{3}\pi R^2 h$。
9. $\dfrac{x_2^2-x_1^2}{2x_1 v_1}$。

提示 根据题意,有 $\mathrm{d}t=\dfrac{\mathrm{d}x}{v}=\dfrac{x\mathrm{d}x}{v_1 x_1}$,积分并代入上下限,得 $\int_0^t \mathrm{d}t=\int_{x_1}^{x_2}\dfrac{x\mathrm{d}x}{v_1 x_1}$,从而得 $t=\dfrac{x_2^2-x_1^2}{2x_1 v_1}$。

10. (1) $v=-A\omega\sin\omega t$;(2) $x=A\cos\omega t$。

提示　$a=\frac{\mathrm{d}v}{\mathrm{d}t}=-A\omega^2\cos\omega t$，分离变量，两边积分，得 $v=-A\omega\sin\omega t$；$v=\frac{\mathrm{d}x}{\mathrm{d}t}=-A\omega\sin\omega t$，分离变量，两边积分，得 $x=A\cos\omega t$。

11. (1) $m=\int_0^H \pi r^2(x)\rho(x)\mathrm{d}x$；(2) $M=\int_0^R 4\pi r^2\cdot\rho(r)\mathrm{d}r$。

12. $v(x)=\sqrt{2x+2x^2+2x^3+100}$。

提示　根据 $a=\frac{\mathrm{d}v}{\mathrm{d}t}=\frac{\mathrm{d}v}{\mathrm{d}x}\cdot\frac{\mathrm{d}x}{\mathrm{d}t}=v\cdot\frac{\mathrm{d}v}{\mathrm{d}x}=1+2x+3x^2$，分离变量，两边积分，得 $\int_{10}^{v} v\mathrm{d}v=\int_0^x(1+2x+3x^2)\mathrm{d}x$，算出积分结果并整理，得 $v(x)=\sqrt{2x+2x^2+2x^3+100}$。

13. (1) $v(t)=\frac{v_0}{1+v_0\beta t}$；(2) $a(t)=-\frac{v_0^2\beta}{(1+v_0\beta t)^2}$；(3) $x(t)=\frac{1}{\beta}\ln(1+v_0\beta t)$。

提示　根据 $a=\frac{\mathrm{d}v}{\mathrm{d}t}=-\beta v^2$，分离变量，两边积分，得 $\int_{v_0}^{v}\frac{\mathrm{d}v}{v^2}=-\int_0^t\beta\mathrm{d}t$，从而得 $v(t)=\frac{v_0}{1+v_0\beta t}$，$a(t)=\frac{\mathrm{d}v(t)}{\mathrm{d}t}=-\frac{v_0^2\beta}{(1+v_0\beta t)^2}$；根据 $\frac{\mathrm{d}x}{\mathrm{d}t}=v(t)=\frac{v_0}{1+v_0\beta t}$，分离变量，两边积分，得 $\int_0^x\mathrm{d}x=\int_0^t\frac{v_0}{1+v_0\beta t}\mathrm{d}t$，从而得 $x(t)=\frac{1}{\beta}\ln(1+v_0\beta t)$。

1.5　抛体运动

课外知识延伸

1. 三角函数拓展

(1) 和差公式：

$$\sin(\alpha\pm\beta)=\sin\alpha\cos\beta\pm\cos\alpha\sin\beta$$
$$\cos(\alpha\pm\beta)=\cos\alpha\cos\beta\mp\sin\alpha\sin\beta$$

(2) 倍角公式：

$$\sin2\alpha=2\cos\alpha\sin\alpha$$
$$\cos2\alpha=\cos^2\alpha-\sin^2\alpha=1-2\sin^2\alpha$$

(3) 降次公式：

$$\sin^2\alpha=\frac{1-\cos2\alpha}{2}$$
$$\cos^2\alpha=\frac{1+\cos2\alpha}{2}$$

(4) 推论:

$$a\sin\alpha + b\cos\alpha = \sqrt{a^2 + b^2}\sin(\alpha + \varphi), \quad \tan\varphi = \frac{b}{a}$$

(5) 积化和差:

$$\sin\alpha\cos\beta = \frac{1}{2}[\sin(\alpha + \beta) + \sin(\alpha - \beta)]$$

$$\cos\alpha\sin\beta = \frac{1}{2}[\sin(\alpha + \beta) - \sin(\alpha - \beta)]$$

$$\cos\alpha\cos\beta = \frac{1}{2}[\cos(\alpha + \beta) + \cos(\alpha - \beta)]$$

$$\sin\alpha\sin\beta = -\frac{1}{2}[\cos(\alpha + \beta) - \cos(\alpha - \beta)]$$

(6) 和差化积:

$$\sin\alpha + \sin\beta = 2\sin\frac{\alpha + \beta}{2}\cos\frac{\alpha - \beta}{2}$$

$$\sin\alpha - \sin\beta = 2\cos\frac{\alpha + \beta}{2}\sin\frac{\alpha - \beta}{2}$$

$$\cos\alpha + \cos\beta = 2\cos\frac{\alpha + \beta}{2}\cos\frac{\alpha - \beta}{2}$$

$$\cos\alpha - \cos\beta = -2\sin\frac{\alpha + \beta}{2}\sin\frac{\alpha - \beta}{2}$$

2. 斜抛运动的正交分解

将斜抛运动分解为水平方向的匀速直线运动与竖直方向的竖直上抛运动,如图 1.5.1 所示。质点在任一时刻的速度与位置坐标分别是

$$v_x = v_0\cos\theta, \quad v_y = v_0\sin\theta - gt$$

$$x = v_0 t\cos\theta, \quad y = v_0\sin\theta \cdot t - \frac{1}{2}gt^2$$

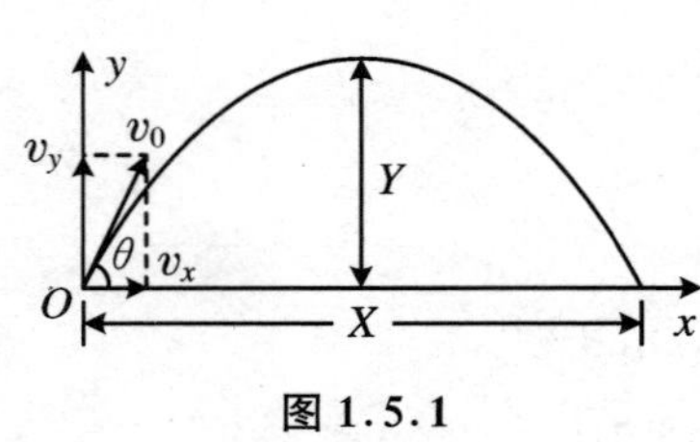

图 1.5.1

根据任一时刻的位置公式,消去时间 t,可得斜抛的轨迹方程为

$$y = x\tan\theta - \frac{g}{2v_0^2\cos^2\theta}x^2$$

当抛出的初速度大小 v_0 和方向 θ 一定时,这个轨迹是一条抛物线。这条抛物线中含有正切和余弦两种三角函数,分析计算非常不方便,所以常常变换成

$$y = x\tan\theta - \frac{g}{2v_0^2}(1 + \tan^2\theta)x^2$$

有时又整理成关于 $\tan\theta$ 的二次函数,即

$$y = -\frac{g}{2v_0^2}x^2 \cdot \tan^2\theta + x \cdot \tan\theta - \frac{g}{2v_0^2}x^2$$

3. 斜抛运动的射高和水平射程

做斜抛运动的物体从被抛出到落地所用的时间 T 称为飞行时间；轨迹最高点的高度 Y 称为射高；物体被抛出的地点到落地点的水平距离 X 称为水平射程。

飞行时间 T：设斜向上抛物体的初速度为 v_0，抛射角为 θ，则飞行时间 $T=\dfrac{2v_0\sin\theta}{g}$。

射高 Y：当物体到达最高点时，射高 $Y=\dfrac{v_0^2\sin^2\theta}{2g}$。

水平射程 X：根据 $x=v_0t\cos\theta$，可得水平射程 $X=\dfrac{v_0^2\sin 2\theta}{g}$。可见，当 $\theta=45°$ 时，$\sin 2\theta=1$，射程最大。如果两个抛射角 θ_1 和 θ_2 互为余角，即 $\theta_1+\theta_2=90°$，二者的水平射程就相同。

4. 斜抛运动的斜交分解

将斜抛运动分解为初速度方向的匀速直线运动与竖直方向的自由落体运动，这两个方向的运动规律如图1.5.2所示。在处理最值问题时，这种分解方式非常方便。

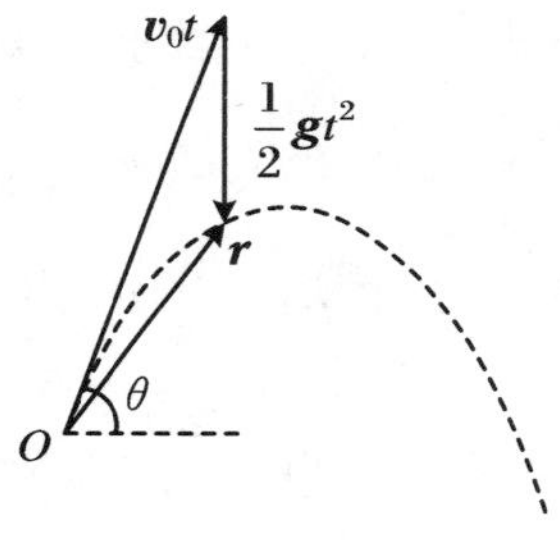

图1.5.2

1. 如何选择平抛运动的分解方式?

运动的分解方式可以是任意的，斜抛运动的分解也同样如此。平抛运动常见的分解方式是将其分解成水平方向的匀速直线运动和竖直方向的自由落体运动。若遇到斜面，则一般会考虑将平抛运动分解成沿斜面的运动和垂直于斜面的运动，这时两个方向的运动都是匀变速直线运动。在解决实际问题时，我们常常遇到临界情况，这时需要抓住临界情况的速度、轨迹等特点，有时还需要充分地利用对称性进行相关问题求解。

例题1　抛体运动在各类体育运动项目中很常见，如乒乓球运动。现讨论乒乓球发球问题。设球台长 $2L$、网高 h，乒乓球反弹前后水平分速度不变，竖直分速度大小不变、方向相反，且不考虑乒乓球的旋转和空气阻力(设重力加速度为 g)。

(1) 若球在球台边缘 O 点正上方高度为 h_1 处以速度 v_1 水平发出，落在球台的 P_1 点，如图1.5.3中实线所示，求 P_1 点与 O 点的距离 x_1 的大小。

(2) 若球在 O 点正上方以速度 v_2 水平发出，恰好在最高点时越过球网落在球台的 P_2 点，如图 1.5.3 中虚线所示，求 v_2 的大小。

(3) 若球在 O 点正上方水平发出，经反弹恰好越过球网且刚好落在对方球台边缘 P_3 处，求发球点距 O 点的高度 h_3 的大小。

(4) 在(3)问的基础上，求发球的速度 v_3 的大小。

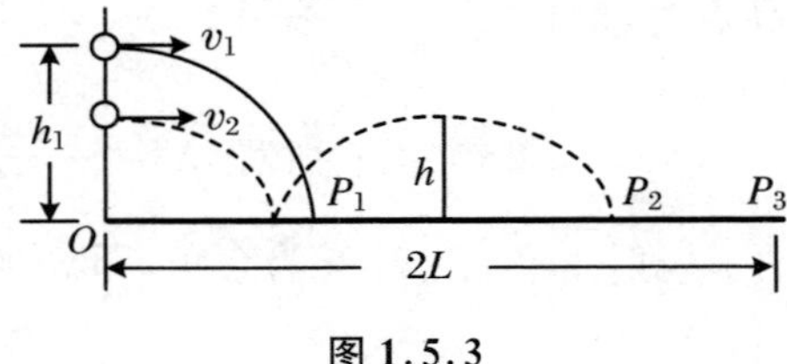

图 1.5.3

分析 题目中(2)问恰好在最高点越过球网，根据对称性可知球抛出的高度和球网等高，易知第一次落地的水平位移为$\dfrac{L}{2}$。(3)问中，根据对称性易知第一次落地的水平位移为$\dfrac{2L}{3}$，从球网处到最高点的水平位移为$\dfrac{L}{3}$，研究从抛出到第一次落地的过程，分解位移；逆向思考从球网处到最高点的运动为平抛运动，分解位移。

解 (1) 竖直方向的自由落体运动：由 $h_1=\dfrac{1}{2}gt_1^2$ 得 $t_1=\sqrt{\dfrac{2h_1}{g}}$。

水平方向的匀速直线运动：$x_1=v_1t_1=v_1\sqrt{\dfrac{2h_1}{g}}$。

(2) 竖直方向的自由落体运动：由 $h=\dfrac{1}{2}gt_2^2$ 得 $t_2=\sqrt{\dfrac{2h}{g}}$。

水平方向的匀速直线运动：由$\dfrac{L}{2}=v_2t_2$ 得 $v_2=\dfrac{L}{2}\sqrt{\dfrac{g}{2h}}$。

(3) 从抛出到第一次落地，竖直方向的自由落体运动：

$$h_3=\frac{1}{2}gt_3^2 \tag{①}$$

水平方向的匀速直线运动：

$$\frac{2L}{3}=v_3t_3 \tag{②}$$

从球网处到最高点的过程，逆向思考为平抛运动：
竖直方向的自由落体运动：

$$h_3-h=\frac{1}{2}gt_4^2 \tag{③}$$

水平方向的匀速直线运动：

$$\frac{L}{3}=v_3t_4 \tag{④}$$

联立②、④式，可知

$$t_3 = 2t_4 \quad ⑤$$

由①、③、⑤式可得

$$h_3 = \frac{4h}{3} \quad ⑥$$

(4) 将⑥式代入①式，得

$$t_3 = \sqrt{\frac{8h}{3g}} \quad ⑦$$

再将⑦式代入②式，得

$$v_3 = \frac{2L}{3}\sqrt{\frac{3g}{8h}}$$

点拨　(3)问还可以借助比例关系求解，第一次落地的水平位移为$\frac{2L}{3}$，第一次反弹到球网处水平位移为$\frac{L}{3}$，从球网处到最高点水平位移为$\frac{L}{3}$，说明这两段时间相等，所以对应的竖直方向的位移之比为 1∶3，所以 $h_3=\frac{4h}{3}$。

例题 2　如图 1.5.4 所示，斜面 AB 的倾角为 α，小球从 A 点以初速度 v_0 水平抛出，恰好落到斜面底端 B 点。已知重力加速度大小为 g。

(1) 求小球在空中飞行的时间。

(2) 求 A、B 两点间的距离。

(3) 抛出多长时间，小球与斜面的距离最大？最大距离是多少？

分析　平抛运动可分解成水平方向的匀速直线运动和竖直方向的自由落体运动。由于本题与斜面有关，小球最终落回斜面，小球沿斜面的位移大小就是斜面的长度，垂直于斜面的位移大小就是小球与斜面的距离，故也可将小球的运动分解成沿斜面的运动和垂直于斜面的运动。

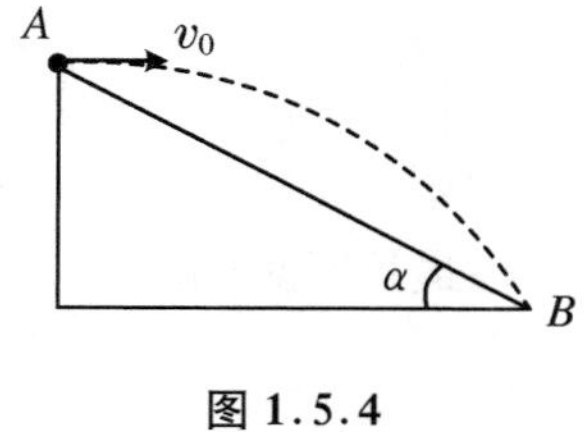

图 1.5.4

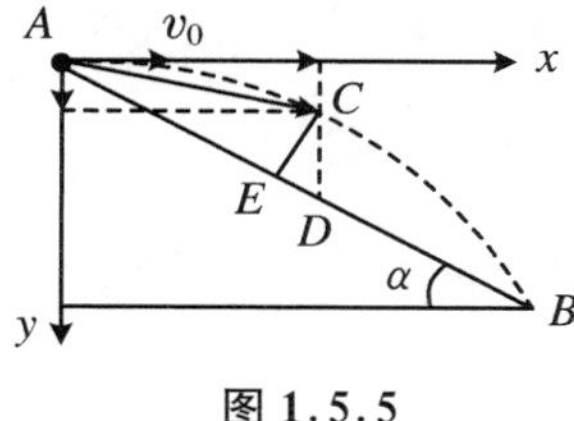

图 1.5.5

解　解法一

(1) 建立图 1.5.5 所示的直角坐标系，则位移方向与初速度方向的夹角为 α，满足 $\tan\alpha=\frac{y}{x}$，解得小球在空中飞行的时间为

$$t_1 = \frac{2v_0}{g}\tan\alpha$$

(2) 水平位移 x 与合位移 l 的关系为 $x = l\cos\alpha$，则 $l = x/\cos\alpha$，解得

$$l = \frac{2v_0^2\sin\alpha}{g\cos^2\alpha}$$

(3) 设从抛出点 A 到任意一点 C 小球运动时间为 t，C 到 AB 的距离为 h，如图 1.5.5 所示，则

$$h = (x\tan\alpha - y)\cos\alpha$$

即

$$h = \left(v_0 t\tan\alpha - \frac{1}{2}gt^2\right)\cos\alpha$$

根据一元二次函数极值条件，可知

$$t = \frac{v_0\tan\alpha}{-2\left(-\dfrac{1}{2}g\right)} = \frac{v_0}{g}\tan\alpha$$

时，h 有极大值

$$h_{\max} = \frac{v_0^2\sin^2\alpha}{2g\cos\alpha}$$

解法二

(1) 建立图 1.5.6 所示的直角坐标系，将小球运动的速度、加速度沿 x 轴、y 轴方向分解。在 x 轴上，初速度与加速度同方向且加速度大小不变，所以在此方向的分运动为匀加速直线运动；在 y 轴上，初速度与加速度反方向且加速度大小不变，所以在此方向的分运动为先减速到速度为零再反向加速回到斜面。

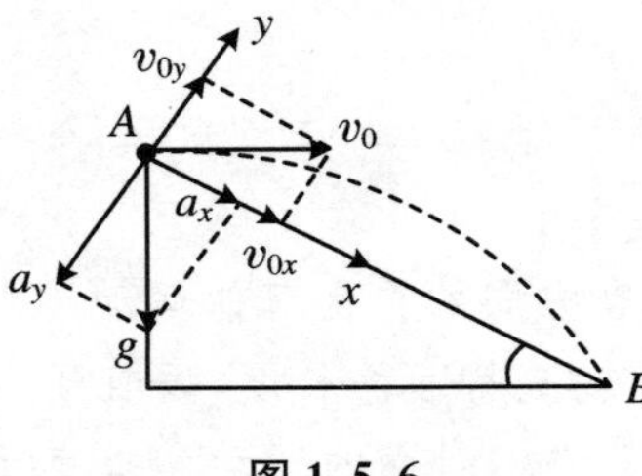

图 1.5.6

设小球的飞行时间为 t，则

$$t = \frac{\Delta v_y}{a_y} = \frac{-2v_0\sin\alpha}{-g\cos\alpha} = \frac{2v_0}{g}\tan\alpha$$

(2) A、B 两点间的距离为小球在 x 轴方向的位移，则

$$x = v_{0x}t + \frac{1}{2}a_x t^2 = \frac{2v_0^2\sin\alpha}{g\cos^2\alpha}$$

(3) 当 y 轴方向的速度为零时，小球距斜面最远，所以最远距离为

$$y_m = \frac{v_{0y}^2}{2a_y} = \frac{v_0^2\sin^2\alpha}{2g\cos\alpha}$$

点拨 通过上述两种分解方法的使用，我们能体会到，在研究曲线运动时，灵活选择分解方式如同选取参考系，可以给解决问题带来方便。抛体运动在最近几年的强基计划考试中是常见的考点。正交分解是一种常用的分解方式，需要同学们重点掌握。

2. 在研究斜抛运动时如何选择分解方式?

运动的分解方式可以是任意的，斜抛运动的分解也同样如此。常用的分解方式包括：水

平方向的匀速直线运动和竖直方向的抛体运动；沿初速度方向的匀速直线运动和竖直方向的自由落体运动；沿斜面方向的匀变速直线运动和垂直于斜面方向的匀变速直线运动。

当遇到抛体最远或抛速最小等极值问题时，选择合适的分解方式往往会使问题的处理变得简单。在许多情况下，即使用同一种分解方式，选择的变量不一样，处理问题的过程也很不一样。比如，从一定高度沿不同的角度以大小相同的速度抛出物体，物体落地点的水平距离将不一样，物体落地点的水平距离可以是抛出时速度与水平方向夹角 α 的函数，也可以是时间 t 的函数，选择不同的变量，运算量将不同。

在处理实际问题时，有时斜抛运动所构造的情境和要求解的问题比较复杂，我们很难直接从物理的角度分析出临界情况满足的条件，这时就需要构造要求解量的函数表达式，再应用数学方法求解最值或临界情况。在斜抛运动中，常常会构造轨迹方程，通过轨迹方程分析问题有助于快速地解决问题。

例题 3　一斜面体两斜面的倾角分别为 θ、γ，如图 1.5.7 所示，一物体从倾角为 θ 的斜面底处做斜抛运动，为使物体从斜面体的顶角处经过，并落在倾角为 γ 的斜面底处。求抛射角的正切值 $\tan\alpha$（要求写成简单形式）。

分析　该物体经过左右两个底端和一个顶端三个位置，这三个位置坐标可以用斜面体的高度 h 及角度 θ、γ 来表示。将此斜抛运动沿水平方向和竖直方向分解，联立两个分运动方程并消掉时间 t，得到轨迹方程，将位置坐标代入即可求解。

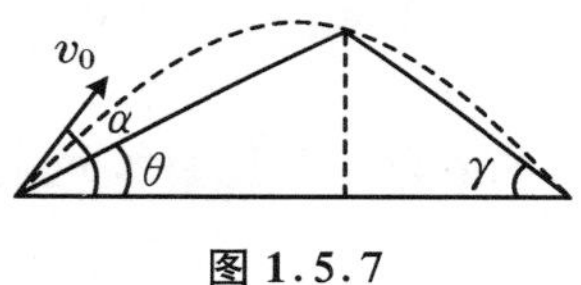

图 1.5.7

解　以抛出点为坐标原点建立直角坐标系，水平向右为 x 轴的正方向，竖直向上为 y 轴的正方向。

水平方向匀速直线运动的方程为

$$x = v_0\cos\alpha \cdot t \tag{①}$$

竖直方向竖直上抛运动的方程为

$$y = v_0\sin\alpha \cdot t - \frac{1}{2}gt^2 \tag{②}$$

联立①、②两式并消去 t，可得

$$y = \tan\alpha \cdot x - \frac{gx^2}{2v_0^2\cos^2\alpha} = \tan\alpha \cdot x - \frac{gx^2}{2v_0^2}(1 + \tan^2\alpha) \tag{③}$$

设斜面体的高度为 h，将顶点坐标（$h\cot\theta, h$）和右底端坐标（$h\cot\theta + h\cot\gamma, 0$）分别代入③式，得

$$h = \tan\alpha \cdot h\cot\theta - \frac{gh^2\cot^2\theta}{2v_0^2}(1 + \tan^2\alpha) \tag{④}$$

$$0 = \tan\alpha \cdot h(\cot\theta + \cot\gamma) - \frac{gh^2(\cot\theta + \cot\gamma)^2}{2v_0^2}(1 + \tan^2\alpha) \tag{⑤}$$

联立④、⑤两式，可得

$$\tan\alpha = \tan\theta + \tan\gamma$$

点拨 这道题貌似可以利用对称性按照平抛运动来处理,但是具体求解时就会发现这种解法比较麻烦,而且思维量也较大。本题的解法虽然涉及许多三角函数的化简,但减小了思维量,只要仔细一些,就可以得出最终的结果。

例题4 如图1.5.8所示,在高为 h 的山顶上向平地放炮,若炮弹出口速度大小为 v_0,已知重力加速度大小为 g,问:v_0 与水平方向的夹角 α 为多大时,炮弹落点的水平距离最远?并求出该最远距离。

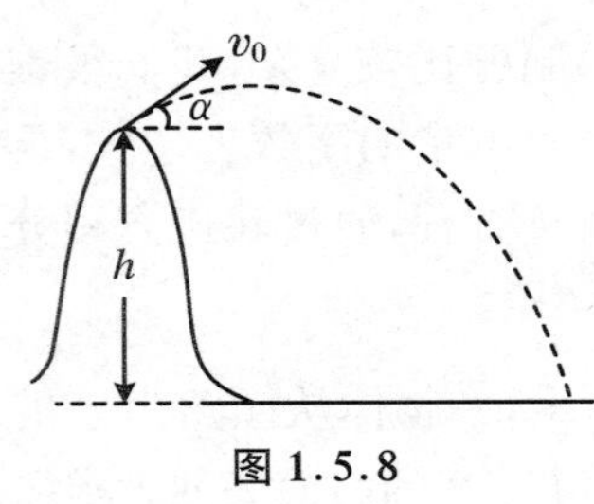

图1.5.8

分析 将抛体运动沿水平方向和竖直方向分解,然后联立两式并消掉角 α,构造出水平位移 x 关于运动时间 t 的函数,求最值,然后将 x 的最大值及对应的运动时间 t 代入位移公式,求出此时对应的角 α。或者将抛体运动沿初速度方向和重力加速度方向分解成一个匀速直线运动和一个自由落体运动,画出位移矢量图,通过几何关系求得位移 x 关于运动时间 t 的函数,进而求最值,此方法比较简单。

解 解法一

以抛出点为坐标原点建立直角坐标系,水平向右为 x 轴的正方向,竖直向上为 y 轴的正方向。

水平方向匀速直线运动的方程为

$$x = v_0\cos\alpha\cdot t \tag{①}$$

竖直方向竖直上抛运动的方程为

$$-h = v_0\sin\alpha\cdot t - \frac{1}{2}gt^2 \tag{②}$$

联立①、②两式并消去 α,可得

$$x^2 = (v_0 t)^2 - \left(\frac{1}{2}gt^2 - h\right)^2 = -\frac{g^2}{4}t^4 + (v_0^2 + gh)t^2 - h^2 \tag{③}$$

显然,当

$$t^2 = \frac{2v_0^2 + 2gh}{g^2} \tag{④}$$

时,x^2 有极值,即 x 有极值

$$x_{\max} = \frac{v_0\sqrt{v_0^2 + 2gh}}{g} \tag{⑤}$$

将④、⑤两式代入①式,可得

$$\alpha = \arcsin\frac{v_0}{\sqrt{2v_0^2 + 2gh}}$$

解法二

在解法一的基础上,联立①、②两式并消去 t,可得

$$\frac{gx^2}{2v_0^2}\tan^2\alpha - x\tan\alpha + \left(\frac{gx^2}{2v_0^2} - h\right) = 0 \tag{⑦}$$

其中用到关系式

$$\frac{1}{\cos^2\alpha} = 1 + \tan^2\alpha$$

⑦式是关于 $\tan\alpha$ 的一元二次方程，显然方程有解，则

$$\Delta = x^2 - 4 \cdot \frac{gx^2}{2v_0^2} \cdot \left(\frac{gx^2}{2v_0^2} - h\right) \geqslant 0 \qquad ⑧$$

得

$$x \leqslant \frac{v_0\sqrt{v_0^2 + 2gh}}{g} \qquad ⑨$$

所以

$$x_{\max} = \frac{v_0\sqrt{v_0^2 + 2gh}}{g} \qquad ⑩$$

将⑩式代入⑦式，可得

$$\alpha = \arcsin\frac{v_0}{\sqrt{2v_0^2 + 2gh}}$$

解法三

将此抛体运动分解成沿初速度 v_0 方向的匀速运动与竖直方向的自由落体运动，由图 1.5.9 所示的几何关系可得

$$x^2 = (v_0 t)^2 - \left(\frac{1}{2}gt^2 - h\right)^2$$

$$= -\frac{g^2}{4}t^4 + (v_0^2 + gh)t^2 - h^2 \qquad ⑪$$

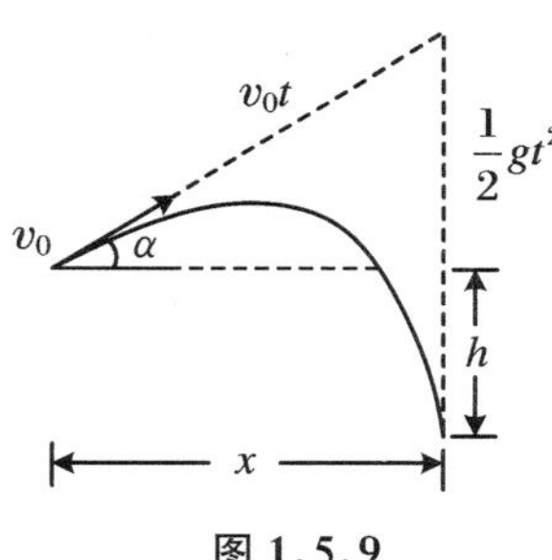

图 1.5.9

显然，当

$$t^2 = \frac{2v_0^2 + 2gh}{g^2} \qquad ⑫$$

时，x^2 有极值，即 x 有极值

$$x_{\max} = \frac{v_0\sqrt{v_0^2 + 2gh}}{g} \qquad ⑬$$

将⑫、⑬两式代入 $x = v_0\cos\alpha \cdot t$，可得

$$\alpha = \arcsin\frac{v_0}{\sqrt{2v_0^2 + 2gh}}$$

点拨　本题的解法很多，本书列出了三种解法，解法一、解法三构造了 x 关于时间 t 的函数，用顶点坐标求最值；解法二构造了 x 关于角 α 的函数，用根的判别式求最值。二次函数最值的求解方法很多，除了以上方法，还有配方法、求导法等。

3. 如何处理抛体运动中的相对运动？

运动的研究离不开参考系的选取，抛体运动具有相同的加速度。所以，对于两个都做抛体运动的物体来说，它们具有相同的加速度，也就是说，站在其中一个物体上观察，另一个物

体一定做匀速直线运动。这个特点在处理抛体运动中的相对运动时非常有用。

例题5 如图1.5.10所示,A和B两小球都在距离地面高为h处,A和B之间的距离为L,将A和B同时以速率v_1和v_2抛出,方向如图所示。忽略空气阻力,已知重力加速度大小为g,求两小球在空中相距最近的时间t。

分析 在本题中A和B都在动,显然是比较麻烦的,若能让其中一个物体不动,则问题将会简单一些,即以它们中的一个为参考系可以使问题简化。注意到A和B具有相同的加速度,以其中一个物体为参考系,另一个物体做匀速直线运动。

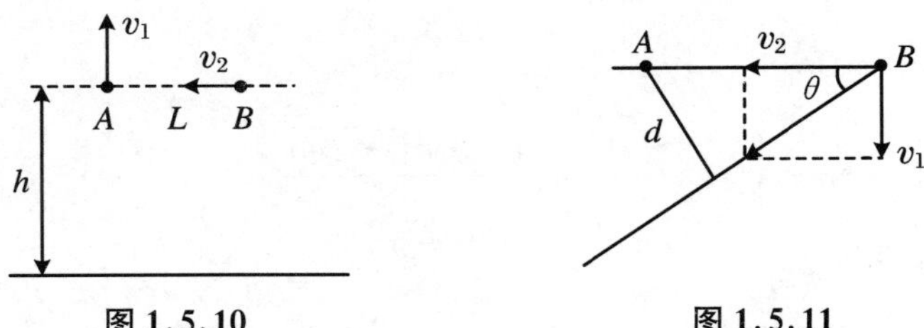

图1.5.10　　图1.5.11

解 以A为参考系,B的运动如图1.5.11所示。若两球都在空中,则两球相距最近的距离为

$$d = L\sin\theta = \frac{v_1}{\sqrt{v_1^2 + v_2^2}}L$$

两球相距最近的时间为

$$t = \frac{L\cos\theta}{v} = L\frac{v_2}{v_1^2 + v_2^2}$$

但两球都在空中,则必定满足

$$t < \sqrt{\frac{2h}{g}}$$

所以,还有必要作进一步讨论:

当$\frac{v_2}{v_1^2 + v_2^2}L < \sqrt{\frac{2h}{g}}$时,两球都在空中,相距最近的时间为$L\frac{v_2}{v_1^2 + v_2^2}$;

当$\frac{v_2}{v_1^2 + v_2^2}L \geqslant \sqrt{\frac{2h}{g}}$时,两球将达不到最近的距离$\frac{v_1}{\sqrt{v_1^2 + v_2^2}}L$,$B$球落地的时间就是两小球在空中相距最近的时间,所以相距最近的时间为$\sqrt{\frac{2h}{g}}$。

点拨 (1)由于抛体运动的加速度都相同,站在一个做抛体运动的物体上观察另一个做抛体运动的物体,该物体一定做匀速直线运动。

(2)由于本题给了高度,也就是说两小球不是从无限高的地方开始做抛体运动,需要分情况讨论,这是许多初学者容易忽略的一个地方。

基础练习

1. 如图1.5.12所示，斜面上a、b、c三点等距，小球从a点正上方O点抛出，做初速度为v_0的平抛运动，恰好落在b点。若小球初速度变为v，其落点位于c，则（　　）

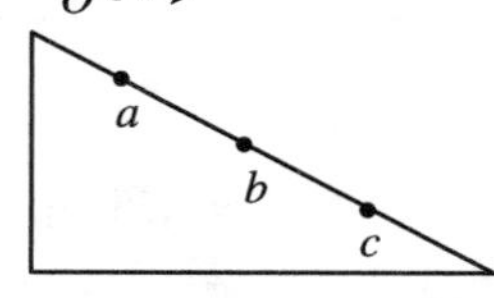

图1.5.12

A. $v_0<v<2v_0$

B. $v=2v_0$

C. $2v_0<v<3v_0$

D. $v>3v_0$

2. 在交通事故中，测定碰撞瞬间汽车的速度，对于事故责任的认定具有重要的作用。《中国汽车驾驶员》杂志曾给出一个计算碰撞瞬间车辆速度的公式：$v=\sqrt{4.9}\cdot\dfrac{\Delta L}{\sqrt{h_1}-\sqrt{h_2}}$，式中$\Delta L$是被水平抛出的散落在事故现场路面上的两物体沿公路方向的水平距离，h_1、h_2分别是散落物在车上时的离地高度。只要用米尺测量出事故现场的ΔL、h_1、h_2三个量，根据上述公式就能够计算出碰撞瞬间车辆的速度。如图1.5.13所示，不计空气阻力，g取$9.8\ \mathrm{m/s^2}$，则下列叙述正确的有（　　）

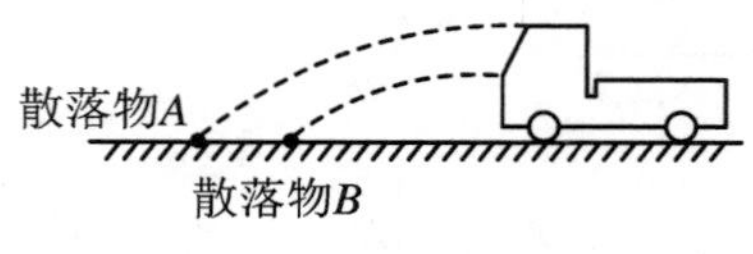

图1.5.13

A. A、B落地时间相同

B. A、B落地时间差与车辆速度无关

C. A、B落地时间差与车辆速度成正比

D. A、B落地时间差与车辆速度乘积等于ΔL

3.（2011年广东）如图1.5.14所示，在网球截击练习中，若练习者在球网正上方距地面H处，将球以速度v沿垂直于球网的方向击出，球刚好落在底线上。已知底线到网的距离为L，重力加速度取g，将球的运动视作平抛运动，下列表述正确的是（　　）

A. 球的速度v等于$L\sqrt{\dfrac{g}{2H}}$

B. 球从击出至落地所用时间为$\sqrt{\dfrac{2H}{g}}$

C. 球从击球点至落地点的位移等于L

D. 球从击球点至落地点的位移与球的质量有关

4. 如图1.5.15所示，物体A在地面上足够高的空中以速度v_1平抛，与此同时，物体B在A正下方距离h处以速度v_2竖直上抛。不计空气阻力，则二者在空中运动时的最近距离为（　　）

A. $h\dfrac{v_1}{v_2}$　　B. $h\dfrac{v_2}{v_1}$　　C. $h\dfrac{v_1}{\sqrt{v_1^2+v_2^2}}$　　D. $h\dfrac{v_2}{\sqrt{v_1^2+v_2^2}}$

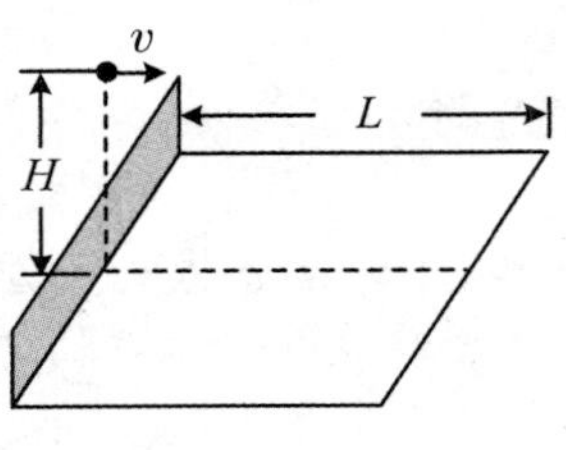

图 1.5.14

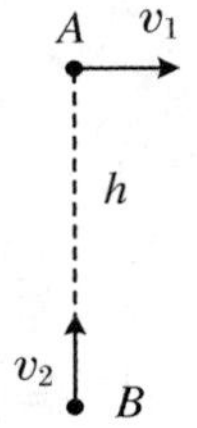

图 1.5.15

5.（2013 年石景山一模）如图 1.5.16 所示，圆弧形凹槽固定在水平地面上，其中 ABC 是以 O 为圆心的一段圆弧，位于竖直平面内。现有一小球从一水平桌面的边缘 P 点向右水平飞出，该小球恰好能从 A 点沿圆弧的切线方向进入轨道。OA 与竖直方向的夹角为 θ_1，PA 与竖直方向的夹角为 θ_2。下列说法正确的是（　　）

A. $\tan\theta_1\tan\theta_2=2$　　B. $\cot\theta_1\tan\theta_2=2$

C. $\cot\theta_1\cot\theta_2=2$　　D. $\tan\theta_1\cot\theta_2=2$

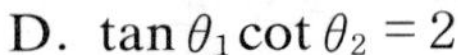

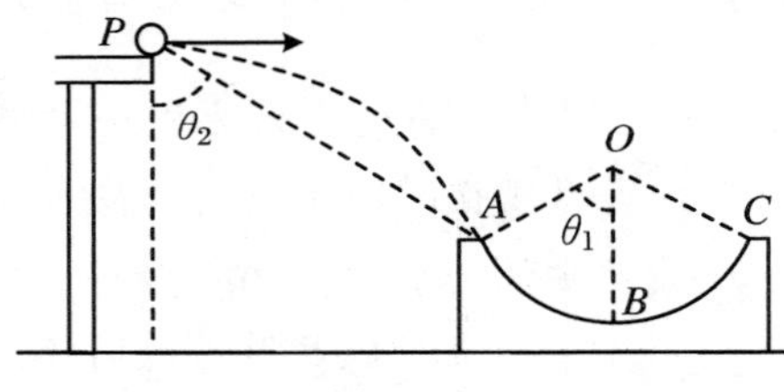

图 1.5.16

6. 如图 1.5.17 所示，A、B 两质点以相同的水平速度从坐标系原点 O 沿 x 轴正方向抛出，A 在竖直平面内运动，落地点为 P_1；B 紧贴光滑的斜面运动，落地点为 P_2，P_1 和 P_2 对应的 x 坐标分别为 x_1 和 x_2。不计空气阻力，下列说法中正确的是（　　）

A. A、B 同时到 P_1、P_2 点　　B. A 先到达 P_1 点

C. $x_1=x_2$　　D. $x_1<x_2$

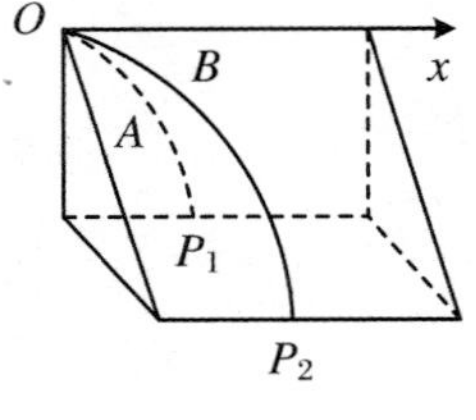

图 1.5.17

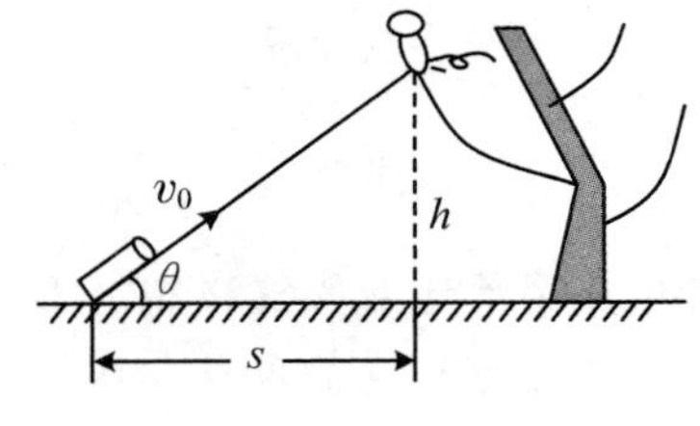

图 1.5.18

7. 如图 1.5.18 所示，树上有一只小猴子，远处一个猎人持枪瞄准猴子，当猎枪击发时

猴子看到枪口的火光后立即落下。不考虑空气阻力，已知猴子开始与枪口的水平距离为 s，竖直高度为 h，问：当子弹的初速度 v_0 满足什么条件时，子弹总能击中猴子？

提高练习

8. 如图 1.5.19 所示，相互平行的光滑竖直墙壁 a 与 b，相距 s，现在从 a、b 之间的地面上某处 P 点斜抛出一个速度 v 的小球，球与 a、b 分别发生一次弹性正碰后又回到了 P 点，那么小球抛出时的方向与水平面的夹角 θ 多少？

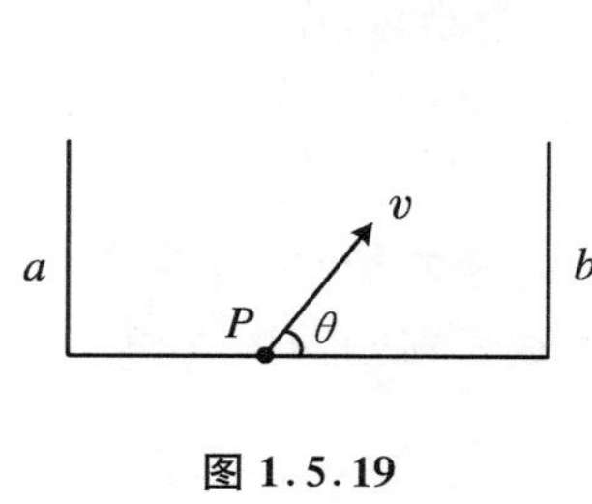

图 1.5.19

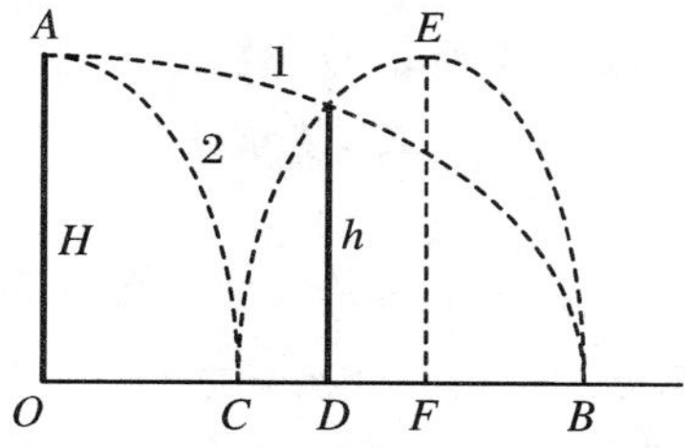

图 1.5.20

9. 从高 H 处的 A 点先后平抛两个小球 1 和 2，球 1 恰好越过竖直挡板落到水平地面上的 B 点，球 2 则与地面碰撞一次后也恰好越过竖直挡板落在 B 点，如图 1.5.20 所示。设球 2 与地面的碰撞遵循光的反射定律，且反弹速度大小与碰前相同，求竖直挡板的高度 h。

10. 如图 1.5.21 所示，在小丘上置一靶子，在炮位所在处看靶子的仰角为 α，炮与靶子的水平距离为 L，向目标射击时炮身的仰角为 β，问：炮弹以什么样的初速度 v_0 发射才能击中目标？

11. 从位于同一条水平直线上的 A、B 两点以同样大小的速度 $v_0 = 20\ \text{m/s}$ 同时抛出两个石头，两个石头飞行轨道不同，但每一个石头恰好落在另一个石头的起飞点。已知石头在 A 点的抛射角为 $75°$，如图 1.5.22 所示，问：

(1) A、B 之间的距离为多少？

(2) 角度 β 为多少？

(3) 抛出后经过多少时间两块石头之间的距离最近？

(4) 抛出后两石块的最近距离是多少？

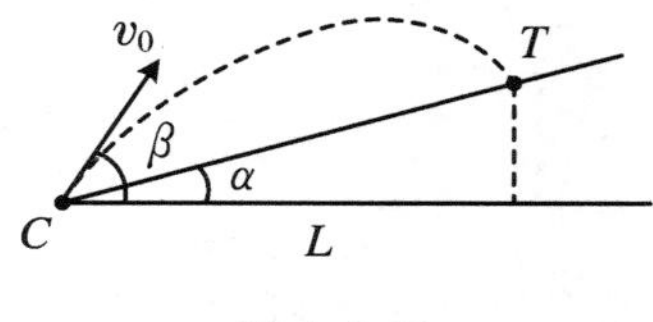

图 1.5.21

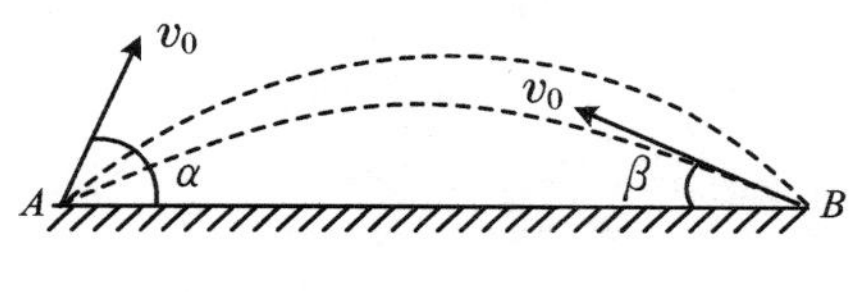

图 1.5.22

12.（2012年“华约”）如图1.5.23所示，小球从某一高度水平抛出后，恰好落在第1级台阶的右边缘处，反弹后再次落下至第3级台阶的右边缘处。已知小球第一次、第二次与台阶相碰的时间间隔为0.3 s，每级台阶的宽度和高度均为18 cm。小球每次与台阶相碰后速度的水平分量保持不变，而竖直分量大小变为碰撞前的1/4。取$g=10\ \text{m/s}^2$。

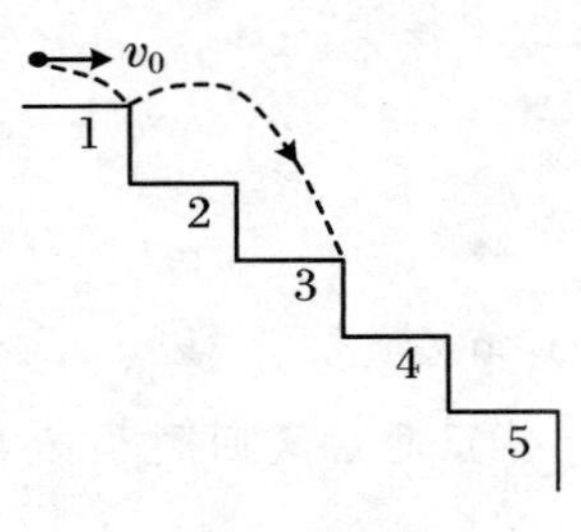

图1.5.23

(1) 求小球第一次落点与小球抛出点的水平距离和竖直距离。

(2) 分析说明小球是否能够与第5级台阶碰撞。

13. 如图1.5.24所示，从A点以v_0的初速度抛出一个小球，在与A点的水平距离为s处有一堵高度为h的墙BC，要求小球能越过B点。问：小球以怎样的角度θ抛出，才能使v_0最小？

14. 图1.5.25所示为给一草地浇水的喷头，它位于草坪的平面上，其顶为球形，在球形顶上有一些完全相同的喷水孔，通过这些孔，水以相同的速率向不同的方向喷出。若小孔分布均匀，则喷头形成的“水钟”的形状是怎样的？

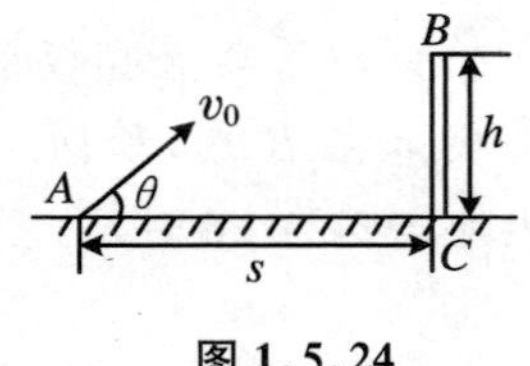

图1.5.24

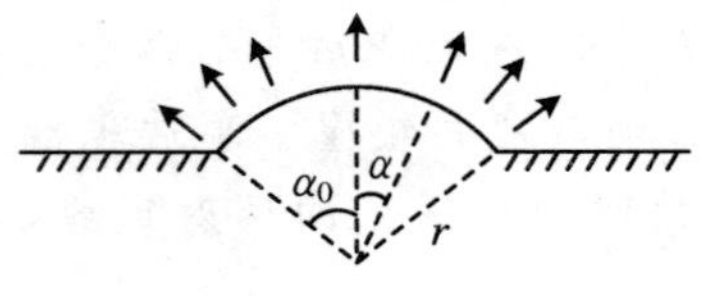

图1.5.25

参考答案

1. A。
2. BD。
3. AB。
4. C。
5. A。
6. BD。
7. $v_0 \geqslant \sqrt{\dfrac{(s^2+h^2)g}{2h}}$。
8. $\theta = \dfrac{1}{2}\arcsin\dfrac{2sg}{v^2}$。

提示 将物体的速度沿水平方向和竖直方向分解，注意到碰撞不改变竖直方向的速度，在水平方向只改变速度的方向，则

$$\begin{cases} v\cos\theta\cdot(t_1+t_2+t_3)=2s \\ t_1+t_2+t_3=\dfrac{2v\sin\theta}{g} \end{cases} \Rightarrow \theta=\frac{1}{2}\arcsin\frac{2sg}{v^2}$$

9．$h=\dfrac{3}{4}H$。

提示

$$\frac{OD}{OB}=\sqrt{\frac{H-h}{H}} \Rightarrow \frac{OC+OC-OC\sqrt{\dfrac{H-h}{H}}}{3OC}=\sqrt{\frac{H-h}{H}} \Rightarrow h=\frac{3}{4}H$$

10．$v_0=\left[\dfrac{gL\cos^2\alpha}{2\cos^2\beta(\cos\alpha\tan\beta-\sin\alpha)}\right]^{\frac{1}{2}}$。

提示　以水平向右为 x 轴正方向、竖直向上为 y 轴正方向建立直角坐标系，将平抛运动沿水平方向和竖直方向分解，消去时间 t，得轨迹方程为

$$y=\tan\beta\cdot x-\frac{1}{2}g\frac{x^2}{v_0^2\cos^2\beta}$$

该轨迹方程过点($L\cos\alpha$，$L\sin\alpha$)，代入轨迹方程，解得

$$v_0=\left[\frac{gL\cos^2\alpha}{2\cos^2\beta(\cos\alpha\tan\beta-\sin\alpha)}\right]^{\frac{1}{2}}$$

11．(1) 20 m；(2) 15°；(3) $\dfrac{\sqrt{6}}{4}$ s；(4) 10 m。

提示　以水平向右为 x 轴正方向、竖直向上为 y 轴正方向建立直角坐标系，将从 A 点抛出的石头所做的运动沿水平方向和竖直方向分解，则有 $x=v_0\cos\alpha\cdot t$，$t=\dfrac{2v_0\sin\alpha}{g}$，消去时间 t，得 $x=\dfrac{v_0^2}{g}\sin2\alpha$，所以 A、B 两点间的距离 $x=20$ m，同理将从 B 点抛出的石块所做的运动沿水平方向和竖直方向分解，得 $x=\dfrac{v_0^2}{g}\sin2\beta$，所以 $\beta=15°$。以 A 点为坐标原点建立直角坐标系，水平向右为 x 轴正方向，竖直向上为 y 轴正方向，在任意 t 时刻，A 点的横、纵坐标分别为 $x_A=v_0\cos\alpha\cdot t$，$y_A=v_0\sin\alpha\cdot t-\dfrac{1}{2}gt^2$，$B$ 点的横、纵坐标分别为 $x_B=x-v_0\cos\beta\cdot t$，$y_B=v_0\sin\beta\cdot t-\dfrac{1}{2}gt^2$，$A$、$B$ 两点之间的距离为

$$d=\sqrt{(x_A-x_B)^2+(y_A-y_B)^2}=\sqrt{800\left(t-\frac{\sqrt{6}}{4}\right)^2+100}$$

所以当 $t=\dfrac{\sqrt{6}}{4}$ s 时，两石头相距最近，最近距离为 10 m。

12．(1) $x_1=14.4$ cm，$y_1=7.2$ cm；(2) 不能。

提示 (1) 设台阶的宽度和高度均为 d。小球从第 1 级台阶边缘反弹后再次落下经 0.3 s 恰好落到第 3 级台阶边缘。此过程中,在水平方向有 $2d = v_0 t$,在竖直方向有 $-d = v_{y_1} t - \frac{1}{2}gt^2$,其中 $v_{y_1} = \frac{v_y}{4} = \frac{\sqrt{2gy_1}}{4}$,可解得 $y_1 = 0.072\ \text{m}$。又因为从开始到第 1 级台阶边缘的过程中下落时间为 $t_1 = \sqrt{\frac{2y_1}{g}} = 0.12\ \text{s}$,所以水平位移为 $x_1 = v_0 t_1 = 0.144\ \text{m}$。

(2) 第一次碰撞时竖直方向反弹速度为 $v_{y_1} = \frac{v_y}{4} = \frac{\sqrt{2gy_1}}{4} = 0.3\ \text{m/s}$,第二次碰撞时竖直方向反弹速度为 $v_{y_2} = \frac{\sqrt{v_{y_1}^2 + 2g \cdot 2d}}{4} = 0.575\ \text{m/s}$。以第 3 级台阶边缘为原点建立直角坐标系,有 $x = v_0 t$,$y = -v_{y_2} t + \frac{1}{2}gt^2$,联立两式并消去时间 t,得到轨迹方程 $y = \frac{5}{1.44}x^2 - \frac{0.575}{1.2}x$。当 $x = 0.18\ \text{m}$ 时,$y = 0.02625\ \text{m} < d$,所以小球不会撞到第 4 级台阶;当 $x = 0.36\ \text{m}$ 时,$y = 0.2775\ \text{m} < 2d$,所以小球也不会撞到第 5 级台阶。

13. $v_0 = \sqrt{g(h + \sqrt{h^2 + s^2})}$,$\theta = \arctan\frac{h + \sqrt{h^2 + s^2}}{s}$。

提示 解法一

以抛出点 A 为原点建立直角坐标系,水平向右为 x 轴正方向,竖直向上为 y 轴正方向。水平方向匀速直线运动的方程为

$$s = v_0 \cos\theta \cdot t \tag{①}$$

竖直方向竖直上抛运动的方程为

$$h = v_0 \sin\theta \cdot t - \frac{1}{2}gt^2 \tag{②}$$

联立①、②两式并消去 θ,可得

$$v_0^2 = \frac{s^2 + h^2}{t^2} + \frac{g^2 t^2}{4} + gh \tag{③}$$

由均值不等式可知,当 $\frac{s^2 + h^2}{t^2} = \frac{g^2 t^2}{4}$,即

$$t^2 = \frac{2\sqrt{s^2 + h^2}}{g} \tag{④}$$

时,v_0 有极小值

$$v_{0\min} = \sqrt{g(h + \sqrt{h^2 + s^2})} \tag{⑤}$$

将④、⑤两式代入①式,可得

$$\theta = \arccos\frac{s}{\sqrt{2(h\sqrt{s^2 + h^2} + s^2 + h^2)}} = \arctan\frac{h + \sqrt{s^2 + h^2}}{s}$$

解法二

在解法一的基础上，联立①、②两式并消去 t，可得

$$\frac{gs^2}{2v_0^2}\tan^2\theta - s\tan\theta + \left(\frac{gs^2}{2v_0^2} + h\right) = 0 \qquad ③$$

其中用到关系式

$$\frac{1}{\cos^2\theta} = 1 + \tan^2\theta$$

③式是关于 $\tan\theta$ 的一元二次方程，显然方程有解，应有

$$\Delta = s^2 - 4\cdot\frac{gs^2}{2v_0^2}\cdot\left(\frac{gs^2}{2v_0^2} + h\right)\geqslant 0 \qquad ④$$

得

$$v_0 \geqslant \sqrt{g(h + \sqrt{h^2 + s^2})} \qquad ⑤$$

所以，当 $v_0 = \sqrt{g(h + \sqrt{h^2 + s^2})}$ 时，

$$\tan\theta = \frac{-(-s)}{2\cdot\frac{gs^2}{2v_0^2}} = \frac{h + \sqrt{s^2 + h^2}}{s} \quad 即\ \theta = \arctan\frac{h + \sqrt{s^2 + h^2}}{s}$$

因此，当抛射角 $\theta = \arctan\dfrac{h + \sqrt{s^2 + h^2}}{s}$ 时，小球能以最小的抛射速度 $v_0 = \sqrt{g(h + \sqrt{h^2 + s^2})}$ 越过墙。

14. “水钟”的形状为抛物线 $y = \dfrac{v_0^2}{2g} - \dfrac{gx^2}{2v_0^2}$ 绕 y 轴旋转所形成的形状。

提示　喷出的水在空中的分布具有旋转对称性，我们只需讨论过轴线的一个竖直平面内的形状即可，从每个小孔喷出的水流的轨迹都是一条抛物线，从不同角度喷出的水流所形成的抛物线的包络线即是水流能够达到最远处的边界线，将此边界线绕中心轴旋转一周即是“水钟”的形状。研究与中心轴成 α 角喷出的水，它在水平方向做匀速直线运动，有

$$x = v_0\sin\alpha\cdot t \qquad ①$$

在竖直方向做竖直上抛运动，有

$$y = v_0\cos\alpha\cdot t - \frac{1}{2}gt^2 \qquad ②$$

联立①、②两式并消去 t，可得

$$\frac{gx^2}{2v_0^2}\cot^2\alpha - x\cot\alpha + \left(\frac{gx^2}{2v_0^2} + y\right) = 0$$

此式是关于 $\cot\alpha$ 的一元二次方程，方程有解，则

$$\Delta = x^2 - 4\cdot\frac{gx^2}{2v_0^2}\cdot\left(\frac{gx^2}{2v_0^2} + y\right)\geqslant 0$$

得

$$y \leqslant \frac{v_0^2}{2g} - \frac{gx^2}{2v_0^2}$$

所以包络线方程为

$$y = \frac{v_0^2}{2g} - \frac{gx^2}{2v_0^2}$$

1.6 圆周运动

课外知识延伸

1. 切向加速度与向心加速度

如图1.6.1所示，一质点做一般的圆周运动，为计算 P 点的加速度，可将速度增量 $\Delta \boldsymbol{v}$ 分解为与 $\boldsymbol{v}_2$ 平行的分量 $\Delta \boldsymbol{v}_{/\!/}$ 和与 $\boldsymbol{v}_2$ 垂直的分量 $\Delta \boldsymbol{v}_{\perp}$。质点在 P 点的加速度可表示为

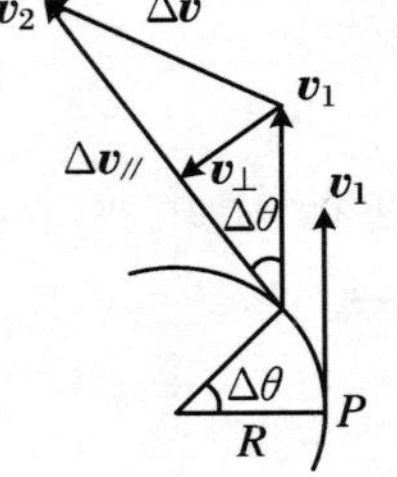

图1.6.1

$$\boldsymbol{a} = \lim_{\Delta t\to 0}\frac{\Delta \boldsymbol{v}}{\Delta t} = \lim_{\Delta t\to 0}\frac{\Delta \boldsymbol{v}_{/\!/}}{\Delta t} + \lim_{\Delta t\to 0}\frac{\Delta \boldsymbol{v}_{\perp}}{\Delta t} = \boldsymbol{a}_\tau + \boldsymbol{a}_n$$

其中 $\boldsymbol{a}_\tau$ 和 $\boldsymbol{a}_n$ 分别为切向加速度和向心加速度。

根据加速度的定义，切向加速度大小的表达式为

$$a_\tau = \frac{\Delta v_{/\!/}}{\Delta t} = \frac{\Delta v}{\Delta t} = \frac{\mathrm{d}v}{\mathrm{d}t}$$

若切向加速度 $a_\tau \neq 0$，则 $\frac{\mathrm{d}v}{\mathrm{d}t} \neq 0$，即速率 v 对时间的导数不等于0，所以切向加速度改变速度的大小。

根据加速度的定义，向心加速度大小的表达式为

$$a_n = \frac{\Delta v_\perp}{\Delta t} = \frac{v\Delta\theta}{\Delta t} = \omega v = \omega^2 R = \frac{v^2}{R}$$

物体在 P 点的实际加速度大小为 $a = \sqrt{a_n^2 + a_\tau^2}$。事实上，$a_n$ 是描述质点速度方向变化快慢的物理量，a_τ 是描述质点速度大小变化快慢的物理量。

2. 曲率半径

当物体做一般的曲线运动时，我们也可以用研究圆周运动的方法对运动过程中的某一点进行研究，将曲线分割成许多极短的小段，那么每一段均可看作圆弧。

在曲线上取包含某点在内的极短的一段弧线，可以把它看作某个圆的弧，则此圆的半径就是曲线在该点的曲率半径，此圆通常称为曲率圆，它是所有在该点与曲线相切的圆中最大的圆。如图1.6.2所示，曲线在 A 点的曲率半径为 R_A，在 B 点的曲率半径为 R_B。

质点在平面内做曲线运动时，它在任一点的加速度沿该点轨道法线方向的分量称为向心加速度 a_n（有时又称法向加速度），可以证明 $a_n=\frac{v^2}{R}$，v 为质点在该点的速度大小，R 为轨道曲线在该点的曲率半径。

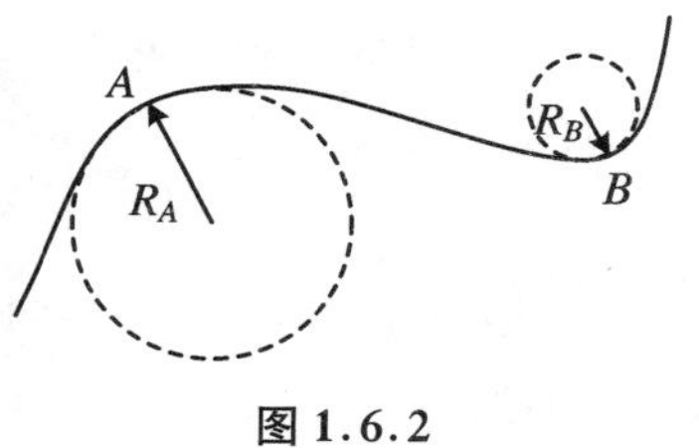

图 1.6.2

在中学阶段，确定曲线上某点的曲率半径的方法通常有两种：一是数学方法，即通过某种方法找到曲率圆上某段圆弧 Δs 所对应的圆心角 $\Delta\theta$，然后利用圆的半径的定义式 $R=\frac{\Delta s}{\Delta\theta}$ 即可；二是物理方法，即通过力学手段求出质点在该处的向心加速度，再利用 $a_n=\frac{v^2}{R}$ 即可。

3. 刚体的定轴转动

当刚体做定轴转动时，虽然刚体上各个点的线速度大小可能不同，但各个点的角位移、角速度、角加速度都相同，所以可以用刚体上一点的转动情况来描述整个刚体的转动情况。考虑变速转动的刚体的角速度会发生改变，我们引入角加速度来描述角速度变化的快慢，瞬时角加速度的定义式为 $\beta=\lim\limits_{\Delta t\to 0}\frac{\Delta\omega}{\Delta t}$。如果刚体做匀变速转动（角速度均匀变化），则 $\omega=\omega_0+\beta t$，$\theta=\theta_0+\omega_0 t+\frac{1}{2}\beta t^2$，$\omega^2-\omega_0^2=2\beta(\theta-\theta_0)$。根据瞬时切向加速度的定义式 $a_\tau=\lim\limits_{\Delta t\to 0}\frac{\Delta v}{\Delta t}$，瞬时角加速度的定义式 $\beta=\lim\limits_{\Delta t\to 0}\frac{\Delta\omega}{\Delta t}$，以及线速度与角速度的关系式 $v=\omega r$，可得到做定轴转动的刚体上一点的切向加速度和角加速度的关系为 $a_\tau=r\beta$。

核心问题讨论

1. 怎样分析匀变速圆周运动?

高考中涉及的圆周运动一般都是匀速圆周运动，匀变速圆周运动涉及得较少。若把一个匀变速圆周运动展开成直线运动，则对应的直线运动就是匀变速直线运动。所以在许多情况下，匀变速圆周运动可以类比匀变速直线运动来处理，角位移对应位移，角速度对应速度，角加速度对应加速度，从而得出角量的运动学公式。

例题 1　一半径为 $r=1.5$ m 的飞轮，其初角速度 $\omega_0=10$ rad/s，角加速度 $\beta=-5$ rad/s^2。求：

（1）在 $t=2$ s 时飞轮的角位移大小；

（2）在 $t=4$ s 时飞轮边缘上点的线速度大小；

（3）在 $t=4$ s 时飞轮边缘上点的加速度。

分析　本题是一道简单的角量运算题，角加速度恒定，所以飞轮做匀变速圆周运动，其运动学规律可类比匀变速直线运动，运用运动学的基本公式就可以解决。

解 （1）根据$\Delta\theta=\omega_0 t+\frac{1}{2}\beta t^2$，飞轮在$t=2$ s时的角位移为

$$\Delta\theta=\left[10\times2+\frac{1}{2}\times(-5)\times2^2\right]\text{rad}=10\text{ rad}$$

（2）根据$\omega=\omega_0+\beta t$，$t=4$ s时飞轮的角速度为$\omega=-10$ rad/s，此时飞轮边缘上点的线速度大小为

$$v=|\omega r|=15\text{ m/s}$$

（3）$t=4$ s时飞轮的向心加速度为$a_n=\frac{v^2}{r}=150\text{ m/s}^2$，切向加速度为$a_\tau=r\beta=-7.5\text{ m/s}^2$，所以此时飞轮边缘上点的加速度大小为

$$a=\sqrt{a_n^2+a_\tau^2}=\sqrt{150^2+7.5^2}\text{ m/s}^2\approx150.19\text{ m/s}^2$$

与运动切线方向的夹角θ满足$\tan\theta=\frac{a_n}{a_\tau}=-20$，即$\theta=\arctan(-20)$。

点拨 本题较为基础，需要注意的是这里角加速度为负值，角速度减到0后会反向加速。前两问可类比匀变速直线运动中的竖直上抛运动；(3)问中加速度指的是切向加速度和向心加速度的合加速度，除了大小还需要求方向。

例题2 一质点沿圆轨道由静止开始做匀加速圆周运动。试求此质点的加速度与速度的夹角α同它经过的那段圆弧对应的圆心角θ的关系。

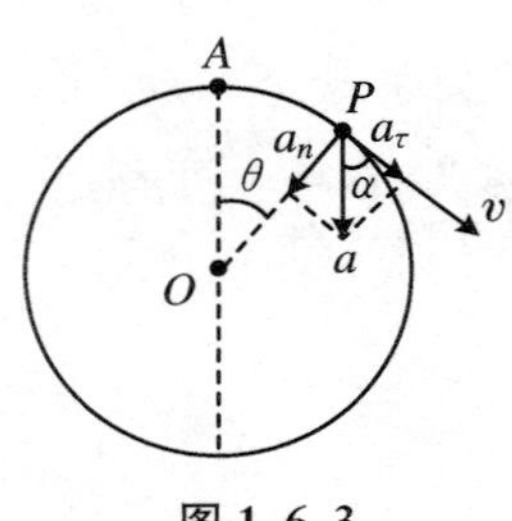

图1.6.3

分析 如图1.6.3所示，质点从A点出发，沿圆轨道由静止开始匀加速运动，设经时间t，到达P点。因为质点做匀加速圆周运动，所以切向加速度大小为恒量，只需应用匀变速圆周运动的规律求出向心加速度即可。

解 设质点的切向加速度为a_τ，到达P点时的速度和向心加速度分别为

$$v_P=a_\tau t,\quad a_n=\frac{v_P^2}{R}=\frac{(a_\tau t)^2}{R}$$

其中R为圆轨道的半径。其间经过的圆弧长度和对应的圆心角分别为

$$s=\frac{1}{2}a_\tau t^2,\quad \theta=\frac{s}{R}=\frac{a_\tau t^2}{2R}$$

此时质点的加速度与速度的夹角α满足

$$\tan\alpha=\frac{a_n}{a_\tau}=\frac{a_\tau^2t^2}{Ra_\tau}=\frac{a_\tau t^2}{R}$$

所以，α与θ的关系可以表示为

$$\tan\alpha=2\theta$$

点拨 注意，平抛运动也有类似的关系——$\tan\alpha=2\tan\theta$，但是两者的含义非常不同，即速度与水平方向的夹角的正切值$\tan\alpha$是位移与水平方向夹角正切值$\tan\theta$的2倍。

2．怎样分析一般的变速圆周运动?

匀变速圆周运动是最简单的变速圆周运动，其他变速圆周运动都比匀变速圆周运动要复杂。对于一般的变速圆周运动，通常将其加速度在切向和法向两个方向上分解，物体有切向加速度 a_τ 和向心加速度 a_n，而且两者的大小未必恒定，要研究其变化规律，常常需要借助微积分的知识。

例题 3　质点沿半径为 R 的圆周运动，初速度大小为 v_0，在运动的过程中，质点的切向加速度与法向加速度大小恒相等。

(1) 若速度增加，求经时间 T，质点的速度 v 的大小。

(2) 若速度减小，求经时间 T，质点的速度 v 的大小。

分析　依题意，质点的切向加速度与法向加速度大小恒相等，"相等"就意味着可建立等式或方程。所以，可以求出切向加速度和向心加速度的表达式，然后列出方程，再进行求解。

解　(1) 若速度增加，因为质点的切向加速度与法向加速度大小恒相等，所以

$$a_\tau = \frac{\mathrm{d}v}{\mathrm{d}t} = a_n = \frac{v^2}{R}$$

即可得微分方程

$$\frac{\mathrm{d}v}{\mathrm{d}t} = \frac{v^2}{R}$$

分离变量，同时积分，得

$$\int_{v_0}^{v} \frac{\mathrm{d}v}{v^2} = \int_0^T \frac{\mathrm{d}t}{R}$$

算出积分，代入积分上下限并整理，得

$$v = \frac{Rv_0}{R - v_0 T}$$

(2) 若速度减小，因为质点的切向加速度与法向加速度大小恒相等，所以

$$a_\tau = \frac{\mathrm{d}v}{\mathrm{d}t} = -a_n = -\frac{v^2}{R}$$

即可得微分方程

$$\frac{\mathrm{d}v}{\mathrm{d}t} = -\frac{v^2}{R}$$

分离变量，同时积分，得

$$\int_{v_0}^{v} \frac{\mathrm{d}v}{v^2} = -\int_0^T \frac{\mathrm{d}t}{R}$$

算出积分，代入积分上下限并整理，得

$$v = \frac{Rv_0}{R + v_0 T}$$

点拨　对微积分不太熟悉的同学也可以采用微元法，即取运动过程中第 i 个极短的时间 Δt，有 $\lim\limits_{\Delta t \to 0} \frac{v_i - v_{i-1}}{\Delta t} = \frac{v_i^2}{R}$，则

$$T=\lim_{\Delta t\to 0}\sum\Delta t=R\lim_{n\to\infty}\sum_{i=1}^{n}\left(\frac{1}{v_{i-1}}-\frac{1}{v_i}\right)$$

$$=R\lim_{n\to\infty}\left(\frac{1}{v_0}-\frac{1}{v_1}+\frac{1}{v_1}-\frac{1}{v_2}+\cdots+\frac{1}{v_{n-1}}-\frac{1}{v}\right)=R\left(\frac{1}{v_0}-\frac{1}{v}\right)$$

得

$$v=\frac{Rv_0}{R-v_0T}$$

这是设定速率增加的结论。若速率减小，则

$$v=\frac{Rv_0}{R+v_0T}$$

3. 怎样将一般的曲线运动分解成圆周运动?

圆周运动之所以重要，不仅是因为它在生活中很常见，更重要的是因为它是研究一般曲线运动的基础。可以将曲线分割成很多小段，每一小段都可以看成圆弧，各个圆弧对应的圆周半径不同。所以，将一般的曲线运动分解成圆周运动时，求曲率半径往往是很重要的。

例题4 一物体做初速度为 v_0 的平抛运动，建立图1.6.4所示的直角坐标系。已知重力加速度大小为 g，求：

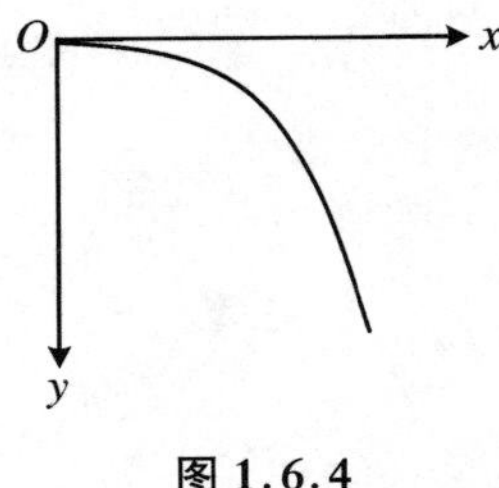

图1.6.4

(1) 运动轨迹的方程；

(2) 在抛物线上任一点处的曲率半径。

分析 一般的曲线运动可以分成很多小段，每小段都可以看成圆周运动的一部分，即用一系列不同半径的小圆弧代替整条曲线。这些小圆的半径在数学上可以根据曲线的表达式求得，在物理上可以根据向心加速度的表达式 $a_n=\dfrac{v^2}{\rho}$ 求得。

解 (1) 依题意，有

$$x=v_0t,\quad y=\frac{1}{2}gt^2$$

联立二式并消掉时间 t，得运动轨迹的方程为

$$y=\frac{g}{2v_0^2}x^2=Ax^2,\quad A=\frac{g}{2v_0^2}$$

(2) 如图1.6.5所示，假设质点从 O 点运动到了 B 点，在 B 点对应的横坐标为 x，在 B 点速度与水平方向的夹角为 θ，将重力加速度 g 在沿速度和垂直于速度两个方向上分解，则满足

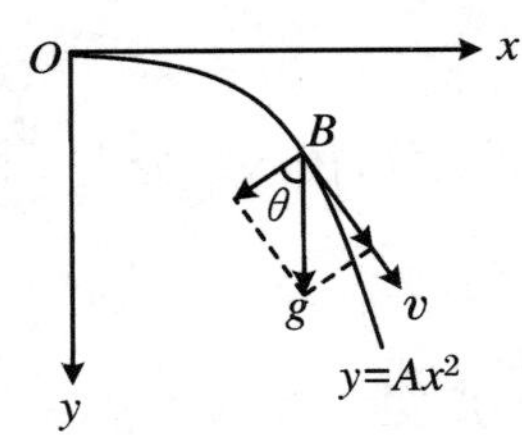

图1.6.5

$$g\cos\theta=\frac{v^2}{\rho}$$

代入

$$\cos\theta = \frac{v_0}{v} = \frac{v_0}{\sqrt{v_0^2 + (gt)^2}}$$

整理得

$$\rho = \frac{[(gt)^2 + v_0^2]^{3/2}}{gv_0}$$

代入 $t^2 = \frac{2y}{g}$ 和 $A = \frac{g}{2v_0^2}$，整理得

$$\rho = \frac{(1 + 4A^2x^2)^{3/2}}{2A}$$

点拨　(1) 一般的曲线运动可以分成很多小段，每小段都可以看成圆周运动的一部分，即用一系列不同半径的小圆弧代替整条曲线。这是处理一般的曲线运动时常用的方法，该方法在高考中很少涉及，但在强基计划考试中常常出现。

(2) 知道曲线的表达式，求曲线的曲率半径，在数学上有现成的公式 $\rho = \frac{(1+y'^2)^{3/2}}{|y''|}$（其中 y'、y'' 分别表示一阶导数和二阶导数），采用适当的物理方法也可求解。

例题 5　(2020 年清华强基) 如图 1.6.6 所示，在边长 $l = 1$ m 的正方形四个顶点上有四个质点，每个质点都对准前一个质点，并保持 $v = 1$ m/s 的速率运动，那么此时质点的加速度大小为　　(　　)

A. $\frac{\sqrt{2}}{2}$ m/s^2　　　B. 1 m/s^2

C. $\sqrt{2}$ m/s^2　　　D. 0

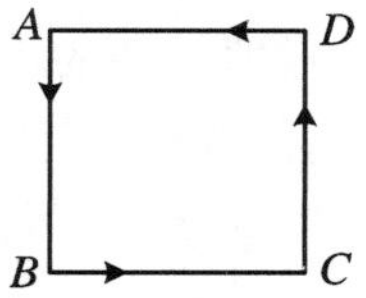

图 1.6.6

分析　我们很难直接分析出各个质点的运动轨迹，初步认为质点做的是一般的曲线运动，没有现成的公式用来求其加速度。所以，可以考虑一小段时间内质点的速度变化，根据加速度的定义进行求解。

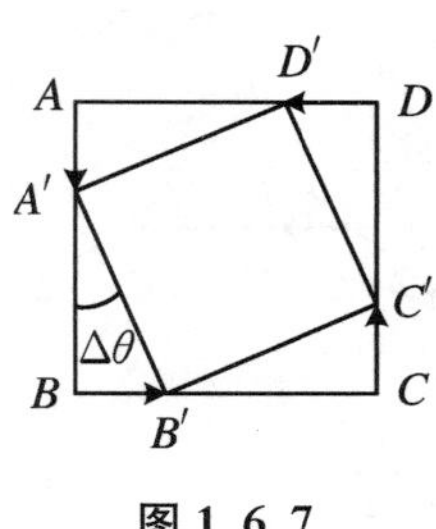

图 1.6.7

解　如图 1.6.7 所示，经过一小段时间 Δt，每个质点都移动了 $v\Delta t$ 的距离，所以四个质点仍然构成正方形，但是四个质点的速度方向发生了变化，都偏转了 $\Delta\theta$，则有 $\Delta v = v\Delta\theta$，又 $\Delta\theta = \frac{v\Delta t}{l}$，考虑到加速度的定义，得

$$a = \frac{\Delta v}{\Delta t} = \frac{v\Delta\theta}{\Delta t} = \frac{v \cdot \frac{v\Delta t}{l}}{\Delta t} = \frac{v^2}{l} = 1\ \text{m/s}^2$$

故答案是 B。

点拨　本题的加速度大小是 1 m/s^2，该加速度就是向心加速度，根据 $a_n = \frac{v^2}{\rho}$，可以看出质点的运动轨迹在开始运动处的曲率半径就是正方形的边长，大小为 1 m。

例题 6 如图 1.6.8 所示,狐狸以不变的速度 v_F 沿着直线 AB 奔跑,猎犬以不变的速率 v_D 追击,其运动方向始终对准狐狸。某时刻狐狸在 F 处,猎犬在 D 处,$FD \perp AB$,且 $FD = L$,试求:

(1) 此时猎犬运动的加速度大小;

(2) 猎犬追上狐狸所需的时间。

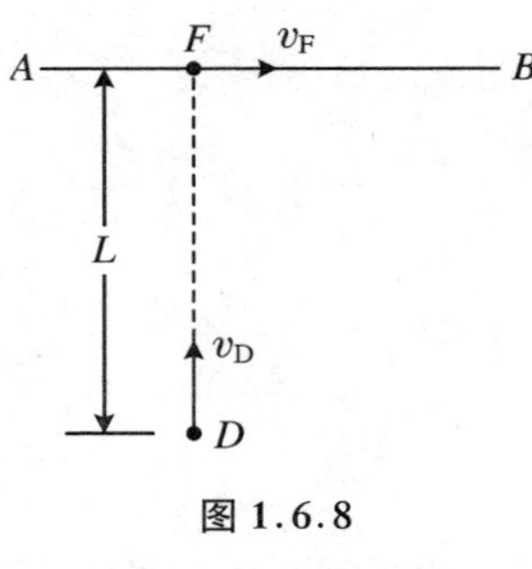

图 1.6.8

分析 猎犬做的是匀速率的一般曲线运动,研究的时刻只有向心加速度,知道速率,还需要知道曲率半径才能求解,求曲率半径需要利用微元的思想通过数学方法来求解。对于追及时间问题,高中常规方法已经解决不了,只能借助微元法来求解。

解 (1) 猎犬做匀速率曲线运动,在所求时刻之后的一段很短的时间 Δt 内,设猎犬运动轨迹的曲率半径为 ρ,则其向心加速度为

$$a_n = \frac{v_D^2}{\rho} \qquad ①$$

由图 1.6.9 可知,在 Δt 时间内,狐狸和猎犬分别到达了 F' 和 D' 处,猎犬运动方向转过的角度满足

$$DD' = v_D \cdot \Delta t = \alpha\rho \qquad ②$$

狐狸运动的距离为

$$FF' = v_F \cdot \Delta t = \alpha L \qquad ③$$

联立②、③两式,得

$$\rho = \frac{v_D}{v_F}L \qquad ④$$

将④式代入①式,可得

$$a_n = \frac{v_D v_F}{L}$$

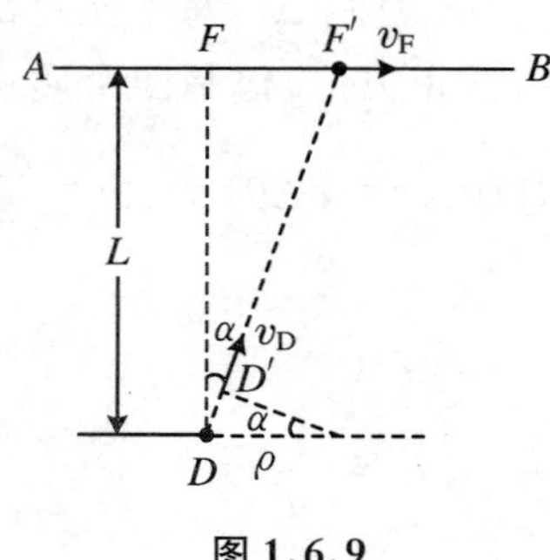

图 1.6.9

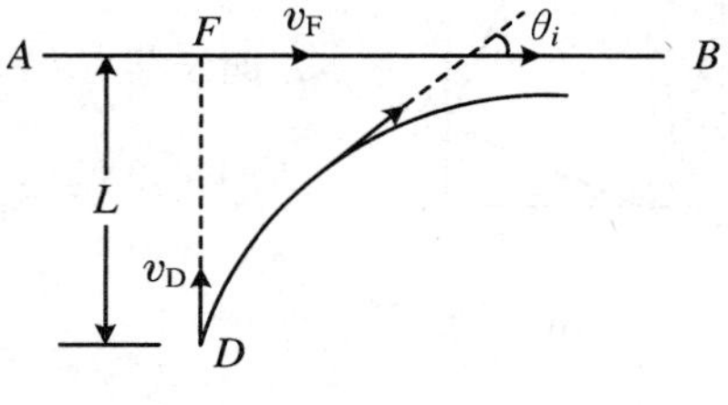

图 1.6.10

(2) 设猎犬追上狐狸所需的时间为 t,某时刻猎犬与狐狸的位置关系如图 1.6.10 所示,在猎犬与狐狸的连线方向上相对速度为 $v_D - v_F\cos\theta_i$,经过时间 Δt_i,两者之间接近的距离满足

$$\Delta L_i = (v_D - v_F\cos\theta_i)\Delta t_i$$

对整个过程，有

$$\sum \Delta L_i = \sum (v_D - v_F\cos\theta_i)\Delta t_i \quad 即 \quad L = v_D t - v_F \sum \cos\theta_i \Delta t_i \qquad ⑤$$

又在 AB 方向上，有

$$\sum (v_D\cos\theta_i)\Delta t_i = \sum v_F \Delta t_i \quad 即 \quad v_D \sum \cos\theta_i \Delta t_i = v_F t \qquad ⑥$$

联立⑤、⑥两式，可得

$$t = \frac{v_D L}{v_D^2 - v_F^2}$$

点拨　本题对中学生的能力要求非常高。一是要求学生应用微元法与曲率半径的定义，求出狐狸运动轨迹在 D 点处的曲率半径，进而求得狐狸在 D 点处的加速度；二是根据相对运动建立距离关系，巧妙地将 $\sum \cos\theta_i \Delta t_i$ 视为整体量进行求解，化解了本题的数学难点。

4. 怎样分析平面平行运动?

一般的运动可以分解成平动和转动来研究，平面平行运动也是如此。例如，我们要研究车轮在行驶过程中的运动：一方面，车轮的轮心在平动；另一方面，车轮上各个质点都在绕过车轮轮心且垂直于车轮平面的轴转动。平面平行运动的综合性较强，不仅可以综合变速直线运动、抛体运动、圆周运动等知识，还可能涉及纯滚动的条件等。

例题 7　半径为 R 的轮子在水平面上做无滑动的滚动，已知轮子中心 O 的速度大小始终为 v_0，考虑轮子边缘上一点 P，其位置如图 1.6.11 所示。

(1) 求 P 点相对于地面的速度大小和方向。

(2) 求 P 点相对于地面的加速度大小。

(3) 定性画出 P 点的运动轨迹。

(4) 求 P 点的切向加速度 a_τ 和向心加速度 a_n 大小。

(5) 求 P 点轨迹最高点的曲率半径 ρ。

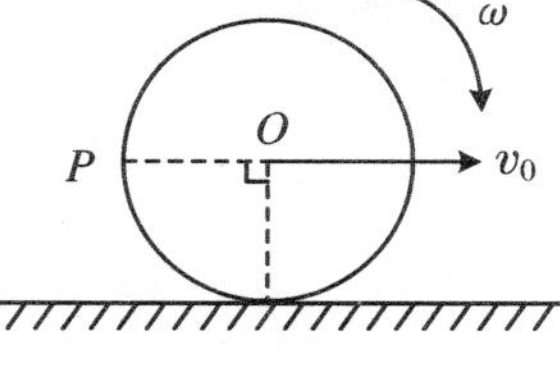

图 1.6.11

分析　这是一个典型的、比较简单的、全面考查平面平行运动知识的题目。一方面，过轮心且垂直于轮子平面的轴相对于地面在平动；另一方面，轮子相对于轴在做定轴转动。很多时候，我们研究的都是纯滚动，纯滚动就是指接触点没有相对滑动，即有相同的速度的滚动。本题中，轮子上与地面接触的点的速度为零，这就是纯滚动的根本条件。

解　(1) 如图 1.6.12 所示，先研究轮子上的 K 点，因为轮子做纯滚动，所以 $v_K = 0$，根据相对运动，有

$$\boldsymbol{v}_{K\to地} = \boldsymbol{v}_{K\to O} + \boldsymbol{v}_{O\to地} = \mathbf{0}$$

即

$$v_0 - \omega R = 0$$

再研究 P 点的速度，根据相对运动，有

$$\boldsymbol{v}_{P\to地} = \boldsymbol{v}_{P\to O} + \boldsymbol{v}_{O\to地}$$

因为 P 点相对于 O 点的速度大小为 $\omega R = v_0$，方向竖直向上，O 点的速度大小为 v_0，方向水平向右，所以

$$v_P = \sqrt{v_0^2 + v_0^2} = \sqrt{2}\,v_0$$

方向与水平方向成45°角，斜向上。

(2)根据相对运动，有

$$\boldsymbol{a}_{P\to地} = \boldsymbol{a}_{P\to O} + \boldsymbol{a}_{O\to地}$$

因为轮子做匀速直线运动，即 $\boldsymbol{a}_{O\to地} = \boldsymbol{0}$，所以 $\boldsymbol{a}_{P\to地} = \boldsymbol{a}_{P\to O}$，$P$ 点相对于 O 点做匀速圆周运动，所以

$$a_P = a_{P\to O} = \frac{v_0^2}{R}$$

(3) 建立平面直角坐标系 xOy，选取 P 点与地面接触时为坐标原点，则 P 点的运动轨迹如图 1.6.13 所示。

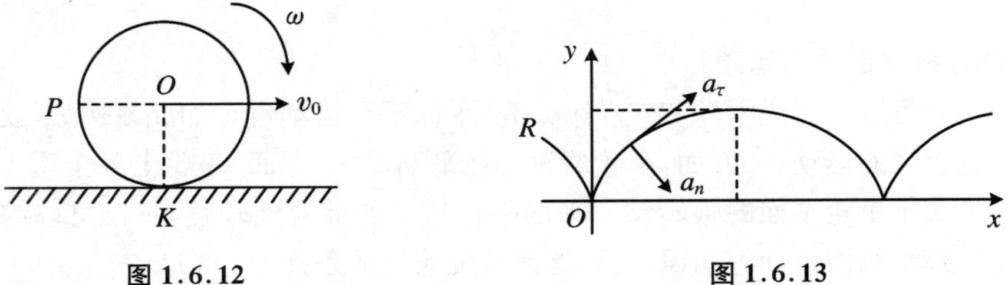

图 1.6.12　　图 1.6.13

(4) P 点的切向加速度 a_τ 指的是与速度共线的加速度，向心加速度指的是垂直于速度的加速度，如图 1.6.13 所示，则

$$\begin{cases} a_\tau = a_P\cos\dfrac{\pi}{4} = \dfrac{\sqrt{2}\,v_0^2}{2R} \\ a_n = a_P\sin\dfrac{\pi}{4} = \dfrac{\sqrt{2}\,v_0^2}{2R} \end{cases}$$

(5) P 点在轨迹最高点的速度大小为 $2v_0$，加速度大小为 $a_n = \dfrac{v_0^2}{R}$，则

$$\rho = \frac{(2v_0)^2}{a_n} = \frac{(2v_0)^2}{\dfrac{v_0^2}{R}} = 4R$$

点拨　本题综合性较强，难度较大，其中(4)问和(5)问很容易出错，许多初学者都认为向心加速度大小为 $\dfrac{v_0^2}{R}$，切向加速度大小为零，错误的原因就在于没有把握住切向加速度和向心加速度的特征——切向加速度一定与速度共线，向心加速度一定与速度垂直。

基 础 练 习

1. 现有许多高档汽车都应用了自动挡无级变速装置，可不用离合就能连续变换速度。图 1.6.14 为截锥式无级变速模型示意图，两个锥轮之间有一个滚轮，主动轮、滚动轮、从动轮靠彼此之间的摩擦力带动。当位于主动轮和从动轮之间的滚动轮从左向右移动时，从动轮转速降低；滚动轮从右向左移动时，从动轮转速增加。现在滚动轮处于主动轮直径 D_1、从动轮直径 D_2 的位置，则主动轮转速 n_1 与从动轮转速 n_2 的关系是　（　　）

A. $\dfrac{n_1}{n_2}=\dfrac{D_1}{D_2}$　　B. $\dfrac{n_1}{n_2}=\dfrac{D_2}{D_1}$

C. $\dfrac{n_1}{n_2}=\dfrac{D_2^2}{D_1^2}$　　D. $\dfrac{n_1}{n_2}=\sqrt{\dfrac{D_1}{D_2}}$

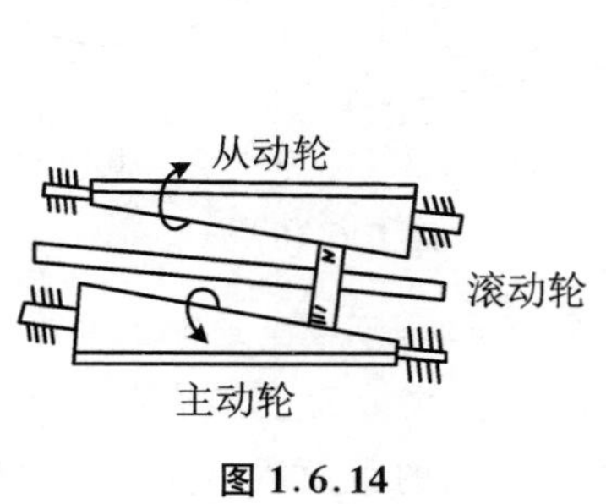

图 1.6.14

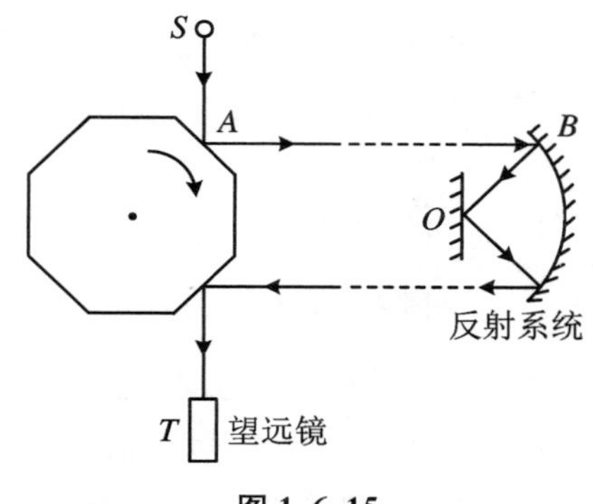

图 1.6.15

2. 图 1.6.15 是迈克耳孙用转动八面镜法测光速的实验示意图，图中 S 为发光点，T 是望远镜，平面镜 O 与凹面镜 B 构成了反射系统。八面镜到反射系统的距离为 $AB=L$（L 可长达几十千米），且远大于 OB 以及 S 和 T 到八面镜的距离。现使八面镜转动起来，并缓慢增大其转速，当转动频率达到 f_0 并可认为是匀速转动时，恰能在望远镜中第一次看见发光点 S，由此迈克耳孙测出光速 c。根据题中所测的物理量得到光速 c 的表达式是　（　　）

A. $c=4Lf_0$　　B. $c=8Lf_0$

C. $c=16Lf_0$　　D. $c=32Lf_0$

3.（2011 年安徽卷）一般的曲线运动可以分成很多小段，每小段都可以看成圆周运动的一部分，即用一系列不同半径的小圆弧代替整条曲线。如图 1.6.16(a)所示，曲线上的 A 点的曲率圆定义为：通过 A 点和曲线上 A 点两侧紧邻的两点作一圆，在极限情况下，这个圆就称为 A 点的曲率圆，其半径 ρ 称为 A 点的曲率半径。现将一物体沿与水平面成 α 角的方向以速度 v_0 抛出，如图(b)所示，则在其轨迹最高点 P 处的曲率半径是　（　　）

A. $\dfrac{v_0^2}{g}$　　　B. $\dfrac{v_0^2\sin^2\alpha}{g}$

C. $\dfrac{v_0^2\cos^2\alpha}{g}$　　　D. $\dfrac{v_0^2\cos^2\alpha}{g\sin\alpha}$

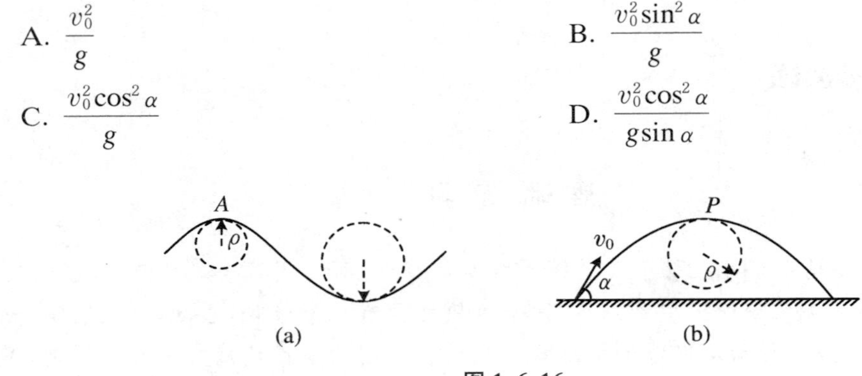

图 1.6.16

4. 如图 1.6.17 所示，直径为 d 的纸筒以角速度 ω 绕轴 O 匀速转动，从枪口发射的子弹沿直径穿过圆筒。若在圆筒旋转不到半周的时间内子弹在圆筒上留下 a、b 两个弹孔，已知 aO 和 bO 的夹角为 φ，则子弹的速度大小为多少？

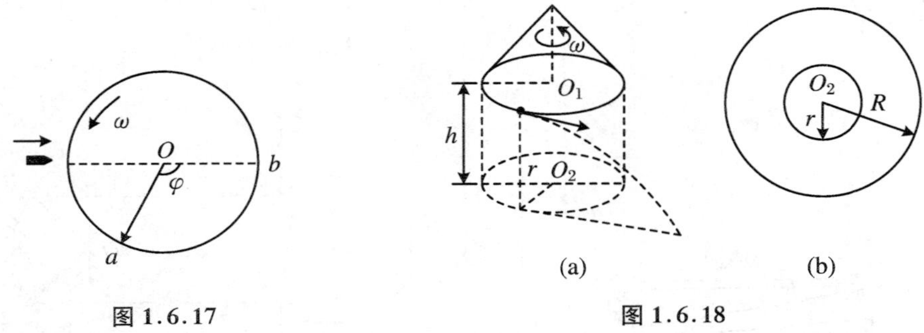

图 1.6.17　　图 1.6.18

5. 如图 1.6.18(a)所示，雨伞边缘到伞柄的距离为 r，伞边缘距地面的高度为 h，当雨伞以角速度 ω 绕伞柄匀速转动时，雨滴从雨伞边缘甩出，并在地面上形成一个大圆，如图(b)所示。已知重力加速度大小为 g，不计空气阻力，求被甩出的雨滴所形成的大圆的半径 R。

6. 如图 1.6.19 所示，在半径为 R 的水平圆板中心轴正上方 h 处以初速度 v_0 水平抛出一小球，圆板做匀速转动。当圆板上的 OB 转到与 v_0 平行时：

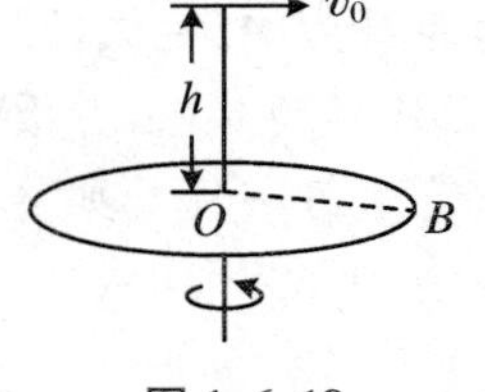

图 1.6.19

(1) 若小球恰好落在圆板上的 B 点，则初速度 v_0 为多大？圆板转动的角速度 ω 满足什么样的条件？

(2) 若在一定的高度处有若干个相同的小球，每秒钟平抛出 N 个，则发现小球在板边缘共有 6 个均匀分布的落点，则这些小球的初速度是否相同？圆板转动的角速度为多少？（不计空气阻力。）

7. （2005 年上海物理）一水平放置的圆盘绕竖直固定轴转动。在圆盘上沿半径开有一条宽度为 2 mm 的均匀狭缝。将激光器与传感器上下对准，使二者的连线与转轴平行，分别置于圆盘的上下两侧，且可以同步地沿圆盘半径方向匀速移动，激光器连续向下发射激光束。在圆盘转动的过程中，当狭缝经过激光器与传感器之间时，传感器接收到一个激光信号，并将其输入计算机，经处理后画出相应图线。图 1.6.20(a)为该装置示意图，图(b)为所接收的光信号随时间变化的图线。横坐标表示时间，纵坐标表示接收到的激光信号强度，图中 $\Delta t_1 = 1.0\times10^{-3}$ s，$\Delta t_2 = 0.8\times10^{-3}$ s。

(1) 利用图(b)中的数据求1 s时圆盘转动的角速度。

(2) 说明激光器和传感器沿半径移动的方向。

(3) 求图(b)中第三个激光信号的宽度 Δt_3。

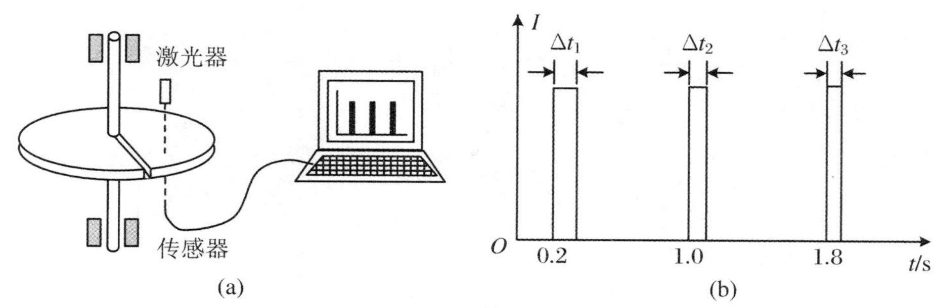

图1.6.20

提高练习

8. (2011年"华约") 如图1.6.21所示，在纸面内有两根足够长的细杆 ab、cd 都穿过小环 M，杆 ab 的两端固定，杆 cd 可以在纸面内绕过 d 点且与纸面垂直的定轴转动。若杆 cd 从图示位置开始，按照图中箭头所示的方向，以匀角速度转动，则小环 M 的加速度　　(　　)

A. 逐渐增加

B. 逐渐减小

C. 先增加后减小

D. 先减小后增加

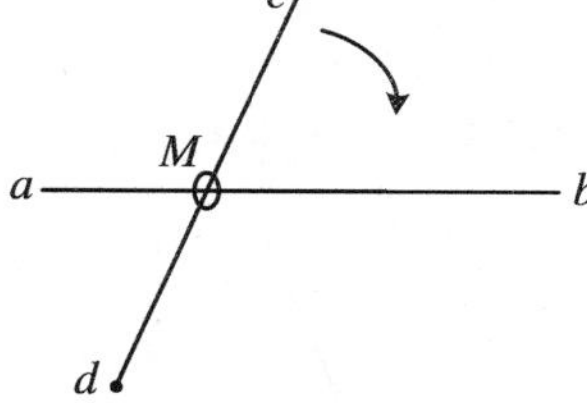

图1.6.21

9. 质点绕半径为 $R=1$ m 的圆轨道做圆周运动，其速率随时间均匀增加，即 $v=\pi t$，求质点绕圆周运动一周回到出发点时的加速度大小和方向。

10. 滑冰运动员在100 m长的半圆形路线上将他的速率从2.0 m/s均匀地增加到12.0 m/s。试求：

(1) 在中间点他的速率；

(2) 在中间点他的速度和加速度的夹角。

11. 半径为 R 的车轮在地面上做无滑动的滚动，轮心的速度为常量 v，求轮边一质点的运动方程。(建立图1.6.22所示的平面直角坐标系，设初始位置 P 在坐标原点。)

12. 如图1.6.23所示，半径为 R 的圆柱夹在互相平行的两板之间，两板分别以大小为 v_1、v_2 的速度反向运动，圆柱与板之间无相对滑动，问：圆柱上与板接触的 A 点的加速度是多少？

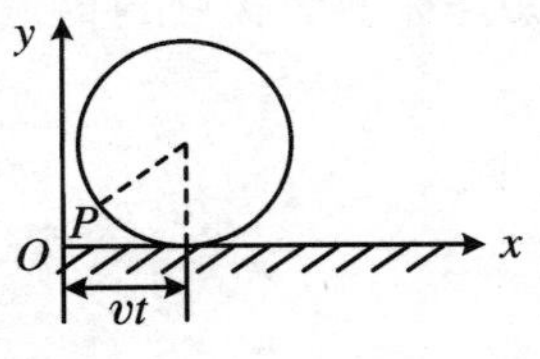

图 1.6.22

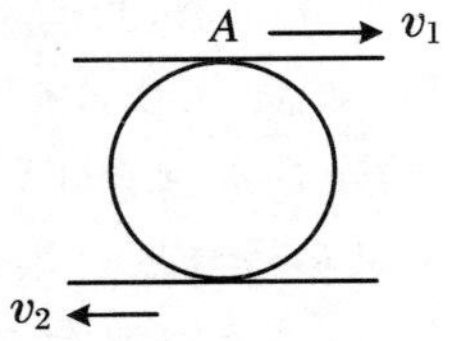

图 1.6.23

《参考答案》

1. B。
2. C。
3. C。
4. $\dfrac{\omega d}{\pi-\varphi}$。
5. $R=r\sqrt{1+\dfrac{2\omega^2 h}{g}}$。
6. (1) $v_0=R\sqrt{\dfrac{g}{2h}}$,$\omega=2\pi n\sqrt{\dfrac{g}{2h}}$($n\in\mathbf{N}$);(2) 相同,$\omega=2\pi N\left(k+\dfrac{5}{6}\right)$($k=0,1,2,\cdots$)。
7. (1) 7.85 rad/s;(2) 激光器和传感器沿半径由中心向边缘移动;(3) 0.67×10^{-3} s。
8. A。

提示 因为 $\boldsymbol{v}_{M\to地}=\boldsymbol{v}_{M\to杆}+\boldsymbol{v}_{杆\to地}$,所以可以将空间中的 M 点的速度分解成沿杆的速度 $\boldsymbol{v}_{M\to杆}$ 和垂直于杆的速度 $\boldsymbol{v}_{杆\to地}$,如图 1.6.24 所示。设 d 点到杆 ab 的距离为 h,假设杆 cd 从与杆 ab 垂直的地方开始运动,经过时间 t,杆 cd 转过的角度为 ωt,则 $v_\perp=v\cos\omega t=\omega\dfrac{h}{\cos\omega t}$,小环 M 的运动速度大小为 $v=\omega\dfrac{h}{\cos^2\omega t}$,对 v 求导可得 $a=\dfrac{2h\omega^2\sin\omega t}{\cos^3\omega t}$,由上式可知应该选 A。

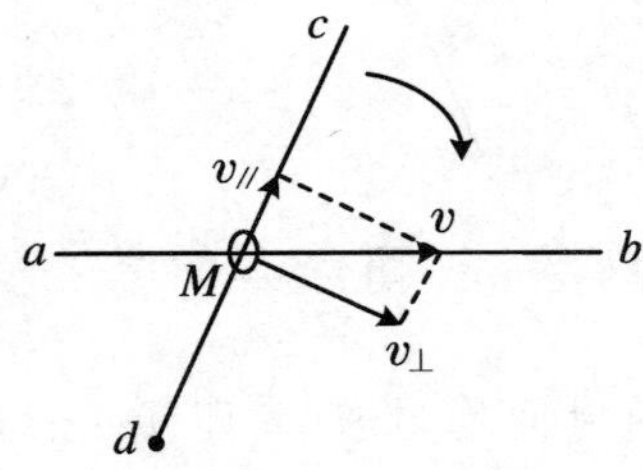

图 1.6.24

9. $a=\sqrt{a_\tau^2+a_n^2}=\pi\sqrt{1+16\pi^2}$ m/s²,加速度与速度方向的夹角为 $\theta=\arctan 4\pi$。

提示 由 $v=\pi t$ 得切向加速度 $a_\tau=\pi$ m/s²,由 $a_\tau=R\beta$ 得角加速度 $\beta=\pi$ rad/s²,又质点运动一周,所以 $2\pi=\dfrac{1}{2}\beta t^2$,得 $t=2$ s,此时线速度大小 $v=2\pi$ m/s,向心加速度大小 $a_n=\dfrac{v^2}{R}=4\pi^2$ m/s²,所以此时加速度的大小 $a=\sqrt{a_\tau^2+a_n^2}=\pi\sqrt{1+16\pi^2}$ m/s²。设加速度与速度方向的夹角为 θ,则 $\tan\theta=\dfrac{a_n}{a_\tau}=4\pi$。

10. (1) $v=\sqrt{v_0^2+2a_\tau s_{中}}=8.6\ \text{m/s}$;(2) arctan3.3。

提示　由 $2a_\tau l=v^2-v_0^2$ 得切向加速度 $a_\tau=0.7\ \text{m/s}^2$,由 $2a_\tau\dfrac{l}{2}=v_{中}^2-v_0^2$ 得中点速度 $v_{中}=\sqrt{74}\ \text{m/s}$,又半周长 $l=\pi r$,所以向心加速度大小 $a_n=\dfrac{v_{中}^2}{r}=0.74\pi\ \text{m/s}^2$。设加速度与速度的夹角为 θ,则 $\tan\theta=\dfrac{a_n}{a_\tau}\approx3.3$。

11. $\left[x-R\arccos\left(1-\dfrac{y}{R}\right)\right]^2+(y-R)^2=R^2$。

提示　设 t 时间内,P 点相对于圆心转过的角度为 θ,由于滚动无滑动,故 $R\theta=vt$,此时 P 点的横、纵坐标分别为 $x=vt-R\sin\theta=R\theta-R\sin\theta$,$y=R-R\cos\theta$。联立二式并消去 θ,得 $\left[x-R\arccos\left(1-\dfrac{y}{R}\right)\right]^2+(y-R)^2=R^2$。

12. $a_A=\dfrac{(v_1+v_2)^2}{4R}$。

提示　如图 1.6.25 所示,瞬心(瞬时速度为零的点)在竖直的直径上的某个点 P(不一定在圆心),设圆柱最高点 A 到 P 点的距离为 r_1,圆柱最低点到 P 点的距离为 r_2,圆心的速度为 v_O,水平向右。由于圆柱与板之间无相对滑动,圆柱最高点 A 的速度为 v_1,圆柱最低点的速度为 v_2。因为圆柱体无形变,所以有

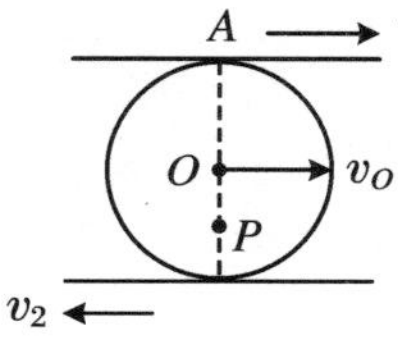

$$\frac{v_1}{r_1}=\frac{v_2}{r_2}=\frac{v_O}{R-r_2}$$

图 1.6.25

又 $r_1+r_2=2R$,所以

$$r_1=2R\frac{v_1}{v_1+v_2},\quad r_2=2R\frac{v_2}{v_1+v_2},\quad v_O=\frac{v_1-v_2}{2}$$

圆心 O 的速度恒定,则圆心 O 的加速度为零,又 A 点的速度大小恒定,所以 A 点的加速度为

$$a_A=a_{AO}=\frac{(v_1-v_O)^2}{R}=\frac{(v_1+v_2)^2}{4R}$$

1.7　关联运动

课外知识延伸

1. 绳和杆的关联

杆不可伸长或缩短,绳不可伸长,受杆或绳约束的物系各点在同一时刻沿杆或绳方向具

有相同的分速度，但加速度不一定相同，在没有转动或动滑轮的前提下，沿杆(或绳)方向各点的加速度才相同。

2. 刚体点接触的关联

接触物体(刚体)沿接触面法线方向具有相同的速度，但加速度不一定相同，沿切线方向的速度在无相对滑动时相同。

3. 空间交叉点的关联

因为沿着自身方向的速度不引起交叉点的速度，所以相交物体交叉点的速度是相交双方沿对方切线分速度的矢量和。

4. 极坐标系

极坐标系是研究物体运动的重要工具，尤其是在曲线运动中用得较多。在图 1.7.1 所示的极坐标系中，物体 P 的位置可用坐标(r,θ)表示。在极坐标系中，物体的径向加速度和法向加速度分别为

$$\begin{cases} a_r = \ddot{r} - \omega^2 r \\ a_\tau = r\ddot{\theta} + 2\omega\dot{r} \end{cases}$$

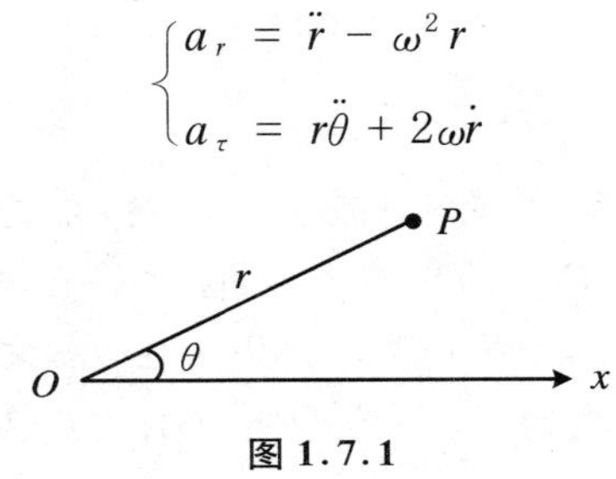

图 1.7.1

核心问题讨论

1. 怎样分析“绳约束”下的运动关联?

解决此类问题的关键在于抓住绳子不可伸长，正因为如此，所以绳子上任何点沿着绳的速度一定相同，这样就可以分析出绳子关联的两物体间速度的关系。当然，有时要分析绳子关联的两物体间的运动，也可以取两物体的位移微元，分析这两段位移之间的关系，从而分析这两物体间的速度和加速度的关系。在此过程中，我们常常会用到求导、极坐标等数学工具，以及运动的合成与分解、圆周运动等相关物理知识。

例题 1 一人通过图 1.7.2 所示的装置拉船靠岸，人收绳子速率为 v，岸高为 h，绳子与岸的夹角为 θ。

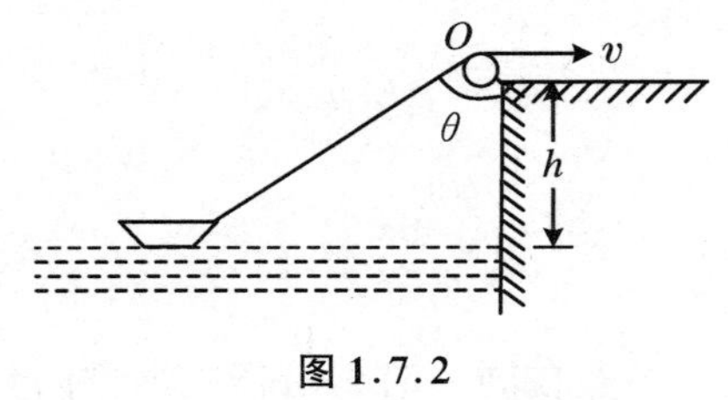

图 1.7.2

(1) 求船的速度大小 $v_船$。

(2) 求角度 θ 随时间的变化率$\dfrac{d\theta}{dt}$。

(3) 若人收绳子的速率恒定，求船的加速度大小 a。

(4) 若人收绳子的加速度大小为 a_0，以绳子与滑轮的接触点为原点，以竖直向下为极轴，建立极坐标

系，船的位置可以用(r,θ)表示，求船的径向加速度大小 a_r。

(5) 若人收绳子的加速度大小为 a_0，求船的加速度大小 $a_{船}$。

分析　题目给了收绳的速率，要找船的速率和收绳的速率的关系，可以先找一小段时间内船的位移和绳子缩短量的关系，从而求出船的速率。小船沿水面方向做直线运动，小船对地的运动可分解为两个分运动：一是指向 O 点的运动，其速度的大小即为收绳的速率 v；二是绕 O 点向下的转动。根据几何关系可以找到速度间的关系，从而求出 $v_{船}$。指向 O 点的速度不影响角度 θ 的变化，根据绕 O 点向下的转动速度可以求出绳子的角速度，即角度 θ 随时间的变化率。在已经求出船的速度的情况下，可采用求导的方式求出船的加速度。当然，也可以将船的加速度分解成指向 O 点的加速度和垂直于绳的加速度，如果我们能求出加速度的上述两分量之一，就可以利用几何关系求出船的加速度，显然指向 O 点的加速度实际上就是向心加速度。极坐标是研究运动的常用工具，在极坐标系中，径向加速度 $a_r=\dfrac{\mathrm{d}v}{\mathrm{d}t}-\omega^2 l$，其中$\dfrac{\mathrm{d}v}{\mathrm{d}t}$为径向速率的变化率，在本题中就是收绳的速率的变化率，其值为 $-a_0$。

解　(1) 解法一

设经过时间微元 Δt，小船从 A 点运动到了 B 点，运动了 Δx 距离，在 OA 上取一点 C，使得 $OC=OB$，如图 1.7.3 所示。

因为时间无穷小，所以$\angle ACB$ 可认为是直角，显然绳子缩短量 Δl 与 Δx 间有如下关联：

$$\Delta l = \Delta x\sin\theta$$

两边同时除以 Δt，即得

$$v = \frac{\Delta l}{\Delta t} = \frac{\Delta x}{\Delta t}\sin\theta = v_{船}\sin\theta$$

因此，船的速率为

$$v_{船} = \frac{v}{\sin\theta}$$

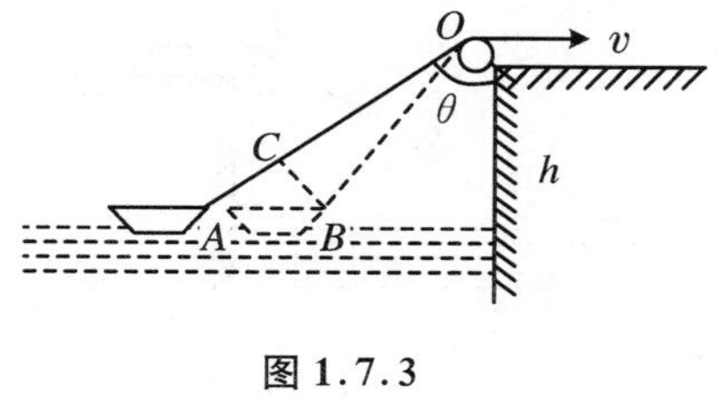

图 1.7.3

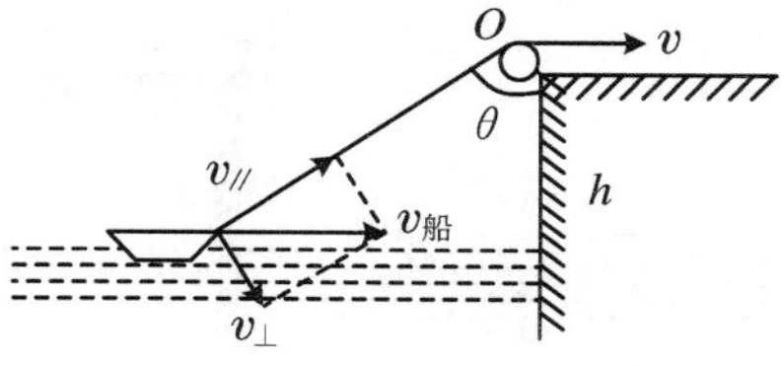

图 1.7.4

解法二

如图 1.7.4 所示，将船的速度 $v_{船}$沿相互垂直的两个方向分解，即分解成 $v_{/\!/}$和 $v_{\perp}$，所以

$$v_{/\!/} = v_{船}\sin\theta,\quad v_{\perp} = v_{船}\cos\theta$$

考虑到 $v_{/\!/}=v$，得

$$v_{船} = \frac{v}{\sin\theta}$$

(2) $v_\perp$是绕 O 点向下的转动速度,则

$$v_\perp = \omega l = \omega \frac{h}{\cos\theta}$$

解得

$$\omega = \frac{v\cos^2\theta}{h\sin\theta}$$

所以角度 θ 随时间的变化率为

$$\frac{d\theta}{dt} = -\frac{v\cos^2\theta}{h\sin\theta}$$

(3) 解法一

因为小船做直线运动,所以

$$a = \frac{dv_{船}}{dt}$$

根据链式法则,得

$$a = \frac{-v}{\sin^2\theta}\cdot\frac{d\sin\theta}{d\theta}\cdot\frac{d\theta}{dt} = \frac{v^2}{h}\cot^3\theta$$

解法二

如图 1.7.5 所示,将船的加速度在沿绳和垂直于绳的两个方向分解,则

$$a_{/\!/} = a\sin\theta$$

而 $a_{/\!/}$就是向心加速度,所以

$$a_{/\!/} = \omega^2 l = \frac{v^2\cos^4\theta}{h^2\sin^2\theta}\cdot\frac{h}{\cos\theta} = \frac{v^2\cos^3\theta}{h\sin^2\theta}$$

联立以上两式,得

$$a = \frac{v^2}{h}\cdot\cot^3\theta$$

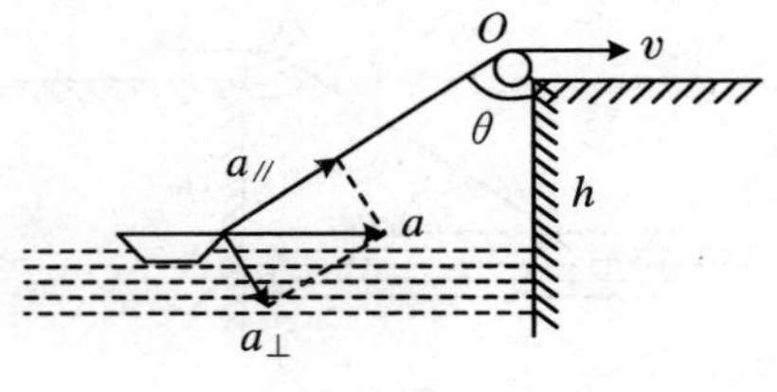

图 1.7.5

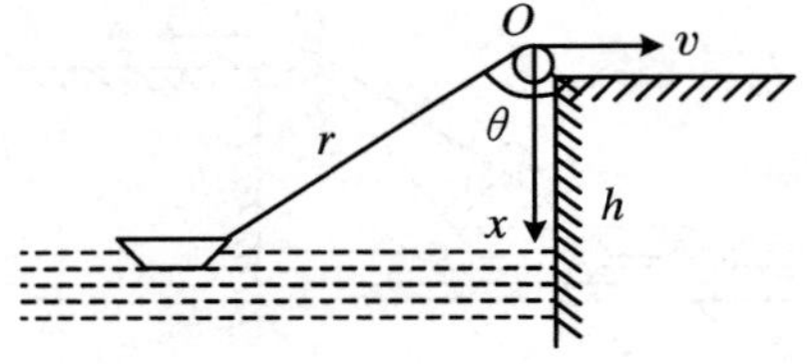

图 1.7.6

(4) 根据题意,建立图 1.7.6 所示的极坐标系,径向加速度为

$$a_r = \frac{dv}{dt} - \omega^2 l$$

其中人收绳的加速度大小为

$$\frac{dv}{dt} = -a_0$$

联立以上两式并代入 ω 的表达式，得

$$a_r=-a_0-\omega^2 l=-a_0-\frac{v^2\cos^3\theta}{h\sin^2\theta}$$

(5) 解法一

与(3)问的解法一类似，根据加速度的定义，有

$$a_{船}=\frac{\mathrm{d}v_{船}}{\mathrm{d}t}$$

根据链式法则，得

$$a_{船}=\frac{\dfrac{\mathrm{d}v}{\mathrm{d}t}\sin\theta-\dfrac{\mathrm{d}\sin\theta}{\mathrm{d}t}v}{\sin^2\theta}=\frac{a_0}{\sin\theta}+\frac{v^2}{h}\cot^3\theta$$

解法二

与(3)问的解法二类似，将船的加速度在沿绳和垂直于绳两个方向分解，则

$$a_{/\!/}=a_{船}\sin\theta$$

其中 $a_{/\!/}=-a_r$，所以

$$a_{船}=\frac{-a_r}{\sin\theta}=\frac{a_0}{\sin\theta}+\frac{v^2}{h}\cot^3\theta$$

点拨　(1) 本题较为常见的错误是将船速度作为收绳速度的分速度，将 v 在水平方向与竖直方向进行分解，从而得到 $v_{船}=v\cos\theta$。错误的原因是将小船沿绳方向的速度与绳对船的拉力进行类比，根据拉力具有水平分量与竖直分量的特征，将速度也作类似的分解。

(2) 沿绳方向的加速度由两部分组成，一部分是由角速度引起的向心加速度，另一部分是由沿绳方向的速度引起的，即 $a_r=\dfrac{\mathrm{d}v}{\mathrm{d}t}-\omega^2 l$。初学者往往会漏掉其中的一项。

2. 怎样分析“杆约束”下的运动关联?

因为刚性杆不可伸长、不可压缩，所以“杆约束”存在与“绳约束”类似的性质，即沿杆方向的速度相同。另外，杆不可变形，所以杆上各点的角速度相同，需要注意的是沿杆方向的速度不引起角速度，可以利用杆上任意两点间的相对速度(垂直于杆的速度)求得杆的角速度，进而求得其他物理量间的关系。在此过程中，我们也常常会用到求导、极坐标等数学工具，以及运动的合成与分解、圆周运动等相关物理知识。

例题 2　图 1.7.7 所示的刚性棒 AB 的长度为 L，木棒 B 端靠在竖直墙壁上，A 端在水平地面上，当木棒 B 端沿墙壁下滑至棒与竖直面成 θ 角的瞬间，B 端的速度大小为 v_B。

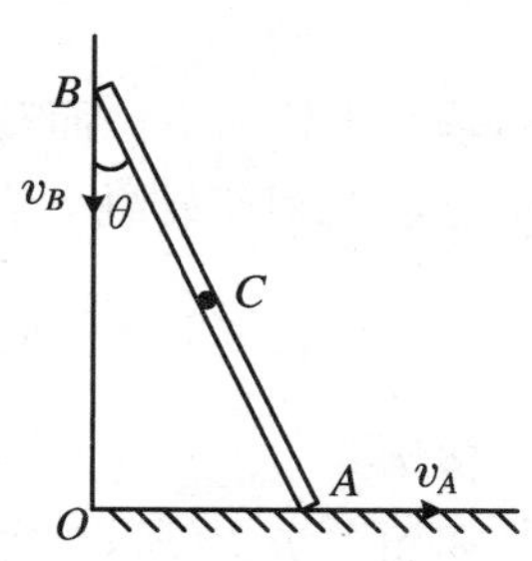

图 1.7.7

(1) 求 A 端的速度大小 v_A。

(2) 求 AB 棒的角速度大小 ω。

(3) 求 AB 中点 C 的速度大小 v_C。

(4) 棒上一点 M 与 B 端的距离为 kL，求 M 点的速度大小。

(5) 以 O 为坐标原点，分别以 OA 和 OB 方向为 x 轴和 y

轴，棒上一点 M 到 B 端的距离为 kL，求 M 点的轨迹方程。

分析 注意到棒是不可伸长、不可压缩的，所以 A、B 两点的速度沿棒方向的分量应该相等，由此找到了 A 点和 B 点的速度关联。以 A、B 中的一点为轴，A、B 间的相对速度引起 AB 棒的转动，即 A 点和 B 点垂直于棒的速度之差引起棒的转动，可以据此求出棒的角速度。一方面，C 点沿棒的速度和 B 点沿棒的速度大小相等，如果能分析出 C 点速度的方向，则可以求解 C 点速度的大小；另一方面，C 点在竖直方向的速度应该等于 B 点速度的一半，C 点在水平方向的速度应该等于 A 点速度的一半，根据这样的关系也可以求解 C 点的速度大小。用相同的方法可以分析出 M 点的速度。要求出 M 点的轨迹方程，可以分别求出 M 点的 x 坐标和 y 坐标，然后消去相关的参数。

解 (1) 将杆两端的速度 v_A、v_B 按图 1.7.8 所示分解。

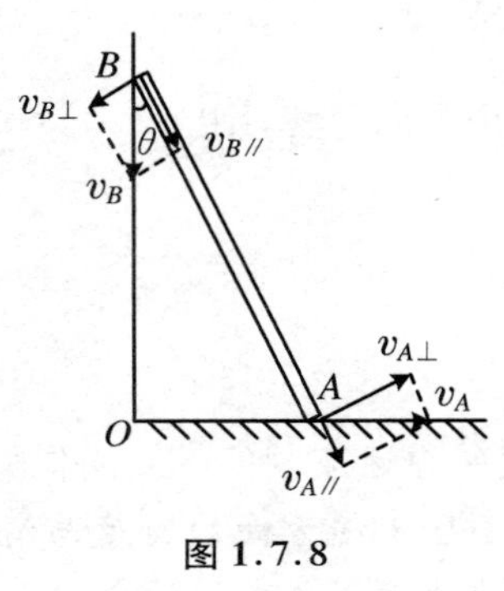

图 1.7.8

B 端沿杆方向的分速度大小为

$$v_{B/\!/} = v_B\cos\theta$$

B 端垂直于杆方向的分速度大小为

$$v_{B\perp} = v_B\sin\theta$$

A 端沿杆方向的分速度大小为

$$v_{A/\!/} = v_A\sin\theta$$

A 端垂直于杆方向的分速度大小为

$$v_{A\perp} = v_A\cos\theta$$

因为杆的长度不发生变化，所以 $v_{A/\!/} = v_{B/\!/}$，则

$$v_A = v_B\cot\theta$$

(2) 以 A 端为轴，设 B 端相对于轴的速度为 $v_{B\to A}$，则

$$v_{B\to A} = v_{B\perp} + v_{A\perp} = v_B\sin\theta + v_A\cos\theta = \frac{v_B}{\sin\theta}$$

所以，转动角速度为

$$\omega = \frac{v_{B\to A}}{l} = \frac{v_B}{l\sin\theta}$$

(3) 解法一

中点 C 相对于转轴 A 的速度为

$$v'_{\perp} = \omega\frac{l}{2} = \frac{v_B}{2\sin\theta}$$

方向垂直于杆向下。而转轴相对于地的速度为 v_A，方向水平向右。中点 C 的实际速度等于中点 C 相对于转轴 A 的速度与转轴相对于地的速度的矢量和，如图 1.7.9 所示，所以

$$v_C = \sqrt{v_A^2 + v_{C\to A}^2 - 2v_Av_{C\to A}\cos\theta} = \frac{v_B}{2\sin\theta}$$

解法二

如图 1.7.10 所示，由于 C 为直角三角形 AOB 斜边的中点，故在棒运动的过程中，C 点与 O 点的距离恒为 AB 长度的一半。可见，C 点的运动轨迹是以 O 点为圆心的圆，则任何时

刻 C 点的速度 v_C 的方向都应沿此圆周的切线方向，即与 OC 垂直。由图可见，v_C 与杆 AB 的夹角为 $\varphi=\frac{\pi}{2}-2\theta$。$C$、$B$ 两点的运动速度沿杆方向的投影应该相等，即

$$v_C\cos\varphi = v_B\cos\theta$$

故得

$$v_C = \frac{v_B\cos\theta}{\cos\varphi} = \frac{v_B\cos\theta}{\sin2\theta} = \frac{v_B}{2\sin\theta}$$

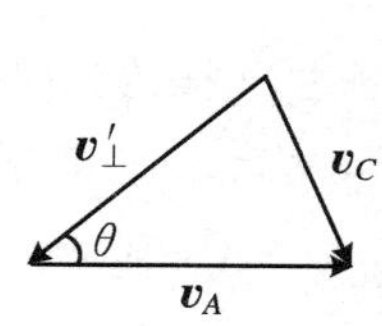

图 1.7.9

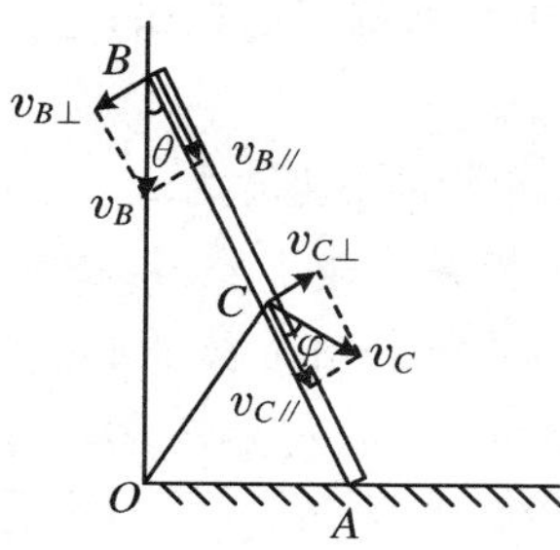

图 1.7.10

(4) 根据图中的比例关系，可得 M 点的水平分速度 v_x 和竖直分速度 v_y 的表达式分别为

$$v_x = kv_A,\quad v_y = (1-k)v_B$$

代入已经求得的 v_A 和 v_B 的表达式，可得

$$v_x = kv_B\cot\theta,\quad v_y = (1-k)v_B$$

所以

$$v = \sqrt{v_x^2 + v_y^2} = v_B\sqrt{(k\cot\theta)^2 + (1-k)^2}$$

(5) 根据图中的比例关系，可求得 M 点的 x 坐标和 y 坐标的表达式分别为

$$x = kL\sin\theta,\quad y = (1-k)L\cos\theta$$

联立两式并消去参数 θ，得

$$\frac{x^2}{(kL)^2} + \frac{y^2}{(1-k)^2L^2} = 1$$

点拨　在(1)问中求解 A 点的速度时也可以应用微元法。考虑到 C 点做以 O 点为圆心的圆周运动，可以利用 C 点的线速度求解 C 点的角速度，进而求解 AB 棒的角速度。其实，(4)问中求解 M 点速度的方法也可以用来求解(3)问。在(5)问中，当 $k=1/2$ 时，运动轨迹为圆，这与(3)问的分析是一致的；当 $k\neq1/2$ 时，运动轨迹为椭圆。

3. 怎样分析“刚体点接触”下的运动关联?

保持两个接触物体不分离的条件是：两接触质元在垂直于接触面方向时刻具有相同的速度。这类问题往往需要利用此条件求解。这类问题综合性很强，常常涉及相对运动、圆周运动等知识，要综合利用微元、运动的合成与分解等多种方法求解。

例题 3 如图 1.7.11 所示，一个半径为 R 的半圆柱体沿水平方向向右运动，在半圆柱体上搁置一根竖直杆，此杆只能沿竖直方向运动。当半圆柱体的速度为 v 时，杆与半圆柱体的接触点 A 和柱心 O 的连线与竖直方向的夹角为 α。

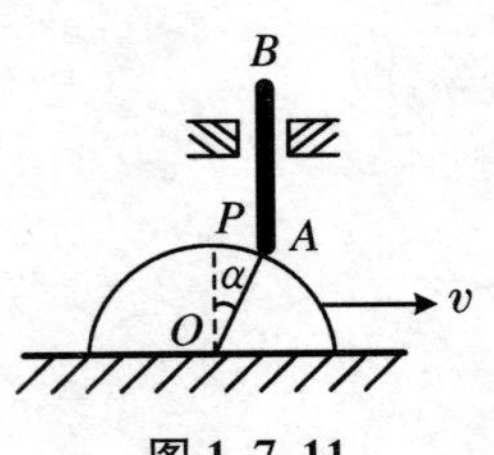

图 1.7.11

(1) 求此时杆的速度大小 $v_{杆}$。

(2) 杆相对于柱做圆周运动，求该圆周运动的角速度 ω、向心加速度 a_n。

(3) 杆相对于柱做圆周运动，若半圆柱体的速度 v 恒定，求该圆周运动的切向加速度 a_τ 和杆的加速度 $a_{杆}$。

(4) 若半圆柱体的加速度为 a，求杆的加速度 $a'_{杆}$。

分析 两个接触物体不分离，法向速度应该相等，据此可求出杆的速度大小。杆相对于柱做圆周运动，根据相对运动可求出该圆周运动的速度大小，从而求出角速度和向心加速度。杆的加速度可看成 $\boldsymbol{a}_{杆对地}=\boldsymbol{a}_{杆对柱}+\boldsymbol{a}_{柱对地}$，考虑到 $\boldsymbol{a}_{柱对地}=\boldsymbol{0}$，有 $\boldsymbol{a}_{杆对地}=\boldsymbol{a}_{杆对柱}$，而 $\boldsymbol{a}_{杆对柱}$ 的分量向心加速度 a_n 和切向加速度 a_τ 都已经求出，于是可以求出 $a_{杆}$。杆的加速度是竖直方向的，可分解成径向和切向，求出了切向加速度的大小，就可以求出杆的加速度大小。

解 (1) 与杆接触的半圆柱体上质元沿 OA 方向的速度为

$$v_{1\perp}=v\sin\alpha$$

杆上 A 点沿 OA 方向的速度为

$$v_{2\perp}=v_{杆}\cos\alpha$$

因为杆始终与半圆柱体表面接触，所以

$$v_{1\perp}=v_{2\perp}$$

从而得

$$v_{杆}=v\tan\alpha$$

(2) 杆的速度可看成 $\boldsymbol{v}_{杆对地}=\boldsymbol{v}_{杆对柱}+\boldsymbol{v}_{柱对地}$，如图 1.7.12 所示，可见杆相对于柱做圆周运动，圆周运动的速度大小为

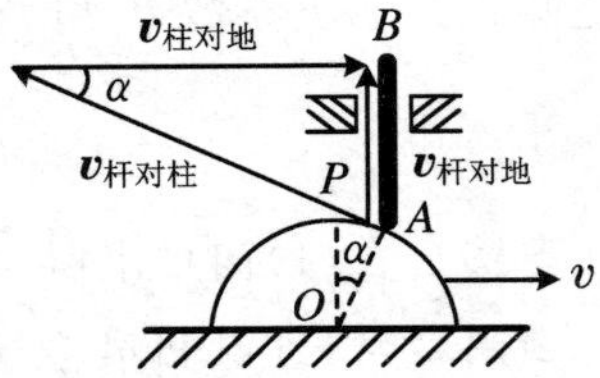

$$v_{杆对柱}=\frac{v}{\cos\alpha}$$

图 1.7.12

角速度大小为

$$\omega=\frac{v_{杆对柱}}{R}=\frac{v}{R\cos\alpha}$$

向心加速度大小为

$$a_n=\omega^2R=\frac{v^2}{R\cos^2\alpha}$$

(3) 若半圆柱体的速度 v 恒定，该圆周运动的切向加速度为

$$a_\tau=\frac{\mathrm{d}v_{杆对柱}}{\mathrm{d}t}=\frac{-v}{\cos^2\alpha}\cdot(-\sin\alpha)\cdot\frac{\mathrm{d}\alpha}{\mathrm{d}t}$$

其中$\frac{d\alpha}{dt}=-\omega$，将其代入并整理，得

$$a_\tau=-\frac{v^2\sin\alpha}{R\cos^3\alpha}$$

其中"－"表示与切向速度方向相反。

因为 $\boldsymbol{a}_{杆对地}=\boldsymbol{a}_{杆对柱}$，所以

$$a_{杆对地}=\sqrt{a_\tau^2+a_n^2}=\frac{v^2}{R\cos^3\alpha}$$

方向竖直向下。

(4) 一方面，杆的加速度可以分解成沿半径方向的 a'_n 和沿切线方向的 a'_τ，如图 1.7.13 所示，可见 $a'_杆\cos\alpha=a'_n$；另一方面，杆的加速度可看成 $\boldsymbol{a}_{杆对地}=\boldsymbol{a}_{杆对柱}+\boldsymbol{a}_{柱对地}$，而 $\boldsymbol{a}_{杆对柱}$ 有向心加速度 a_n 和切向加速度 a_τ，所以三者关系如图 1.7.14 所示。结合两图，可得

$$a'_杆\cos\alpha=a'_n=a_n-a\sin\alpha$$

解得

$$a'_杆=\frac{a_n}{\cos\alpha}-a\tan\alpha=\frac{v^2}{R\cos^3\alpha}-a\tan\alpha$$

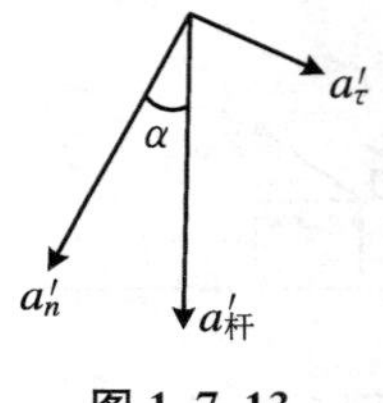

图 1.7.13

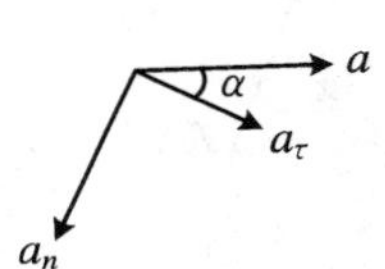

图 1.7.14

点拨　圆周运动的向心加速度是比较好求的，不管是否匀速，其表达式都是 $a_n=\omega^2R$，所以在(3)问和(4)问中都用到了此表达式。另外，(4)问也可以利用对 $v_杆$ 求导的方法，或者利用(3)问的方法，这里就不再赘述，请读者自行完成。

习题实战演练

基础练习

1. (2011 年上海高考题) 如图 1.7.15 所示，人沿平直的河岸以速度 v 行走，且通过不可伸长的绳拖船，船沿绳的方向行进，此过程中绳始终与水面平行。当绳与河岸的夹角为 α 时，船的速率为　(　　)

A. $v\sin\alpha$　　B. $v/\sin\alpha$　　C. $v\cos\alpha$　　D. $v/\cos\alpha$

2. 在水平面上有 A、B 两物体，通过一根跨过滑轮的不可伸长的轻绳相连，现 A 物体以 v_A 的速度向右匀速运动，当绳被拉成与水平面的夹角分别为 α、β 时(见图 1.7.16)，B 物体

运动的速度 v_B 为(绳始终有拉力)　　(　　)

A. $v_A\sin\alpha/\sin\beta$　　B. $v_A\cos\alpha/\sin\beta$　　C. $v_A\sin\alpha/\cos\beta$　　D. $v_A\cos\alpha/\cos\beta$

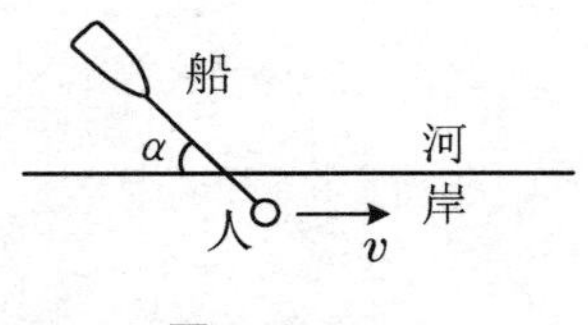

图 1.7.15

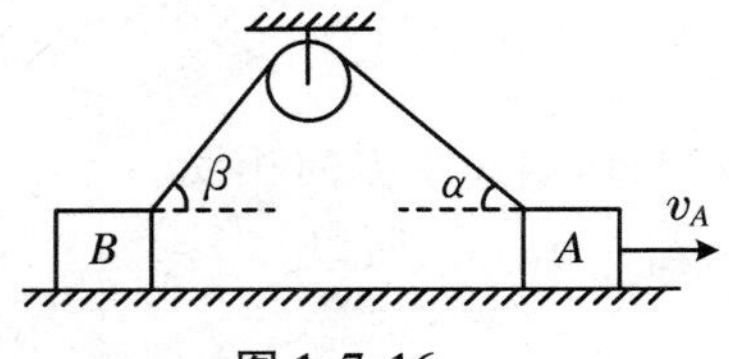

图 1.7.16

3. (2013 年上海高考题) 图 1.7.17 为在平静海面上两只拖船 A、B 拖着驳船 C 运动的示意图。A、B 的速度分别沿着缆绳 CA、CB 方向,A、B、C 不在一条直线上。由于缆绳不可伸长,因此 C 的速度在 CA、CB 方向的投影分别与 A、B 的速度相等,由此可知 C 的　　(　　)

A. 速度大小可以介于 A、B 的速度大小之间

B. 速度大小一定不小于 A、B 的速度大小

C. 速度方向可能在 CA 和 CB 的夹角范围外

D. 速度方向一定在 CA 和 CB 的夹角范围内

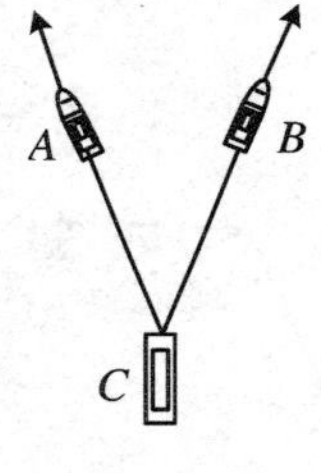

图 1.7.17

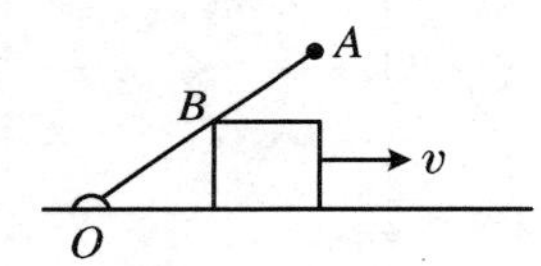

图 1.7.18

4. 有一根长为 l 的杆 OA,O 端用铰链固定,另一端固定着一个小球 A,靠在一个质量为 M、高度为 h 的物块上,如图 1.7.18 所示。若物块与地面的摩擦不计,试求:当物块以速度 v 向右运动时小球 A 的线速度 v_A(此时杆与水平方向的夹角为 θ)。

5. 如图 1.7.19 所示,一个不透光的球壳内有一发光点,球壳可绕垂直于纸面的水平轴以角速度 ω 匀速转动,由于球壳上有一小孔,因而有一细束光线在竖直面内转动,在到转轴的距离为 d 处有一竖直墙,当光线与屏幕的夹角为 θ 时,屏上光斑的速度为多大?

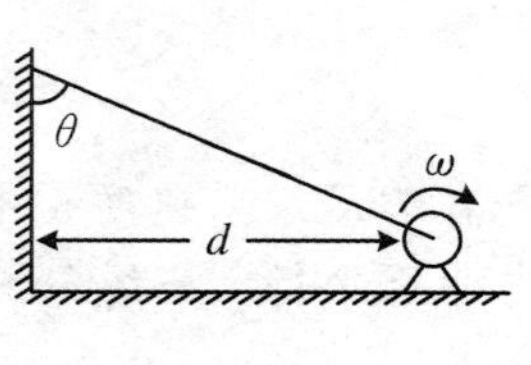

图 1.7.19

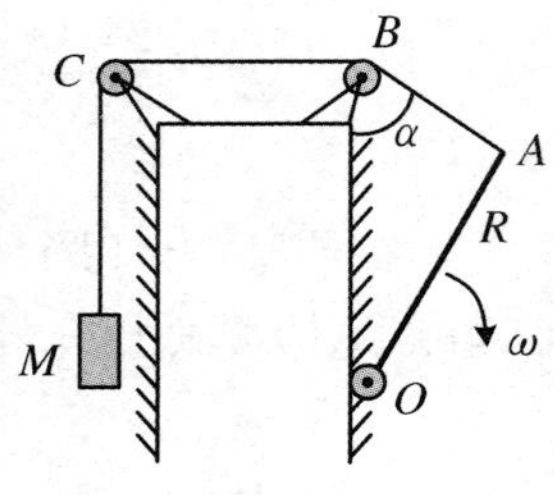

图 1.7.20

6. 如图 1.7.20 所示,杆 OA 长为 R,可绕过 O 点的水平轴在竖直平面内转动,其端点

A 系着一根跨过定滑轮 B、C 的不可伸长的轻绳，绳的另一端系一物块 M。滑轮的半径可忽略，B 在 O 的正上方，O、B 之间的距离为 H。某一时刻，绳的 BA 段与 OB 的夹角为 α，杆的角速度为 ω，求此时物块 M 的速率 v_M。

提高练习

7. 有一直杆，一端与半径为 R 的固定大圆环连接在 O 点，直杆还穿过套在大环上的小环 M，如图 1.7.21 所示。已知直杆以匀角速度 ω 绕 O 点逆时针转动，试求小环 M 的速度和加速度。

图 1.7.21　　图 1.7.22

8. 细杆 ABC 在一竖直平面上靠着一个台阶放置，A 端可沿着水平地面朝台阶运动，细杆不离开台阶拐角。如图 1.7.22 所示，当杆 ABC 与水平地面的夹角为 φ 时，杆的 B 点恰好位于台阶拐角处，而且 C 端运动速度大小恰为 A 端运动速度大小的 2 倍。试求杆 BC 长与 AB 长的比值 a。

9. 长为 l 的杆一端靠在竖直墙上，另一端搁在水平地板上。杆下端在水平面上以速度 v_0 离墙运动，如图 1.7.23 所示。问：当杆与水平面成角 α 时，杆上哪一点运动速度最小？最小速度为多少？

图 1.7.23　　图 1.7.24

10. 在极坐标系中，质点沿着图 1.7.24 所示的直线以恒定的速度 v_0 运动。

(1) 结合图中给出的参量，写出直线轨道方程 $r(\theta)$。

(2) 写出质点速度分量 v_r、v_θ 与质点角位置 θ 的关系，再依据加速度分量计算公式，验证 $a_r=0$，$a_\theta=0$。

参考答案

1. C。

2. D。

3. BC。

4. $v_A=\omega l=vl\sin^2\theta/h$。

5. $\dfrac{d\omega}{\sin^2\theta}$。

6. $v_M=\omega H\sin\alpha$。

7. 速度的大小为 $2R\omega$，方向为圆的切线方向；加速度的大小为 $4R\omega^2$，方向指向圆心。

提示 利用微元法。如图 1.7.25 所示，在很短的时间内，环从 M 环运动到 P 点，$\angle PCM=2\angle POM$，因为直杆绕 O 点以角速度 ω 做匀角速转动，所以 M 环绕 C 点以角速度 2ω 做匀速圆周运动。所以 $v=2\omega R$，$a=(2\omega)^2R=4\omega^2R$。

或者建立坐标系列出环的轨迹方程，进而通过求一阶导数、二阶导数得到速度、加速度。

8. $a=\dfrac{\sqrt{4-\cos^2\varphi}}{\sin\varphi}$。

提示 易知 B 点的速度沿杆方向，且 A、B、C 三点沿杆方向的速度相等，所以杆的运动可以分解成沿杆方向的平动及 A、C 两点绕 B 点的转动，且角速度相等。将 A、C 两点的速度在沿杆与垂直于杆两个方向分解，如图 1.7.26 所示，由图可知

$$v_{A/\!/}=v_{C/\!/},\quad v_{A\perp}=v_{A/\!/}\tan\varphi,\quad v_A=\frac{v_{A/\!/}}{\cos\varphi}$$

$$v_C=2v_A,\quad v_{C\perp}=av_{A\perp},\quad v_C=\sqrt{v_{C/\!/}^2+v_{C\perp}^2}$$

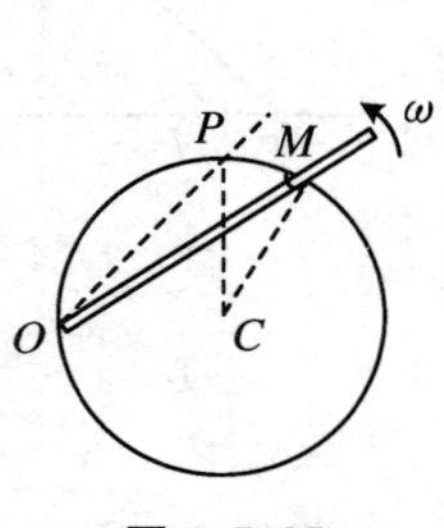

图 1.7.25

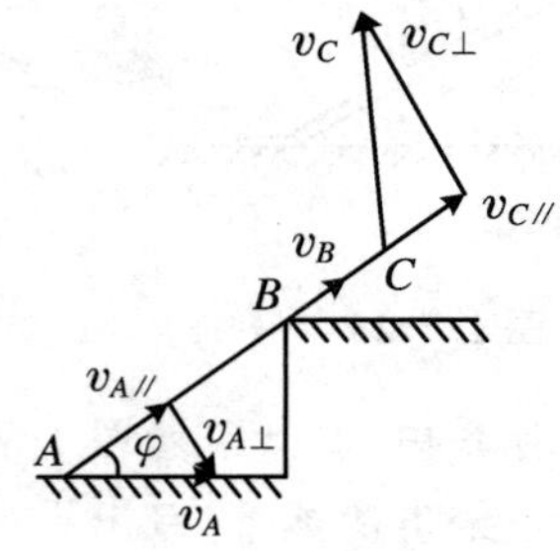

图 1.7.26

9. 设杆上 C 点的速度最小，则 $BC=l\cos^2\alpha$，$v_C=v_0\cos\alpha$。

提示 沿杆方向的速度相等。设杆上 C 点的速度最小，则 C 点只有沿杆方向的速度，而没有垂直于杆的速度分量。杆的运动可以分解为沿杆方向的平动及绕 C 点的转动，且杆

上各点(除 C 点外)的角速度相等,如图1.7.27所示,由图可知

$$v_C = v_{B/\!/} = v_{A/\!/} = v_0\cos\alpha$$

$$v_{A\perp} = v_0\sin\alpha$$

$$v_{B\perp} = v_{B/\!/}\cot\alpha = \frac{v_0\cos^2\alpha}{\sin\alpha}$$

$$\frac{BC}{l-BC} = \frac{v_{B\perp}}{v_{A\perp}} = \frac{\cos^2\alpha}{\sin^2\alpha}$$

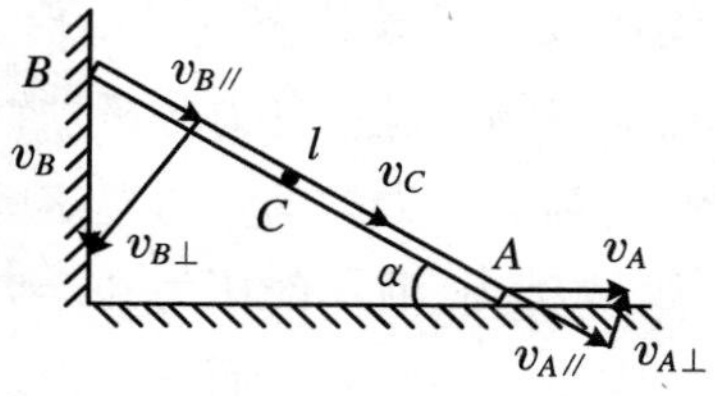

图1.7.27

10.(1) $r = l/\cos\theta$;(2) 见提示。

提示　(2) v_r、v_θ 与角位置 θ 的关系为

$$v_r = v_0\sin\theta,\quad v_\theta = v_0\cos\theta$$

由此可得

$$\frac{\mathrm{d}r}{\mathrm{d}t} = v_r = v_0\sin\theta,\quad \frac{\mathrm{d}\theta}{\mathrm{d}t} = \frac{v_\theta}{r} = \frac{v_0}{l}\cos^2\theta$$

$$\frac{\mathrm{d}^2 r}{\mathrm{d}t^2} = \left[\frac{\mathrm{d}}{\mathrm{d}\theta}(v_0\sin\theta)\right]\frac{\mathrm{d}\theta}{\mathrm{d}t} = \frac{v_0^2}{l}\cos^3\theta$$

$$\frac{\mathrm{d}^2\theta}{\mathrm{d}t^2} = \left[\frac{\mathrm{d}}{\mathrm{d}\theta}\left(\frac{v_0}{l}\cos^2\theta\right)\right]\frac{\mathrm{d}\theta}{\mathrm{d}t} = -2\frac{v_0^2}{l^2}\cos^3\theta\sin\theta$$

代入 a_r、a_θ 的计算公式,便有

$$a_r = \frac{\mathrm{d}^2 r}{\mathrm{d}t^2} - r\left(\frac{\mathrm{d}\theta}{\mathrm{d}t}\right)^2 = \frac{v_0^2}{l}\cos^3\theta - \frac{l}{\cos\theta}\cdot\frac{v_0^2}{l^2}\cos^4\theta = 0$$

$$a_\theta = 2\frac{\mathrm{d}r}{\mathrm{d}t}\frac{\mathrm{d}\theta}{\mathrm{d}t} + r\frac{\mathrm{d}^2\theta}{\mathrm{d}t^2} = 2v_0\sin\theta\frac{v_0^2}{l}\cos^2\theta + \frac{l}{\cos\theta}\left(-2\frac{v_0^2}{l^2}\cos^3\theta\sin\theta\right) = 0$$

第2章　物体的受力

力是物体间的相互作用，是物体改变运动状态或发生形变的原因。处理实际力学问题时，无论是静力学还是动力学都需要对物体进行受力分析，所以本章在整个力学体系中具有基础性的地位。学好本章的内容，将为整个力学的学习奠定坚实的基础。

力学中常见的力有重力、弹力、摩擦力、液体的压力和浮力等，在后续的学习中还会接触到电场力、安培力和洛伦兹力等。本章主要研究前面五种力。研究一种力，就是要搞清楚这种力的大小、方向和作用点，即搞清楚力的三要素。把一种力的三要素搞清楚了，这种力的性质就基本上研究清楚了。

本章的主要内容是研究一些常见力，以及在这些力的作用下物体处于平衡状态的相关内容，包括共点力作用下物体的平衡、有固定转动轴的物体的平衡和一般物体的平衡。分析物体的受力情况、对物体所受的力进行合成与分解是解决这类问题的关键。研究物体的平衡问题时，一般用到解方程组、矢量三角形、三角函数等数学知识，也常用到微元、降维(将三维问题转化成二维问题)和等效等方法。

2.1　重力、弹力

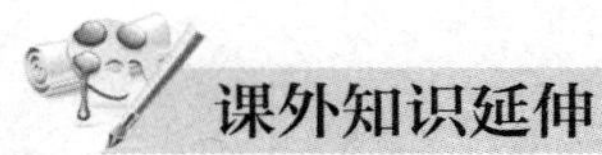

1. 重力与重心

(1) 重力与万有引力的联系与区别

重力 G 是地球对物体的吸引使物体受到的力，它是万有引力 F 的一个分力，万有引力的另一个分力是物体随地球自转所需要的向心力 f，如图2.1.1所示。物体在不同纬度处所需要的向心力大小不同，故在地球上不同纬度处同一物体的重力大小不等，通常情况下这种差别可忽略不计。

(2) 重力与压力

在地球表面的物体所受重力存在于地球与物体之间，与物体的质量和物体所处的地理位置有关。物体对支持物的压力是弹力，存在于相互接触的物体间，压力与物体的重力之间没有必然的联系，压力可以大于、等于和小于重力。

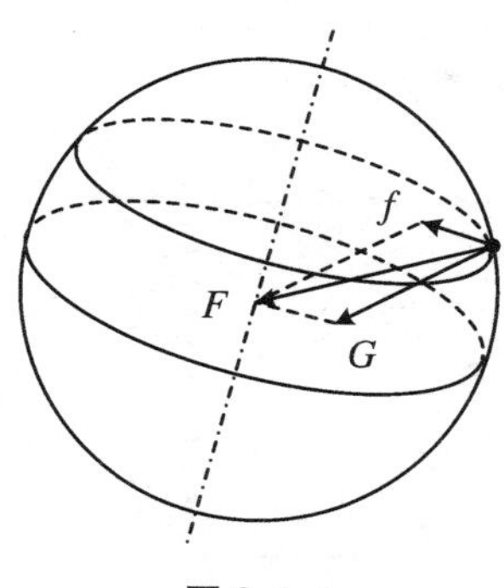

图 2.1.1

(3) 重心与质心

质点组内的各质点都受到重力作用。从效果上看，我们可以认为各质点受到的重力都集中在一点——重心，即重心是质点组的重力分布中心。

质心是质点组的质量分布中心，在直角坐标系中，质心的坐标为

$$x_C=\frac{\sum_i m_i x_i}{\sum_i m_i},\quad y_C=\frac{\sum_i m_i y_i}{\sum_i m_i},\quad z_C=\frac{\sum_i m_i z_i}{\sum_i m_i}$$

我们在后续章节的学习中将会看到，一个质点组内的各个质点由于受内力和外力作用，它们的运动情况比较复杂，但质心的运动往往非常简单，只取决于运动的初始状态与合外力。当一个系统的质心确定后，质点组内各质点的运动都可以分解为随质心的平动和相对于质心的运动。

重心与质心的概念不同，也可不重合。对于一个远离地球的太空中的物体，它不受重力，当然就没有重心的概念了，但是质量中心仍然称为质心。对于地面附近、线度远小于地球半径的质点组而言，重力加速度近似看作常矢量，质点组的重心与质心重合。

2. 弹力

弹力是物体因形变而产生的力，其方向与物体的形变相反，作用在迫使物体发生形变的另一个物体上。

对于没有明显形变的物体，如桌面、绳子等，弹力大小由物体的受力情况和运动情况共同决定，这种力称为被动力。关于轻绳的弹力，需要注意：若无沿绳方向的摩擦力，则轻绳两端的拉力大小必然相等；轻绳上任意位置横截面两侧相互作用的拉力（也称张力）大小相等。

对于有明显形变的物体（如弹簧、橡皮条等），在弹性限度内，弹力的大小可以由胡克定律 $F=kx$ 计算，公式中 x 表示弹簧的形变量，k 为劲度系数，由弹簧的材料和几何尺寸决定，k 值越大，弹簧越“硬”。

劲度系数分别为 $k_1,k_2,k_3,\cdots$ 的一组弹簧串联使用时，弹簧组的等效劲度系数为 k，可证明

$$\frac{1}{k}=\frac{1}{k_1}+\frac{1}{k_2}+\frac{1}{k_3}+\cdots$$

劲度系数分别为 $k_1, k_2, k_3, \cdots$ 的弹簧并联使用时，弹簧组的等效劲度系数为 $k = k_1 + k_2 + k_3 + \cdots$。需要说明的是，弹簧的并联是指：在拉力 F 的作用下，各个弹簧所受的拉力方向相同，各个弹簧的形变量相同，如图 2.1.2 所示。

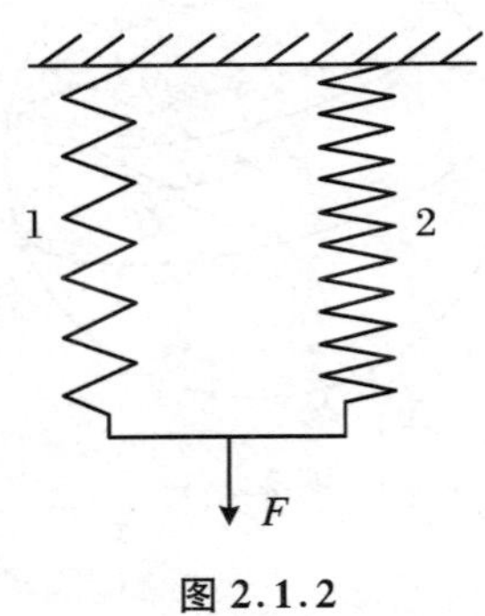

图 2.1.2

3. 数学知识拓展

等差数列的通项公式为 $a_n = a_1 + (n-1)d$，其中 a_1 为首项，d 为公差，$d \neq 0$；等差数列前 n 项和的公式为

$$S_n = \frac{(a_1 + a_n)}{2} n = n a_1 + \frac{n(n-1)}{2} d$$

核心问题讨论

1. 如何确定物体的重心(或质心)?

确定重心的常见方法有悬挂法和坐标法。悬挂法是一种实验方法，在确定薄板的重心时较为简便。其操作步骤为：分两次将物体悬挂起来，两次悬线的延长线的交点就是该物体的重心位置。坐标法是处理复杂的集合体(质点组)问题的常用方法。若由 n 个质点组成的质点组分布在一维坐标轴(x 轴)上，其质量分别为 $m_1 g_1, m_2 g_2, m_3 g_3, \cdots$，其坐标分别为 $x_1, x_2, x_3, \cdots$，则质点组的重心坐标为

$$x_C = \frac{\sum_i m_i g_i x_i}{\sum_i m_i g_i}$$

坐标法可以推广到二维平面分布、三维立体分布的问题中。

例题 1 如图 2.1.3 所示，有一个质量分布均匀、半径为 R 的圆形薄板。现沿着一条半径挖去其中半径为 $R/2$ 的小圆形薄板，求剩余薄板的重心位置。

分析 被挖去半径为 $R/2$ 的小圆形薄板后，剩余部分的形状不规则，很难直接找到其重心，但是挖去之前和被挖去部分的形状都很规则，很好确定它们的重心，所以我们可以采用填补的方法求解剩余部分的重心。

解 建立坐标轴，如图 2.1.4 所示，依题意，大、小两圆的面积比为 4 ∶ 1，被挖去的部分质量记为 m，重心坐标为 $R/2$；剩余薄板的质量为 $3m$，重心坐标记为 x。被挖去部分与剩

余部分组成完整的大圆板，重心坐标 $x_C = 0$，即

$$x_C = \frac{3mx + m \cdot R/2}{4m} = 0$$

得出 $x = -R/6$。

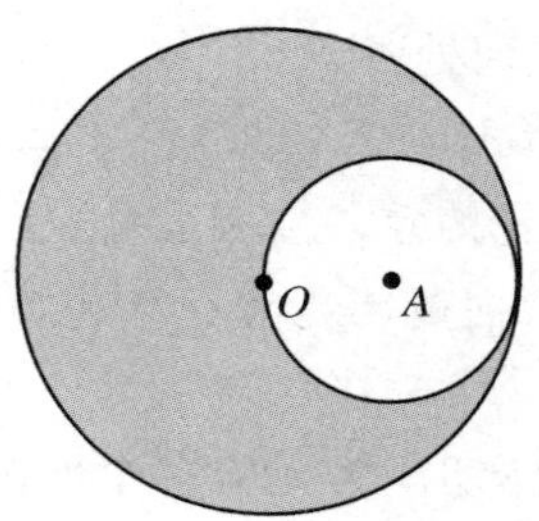

图 2.1.3

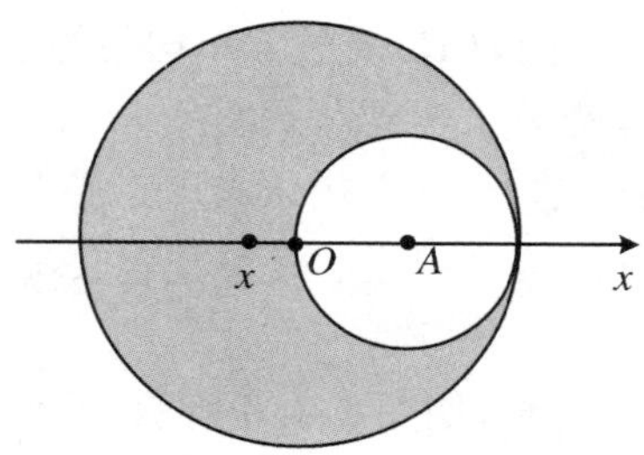

图 2.1.4

所以，剩余薄板的重心在 AO 延长线上距 O 点 $R/6$ 处。

点拨　(1) 填补法就是通过填补将形状不规则的物体转化为形状规则的物体，以便于利用对称性分析问题。

(2) 本题还可以引入“负质量”，利用叠加思想解决，即题目中的不规则薄板可以看作由质量为 $4m$、重心在 O 点的大圆板与质量为 $-m$、重心坐标为 $R/2$ 的小圆板叠加而成，其质心坐标为

$$x = \frac{0 + (-m) \cdot R/2}{4m + (-m)} = -\frac{R}{6}$$

例题 2　如图 2.1.5 所示，长度为 L 的相同长方体木块堆放在水平地面上，且每块都相对于下面一块向右伸出 L/k，$k>2$，问：最多能堆放多少个木块而不翻倒？

分析　先考虑一个简单模型，在水平桌面上将一个长方体木块缓慢推动，当木块的重心经过桌面边缘正上方时，木块翻滚下落。基于上述情境分析本题，假设堆放 n 个长方体木块时发生翻倒，此时上面的 $n-1$ 个木块的重心超出最下方木块的右侧端点。所以可将本题转化成对其重心的求解问题。

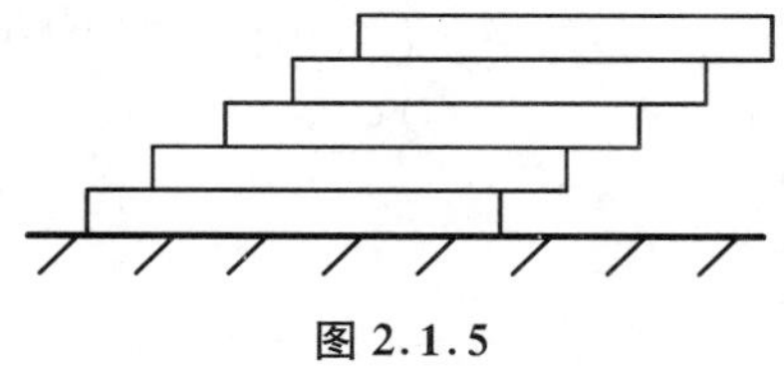

图 2.1.5

解　以最下方木块的中点为原点、水平向右为正方向建立 x 轴。每个木块的质量记为 m，从下往上数，其余各木块的重心坐标依次为 $L/k, 2L/k, 3L/k, \cdots, (n-1)L/k$，上面 $n-1$ 个木块的重心坐标为

$$\begin{aligned} x_C &= \frac{m \cdot \dfrac{L}{k} + m \cdot \dfrac{2L}{k} + \cdots + m \cdot \dfrac{(n-1)L}{k}}{(n-1)m} \\ &= \frac{L}{(n-1)k}[1 + 2 + 3 + \cdots + (n-1)] = \frac{nL}{2k} \end{aligned}$$

刚好翻倒的条件为 $x_C \geqslant L/2$，整理得 $n \geqslant k$。

因此,最多能堆放 k 个木块而不翻倒。

点拨 对于 n 个木块,我们要直接看出它们刚好翻倒的条件不是很容易,可以简化模型,先分析一个木块刚好不翻倒的临界条件,然后再分析 n 个木块刚好翻倒的临界条件,即重心超出支撑面边界。这种由简单到复杂的分析问题的方法是很重要的。

例题 3 半径为 R、质量分布均匀的半球体,其重心在何处?

分析 本题是求连续体的重心,可以采用微元思想和转换思想求解,具体的操作方法为:沿水平方向切割,将半球体看成无穷多个圆盘,每个圆盘的重心在圆心处,所有圆盘的重心都在同一个竖直半径上。这样就把三维立体分布的重心问题转化为一维连续体的重心问题了。

解 建立 y 轴,如图 2.1.6 所示,沿水平方向将半球体切割为无穷多个薄圆盘,取坐标为 y 处厚度为 $\mathrm{d}y$ 的微元,其质量为

$$\mathrm{d}m = \rho \cdot \pi r^2 \mathrm{d}y = \rho\pi(R^2 - y^2)\mathrm{d}y$$

所以半球体的重心坐标为

$$y_C = \frac{\int_0^R y\mathrm{d}m}{\int_0^R \mathrm{d}m} = \frac{\int_0^R \pi\rho(R^2 - y^2)y\mathrm{d}y}{\int_0^R \pi\rho(R^2 - y^2)\mathrm{d}y} = \frac{3}{8}R$$

点拨 (1) 本题采用微元思想(定积分)计算连续体的重心位置,体现了“先切割再求和”的思维模式。为了简化问题,先分析每一个微元(薄圆盘)的重心位置,再计算整体(半球体)的重心,从而把三维立体分布的问题转化为一维连续体的重心问题,避免了三重积分。此处应用了转换思想。

(2) 如图 2.1.7 所示,若将 θ 作为变量,则本题中 $\mathrm{d}m = \rho\pi(R\sin\theta)^2 \cdot \mathrm{d}y$,因为 $y = R\cos\theta$,所以 $\mathrm{d}y = -R\sin\theta\mathrm{d}\theta$,从而得

$$y_C = \frac{\int_{\frac{\pi}{2}}^0 \rho\pi(R\sin\theta)^2 \cdot (-R\sin\theta) \cdot R\cos\theta\mathrm{d}\theta}{\rho \cdot \frac{1}{2} \cdot \frac{4\pi}{3} \cdot R^3} = \frac{3}{8}R$$

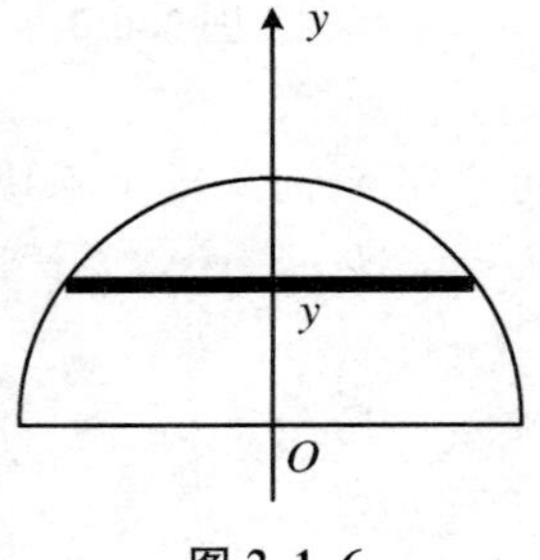

图 2.1.6

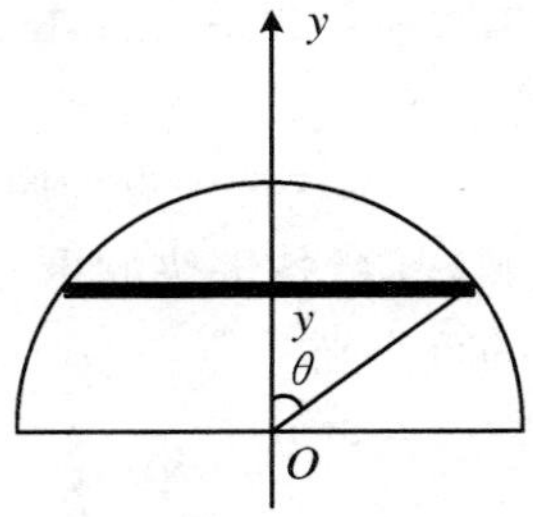

图 2.1.7

2. 如何确定轻弹簧的等效劲度系数?

对于弹簧简单的串、并联,可以直接应用公式求解。当劲度系数分别为 $k_1, k_2, k_3, \cdots$ 的

一组弹簧串联使用时，弹簧组的等效劲度系数 k 满足 $\frac{1}{k}=\frac{1}{k_1}+\frac{1}{k_2}+\frac{1}{k_3}+\cdots$；当劲度系数分别为 $k_1,k_2,k_3,\cdots$ 的一组弹簧并联使用时，弹簧组的等效劲度系数 k 满足 $k=k_1+k_2+k_3+\cdots$。需要特别注意的是，在推导弹簧并联的公式时，假设了每根弹簧的形变量相同，在实际题目中每根弹簧的形变量可能并不相同，需要从等效劲度系数的定义求解，即应用弹簧组所受的力 F 和弹簧组的形变量 x 的比值确定等效劲度系数。

例题 4　试根据胡克定律分析研究下列问题，并证明你的结论。

(1) 两根劲度系数均为 k 的相同的轻弹簧串联后，新弹簧的劲度系数 k_1 是多大?

(2) 两根劲度系数均为 k 的相同的轻弹簧并联后，新弹簧的劲度系数 k_2 是多大?

分析　分析弹簧组的等效劲度系数，关键是确定弹簧组所受的力 F、弹簧组的形变量 x，然后结合单根弹簧的相关条件，依据胡克定律求解。

解　(1) 设串联后弹簧的劲度系数为 k_1，对串联后的弹簧施加大小为 F 的拉力，则每根弹簧所受的拉力大小也为 F；设每根弹簧的伸长量为 x，则串联弹簧的总伸长量为 $x_1=2x$。由胡克定律得

$$F=k_1\cdot 2x \quad 且 \quad F=kx$$

得 $k_1=k/2$。

(2) 设并联后弹簧的劲度系数为 k_2，对并联后的弹簧施加大小为 F 的拉力，则每根弹簧所受的拉力大小都为 $F/2$；设每根弹簧的伸长量为 x，则并联弹簧的伸长量也为 x，即 $x_2=x$。由胡克定律得

$$F=k_2x \quad 且 \quad F/2=kx$$

得 $k_2=2k$。

点拨　根据上面的求解过程可以看出，弹簧越串越软，越并越硬。若有 n 根相同的弹簧(劲度系数为 k)串联，则等效劲度系数 $k_1=k/n$；若有 n 根相同的弹簧(劲度系数为 k)并联，则等效劲度系数 $k_2=nk$。

例题 5　有两个轻弹簧，劲度系数分别为 k_1 和 k_2，将它们按图 2.1.8 所示连接，并在下面悬挂一重量为 G 的重物，滑轮光滑且质量不计。把滑轮和两个弹簧等效为一个弹簧，求等效弹簧的劲度系数 k 的值。

分析　在推导弹簧的并联公式 $k=k_1+k_2+k_3+\cdots$ 时，假设每根弹簧的形变量相同，但是在本题的情景中，两根弹簧的下端是可以自由移动的，形变量并不相同，相同的是弹力，找出空间关联，应用等效劲度系数的定义可求解。

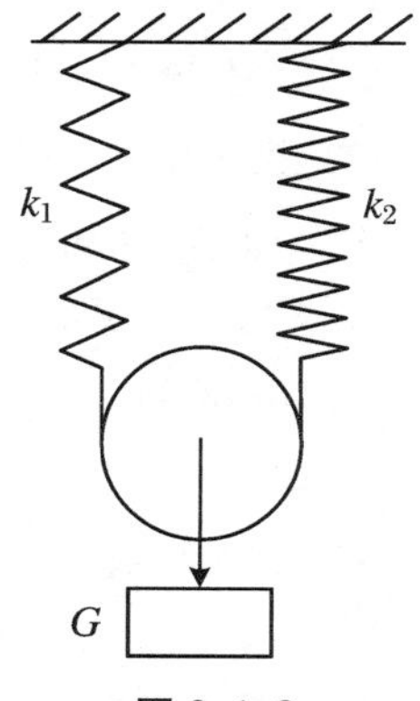

图 2.1.8

解　设悬挂重物后，滑轮的位置下降了 x，弹簧形变量分别为 x_1 和 x_2，由空间几何关系得

$$x_1+x_2=2x$$

因为滑轮光滑，所以

$$k_1x_1=k_2x_2$$

根据滑轮受力平衡，有

$$k_1x_1 + k_2x_2 = G$$

得等效劲度系数为

$$k = \frac{G}{x}$$

联立以上各式，得

$$k = \frac{4k_1k_2}{k_1 + k_2}$$

点拨 在物理的学习过程中，一定要注意公式的适用条件，本题并不是简单地将两根弹簧直接并联，因为其下端可以自由移动，两根弹簧的伸长量并不相同，所以不能简单地代入弹簧并联公式。

习题实战演练

基础练习

1. 在研究弹簧弹力时，通常忽略弹簧本身的质量，把这样理想化的弹簧称为轻质弹簧或轻弹簧。弹簧秤中的弹簧可以认为是轻质弹簧。下列说法中正确的是 （　　）

A. 轻质弹簧两端所受的拉力大小一定相等

B. 轻质弹簧两端所受的拉力大小可能不等

C. 弹簧秤的示数等于弹簧秤中弹簧某一端所受的力的大小

D. 根据胡克定律，在弹性限度内，轻质弹簧受到的拉力或压力与弹簧的长度成正比

2. 如图 2.1.9 所示，光滑但质量分布不均的小球，球心在 O 点，重心在 P 点（P 点在 O 点的正下方）。小球静止在竖直墙和桌角之间，不计任何摩擦。下列说法中正确的是（　　）

A. 桌角 A 对小球的弹力方向从 A 点指向 P 点

B. 桌角 A 对小球的弹力方向从 A 点指向 O 点

C. 竖直墙对小球的弹力方向从切点 B 指向 P 点

D. 竖直墙对小球的弹力方向从切点 B 指向 O 点

3. 一轻质弹簧的原长为 8 cm，在 4 N 的拉力作用下伸长了 2 cm，弹簧未超出弹性限度，则该弹簧的劲度系数为 （　　）

A. 40 m/N　　B. 40 N/m

C. 200 m/N　　D. 200 N/m

4. A 和 B 表示劲度系数分别为 k_1 和 k_2 的两根弹簧，$k_1 > k_2$；a 和 b 表示质量分别为 m_a 和 m_b 的两个小物体，$m_a > m_b$。将弹簧与物体按图 2.1.10 所示的方式悬挂起来，现要求两根弹簧的总长度最大，悬挂方式应该是 （　　）

A. A 在上，a 在上　　　　B. A 在上，b 在上

C. B 在上，a 在上　　　　D. B 在上，b 在上

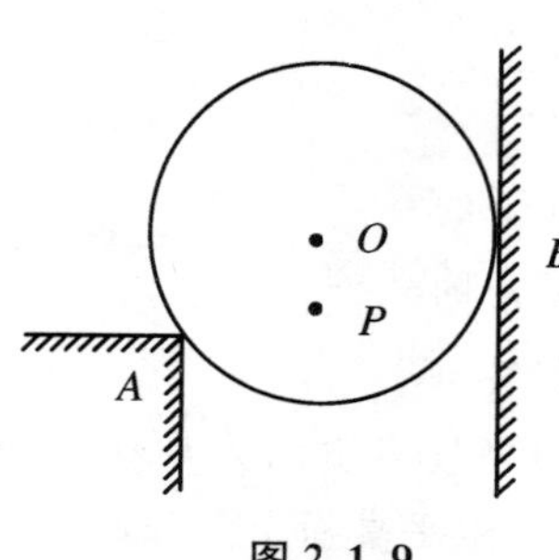

图 2.1.9

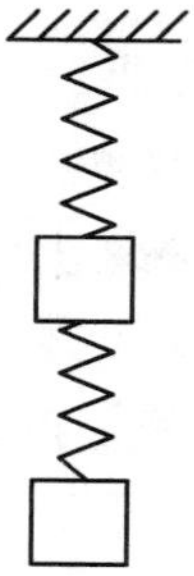

图 2.1.10

5.（2019年北大博雅真题）有两个弹簧，一个弹簧的劲度系数为 k，另一个为 $2k$，如图 2.1.11 所示连接，则等效劲度系数分别为　　（　　）

A. $2k/3, 3k$

B. $3k, 2k/3$

C. $2k, 3k$

D. $3k, 3k$

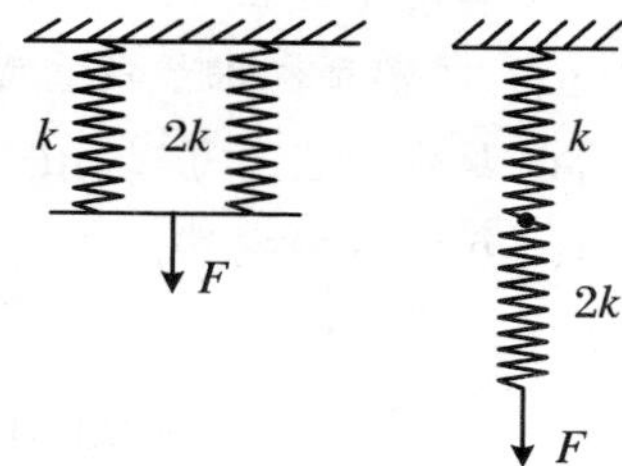

图 2.1.11

6. 如图 2.1.12 所示，矩形均匀薄板长 $AC = 60$ cm，宽 $CD = 10$ cm，在 B 点以细线悬挂，板处于平衡态，$AB = 35$ cm，求悬线和板边缘 AC 的夹角大小。

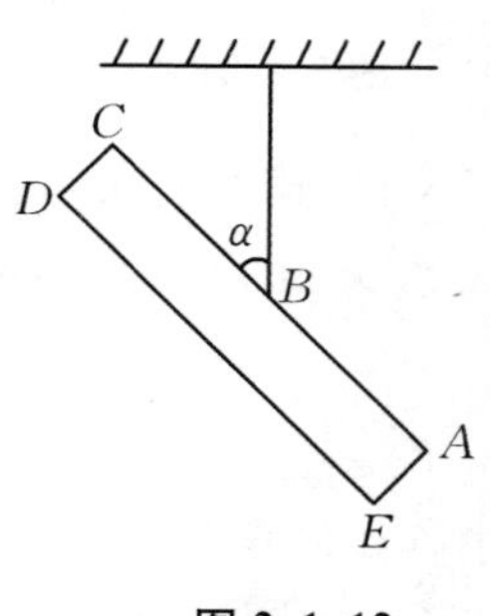

图 2.1.12

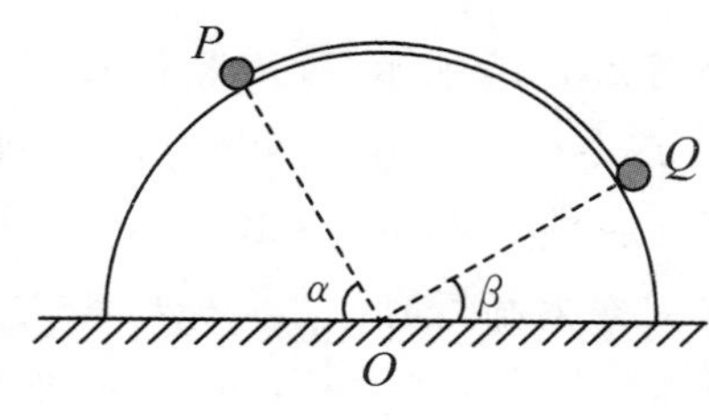

图 2.1.13

7. 光滑的半圆柱体固定在水平地面上，其横截面如图 2.1.13 所示，O 点为截面圆的圆心。两只可视为质点的小球 P、Q 用细线相连搭在半圆柱体上，静止时两球和 O 点的连线与水平方向的夹角分别为 $\alpha = 60°$ 和 $\beta = 30°$。已知 P 球的质量为 m_0。求：

(1) Q 球的质量 m；

(2) P 球对半圆柱体的压力 N。

提 高 练 习

8. 关于压力、支持力和拉力的下列说法正确的是 ( )

A. 站在斜坡上的人对斜坡的压力是竖直向下的

B. 站在斜坡上的人对斜坡的压力是垂直于斜面向下的

C. 轻绳对物体的拉力一定是沿着绳指向绳收缩方向的

D. 轻直杆对物体的压力一定是沿着杆指向被压物体的

9. 三个重量均为 10 N 的相同木块 a、b、c 和两个劲度系数均为 500 N/m 的相同轻弹簧 p、q 用细线连接,如图 2.1.14 所示,其中 a 放在光滑水平桌面上。开始时 p 弹簧处于原长,木块都处于静止。现用水平力缓慢地向左拉 p 弹簧的左端,直到 c 木块刚好离开水平地面为止。轻弹簧和细线的重量都忽略不计。该过程中,下列判断正确的是 ( )

A. b 木块上升了 2 cm　　B. b 木块上升了 4 cm

C. p 弹簧的左端点向左移动了 4 cm　　D. p 弹簧的左端点向左移动了 8 cm

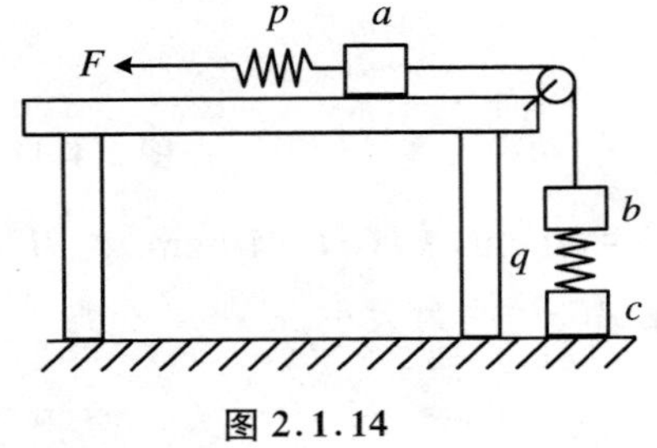

图 2.1.14

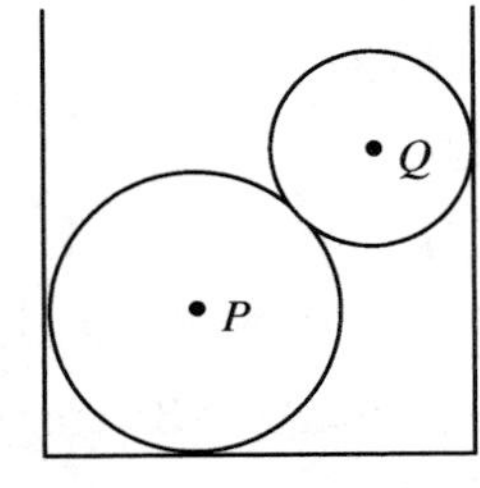

图 2.1.15

10. 如图 2.1.15 所示,两只球 P、Q 放置在一个圆柱形桶 S 内,已知两球和圆柱形桶的半径依次为 $r_P = 6$ cm,$r_Q = 4$ cm,$r_S = 9$ cm。两球的质量依次为 $m_P = 0.9$ kg 和 $m_Q = 0.3$ kg。不计一切摩擦,取 $g = 10\ \text{m/s}^2$。

(1) 求 P 球对桶底的压力大小 F_1 和对左侧壁的压力大小 F_2。

(2) 若略微增大桶的半径,那么上问中的 F_1 和 F_2 的大小将如何变化?

11. 如图 2.1.16 所示,原长 $L_0 = 100$ cm 的轻质弹簧放置在一光滑的直槽内,弹簧的一端固定在槽的 O 端,另一端连接一小球。这一装置可以从水平位置开始绕 O 点缓缓地转到竖直位置,设弹簧的形变总是在其弹性限度内。在下述(1)、(2)两种情况下,分别求出这种装置从原来的水平位置绕 O 点开始缓缓地转到竖直位置时小球离开原水平面的高度 h_0。

(1) 在转动的过程中,发现小球距离原水平面的高度变化出现极大值,且极大值 h_m 为 40 cm。

(2) 在转动的过程中,发现小球距离原水平面的高度不断增大。

12. 如图 2.1.17 所示,一个半径为 R 的四分之一光滑球面放在水平桌面上,球面上放置一光滑均匀铁链,其 A 端固定在球面的顶点,B 端恰与桌面不接触。铁链单位长度的质

量为 λ，求铁链质心的位置。

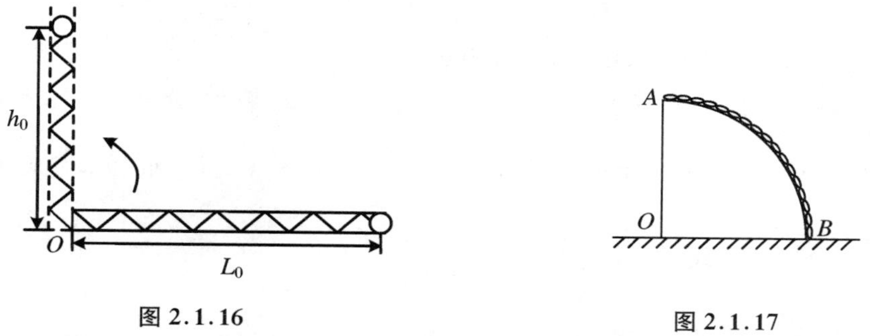

图 2.1.16　　　　图 2.1.17

13. 如图 2.1.18 所示，一根细长的硬棒上有 n 个小球，每个小球之间相距 a，小球质量从 m、$2m$、$3m$ 逐渐增大到 nm，棒重不计，求整个体系的重心位置。

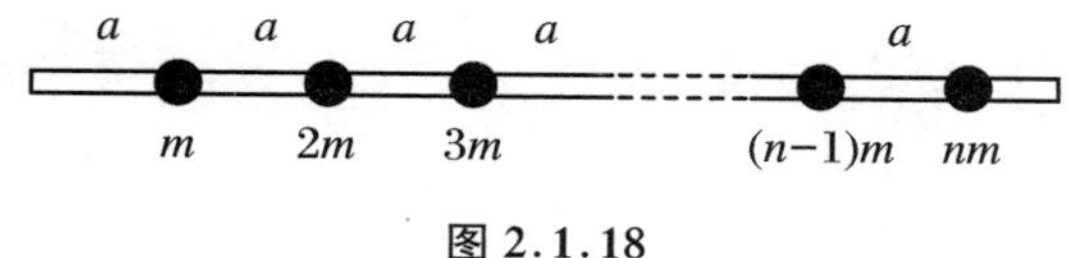

图 2.1.18

14. 现有一薄壁圆柱形烧杯，底面半径为 r，质量为 m，重心位于轴线上距离底部 H 处，现将水慢慢注入杯中，问：水面距离杯底多高时，杯子和水的重心最低？（水的密度为 ρ。）

《参考答案》

1. AC。

2. BD。

3. D。

4. D。

5. B。

6. 45°。

提示　用悬挂法确定薄板重心，细线的延长线通过薄板对角线的交点。

7. (1) $m=\dfrac{\sqrt{3}}{3}m_0$；(2) $N=\dfrac{\sqrt{3}}{2}m_0g$。

8. BC。

提示　压力、支持力总是垂直于接触面的；绳对物体的拉力沿绳收缩方向；杆对物体的压力垂直于接触面，不一定沿杆。

9. BD。

提示　b 上升了 4 cm，a 左移了 4 cm，p 弹簧的右端左移了 4 cm，而 p 弹簧本身又伸长了 4 cm，因此 p 的左端向左移动了 8 cm。

10．(1) $F_1 = 12\ \mathrm{N}, F_2 = 4\ \mathrm{N}$；(2) F_1 不变，F_2 增大。

提示 桶的半径增大，对应的 θ 减小，用矢量三角形可判定 F_2 增大。

11．(1) 37.5 cm；(2) 50 cm$\leqslant h_0 <$100 cm。

提示 在转动的过程中，把 h 写成直槽与水平方向夹角 θ 的函数：$h = \left(L_0 - \frac{mg}{k}\sin\theta\right)\sin\theta$，令 $x = \sin\theta$，则 $h = L_0 x - \frac{mg}{k}x^2, 0 \leqslant x \leqslant 1$。根据二次函数的性质可知，当 $x = \frac{kL_0}{2mg}$ 时（抛物线对称轴）时，$h_{\max} = \frac{kL_0^2}{4mg}$。

(1) 若 $\frac{kL_0}{2mg} < 1$，转动过程中 h 可以出现极值，$\frac{kL_0^2}{4mg} = 40\ \mathrm{cm}$，即 $\frac{mg}{k} = \frac{5}{8}L_0$，转至竖直位置，$h_0 = L_0 - \frac{mg}{k} = 37.5\ \mathrm{cm}$。

(2) 若 $\frac{kL_0}{2mg} \geqslant 1$，即 $\frac{mg}{k} \leqslant \frac{L_0}{2}$，转动过程中 h 一直增大，转至竖直位置，$h_0 = L_0 - \frac{mg}{k}$，50 cm$\leqslant h_0 <$100 cm。

12．$x_C = y_C = \frac{2R}{\pi}$。

提示 由质心的定义可知

$$x_C = \frac{\sum m_i x_i}{\sum m_i} = \frac{\sum \lambda R \Delta\theta \cdot R\cos\theta}{\lambda\pi R/2} = \frac{\lambda R^2 \sum \Delta\theta\cos\theta}{\lambda\pi R/2}$$

其中 $\sum\limits_0^{\pi/2} \Delta\theta\cos\theta = 1$，因此 $x_C = \frac{2R}{\pi}$，由对称性可知 $y_C = \frac{2R}{\pi}$。

13．$x_n = \frac{2n+1}{3}a$。

提示 因为棒重不计，所以整个体系的重心就是这些重量不同的小球的重心位置。如果仅仅只有几个小球，重心是很容易确定的。如图 2.1.19 所示，有

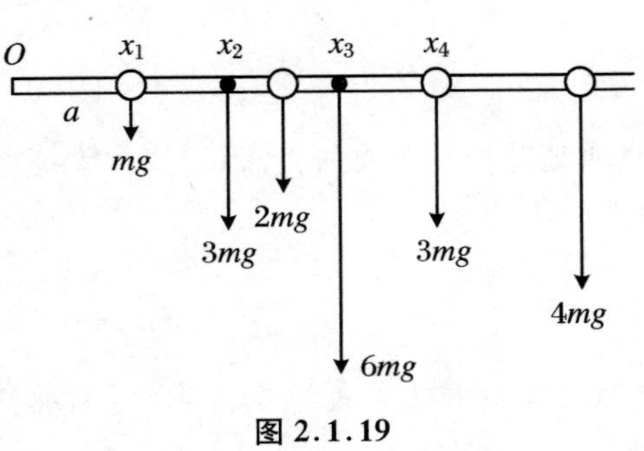

$n = 1, x_1 = a$；

$n = 2, x_2 = a + \frac{2}{3}a = \frac{5}{3}a$；

$n = 3, x_3 = 2a + \frac{1}{3}a = \frac{7}{3}a$；

$n = 4, x_4 = x_3 + \frac{2}{5} \cdot \frac{5}{3}a = \frac{9}{3}a = 3a$。

图 2.1.19

但是此题给出的是不确定的 n 个小球，必须找出重心位置随 n 增大的规律。由 $x_1 \to x_4$ 可以看出，每增加一个小球，重心位置右移 $\frac{2}{3}a$，第 n 个球加上去后，重心 $x_n = \frac{2n+1}{3}a$。

14. $h=\dfrac{-m+\sqrt{m^2+2\pi r^2 m\rho H}}{\pi r^2\rho}$。

提示　重心在水面处时，重心最低。以烧杯底面圆心为原点，竖直向上建立 y 轴，水面高度记为 h，根据质心（重心）的计算式列出

$$\rho\pi r^2 hg\cdot\frac{h}{2}+mgH=(\rho\pi r^2 h+m)gh$$

求解即可。

2.2　摩　擦　力

1. 滑动摩擦力与静摩擦力

相互接触的物体有相对运动或相对运动趋势时，会在接触面上产生一种阻碍其相对运动的力——滑动摩擦力，或者阻碍其相对运动趋势的力——静摩擦力。无论是滑动摩擦力还是静摩擦力，其方向总是沿接触面的切线方向。

滑动摩擦力的大小的计算公式为 $f=\mu N$，其中 N 是垂直作用于两物体接触面的压力（又称正压力），μ 为动摩擦因数，由接触面的材料和粗糙情况决定。

静摩擦力的大小可以在一定的范围内变化，即 $0\leqslant f\leqslant f_m$，最大静摩擦力 $f_m=\mu_s N$，最大静摩擦因数 μ_s 通常略大于动摩擦因数，有时也近似地取 $\mu_s=\mu$。

2. 摩擦角与自锁现象

两接触面间的静摩擦力达到最大值时，静摩擦力 f_m 与支持力 N 的合力 R（称全反力）与接触面法线间的夹角称为摩擦角，记为 φ，$\tan\varphi=\mu_s$，如图 2.2.1 所示。

处理相对滑动问题时，若近似认为滑动摩擦力大小等于最大静摩擦力，此时全反力与接触面法线的夹角也为摩擦角 φ。当两个接触面的性质确定后，摩擦角的大小是不会改变的。

用力推支撑面上的物体，当推力 F 与法线之间的夹角 $\alpha<\varphi$ 时，无论用多大的力都推不动，这种现象称为自锁。推理如下：如图 2.2.2 所示，推力在水平方向的分力大小 $F_x=F\sin\alpha$，推力在竖直方向的分力大小 $F_y=F\cos\alpha$，当推力远大于物体的重力时，近似地认为支持力 $N=F_y$，因此最大静摩擦力大小 $f_m=\mu_s N=\mu_s F\cos\alpha$。推不动的条件是 $F_x<f_m$，代入两个力的大小，整理得 $\tan\alpha<\mu_s$，即 $\alpha<\varphi$。

3. 三力汇交

当一个物体受到两个力而处于平衡状态时，这两个力的作用线一定交于一点，否则这个物体就会处于加速或减速转动状态；当一个物体受到三个非平行力而处于平衡状态时，这三

个力的作用线一定交于一点，否则这个物体就会处于加速或减速转动状态。

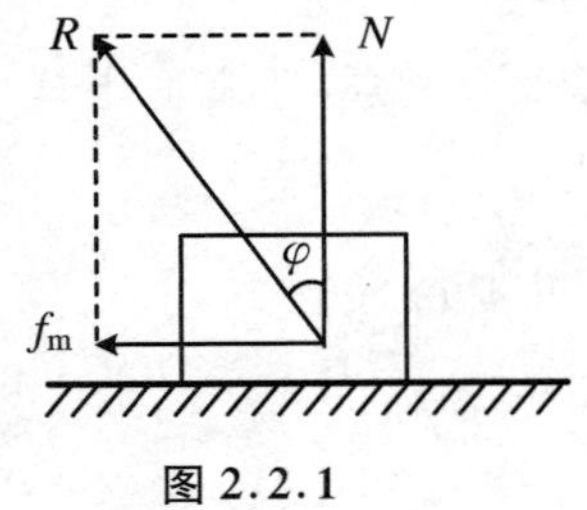

图 2.2.1

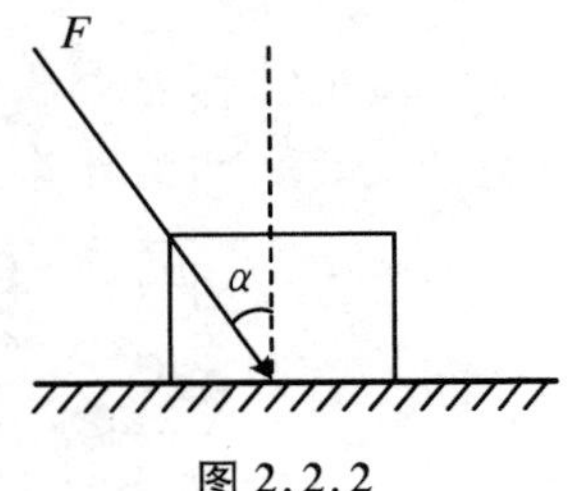

图 2.2.2

核心问题讨论

1. 如何确定滑动摩擦力的方向?

滑动摩擦力的产生条件：两物体直接接触，相互挤压，接触面粗糙，有相对运动；滑动摩擦力的方向与物体相对运动的方向相反，并且在接触面或接触面的切面内。

例题 1　如图 2.2.3 所示，质量为 m 的工件置于水平放置的钢板 C 上，二者间的动摩擦因数为 μ，由于光滑导槽 A、B 的控制，工件只能沿水平导槽运动，现在使钢板以速度 v_1 向右运动，同时用力 F 拉动工件（F 的方向与导槽平行）使其以速度 v_2 沿导槽运动，则 F 的大小为　（　　）

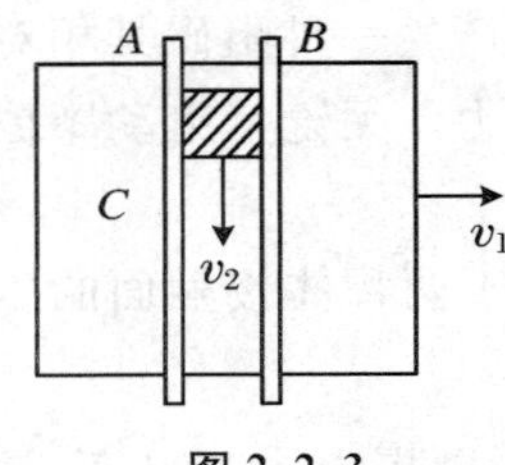

图 2.2.3

A. 等于 μmg　　B. 大于 μmg

C. 小于 μmg　　D. 不能确定

分析　本题中工件在运动的钢板表面滑动，首先需要确定工件相对于钢板的运动方向。分析思路是：工件相对于地面的速度如图 2.2.3 中的 v_2 所示；地面相对于钢板的速度大小为 v_1，方向水平向左；这两个速度的合速度即为工件相对于钢板的运动速度。

解　如图 2.2.4 所示，合速度 v 与 v_2 的夹角记为 α；工件所受的滑动摩擦力方向如图 2.2.5 所示。匀速推动工件时，推力 $F=f\cos\alpha=\mu mg\cos\alpha$，选项 C 正确。

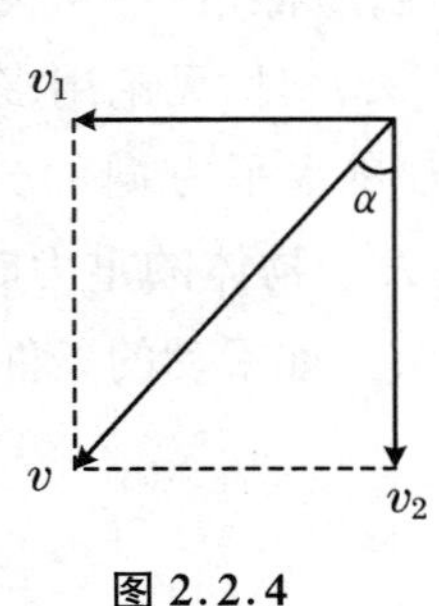

图 2.2.4

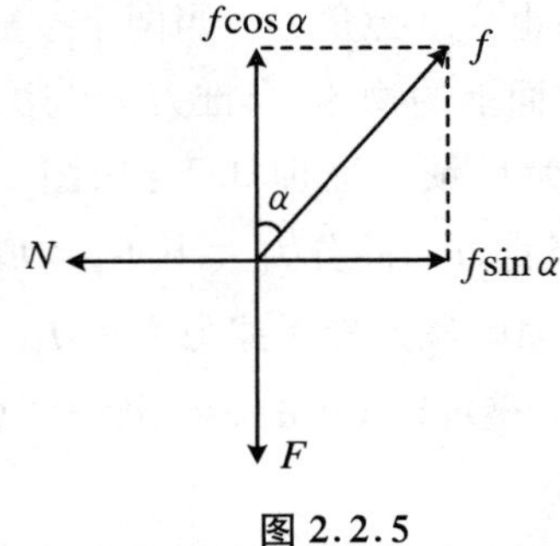

图 2.2.5

点拨　(1) 计算物体的相对速度时，遵循平行四边形定则，用公式表述为 $\boldsymbol{v}_{A对B}+\boldsymbol{v}_{B对C}=$

$\boldsymbol{v}_{A对C}$。

（2）分析工件的受力情况时，由于三维空间的受力示意图难于绘制，本题采用了“降维”的思想方法，根据题目需要只作出水平面内的受力情况，请读者注意体会。

2. 如何运用摩擦角解决实际问题?

摩擦角的知识在解决实际问题时应用得比较广泛，常见的有：用摩擦角解释自锁现象，用全反力等效替代支持力与滑动摩擦力以处理平衡问题，估算堆料体积等。

例题 2　如图 2.2.6 所示，质量为 m 的物体在斜向上的拉力作用下沿水平地面匀速向右运动，物体与地面间的动摩擦因数 μ 已知，求拉力 F 的最小值。

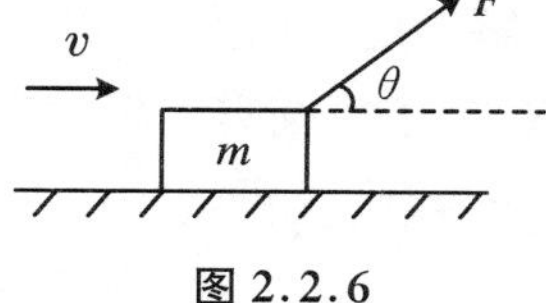

图 2.2.6

分析　本题是常见的平衡问题，可以运用共点力平衡、函数极值等知识解决，也可以用全反力等效替代支持力和滑动摩擦力，结合三力平衡的知识解决。

解　解法一

物体做匀速直线运动，根据共点力平衡条件可列方程组

$$\begin{cases} F\cos\theta - f = 0 \\ N + F\sin\theta - mg = 0 \\ f = \mu N \end{cases}$$

整理得

$$F = \frac{\mu mg}{\cos\theta + \mu\sin\theta} = \frac{\mu mg}{\sqrt{1+\mu^2}\left(\frac{1}{\sqrt{1+\mu^2}}\cos\theta + \frac{\mu}{\sqrt{1+\mu^2}}\sin\theta\right)}$$

$$= \frac{\mu mg}{\sqrt{1+\mu^2}\cos(\theta - \varphi)}$$

其中 $\tan\varphi = \mu$。因此，当 $\theta = \varphi = \arctan\mu$ 时，有

$$F_{\min} = \frac{\mu mg}{\sqrt{1+\mu^2}}$$

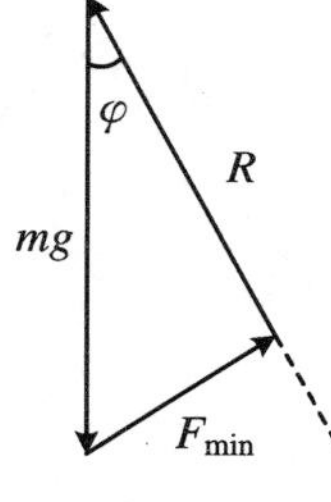

图 2.2.7

解法二

分析物体受力情况，用全反力 R 等效替代支持力和摩擦力，全反力与法线的夹角 $\varphi = \arctan\mu$。物体在拉力、重力、全反力作用下处于平衡态，如图 2.2.7 所示，当拉力与全反力垂直时，拉力最小，则

$$F_{\min} = mg\sin\varphi = \frac{\mu mg}{\sqrt{1+\mu^2}}$$

由几何关系可知，此时拉力与水平方向的夹角 $\theta = \varphi = \arctan\mu$。

点拨　（1）本题的解法一体现了函数思想，将拉力 F 表述为拉力与地面夹角 θ 的函数，利用三角函数的极值解决问题。

(2) 解法二用全反力等效替代支持力与滑动摩擦力的合力,从而巧妙地将四力平衡问题转化为三力平衡问题,利用矢量三角形解决极值问题,简化了解题过程。

例题3 如图2.2.8所示,有一长为 L、重为 G 的均匀杆 AB,杆的 A 端顶在粗糙的竖直墙面上,杆与墙面之间的静摩擦因数为 μ,B 端用一强度足够且不可伸长的轻绳悬挂。绳的另一端固定在墙上的 C 点,杆呈水平状态,绳与杆的夹角为 θ。若杆能保持平衡,求 μ 与 θ 应该满足的条件。

分析 本题是典型的自锁问题,要保持题目中的均匀杆平衡,杆的 A 端所受全反力与法线的夹角应该小于摩擦角。

解 用全反力 R 等效替代支持力和摩擦力的合力,均匀杆受重力 G、绳子拉力 F、全反力 R,处于平衡态。根据三力汇交原理,三力交于一点,如图2.2.9所示。

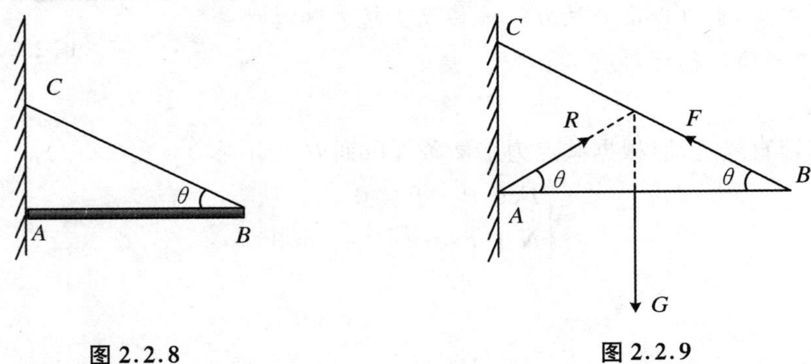

图2.2.8　　图2.2.9

由于重力的作用点在重心——杆的中点,杆的 A 端所受全反力与法线的夹角为 θ,应有 $\theta<\varphi$。

结合 $\mu=\tan\varphi$ 得 $\mu>\tan\theta$。

点拨 本题渗透了等效替代思想和转换思想,实现了物理思想和数学方法的融合。读者需要强化对自锁条件的理解——全反力与法线的夹角应该小于摩擦角。

基础练习

1. 下列关于摩擦力的说法,正确的是　(　　)

A. 作用在物体上的滑动摩擦力只能使物体减速,不可能使物体加速

B. 作用在物体上的静摩擦力只能使物体加速,不可能使物体减速

C. 作用在物体上的滑动摩擦力可能使物体加速,也可能使物体减速

D. 作用在物体上的静摩擦力可能使物体加速,也可能使物体减速

2. 如图 2.2.10 所示，水平地面上堆放着原木，关于原木 P 在支撑点 M、N 处的受力方向，下列说法正确的是　　(　　)

A. M 处受到的支持力竖直向上

B. N 处受到的支持力竖直向上

C. M 处受到的摩擦力沿 MN 方向

D. N 处受到的摩擦力沿水平方向

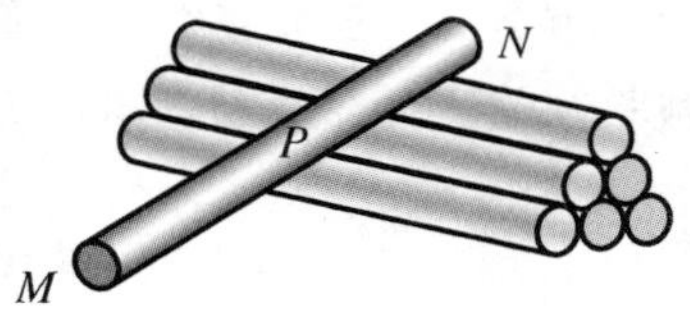

图 2.2.10

3. 如图 2.2.11 所示，长木板的左端有固定转动轴，靠近木板右端处静止放着一个木块。现将木板的右端缓慢提升，使木板从水平位置开始逆时针转动。当木板倾角 α 达到 $30°$ 时，木块开始沿木板向下滑动。认为最大静摩擦力等于滑动摩擦力，那么在 α 从 $0°$ 逐渐增大到 $45°$ 的过程中，下列说法中正确的是　　(　　)

A. 木块受到的摩擦力逐渐减小

B. 木块受到的摩擦力先增大后减小

C. 木块受到的合外力不断增大

D. 木块受到的合外力始终为零

4. 如图 2.2.12 所示，一物块在水平拉力 F 的作用下沿水平桌面做匀速直线运动。若保持 F 的大小不变，而方向与水平面成 $60°$ 角，物块也恰好做匀速直线运动。物块与桌面间的动摩擦因数为　　(　　)

A. $2-\sqrt{3}$　　B. 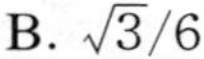 $\sqrt{3}/6$　　C. $\sqrt{3}/3$　　D. $\sqrt{3}/2$

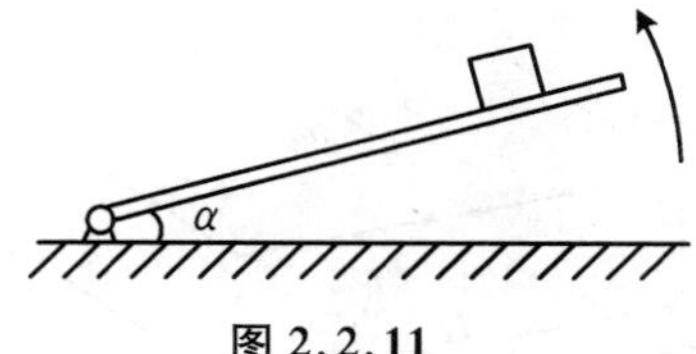

图 2.2.11

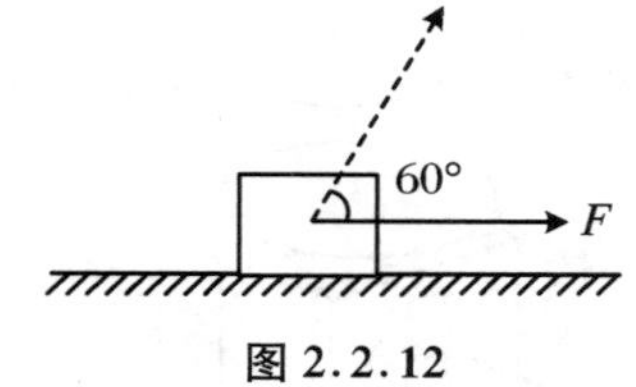

图 2.2.12

5. 如图 2.2.13 所示，用夹具夹一个半径为 R 的球体，夹具每个臂长均为 l，若要夹住轻球，夹子和球的静摩擦因数 μ_0 至少为多大？

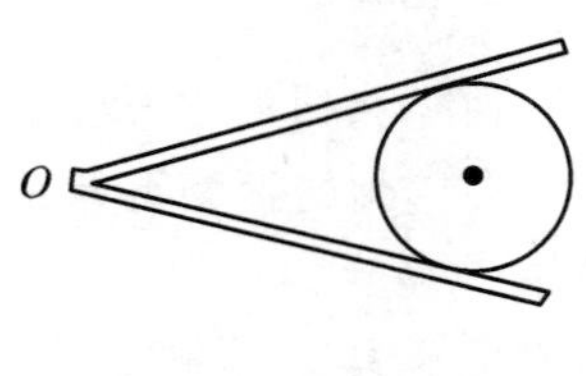

图 2.2.13

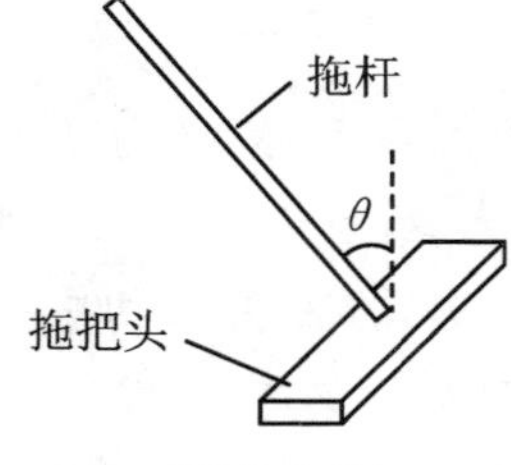

图 2.2.14

6. 拖把是由拖杆和拖把头构成的擦地工具。设拖把头的质量为 m，拖杆的质量可以忽略；拖把头与地板之间的动摩擦因数为常数 μ，重力加速度为 g。某同学用该拖把在水平地板上拖地时，沿拖杆方向推拖把，拖杆与竖直方向的夹角为 θ，如图 2.2.14 所示。

(1) 若拖把头在地板上匀速移动，求推拖把的力的大小。

(2) 设能使该拖把在地板上从静止刚好开始运动的水平推力与此时地板对拖把的正压力的比值为 λ。已知存在一临界角 θ_0，若 $\theta \leqslant \theta_0$，则不管沿拖杆方向的推力多大，都不可能使拖把从静止开始运动。求临界角的正切 $\tan\theta_0$。

提 高 练 习

7. 小明在建筑工地上观察图 2.2.15 所示的沙子堆积时，发现沙子会自然堆积成圆锥体，且在不断堆积的过程中，材料相同的沙子自然堆积成的圆锥体的最大底角都是相同的。小明测出这堆沙子的底部周长为 31.4 m，利用物理知识测得沙子之间的摩擦因数为 0.5，估算出这堆沙的体积最接近 （　　）

图 2.2.15

A. 60 m^3　　B. 200 m^3

C. 250 m^3　　D. 500 m^3

8. 有一半径 r 为 0.2 m 的圆柱体绕竖直轴 OO' 以角速度 $\omega = 9$ rad/s 匀速转动，用水平力 F 把质量 $m = 1$ kg 的物体 A 压在圆柱体的侧面。由于受到挡板上竖直光滑槽的作用，物体 A 在水平方向上不能随圆柱体转动，而以 $v_0 = 2.4$ m/s 的速率匀速下滑，如图 2.2.16 所示。若物体 A 与圆柱体间的动摩擦因数 $\mu = 0.25$，试求水平推力 F 的大小（g 取 10 m/s^2）。

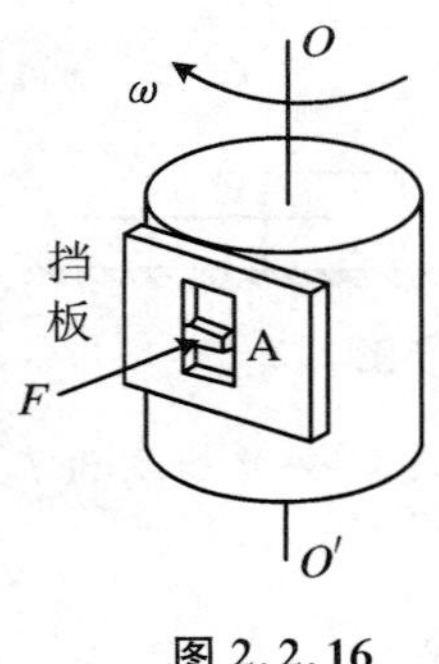

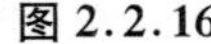

图 2.2.16

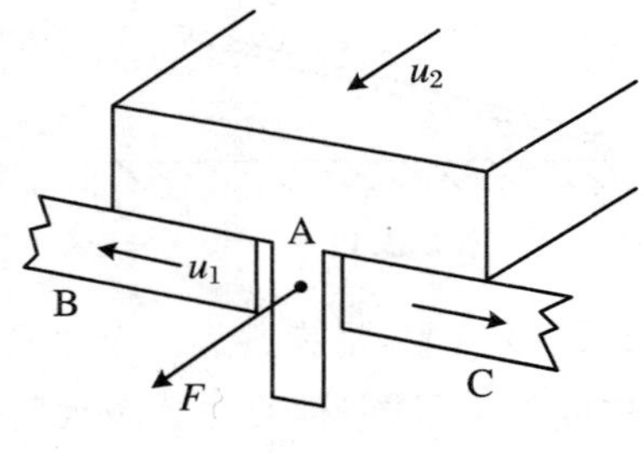

图 2.2.17

9. 如图 2.2.17 所示，均匀 T 形物块 A 重为 G，夹在两个相同的水平垫板中，A 与垫板间的摩擦因数为 μ，当垫板 B、C 以相同的速率 u_1 对称而匀速地向两侧退开时，若要使 A 以速率 u_2 匀速前移，作用在 A 的中央臂上的水平拉力 F 应为多大?

10. 辊式破裂机的原理如图 2.2.18 所示，两圆柱形轧辊转动时能把矿石轧入轧辊间隙，并使之破碎。已知轧辊的直径为 D，轧辊间隙为 l，矿石与轧辊之间的静摩擦因数为 μ，把矿石看成球体（矿石的重量不计），求能轧入且被破碎的矿石的最大直径 d。

11. 明理同学平时注意锻炼身体，力量很大，最多能提起 $m = 50$ kg 的物体。一重物放置在倾角 $\theta = 15°$ 的粗糙斜面上，如图 2.2.19 所示，重物与斜面间的摩擦因数为 $\mu = \sqrt{3}/3$。试求该同学向上拉动的重物质量 M 的最大值。

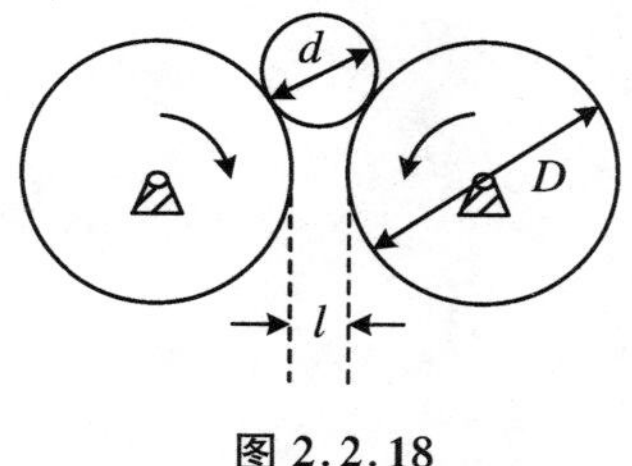

图 2.2.18

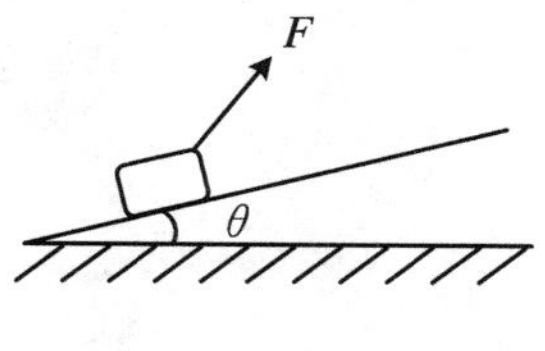

图 2.2.19

参 考 答 案

1. CD。

2. A。

3. B。

4. C。

5. $\mu_0 \geqslant \dfrac{R}{l}$。

6. (1) $F = \dfrac{\mu mg}{\sin\theta - \mu\cos\theta}$；(2) $\tan\theta_0 = \lambda$。

7. A。

提示　沙子在圆锥体表面匀速下滑，可由此计算圆锥母线与水平地面的夹角。

8. 50 N。

提示　滑动摩擦力与物体间相对运动的方向相反。物体 A 相对于圆柱体表面的速度如图 2.2.20 中 v 所示，$\theta = 37°$；对物体进行受力分析，物体所受滑动摩擦力的竖直分力与重力平衡，即 $\mu F\cos\theta = mg$。

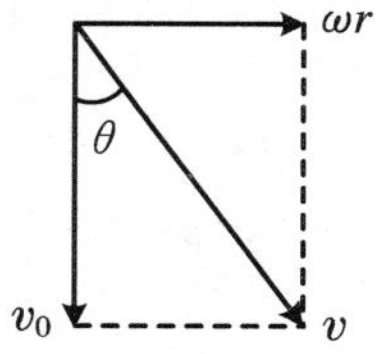

图 2.2.20

9. $F = \mu G u_2 / \sqrt{u_1^2 + u_2^2}$。

提示　滑动摩擦力的方向与相对运动方向相反，如图 2.2.21 所示，满足

$$\tan\alpha = \frac{u_1}{u_2} \quad ①$$

$$F = (f_1 + f_2)\cos\alpha \quad ②$$

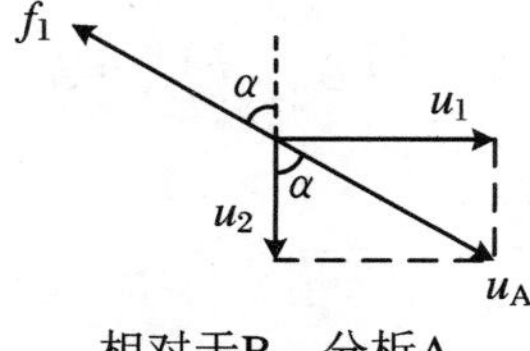

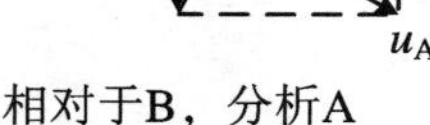
相对于B，分析A

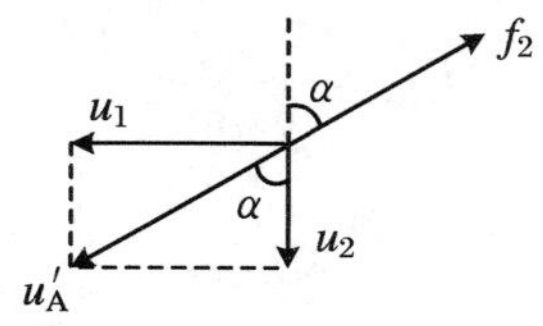

相对于C，分析A

图 2.2.21

$$f_1 = f_2 = \mu \frac{G}{2} \tag{③}$$

由①～③式得

$$F = \frac{\mu G u_2}{\sqrt{u_1^2 + u_2^2}}$$

10. $d=(D+l)\sqrt{1+\mu^2}-D$。

提示 参见图 2.2.18，两个轧辊的圆心与矿石的球心连线构成了等腰三角形，底角为 θ，$\cos\theta=\dfrac{D+l}{D+d}$。矿石受到两侧的压力和摩擦力，矿石能被轧入辊轮间的临界条件是：摩擦力的竖直分力等于压力的竖直分力，即 $f\cos\theta=N\sin\theta$，$f\leqslant\mu N$。

11. $M_{max}=70.7\ \text{kg}$。

提示 如图 2.2.22 所示，由平衡条件可知，在垂直于斜面的方向上有

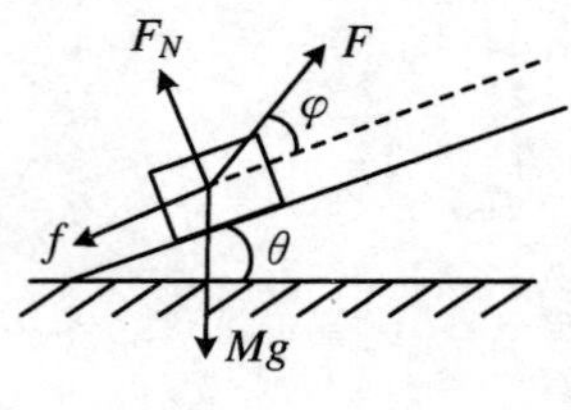

图 2.2.22

$$F_N + F\sin\varphi - Mg\cos\theta = 0$$

式中 F_N 是斜面对重物的支持力，其大小等于重物对斜面的正压力。在沿斜面的方向上有

$$F\cos\varphi - f - Mg\sin\theta = Ma$$

由摩擦力的公式有

$$f = \mu F_N$$

根据题意，重物刚好能被拉动，加速度 a 可近似认为等于零，即 $a=0$。

联立上述各式，解得

$$M = \frac{F(\cos\varphi + \mu\sin\varphi)}{g(\mu\cos\theta + \sin\theta)}$$

令 $\mu=\tan\alpha$，代入上式，可得

$$M = \frac{F\cos(\varphi - \alpha)}{g\sin(\theta + \alpha)}$$

要使该同学向上拉动的重物质量 M 最大，上式中分子应取最大值，即 $\cos(\varphi-\alpha)=1$ 时，有

$$M_{max} = \frac{F}{g\sin(\theta + \alpha)}$$

由 $\mu=\tan\alpha=\dfrac{\sqrt{3}}{3}$ 可得 $\alpha=30^\circ$，代入上式，可得该同学向上拉动的重物质量 M 的最大值

$$M_{max} = \frac{F}{g\sin(15^\circ + 30^\circ)} = 50\sqrt{2}\ \text{kg} = 70.7\ \text{kg}$$

2.3　共点力作用下物体的平衡

1. 共点力的平衡条件

几个力作用于物体的同一点，或它们的作用线交于同一点，这几个力称为共点力。在共点力作用下物体的平衡条件是合力为零。

物体受三个共点力处于平衡态时，任意两个力的合力与第三个力等值、反向、共线，常用合成法、矢量三角形法求解相关问题，有时需要解三角形，涉及勾股定理、正弦定理、余弦定理等相关的数学知识。

正交分解法是将矢量运算转化为两个正交轴上的标量运算的方法，体现了物理学中常用的化归思想。解决多力平衡问题时常用正交分解法，一般思路是：分析物体受力情况和运动状态（静止或匀速直线运动），根据共点力平衡条件列出分量方程求解，即

$$\begin{cases}\sum F_x = 0\\ \sum F_y = 0\end{cases}$$

2. 有质量的绳的平衡

当考虑可变形物体的质量时，其内部各部分之间的作用力将不再相同，除了承受外部的作用力，其自重也会改变不同位置处的受力。最简单的例子如图 2.3.1 所示，一根质量为 m、长度为 L 的均匀绳静止悬挂于 O 点，建立一个原点在 O 点，竖直向下的坐标系 Ox，这时绳中张力 T 就不再是常数，而是坐标的函数。在某一点处的张力用来平衡处于其下方绳的重力，绳中张力满足 $T(x) = mg(L - x)$，在 $x = L$ 处张力为零。

在更复杂的情况下，不仅绳中张力不同，绳还会发生弯曲。这时任何一点处的张力的方向是绳在该处的切线方向。如果绳的质量不可忽略，需要取绳中极小一段作为研究对象，如图 2.3.2 所示，两端的张力在水平方向上平衡，而在竖直方向上与该段绳的重力平衡，所以，

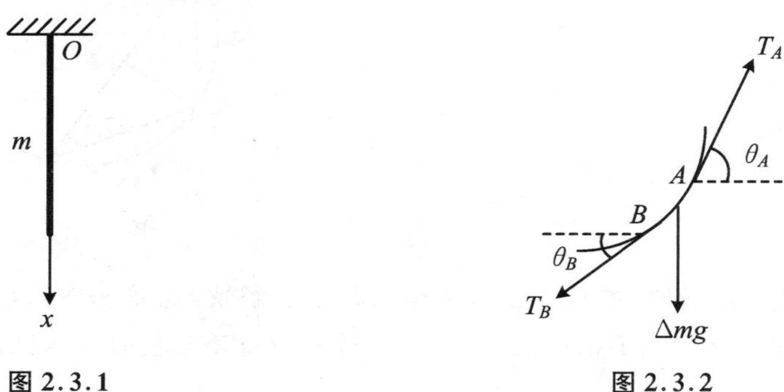

图 2.3.1　　图 2.3.2

可以列出方程组

$$\begin{cases}T_A\cos\theta_A = T_B\cos\theta_B\\ T_A\sin\theta_A - T_B\sin\theta_B = \Delta mg\end{cases}$$

核心问题讨论

1. 如何用矢量三角形解决三力平衡问题?

由矢量合成的平行四边形定则不难理解:物体在三个共点力作用下处于平衡态,这三个力构成封闭的矢量三角形。研究共点力作用下物体的平衡问题时,首先要分析物体的受力情况,若物体在三个力作用下处于平衡态,则可以将其中两个力沿其作用线平移,构成矢量三角形,再运用相关的数学知识进一步求解。

例题1 如图2.3.3所示,柔软轻绳 ON 的一端 O 固定,其中间某点 M 拴一重物,用手拉住绳的一端 N。初始时 OM 竖直且 MN 被拉直,OM 与 MN 之间的夹角为 α($\alpha>\pi/2$)。现将重物向右上方缓慢拉起,并保持夹角 α 不变。在 OM 由竖直位置被拉到水平位置的过程中 ( )

A. MN 上的张力逐渐增大

B. MN 上的张力先增大后减小

C. OM 上的张力逐渐增大

D. OM 上的张力先增大后减小

分析 重物缓慢移动,近似看作平衡态,其所受的三个力构成封闭的矢量三角形,$\boldsymbol{F}_{OM}$ 与 $\boldsymbol{F}_{MN}$ 的夹角保持 $\pi-\alpha$ 不变。根据有关圆的知识,某固定弦所对的圆周角大小不变。受此启发,本题可以借助辅助圆解决。

解 作辅助圆,如图2.3.4所示,重力 mg 为辅助圆的弦,其大小和方向都不变,$\boldsymbol{F}_{OM}$ 与 $\boldsymbol{F}_{MN}$ 的交点在圆周上沿逆时针方向移动至虚线所示的位置,其夹角 $\pi-\alpha$ 为锐角且大小不变。不难发现,OM 上的张力先增大后减小,MN 上的张力逐渐增大,选项A、D正确。

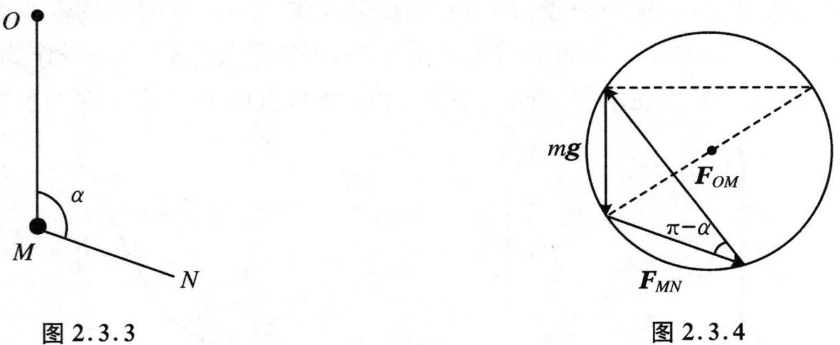

图2.3.3　　图2.3.4

点拨 除了借助辅助圆,本题也可以结合函数思想解决,思路如下:以绳 OM 所转过的角度 θ 为自变量,写出 F_{OM} 与 F_{MN} 的表达式,从而进一步讨论函数的单调性,寻求解答。这种方法较为烦琐。

例题2　如图2.3.5所示，质量为m的球体置于挡板上，所有的接触面均光滑，斜面的倾角为θ。若将挡板沿顺时针方向缓慢旋转，求挡板与斜面的夹角为α时斜面、挡板对小球的作用力大小。

分析　小球受到重力mg、挡板压力F_1和斜面支持力F_2三个力作用，处于平衡态，三个力构成封闭的矢量三角形。

解　小球处于三力平衡状态，受力情况如图2.3.5所示。根据正弦定理，有

$$\frac{mg}{\sin\alpha}=\frac{F_1}{\sin\theta}=\frac{F_2}{\sin[\pi-(\alpha+\theta)]}$$

解得

$$F_1=\frac{mg\sin\theta}{\sin\alpha},\quad F_2=\frac{mg\sin(\alpha+\theta)}{\sin\alpha}$$

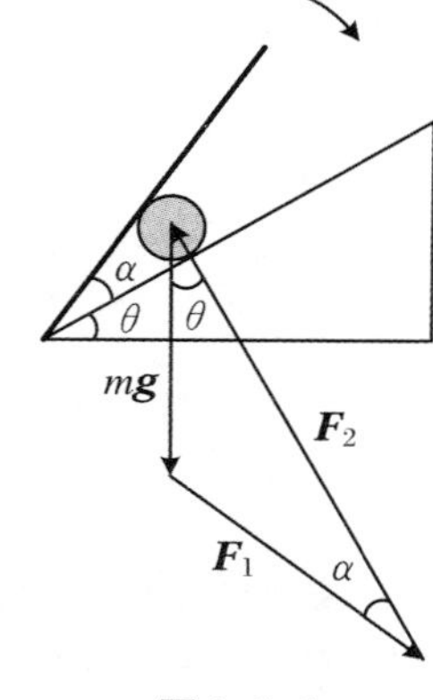

图2.3.5

点拨　解三角形时，正弦定理、余弦定理是常用规律。处理这类问题时，要找准边、角的对应关系。

例题3　均匀木棒的上端与轻绳相连，绳子的另一端拴在天花板上，木棒的下端施加水平拉力F，绳、棒与水平方向的夹角分别为α和β，试证明$\tan\alpha=2\tan\beta$。

分析　以木棒为研究对象，木棒受重力G、绳子拉力T_1和已知力F，三力平衡，根据三力汇交原理，这三个力的作用线应该交于一点，也就是说三个力的方向应该满足一定的关系，于是可在空间中构造出一定的三角形，在三角形中找到边之间的关系，从而找到正切值之间的关系。

解　如图2.3.6所示，均匀木棒受重力G、水平拉力F、绳子拉力F_1的作用，处于平衡态，三力交于E点。

重力的作用点在棒的中点C，由三角形的性质可知，E点是图示的直角三角形ABD的直角边BD的中点。由图可知

$$\tan\alpha=\frac{AD}{DE},\quad \tan\beta=\frac{AD}{BD},\quad BD=2DE$$

得$\tan\alpha=2\tan\beta$。

点拨　(1) 用三力汇交原理处理问题，有时可以把复杂的平衡问题转化为几何问题，简化了研究过程。

(2) 本题也可利用矢量图和转动平衡条件进行求解。如图2.3.7所示，均匀木棒在三力作用下处于平衡态，这三个力构成矢量三角形，可得

$$G=F\tan\alpha$$

如图2.3.6所示，以A为轴，杆长记为l，根据转动平衡条件，有

$$G\cdot\frac{l}{2}\cos\beta=Fl\sin\beta$$

整理得

$$G = 2F\tan\beta$$

所以 $\tan\alpha = 2\tan\beta$。

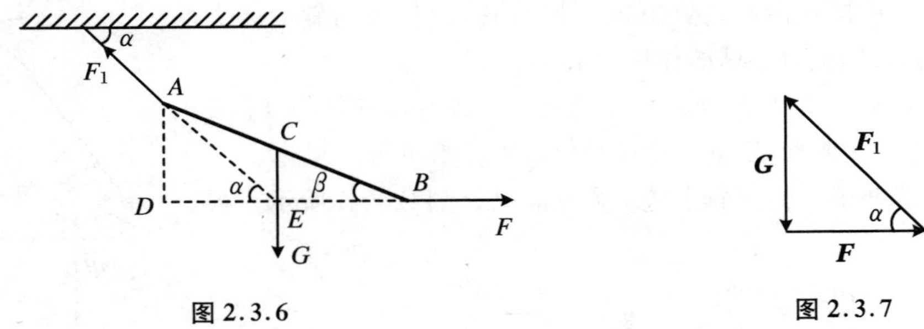

图 2.3.6　　图 2.3.7

2. 如何分析有质量的绳子(链条)的平衡问题?

以链条为研究对象,因为整个链条的长度不能忽略不计,所以整个链条不能看成质点。要分析链条内部的张力,须考虑将链条分割,可以将每一小段链条看成质点,分析每一小段链条的受力,根据物体的平衡条件得出这一小段链条需要满足的关系,再想办法得出整个链条的受力情况。

例题 4　如图 2.3.8 所示,一个半径为 R 的四分之一光滑球面放在水平桌面上,球面上放置一光滑均匀铁链,其 A 端固定在球面的顶点,B 端恰与桌面不接触。铁链单位长度的质量为 ρ,重力加速度大小为 g,求铁链 A 端受到的拉力 T 的大小。

图 2.3.8　　图 2.3.9

分析　在铁链上任取长为 ΔL 的一小段(微元)作为研究对象,如图 2.3.9 所示,因为每段铁链沿切线向上的拉力比沿切线向下的拉力大 ΔT_θ,所以整个铁链对 A 端的拉力是各段上 ΔT_θ 的标量和。

解　取一小段微元作为研究对象,因为该微元处于静止状态,所以受力平衡,在切线方向上应满足

$$\Delta T_\theta = \Delta G\cos\theta = \rho\Delta Lg\cos\theta$$

对 ΔT_θ 进行求和,得

$$T = \sum\Delta T_\theta = \sum\rho\Delta Lg\cos\theta = \rho g\sum\Delta L\cos\theta$$

观察 $\Delta L\cos\theta$ 的意义,$\Delta L\cos\theta$ 表示 ΔL 在竖直方向上的投影 ΔR,所以 $\sum\Delta L\cos\theta = R$,可见铁链 A 端受的拉力

$$T = \rho g \sum \Delta L \cos\theta = \rho g R$$

点拨　本题在求解$\sum \Delta L\cos\theta$时技巧性很强，这是物理学中常用的一种处理技巧，可以回避积分，降低了数学难度，但是也增加了思维难度，对提升大家的思维有帮助，需要大家慢慢体会。

例题5　如图2.3.10所示，将半径为R的钢性球固定在水平桌面上，有一质量为M的圆环状均匀弹性细绳圈，原长为$2\pi a$，$a=R/2$，绳圈的劲度系数为k。将绳圈从球的正上方轻放到球上，并用手扶着绳圈使其保持水平并最后停留在某个平衡位置。考虑重力，忽略摩擦，平衡时弹性绳圈长为$2\pi b$，$b=\sqrt{2}a$，求劲度系数k（用M、R、g表示）。

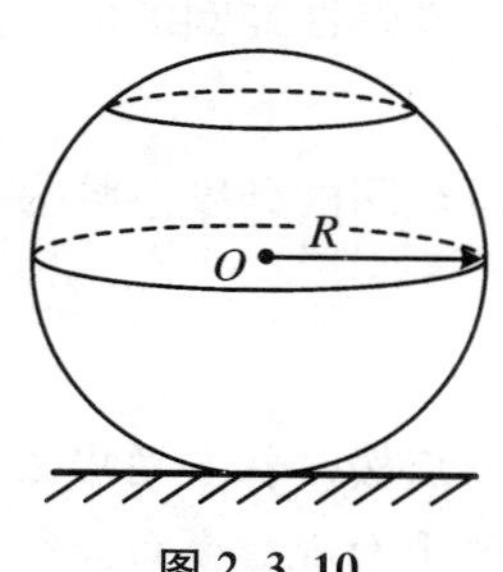

图2.3.10

分析　因为整个弹性绳圈的大小不能忽略不计，弹性绳圈不能看成质点，所以应将弹性绳圈分割成许多小段，其中每一小段Δm两端受的拉力就是弹性绳圈内部的弹力F，只要想办法把F求出，就可应用胡克定律求出弹性系数k了。

解　设在弹性绳圈的平面上Δm所对的圆心角是$\Delta\theta$，如图2.3.11所示，则每一小段的质量$\Delta m=\dfrac{\Delta\theta}{2\pi}M$，$\Delta m$在该平面上受拉力$F$的作用，合力为

$$T = 2F\cos\frac{\pi-\Delta\theta}{2} = 2F\sin\frac{\Delta\theta}{2}$$

因为当θ很小时$\sin\theta\approx\theta$，所以

$$T = 2F\,\frac{\Delta\theta}{2} = F\Delta\theta \qquad ①$$

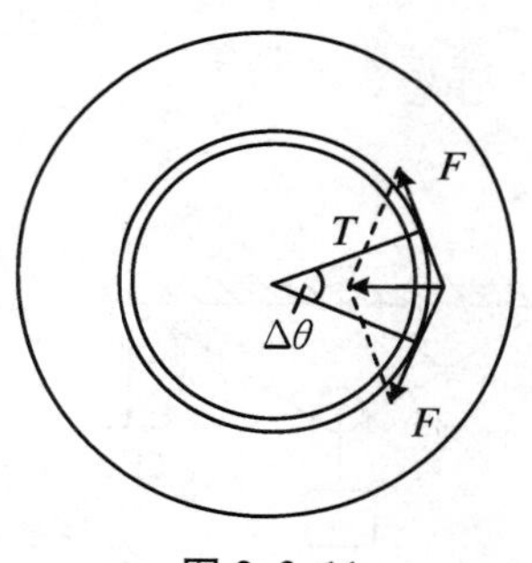

图2.3.11

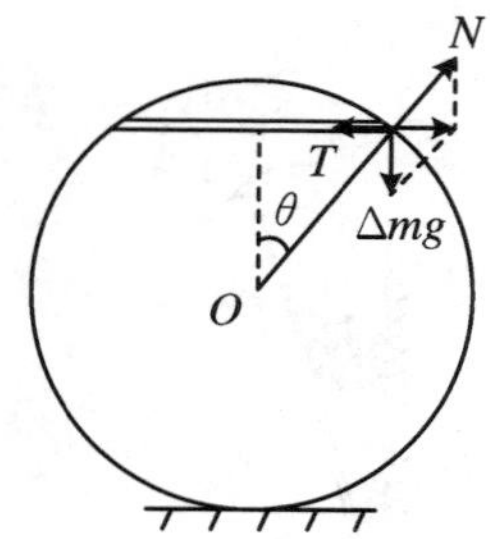

图2.3.12

再看正视图，如图2.3.12所示，Δm受重力Δmg和支持力N，二力的合力与T平衡，即

$$T = \Delta mg\cdot\tan\theta$$

又因为$\sin\theta=\dfrac{r}{R}=\dfrac{\sqrt{2}}{2}$，即$\tan\theta=1$，所以

$$T = \Delta mg = \frac{\Delta\theta}{2\pi}Mg \quad ②$$

联立①式和②式,解得弹性绳圈的张力为

$$F = \frac{Mg}{2\pi}$$

设弹性绳圈的伸长量为 x,则

$$x = \sqrt{2}\pi R - \pi R = (\sqrt{2}-1)\pi R$$

所以绳圈的劲度系数为

$$k = \frac{F}{x} = \frac{Mg}{2(\sqrt{2}-1)\pi^2 R} = \frac{(\sqrt{2}+1)Mg}{2\pi^2 R}$$

点拨 在本题中 Δm 受的力不在同一平面内,可以从一个合适的角度观察,选取一个合适的平面进行受力分析,实现降维的目的,这样可以看清楚各个力之间的关系。如在本题中,从上面和正面观察,分别画出俯视图和正视图,从而将立体受力转化为平面受力。

习题实战演练

基础练习

1. 如图 2.3.13 所示,一小球放置在木板与竖直墙面之间。设墙面对球的压力大小为 N_1,球对木板的压力大小为 N_2。以木板与墙连接点所形成的水平直线为轴,将木板从图示位置开始缓慢地转到水平位置。不计摩擦,在此过程中 ( )

A. N_1 始终减小　　B. N_1 先减小后增大

C. N_2 始终减小　　D. N_2 先减小后增大

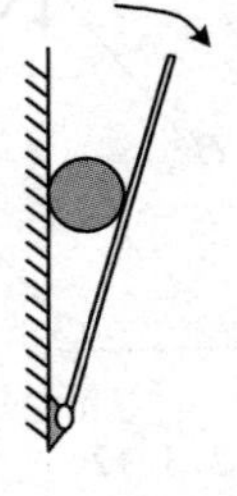

图 2.3.13

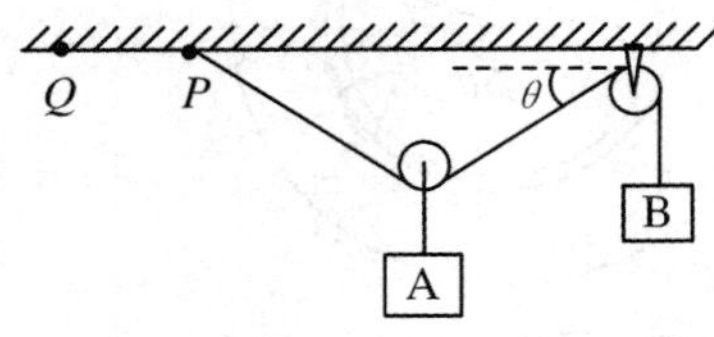

图 2.3.14

2. 如图 2.3.14 所示,A、B 两物体的质量分别为 m_A 和 m_B,整个系统处于静止状态(滑轮的质量和一切摩擦都不计)。如果把绳的一端由固定点 P 向左缓慢移动到 Q 点,整个系统重新平衡后,下列判断正确的是 ( )

A. 绳内的张力增大　　B. 绳内的张力大小不变

C. 物体 A 降低，θ 保持不变　　　　D. 物体 B 升高，θ 减小

3. 如图 2.3.15 所示，在光滑半圆柱体的中心轴线正上方有一定滑轮，小球用细线系住，线跨过定滑轮拉住小球保持静止，这时拉力大小为 F，小球对圆柱体的压力大小为 N。若将细线再向右拉动一小段距离后小球重新达到静止，与初始状态相比　（　　）

A. 拉力大小 F 和压力大小 N 都保持不变

B. 拉力大小 F 减小，压力大小 N 保持不变

C. 小球受到的合力减小

D. 小球受到的合力不变

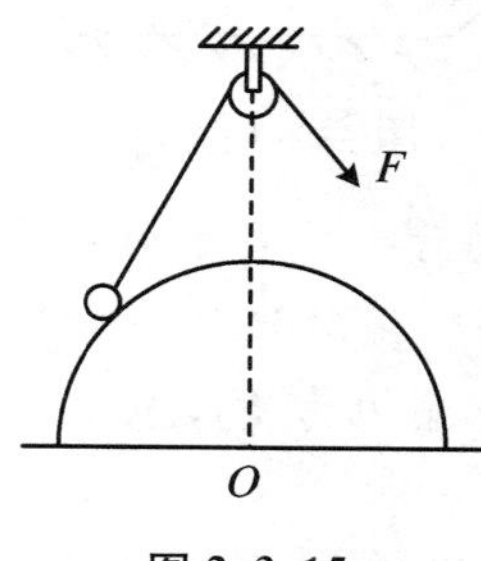

图 2.3.15

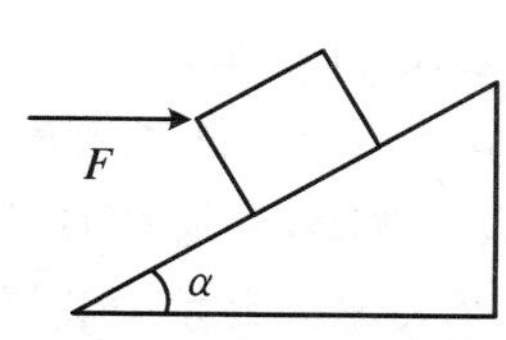

图 2.3.16

4. 如图 2.3.16 所示，在倾角为 α 的固定斜面上放置一个小物体，小物体在水平推力 F 作用下处于静止态。设小物体受到的支持力和摩擦力的合力方向与竖直向上方向的夹角为 β，则下列说法中正确的是　（　　）

A. β 可能为零

B. 支持力和摩擦力的合力方向向右上方，且一定有 $\beta<\alpha$

C. 支持力和摩擦力的合力方向向左上方，且可能有 $\beta<\alpha$

D. 支持力和摩擦力的合力方向向左上方，且可能有 $\beta>\alpha$

5. 如图 2.3.17 所示，一根不可伸长的长为 L 的轻绳两端分别固定在间距为 d 的两竖直杆的 P 点和 Q 点上，晾衣架上挂着湿衣服，衣架上的钩挂在轻绳上可来回自由滑动。若忽略衣架挂钩与轻绳间的摩擦，则下列说法正确的是　（　　）

A. 在湿衣服上的水滴下落过程中，轻绳中的张力不断减小

B. 衣服不滴水时将 P 点稍向上移动，轻绳中的张力增大

C. 衣服不滴水时将左侧竖直杆稍向左移动，轻绳中的张力减小

D. 衣服不滴水时刮起了向左的风，若风力大小恒定，再将 P 点稍向上移动，轻绳中的张力将增大

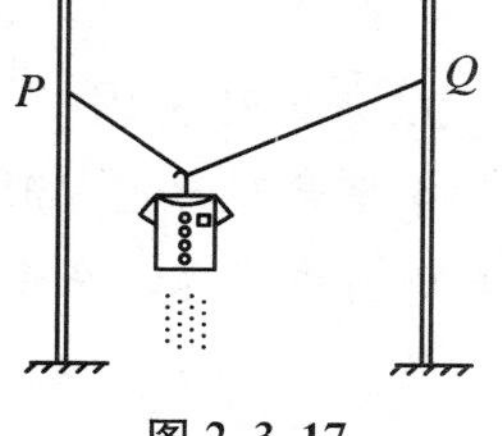

图 2.3.17

6. 如图 2.3.18 所示，绳子 a 一端固定在杆上 C 点，另一端通过定滑轮用力拉住，一重物用绳 b 挂在杆 BC 上，杆可绕 B 点转动，杆、绳的重量及摩擦不计，重物处于静止态。若将绳子 a 慢慢放下，则下列说法正确的是　（　　）

A. 绳 a 的拉力 F_a 减小，杆所受的压力 F 增大

B. 绳 a 的拉力 F_a 增大，杆所受的压力 F 增大

C. 绳 a 的拉力 F_a 不变，杆所受的压力 F 减小

D. 绳 a 的拉力 F_a 增大，杆所受的压力 F 不变

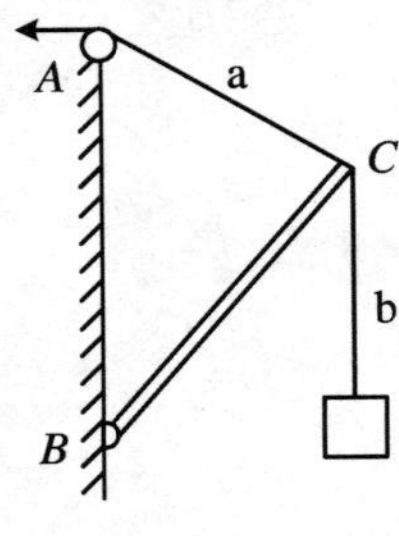

图 2.3.18

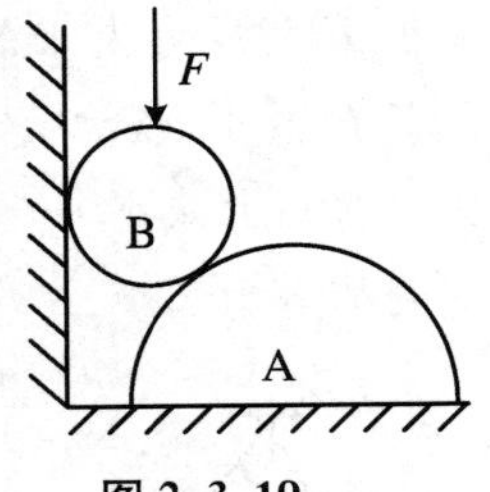

图 2.3.19

7. 如图 2.3.19 所示，在粗糙的水平地面上与墙平行放着一个截面为半圆的柱状物体 A，A 与竖直墙之间放一光滑圆球 B，整个装置处于平衡状态。现对 B 加一竖直向下的力 F，F 的作用线通过球心，设墙对 B 的作用力为 F_1，B 对 A 的作用力为 F_2，地面对 A 的作用力为 F_3。若 F 缓慢增大而整个装置仍保持静止，在此过程中 （　　）

A. F_1 保持不变，F_3 缓慢增大　　　B. F_1 缓慢增大，F_3 保持不变

C. F_2 缓慢增大，F_3 缓慢增大　　　D. F_2 缓慢增大，F_3 保持不变

8. 如图 2.3.20 所示，硬杆 BC 一端固定在墙上的 B 点，另一端装有滑轮 C，重物 D 用绳拴住通过滑轮固定于墙上的 A 点。若杆、滑轮及绳的质量和摩擦均不计，将绳的固定端从 A 点稍向下移，重新平衡后 （　　）

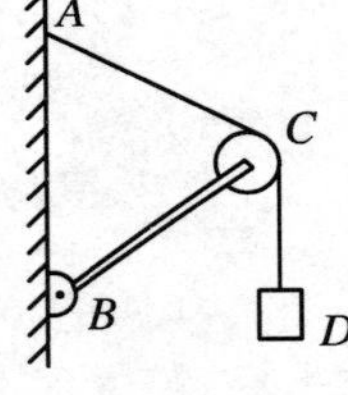

图 2.3.20

A. 绳的拉力、滑轮对绳的作用力都增大

B. 绳的拉力减小，滑轮对绳的作用力增大

C. 绳的拉力不变，滑轮对绳的作用力增大

D. 绳的拉力、滑轮对绳的作用力都不变

提高练习

9. 如图 2.3.21 所示，有一直角斜槽（两槽面关于竖直面对称），槽棱与水平面的夹角为 θ，一个横截面为正方形的物块恰能沿此斜槽匀速下滑。假定两槽面的材料情况相同，求物块与槽面之间的动摩擦因数 μ。

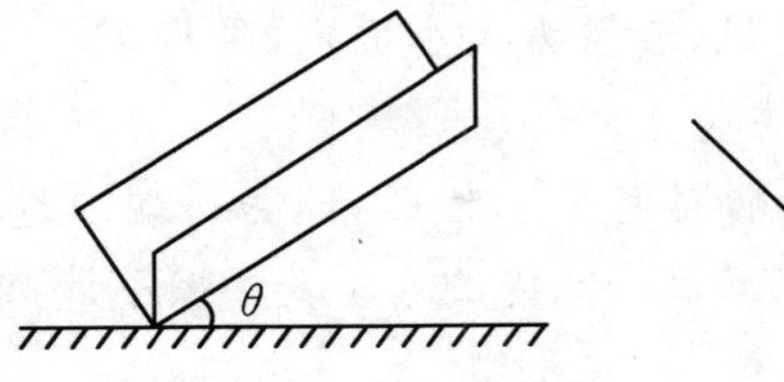

图 2.3.21

10. 如图 2.3.22 所示，静止的圆锥体竖直放置，顶角为 α。一长为 L、质量为 m 且分布均匀的绳水平地套在圆锥体上。忽略绳与圆锥体之间的摩擦力，当绳在圆锥面上静止时，求绳中的张力。

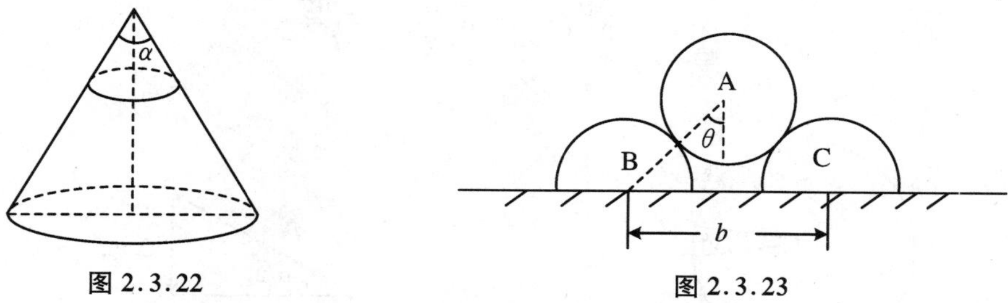

图 2.3.22　　图 2.3.23

11. 有两个相同的半球，半径都是 r，质量为 $0.5m$，放在静摩擦因数为 $\mu=0.5$ 的水平面上。在两个半球上放一个半径为 r、质量为 m 的光滑球，如图 2.3.23 所示。求在平衡状态下两球球心之间的最大距离 b。

参考答案

1. AC。
2. BC。
3. BD。
4. CD。
5. AD。
6. D。

提示　C 点受三个力，即 a 的拉力 T_a、b 的拉力 $T_b=mg$、BC 的支持力 N，根据三力平衡，由 T_a、T_b、N 三个力组成的矢量三角形与三角形 ABC 相似，故 N 大小不变，T_a 变大，应选 D。

7. C。
8. C。
9. $\mu=\dfrac{\sqrt{2}}{2}\tan\theta$。

提示　将物块的重力沿平行、垂直于槽棱的两个方向分解，再将垂直于槽棱的分力 $mg\cos\theta$ 沿垂直于两侧槽面方向进行二次分解，得到两个大小相等的压力，值为 $N=mg\cos\theta\cdot\dfrac{\sqrt{2}}{2}$。在平行于槽棱的方向，物体所受的三力平衡，则 $mg\sin\theta=2\mu N$。

10. $\dfrac{mg\cot(\alpha/2)}{2\pi}$。

提示　利用微元法和降维法(处理空间力系)。如图 2.3.24 所示，在绳子上取一段微元，绳子微元所对的圆心角为 $\Delta\theta$，该微元受到两侧的绳子拉力(张力 T)的合力为

$$F = 2T\sin\frac{\Delta\theta}{2} \approx T\Delta\theta$$

用 F 等效替代两侧的拉力，在竖直平面内分析微元的受力，如图 2.3.25 所示，则

$$\Delta m = \frac{\Delta\theta}{2\pi}m,\quad \tan\frac{\alpha}{2} = \frac{\Delta mg}{F}$$

至此可解。

图 2.3.24　　　　图 2.3.25

11．$b_{max} = 2\sqrt{2}r$。

提示　如图 2.3.26 所示(部分力没画出)，整体分析三个物体的受力，地面对半球 B 的支持力 $N = mg$；分析物体 A 可知，竖直方向有 $2N_1\cos\theta = mg$；分析物体 B 可知，水平方向有 $f = N_1\sin\theta$。物体 B 刚好发生滑动的临界条件为 $f \leqslant \mu N$。综上，可得 $\tan\theta \leqslant 1$，至此可解。

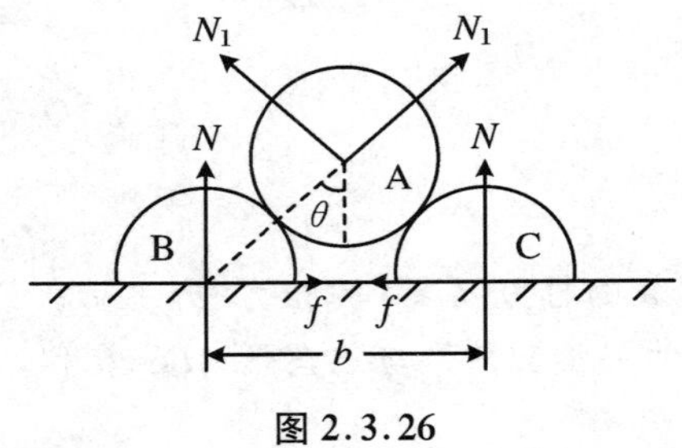

图 2.3.26

2.4　转动平衡

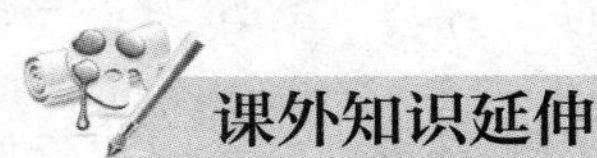

课外知识延伸

1．矢量的矢积(又称叉乘)

设 $\boldsymbol{A}$ 和 $\boldsymbol{B}$ 是夹角为 α 的两个任意矢量，它们的矢积定义为一个新的矢量 $\boldsymbol{C}$，即 $\boldsymbol{C} = \boldsymbol{A} \times \boldsymbol{B}$。

矢积 $\boldsymbol{C}$ 的大小 $C = AB\sin\alpha$，等于以 $\boldsymbol{A}$、$\boldsymbol{B}$ 为邻边的平行四边形的面积。

矢积 $\boldsymbol{C}$ 的方向垂直于矢量 $\boldsymbol{A}$、$\boldsymbol{B}$ 所决定的平面，可以用右手螺旋定则判断。如图 2.4.1 所示，右手四指从矢量 $\boldsymbol{A}$ 经小于 180°的角转向矢量 $\boldsymbol{B}$，则伸直的拇指的指向即为 $\boldsymbol{C}$ 的方向。

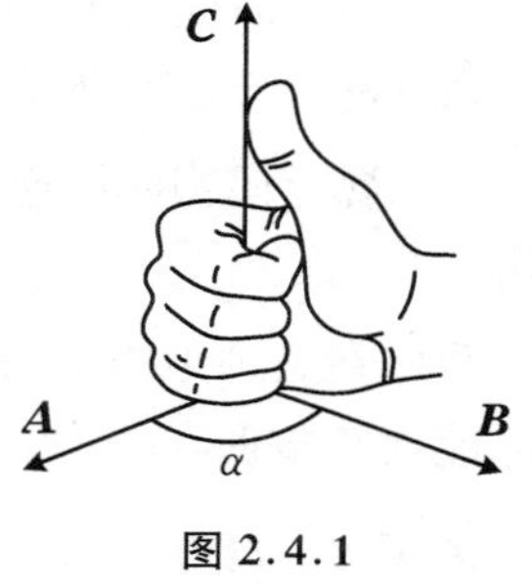

图 2.4.1

根据矢积的定义不难发现，$\boldsymbol{A}\times\boldsymbol{B}=-\boldsymbol{B}\times\boldsymbol{A}$。

物理学中，不少物理量是满足矢量的矢积定义的，如：力矩 $\boldsymbol{M}=\boldsymbol{r}\times\boldsymbol{F}$，角动量 $\boldsymbol{L}=\boldsymbol{r}\times\boldsymbol{p}$，带电粒子所受的洛伦兹力 $\boldsymbol{f}=q\boldsymbol{v}\times\boldsymbol{B}$，通电导线在磁场中所受的安培力 $\boldsymbol{F}=I\boldsymbol{l}\times\boldsymbol{B}$ 等。

2．力对定点的力矩

力 $\boldsymbol{F}$ 对定点 O 的力矩 $\boldsymbol{M}$ 等于从 O 点引向力的作用点的位置矢量 $\boldsymbol{r}$ 与力 $\boldsymbol{F}$ 的矢积，即

$$\boldsymbol{M}=\boldsymbol{r}\times\boldsymbol{F}$$

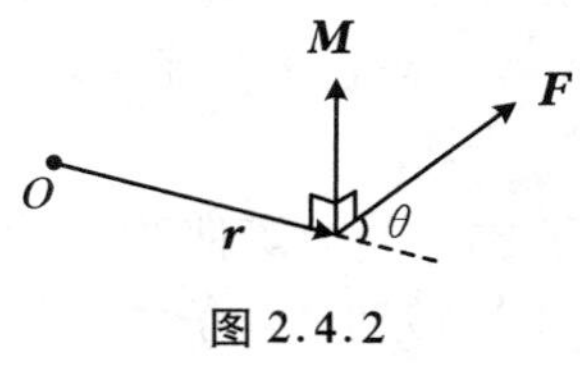

图 2.4.2

力矩是一个矢量，方向与 $\boldsymbol{r}$、$\boldsymbol{F}$ 所决定的平面垂直，其指向可以由右手螺旋定则确定，如图 2.4.2 所示。力矩的大小 $M=rF\sin\theta$，其中 θ 为 $\boldsymbol{r}$ 与 $\boldsymbol{F}$ 的夹角；力矩的单位是牛[顿]·米，符号为 N·m。

力矩的效果是使物体绕定点的转动状态发生变化。当物体受到多个力作用时，物体所受的总力矩等于各个力所产生力矩的矢量和。合力矩不为零时，物体做变速转动，角速度将发生变化；合力矩为零时，物体将处于平衡态，以原来的角速度匀速转动或保持静止。

解决具体问题时，通常规定使物体沿逆时针方向转动的力矩为正值，从而将矢量运算转化为标量运算。

3．有固定转动轴的物体的平衡

解决物体绕固定轴的转动问题时，可以把力 $\boldsymbol{F}$ 沿与轴平行、与轴垂直的两个方向分解，由于与轴平行的分力不影响物体的转动，只需要考虑与轴垂直的分力的力矩，从而将定轴转动问题简化为垂直于轴的平面内的定点转动问题。

有固定转动轴的物体若处于平衡态，则作用于物体上各力的合力矩为零，即 $\sum\boldsymbol{M}=\boldsymbol{0}$。物体受到的合外力为零，物体受到的合外力矩不一定为零，但在这种情况下物体受到的合外力矩与支点的选取无关。

核心问题讨论

1．如何应用转动平衡条件解决实际问题？

力矩是矢量，在后续学习中有重要的应用，如：力矩等于角动量对时间的变化率。初学者由于数学知识所限，直接从矢量的角度思考问题会有不小的困难，处理实际的转动平衡问题时，不妨首先确定力矩的正方向，将力矩的矢量求和运算转化为代数求和运算，即“规定正向，化矢为标”。

处理转动平衡问题的一般思路如下：

(1) 明确研究对象，分析其受力情况。

(2) 选择合适的转轴，分析各力的作用效果，确定各力力矩(或力臂)。

(3) 规定使物体沿逆时针方向转动的力矩为正值，根据转动平衡条件$\sum M=0$列方程求解。

我们在处理力矩平衡的相关问题时，需要灵活地选取支点，这需要经过一定量的习题练习才能熟练掌握。

例题1 如图2.4.3所示，将重30 N的均匀球体置于倾角为37°的固定斜面上，球的顶端用一水平绳拴住，球静止，求球体所受的绳子拉力、斜面支持力和摩擦力。

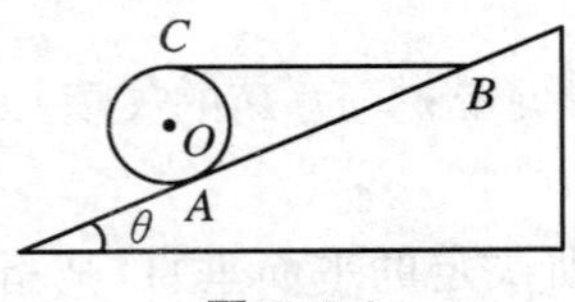

图2.4.3

分析 以球体为研究对象，球体在重力G、绳子的拉力F、斜面的支持力N和静摩擦力f作用下静止于斜面上，处于平衡态，可以根据转动平衡条件求解。

解 以A点为轴，重力的力矩使球体沿逆时针方向转动，绳子拉力的力矩使球体沿顺时针方向转动。以重力的力矩方向为正方向，球体的半径记为R，根据转动平衡条件，有

$$GR\sin\theta-FR(1+\cos\theta)=0$$

代入数据，解得绳子拉力$F=10\ \mathrm{N}$，方向沿绳子水平向右。

以圆心O为轴，根据转动平衡条件，有$fR=FR$。

因此，球体所受静摩擦力$f=F=10\ \mathrm{N}$，方向沿斜面向上。

以B点为轴，同理有$G\cdot BC=N\cdot AB$，根据几何知识可得$AB=BC$。

综上，可得斜面对球体的支持力$N=G=30\ \mathrm{N}$，方向垂直于斜面向上。

点拨 (1) 解决实际问题时，转动平衡条件的方程可以表述为$\sum M=0$(合力矩为零)；也可以写成$M_{逆}=M_{顺}$，即使物体沿逆时针方向转动的力矩之和等于使物体沿顺时针方向转动的力矩之和。

(2) 需要注意的是，本题分析静摩擦力f与绳子拉力F的大小关系时，巧妙地以圆心O为轴，由于两个力的力臂都是R，两力相等，这个结论在以后的学习中经常用到。

例题2 如图2.4.4所示，三根相同的刚性轻杆用光滑的铰链连接并悬挂在水平天花板上的A、B两点，A、B间的距离是杆长的2倍，铰链C上悬挂一质量为m的重物，重力加速度大小为g。为使CD保持水平，在铰链D上施加的最小力应为多大?

分析 本题中的轻杆用光滑的铰链相连，轻杆两端所受拉力都沿杆的方向。可以分别分析C、D两点的受力情况，用矢量三角形求解；也可以把$ACDB$看作一个弯曲的杠杆，运用转动平衡条件求解。

解 解法一

如图2.4.5所示，C点受三个力，处于平衡态，这三个力构成封闭的矢量三角形。图中$\theta=30°$，mg已知，可得

$$F_{CD}=mg\tan\theta=\frac{\sqrt{3}}{3}mg$$

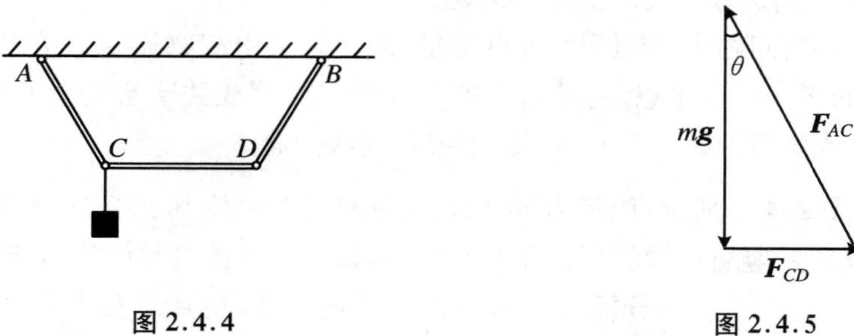

图 2.4.4　　　图 2.4.5

如图 2.4.6 所示，D 点受三个力，处于平衡态，这三个力构成封闭的矢量三角形。其中，$\boldsymbol{F}_{CD}$的大小、方向都不变，$\boldsymbol{F}_{BD}$的方向固定，当拉力 $\boldsymbol{F}$ 与 $\boldsymbol{F}_{BD}$垂直时，F 最小，有

$$F_{\min} = F_{CD}\cos\theta = \frac{mg}{2}$$

解法二

如图 2.4.7 所示，延长 AC、BD 交于 O 点，把 $ACDB$ 看作一个弯曲的杠杆，以 O 点为轴分析杠杆的受力情况。天花板对 A、B 两点的力的作用线过 O 点，力臂为零，没有力矩。

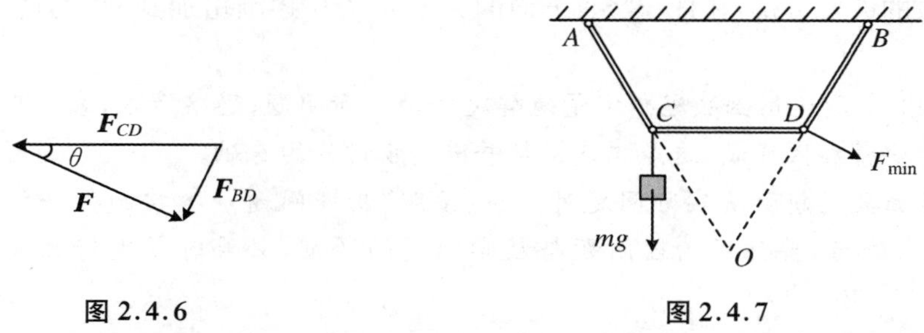

图 2.4.6　　　图 2.4.7

重物的重力的力矩使杠杆沿逆时针方向转动，为满足转动平衡条件，当作用于 D 点的力 $\boldsymbol{F}$ 与 OD 垂直时力臂最大，拉力 F 最小。

每根杆的长度记为 l，则

$$mg\,\frac{l}{2} = F_{\min}\,l$$

整理得

$$F_{\min} = \frac{mg}{2}$$

点拨　(1) 在本题的解法二中，把三个轻杆与重物看作一个整体，巧选转轴，运用转动平衡条件分析，非常简便。请读者注意体会以 O 点为轴的优势——天花板对 A、B 两点的力没有力矩。

(2) 本题中重力的力矩大小确定，要想使拉力 F 取最小值，应该使其力臂最大——转轴 O 与力的作用点 D 的连线 OD 是力 F 的最大力臂。

2. 怎样定量分析转动平衡中的变力问题?

在一些转动平衡问题中,某个因素(自变量)的变化会引起物体受力情况的变化。分析变力问题时,不妨引入函数思想,将所研究的力(因变量)写成关于自变量的函数,进一步讨论函数的单调性或极值问题,有助于定量、准确地解决问题。

例题3 如图2.4.8所示,质量为 m 的均匀铁杆 OA 可绕其上端 O 点自由转动。若用水平拉力 F 将铁杆由竖直位置缓慢拉至水平位置,试讨论在此过程中拉力 F 的变化情况。

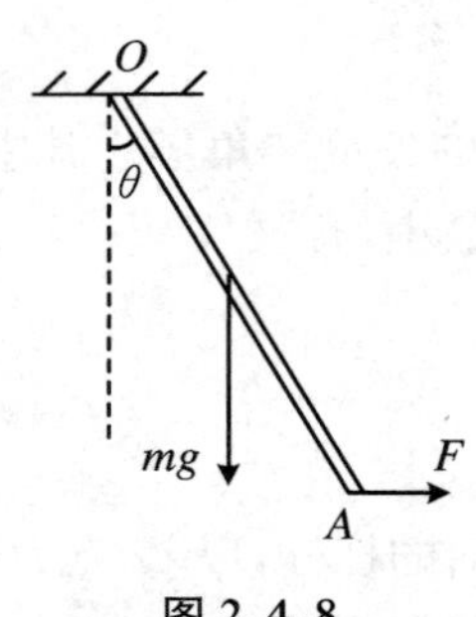

图 2.4.8

分析 本题中铁杆缓慢转动,转动过程中铁杆始终处于平衡态。可以取杆与竖直方向的夹角 θ 为自变量,将拉力 F 写成关于 θ 的函数,再讨论函数的单调性——力 F 的变化情况。

解 杆在重力和拉力的作用下缓慢转动,在任意位置均处于平衡态。将杆的长度记为 l,以 O 为轴,根据转动平衡条件,有

$$Fl\cos\theta = mg\frac{l}{2}\sin\theta$$

$$F = \frac{1}{2}mg\tan\theta$$

根据正切函数的性质可得,在杆与竖直方向的夹角 θ 从 $0°$ 逐渐增加到 $90°$ 的过程中,拉力 F 单调增大。

点拨 (1) 本题运用函数思想定量地解决转动平衡问题,思路清晰,容易理解。审题的关键是捕捉自变量和因变量,这是构建函数并进一步讨论的基础。

(2) 运用函数思想解决实际问题时,一般按照"物理问题→数学函数→数学演算→物理结论"的模式进行,要注意物理问题与数学问题的区别,必要时界定好函数的定义域和值域。

(3) 读者可以改变题目的条件进行发散练习:其他条件不变,若要求拉力始终沿竖直方向呢?(答案:拉力 F 保持不变。)若拉力始终与铁杆垂直,会怎样?(答案:拉力 F 单调增大。)

例题4 如图2.4.9所示,质量为 m 的均匀细杆搭在边长为 a 的立方体木块上,杆的下端可以绕水平地面上的固定轴自由转动。初始时细杆与水平方向的夹角 θ 为 $30°$,在木块缓慢向左移动的过程中,细杆所受木块的弹力变化情况为(　　)

A. 一直增大

B. 一直减小

C. 先增大后减小

D. 先减小后增大

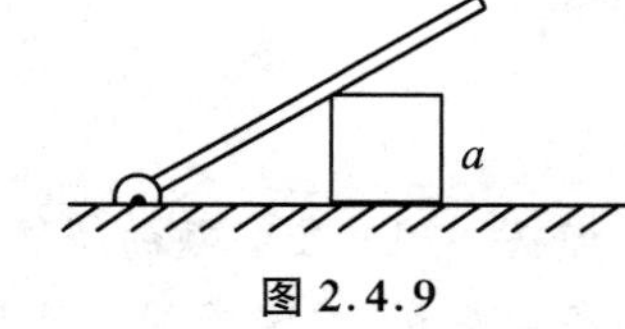

图 2.4.9

分析 细杆缓慢转动,始终处于平衡态。可以根据转动平衡条件,将细杆所受的弹力 F 写成关于 θ 的函数,再定量分析。

解 细杆受自身重力和木块施加的弹力,处于转动平衡状态。杆长可记为 l,根据转动平衡条件,得

$$F \cdot \frac{a}{\sin\theta} = mg \cdot \frac{l}{2}\cos\theta$$

$$F = \frac{mgl}{2a}\sin\theta\cos\theta = \frac{mgl}{4a}\sin 2\theta$$

根据题意，细杆与水平地面的夹角变化范围为 30°～90°，在 θ 增大的过程中，弹力 F 先增大后减小，当 θ 取 45°时 F 有极大值。

点拨　本题涉及转动平衡知识、数学中三角函数的二倍角公式，函数在给出的定义域中先增大后减小，存在极值。得出函数表达式，方能体会题目给出 θ 初值的用意。

基 础 练 习

1. 如图 2.4.10 所示，托盘天平的左盘内放有一杯水，右盘内放有砝码，天平平衡。现将一质量为 500 g、体积为 100 cm^3 的物体用细线吊着浸没于水中（物体未与杯底接触，水未溢出）。为了使天平继续保持平衡，应在右盘中添加多少克的砝码？

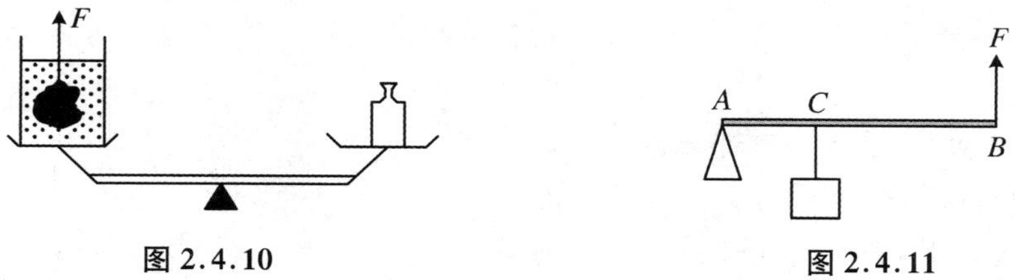

图 2.4.10　　　　图 2.4.11

2. 如图 2.4.11 所示，均匀杆 AB 每米重 30 N，将 A 端支起，在离 A 端 0.2 m 的 C 处挂一重 300 N 的物体，在 B 端施一竖直向上的拉力 F，使杆保持水平方向平衡，问：杆长为多少时，所需的拉力 F 最小？最小值为多大？

3. 一块均匀木板 MN 长 $L = 15$ m，重 $G_1 = 400$ N，置于相距 $D = 8$ m 的两个支架 A、B 上，$MA = NB$，重 $G_2 = 600$ N 的人从 A 点向 B 点走去，如图 2.4.12 所示。

(1) 人走过 B 点多远，木板会翘起来？

(2) 为使人走到 N 点时木板不翘起来，支架 B 应放在离 N 多远处？

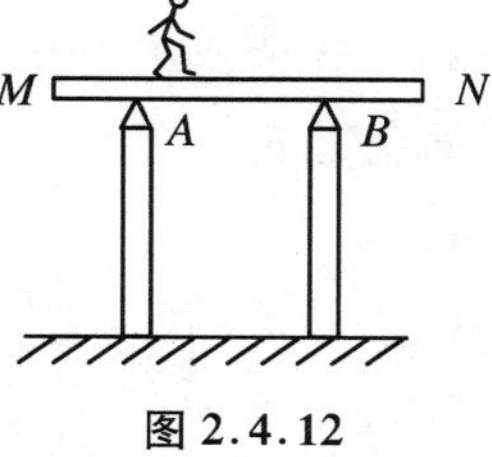

图 2.4.12

4.（第 10 届全国中学生物理竞赛预赛）半径为 R、质量为 M_1 的均匀圆球与一质量为 M_2 的重物分别用细绳 AD 和 ACE 悬挂于同一点 A，处于平衡态，如图 2.4.13 所示。已知悬点 A 到球心 O 的距离为 L，不考虑绳的质量和绳与球的摩擦，试求悬挂圆球的绳 AD 与竖直方向 AB 的夹角 θ。

5. 如图 2.4.14 所示，质量分别为 3 kg、1 kg 的两个小球 A、B 用轻质细杆连接，用总长为

L 的细绳系住 A、B，细绳跨过光滑的小定滑轮 C，系统静止在图示位置，求 AC 段绳子的长度。

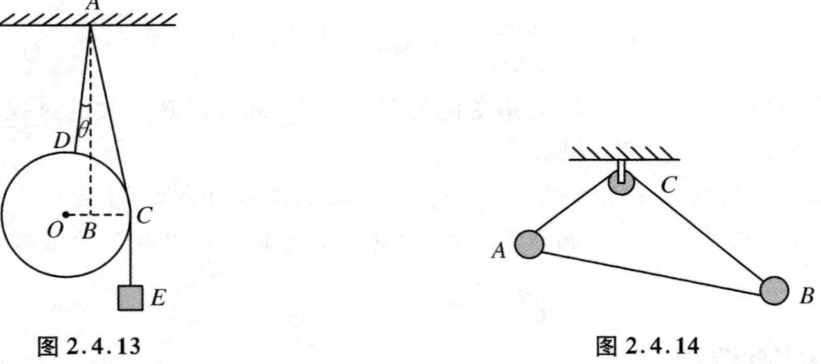

图 2.4.13　　　　图 2.4.14

6. 现有一个弹簧测力计(可随便找地方悬挂)，一把匀质的长为 l 的有刻度、零点位于端点的直尺，一个木块，以及质量不计的细线。试用这些器件设计一实验装置(要求画出示意图)，通过一次测量(弹簧测力计只准读一次数)，求出木块的质量和尺的质量。(已知重力加速度为 g。)

提 高 练 习

7. (2019 年清华领军) 轿车通常有前轮驱动和后轮驱动两种，当轿车启动时，下列说法正确的是 (　　)

A. 前轮驱动时，轿车前轮部分微微下沉

B. 前轮驱动时，轿车后轮部分微微下沉

C. 后轮驱动时，轿车前轮部分微微下沉

D. 后轮驱动时，轿车后轮部分微微下沉

E. 无论是前轮驱动还是后轮驱动，轿车整体都会微微下沉

8. 将半径为 R 的匀质半球体置于光滑的水平面上，其重心在球心 O 正下方 C 点处，半球体的质量为 m。在半球体的平面上放一质量为 $m/8$ 的正方体物体，物体可看作质点，与半球体平面的摩擦因数为 0.2，如图 2.4.15 所示。要使物体与半球体相对静止，求物体与球心的最大距离。

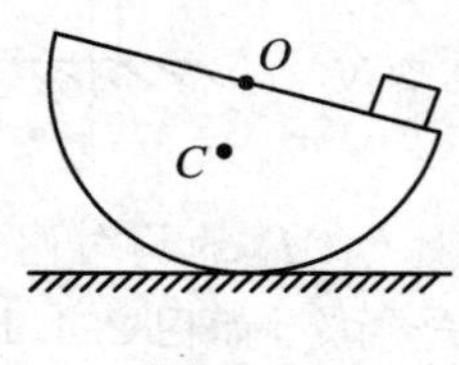

图 2.4.15

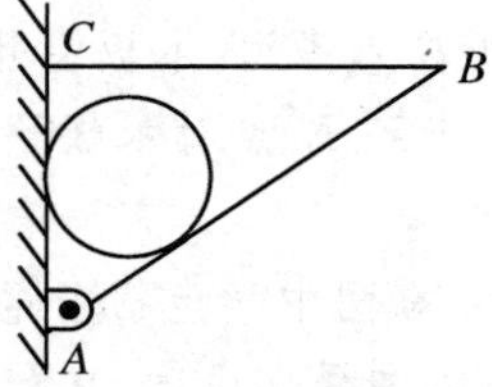

图 2.4.16

9. 将重为 G、半径为 R 的实心球放在竖直墙和轻质挡板 AB 之间，板 AB 可绕 A 端自由转动，其 B 端用水平绳 BC 拉住，如图 2.4.16 所示。已知 AB 板长为 L，板与墙之间的夹

角为 θ，板的重量可以忽略不计。

(1) 求绳的拉力大小。

(2) 当 θ 为何值时，绳的拉力最小？计算绳子拉力的最小值。

10. 如图 2.4.17 所示，有一固定的半径为 a、内壁光滑的半球形碗（碗口处于水平位置），O 为球心。碗内搁置一质量为 m、边长为 a 的等边三角形均匀薄板 ABC。板的顶点 A 位于碗内最低点，碗的最低点处对 A 有某种约束使顶点 A 不能滑动（板只能绕 A 点转动）。求碗对顶点 A、B、C 的作用力的大小。

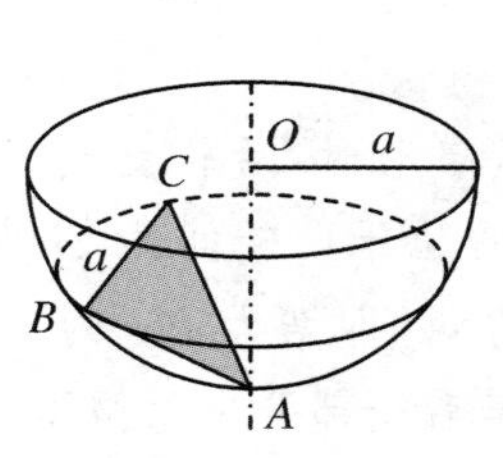

图 2.4.17

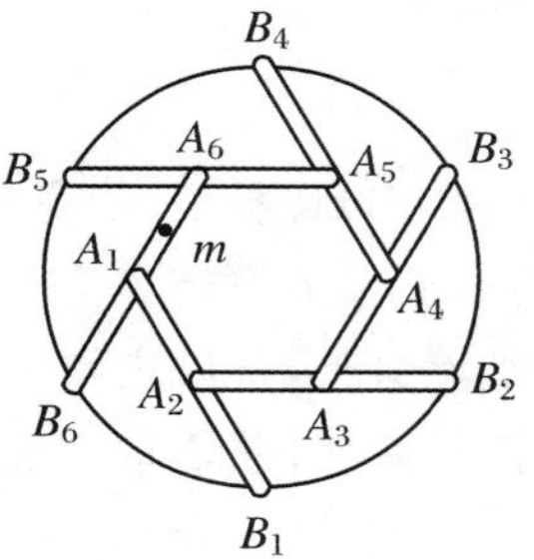

图 2.4.18

11. 有六个完全相同的刚性长条薄片 $A_iB_i(i=1,\cdots,6)$，其两端下方各有一个小突起，薄片及突起的重量均可以不计。现将此六个薄片架在一只水平的碗口上，使每个薄片一端的小突起 B_i 恰在碗口上，另一端小突起 A_i 位于其下方薄片的正中。由正上方俯视，如图 2.4.18 所示。若将一质量为 m 的质点放在薄片 A_6B_6 上一点，这一点与此薄片中点的距离等于它与小突起 A_6 的距离，求薄片 A_6B_6 中点所受的（由另一薄片的小突起 A_1 施加的）压力。

参考答案

1. 100 g。

2. 2 m，60 N。

3. (1) 2.67 m；(2) 3 m。

4. $\theta=\arcsin\dfrac{M_2R}{(M_1+M_2)L}$。

5. $L/4$。

6. 找个地方把弹簧测力计悬挂好，取一段细线做成一环，挂在弹簧测力计的挂钩上，让直尺穿在细环中，环与直尺的接触点就是直尺的悬挂点，它将尺分为长短不等的两段。用细线拴住木块挂在直尺较短的一段上，细心调节直尺悬挂点和木块悬挂点的位置，使直尺平衡在水平位置（为提高测量精度，尽量使两个悬挂点相距远些），如图 2.4.19 所示。设木块的质量为 m，直尺的质量为 M。记下两个悬挂点在直尺上的读数 x_1、x_2，弹簧测力计读数 G。

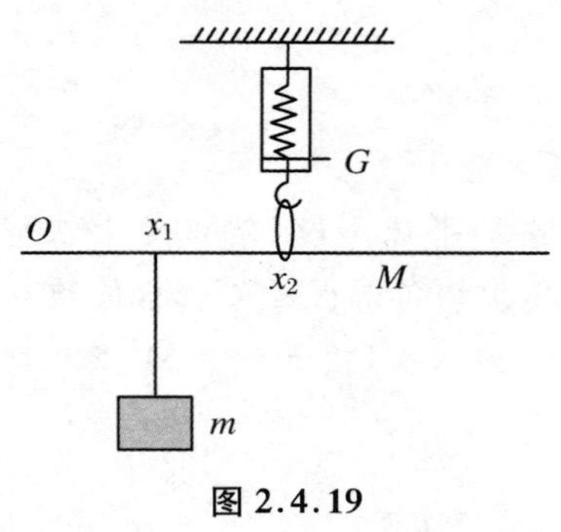

图 2.4.19

根据平衡条件和图中所设的直尺零刻度线的位置,有

$$(m+M)g=G \quad ①$$

$$mg(x_2-x_1)=Mg\left(\frac{l}{2}-x_2\right) \quad ②$$

联立①、②式,可得

$$m=\frac{G}{g}\frac{l-2x_2}{l-2x_1}$$

$$M=\frac{2G}{g}\frac{x_2-x_1}{l-2x_1}$$

7. BD。

提示 如图 2.4.20 所示,若轿车采用后轮驱动方式,启动时,后轮受到的摩擦力 f_1 向前,前轮受到的摩擦力 f_2 向后,且 $f_1>f_2$,假设轿车的重心位于两轮间的 O 点,f_1 和 f_2 的合力矩垂直于纸面向外,所以应增大垂直于纸面向里的力矩,即增大 N_2 的大小,则轿车后轮部分微微下沉。同理,若轿车采用前轮驱动方式,则轿车后轮部分也微微下沉。

8. $0.6R$。

提示 参见 2.1 节例 3,O、C 间距为 $\frac{3}{8}R$。立方体物体刚好滑动的临界条件为 $\mu=\tan\theta$。如图 2.4.21 所示,整体分析半球体和立方体物体受力,以半球与地面的接触点为轴,转动平衡,则

$$mg\cdot\frac{3}{8}R\sin\theta=\frac{mg}{8}\cdot x\cos\theta$$

得 $x=0.6R$。

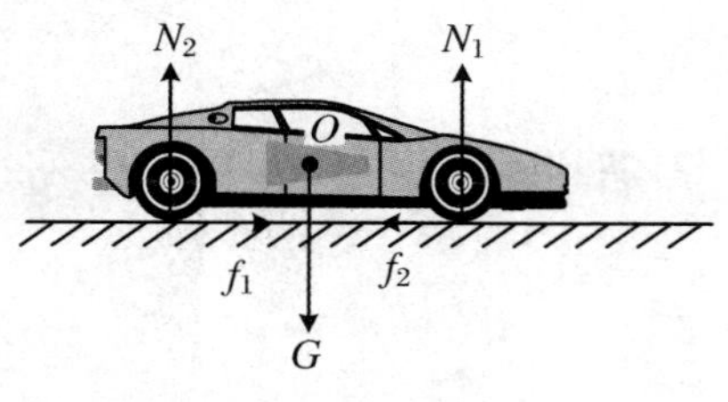

图 2.4.20

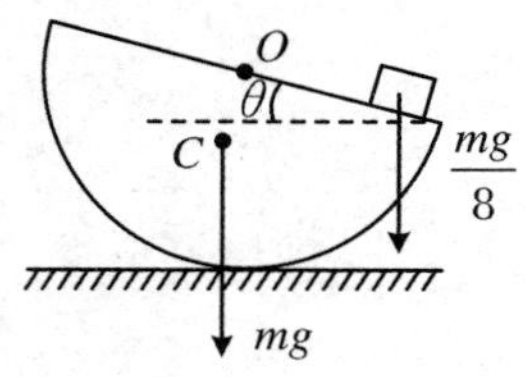

图 2.4.21

9. (1) $F=\frac{GR}{L(1-\cos\theta)\cos\theta}$;(2) 当 $\theta=\frac{\pi}{3}$ 时,$F_{\min}=\frac{4GR}{L}$。

提示 (1) 分析实心球受力,如图 2.4.22 所示,板的支持力为

$$N_1=\frac{G}{\sin\theta}$$

分析挡板受力,以 A 为轴,转动平衡,则

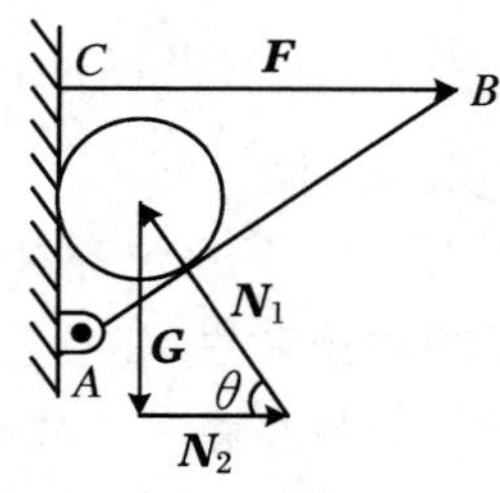

图 2.4.22

$$FL\cos\theta = N_1 R\cot\frac{\theta}{2},\quad \cot\frac{\theta}{2} = \frac{\sin\theta}{1-\cos\theta}$$

整理得

$$F = \frac{GR}{L(1-\cos\theta)\cos\theta}$$

(2) 根据均值不等式，当 $\cos\theta = \frac{1}{2}$ 时，绳子的拉力有极小值。

10. $F_B = F_C = \frac{mg}{3}$，$F_A = \frac{\sqrt{6}}{3}mg$。

提示　利用降维法将空间力系转化为平面力系。

如图 2.4.23 所示，由对称性可知 F_B 与 F_C 的大小相等，可以用合力 F_{BC} 代替这两个力，$F_{BC} = \sqrt{3}F_B$，D 为 BC 的中点，$\triangle ODA$ 在竖直平面内，$OD = AD = \frac{\sqrt{3}}{2}a$，$\cos\angle DOA = \frac{\sqrt{3}}{3}$。

以 A 为轴分析薄板受力，转动平衡，解三角形可得 F_{BC} 的力臂为 $\frac{\sqrt{6}}{3}a$，重力 mg 的力臂为 $\frac{\sqrt{2}}{3}a$，则

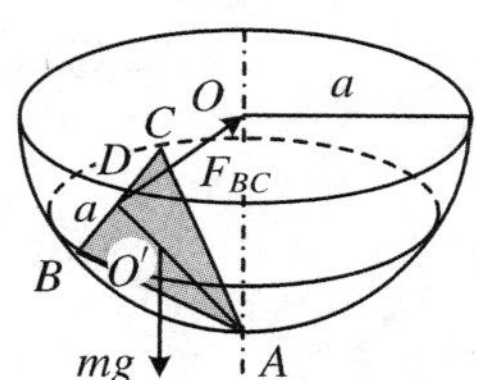

图 2.4.23

$$F_{BC}\cdot\frac{\sqrt{6}}{3}a = mg\cdot\frac{\sqrt{2}}{3}a$$

$$F_{BC} = \frac{\sqrt{3}}{3}mg,\quad F_B = F_C = \frac{mg}{3}$$

分析薄板受力，在竖直平面内，有

$$F_{Ax} = F_{BC}\sin\angle DOA,\quad F_{Ay} = mg - F_{BC}\cos\angle DOA$$

因此

$$F_A = \sqrt{F_{Ax}^2 + F_{Ay}^2} = \frac{\sqrt{6}}{3}mg$$

11. $mg/42$。

提示　本题共有六个物体，通过观察会发现，A_1B_1，A_2B_2，…，A_5B_5 的受力情况完全相同。因此，将 A_1B_1，A_2B_2，…，A_5B_5 作为一类，对其中一个进行受力分析，找出规律，求出通式即可求解。

以第 i 个薄片 AB 为研究对象，受力情况如图 2.4.24(a)所示，第 i 个薄片受到前一个薄片向上的支持力 N_i、碗边向上的支持力 N_i' 和后一个薄片向下的压力 N_{i+1}。选碗边 B 点为轴，根据力矩平衡，有

$$N_i\cdot L = N_{i+1}\cdot\frac{L}{2}$$

得

$$N_i = \frac{N_{i+1}}{2}$$

所以

$$N_1 = \frac{1}{2}N_2 = \frac{1}{2} \times \frac{1}{2}N_3 = \cdots = \left(\frac{1}{2}\right)^5 N_6 \qquad ①$$

再以 A_6B_6 为研究对象,受力情况如图 2.4.24(b)所示,A_6B_6 受到薄片 A_5B_5 向上的支持力 N_6、碗向上的支持力 N_6'和后一个薄片 A_1B_1 向下的压力 N_1、质点向下的压力 mg。选 B_6 点为轴,根据力矩平衡,有

$$N_1 \cdot \frac{L}{2} + mg \cdot \frac{3}{4}L = N_6 \cdot L \qquad ②$$

联立①、②式,解得 $N_1 = \dfrac{mg}{42}$。所以,A_1B_1 薄片对 A_6B_6 的压力为$\dfrac{mg}{42}$。

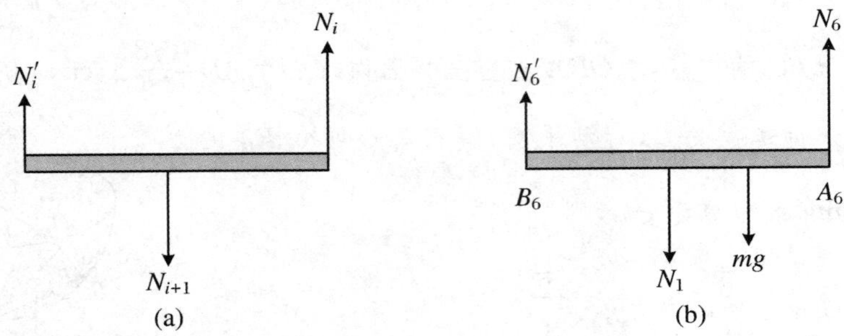

图 2.4.24

2.5 一般物体的平衡

1. 一般物体的平衡条件

力对物体的作用可以改变物体的运动状态,物体所受的合力对物体的平动有影响,合力矩对物体的转动有影响。如果两种影响都没有,就称物体处于平衡状态。

一般物体处于平衡态的条件为:合外力为零,且合力矩为零。对于受平面力系作用的物体,平衡条件可以写为:$\sum F_x = 0, \sum F_y = 0, \sum M_i = 0$(对任意轴);对于空间力系,一般可以列出六个独立的平衡方程,即在空间直角坐标系中,各力在三个坐标轴方向的投影的代数和为零,各力对三个坐标轴的力矩的代数和为零。受空间力系作用的情况相对复杂,在强基计划的试题中,我们遇到的更多的是受平面力系作用的情况。

2. 物体平衡的种类

物体的平衡分为三类:稳定平衡、不稳定平衡、随遇平衡。

稳定平衡:处于这种平衡状态的物体,在外界扰动之后稍微偏离平衡位置,重心升高。物体在合外力或合力矩的作用下能自动恢复到平衡位置。

不稳定平衡:物体在受扰动后偏离平衡位置,重心降低。物体在合外力或合力矩的作用下不能自动恢复到平衡位置。

随遇平衡:物体受扰动后偏离平衡位置,重心高度不变。物体在任何位置都能平衡。

3. 稳度

物体稳定的程度称为稳度。一般来说,使物体的平衡遭到破坏所需的能量越多,这个平衡的稳度就越高。稳度与重心的高度以及支持面的大小有关,重心越低,支持面越大,稳度越大。

核心问题讨论

1. 如何判断物体是先滑动还是先滚动?

物体的运动可分为平动和转动,复杂的运动都可以看成这两种运动的合成。对于一个实际运动,这种运动可以是滑动(常常对应平动),也可以是滚动(常常对应转动)。物体受到一定的力的作用,到底是滑动还是滚动,需要分别分析刚好发生滑动与刚好发生转动的临界条件,然后将二者比较,看先满足哪个条件。相对滑动往往涉及滑动摩擦力相关的知识,滚动往往涉及力矩平衡相关的知识。

例题1　如图2.5.1所示,将底面边长为a、高为b的密度均匀的长方体木块置于粗糙斜面上,物体与斜面间摩擦因数为μ。随着斜面倾角θ增大,木块或将滑动,或将翻倒。请讨论什么条件下出现滑动,什么条件下出现翻倒。

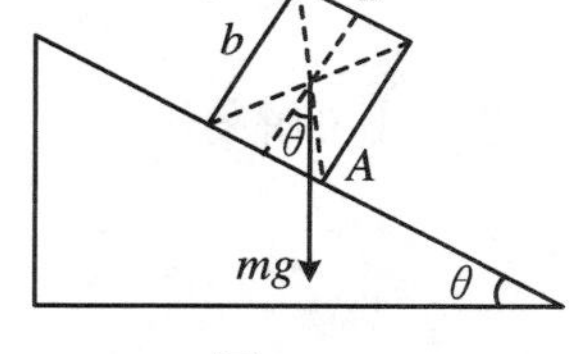

图2.5.1

分析　本题需要分别分析刚好发生相对滑动与刚好发生转动的临界条件,然后将二者比较,看先满足哪个条件。

解　若物体刚好沿斜面下滑,则有

$$mg\sin\theta = \mu mg\cos\theta \quad \Rightarrow \quad \mu = \tan\theta$$

若重力的作用线刚好通过支持面的边界处的A点,则物体刚好发生翻转。如图2.5.1所示,根据几何关系,此时有

$$\tan\theta = \frac{a}{b}$$

因此,在斜面倾角θ逐渐增大的过程中,若$\mu<a/b$,则木块先发生滑动;若$\mu>a/b$,则木块先出现翻倒;若$\mu=a/b$,则木块在翻倒的同时发生滑动。

点拨　(1) 解本题的关键是抓住临界条件,即刚好发生相对滑动时$f=f_{\max}$,刚好发生翻转时重力的作用线通过支持面的边界处。

(2) 本题的已知条件强调“密度均匀”,木块的重心在其几何中心,若在木块的下表面(与斜面接触的面)粘上一块厚度均匀的长方形铁板,则木块的稳度提高。小轿车的底盘都较重,目的是降低小轿车的重心,提高小轿车在行驶过程中的稳度。

2．如何处理梯子滑动相关的问题？

梯子滑动是常见的力平衡和力矩平衡综合的静力学临界模型，这类问题综合性强，难度大。对于这类问题，一方面，可以从合力为零、合力矩为零的角度思考，再根据临界条件（常常认为最大静摩擦力等于滑动摩擦力）进行求解；另一方面，可以引入摩擦角，再应用三力汇交进行求解。前者需要解方程，偏向于代数运算；后者需要解三角形，偏向于几何变形。前者运算量较大而思维量较小，后者运算量较小而思维量较大。在解决实际问题时，需要灵活选取合适的方法。

例题 2 质量分布均匀的梯子 AB 靠在光滑的竖直墙上，已知梯子长为 L，重 $G=mg$，与地面间的动摩擦因数为 μ，如图 2.5.2 所示。

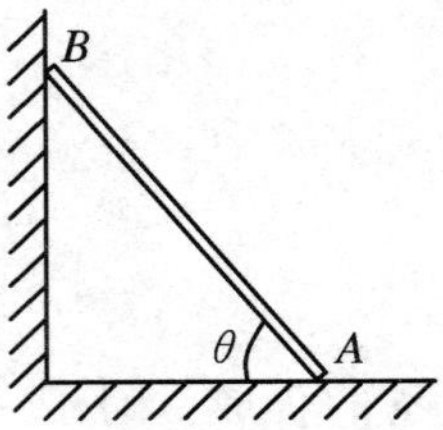

（1）求梯子不滑动时，梯子与水平地面夹角 θ 的最小值 θ_0。

（2）当 $\theta=\theta_0$ 时，一重为 P 的人沿梯子缓慢向上爬，他爬到什么位置，梯子开始滑动？

图 2.5.2

分析 本题有两种解法，一种解法是根据物体的平衡条件求解，即列方程求解，这是常规解法；另一种解法是分析出它的临界条件 θ_0，再引入摩擦角进行求解，即转化成几何分析。

解 解法一

（1）如图 2.5.3 所示，考虑梯子刚好滑动的临界情况，由力平衡、力矩平衡的条件可得

$$N_1 = f = \mu N$$

$$N = G$$

$$N_1 \cdot L\sin\theta_0 = G \cdot \frac{L}{2}\cos\theta_0$$

由上述三式可解得

$$\theta_0 = \arctan\frac{1}{2\mu}$$

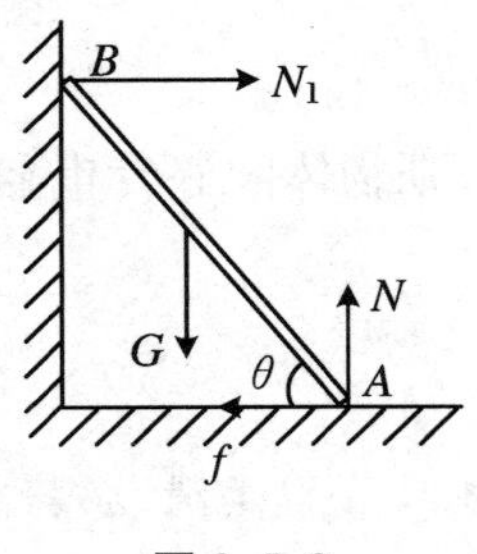

图 2.5.3

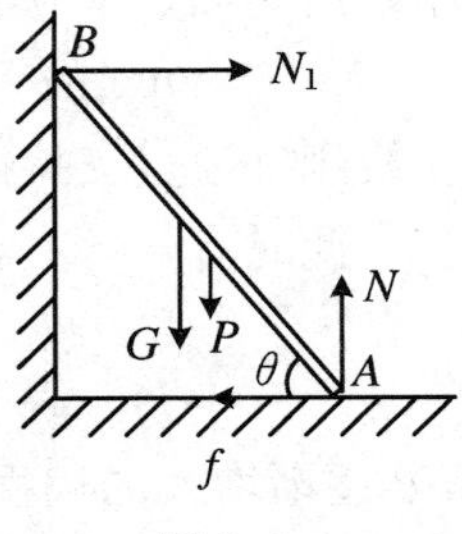

图 2.5.4

（2）如图 2.5.4 所示，由平衡条件可得

$$N_1 = f = \mu N$$

$$N = G + P$$

$$N_1 \cdot L\sin\theta_0 = G \cdot \frac{L}{2}\cos\theta_0 + P \cdot x\cos\theta_0$$

由上述三式可解得 $x = L/2$。

解法二

(1) 引入摩擦角，根据三力汇交原理，受力分析如图 2.5.5 所示，注意到 $\varphi = \arctan\mu$，由平衡条件可得

$$\frac{G}{2}L\cos\theta_0 = L\sin\theta_0(G\tan\varphi)$$

所以有

$$\theta_0 = \arctan\frac{1}{2\mu}$$

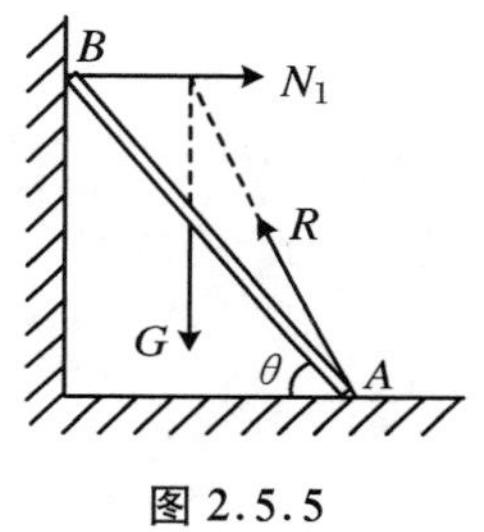

图 2.5.5

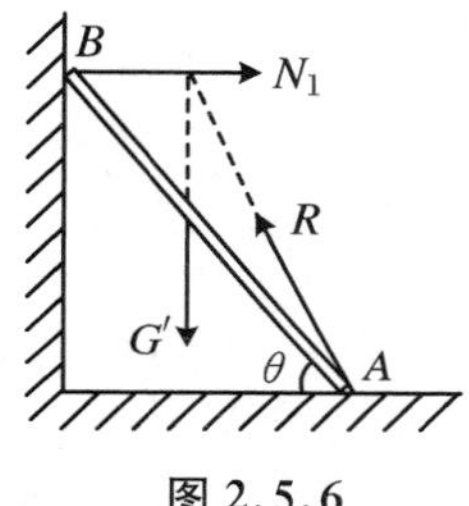

图 2.5.6

(2) 如图 2.5.6 所示，将梯子和人的重力用等效重力 G' 代替。当等效重力的重心在梯子重心下面时梯子不会滑倒，当等效重力的重心在梯子重心上面时梯子就会滑倒，所以当人爬到梯子一半即 $L/2$ 时，梯子开始滑动。

点拨　(1) 静力学中，处理三力平衡问题时，常常采用矢量三角形定性分析各力的变化情况，并能快捷地处理极值问题。这种方法可以推广到速度、加速度、电场强度等其他矢量的运算。研究物理极值问题，也要结合物理思维方法，如对称思想、等效思想、化归思想等。

(2) 本题可以再追加一问：在大题干不变的条件下，一个质量为 M 的人沿梯往上爬，为了保证该人的安全，对梯子的放置有什么要求？也可以应用类似例题的两种解法进行求解，答案是 $\tan\theta \geqslant \frac{2M+m}{2\mu(M+m)}$。

3. 如何处理一般平衡中的临界和极值问题?

临界状态是指从一种物理现象转变为另一种物理现象，或者从一个物理过程转入另一个物理过程的过渡状态，即“恰好出现”或者“恰好不出现”某种现象的状态。平衡问题的临界状态是指物体所处的平衡状态将要被破坏的状态(如即将发生相对滑动)。

平衡态中的极值问题指的是力在变化过程中的最大值和最小值问题。解决极值问题的一般思路为：认真分析物理情景，挖掘隐含条件或临界条件，根据物体的平衡条件列方程，建立因变量与自变量之间的函数关系，再利用数学方法(如均值不等式、三角函数等)求极值。

例题 3 将一均匀细杆置于粗糙的地面上，人对其一端施力，力与杆始终垂直，如图 2.5.7 所示。要将杆无滑动地慢慢抬到竖直位置，杆与地面之间的静摩擦因数至少为多大？

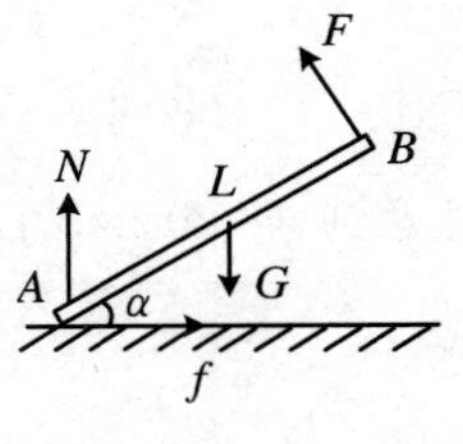

图 2.5.7

分析 如图 2.5.7 所示，抬起细杆 B 端的过程中，杆的 A 端与地面间没有相对滑动，静摩擦力不超过其最大值。

解 设杆与水平方向的夹角为 α，对杆受力分析，列共点力平衡方程：

$$F\cos\alpha + N = mg \quad ①$$

$$F\sin\alpha = f \quad ②$$

以 A 为轴，转动平衡，则

$$FL = mg\frac{L}{2}\cos\alpha$$

得

$$F = \frac{1}{2}mg\cos\alpha \quad ③$$

代入①式，得

$$N = mg\left(1 - \frac{1}{2}\cos^2\alpha\right) \quad ④$$

结合不滑动的临界条件 $f \leqslant \mu N$，由②～④式得

$$\mu \geqslant \frac{1}{2\tan\alpha + \cot\alpha}$$

因为

$$2\tan\alpha + \cot\alpha \geqslant 2\sqrt{2\tan\alpha \cdot \cot\alpha} = 2\sqrt{2}$$

所以

$$\mu \geqslant \frac{\sqrt{2}}{4}$$

点拨 (1) 本题中，讨论摩擦因数的范围时，也可采用均值不等式研究分母的极值，思路如下：令 $x = \tan\alpha$，$\cot\alpha = \frac{1}{x}$，则

$$2\tan\alpha + \cot\alpha = 2x + \frac{1}{x} \geqslant 2\sqrt{2x \cdot \frac{1}{x}} = 2\sqrt{2}$$

当且仅当 $2\tan\alpha = \cot\alpha$ 时取“=”。

(2) 本题还可以用全反力等效替代支持力和静摩擦力，利用三力汇交原理分析。当平衡将要被破坏时，全反力与法线的夹角为摩擦角。

例题 4 三个完全相同的圆柱体叠放在水平桌面上，如图 2.5.8 所示。将柱体 C 放上去之前，A、B 两柱体接触但无挤压。假设桌面与柱体之间的动摩擦因数为 μ_0，柱体与柱体

之间的动摩擦因数为 μ，若系统处于平衡状态，则 μ_0 和 μ 必须满足什么条件？

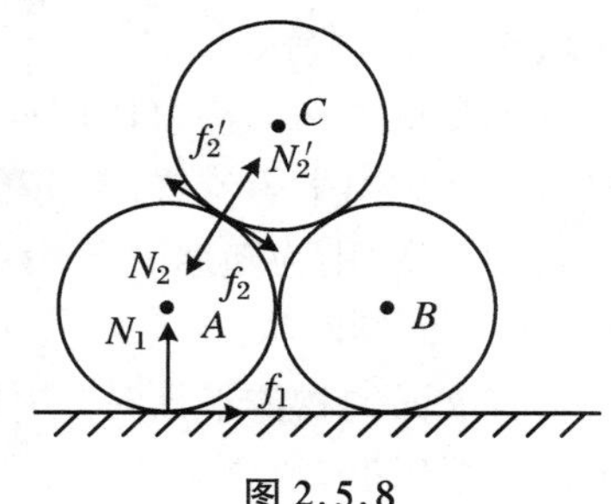

图 2.5.8

分析　放上柱体 C 之后，除重力外柱体 C 还受到柱体 A、B 的支持力和摩擦力，方向如图 2.5.8 所示（图中部分力未画出）；柱体 A、B 之间没有弹力和摩擦力。平衡的临界条件是，接触面上的摩擦力达到最大值。

解　柱体 A、B、C 静止，都处于平衡态，柱体 A、C 的连心线与竖直方向的夹角 $\theta = 30°$。

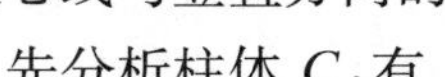

先分析柱体 C，有

$$2(N_2'\cos\theta + f_2'\sin\theta) = mg$$

再分析柱体 A，有

$$N_2\sin\theta = f_1 + f_2\cos\theta$$

然后对三个柱体进行整体分析，在竖直方向有

$$2N_1 = 3mg$$

以柱体 A 的圆心为轴，有

$$f_1R = f_2R$$

临界条件为

$$f_2 \leqslant \mu N_2, \quad f_1 \leqslant \mu_0 N_1$$

相互作用力的关系为

$$f_2 = f_2', \quad N_2 = N_2'$$

综上，解得

$$\mu \geqslant 2\sqrt{3}, \quad \mu_0 \geqslant \frac{2-\sqrt{3}}{3}$$

点拨　处理平衡中的临界问题时，除了合外力为零、合力矩为零的方程，还需要列出临界条件 $f \leqslant f_{max}$。

4. 如何判断平衡的种类？

（1）受力分析法

当质点受到外界的扰动而稍微偏离平衡位置时，如果所受的合力指向平衡位置，则此质点的平衡是稳定平衡；如果所受的合外力背离平衡位置，则为不稳定平衡；如果所受的合外力为零，则此质点的平衡是随遇平衡。

（2）力矩比较法

对于有转轴的刚性物体，当它受到外界的扰动而偏离平衡位置时，外力会引起一个回复力矩，如果此力矩有把物体拉回平衡位置的倾向，则物体处于稳定平衡态；如果外力的力矩有使物体进一步离开平衡位置的倾向，则物体处于不稳定平衡态；如果物体所受合外力的力矩为零，则物体处于随遇平衡状态。

(3) 重心升降法

对于受重力和支持力作用而平衡的物体,判断其平衡的种类时可以采用重心升降法。使物体稍微偏离平衡位置,若重心升高,则为稳定平衡;若重心降低,则为不稳定平衡;若重心的高度不变,则为随遇平衡。

(4) 支面判断法

具有支面的物体平衡时,物体所受重力的作用线一定在支面内。当物体受到微扰而偏离平衡位置以后,若重力的作用线仍在支面内,物体就能自动恢复到平衡位置,属于稳定平衡;如果物体倾斜度较大,重力的作用线超出支面,则重力的力矩会使物体继续偏离原来的位置,原来的平衡被破坏,这就是不稳定平衡。

例题5 用轻质金属丝做成刚性支架,其两侧分别固定质量为 m 的小重球,将支架置于方木块上(可绕 O 点自由转动),如图 2.5.9 所示。结合 b、L 和 θ 讨论支架的稳定性。

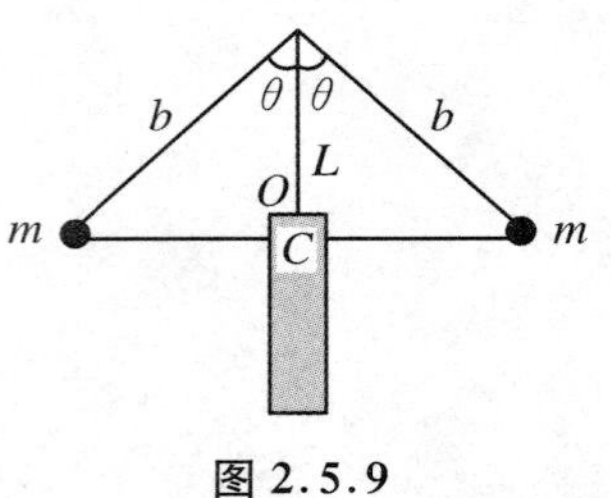

图 2.5.9

分析 这个问题可采用重心升降法讨论。金属丝的重量可忽略,由支架和两个小球组成的系统的重心在图示的 C 点。

解 若 $L>b\cos\theta$,则 C 点在 O 点上方,系统受到微扰而偏离平衡位置,重心降低(CO 绕 O 点转动),故这种平衡为不稳定平衡。

若 $L=b\cos\theta$,则 C 点与 O 点重合,系统受微扰后重心高度不变,此为随遇平衡。

若 $L<b\cos\theta$,则 C 点在 O 点下方,系统受微扰后重心升高,故此为稳定平衡。

点拨 判断物体平衡的稳定性往往比较难,需要选择受力分析法、力矩比较法和重心升降法等进行求解,到底选取何种方法进行求解才更方便,就需要我们在平时的练习中多积累经验。

习题实战演练

基础练习

1. 用轻弹簧竖直悬挂质量为 m 的物体,当物体处于静止状态时,弹簧的伸长量为 L_0。现用该弹簧沿斜面方向拉住质量为 $2m$ 的物体,当系统静止时,弹簧的伸长量也为 L_0。已知斜面的倾角为 $30°$,如图 2.5.10 所示,则关于该物体的受力情况,下列说法中正确的是 ( )

A. 物体受的摩擦力为零

B. 物体受的摩擦力沿斜面向下

C. 物体受的摩擦力沿斜面向上

D. 物体受到的重力和支持力的合力大小为 mg

2. 如图2.5.11所示,放置在水平面上的物体受到斜向右下方的推力 F 的作用,仍静止在水平面上。关于该物体所受的推力 F 和地面给它的静摩擦力 f 的合力 F_0,下列说法中正确的是（　　）

A. F_0 的方向可能斜向右下方

B. F_0 的方向一定竖直向下

C. F_0 的大小一定小于物体的重力

D. F_0 的大小一定小于水平面对物体的支持力

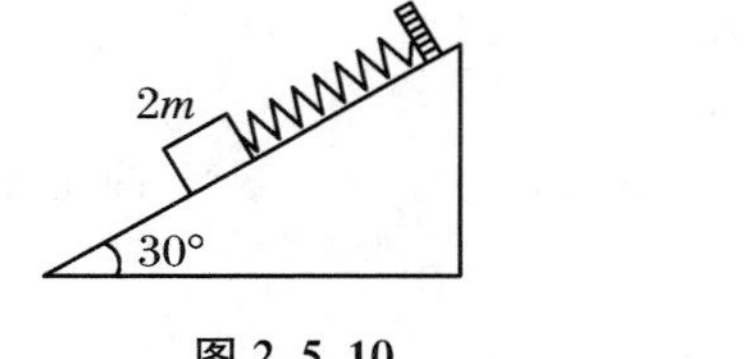

图2.5.10

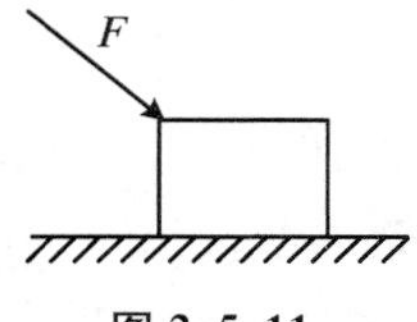

图2.5.11

3. 如图2.5.12所示,置于水平地面的三脚架上固定着一质量为 m 的照相机。三脚架的三根轻质支架等长,与竖直方向均成30°角,则每根支架所承受的压力大小为（　　）

A. $\frac{1}{3}mg$　　B. $\frac{2}{3}mg$

C. $\frac{\sqrt{3}}{6}mg$　　D. $\frac{2\sqrt{3}}{9}mg$

4. 一根质量为 m 的均匀杆,长为 L,处于垂直于地面的位置,一端可绕固定的水平轴转动。有两根水平弹簧,劲度系数相同,把杆的一端拴住,如图2.5.13所示,问:弹簧的劲度系数 k 为何值才能使杆处于稳定平衡?

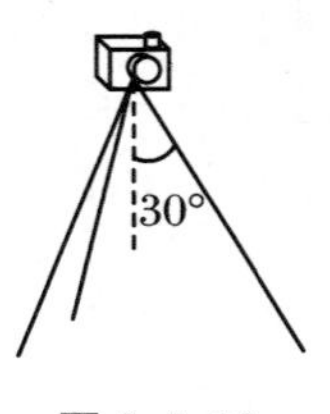

图2.5.12

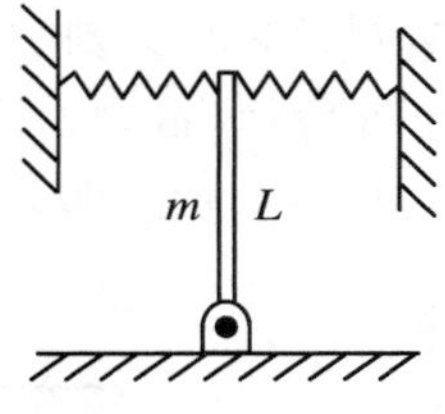

图2.5.13

5. 有一长为 L、重为 G 的均匀杆 AB,A 端顶在粗糙的竖直墙面上,杆与墙面之间的静摩擦因数为 μ,B 端用一强度足够且不可伸长的轻绳悬挂,绳的另一端固定在墙上的 C 点。杆呈水平状态,绳与杆的夹角为 θ,如图2.5.14所示。杆保持平衡时,杆上有一点 P 存在,在 P、B 间任一点悬挂任意重量的重物,都不能破坏杆的平衡,求 P、A 之间的距离。

6. 如图2.5.15所示,两把相同的均匀梯子 AC 和 BC 由 C 端的滑动销连起来,组成人字形梯子,下端 A 和 B 相距6 m,C 端离水平地面4 m,总重为200 N。一人重600 N,由 B 端上爬,若梯子与地面的摩擦因数 $\mu=0.6$,问:人爬到何处梯子就要滑动?

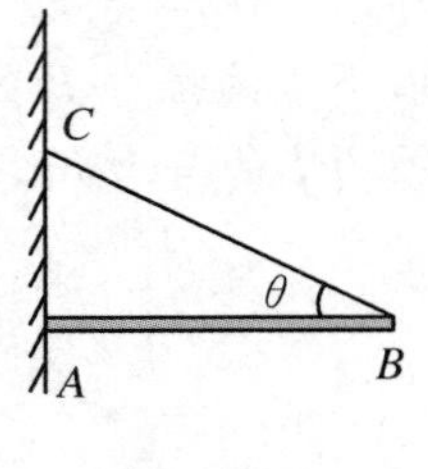

图 2.5.14

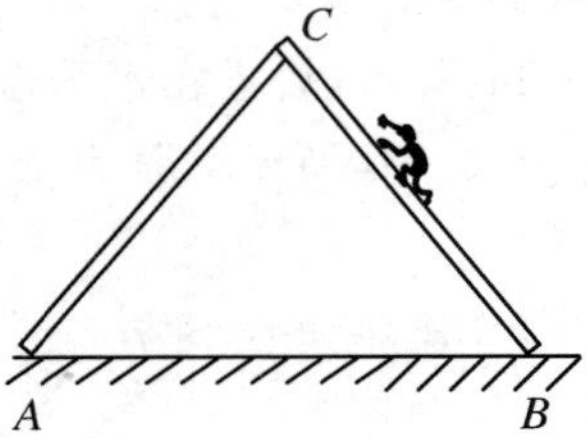

图 2.5.15

提高练习

7. 如图 2.5.16 所示，有两个光滑球，半径均为 3 cm，重量均为 8 N，静止在半径为 8 cm 的光滑球形碗底。

(1) 求两球间的相互作用力大小 N。

(2) 当碗的半径增大，重新静止后，两球间的相互作用力大小 N 将如何改变？每只球对碗的压力大小 F 将如何改变？

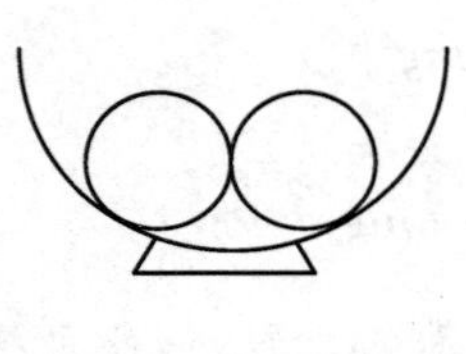

图 2.5.16

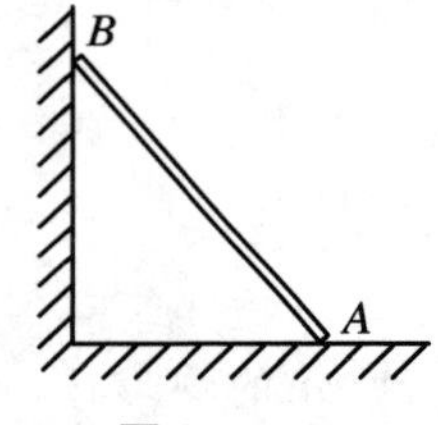

图 2.5.17

8. 如图 2.5.17 所示，有一均匀梯子，一端放在水平地面上，另一端靠在竖直墙上，梯子与地面和墙间的静摩擦因数分别为 μ_1 和 μ_2，求梯子平衡时与地面所能成的最小夹角。

9. 如图 2.5.18 所示，物体 A、B 及滚轮 C 的质量均为 m，滚轮 C 由固定在一起的两个同心圆盘组成，半径分别为 $2r$ 和 r，各接触面处静摩擦因数均为 μ。问：C 维持系统平衡时，μ 的最小值为多少？

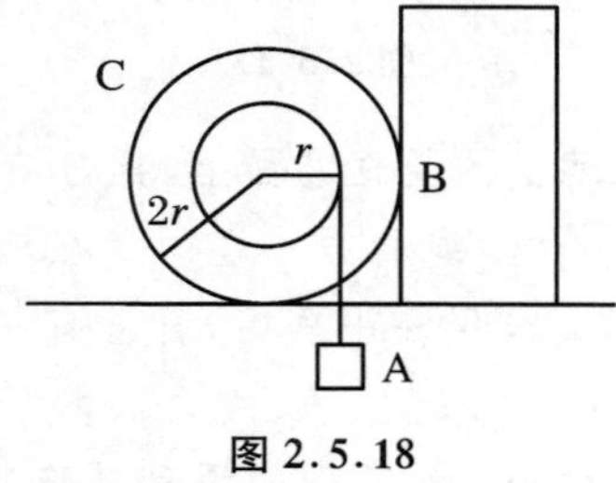

图 2.5.18

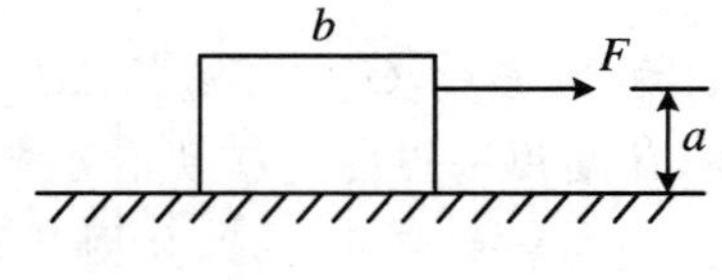

图 2.5.19

10. 如图 2.5.19 所示，匀质长方体的质量为 m，底边长度为 b，水平力 F 距地面的高度为 a，接触面最大静摩擦因数为 μ。请分析：当 F 逐渐增加时，物体是先滑动还是先翻倒？

11. (2012 年“北约”) 车轮是人类在搬运东西的劳动中逐渐发明的,其作用是使人们能用较小的力量搬运很重的物体。假设匀质圆盘代表车轮,其他物体取一个正方形形状。我们现在就比较在平面和斜面两种情形下,为使它们运动(平动、滚动等)所需要的最小作用力。假设圆盘的半径为 b,正方形物体的边长也为 b,它们的质量都是 m,它们与水平地面或斜面的摩擦因数都是 μ,给定倾角为 θ 的斜面。

(1) 使圆盘在平面上运动几乎不需要作用力。使正方形物体在平面上运动,需要的最小作用力 F_1 是多少? 只需考虑平动情况即可。

(2) 在斜面上使正方形物体向上运动所需要的最小作用力 F_2 是多少? 只需考虑平动情况即可。

(3) 在斜面上使圆盘向上运动所需要的最小作用力 F_3 是多少? 限定 F_3 沿斜面方向。

《参考答案》

1. AD。
2. BD。
3. D。
4. $k>\dfrac{mg}{4L}$。
5. $x=\dfrac{L}{1+\mu\cot\theta}$。

提示　如图 2.5.20 所示,重物挂在 P 点,根据三力汇交原理,均匀杆受到的重力 G、细绳拉力 F、全反力 R 交于 D 点,R 与 AB 的夹角为摩擦角 φ。由几何关系得 $x+x\tan\varphi\cdot\cot\theta=L$,据此可解。

6. 梯子的中点。

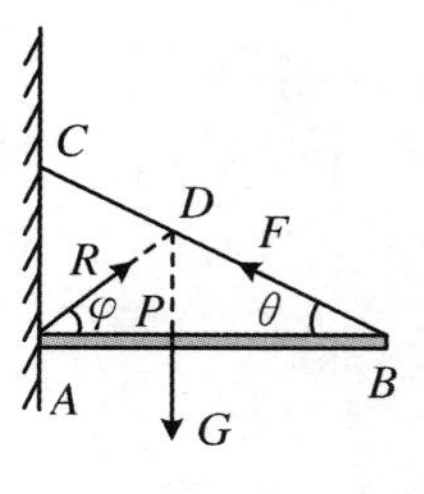

图 2.5.20

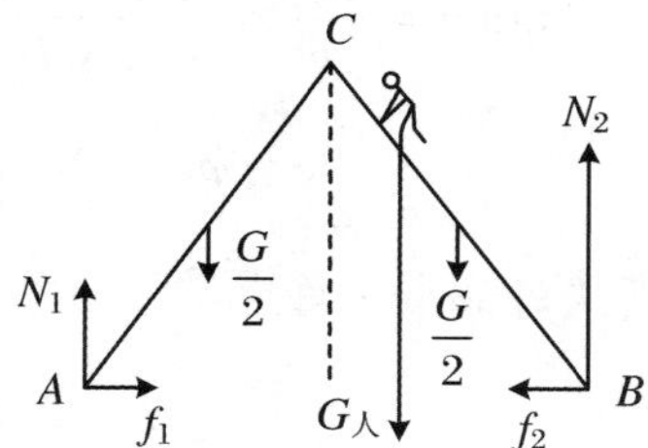

图 2.5.21

提示　如图 2.5.21 所示,根据分析,可知 A 端先达到最大静摩擦力。以 C 为轴,梯子 AC 达到力矩平衡,则

$$N_1\cdot 3=\mu N_1\cdot 4+\frac{G}{2}\cdot 1.5$$

得 $N_1=250\ \mathrm{N}$。

根据人字梯整体的受力 $\sum F_y = 0$，可知

$$G_人 + G = N_1 + N_2$$

得 $N_2 = 550\ \mathrm{N}$。

设人站在离 B 点 x 远的地方，梯子开始滑动，以 C 为轴，根据梯子 BC 力矩平衡，则

$$N_2 \cdot 3 = f_2 \cdot 4 + \frac{G}{2} \cdot 1.5 + G_人(5 - x)\frac{3}{5}$$

因为 $\sum F_x = 0$，$f_2 = f_1 = 0.6N_1 = 150\ \mathrm{N}$，代入上式，得 $x = 2.5\ \mathrm{m}$，即人站在梯子的中点时开始滑动。

7. (1) 6 N；(2) N 和 F 都变小。

提示 如图 2.5.22 所示，将三个球心连接为三角形 OO_1O_2，$OO_1 = 5\ \mathrm{cm}$，$O_1O_2 = 6\ \mathrm{cm}$，垂线 $OS = 4\ \mathrm{cm}$，$\theta = 37°$。分析左球受力，如图 2.5.23 所示，三力构成封闭的矢量三角形，各力大小可解。

图 2.5.22　　图 2.5.23

碗的半径增大，θ 减小，结合图 2.5.23，可知 N 和 F 都变小。

8. $\theta = \arctan\dfrac{1 - \mu_1\mu_2}{2\mu_1}$。

提示 如图 2.5.24 所示，临界时，$\varphi_1 = \arctan\mu_1$，$\varphi_2 = \arctan\mu_2$。由平衡条件和几何关系可得

$$\begin{aligned}\tan\theta &= \frac{BC}{AC} = \frac{DH - DE}{2AH} = \frac{DH}{2AH} - \frac{DE}{2EB} \\ &= \frac{1}{2}\cot\varphi_1 - \frac{1}{2}\tan\varphi_2 = \frac{1}{2\mu_1} - \frac{\mu_2}{2} = \frac{1 - \mu_1\mu_2}{2\mu_1}\end{aligned}$$

即梯子与地面所成的最小夹角为

$$\theta = \arctan\frac{1 - \mu_1\mu_2}{2\mu_1}$$

9. 1/3。

提示 如图 2.5.25 所示，分析 A，绳子拉力为

$$F = mg$$

分析 C，在水平方向有

$$f_1 = N_2$$

在竖直方向有

$$mg + F = N_1 + f_2$$

以C与地面的接触点为轴,有

$$f_2 \cdot 2r + N_2 \cdot 2r = F \cdot r$$

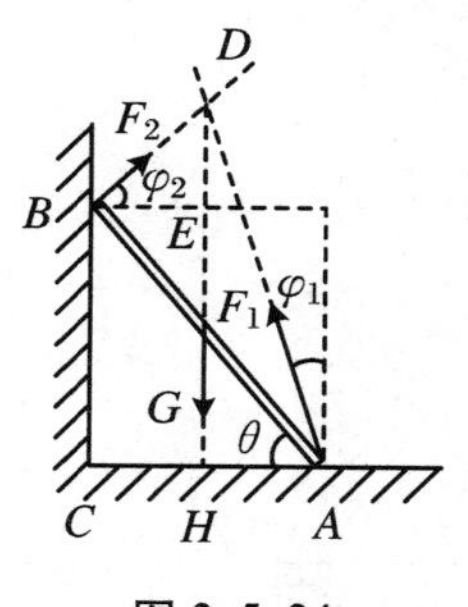

图2.5.24

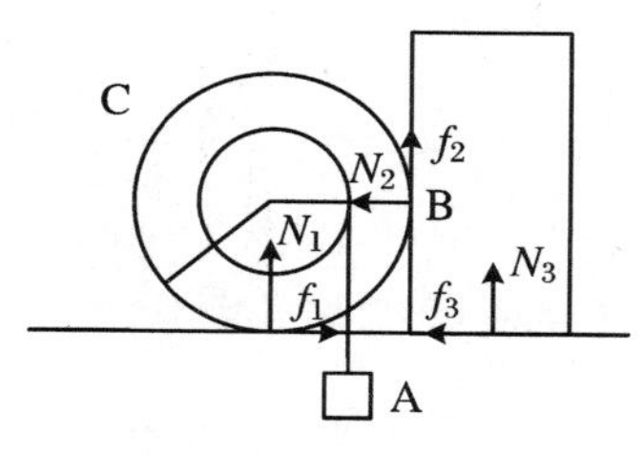

图2.5.25

分析B,在水平方向有

$$f_3 = N_2$$

在竖直方向有

$$N_3 = mg + f_2$$

临界条件为

$$f_1 \leqslant \mu N_1, \quad f_2 \leqslant \mu N_2, \quad f_3 \leqslant \mu N_3$$

综上,解得 $\mu \geqslant \dfrac{1}{3}$。

10. 刚好发生滑动时,有

$$F = \mu mg$$

刚好发生翻转(以接触面的左边界为轴)时,有

$$F \cdot a = mg \cdot \frac{b}{2} \Rightarrow F = \frac{b}{2a} mg$$

若 $\mu > b/2a$,则先翻倒;若 $\mu < b/2a$,则先滑动;若 $\mu = b/2a$,则滑动的同时翻倒。

11. (1) $F_1 = \dfrac{\mu mg}{\sqrt{1+\mu^2}}$。

(2) $F_2 = \dfrac{mg(\sin\theta + \mu\cos\theta)}{\sqrt{1+\mu^2}}$。

(3) 若 $\mu \geqslant \dfrac{1}{2}\tan\theta$,则 $F_3 = \dfrac{1}{2} mg\sin\theta$;若 $\mu < \dfrac{1}{2}\tan\theta$,则 $F_3 = mg(\sin\theta - \mu\cos\theta)$。

提示　(1) 根据平衡,易得

$$F_1 = \frac{\mu mg}{\mu\sin\beta + \cos\beta} = \frac{\mu mg}{\sqrt{\mu^2+1}\sin(\beta+\varphi)}$$

所以

$$F_{1\min} = \frac{\mu mg}{\sqrt{\mu^2+1}}$$

(2) 解法一

根据平衡,易得

$$F_2=\frac{mg\sin\theta+\mu mg\cos\theta}{\mu\sin\beta+\cos\beta}=\frac{mg\sin\theta+\mu mg\cos\theta}{\sqrt{\mu^2+1}\sin(\beta+\varphi)}$$

所以

$$F_{2\min}=\frac{mg(\sin\theta+\mu\cos\theta)}{\sqrt{\mu^2+1}}$$

解法二

根据力的矢量三角形法则,有

$$F_2=mg\sin(\theta+\arctan\mu)=mg\frac{\sin\theta+\mu\cos\theta}{\sqrt{\mu^2+1}}$$

(3) 取临界情况,圆盘刚刚滑动并且转动,根据力矩平衡和受力平衡,有

$$2F_3a=mga\sin\theta$$

$$F_3+\mu mg\cos\theta=mg\sin\theta$$

得

$$\mu=\frac{\tan\theta}{2}$$

如果 $\mu>\frac{\tan\theta}{2}$,则圆盘先转动,故

$$F_3=\frac{mg\sin\theta}{2}$$

如果 $\mu<\frac{\tan\theta}{2}$,则圆盘先滑动,故

$$F_3=mg\sin\theta-\mu mg\cos\theta$$

2.6 流 体 平 衡

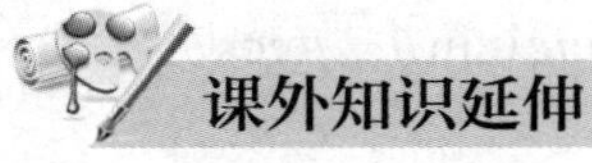

1. 静止流体的压强

流体是指各部分可以发生相对流动的液体或气体。其特点是没有一定的形状,具有流动性。一般认为,理想流体具有不可压缩的特征。

在静止流体内任何一点处都有压强,流体的压强与方向无关,仅与该点的深度有关;相连通的静止流体内部同一深度处各点的压强大小相等。

若静止流体表面处的压强为 p_0(通常为与该流体表面相接触的气体的压强)，流体的密度为 ρ，则此流体表面下深度为 h 处的压强为

$$p = p_0 + \rho gh$$

2. 浮力与浮心

浮力是物体在流体中所受压力的合力。浸没在静止流体内的物体受到的浮力等于它所排开流体的重量，浮力的方向竖直向上。根据阿基米德原理，浮力的大小为

$$F_{浮} = \rho_{液} gV_{排}$$

浮力的等效作用点称为浮心。浮心就在与浸没在流体中的物体同形状、同体积那部分流体的重心处，浮心不一定是物体的重心。只有在物体密度均匀时，浮心才与浸没在流体中的那部分物体的重心重合。

3. 浮体平衡的稳定性

物体处于漂浮状态时，所受的浮力与重力是一对平衡力。处于漂浮状态的物体，其平衡的稳定性因所受扰动方式的不同而异。

对于竖直方向的扰动，其平衡是稳定的；对于水平方向的扰动，其平衡是随遇的。对于绕水平轴的旋转扰动，其平衡的稳定性视具体情况而定：若浮体偏离平衡位置后，重力和浮力的合力矩促使物体恢复到原来位置，则其平衡是稳定的；如果重力和浮力的合力矩使物体倾倒，则物体的平衡是不稳定的。

1. 如何计算液体对物体的压力?

由于液体受到重力作用并具有流动性，液体对容器底部和侧壁都有压强。液体压强公式为 $p=\rho gh$，计算液体对容器底部的压力时，用 $F=pS$ 即可；但计算液体对容器侧壁的压强时，就需要用微元思想或平均思想进行转化。

浮力是物体在液体中所受压力的合力，计算物体所受的浮力时，可以从分析物体各个表面所受的液体压力入手。受此启发，计算不规则物体所受的液体压力时，也可以转化成浮力问题，即根据浮力求液体压力，从而简化运算。

例题 1　如图 2.6.1 所示，P 为一个水闸的剖面图，闸门的质量为 m、宽为 b，水闸左侧的水面高为 h，重力加速度大小为 g，求水对闸门产生的压力。

分析　随着深度增加，水对闸门的压强增大，满足公式 $p=\rho gh$。计算水对闸门的压力，可以沿水平方向将闸门分割成无数个窄条(微元)，先分析每个窄条所受压力，再求和。这体现了定积分"分割求和"的思想。

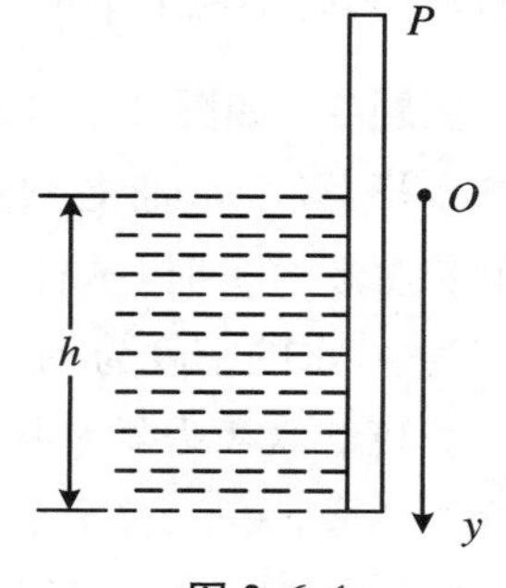

图 2.6.1

解　建立 y 轴，如图 2.6.1 所示，坐标原点选在水面处，闸门所受压力为

$$F = \int_0^h \rho gyb\,\mathrm{d}y = \frac{1}{2}\rho gbh^2$$

点拨 由于液体压强随深度均匀变化，且闸门宽度不变，本题也可以用平均压强计算，即

$$F = \bar{p} \cdot S = \frac{0 + \rho gh}{2} \cdot bh = \frac{1}{2}\rho gbh^2$$

若闸门的宽度是变化的，可以将宽度写为关于深度的函数 $b = f(y)$，用类似的方法计算：$F = \int_0^h \rho gyf(y)\mathrm{d}y$

例题 2 如图 2.6.2 所示，一个质量为 m 的碗反扣在一个较大容器的底部。碗的外形是一个底面半径为 R、高也是 R 的圆柱体，内部挖出一个半径为 R 的半球形空穴。碗内外盛有高度为 h 的水，$h<R$，重力加速度大小为 g，求水对碗的作用力大小。（水的密度为 ρ。）

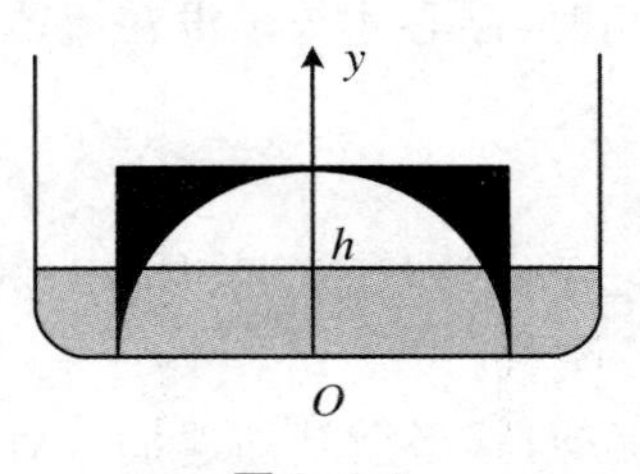

图 2.6.2

分析 在水与碗的交界面处，水对碗的压力与界面垂直，由对称性可知水对碗的作用力竖直向上。随着水的深度变化，水产生的压强大小也在变化，直接计算水对碗的作用力有一定困难，可以将问题转化为浮力大小的计算。

解 选取高度为 y 处厚度为 $\mathrm{d}y$ 的微元，碗底的面积为 πR^2，碗内的截面圆的面积为 $\pi(R^2 - y^2)$，碗体的截面积等于二者的差值 πy^2，微元的体积表述为 $\mathrm{d}V = \pi y^2 \mathrm{d}y$。

水对碗的浮力大小为

$$F_{浮} = \rho gV_{排} = \rho g\int_0^h \pi y^2 \mathrm{d}y = \frac{1}{3}\rho g\pi h^3$$

水对碗的作用力等于浮力，即 $F = \dfrac{1}{3}\rho g\pi h^3$。

点拨 浮力等于物体上下表面所受的液体压力差，据此可以计算液体压力。计算不规则物体所受液体压力时，也可以转化成浮力问题。这种转化思想很重要。

2. 如何判断浮体平衡的种类?

漂浮在液面上的物体，若受到绕水平轴的旋转扰动，可以采用力矩法判断平衡种类：若浮体偏离平衡位置后，重力和浮力的合力矩（力偶矩）能使物体恢复到原来的位置，属于稳定平衡；否则为不稳定平衡。

例题 3 如图 2.6.3 所示，用一根细线悬挂一根长为 L 的均匀细木杆，置于水桶上方。将木杆缓慢浸入水中，当木杆浸入水中的长度超过 l 时，木杆开始出现倾斜现象，求 l。（已知木杆的密度为 ρ，水的密度为 ρ_0。）

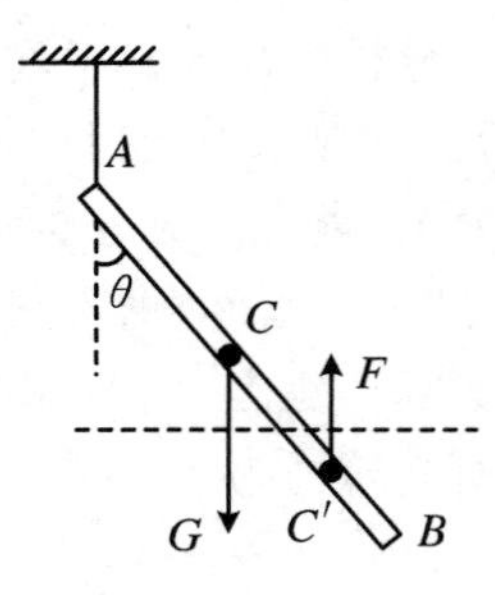

图 2.6.3

分析 本题需要分析一个临界状态：均匀细木杆浸入水中的长度为 l 时，重力、浮力的力矩大小相等，合力矩为零。

解 如图 2.6.3 所示，木棒受到扰动，与竖直方向的夹角为

θ。若重力与浮力的力矩大小相等,则有

$$mg\frac{L}{2}\sin\theta = F\left(L - \frac{l}{2}\right)\sin\theta$$

其中 $m = \rho SL$,浮力 $F = \rho_0 gSl$,解得

$$l = L(1 - \sqrt{1 - \rho/\rho_0})$$

点拨 重力的作用点在重心——细木杆的中点,浮力的作用点在浮心——细木杆浸没在水中部分的中点。当浸没部分的长度超过 l 时,稳定平衡被破坏。

习题实战演练

基础练习

1. 如图2.6.4所示,天平左盘的杯中装有适量的水,悬挂的冰块已有一部分浸入水中,绕过光滑定滑轮的细线已被拉紧,且使天平平衡。当冰块逐渐融化时 ( )

A. 左盘下降,因为水在增多

B. 左盘先下降,冰全部融化成水后天平又重新平衡

C. 天平始终保持平衡

D. 右盘下降,因为冰融化时,冰对水的压力也跟着减少,右盘受到的压力却未变

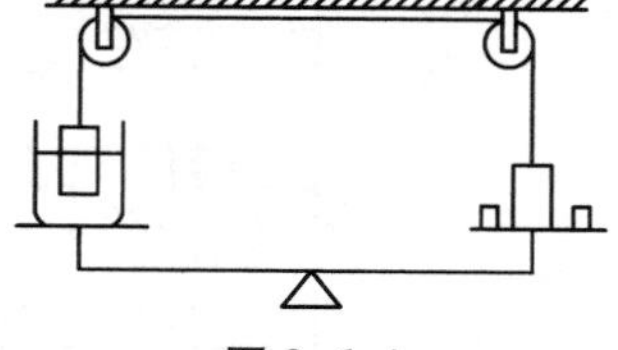

图2.6.4

2. 如图2.6.5所示,一块冰悬挂在支架上,天平平衡,回答下列问题。

(1) 放长绳子,让冰块逐渐浸入水中,天平是否平衡?

(2) 当冰块在杯中全部融为水时,天平还平衡吗?

(3) 如果冰块不是悬在支架上而是拿在手里,当逐渐浸入水中时,天平平衡吗?

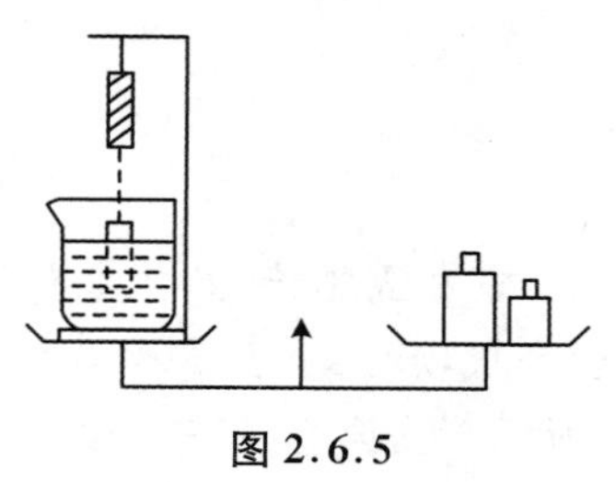

图2.6.5

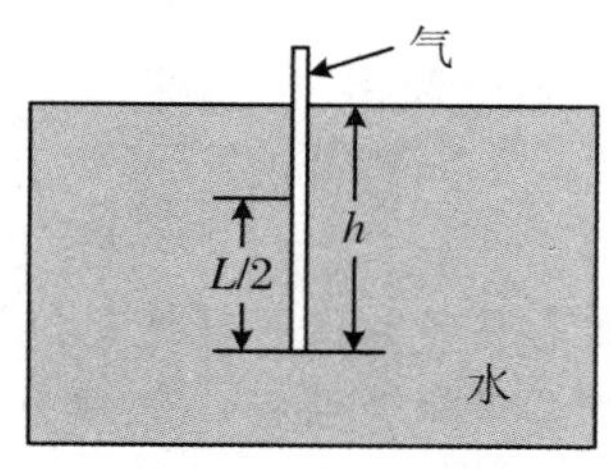

图2.6.6

3. 如图2.6.6所示,有一长度为 $L = 10$ cm 的玻璃试管,一端密封,密封端向上倒插在水中,试管插入水中的深度为 h。试管插入水中后,管中一半的高度留有空气。试管的横截面积为 $S = 5\times10^{-4}$ m^2,质量为 10 g,求 h。

4. 长度为 L 的均匀细木杆 AB 的 A 端被细绳系于容器底部,将水慢慢注入容器,使 B

端浮起，当杆竖直时，如图 2.6.7 所示。问：水的深度至少为多少？已知木杆的密度为 ρ，水的密度为 ρ_0，绳长为 L_0。

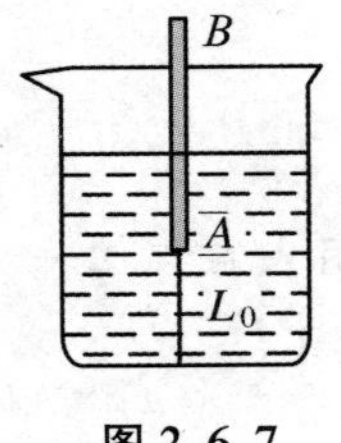

图 2.6.7

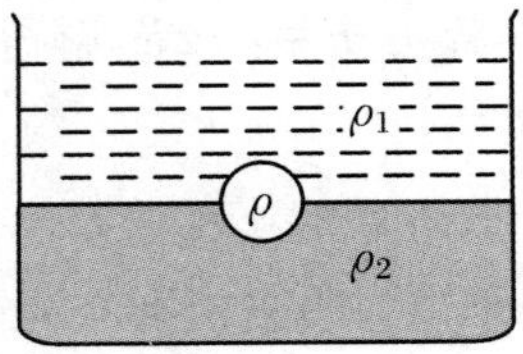

图 2.6.8

5. 如图 2.6.8 所示，有一个体积为 V 的小球，浮在两种不相混合的液体分界面上，上层液体的密度为 ρ_1，下层液体的密度为 ρ_2，球的密度为 ρ，且 $\rho_2 > \rho > \rho_1$。问：小球有多大部分体积处于上层液体中？

6.（2007 年北大自招）密度为 ρ_0 的液体在容器的下部，密度为 $\rho_0/3$ 的液体在容器的上部，两种液体互不相溶。高为 H、密度为 $\rho_0/2$ 的长方体固体静止在液体中，如图 2.6.9 所示，试求图中两个高度 h_1 与 h_2。（图中实线为两种液体的分界线。）

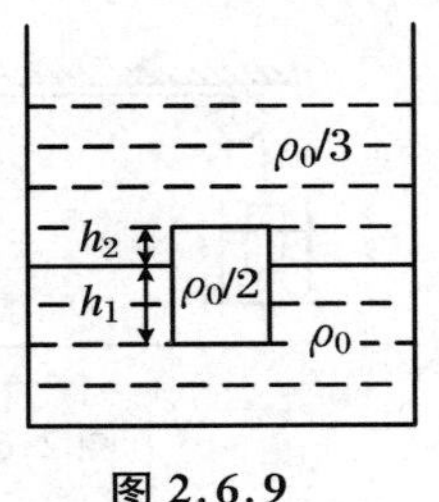

图 2.6.9

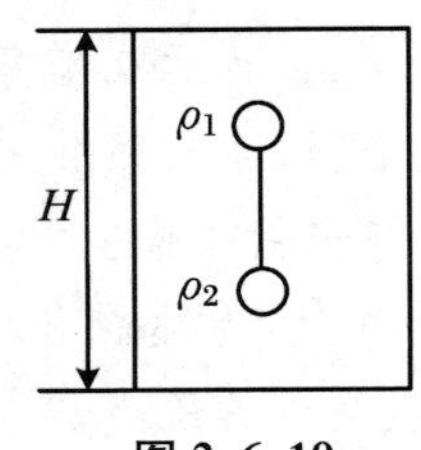

图 2.6.10

7. 在深度为 H 的容器中充满液体，液体密度从表面的 ρ_0 到容器底部的 ρ 线性变化，液体里浸入两个体积同为 V 的小球，两个小球之间用长为 l 的不可伸长的轻细绳连接，第 1 个小球的密度为 ρ_1，第二个小球的密度为 ρ_2，过一段时间后两小球静止，如图 2.6.10 所示。求绳中的张力。

提 高 练 习

8. 按如下原理制作一杆可直接测量液体密度的秤，称为密度秤，其外形和普通的杆秤差不多，装秤钩的地方吊着一体积为 1 cm³ 的较重的合金块，杆上有表示液体密度数值的刻度，当秤砣放在 Q 点处时秤杆恰好平衡，如图 2.6.11 所示。当合金块完全浸没在待测密度的液体中时，移动秤砣的悬挂点，直至秤杆恰好重新平衡，便可直接在杆秤上读出液体的密度。下列说法中错误的是 （　　）

A. 密度秤的零点刻度在 Q 点

B. 秤杆上密度读数较大的刻度在较小刻度的左边

C. 密度秤的刻度都在 Q 点的右侧

D. 密度秤的刻度都在 Q 点的左侧

9. 如图 2.6.12 所示，P 为一个水闸的剖面图，闸门的质量为 m、宽为 b，水闸两侧水面的高度分别为 h_1、h_2，水与闸门间、闸门与轨道间的动摩擦因数分别为 μ_1、μ_2。设水的密度为 ρ，问：求拉起闸门至少需要多大的力？

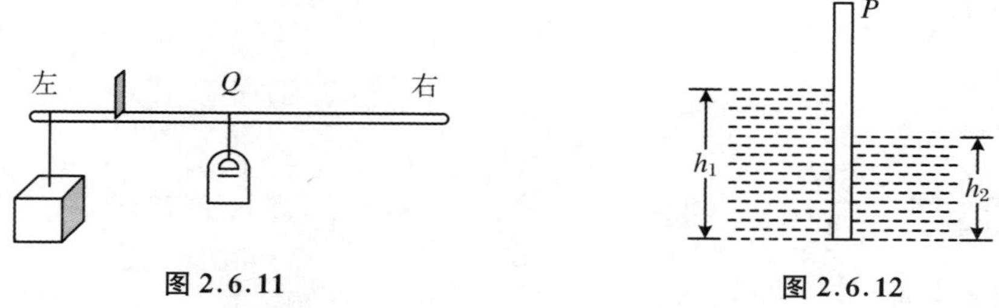

图 2.6.11　　图 2.6.12

10. 在石质的水库底上有一棱长为 $a=2$ m 的立方体，其材料密度是水密度的 7 倍，想用一装置把立方体从水库底提上来，该装置采用吸盘的原理，如图 2.6.13 所示，即把一边长为 a 的正方形吸盘紧扣在立方体的上表面，抽走吸盘内的空气直到压强 $p=0$。试问：能不能借助这个装置把立方体拉到水面？如果不能，在什么深度立方体脱离吸盘？已知大气压强 $p_0=10^5$ Pa。

11. 一个质量为 m 的碗反扣在装满水的较大密度容器底部，碗的形状是半径为 R、高也为 R 的圆柱，再挖去一个半径同样是 R 的半球形空穴，如图 2.6.14 所示。在空穴里充满水银，将水从容器里慢慢抽出。水、水银的密度分别为 ρ、ρ_1，试确定：

(1) 在水柱的高度 h 为何值时，碗内水银开始从它的下方流出？

(2) 假定从容器里把水全部抽出，碗里水银的高度 h_1 是多少？

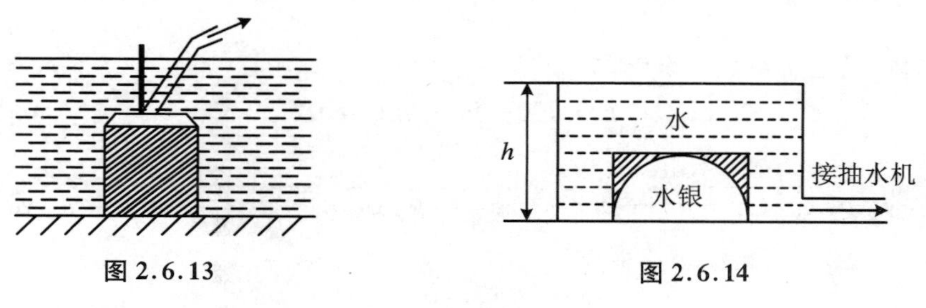

图 2.6.13　　图 2.6.14

参考答案

1. C。

提示　绳子的拉力始终相等，左右盘所受的压力应始终相等，故选项 C 正确。

2. (1) 平衡；(2) 平衡；(3) 不平衡。

提示　冰块进入水中，冰受到水的浮力，绳子的张力 T 变小，绳对支架向下的拉力变小，但是任何一个力都有反作用力，浮力的反作用力向下作用在水里，使杯底压力增大。左盘受到杯和支架的总压力不变,天平平衡。同理,冰融化了,杯中水的重量增大,支架上绳的拉力没有了,但总压力不变。如果将冰拿在手里逐渐放入水中,情况就不同了,随着浮力增加,浮力的反作用力也变大,压在杯底,天平平衡破坏,向左边倾斜。

3. 7 cm。

4. $L_0+L\sqrt{\dfrac{\rho}{\rho_0}}$。

5. $\dfrac{\rho_2-\rho}{\rho_2-\rho_1}V$。

6. $h_1=\dfrac{H}{4},h_2=\dfrac{3H}{4}$。

7. $\dfrac{gV}{2}\left(\rho_2-\rho_1-\dfrac{\rho-\rho_0}{H}l\right)$。

8. C。

9. $F=mg+\dfrac{\mu_1\rho gb}{2}(h_1^2+h_2^2)+\dfrac{\mu_2\rho gb}{2}(h_1^2-h_2^2)$。

提示 参见例题1,左侧水对闸门的压力为 $F_1=\dfrac{1}{2}\rho gbh_1^2$,左侧水对闸门的摩擦力为 $f_1=\mu_1F_1$;右侧水对闸门的压力为 $F_2=\dfrac{1}{2}\rho gbh_2^2$,右侧水对闸门的摩擦力为 $f_2=\mu_1F_2$;闸门与轨道间的摩擦力为 $f=\mu_2(F_1-F_2)$。故所求拉力为 $F=f_1+f_2+f+mg$。

10. 不能,2 m。

提示 设 F_1、F_2 分别为水对立方体下侧面和上侧面的压力,F 为拉力,立方体上表面的深度为 h。

对立方体、吸盘所组成的系统,有

$$F+F_1-F_2-mg=0$$

其中

$$F_1=\rho_{水}ga^2(h+a)+p_0a^2,\quad F_2=\rho_{水}ga^2h+p_0a^2,\quad mg=\rho_{石}ga^3$$

由此得

$$F=(\rho_{石}-\rho_{水})ga^3$$

对吸盘,由平衡条件得 $F+N-F_2=0$,式中 N 是重物对吸盘的向上压力,由此得

$$N=F_2-F=a^2[\rho_{水}gh+p_0-(\rho_{石}-\rho_{水})ga]$$

当 $N\geqslant0$ 时吸盘不脱落,当 $N<0$ 时吸盘将脱落,即

$$\rho_{水}gh+p_0-(\rho_{石}-\rho_{水})ga<0$$

$$h<(\rho_{石}/\rho_{水}-1)a-p_0/(\rho_{水}g)=2\text{ m}$$

11. (1) $h=R\left(\dfrac{\rho_1}{3\rho}+1\right)-\dfrac{m}{\pi\rho R^2}$;(2) $h_1=\sqrt[3]{\dfrac{3m}{\pi\rho_1}}$。

提示 研究碗,上部水对它向下的压力为

$$F_{水压} = \rho g(h - R) \cdot \pi R^2$$

水银对它向上的浮力为

$$F_{浮} = \rho_1 g V_{碗} = \frac{1}{3}\rho_1 g \cdot \pi R^3$$

（1）临界条件为

$$F_{水压} + mg = F_{浮}$$

得

$$h = R\left(\frac{\rho_1}{3\rho} + 1\right) - \frac{m}{\pi\rho R^2}$$

（2）水全部抽出后碗内水银的高度为 h_1，参照例 2，有

$$F'_{浮} = \rho_1 g V = \frac{1}{3}\rho_1 g \cdot \pi h_1^3$$

结合 $F'_{浮} = mg$，得

$$h_1 = \sqrt[3]{\frac{3m}{\pi\rho_1}}$$

第 3 章　物体受力与运动状态的改变

牛顿在 1687 年发表了其传世之作《自然哲学的数学原理》，由牛顿三大定律和引力定律支配的经典力学体系从此诞生。牛顿定律是解决宏观、低速状态下物体的运动与力问题的一把利刃。

在高中物理学习过程中，我们初识了牛顿定律，学会了如何利用牛顿定律解决质点的动力学问题。然而由于数学工具以及题目复杂程度的限制，课内教学直接使用牛顿定律主要解决的问题仅限于单一质点的匀变速直线运动，其余非直线、非匀变速的问题大多数要转化为能量、动量问题来进行求解。这似乎给大家造成一种误解：牛顿定律可以解决的问题十分有限。其实不然，除了匀变速直线运动，牛顿定律在其他动力学问题中依然大有可为。

本章包含了 5 节内容：牛顿定律在直线运动中的应用、牛顿定律在曲线运动中的应用、天体运动与宇宙航行、非惯性系中的牛顿运动定律、转动定理与质心运动定理。其中，前三节的内容在高中课内教学中或深或浅有所涉及，比如：连接体问题属于质点系问题；抛体运动、圆周运动属于曲线运动；在天体运动的学习中，我们掌握了开普勒行星运动定律，学习了牛顿万有引力定律。后两节的内容在高中课内教学中鲜有涉及，比如我们这里谈到的转动定理是刚体的转动定理，并不是质点做圆周运动时的向心力问题。

看完这些节标题，可能我们的困惑更多了：质点系有外力也有内力，牛顿定律方程会不会非常繁杂？一般曲线运动中，力的大小、方向可能都在发生变化，虽然可以列出牛顿定律方程，但会不会根本无法求解？在非惯性系中，牛顿第一定律已经不成立了，还能用牛顿定律解决各种问题吗？……

产生以上这些疑问，正体现出物理学习所应该具有的探索与质疑精神——如果一个定律仅仅能解决匀变速直线运动问题（实际生活中很难找到匀变速直线运动实例），它怎能流传数百年经久不衰？相信经过本章的学习，以上问题都能够一一化解。

另外，建议各位同学在学习本章时，还应当注意将本章内容与课内所学内容进行对比。比如，牛顿定律应用到质点系、非惯性系时，在其表述上与课内所学的牛顿定律有哪些相似之处？又有哪些不同？再比如，课内使用牛顿定律解决问题时，我们采用了哪些简化和近似？如果用本章的知识可以解决部分非恒力、非直线运动的问题，是否可以对课内的简化模型进行修正，得到更合理、更贴近真实情况的模型？还有，课内为了解决非匀变速、非直线运动的问题，引入了能量、动量等物理量，与这里用牛顿定律得到的结论是否一致？……

本章的部分内容涉及简单的微积分知识，建议各位同学提前掌握常用函数的求导、简单函数的积分等内容。

3.1　牛顿定律在直线运动中的应用

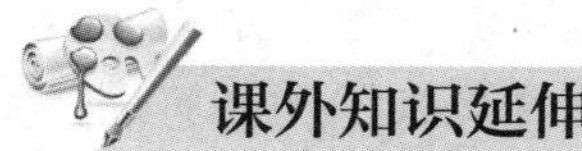

1. 牛顿第二定律的瞬时性

从时间效应上说，加速度与力是瞬时对应的，有力才有加速度，外力一旦改变，加速度也立即改变，力与加速度的因果对应具有同时性，这是我们在运用运动定律时要把握好的一条特性。确定某瞬时质点的加速度，关键是分析该瞬时质点的受力，特别是当研究对象运动状态发生突变时，须对制约着对象运动状态的各个力的情况作出准确判断。

2. 质点系的牛顿第二定律

对一个质点系而言，同样可以应用牛顿第二定律。如果这个质点系在任意的 x 轴方向上受的合外力为 $F_{x外}$，质点系中的 n 个物体（质量分别为 $m_1, m_2, m_3, \cdots, m_n$）在 x 轴方向上的加速度分别为 $a_{x1}, a_{x2}, a_{x3}, \cdots, a_{xn}$，那么有 $F_{x外} = m_1a_{x1} + m_2a_{x2} + m_3a_{x3} + \cdots + m_na_{xn}$，当然其他坐标轴上方程形式也类似。

1. 如何处理牛顿定律中的受力突变问题？

(1) 轻弹簧

根据牛顿第二定律 $F = ma$，对于一切质量可以忽略的物体，其所受合力可以认为是零。所以一切轻的物体所受合力与合力矩为零，当其对外界只有两个作用力时，这两个力等大反向，可等效认为力可以沿着轻物体"传递"，这是一种常见的表达习惯。

轻弹簧还满足胡克定律，所以只要长度不变，弹力就不变。考虑质量的弹簧是不符合这个结论的，因为有时候弹簧上会有振动，这个我们会在第6章中提到。

(2) 不可伸长的轻绳

中学的课内习题把实际的绳子作了两种极端化处理：一种是完全不能伸长的绳子，这种情况下，物体沿着绳子的速度（注意不是加速度）必须等大，而且绳子上的张力可以瞬间突变。还有一种绳子称为弹性绳，这种绳子在伸长时可以当作弹簧处理，但不能像弹簧一样被压缩，当其长度恢复到自然长度之后，就变成了软绳。

例题1　(2019年清华领军) 如图3.1.1所示，一小球上方通过一根轻绳a悬挂在天花板上，下端与一根相同的轻绳b相连。在绳b的下端施加竖直向下的拉力，则　　(　　)

A. 若拉力缓慢加大，则绳a会更容易断裂

B. 若拉力缓慢加大，则绳b会更容易断裂

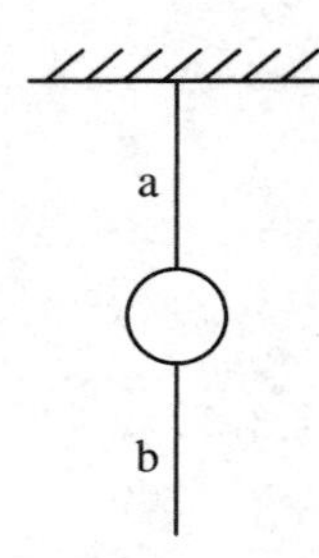

图 3.1.1

C. 若拉力瞬间加大,则绳 a 会更容易断裂

D. 若拉力瞬间加大,则绳 b 会更容易断裂

分析 判断绳子是否会断裂的依据是看绳子上的受力是否达到绳子能承受的最大拉力,因为绳 a 和绳 b 相同,所以它们能承受的最大拉力大小一样。初始状态时,绳 b 不受力,绳 a 受到的拉力大小等于小球的重力。若缓慢增大绳 b 的拉力,则绳 a 的拉力可由平衡条件求出;若突然增大绳 b 的拉力,由于小球具有惯性,小球的位置来不及改变,也就是说绳 a 上的力近似认为不变。

解 若拉力缓慢加大,绳 a 承受的力除了拉力还有小球的重力,而绳 b 只受到拉力,所以绳 a 会更容易断裂,选项 A 正确。

若拉力瞬间加大,小球由于惯性还没来得及去绷紧绳 a,所以绳 b 会更容易断裂,选项 D 正确。

所以本题选择 A、D。

点拨 通过本题,读者需要仔细体会"瞬间"的含义,瞬间代表极短的时间,在这一瞬间,物体受力可以突变,而位置和速度都需要时间的积累,所以它们都不能突变。

例题 2 如图 3.1.2 所示,木块 A、B 的质量分别为 $m_A = 0.2\ \text{kg}$,$m_B = 0.4\ \text{kg}$,盘 C 的质量为 $m_C = 0.6\ \text{kg}$,现悬挂于天花板 O 处,处于静止状态。取 $g = 10\ \text{m/s}^2$,在用火烧断 O 处的细线瞬间,求:

(1) 木块 A 的加速度 a_A 的大小;

(2) 木块 B 对盘 C 的压力 N_{BC} 的大小。

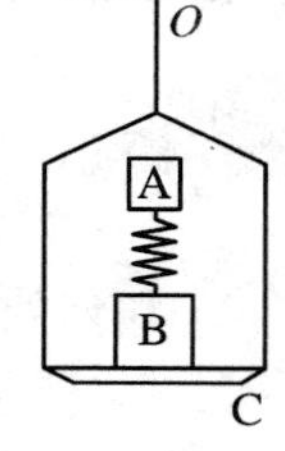

图 3.1.2

分析 本题先后涉及两种不同的状态:用火烧断 O 处细线之前,整体处于静止状态,A、B、C 所受合力为零;线断后它们的受力情况发生了变化,加速度如何要由木块所受合力决定。

解 先来看木块 A,A 受重力与弹簧的弹力,前者是恒力,后者在线断的瞬间,弹簧长度来不及改变而不变,所受合力与线断之前一样为零,故加速度 a_A 为零;再看由 B、C 组成的系统,与线断前相比,所受重力 $(m_B + m_C)g$、弹簧的弹力(大小等于 $m_A g$)不变,只是少了线上张力 $F = (m_A + m_B + m_C)g$,故线断瞬间,B、C 所受合力大小为 $(m_A + m_B + m_C)g$,方向竖直向下,则

$$a_B = a_C = \frac{m_A + m_B + m_C}{m_B + m_C} g = 1.2g = 12\ \text{m/s}^2$$

方向竖直向下。

由于 B、C 的加速度相同,以 C 为研究对象,则木块 B 对盘 C 的压力 N_{BC} 的大小为

$$N_{BC} = m_C a_C - m_C g = m_C \frac{m_A + m_B + m_C}{m_B + m_C} g - m_C g = \frac{m_C}{m_B + m_C} m_A g = 1.2\ \text{N}$$

点拨 (1) 由弹簧形变引起的弹力和由杆、绳等微小形变引起的弹力在很大程度上是不同的。弹簧的弹力取决于弹簧形变的情况,而弹簧形变的发生与变化是有一过程的。本题中,在线刚断的瞬时,弹簧长度未变化,故弹力维持原状,事实上到下一瞬时 A、B 间相对

位置变化，弹力就会变化。

(2) B、C 间的弹力是由两者接触处微小形变引起的。刚体、刚性杆、不可伸长的绳等，其模型特征就是不发生形变但有弹性。实际物体只有微小形变即可视作刚体，与弹簧相比，刚体就是劲度系数 $k\to\infty$ 的弹簧。弹力的变化是瞬间发生的，故本题中线一断，B、C 的状态就改变，B、C 间的弹力就立刻发生了变化。

2. 应用质点的牛顿第二定律如何选取研究对象？

应用牛顿定律解决实际问题的第一步就是确定研究对象。研究对象选取合适，物理过程将变得非常清晰，运算也可以得到大大简化。一般来说，若一个系统整体的加速度相同，选取整体作为研究对象，求加速度和外力要方便一些，但是要求内部之间的力的时候，必须选取部分作为研究对象，隔离出来，进行受力分析。所以，在实际问题中，往往采取整体和隔离相结合的方式进行受力分析。

例题 3　如图 3.1.3 所示，木箱顶上悬挂一小球，当木箱从倾角为 θ 的斜面上自由下滑时，木箱内悬挂小球的细线呈竖直方向。设小球的质量为 m，木箱的质量为 M，那么，当木箱从斜面底端以某一初速度沿斜面向上滑行时，求细线对小球的拉力大小和方向。

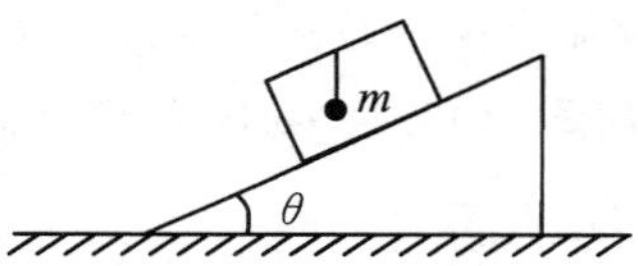

图 3.1.3

分析　木箱从斜面上自由下滑时，木箱内悬挂小球的细线呈竖直方向，这说明细线对小球的拉力是竖直方向的，由于小球的重力也是竖直方向的，如果小球有加速度，则加速度方向必定在竖直方向上；又由于小球随木箱一起沿斜面下滑，若小球有加速度，则加速度必定沿斜面方向。可见，小球的加速度必定为零，下滑时木箱做匀速运动。接下来再分析上滑过程，可以先用整体法求加速度，再用隔离法求内部之间的拉力。

解　以小球和木箱整体为研究对象，由平衡条件可得木箱受到的摩擦力大小为

$$f=(M+m)g\sin\theta$$

上滑时，设木箱的加速度大小为 a，对整体，由牛顿第二定律得

$$f+(M+m)g\sin\theta=(M+m)a$$

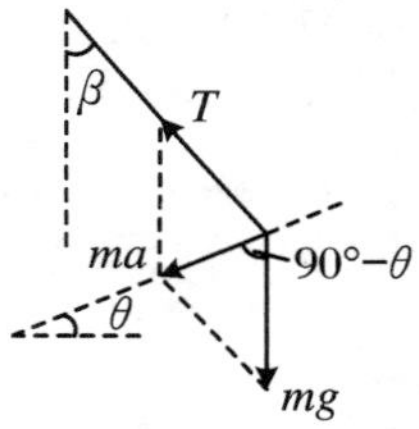

联立以上两式，得

$$a=2g\sin\theta$$

再对小球进行受力分析，如图 3.1.4 所示，设线与竖直方向的夹角为 β，由余弦定理可得

$$T^2=(mg)^2+(ma)^2-2ma\cdot mg\cos(90^\circ-\theta)$$

解得

$$T=mg$$

图 3.1.4

由正弦定理得

$$\frac{ma}{\sin\beta}=\frac{T}{\sin(90^\circ-\theta)}$$

解得

$$\beta = 2\theta$$

点拨 (1) 本题需要抓住关键的字眼——“细线呈竖直方向”，从而判断出小球和木箱做匀速直线运动。

(2) 在求解拉力 T 的大小和方向时，也可以采用正交分解的方式，请读者自己完成。

例题 4 (2009 年清华自招) 三物体 A、B、C 的质量分别为 m_1、m_2、m_3，按图 3.1.5 所示方式放置在光滑水平面上，斜劈的倾斜角为 θ，物体 B 上表面水平。已知重力加速度大小为 g，现加一个水平向右的力 F 在斜劈上。

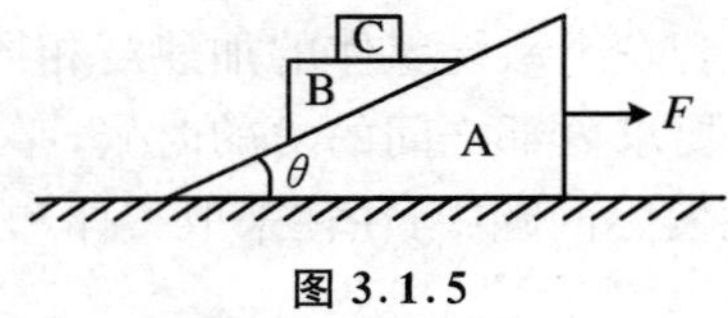

图 3.1.5

(1) 若三物体间无相对滑动，求物体 B、C 间的摩擦力 f_{BC}，物体 A、B 间的摩擦力 f_{AB}。

(2) 若物体 A、B 间与 B、C 间的动摩擦因数相同，则 F 逐渐增大时，是 A、B 间还是 B、C 间先滑动？

分析 判断是 A、B 间还是 B、C 间先滑动的关键在于对临界情况的分析。分析出两个接触面产生滑动的临界加速度，看谁先达到临界加速度，从而判断出滑动的情况。

解 (1) 对 A、B、C 整体而言，产生的加速度为

$$a = \frac{F}{m_1 + m_2 + m_3}$$

故 B、C 间的摩擦力为

$$f_{BC} = m_3 a = \frac{m_3 F}{m_1 + m_2 + m_3}$$

对 B、C 整体进行受力分析，如图 3.1.6 所示，则有

$$f_{AB}\cos\theta - N_{AB}\sin\theta = (m_2 + m_3)a$$

$$f_{AB}\sin\theta + N_{AB}\cos\theta = (m_2 + m_3)g$$

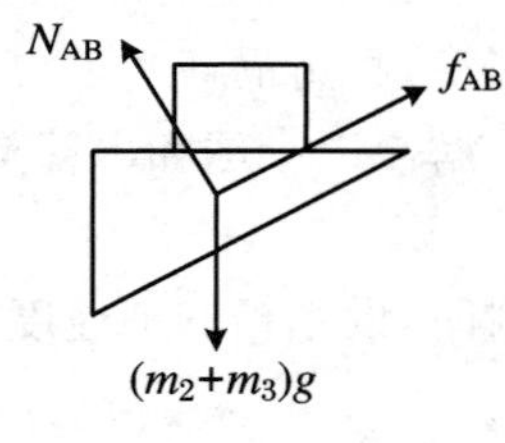

图 3.1.6

联立以上各式，得

$$f_{AB} = (m_2 + m_3)\left(g\sin\theta + \frac{F}{m_1 + m_2 + m_3}\cos\theta\right)$$

(2) F 逐渐增大，a 逐渐增大，先假定 B、C 间先滑动，使 B、C 间滑动的临界加速度 a_1 满足

$$\mu m_3 g = m_3 a_1$$

$$a_1 = \mu g$$

再假定 B、C 一起相对于 A 先滑动，则临界加速度 a_2 满足

$$\mu N_{AB}\cos\theta - N_{AB}\sin\theta = (m_2 + m_3)a_2$$

$$\mu N_{AB}\sin\theta + N_{AB}\cos\theta = (m_2 + m_3)g$$

联立以上两式，可得

$$a_2 = \frac{\mu\cos\theta - \sin\theta}{\mu\sin\theta + \cos\theta}g$$

比较 a_1、a_2 的大小，得 $a_1 > a_2$，所以 A、B 间先滑动。

点拨　本题的关键在于灵活地选取研究对象，基本思路是先用整体法求加速度，再用隔离法求内部之间的力。

3. 如何使用质点系的牛顿第二定律?

在使用质点系的牛顿第二定律时，需要注意以下几点：

① 将多个物体视为一个整体计算合力时，相互作用的总合力为零。所以，我们在用整体法进行受力分析的时候不用考虑研究对象之间的相互作用。

② 整体法的本质还是隔离法，只不过把隔离法的方程在数学上叠加了而已。所以，整体法延续隔离法的基本观点，研究对象受到的外界所有作用共同决定研究对象的运动特点，没有哪个力是“关键”的，不作用在研究对象上的力不能考虑。

③ 整体法的数学方程在多数情况下比较复杂，但是在一些特殊情况下会比较简单：一是多个物体一起运动的情况，这样所有物体的加速度是一样的，方程简化为 $F_{外}=(\sum m_i)a$；二是整体内部只有一个物体 m_k 有加速度 a_k 的情况，方程也极其简单——$F_{外}=m_k a_k$，这个方程不妨理解为整体合力给唯一加速运动者提供加速度。

例题 5　如图 3.1.7 所示，质量 $M=10$ kg 的木块 ABC 静置于粗糙的水平地面上，木块与地面间的滑动摩擦因数 $\mu=0.02$，在木块的倾角 θ 为 30°的斜面上，有一质量 $m=1.0$ kg 的物块从静止开始沿斜面下滑，当滑行路程 $s=1.4$ m 时，其速度 $v=1.4$ m/s，此时物块并未滑到地面上，在这个过程中木块没有动。求地面对木块的摩擦力的大小和方向。(重力加速度 $g=10\ \mathrm{m/s^2}$。)

分析　物块 m 由静止开始沿木块的斜面下滑，受重力、弹力、摩擦力，在这三个恒力的作用下做匀加速直线运动，由运动学公式可以求出下滑的加速度。物块 m 处于不平衡状态，说明木块 M 一定受到地面给它的摩擦力，其大小、方向可根据力的平衡条件求解。本题也可以将物块 m、木块 M 视为一个整体，在水平方向应用系统的牛顿第二定律求解。

解　由运动学公式得物块 m 沿斜面下滑的加速度为

$$a=\frac{v_t^2-v_0^2}{2s}=\frac{v_t^2}{2s}=0.7\ \mathrm{m/s^2}$$

以 m 和 M 为研究对象，受力如图 3.1.8 所示。由系统的牛顿第二定律可解得地面对木块 M 的摩擦力为

$$f=ma\cos\theta=0.61\ \mathrm{N}$$

方向水平向左。

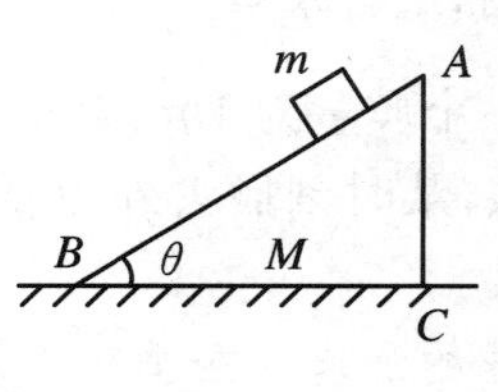

图 3.1.7

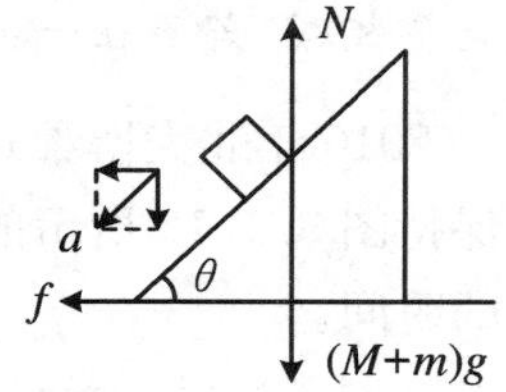

图 3.1.8

点拨 (1) 求摩擦力得分清楚是静摩擦力还是滑动摩擦力。本题中给了木块与地面间的滑动摩擦因数 $\mu=0.02$,只有滑动摩擦力才能使用,所以这是干扰信息。

(2) 如本题分析中所述,本题也可先隔离 m 进行受力分析,求出 m 和 M 之间的摩擦力和支持力,再根据 M 平衡求出地面对 M 的摩擦力。这种方法的运算量将增加2倍以上。运用系统的牛顿第二定律,不需要求内力,即避免了求 m 和 M 之间的摩擦力和支持力,所以大大减少了运算量。

4. 如何处理牛顿第二定律中的相对运动或关联运动?

例题6 如图3.1.9所示,一根绳跨过装在天花板上的滑轮,一端接质量为 M 的物体,另一端吊一载人的梯子,处于平衡状态,人的质量为 m。滑轮与绳子的质量均不计,绳柔软、不可伸长,滑轮光滑。要使滑轮对天花板的作用力为零,人相对于梯子的加速度大小和方向应该怎样?

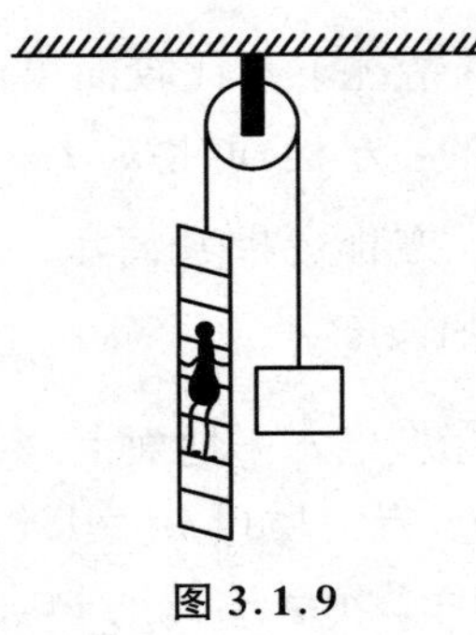

图3.1.9

分析 根据"滑轮对天花板的作用力为零",可知绳中的张力为零,由此可分析出 M 的加速度为 $a_M=g$,进而得出梯子的加速度大小也为 g,方向向上。

解 由题意可得梯子的质量为 $M-m$,梯子和 M 的加速度为 $a_M=g$。选取人和梯子整体作为研究对象,取向下为正方向,由系统的牛顿第二定律得

$$Mg = ma_m-(M-m)g$$

解得

$$a_m=\frac{2M-m}{m}g$$

方向向下。

因此,人相对于梯子的加速度为

$$a_{相}=\frac{2M}{m}g$$

方向向下。

点拨 (1) 本题需要抓住关键的字眼——"滑轮对天花板的作用力为零",从而得出绳中的张力为零,也就是得出了 M 和梯子的加速度大小都为重力加速度 g。

(2) 本题涉及最简单的相对运动,即同一直线上的相对运动。注意相对加速度应该是两个加速度矢量相减,若不在一条直线上,则需要画出矢量图,进行求解。

例题7 (2016年北大博雅)两个质量为 m 的斜劈和一个质量为 $4m$、半径为 r 的球在外力作用下保持图3.1.10所示的静止状态。忽略所有摩擦,某时刻撤去外力,求球掉到平面上所需要的时间。

分析 左斜劈用角标1标记,右斜劈用角标2标记,设球的加速度在垂直于两个斜劈方

向上的投影分别为 a_1、a_2，由于物体间接触不分离，左斜劈的加速度为 $\frac{a_1}{\cos 30^\circ}$，右斜劈的加速度为 $\frac{a_2}{\cos 60^\circ}$。

解　设球与左右斜劈间的弹力分别为 N_1、N_2，如图 3.1.11 所示。

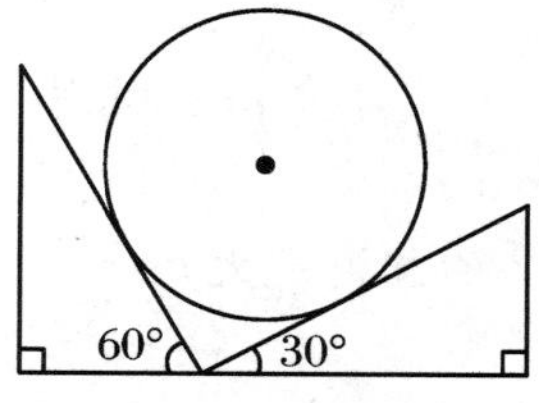

图 3.1.10

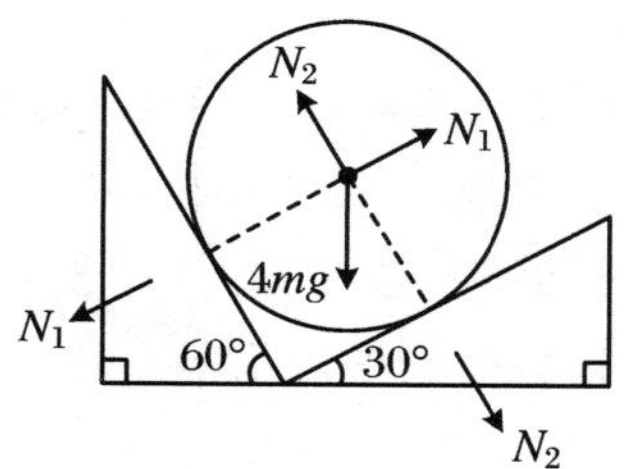

图 3.1.11

对左右斜劈，根据牛顿第二定律，得

$$N_1 \cos 30^\circ = m \frac{a_1}{\cos 30^\circ}$$

$$N_2 \cos 60^\circ = m \frac{a_2}{\cos 60^\circ}$$

对球，根据牛顿第二定律，得

$$4mg \sin 30^\circ - N_1 = 4ma_1$$
$$4mg \sin 60^\circ - N_2 = 4ma_2$$

联立以上四个式子，可得

$$a_1 = \frac{3}{8}g, \quad a_2 = \frac{\sqrt{3}}{4}g$$

球在竖直方向的加速度分量为

$$a_y = a_1 \cos 60^\circ + a_2 \cos 30^\circ = \frac{9}{16}g$$

球最低处与地面的距离为

$$h = \frac{\sqrt{3}-1}{2}r$$

所以，球掉到平面上所需的时间为

$$t = \sqrt{\frac{2h}{a_y}} = \frac{4}{3}\sqrt{\frac{(\sqrt{3}-1)r}{g}}$$

点拨　本题的主干思路较简单，即已知受力情况求运动情况，关键就是求出加速度。但在具体求解时涉及关联运动，难度较大，即两个物体接触不分离的条件是法向加速度大小和方向必须相同。

习题实战演练

基础练习

1.（2010 年全国卷）如图 3.1.12 所示，轻弹簧上端与一质量为 m 的木块 1 相连，下端与另一质量为 M 的木块 2 相连，将整个系统置于水平光滑的木板上，并处于静止状态。现将木板沿水平方向突然抽出，设抽出木板的瞬间，木块 1、2 的加速度大小分别为 a_1、a_2，重力加速度大小为 g，则有（　　）

A. $a_1=0, a_2=g$

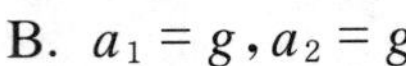

B. $a_1=g, a_2=g$

C. $a_1=0, a_2=\dfrac{m+M}{M}g$

D. $a_1=g, a_2=\dfrac{m+M}{M}g$

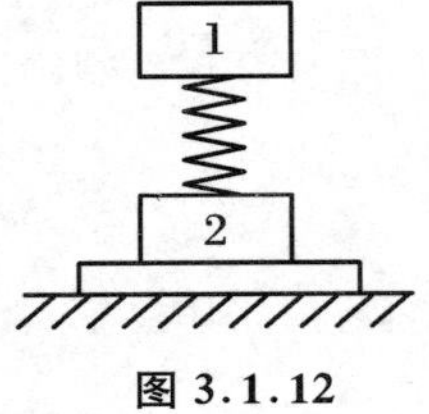

图 3.1.12

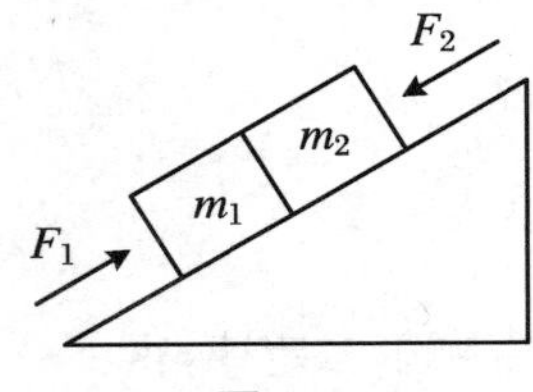

图 3.1.13

2.（2019 年清华夏令营）如图 3.1.13 所示，质量分别为 m_1、m_2 的两物体在平行于光滑斜面的力 F_1 和 F_2 的作用下向上加速运动，则两物体间的弹力大小为（　　）

A. 0　　B. $\dfrac{F_1m_2+F_2m_1}{m_1+m_2}$　　C. $\dfrac{F_1m_1+F_2m_2}{m_1+m_2}$　　D. 无法判断

3.（2016 年清华夏令营）如图 3.1.14 所示，光滑水平面上有甲、乙两个物体靠在一起，它们同时在水平力 F_1 和 F_2 的作用下运动。已知 $F_1>F_2$，下列说法正确的是（　　）

A. 如果撤去 F_1，甲的加速度一定会减小

B. 如果撤去 F_2，甲的加速度一定会减小

C. 如果撤去 F_2，乙的加速度一定会增大

D. 如果撤去 F_1，乙对甲的作用力一定减小

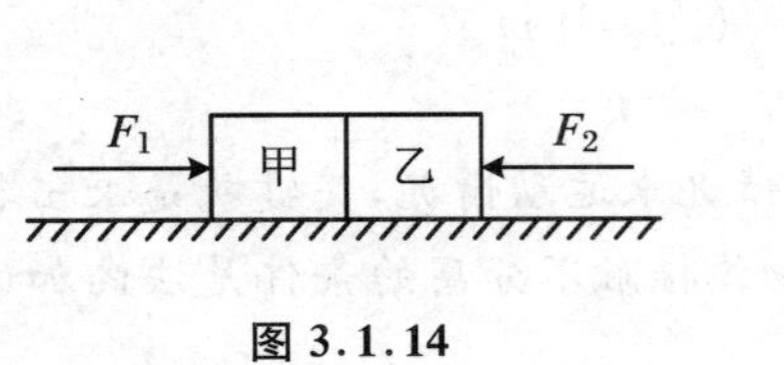

图 3.1.14

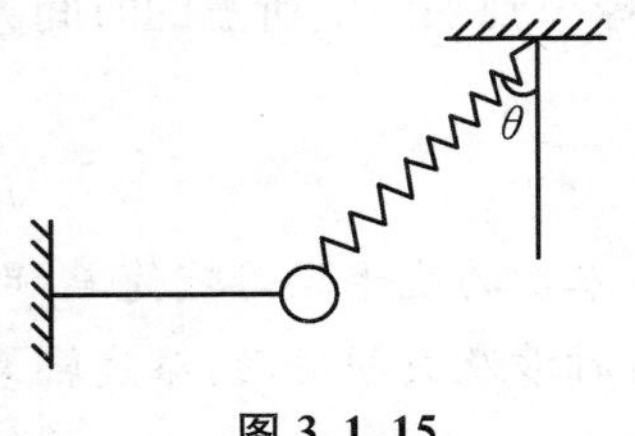

图 3.1.15

4.（2016 年清华领军）如图 3.1.15 所示，水平细绳与一弹簧作用于小球，使其处于静

止状态。若剪断细绳，则在剪断细绳的瞬间（　　）

A. 小球竖直方向的加速度为零　　B. 小球水平方向的加速度为零

C. 弹簧的弹力为 $mg\cos\theta$　　D. 弹簧的弹力为 $mg/\cos\theta$

5. 如图3.1.16所示，在倾角为 α 的固定光滑斜面上，有一用绳子拴着的长木板，木板上站着一只猫。已知木板的质量是猫的质量的2倍。当绳子突然断开时，猫立即沿着板向上跑，以保持其相对于斜面的位置不变。若重力加速度为 g，则此时木板沿斜面下滑的加速度为（　　）

A. $\frac{g}{2}\sin\alpha$　　B. $g\sin\alpha$　　C. $\frac{3}{2}g\sin\alpha$　　D. $2g\sin\alpha$

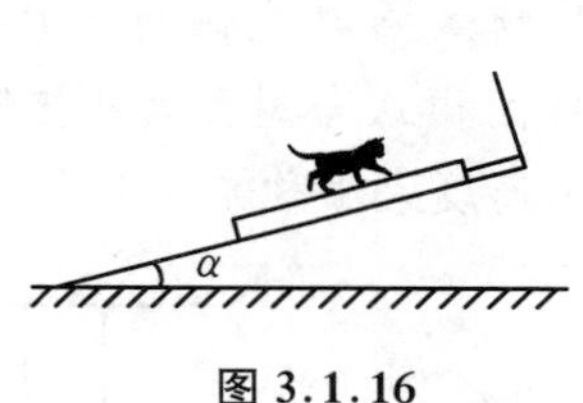

图3.1.16

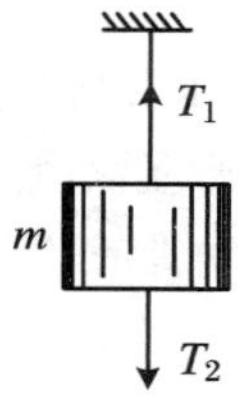

图3.1.17

6. 细线中间系一重物，如图3.1.17所示。以力拉下端。缓慢地拉或用力猛拉，上下哪根线先断？

7. 如图3.1.18所示，人和车的质量分别为 m 和 M，人用水平力 F 拉绳子，图中两端绳子均处于水平方向，不计滑轮质量及摩擦，若人和车保持相对静止，且水平地面是光滑的，则车的加速度为多少？

图3.1.18

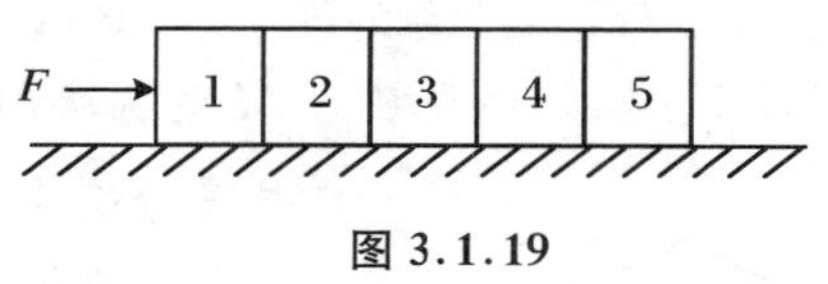

图3.1.19

8. 有5个质量均为 m 的相同木块，并列地放在水平地面上，如图3.1.19所示。已知木块与地面间的动摩擦因数为 μ，当木块1受到水平力 F 的作用时，5个木块同时向右做匀加速运动。求：

(1) 木块做匀加速运动的加速度；

(2) 第4个木块所受的合力；

(3) 第3个木块对第4个木块的作用力大小。若地面光滑，则此值又是多少？

提高练习

9. 如图3.1.20所示，将质量为 M 的斜劈B放置于粗糙的水平地面上，现将质量为 m 的物体A放置于斜劈B上由静止开始向下滑动。已知A、B间接触面光滑，斜劈B的倾角

为 θ,在物块 A 下滑的过程中斜劈无位移。求地面对斜劈的摩擦力和支持力。

10. 如图 3.1.21 所示,滑块 A、B 的质量分别是 m_A 和 m_B,斜面的倾角为 α,当 A 沿斜面体 C 下滑、B 上升时,地板突出部分 D 对斜面体 C 的水平压力 F 为多大?(绳子质量及一切摩擦不计。)

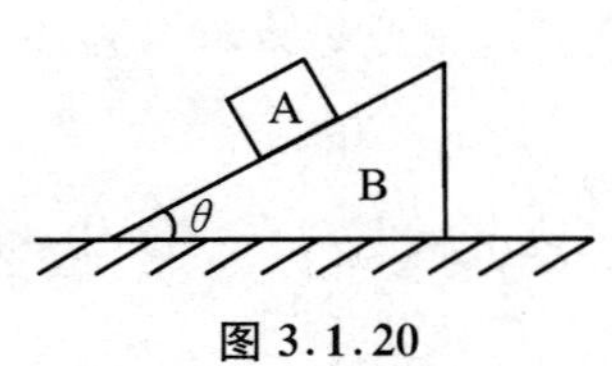

图 3.1.20

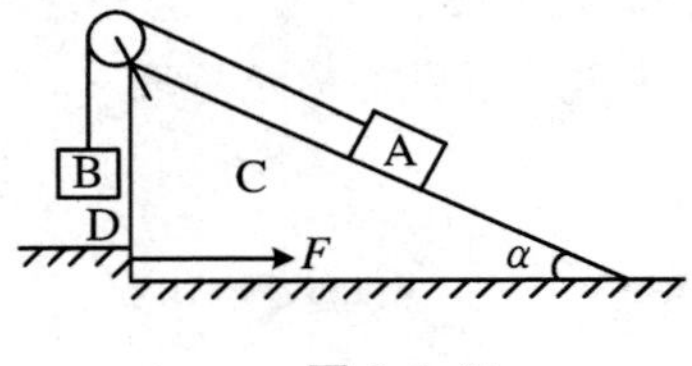

图 3.1.21

11. 如图 3.1.22 所示,一个质量为 M 的小三角形物体 A 放在倾角为 $\theta=30^\circ$的固定斜面上,在此三角形上又放一质量为 m 的物体 B,A 与 B 间和 A 与斜面间的接触面均光滑,设开始时 A 和 B 均静止。当 A 沿斜面下滑时,求 A 的加速度大小和方向。

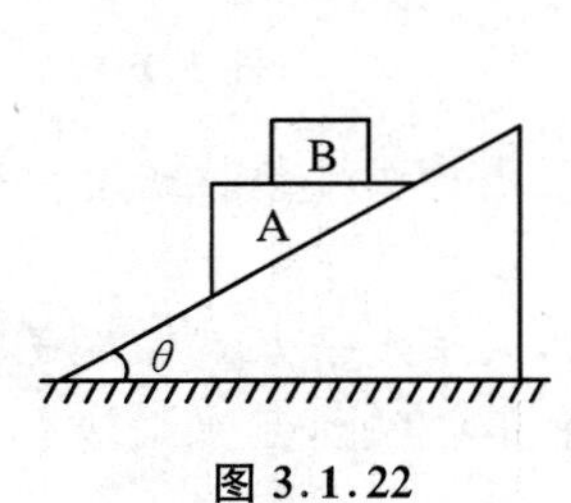

图 3.1.22

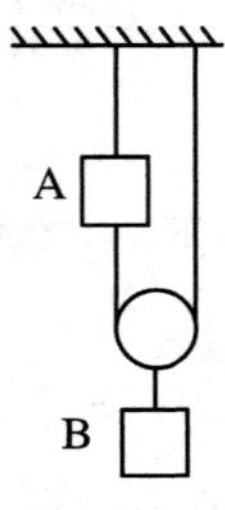

图 3.1.23

12. 如图 3.1.23 所示,不计滑轮和绳子质量,不计一切摩擦,A、B 的质量均为 m,重力加速度大小为 g。剪断 A 上部的绳子,则 B 的加速度为多大?

13. 如图 3.1.24 所示,质量为 M 的劈块,其左右劈面的倾角分别为 $\theta_1=30^\circ$,$\theta_2=45^\circ$,质量分别为 $m_1=\sqrt{3}$ kg 和 $m_2=2.0$ kg 的两物块同时分别从左右劈面的顶端由静止开始下滑,劈块始终与水平面保持相对静止,各接触面之间的动摩擦因数均为 $\mu=0.20$,求两物块下滑过程中(m_1 和 m_2 均未达到底端)地面对劈块的摩擦力。($g=10\ \text{m/s}^2$。)

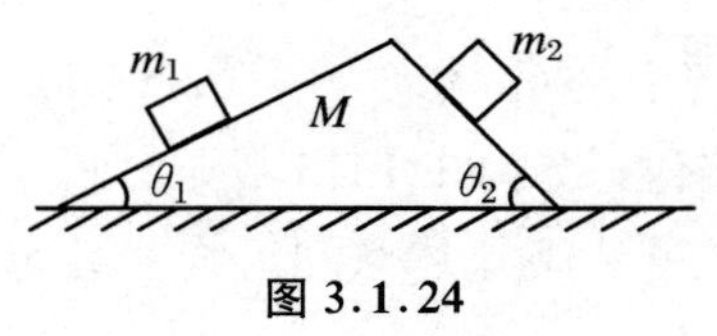

图 3.1.24

参考答案

1. C。
2. B。
3. CD。
4. AD。
5. C。

6. 缓慢拉动时，上面的细线先断；用力猛拉时，下面的细线先断。

7. $\dfrac{2F}{M+m}$。

8. (1) $\dfrac{F-5\mu mg}{5m}$；(2) $\dfrac{1}{5}F-\mu mg$；(3) 两种情况均为$\dfrac{2}{5}F$。

9. $F_f=mg\sin\theta\cos\theta$；$F_N=Mg+mg\cos^2\theta$。

提示　对A进行受力分析，有

$$N_A = mg\cos\theta$$

对B进行受力分析，有

$$F_f = N_A\sin\theta = mg\sin\theta\cos\theta$$

$$F_N = (M+m)g - mg\sin^2\theta = Mg + mg\cos^2\theta$$

10. $F=\dfrac{(m_A\sin\alpha-m_B)g\cos\alpha}{m_A+m_B}m_A$。

提示　对A进行受力分析，有

$$m_Ag\sin\alpha - T = m_Ba$$

对B进行受力分析，有

$$T - m_Bg = m_Aa$$

联立以上两式，解得

$$a = \frac{m_A\sin\alpha - m_B}{m_A + m_B}g$$

对系统整体进行受力分析，在水平方向有

$$F = m_Aa\cos\alpha$$

解得

$$F = \frac{(m_A\sin\alpha - m_B)g\cos\alpha}{m_A + m_B}m_A$$

11. $\dfrac{2(M+m)g}{4M+m}$，方向沿斜面向下。

提示　设A与斜面之间的弹力大小为N_1，A与B之间的弹力大小为N_2，由牛顿第二定律和加速度关联关系可得$mg-N_2=ma_B$，$(Mg+N_2)\sin\theta=Ma_A$，$a_B=a_A\sin\theta$，联立方程可求解。

12. $0.6g$。

提示　如图3.1.25所示，由牛顿第二定律得

$$mg - 2T = ma_B$$

$$mg + T = ma_A$$

A、B两物体的加速度关系为

$$a_A = 2a_B$$

联立以上各式，可得$a_A=1.2g$，$a_B=0.6g$。

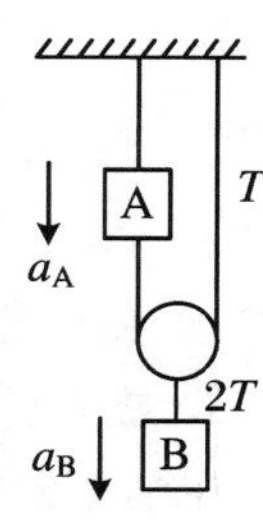

图3.1.25

13. 3.1 N，方向水平向右。

提示 根据系统的牛顿第二定律，取水平向左的方向为正方向，则有

$$F_{合x} = Ma' + m_1 a_{1x} - m_2 a_{2x}$$

其中 a'、a_{1x}和 a_{2x}分别为 M、m_1 和 m_2 在水平方向的加速度的大小，而 $a'=0$，

$$a_{1x} = g(\sin 30° - \mu\cos 30°)\cos 30°, \quad a_{2x} = g(\sin 45° - \mu\cos 45°)\cos 45°$$

所以

$$F_{合x} = m_1 g(\sin 30° - \mu\cos 30°)\cos 30° - m_2 g(\sin 45° - \mu\cos 45°)\cos 45° = -3.1\ \text{N}$$

负号表示整体在水平方向受到的合外力的方向与选定的正方向相反。

3.2 牛顿定律在曲线运动中的应用

1. 直角坐标系中曲线的动力学方程

我们研究曲线运动，运用的坐标系不同，加速度分量的表达式就不同。根据研究问题的特点不同，采用的坐标系不一样。常用的坐标系有直角坐标系、自然坐标系、极坐标系、球坐标系和柱坐标系等。

在普通的直角坐标系中，分加速度容易理解，各坐标方向相互独立。加速度对应的动力学方程可写成

$$\begin{cases} \boldsymbol{F}_x = m\boldsymbol{a}_x \\ \boldsymbol{F}_y = m\boldsymbol{a}_y \\ \boldsymbol{F}_z = m\boldsymbol{a}_z \end{cases}$$

2. 自然坐标系中曲线的动力学方程

通过第 1 章的学习，我们知道做曲线运动的物体有向心加速度（改变速度的方向，方向垂直于速度）和切向加速度（改变速度的大小，方向与速度共线），与之相对应的分别是向心力和切向力，所以在自然坐标系中曲线的动力学方程为

$$\begin{cases} \boldsymbol{F}_n = m\boldsymbol{a}_n = \omega v\hat{\boldsymbol{n}} = \omega^2\rho\hat{\boldsymbol{n}} = \dfrac{v^2}{\rho}\hat{\boldsymbol{n}} \\ \boldsymbol{F}_\tau = m\boldsymbol{a}_\tau = m\dfrac{\mathrm{d}v}{\mathrm{d}t}\hat{\boldsymbol{\tau}} \end{cases}$$

其中，$\hat{\boldsymbol{n}}$ 和 $\hat{\boldsymbol{\tau}}$ 表示单位矢量，ρ 表示质点在该处的曲率半径。

3. 极坐标系中曲线的动力学方程

在第 1 章中，考虑到极坐标的难度和大家的知识储备，并没有详细介绍极坐标，只给出了极坐标的一些结论。现在大家已经具备一定的关于坐标系和矢量的知识，下面介绍一下

速度和加速度在极坐标系中的表示。

在极坐标系中，用到参考点 O（称为极点）的距离 ρ、到参考射线 Ox（称为极轴）的夹角 θ 来描述平面内的点 (ρ,θ)。其数学优点是使某些平面坐标系中的复杂的曲线方程变得简单。例如，以极点为圆心的圆的方程可表示为 $\rho=R$。

如图 3.2.1 所示，在极坐标系中沿径向与横向分解元位移 $\Delta\boldsymbol{r}$，易得

$$\boldsymbol{v}=\frac{\mathrm{d}\boldsymbol{r}}{\mathrm{d}t}=\frac{\mathrm{d}r}{\mathrm{d}t}\hat{\boldsymbol{r}}+r\frac{\mathrm{d}\theta}{\mathrm{d}t}\hat{\boldsymbol{\theta}}$$

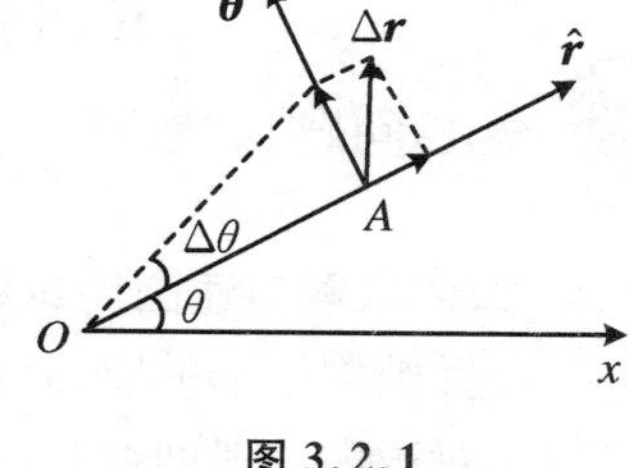

图 3.2.1

式中 $\hat{\boldsymbol{r}}$、$\hat{\boldsymbol{\theta}}$ 分别为径向与横向的单位矢量。需要注意的是，$\hat{\boldsymbol{r}}$、$\hat{\boldsymbol{\theta}}$ 都是变量，且有

$$\frac{\mathrm{d}\hat{\boldsymbol{r}}}{\mathrm{d}t}=\frac{\mathrm{d}\theta}{\mathrm{d}t}\hat{\boldsymbol{\theta}},\quad \frac{\mathrm{d}\hat{\boldsymbol{\theta}}}{\mathrm{d}t}=-\frac{\mathrm{d}\theta}{\mathrm{d}t}\hat{\boldsymbol{r}}$$

即径向速度和横向速度分别为

$$v_r=\frac{\mathrm{d}r}{\mathrm{d}t},\quad v_\theta=r\frac{\mathrm{d}\theta}{\mathrm{d}t}$$

进而可推得质点的加速度为

$$\boldsymbol{a}=\frac{\mathrm{d}\boldsymbol{v}}{\mathrm{d}t}=\left[\frac{\mathrm{d}^2r}{\mathrm{d}t^2}-r\left(\frac{\mathrm{d}\theta}{\mathrm{d}t}\right)^2\right]\hat{\boldsymbol{r}}+\left(r\frac{\mathrm{d}^2\theta}{\mathrm{d}t^2}+2\frac{\mathrm{d}r}{\mathrm{d}t}\cdot\frac{\mathrm{d}\theta}{\mathrm{d}t}\right)\hat{\boldsymbol{\theta}}$$

即径向加速度和横向加速度分别为

$$a_r=\frac{\mathrm{d}^2r}{\mathrm{d}t^2}-r\left(\frac{\mathrm{d}\theta}{\mathrm{d}t}\right)^2,\quad a_\theta=r\frac{\mathrm{d}^2\theta}{\mathrm{d}t^2}+2\frac{\mathrm{d}r}{\mathrm{d}t}\cdot\frac{\mathrm{d}\theta}{\mathrm{d}t}$$

在极坐标系中，动力学方程可表示为

$$\begin{cases}\boldsymbol{F}_r=m\boldsymbol{a}_r=m\left[\dfrac{\mathrm{d}^2r}{\mathrm{d}t^2}-r\left(\dfrac{\mathrm{d}\theta}{\mathrm{d}t}\right)^2\right]\hat{\boldsymbol{r}}\\ \boldsymbol{F}_\theta=m\boldsymbol{a}_\theta=m\left(r\dfrac{\mathrm{d}^2\theta}{\mathrm{d}t^2}+2\dfrac{\mathrm{d}r}{\mathrm{d}t}\cdot\dfrac{\mathrm{d}\theta}{\mathrm{d}t}\right)\hat{\boldsymbol{\theta}}\end{cases}$$

笔者期望以上讨论能引起同学们对向量代数甚至向量微积分的兴趣，因为对于很复杂的物理情景，可以利用向量微积分将其简化为几个简单的算符。

在强基计划或竞赛的教学中，笔者一直秉持着这样一种观点：方程是最美、最高效的物理语言。开始喜欢上物理的同学一般都缘于物理对现实的超理性理解。但多数喜欢物理的人进入大学后容易对脱离实际现象的数学运算产生排斥感和畏惧感。希望同学们尽量克服这些心理。我们如果知道了一种方程运算可以处理的实际情景之广泛，就会疯狂地喜欢上这种方程。方程会让我们对众多的问题有一个统一的观点，从而让需要记忆的方程式和需要辨析的概念量减少。

现实中，很多喜欢物理而且具备很高物理直觉天赋的同学在学习物理的过程中很郁闷，基本上都是因为不适应物理的数学描述方式。我们提倡通过数理结合来理解物理的教学观点也是为了帮助同学们克服上述困难。同学们要在科学道路上走得更高更远，与其被数学

语言搞得晕头转向，不如学会去享受它。

当然，如果我们学习物理只是为了了解一下科学知识，确实不需要过多的数学语言。即便从概念和逻辑思辨的角度去学习，物理也是美丽迷人的，因为她可以几乎无限地满足人们先天本能中那种无法抑制的探索欲和求知欲。

核心问题讨论

1. 如何求解匀速圆周运动的动力学问题?

研究做圆周运动的物体，在分析物理情景或物理过程时，往往需要搞清楚物体运动轨迹的半径。对于做一般曲线运动的物体，可以将曲线分割成无限多个无穷小的曲线，各个无穷小的曲线可以看成曲率不同的圆弧的一部分。

匀速圆周运动的过程满足两个动力学方程，一个表示切向的合外力为零，另一个表示法向的合外力提供向心力。

例题 1 如图 3.2.2 所示，在水平桌面上固定一个轮轴 A，轮的半径为 r，其边缘绕有一根足够长的质量不计的细绳，绳端系住一木块 B。已知木块与桌面间的动摩擦因数为 μ，重力加速度大小为 g。当轮轴 A 以匀角速 ω 旋转时，木块被带动一起旋转，达到稳定状态后，B 与 A 的角速度相同。

(1) 此时木块 B 的旋转半径 R 为多大?

(2) 当动摩擦因数 μ 和轮的半径为定值时，欲保持稳定状态，则角速度 ω 必须满足什么条件?

分析 木块也做角速度为 ω 的匀速圆周运动，且绳与轮轴相切，摩擦力和绳的拉力的合力提供木块做匀速圆周运动所需要的向心力，在圆周运动的切线方向合外力必定为零。

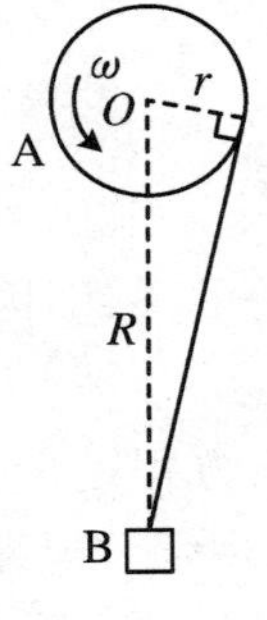

图 3.2.2

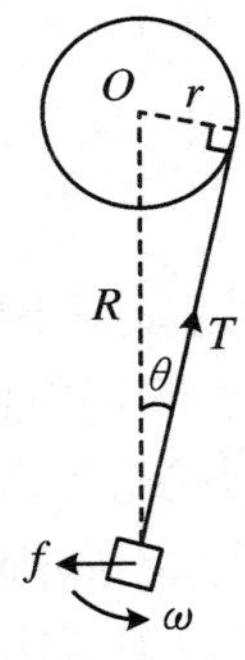

图 3.2.3

解 (1) 重力和支持力平衡，木块受到绳的拉力 T 和桌面的摩擦力 f，如图 3.2.3 所示，则

$$T\sin\theta = f = \mu mg, \quad T\cos\theta = m\omega^2 R$$

联立两式，得

$$R=\frac{\mu g\cot\theta}{\omega^2}=\frac{\mu g\sqrt{R^2-r^2}}{\omega^2 r}$$

解得

$$R=\frac{\mu g r}{\sqrt{\mu^2 g^2-\omega^4 r^2}}$$

(2) 上式中根号内数值一定要大于零,即

$$\omega<\sqrt{\frac{\mu g}{r}}$$

点拨　木块做圆周运动,摩擦力的方向与相对运动的方向相反,摩擦力的方向应该沿轨迹的切线方向。

2. 如何求解变速圆周运动的动力学问题?

变速圆周运动比匀速圆周运动复杂,但分析思路是类似的。变速圆周运动的过程满足两个动力学方程,一个表示切向的合外力需满足切向的牛顿第二定律,另一个表示法向的合外力提供向心力。

例题 2　(2019 年清华夏令营) 如图 3.2.4 所示,一质量为 m 的物体放置在半径为 R、离地高度为 h 的圆盘边缘,物体与圆盘间的动摩擦因数为 μ,圆盘转动的角速度为 $\omega=kt$。已知重力加速度大小为 g,且 $\mu g>kR$,求:

(1) 物体飞出圆盘时所经历的时间;

(2) 物体飞出圆盘时圆盘转过的角度;

(3) 物体落地点与圆盘中心的水平距离。

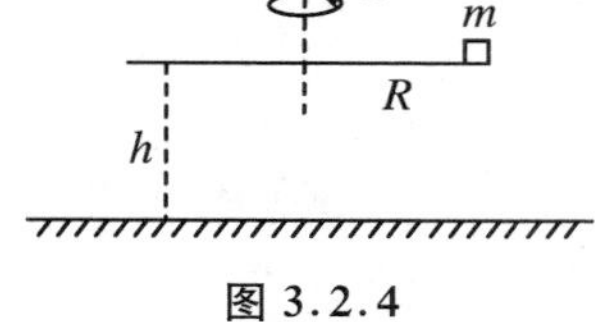

图 3.2.4

分析　物体做变速圆周运动,它有两个加速度,一个是向心加速度 a_n,另一个是切向加速度 a_τ,这两个加速度都需要摩擦力来提供。也就是说,这两个加速度的矢量和对应水平方向的力,即摩擦力。

解　(1) 物体做变速圆周运动,它有两个加速度,一个是向心加速度 $a_n=\omega^2 R$,另一个是切向加速度 $a_\tau=\dfrac{\mathrm{d}v}{\mathrm{d}t}=kR$,则它们的合加速度为

$$a=\sqrt{a_n^2+a_\tau^2}=\sqrt{(\omega^2 R)^2+(kR)^2}$$

物体即将飞出圆盘时,有

$$f=ma=m\sqrt{(\omega^2 R)^2+(kR)^2}=\mu mg$$

其中 $\omega=kt$,解得

$$t=\sqrt[4]{\frac{\mu^2 g^2}{k^4 R^2}-\frac{1}{k^2}}$$

(2) 角速度-时间图像的面积表示角度,则

$$\theta=\frac{1}{2}kt^2=\frac{1}{2}\sqrt{\frac{\mu^2 g^2}{k^2 R^2}-1}$$

(3) 物体飞出圆盘后做平抛运动,则运动时间为

$$t' = \sqrt{\frac{2h}{g}}$$

物体落地点与圆盘中心的水平距离为

$$d = \sqrt{R^2 + (\omega R t')^2} = R\sqrt{1 + \frac{2kh}{g}\sqrt{\frac{\mu^2 g^2}{k^2 R^2} - 1}}$$

点拨 物体做变速圆周运动有两个加速度,一个是向心加速度,另一个是切向加速度,但是水平方向的摩擦力只有一个,所以摩擦力也提供了两个作用,一个是改变速度大小,另一个是改变速度方向。

3. 如何在极坐标系中求解动力学的相关问题?

极坐标在物理中的优势是可以比较直观地描述既沿着径向运动又绕着固定点旋转的运动。以前学习运动关联的时候用绳子或杆关联的物体既有径向速度又有转速,比较适用极坐标。如图 3.2.5 所示,水平向左运动的物体 B 的速度可分解为沿绳方向的分量 $\boldsymbol{v}_{/\!/}$ 和垂直于绳方向的转速 $\boldsymbol{v}_{\perp}$。沿绳方向(径向)的加速度有两个作用:一是改变 $\boldsymbol{v}_{/\!/}$ 的大小;二是改变 $\boldsymbol{v}_{\perp}$ 的方向。在垂直于绳的方向(垂向,注意不是切向)的加速度也有两个作用:一是改变 $\boldsymbol{v}_{\perp}$ 的大小;二是改变 $\boldsymbol{v}_{/\!/}$ 的方向。

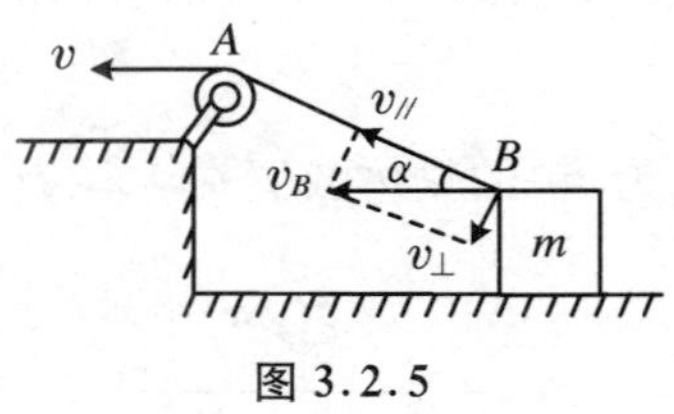

图 3.2.5

例题 3 (2010 年"华约")如图 3.2.6 所示,岸边的汽车用一根不可伸长的轻绳通过光滑的定滑轮牵引水中的小船。设小船始终不离开水面,且绳足够长,河岸离水面的高度为 h,绳子与水平面成角度 θ。不计船受的阻力,船的质量为 m,计算车以速度 v_1 匀速拉动船时拉力 F 与 θ 的函数关系式。

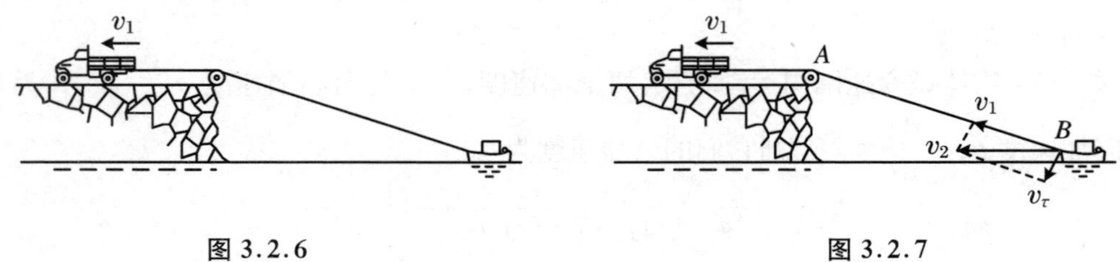

图 3.2.6　　图 3.2.7

分析 如图 3.2.7 所示,将绳与滑轮相切的点记为 A,绳与船的连接点记为 B。A、B 两个点沿绳方向的速度大小均为汽车运动的速度 v_1,因此 B 点参与沿绳、垂直于绳方向的两个运动,其中垂直于绳方向的运动对应向心加速度。而船的实际加速度在水平方向,可以在沿绳和垂直于绳两个方向分解,因为汽车匀速开动,所以垂直于绳方向的加速度等于向心加速度。据此可以求出船的实际加速度大小。

解 设船在垂直于绳方向的速度为 v_τ,则

$$v_\tau = v_1 \tan\theta$$

此船沿绳方向的加速度仅有向心加速度项，其大小为

$$a_n = \frac{v_\tau^2}{L} = \frac{v_1^2\tan^2\theta}{h/\sin\theta} = \frac{v_1^2\sin^3\theta}{h\cos^2\theta}$$

由于船始终在水平方向运动，因此其加速度也沿水平方向。由此可知船的合加速度为

$$a = \frac{a_n}{\cos\theta} = \frac{v_1^2}{h}\tan^3\theta$$

沿绳方向的拉力的水平分量提供船水平方向运动的加速度，因此拉力为

$$F = \frac{ma}{\cos\theta} = \frac{mv_1^2\tan^3\theta}{h\cos\theta}$$

点拨 读者可以思考一下：若汽车不是匀速行驶，而是以加速度 a 向左加速行驶，则汽车的拉力大小为多少？答案是

$$F = m\left(\frac{v_1^2\tan^3\theta}{h\cos\theta} + \frac{a}{\cos^2\theta}\right)$$

4. 如何处理有质量的绳子做圆周运动的相关问题？

在许多问题中，都将绳子视为轻绳，绳子的动力学方程将变得非常简单。若考虑绳子的质量，则可以对绳子列动力学方程。若要求绳子内部的张力，这个时候就需要取绳上一段微元进行受力分析，列出相应的动力学方程求解。这种分析问题的方式与第 2 章中分析有质量的绳子的方法是一致的。

例题 4 质量为 m、长为 l 的链条套在顶角为 2α 的圆锥体上。圆锥体与链条一起绕与圆锥体对称轴重合的竖直轴转动，转动角速度均为 ω。链条平面是水平的，已知重力加速度大小为 g，求链条内部的张力大小。

分析 要求链条内部的张力，需要取链条上一元段进行分析，设该元段对应的圆心角为 $\Delta\theta(\Delta\theta\to 0)$。链条元受到三个力的作用：重力 $\Delta mg = \frac{\Delta\theta}{2\pi}mg$，方向竖直向下；圆锥面对它的支持力 F_N，方向垂直于圆锥面；链条其他部分对它的作用力 F，方向指向链条所在圆的圆心。在这三个力的作用下，该元段做匀速圆周运动，据此可以求出链条内部的张力大小。

解 设链条上各处的张力为 F_T，链条元两端的张力对链条元的合力为 F，方向指向圆心，如图 3.2.8 所示，可得

$$F = 2F_T\sin\frac{\Delta\theta}{2} \tag{①}$$

如图 3.2.9 所示，由力的平衡条件可得

$$\Delta mg = F_N\sin\alpha \tag{②}$$

水平方向上，根据牛顿第二定律，有

$$F - F_N\cos\alpha = \Delta m\omega^2 r \tag{③}$$

联立①～③式并结合 $\Delta mg = \frac{\Delta\theta}{2\pi}mg$，$r = \frac{l}{2\pi}$，可得

$$F_T=\frac{F}{2\sin\frac{\Delta\theta}{2}}=\frac{\Delta mg\cot\alpha+\Delta m\omega^2\cdot\frac{l}{2\pi}}{2\sin\frac{\Delta\theta}{2}}$$

因为 $\Delta\theta\to0$，所以 $\sin\frac{\Delta\theta}{2}\approx\frac{\Delta\theta}{2}$，则链条的张力为

$$F_T=\frac{\frac{\Delta\theta}{2\pi}m\left(g\cot\alpha+\omega^2\cdot\frac{l}{2\pi}\right)}{2\times\frac{\Delta\theta}{2}}=\frac{m}{2\pi}\left(g\cot\alpha+\frac{\omega^2 l}{2\pi}\right)$$

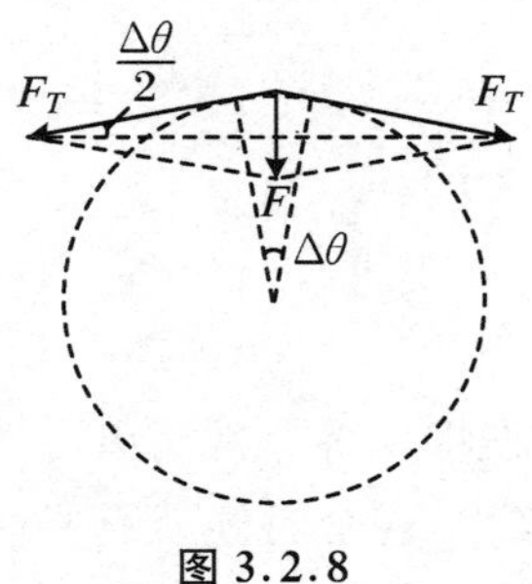

图 3.2.8

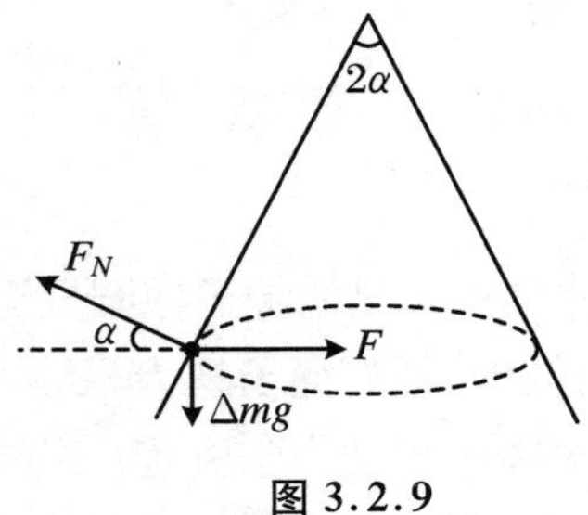

图 3.2.9

点拨 要求绳子内部的张力，常常在绳上取一小段微元，设这一小段微元对应的圆心角为 $\Delta\theta$，在 $\Delta\theta\to0$ 的情况下 $\sin\Delta\theta=\tan\Delta\theta=\Delta\theta$，经过这样的近似处理，列出相应的动力学方程，往往可以消掉 $\Delta\theta$，进而求出相关的量。

习题实战演练

基础练习

1. 图 3.2.10 所示是一种娱乐设施——“魔盘”，画面反映的是“魔盘”转速较大时盘中人的情景。如果这个“魔盘”由静止开始转动并逐渐增大转速，下列选项叙述的是将会出现的情景以及对该情景的解释，其中正确的是 （　）

图 3.2.10

A. 人应该向中心靠拢，因为做圆周运动的物体受到向心力的作用

B. 人向盘边缘靠拢，因为旋转的“魔盘”给人离心力的作用

C. 人会始终保持静止，因为“魔盘”对人有摩擦力的作用

D. 人会逐渐远离圆心，因为“魔盘”对人的摩擦力不能满足人做圆周运动所需的向心力

2. 如图 3.2.11 所示，铁路在弯道处的内外轨道高低不平，已知内外轨道对水平面的倾角为 θ，弯道处的圆弧半径为 R。若质量为 m 的火车转弯时速度小于 $\sqrt{Rg\tan\theta}$，则（　　）

A. 内轨对内侧车轮轮缘有挤压

B. 外轨对外侧车轮轮缘有挤压

C. 这时铁轨对火车的作用力等于 $mg/\cos\theta$

D. 这时铁轨对火车的作用力小于 $mg/\cos\theta$

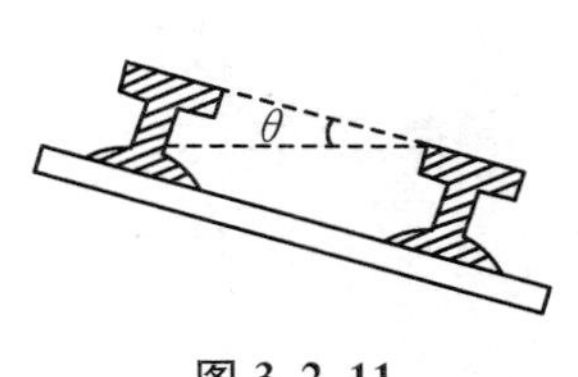

图 3.2.11

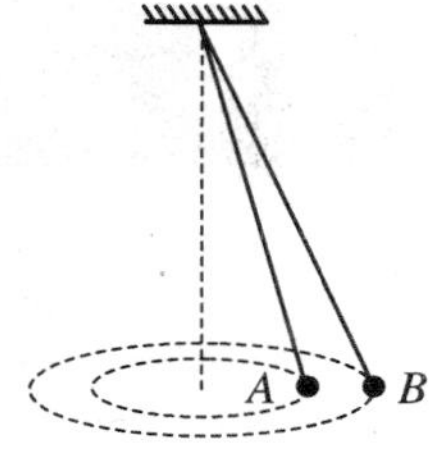

图 3.2.12

3. 在研究向心力大小的实验中，先将一根不可伸长的细绳一端悬挂于某一点，另一端固定一个小球，使小球在某一水平面内沿 A 轨道做匀速圆周运动，再增加细绳的长度，使小球仍在同一水平面内沿 B 轨道做匀速圆周运动，如图 3.2.12 所示，则（　　）

A. 小球在 B 轨道上做圆周运动的加速度较小

B. 小球在 B 轨道上做圆周运动的线速度较大

C. 小球在 B 轨道上做圆周运动的角速度较大

D. 小球在 A、B 两轨道上做圆周运动的周期相等

4. 如图 3.2.13 所示，表演“飞车走壁”的杂技演员骑着摩托车飞驶在圆台形筒壁内，圆台筒固定不动，其轴线沿竖直方向。演员驾驶摩托车先后在 M 和 N 两处紧贴着内壁在图中虚线所示的水平面内分别做匀速圆周运动。如果不计车轮与筒壁的摩擦力，则（　　）

A. M 处的线速度一定小于 N 处的线速度

B. M 处的角速度一定小于 N 处的角速度

C. M 处的运动周期一定等于 N 处的运动周期

D. M 处对筒壁的压力一定大于 N 处对筒壁的压力

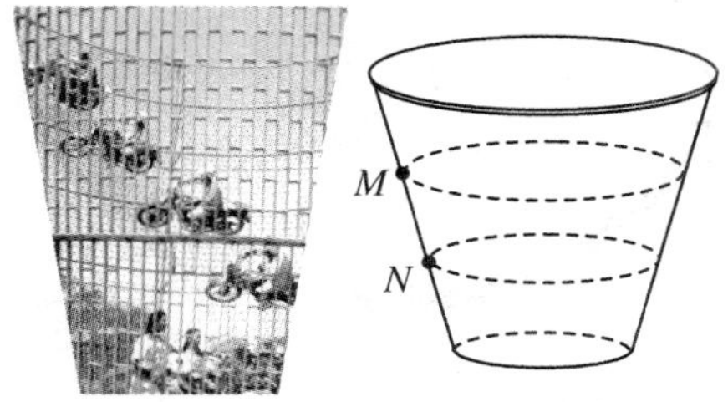

图 3.2.13

5. 图 3.2.14 所示为游乐园中“空中飞椅”的游戏设施，它的基本装置是将绳子上端固定在转盘的边缘上，绳子下端连接座椅，人坐在座椅上随转盘旋转而在空中飞旋。若将人和座椅看成一个质点，则可简化为图 3.2.15 所示的物理模型，其中 P 为处于水平面内的转盘，可绕竖直转轴 OO' 转动。设绳长 $l=10\ \text{m}$，质点的质量 $m=60\ \text{kg}$，转盘静止时质点与转轴之间的距离 $d=4.0\ \text{m}$，转盘逐渐加速转动，经过一段时间质点与转盘一起做匀速圆周运动，此时绳与竖直方向的夹角 $\theta=37^\circ$。不计空气阻力及绳重，且绳不可伸长，$\sin 37^\circ=0.6$，

$\cos 37° = 0.8$。当质点与转盘一起做匀速圆周运动时,求:

(1) 绳子拉力的大小;

(2) 转盘角速度的大小。

图 3.2.14

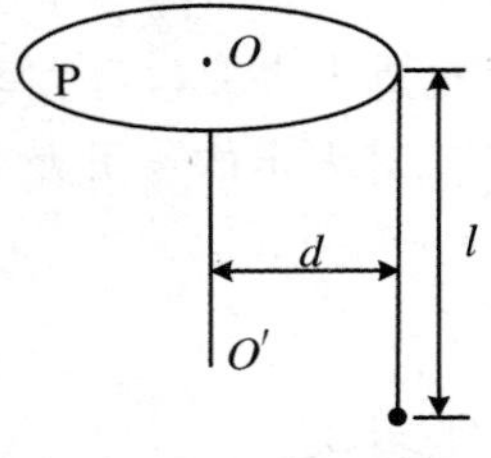

图 3.2.15

提高练习

6. (2017年中国科大自招) 如图3.2.16所示,一个半径为 R 的实心圆盘,其中心轴与竖直方向成夹角 θ。开始时,圆盘静止,其上表面覆盖着一层灰,没有掉落。现将圆盘绕其中心轴旋转,其角速度从零缓慢增加至 ω。此时圆盘表面上的灰有75%被甩掉。设灰尘与圆盘面的静摩擦因数为 μ,重力加速度为 g,则 ω 的值为多少?

7. (2007年北京市力学竞赛决赛) 如图3.2.17所示,飞行员驾驶教练机在竖直平面内半径 $R = 1200\ \mathrm{m}$ 的半圆周上飞行,飞行员的质量 $m = 54\ \mathrm{kg}$,从最低点 A 到最高点 C,飞机速率均匀减小,飞行员在 A、C 处时对座椅的压力分别为 $\boldsymbol{F}_A = 1680\ \mathrm{N}$,$\boldsymbol{F}_C = 350\ \mathrm{N}$,则飞行员在 B 处时对座椅的压力 $\boldsymbol{F}_B$ 为多少?

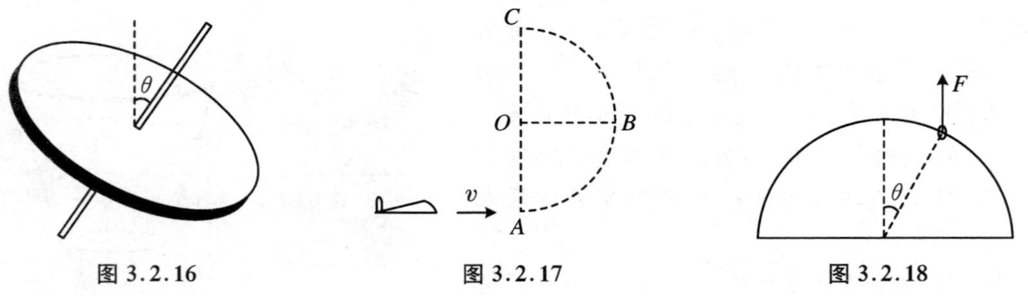

图 3.2.16　　图 3.2.17　　图 3.2.18

8. 如图3.2.18所示,把一个质量为 m 的小环套在半径为 R 的竖直光滑圆轨道上,初始状态是小环静止在轨道的顶部。用向上的拉力 F 拉着小环把它往下放,且小环以恒定的竖直分速度 v 沿着轨道往下滑,计算拉力 F 与 θ 函数。

9. 某赛车在公路的平直段上以尽可能大的加速度匀加速行驶。在 0.1 s 内,速度由 10 m/s 增大到 10.5 m/s。

(1) 那么该赛车在半径为 30 m 的环形公路段行驶中,要从相同的初速度增大相同的速度需要多长时间?

(2) 当环形公路段的半径为多少时,该赛车的速度不可能增大到超过10 m/s?

10. 一质量为M、均匀分布的圆环,其半径为r,几何轴与水平面垂直,若它能经受的最大张力为T,求此圆环可以绕几何轴旋转的最大角速度。

11. 如图3.2.19所示,在水平杆上有两个质量均为m的滑环,用一根细绳将它们连接,在细绳的中点挂一个质量为$M=2m$的重物。不计细绳的质量和一切摩擦,绳长为$2L$。从细绳与滑杆平行的位置由静止释放重物,到水平杆与绳的夹角为$\theta=30°$的位置时,已知滑环的速度为v,求:

(1) 重物的速度;

(2) 连接滑环与重物的细绳中的张力大小。

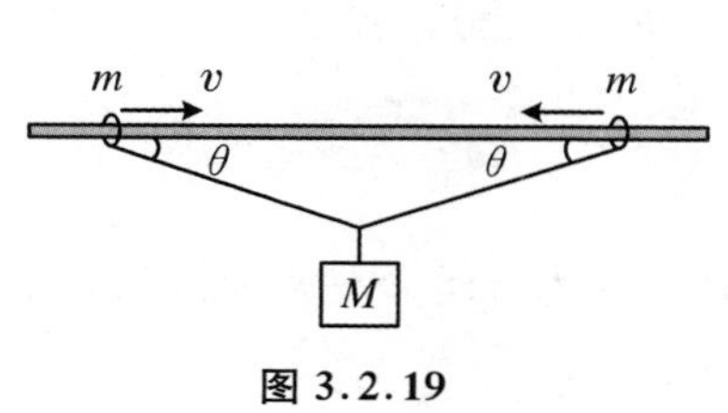

图3.2.19

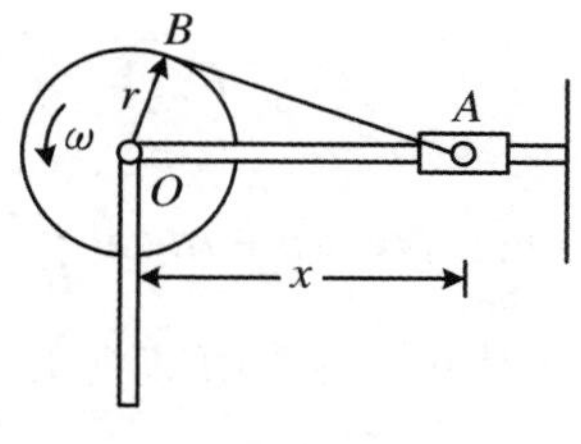

图3.2.20

12. 如图3.2.20所示,滑块A的质量为M,因绳子的牵引而沿水平导轨滑动,绳子的另一端缠绕在半径为r的鼓轮O上,鼓轮以角速度ω匀速转动。不计导轨与滑块间的摩擦,求绳子的拉力F_T与距离x之间的关系。

《参 考 答 案》

1. D。
2. AD。
3. BD。
4. B。
5. (1) 750 N;(2) $\frac{\sqrt{3}}{2}$ rad/s。
6. $\omega=\sqrt{\frac{2g(\mu\cos\theta-\sin\theta)}{R}}$。

提示　由于灰尘随圆盘做圆周运动,其向心力由灰尘受到的指向圆心的合力提供,在圆盘下端时指向圆心的合力最小。当75%的灰尘被甩掉时,剩余灰尘所在圆的半径为$r=R/2$。根据牛顿第二定律,有

$$\mu mg\cos\theta - mg\sin\theta = m\omega^2 r$$

解得

$$\omega = \sqrt{\frac{2g(\mu\cos\theta - \sin\theta)}{R}}$$

7. $F_B = 1\,015\ \mathrm{N}$。

提示 由向心力公式得

$$F_A - mg = m\frac{v_A^2}{R},\quad F_C + mg = m\frac{v_C^2}{R}$$

根据机械能守恒,有

$$v_A^2 - v_B^2 = v_B^2 - v_C^2$$

得

$$v_B^2 = \frac{1}{2}(v_A^2 + v_C^2)$$

在 B 处,有

$$F_B = m\frac{v_B^2}{R} = \frac{1}{2}(F_A + F_C) = 1015\ \mathrm{N}$$

8. $F = mg + N\cos\theta = mg + \dfrac{mv^2}{R\sin^3\theta\tan\theta}$。

提示 小环运动时竖直方向的速度恒定,因此其受力与运动分析如图 3.2.21 所示。

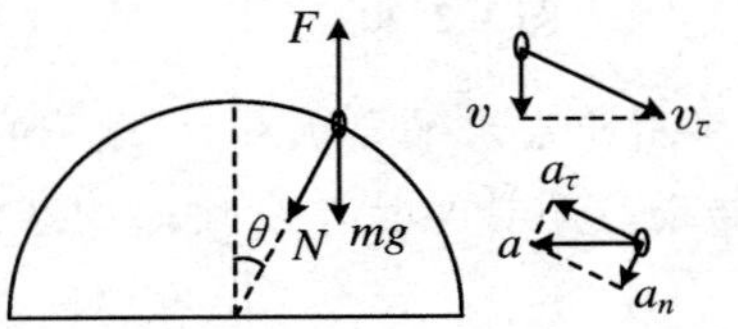

图 3.2.21

小环的径向加速度为

$$a_n = \frac{v_\tau^2}{R} = \frac{v^2}{R\sin^2\theta}$$

所以小环的合加速度为

$$a = \frac{a_n}{\sin\theta} = \frac{v^2}{R\sin^3\theta}$$

由此可得小环在水平方向的受力为

$$N\sin\theta = ma = \frac{mv^2}{R\sin^3\theta}$$

根据小环在竖直方向受力平衡,可得

$$F = mg + N\cos\theta = mg + \frac{mv^2}{R\sin^3\theta\tan\theta}$$

9. 在平直段,加速度 $a_0 = \dfrac{v_t - v_0}{t_0} = 5\ \mathrm{m/s^2}$;在环形公路上,法向加速度 $a_n = \dfrac{v_t^2}{R}$,切向加速度 $a_\tau = \dfrac{v_t - v_0}{t}$。因此,$a_n^2 + a_\tau^2 = a_0^2$,代入数据,得 $t = 0.15\ \mathrm{s}$。令法向加速度大小等于 a_0,即 $\dfrac{v_0^2}{R_{\max}} = a_0$,无切向加速度,赛车的速率不会增加,得 $R_{\max} = 20\ \mathrm{m}$。

10. $\omega = \sqrt{\dfrac{2\pi T}{Mr}}$。

提示 因为向心力 $F = mr\omega^2$,当 ω 一定时,r 越大,向心力越大,所以要想求最大张力 T 所对应的角速度 ω,r 应取最大值。

如图 3.2.22 所示，在圆环上取一小段 ΔL，对应的圆心角为 $\Delta\theta$，其质量可表示为 $\Delta m = \frac{\Delta\theta}{2\pi}M$，圆环对它的张力为 T，则

$$2T\sin\frac{\Delta\theta}{2} = \Delta m r\omega^2$$

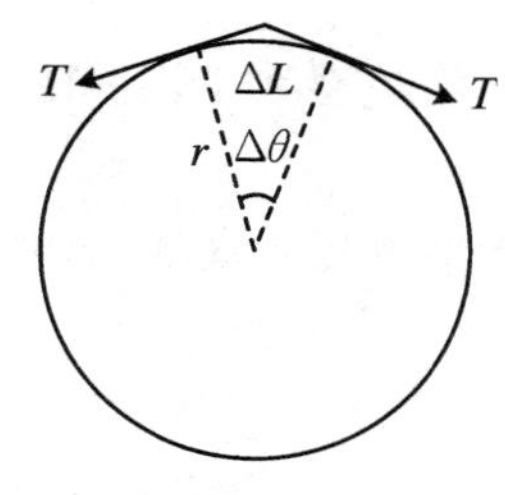

图 3.2.22

因为 $\Delta\theta$ 很小，所以 $\sin\frac{\Delta\theta}{2}\approx\frac{\Delta\theta}{2}$，即

$$2T\cdot\frac{\Delta\theta}{2} = \frac{\Delta\theta}{2\pi}Mr\omega^2$$

解得最大角速度

$$\omega = \sqrt{\frac{2\pi T}{Mr}}$$

11．(1) $v_M = v\cot\theta = \sqrt{3}v$；(2) $T = \frac{mg}{2} + \frac{4mv^2}{L}$。

提示　重物与滑环的运动分析如图 3.2.23 所示。

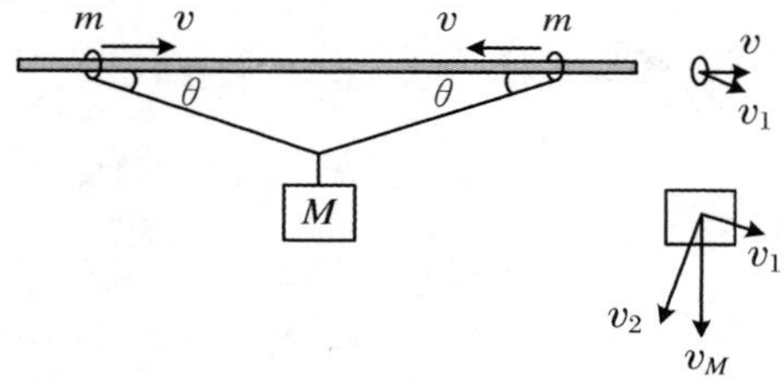

图 3.2.23

(1) 由于绳子不能伸长、缩短，因此两滑环运动的速度在沿绳方向的速度分量 v_1 相同。由此可得 M 的速度大小为

$$v_M = v\cot\theta = \sqrt{3}v$$

(2) 对 m，在水平方向由牛顿定律可得

$$T\cos\theta = ma_m$$

如图 3.2.24 所示，M 相对于 m 做圆周运动，以 m 为参考系，M 的相对速度 v' 垂直于绳，大小为 $2v$。

如图 3.2.25 所示，M 相对于 m 的向心加速度为

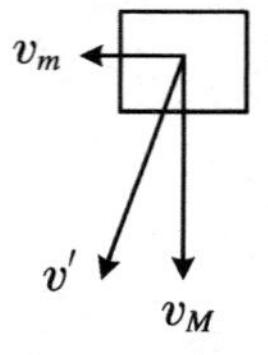

图 3.2.24

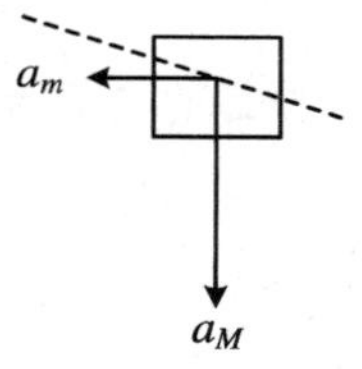

图 3.2.25

$$a_n = a_m \cos\theta - a_M \sin\theta = \frac{4v^2}{L}$$

在地面系中，对 M，在竖直方向由牛顿定律得

$$Mg - 2T\sin\theta = Ma_M$$

联立以上各式，可得

$$T = \frac{mg}{2} + \frac{4mv^2}{L}$$

12. $F_T = \dfrac{Mr^4\omega^2x^2}{(x^2-r^2)^{5/2}}$。

提示 先分析滑块 A 的受力：重力 Mg、导轨的支持力 F_N、绳子的拉力 F_T。

再分析滑块的运动：速度沿导轨的运动可视作沿绳方向绳与轮的切点 B 的平动和以切点 B 为中心的转动的合成，这两个方向的分运动速度分别为

$$v_n = r\omega, \quad v_\tau = r\omega\tan\theta$$

其中 θ 为绳子与导轨的夹角。以切点为中心转动的分运动的向心加速度由该方向的合力产生。如图 3.2.26 所示，取 AB 方向为 x 轴正方向，建立直角坐标系 xOy，并按坐标轴方向正交分解滑块所受的各力，根据牛顿第二定律，在 x 轴方向有

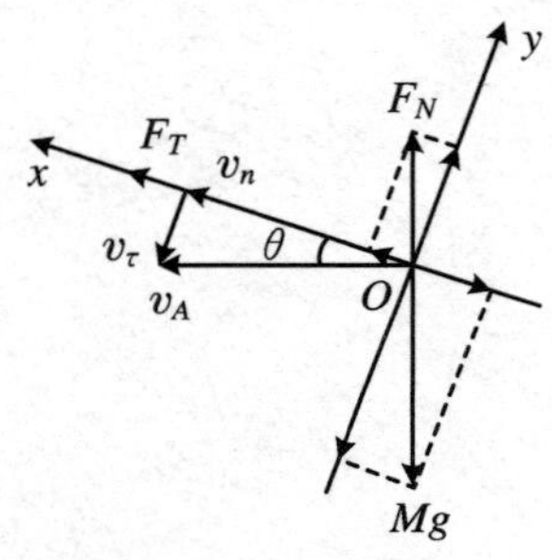

图 3.2.26

$$F_T + F_N\sin\theta - Mg\sin\theta = M\frac{v_\tau^2}{x\cos\theta}$$

又由于滑块实际运动方向沿水平导轨，故在竖直方向满足

$$Mg = F_T\sin\theta + F_N$$

由以上两式可得

$$F_T(1-\sin^2\theta) = M\frac{(r\omega\tan\theta)^2}{x\cos\theta}$$

注意到

$$\sin\theta = \frac{r}{x}, \quad \cos\theta = \frac{\sqrt{x^2-r^2}}{x}$$

则

$$F_T = M\frac{(r\omega\tan\theta)^2}{x\cos^3\theta} = \frac{Mr^2\omega^2\left(\dfrac{r}{\sqrt{x^2-r^2}}\right)^2}{x\left(\dfrac{\sqrt{x^2-r^2}}{x}\right)^3}$$

整理后即可得 F_T 与 x 的关系为

$$F_T = \frac{Mr^4\omega^2x^2}{(x^2-r^2)^{5/2}}$$

3.3　天体运动与宇宙航行

处理天体运动的核心规律是牛顿万有引力定律，在课内的学习中，为了易于计算，通常情况下我们将天体的运动简化成圆周运动。在本节的学习中，我们将天体运动的定量计算扩展到更为实际的椭圆轨道、抛物线轨道和双曲线轨道中去。

1. 开普勒行星运动定律

开普勒行星运动定律分为三条，分别是：第一定律（轨道定律），行星围绕太阳的运动轨道为椭圆，太阳在椭圆的一个焦点上；第二定律（面积定律），行星与太阳的连线在相等的时间内扫过相等的面积；第三定律（周期定律），各行星椭圆轨道半长轴 a 的三次方与轨道运动周期 T 的二次方之比值为相同的常量，即$\dfrac{a^3}{T^2}=k$。

牛顿通过地月检验，将引力定律推广到一切物体之间的相互作用，因此开普勒定律不仅适用于行星绕太阳的运动，也适用于多个卫星绕同一行星的运动。更广泛地讲，凡是多个星体绕同一个中心天体运动，这些星体的运动都具有类似于开普勒行星运动定律的规律。开普勒第三定律中的常数 k 也可以求出，经过推导可得常数 k 为$\dfrac{GM}{4\pi^2}$。在许多复杂的计算中，开普勒第三定律更常用的表达式为

$$\frac{a^3}{T^2}=\frac{GM}{4\pi^2}$$

其中 M 为中心天体的质量。

2. 椭圆的数学特性

如图 3.3.1 所示，椭圆是平面内到定点 F_1、F_2 的距离之和等于常数（大于 $|F_1F_2|$）的动点 P 的轨迹，F_1、F_2 称为椭圆的两个焦点，其数学表达式为 $|PF_1|+|PF_2|=2a(2a>|F_1F_2|)$。

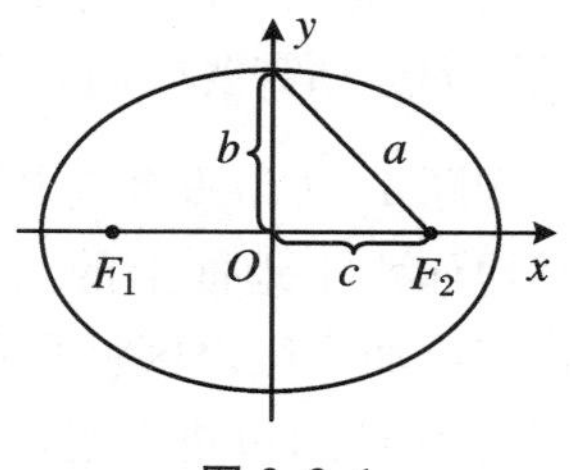

图 3.3.1

(1) 在直角坐标系中，椭圆的标准方程为

$$\frac{x^2}{a^2}+\frac{y^2}{b^2}=1$$

(2) 椭圆的半长轴 a、半短轴 b、半焦距 c 三者之间满足勾股定律

$$a^2=b^2+c^2$$

(3) 椭圆的偏心率为

$$e = \frac{c}{a}$$

由此可见，偏心率的几何意义很明显：对于长轴相同的椭圆，偏心率越大，形状越扁，当偏心率趋于1时，形状逐渐退化为两焦点之间的线段；偏心率越小，形状越圆，当偏心率趋于0时，形状逐渐过渡到圆。

(4) 椭圆的面积为

$$S = \pi ab$$

(5) 椭圆的长轴端点的曲率半径 r_a、短轴端点的曲率半径 r_b 分别为

$$r_a = \frac{b^2}{a}, \quad r_b = \frac{a^2}{b}$$

(6) 在物理学中，使用椭圆在极坐标系中的表达式解决问题更为方便，因为表达式中的参数的物理含义也更为清晰。如图3.3.2所示，在极坐标系中，椭圆的标准方程为

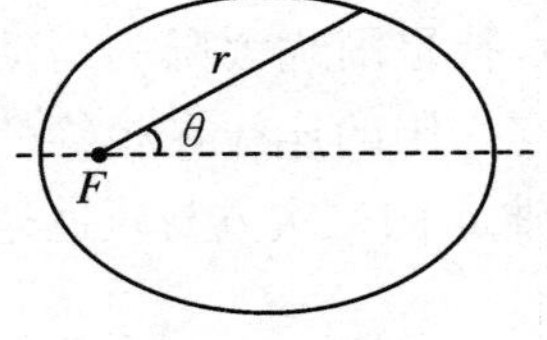

图 3.3.2

$$r = \frac{p}{1 - e\cos\theta}$$

其中参量 p 的几何含义为

$$p = \frac{a^2 - c^2}{a}$$

特别需要注意的是，在极坐标系中，坐标原点设定在椭圆的某个焦点上，即中心天体是坐标原点；但在直角坐标系中，坐标原点通常设定在椭圆的对称中心上，因此在直角坐标系下，星体的受力中心并不指向坐标原点。

核心问题讨论

1. 万有引力和重力有何区别和联系？

地球表面附近的任何物体都受到重力，重力的产生是由于物体和地球间的万有引力，但是万有引力并不等于重力，重力只是万有引力的一个分力。因为物体绕地球自转轴做圆周运动，万有引力和地面对物体的支持力的合力提供向心力。万有引力起到两个方面的作用：一方面，万有引力的一个分力抵消物体受到的支持力，这个分力就是重力；另一方面，提供物体做圆周运动需要的向心力。

例题1 (2009年全国卷理综) 如图3.3.3所示，P、Q为某地区水平地面上的两点，在P点正下方一球形区域内储藏有石油。假定区域周围岩石均匀分布，密度为ρ；石油密度远小于ρ，可将上述球形区域视为空腔。如果没有这一空腔，则该地区重力加速度(正常值)沿竖直方向；当存在空腔时，该地区重力加速度的大小和方向会与正常情况有微小偏离。重力加速度在原竖直方向(PO方向)上的投影相对

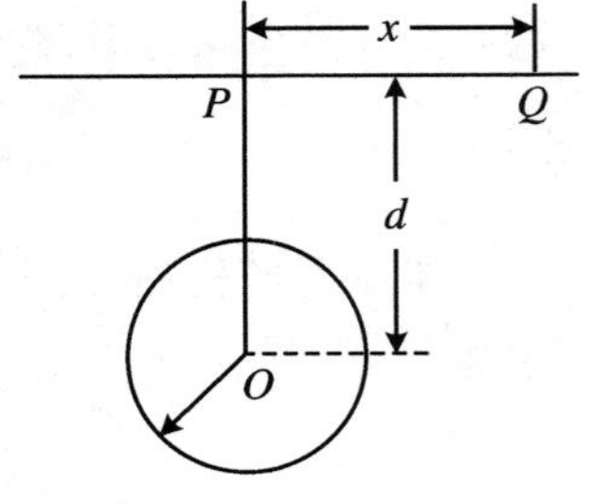

图 3.3.3

于正常值的偏离称为重力加速度反常。为了探寻石油区域的位置和石油储量，常利用 P 点附近的重力加速度反常现象。已知引力常量为 G。

(1) 设球形空腔体积为 V，球心深度为 d（远小于地球半径），$PQ = x$，求空腔引起的 Q 点的重力加速度反常。

(2) 若在水平地面上半径为 L 的范围内发现：重力加速度反常值在 δ 与 $k\delta(k>1)$ 之间变化，且重力加速度反常的最大值出现在半径为 L 的范围的中心，如果这种反常是地下存在某种球形空腔所造成的，试求此球形空腔球心的深度和空腔的体积。

分析　重力加速度反常是近地表的球形空腔引起的，如果将近地表的球形空腔填满密度为 ρ 的岩石，则该地区重力加速度便回到正常值。因此，重力加速度反常可通过填充后的球形区域产生的附加引力来计算。

解　(1) 将球形区域填满密度为 ρ 的岩石，其产生的附加引力为

$$G\frac{Mm}{r^2} = m\Delta g$$

式中，m 是 Q 点处某质点的质量，M 是填充后球形区域的质量，$M = \rho V$，而 r 是球形空腔中心 O 至 Q 点的距离，$r = \sqrt{d^2 + x^2}$，Δg 在数值上等于存在球形空腔所引起的 Q 点处重力加速度改变的大小。Q 点处重力加速度改变的方向沿 OQ 方向，重力加速度反常 $\Delta g'$ 是这一改变在竖直方向上的投影，即

$$\Delta g' = \frac{d}{r}\Delta g$$

联立以上各式，得

$$\Delta g' = \frac{G\rho V d}{(d^2 + x^2)^{3/2}}$$

(2) 根据题意和(1)问中的结果，重力加速度反常 $\Delta g'$ 的最大值和最小值分别为 $k\delta$ 与 δ，所以

$$\begin{cases} \dfrac{G\rho V}{d^2} = k\delta \\ \dfrac{G\rho V d}{(d^2 + L^2)^{3/2}} = \delta \end{cases}$$

则地下球形空腔球心的深度和空腔的体积分别为

$$\begin{cases} d = \dfrac{L}{\sqrt{k^{2/3} - 1}} \\ V = \dfrac{L^2 k\delta}{G\rho(k^{2/3} - 1)} \end{cases}$$

点拨　这种“填补”的思想很重要，在物理学中经常使用。在第 2 章我们在计算质心的时候已经使用过，在本章第 5 节计算转动惯量时还将使用，在以后的学习中也会经常出现，所以我们需要熟练掌握。

例题 2　如果将地球近似地看作一个各层均匀的球，则地球对物体的引力指向球心。令

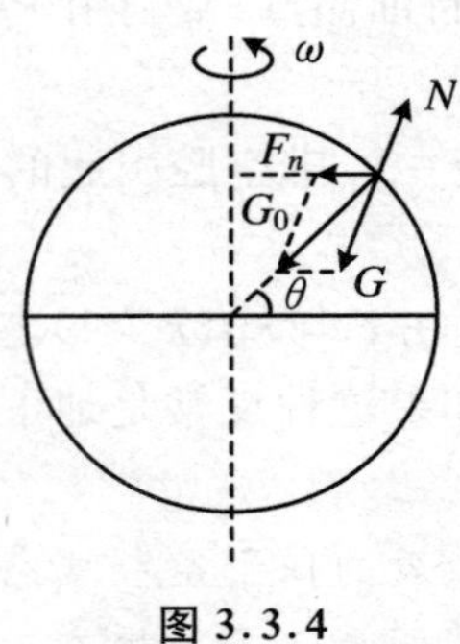

图 3.3.4

g_0 为不考虑地球自转的重力加速度，g 为考虑地球自转的重力加速度。已知 R 为地球的半径，ω 为地球自转的角速度，θ 为 A 点的纬度，当 $R\omega^2/g_0 \ll 1$ 时，试证：

$$g = g_0\left(1 - \frac{R\omega^2}{2g_0}\right) - \frac{1}{2}R\omega^2\cos 2\theta$$

分析 万有引力起到两个方面的作用：一方面，万有引力的一个分力抵消物体受到的支持力；另一方面，提供物体做圆周运动需要的向心力。若不考虑地球的自转，则 mg_0 为万有引力的大小。在地球上的观察者测得静止物体的重量为 G，G_0 是 G 和 F_n 的合力，如图 3.3.4 所示。

证明 由题意得

$$G_0 = mg_0 \quad ①$$

$$F_n = m\omega^2 R\cos\theta \quad ②$$

由余弦定理有

$$G = \sqrt{G_0^2 + F_n^2 - 2G_0 F_n \cos\theta} \quad ③$$

将①、②式代入③式，得

$$(mg)^2 = (mg_0)^2 + (mR\omega^2\cos\theta)^2 - 2mg_0 mR\omega^2\cos\theta\cos\theta$$

经整理得

$$g^2 = g_0^2 + R^2\omega^4\cos^2\theta - 2g_0 R\omega^2\cos^2\theta = g_0^2\left(1 - \frac{2R\omega^2\cos^2\theta}{g_0} + \frac{R^2\omega^4\cos^2\theta}{g_0^2}\right)$$

因为 $R\omega^2/g_0 \ll 1$，所以

$$g \approx g_0\left(1 - \frac{2R\omega^2\cos^2\theta}{g_0}\right)^{\frac{1}{2}} \approx g_0\left(1 - \frac{1}{2}\cdot\frac{2R\omega^2\cos^2\theta}{g_0}\right)$$

$$= g_0\left[1 - \frac{R\omega^2}{2g_0}(\cos 2\theta + 1)\right]$$

$$= g_0\left(1 - \frac{R\omega^2}{2g_0}\right) - \frac{1}{2}R\omega^2\cos 2\theta \quad ④$$

点拨 在得出④式的过程中，应用了“当 $x \to 0$ 时，$(1+x)^n \approx 1 + nx$”的近似处理方法。这在物理学中是一种常见的近似处理方法，我们已经应用了多次，在接下来的例题 4 中还会使用，希望大家能逐渐掌握。

2. 如何应用万有引力定律计算中心天体的质量和密度?

计算天体质量的方法很多，常见的有：

(1) 忽略天体的自转，根据星球表面物体的重力等于万有引力，即 $mg = \frac{GMm}{R^2}$，可求得中心天体的质量 M。

(2) 若环绕天体绕中心天体近似做圆周运动，测出环绕天体的相关量，根据万有引力提

供向心力，即$\frac{GMm}{r^2}=m\frac{v^2}{r}=m\frac{4\pi^2}{T^2}r$，可求得中心天体的质量$M$。求出质量后，再求密度就容易多了。需要注意的是，若环绕天体贴近中心天体表面做圆周运动，则只需要知道环绕天体的周期T，即可应用公式$\rho=\frac{3\pi}{GT^2}$算出中心天体的密度。

例题3　采用不同的方法来估计银河系的质量，得出了不同的结果。例如，按照目测估计，在到银河系中心的距离$R=3\times10^9R_0$（R_0是地球轨道的半径）的范围内聚集的已经观测到的质量$M_1=1.5\times10^{11}M_0$（M_0是太阳的质量），同时到银河系中心的距离R处有一颗星球以$T=3.75\times10^8$年为周期做圆周运动。在银河系这样大的尺度内，可假设其内质量分布均匀，试求银河系“暗含着的质量”，即半径为R的球体内部未被发现的天体的质量。

分析　根据R处的天体的运动情况，以及万有引力提供向心力，可计算出“半径为R的球体内部”的总质量，从而得到未被发现的天体的质量，即“暗含着的质量”。

解　物体以速度v沿半径为r的圆周运转，半径为r的球面内部包含的物质质量为$m_中$，它的向心加速度等于引力加速度，即

$$\frac{v^2}{r}=\frac{Gm_中}{r^2}$$

由此并利用转动周期公式$T=2\pi r/v$，得到球面内物体的质量

$$m_中=\frac{4\pi^2r^3}{GT^2}$$

比较地球围绕太阳运动（周期$T_0=1$年）与本题中所研究的星球的运动，得到半径为R的球体内银河系的总质量M：

$$M_0=\frac{4\pi^2R_0^3}{GT_0^2},\quad M=\frac{4\pi^2R^3}{GT^2}$$

可见

$$M=M_0\frac{R^3}{R_0^3}\cdot\frac{T_0^2}{T^2}=1.9\times10^{11}M_0$$

因此，银河系“暗含着的质量”等于

$$\Delta M=M-M_1=4\times10^{10}M_0$$

点拨　注意本题中应用万有引力定律的条件：质量分布均匀的球壳对内部任意质点的万有引力都等于零；质量分布均匀的球（壳）对球（壳）表面及球（壳）外质点的万有引力可以等效为质量集中在球（壳）心对质点的万有引力。在银河系这样大的尺度内，可假设其内质量分布均匀。

3. 如何处理天体运动中的相对运动的问题？

例题4　（2018年清华领军）地球的质量大约是月球的81倍，地、月的距离$L=3.8\times10^5$ km，两者之间有一个被称作拉格朗日点的位置，位于这一位置的小天体在地、月引力共同作用下能稳定在地、月连线上并绕地球转动。已知月球质量$m=7.34\times10^{22}$ kg，地球

质量 $M=5.98\times10^{24}$ kg，则这个点到地球的距离大约为　　（　　）

A. 3.8×10^5 km　　B. 6.58×10^5 km

C. 3.2×10^5 km　　D. 3.4×10^5 km

分析　设在图3.3.5中的拉格朗日点到月球的距离为 r，有一质量为 m' 的物体以地球为中心做圆周运动，向心力由地、月对其的万有引力之差提供。因为位于拉格朗日点的小天体在地、月引力共同作用下能稳定在地、月连线上并绕地球转动，所以小天体的角速度和月球绕地球的角速度相等。

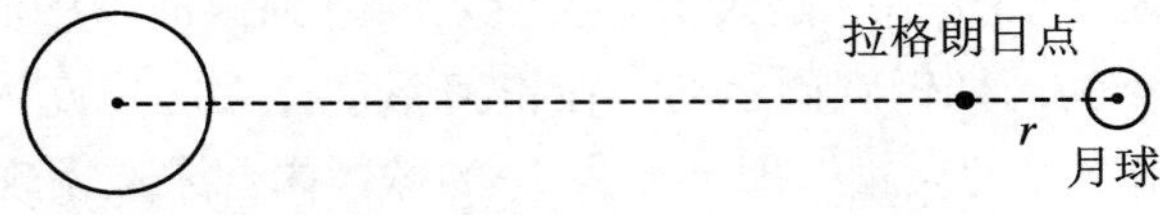

图3.3.5

解　质量为 m' 的物体以地球为中心做圆周运动，设圆周运动的角速度为 ω，则

$$G\frac{Mm'}{(L-r)^2}-G\frac{mm'}{r^2}=m'\omega^2(L-r)$$

月球绕地球做匀速圆周运动，它们之间的万有引力提供向心力，则

$$G\frac{Mm}{L^2}=m\omega^2L$$

联立以上两式，得

$$\frac{M}{(L-r)^2}-\frac{m}{r^2}=\frac{M}{L^3}(L-r)$$

先把方程化成

$$\frac{M}{L^2\left(1-\dfrac{r}{L}\right)^2}-\frac{m}{r^2}=\frac{M}{L^3}(L-r)$$

把 r/L 近似当作小量，应用 $(1+x)^n=1+nx$，方程可简化为

$$\frac{M}{L^2}\left(1+2\frac{r}{L}\right)-\frac{m}{r^2}=\frac{M}{L^3}(L-r)$$

即

$$\frac{m}{r^2}=\frac{3Mr}{L^3}$$

解上述方程，得

$$r=L\sqrt[3]{\frac{m}{3M}}$$

代入相关数据，可得 $r=6.1\times10^4$ km。所以

$$L-r=3.19\times10^5\ \text{km}$$

所以答案是C。

点拨　在日-地系统中也存在拉格朗日点，而且一共有5个拉格朗日点。如本题所述，

已经解出其中的一个拉格朗日点 L_1，剩下的 4 个拉格朗日点的大致位置如图 3.3.6 所示。

以日-地系统为例，各拉格朗日点的特点和用处如下：

(1) L_1：主要用于观测太阳，1995 年欧洲和美国发射 SOHO 率先抢占 L_1，用于观测太阳从内核到外核以及太阳风的情况。

(2) L_2：由地球遮挡太阳，可以较好地观测外太空，2001 年美国发射 WMAP 用于研究微波背景辐射、暗物质和暗能量等。

(3) L_3：躲在太阳背面，很神秘，成为科幻作品热点题材。

(4) L_4 和 L_5：稳定的拉格朗日点，可能会聚集小行星，如图 3.3.7 所示。

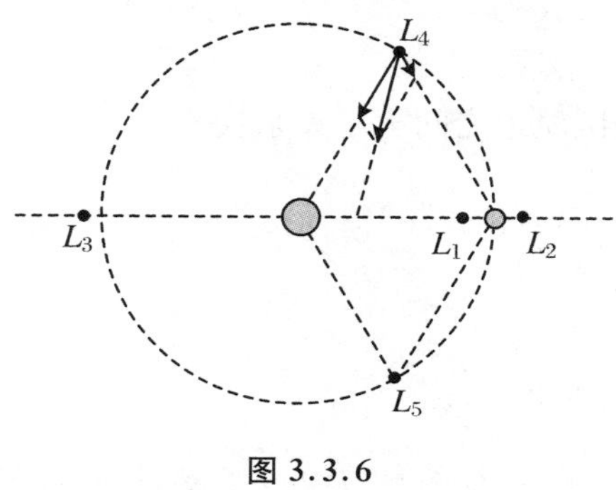

图 3.3.6

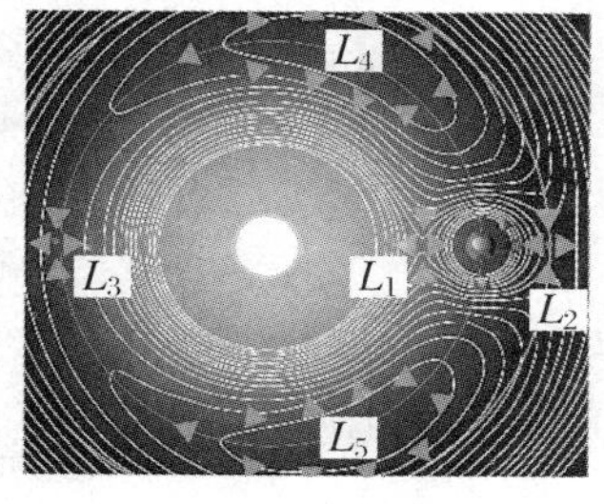

图 3.3.7

4. 如何利用椭圆的性质计算物体沿轨道运动的时间?

万有引力定律是天体运动的基本规律，正是因为物体之间的引力作用满足平方反比的规律，所以星体的运动轨迹为圆锥曲线。在实际中，我们常常遇见三维空间中力系的问题，因此这类问题对同学们的空间几何能力要求较高。

例题 5　如图 3.3.8 所示，有一宇宙飞船，在其椭圆轨道的短轴端点 A 处的速度为 v，该飞船的轨道刚好能保证在长轴端点 B 处与地面相切，从而使它被地面回收，速度 v 的方向与 OB 平行。计算 O、A 的距离，以及飞船绕地一周的时间 T。已知地球的半径为 R，地面附近重力加速度为 g。

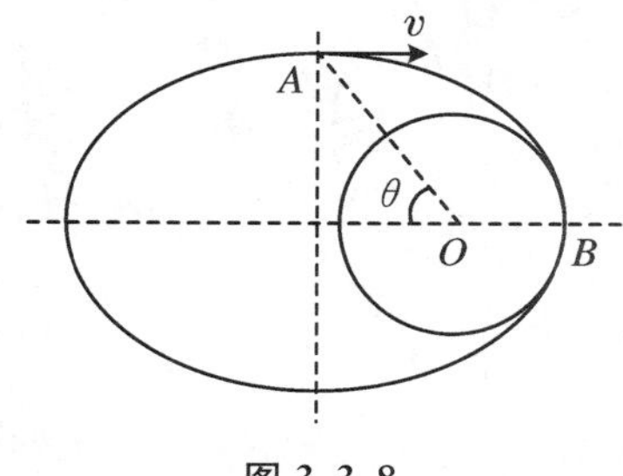

图 3.3.8

分析　宇宙飞船的运动并不是匀速圆周运动，在应用动力学方程时，需要对力进行分解。在椭圆轨道上的一点的速度方向是该点的切线方向，与速度垂直的方向为曲率半径所在的方向，其曲率圆的圆心在曲率半径的端点处，所以本题还涉及求椭圆的曲率半径。

解　(1) 宇宙飞船在 A 点处的动力学方程为

$$F_{向心} = \frac{GMm}{a^2}\sin\theta = \frac{GMm}{a^2}\cdot\frac{b}{a} = m\frac{v^2}{r}$$

其中，r 为椭圆轨道在 A 点处的曲率半径，有

$$r = \frac{a^2}{b}$$

由此可得椭圆的半长轴，即 O、A 的距离为

$$a = \frac{GM}{v^2} = \frac{gR^2}{v^2}$$

(2) 若飞船紧贴地球表面做匀速圆周运动，则其轨迹半径为 R，运动周期为 T_0，根据圆周运动的规律，可得

$$\frac{GMm}{R^2} = m\frac{4\pi^2}{T_0^2}R$$

由此可得

$$T_0 = 2\pi\sqrt{\frac{R}{g}}$$

根据开普勒第三定律，飞船目前运行轨道与圆轨道之间满足关系式

$$\frac{a^3}{T^2} = \frac{R^3}{T_0^2}$$

由此可得

$$T = \left(\frac{a}{R}\right)^{\frac{3}{2}} T_0 = 2\pi\frac{gR^2}{v^3}$$

点拨 本题的综合性较强，涉及椭圆的曲率半径、曲率圆的动力学方程、开普勒第三定律，这些在课内的学习都相对较少，需要慢慢消化。

例题 6 如图 3.3.9 所示，设地球的半径为 R，一物体从距离地面 R 高处无初速释放。已知地球表面附近的重力加速度大小为 g，求物体落到地面所需时间 t。（不计其他星球对物体的影响。）

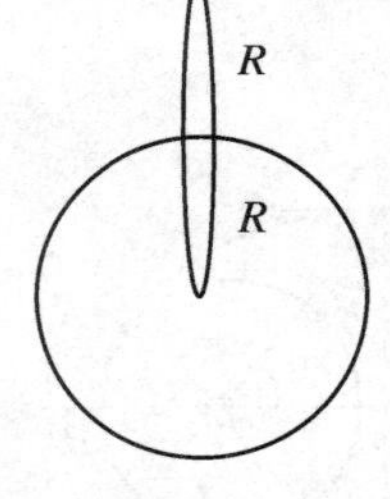

图 3.3.9

分析 本题已知受力情况要求运动情况，很容易想到列动力学方程求解，但是会涉及比较复杂的微积分运算，可以把自由落体的运动轨迹看成无限扁的椭圆，焦点、长轴端点都会被拉到地球球心处。

解 长轴 $2a=2R$，短轴 $2b\to 0$，$c\to a$。由开普勒第二定律可知

$$\frac{t}{T} = \frac{S}{S_{总}}$$

其中，$S=\frac{\pi ab}{4}+\frac{ab}{2}$，$S_{总}=\pi ab$。由开普勒第三定律可知，该轨道卫星与近地卫星的运动周期相同，因此有

$$T = 2\pi\sqrt{\frac{R^3}{R^2 g}} = 2\pi\sqrt{\frac{R}{g}}$$

联立以上各式，解得

$$t = \frac{\pi+2}{4\pi}\cdot 2\pi\sqrt{\frac{R}{g}} = \frac{\pi+2}{2}\sqrt{\frac{R}{g}}$$

点拨 本题的技巧性较高，初学者很难想到将直线看成无限扁的椭圆，需要强加练习，才能熟练掌握。

5. 如何处理与同步卫星相关的问题?

地球同步卫星相对于地球表面始终静止。根据万有引力提供向心力可知,地球同步卫星运行的轨道必须在赤道上空,并且它与地心的距离、相对于地心的速度大小都是固定值。

例题 7　(2019 年北大博雅)地球同步卫星的轨道半径 $r=$ ________;若受太阳风的影响,卫星周期改变了 1.0 s,那么地面控制站会对卫星轨道高度进行调整,使它继续正常运转,则 r 的改变量 $\Delta r=$ ________。(重力加速度 g 取 $9.8\ \mathrm{m/s^2}$,地球的半径 R_e 取 6400 km,运算结果保留 2 位有效数字。)

分析　本题第 1 问比较简单,根据万有引力提供向心力就可求解;第 2 问需要用到近似处理法,即$(1+x)^n=1+nx$,才能算出具体的值。

解　(1) 根据万有引力提供向心力,得

$$\frac{GMm}{r^2}=m\frac{4\pi^2}{T^2}r$$

解得

$$r=\sqrt[3]{\frac{GMT^2}{4\pi^2}}$$

应用黄金代换 $GM=gR_e^2$,得

$$r=\sqrt[3]{\frac{gR_e^2T^2}{4\pi^2}}\approx 4.2\times10^7\ \mathrm{m}$$

(2) 解法一

设周期变化了一个小量 ΔT,则相应的轨道半径也变化了一个小量 Δr,根据万有引力提供向心力,得

$$r+\Delta r=\sqrt[3]{\frac{gR_e^2(T+\Delta T)^2}{4\pi^2}}$$

当 x 远小于 1 时,应用近似$(1+x)^n=1+nx$,得

$$r+\Delta r=\sqrt[3]{\left[gR_e^2T^2\left(1+\frac{\Delta T}{T}\right)^2\right]\Big/(4\pi^2)}=\left(\frac{gR_e^2T^2}{4\pi^2}\right)^{\frac{1}{3}}\left(1+\frac{\Delta T}{T}\right)^{\frac{2}{3}}$$

$$\approx\left(\frac{gR_e^2T^2}{4\pi^2}\right)^{\frac{1}{3}}\left(1+\frac{2}{3}\cdot\frac{\Delta T}{T}\right)$$

解得

$$\Delta r=\frac{2\Delta T}{3T}\left(\frac{gR_e^2T^2}{4\pi^2}\right)^{\frac{1}{3}}\approx 3.2\times10^2\ \mathrm{m}$$

解法二

根据开普勒第三定律$\frac{r^3}{T^2}=\frac{GM}{4\pi^2}$,得

$$r^3=\frac{GM}{4\pi^2}T^2$$

两边取对数并对 r 和 T 取微分,得

$$3\frac{\Delta r}{r}=2\frac{\Delta T}{T}$$

也可求得

$$\Delta r\approx 3.2\times 10^2\ \mathrm{m}$$

点拨 在解法二中,对 $r^3=\dfrac{GM}{4\pi^2}T^2$ 两边取对数并对 r 和 T 取微分,这种求解相对误差的方法很方便,对于能写成幂函数形式的量都适用,希望大家多多体会。

例题8 俄罗斯科学家根据同步卫星在地球同步轨道上的飞行原理首先提出了"太空天梯"的构想,以方便向太空实验室运送人员或者补充物质。英国科幻作家阿瑟·克拉克在1978年出版的小说《天堂喷泉》中使这一构想广为人知。如图3.3.10所示,太空天梯的主体是一个永久连接太空站(同步卫星)和地面基站的缆绳,通过太阳能驱动的"爬行器"沿着缆绳可以爬上太空。已知:地球的半径 $R=6.37\times 10^6\ \mathrm{m}$,地球的质量 $M=5.97\times 10^{24}\ \mathrm{kg}$,引力常量 $G=6.67\times 10^{-11}\ \mathrm{N\cdot m^2/kg^2}$,假设太空天梯的质量分布均匀,计算该太空站(同步卫星)距离地球表面的高度 L。

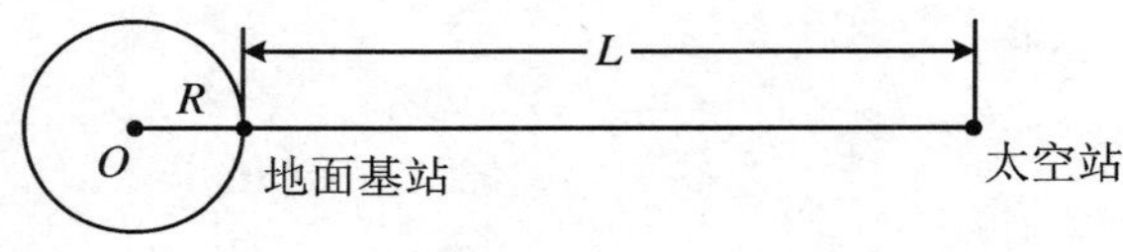

图3.3.10

分析 要使天梯相对于地球静止不动,由地面伸向太空,与地面之间无相互作用力,这样的天梯下端只能位于赤道上某处,且天梯与该处地球表面垂直,并与地球同步转动。从坐标原点与地球中心固连、坐标轴指向恒星的惯性参考系来看,天梯和地球一起匀速转动,天梯所受的外力只有地球的万有引力。

解 把天梯看作由许多线密度为 λ 的非常小的小段组成,则每小段到地球中心的距离不同,受到地球引力的大小也不同。每一小段微元受到的引力大小为

$$\mathrm{d}F=G\frac{M\lambda\,\mathrm{d}r}{r^2}$$

整个天梯所受的地球引力为

$$F=\int_R^{R+L}G\frac{M\lambda\,\mathrm{d}r}{r^2}=GM\lambda\left(\frac{1}{R}-\frac{1}{R+L}\right)$$

天梯的质心到地心的距离为

$$r_C=R+\frac{L}{2}$$

根据质心牛顿运动定律并结合 $m=\lambda L$,可得

$$F=mr_C\left(\frac{2\pi}{T}\right)^2$$

由以上关系式可得

$$L^2+3RL+2R^2-\frac{GMT^2}{2\pi^2 R}=0$$

解得

$$L=-\frac{3R}{2}+\frac{1}{2}\sqrt{R^2+\frac{2GMT^2}{\pi^2 R}}$$

代入 $R=6.37\times10^6$ m，$M=5.97\times10^{24}$ kg，$T=86400$ s，可得 $L=1.44\times10^8$ m。

点拨　(1) 要保证太空天梯所受引力提供圆周运动所需向心力，则天梯的基站只能设置在赤道上空，不能设置在我国境内。

(2) 设地球同步卫星离地球表面的高度为 h，满足关系式

$$G\frac{Mm}{(R+h)^2}=m\left(\frac{2\pi}{T}\right)^2(R+h)$$

解得 $h=\sqrt[3]{\frac{GMT^2}{4\pi^2}}-R$，代入数据，得 $h=3.58\times10^7$ m。可见，太空站离地面的高度更高。

基础练习

1. 一近地卫星的运行周期为 T_0，地球的自转周期为 T，则地球的平均密度与地球不会因自转而瓦解的最小密度之比为　(　　)

A. $\frac{T_0}{T}$　　B. $\frac{T}{T_0}$　　C. $\frac{T_0^2}{T^2}$　　D. $\frac{T^2}{T_0^2}$

2. 已知地球的半径 $R_E=6400$ km，地球质量 $M=5.98\times10^{24}$ kg，卫星在距赤道上空 $h=20000$ km 处运行，那么在赤道上的人能观察到此卫星的最长时间间隙为　(　　)

A. 42100 s　　B. 38200 s　　C. 34700 s　　D. 20800 s

3. 设有两个地球人造卫星 M 和 N 沿同一椭圆轨道运动，地球中心在这个椭圆的一个焦点 F 上，又设 M 和 N 相距不远，因此可将椭圆弧看作直线。已知 MN 的中点经近地点时 $MN=a$，近地点到地心的距离为 r，远地点到地心的距离为 R，求 MN 的中点经远地点时两颗卫星间的距离。

4. 有一个质量大而体积小的星球，一个物体与这个星球的距离为 r，物体从静止出发自由落向此星球，物体落到这个星球上经历多少时间？（已知星球的质量为 M。）

5. 银河系的半径约为 $R=5\times10^4$ 光年，可见物质总质量约为太阳质量的 2100 亿倍，是地球质量 M_E 的 $\alpha=7\times10^{16}$ 倍。太阳在银河系的一条旋臂上，离银心约 $R_0=2.64\times10^4$ 光年，约为地球半径 r_E 的 $\beta=4\times10^{13}$ 倍。

(1) 不妨把银河系看作一个质量均匀分布的球,计算太阳绕银心旋转的线速度。

(2) 已知太阳绕银心旋转一周约需 $T=2.5$ 亿年,问:太阳绕银心旋转的实际平均速度有多大?

(3) 实际上太阳转得快可以用“银河内存在暗物质”来解释。假定暗物质也均匀分布,计算银河系暗物质与可见物质的密度之比。

提 高 练 习

6. 在半径为 R、质量为 M 的均匀铅球内挖去一个直径为 R 的球形空腔,空腔与表面相切,在两球心连线的延长线上距铅球中心 d 处,另有一质量为 m 的小球,如图 3.3.11 所示,试求挖有空腔的铅球对小球的万有引力。

7. 某行星围绕太阳 C 沿圆弧轨道运行,它的近日点 A 离太阳的距离为 a,行星经过近日点 A 时的速度为 v_A,行星的远日点 B 与太阳的距离为 b,如图 3.3.12 所示,求它经过远日点 B 时的速度 v_B 的大小。

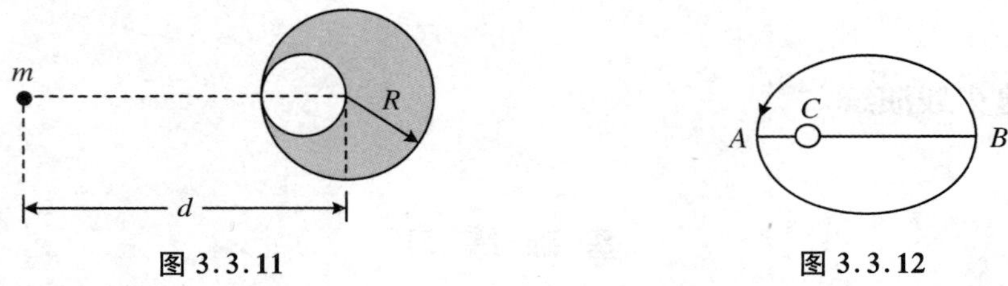

图 3.3.11　　　　图 3.3.12

8. 如图 3.3.13 所示,行星的轨道为椭圆,恒星位于焦点 F_2 位置,且轨道的长、短轴长度之比 $a:b=5:3$,计算行星从近日点 A_2 运动到远日点 A_1 的过程中,前半段路程 A_2B_2 与后半段路程 B_2A_1 所经历时间的之比。

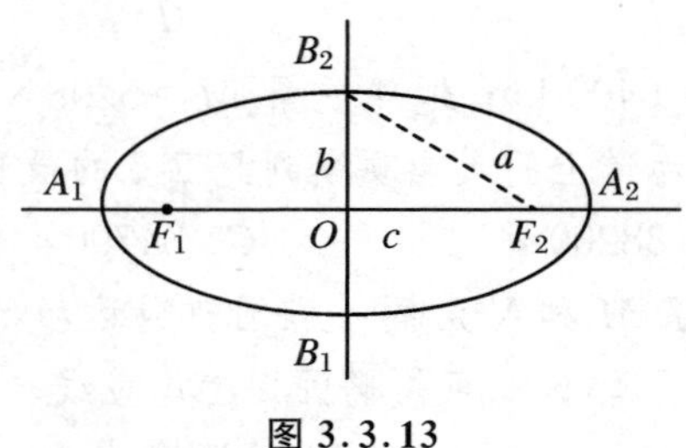

图 3.3.13

9. 要发射一艘探测太阳的宇宙飞船,使其具有与地球相等的绕日运动周期,以便发射一年后又将与地球相遇而发回探测资料。由地球发射这一艘飞船,求其相对于太阳的发射速度。已知地球绕日公转的速率为 v_0。

10. 要把一个卫星置于地球的同步圆形轨道上,卫星的动力供应预期能维持 10 年,如果在卫星的生存期内向东或向西的最大容许漂移为 10°,则它的轨道半径的误差限度是多少?

11. (2011年“北约”) 设一天的时间为 T,地面上的重力加速度为 g,地球的半径为 R_0。

(1) 试求地球同步卫星P的轨道半径 R_P。

(2) 赤道城市A的居民整天可看见城市上空挂着同步卫星P。

① 设P的运动方向突然偏北转过45°,试分析判定当地居民一天内有多少次机会可看到P掠过城市上空。

② 取消①问中的偏转,设P从原来的运动方向突然偏西北转过105°,再分析判定当地居民一天内有多少次机会可看到P掠过城市上空。

(3) 另一个赤道城市B的居民,平均每三天有四次机会可看到某卫星Q自东向西掠过该城市上空,试求Q的轨道半径 R_Q。

《参考答案》

1. D。

2. C。

提示　假设地球自转方向为顺时针方向。以角速度较小的人为参考系,把他看作静止不动,角速度较大的卫星相对于人以角速度 $\omega_{相对}=\omega-\omega_E=\frac{2\pi}{T}-\frac{2\pi}{T_E}$ 转动。如图3.3.14所示,在赤道上的人能观察到此卫星的最长时间间隙内,卫星相对于人转过的角度满足 $\theta_{相对}=\omega_{相对}t$,即

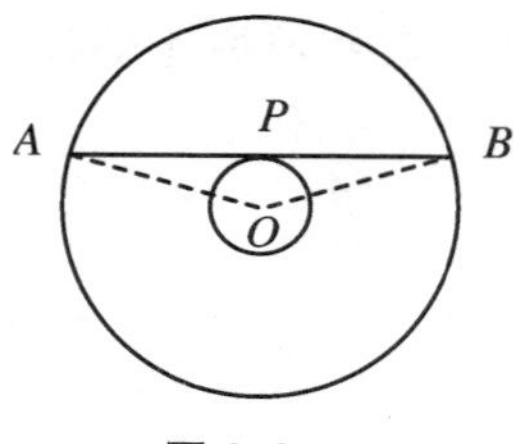

图3.3.14

$$\angle AOB=\left(\frac{2\pi}{T}-\frac{2\pi}{T_E}\right)t$$

由几何关系可得

$$\angle AOB=2\arccos\frac{R_E}{R_E+h}$$

根据万有引力定律和牛顿定律,有

$$G\frac{M_E m_0}{(R_E+h)^2}=m_0\left(\frac{2\pi}{T}\right)^2(R_E+h),\quad G\frac{M_E m_0}{R_E^2}=m_0 g$$

联立以上各式,得 $t\approx35557$ s。

3. $\frac{r}{R}a$。

提示　设在远地点时两颗卫星的距离为 l,由开普勒第二定律有 $\frac{1}{2}a\cdot r=\frac{1}{2}l\cdot R$,得 $l=\frac{r}{R}a$。

4. $t=\frac{T}{2}=\frac{\pi}{2}\sqrt{\frac{r^3}{2GM}}$。

提示 将此星球看作质点，落向此星球的物体的轨道可看作退化为直线的椭圆，其半长轴长为$\dfrac{r}{2}$。若周期为 T，则自由下落到星球历时 $T/2$。设想同一环绕系统另有一物体在半径为 r 的圆轨道上运动，其周期为

$$T' = 2\pi\sqrt{\frac{r^3}{GM}}$$

根据开普勒第三定律，得

$$T = \frac{T'}{2\sqrt{2}} = \pi\sqrt{\frac{r^3}{2GM}}$$

所以

$$t = \frac{T}{2} = \frac{\pi}{2}\sqrt{\frac{r^3}{2GM}}$$

5. (1) 126 km/s；(2) 200 km/s；(3) 1.5。

提示 (1) 设可见物质的总质量为 M，太阳轨道内可见物质的质量为 M_1，太阳的质量为 M_S，暗物质的速度为 v'，则有

$$G\frac{M_S M_1}{R_0^2} = M_S\frac{v'^2}{R_0} \quad ①$$

$$\frac{M_1}{M} = \left(\frac{R_0}{R}\right)^3 \quad ②$$

联立①、②式，得

$$v' = \sqrt{\frac{GM_1}{R_0}} = \sqrt{\frac{GM(R_0/R)^3}{(R_0/r_E)r_E}} = \sqrt{\frac{\alpha(R_0/R)^3}{\beta}\frac{GM_E}{r_E}} = \sqrt{\frac{\alpha(R_0/R)^3}{\beta}}v_1$$

其中，地球第一宇宙速度 $v_1 = 7.9$ km/s。代入数据，得理论上太阳绕银心的旋转速度

$$v' = 16v_1 = 126 \text{ km/s}$$

(2) 太阳绕银心旋转的实际平均速度为

$$v = \frac{2\pi R_0}{T} = \frac{2\pi\times 2.64\times 10^4 \text{ ly}}{2.5\times 10^8 \text{ a}} = 200 \text{ km/s}$$

(3) 银河系中可能存在暗物质，它也对太阳有引力作用。设太阳轨道内暗物质的质量为 M_2，则有

$$\frac{GM_S(M_1+M_2)}{R_0^2} = M_S\frac{v^2}{R_0}$$

可得

$$v = \sqrt{\frac{G(M_1+M_2)}{R_0}}$$

从而银河系暗物质与可见物质的密度之比为

$$\frac{\rho_2}{\rho_1}=\frac{M_2}{M_1}=\frac{M_2+M_1-M_1}{M_1}=\left(\frac{v}{v'}\right)^2-1=\left(\frac{200}{126}\right)^2-1=1.5$$

6. $F=F_1-F_2=GMm\left[\frac{1}{d^2}-\frac{1}{2(2d-R)^2}\right]$。

提示　若铅球无空腔，则其对小球的引力为

$$F_1=G\frac{Mm}{d^2}$$

空腔所在处的铅球的质量为

$$M'=\left(\frac{1}{2}\right)^3M=\frac{M}{8}$$

其对小球的引力为

$$F_2=G\frac{M'm}{(d-R/2)^2}=G\cdot\frac{Mm}{2(2d-R)^2}$$

可见带空腔的铅球对小球的引力为

$$F=F_1-F_2=GMm\left[\frac{1}{d^2}-\frac{1}{2(2d-R)^2}\right]$$

7. $v_B=\frac{a}{b}v_A$。

提示　可根据开普勒第二定律，用微元法求解。设行星在近日点 A 时又向前运动了极短的时间 Δt，由于时间极短，可以认为行星在 Δt 时间内做匀速圆周运动，线速度为 v_A，半径为 a，则可以得到行星在 Δt 时间内扫过的面积 $S_a=\frac{1}{2}v_A\Delta t\cdot a$。同理，设行星在经过远日点 B 时也运动了相同的极短时间 Δt，则也有 $S_b=\frac{1}{2}v_B\Delta t\cdot b$。由开普勒第二定律可知 $S_a=S_b$，即得 $v_B=\frac{a}{b}v_A$。

8. $\frac{t_1}{t_2}=\frac{5\pi-8}{5\pi+8}$。

提示　根据开普勒第二定律，只要能计算出两段路程所对应的面积即可：

$$\frac{t_1}{t_2}=\frac{S_{F_2A_2B_2}}{S_{F_2B_2A_1}}=\frac{0.25\pi ab-0.5bc}{0.25\pi ab+0.5bc}=\frac{5\pi-8}{5\pi+8}$$

9. $v=v_0$。

提示　如图3.3.15所示，设其中圆为地球绕日运行轨道，椭圆为所发射的飞船绕日运行轨道，O 点（太阳）为此椭圆的一个焦点。由于飞船与地球具有相同的绕日运行周期，根据开普勒第三定律可知椭圆轨道的半长轴长 a 与日地距离 R 相等，图中 $OP=R$。又设此椭圆轨道的另一焦点为 O'，则由椭圆的性质有

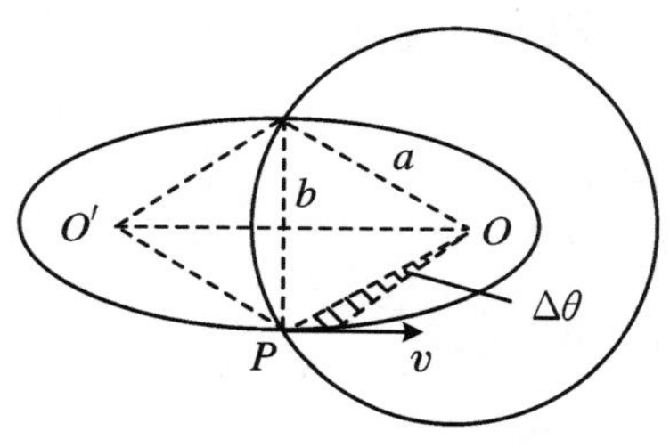

图3.3.15

$$PO + PO' = 2a$$

故 $PO = PO'$。

可见,P 点必为椭圆轨道短轴的端点。发射飞船时,应使飞船的绕行速度 v 在 P 点沿椭圆轨道的切线方向,即平行于椭圆长轴的方向。

设想飞船自 P 点出发,经过一段很短的时间 Δt,则在此时间内飞船与太阳连线 OP 扫过一个极小的角度 $\Delta\theta$,由于 $\Delta\theta$ 很小,我们可以将飞船在椭圆上走过的一段弧看成另一段直线,于是在这段时间内,飞船与太阳的连线 OP 所扫过的面积为

$$\Delta S_{椭} = \frac{1}{2}v \cdot \Delta t \cdot b \tag{①}$$

同理,在这段时间内,地球与太阳的连线所扫过的面积为

$$\Delta S_{圆} = \frac{1}{2}v_0 \cdot \Delta t \cdot R \tag{②}$$

依题意,飞船与地球的运行周期相等,现以 T($T = 1$ 年)表示,则根据开普勒第二定律,有

$$\Delta S_{椭} = \frac{\pi ab}{T}\Delta t = \frac{\pi Rb}{T}\Delta t \tag{③}$$

$$\Delta S_{圆} = \frac{\pi R^2}{T}\Delta t \tag{④}$$

将③、④两式分别代入①、②式中,即可解得 $v = v_0$。

可以看出,过 P 点可以有多个不同的以 R 为半长轴、太阳为焦点的椭圆,以它们作为飞船轨道都可以满足题述要求,而由它们确定的飞船在 P 点的速度方向则是不相同的. 所以自 P 点发射满足题述要求的飞船时,其发射速度的方向不是唯一的,但大小(相对于太阳而言)是唯一的。

10. $\Delta r = 214$ m。

提示 同步卫星的角速度为 $\omega = \omega_{自转} = 2\pi/\text{d}$,则容许误差为

$$\Delta\omega = \frac{2\pi \times 10^\circ}{360^\circ \times 10 \times 365\ \text{d}} = \frac{2\pi}{360 \times 365\ \text{d}}$$

则相对误差为

$$\frac{\Delta\omega}{\omega} = \frac{1}{360 \times 365}$$

根据开普勒第三定律,有

$$r^3 = \frac{GMT^2}{4\pi^2} = \frac{GM}{\omega^2}$$

取微分,得

$$3r^2\text{d}r = -\frac{2GM}{\omega^3}\text{d}\omega$$

被前式除,得

$$\frac{3\mathrm{d}r}{r} = -\frac{2\mathrm{d}\omega}{\omega}$$

则轨道半径的相对误差为

$$\frac{|\Delta r|}{r} = \frac{2|\Delta\omega|}{3\omega} = \frac{2}{3\times 360\times 365} = 5.07\times 10^{-6}$$

$M=5.98\times 10^{24}$ kg，可得

$$r = \left(\frac{GM}{\omega^2}\right)^{1/3} = \left[\frac{6.67\times 10^{-11}\times 5.98\times 10^{24}}{(2\pi\div 86400)^2}\right]^{1/3}\ \mathrm{m} = 4.23\times 10^7\ \mathrm{m}$$

所以

$$\Delta r = 5.07\times 10^{-6}\times 4.23\times 10^7\ \mathrm{m} = 214\ \mathrm{m}$$

11.（1）$R_P=\sqrt[3]{\dfrac{gR_0^2T^2}{4\pi^2}}$。

（2）① 2 次；② 2 次。

（3）$R_Q=\left(\dfrac{9gR_0^2T^2}{4\pi^2}\right)^{\frac{1}{3}}$。

提示　卫星自东向西转动，而地球自西向东转动，且地球的自转周期 $T_{地}=1$ 天，设卫星的周期为 $T_{卫}$，则在 $t=3$ 天时间内满足

$$\left(\frac{2\pi}{T_{卫}}+\frac{2\pi}{T_{地}}\right)t = 8\pi$$

得 $T_{卫}=3$ 天 $=3T$。所以

$$R_Q = \left(\frac{9gR_0^2T^2}{4\pi^2}\right)^{\frac{1}{3}}$$

3.4　非惯性系中的牛顿运动定律

课外知识延伸

牛顿运动定律是经典力学的核心和基础，最早见于牛顿的名著《自然哲学的数学原理》。这些规律在宏观、低速的机械运动的广阔领域经受了实践的检验，取得了巨大成就。著名物理学家、物理学诺贝尔奖获得者杨振宁曾赞颂道："如果一定要举出某个人某一天作为近代科学的诞生标志，我选牛顿《自然哲学的数学原理》1687 年出版的那一天。"但是，经典力学像一切科学理论一样，始终是也只能是一部"未完成的交响曲"，也就是说它不是普适的，而是有一定的适用范围的。

1. 惯性系与非惯性系

我们知道，牛顿第一定律实际上定义了一种参考系。在这种参考系中观察，一个不受力

作用或所受合外力为零的物体将保持静止或匀速直线运动状态,这就是惯性系。地面就是一个近似的惯性系。换句话说,牛顿第一定律成立的参考系称为惯性系。

在第1章的"相对运动"一节中,我们曾经证明,对于两个相对做匀速直线运动的参考系,同一物体的加速度是相同的。这就是说,一个不受力作用的物体在这个参考系中静止,对那个参考系就是做匀速直线运动;反之亦然,即加速度同为零,都保持原来的运动状态。所以相对于任一惯性系做匀速直线运动的其他参考系都是惯性系。我们以前讨论所有的动力学问题都是在这样或那样的惯性系中进行的。

相对于惯性系做加速运动的参考系称为非惯性参考系,简称非惯性系。在非惯性系中,牛顿第一定律和牛顿第二定律已经不再成立,但牛顿第三定律依然成立。

2. 平动非惯性系中的惯性力

我们先思考一个问题:如图3.4.1所示,将一光滑的水平桌面放在小车上,再将质量为m的小球放在水平桌面上,桌面上除小球(小球的线度远远小于小车的横向线度)之外别无他物,即小球水平方向合外力为零。然后突然使小车向右对地做加速运动,则小球如何运动呢?

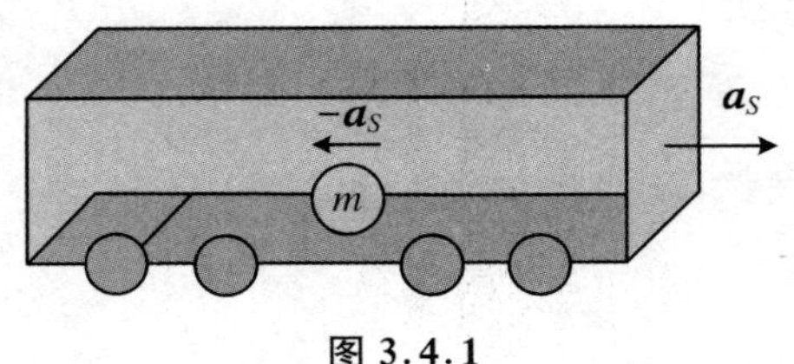

图3.4.1

地面上的观察者认为:小球将静止在原地,符合牛顿第一定律;车上的观察者觉得,小球以加速度$-\boldsymbol{a}_S$相对于小车做加速运动。

我们假设车上的人熟知牛顿定律,尤其对"加速度是由力引起的"印象至深,以致在任何场合下,他都强烈地要求保留这一认知,于是车上的人说:小球之所以相对于小车有$-\boldsymbol{a}_S$的加速度,是因为受到了一个指向左方的作用力,且力的大小为ma_S。物理上把这个力命名为惯性力。

以下说明,引入惯性力后非惯性系中的观察者仍可以用牛顿定律的语言和公式来解释小球的运动,因此惯性力具有"实用性"的意义。惯性力使非惯性系中牛顿定律的方程形式与以地面为参考系的牛顿定律在数学上完全等效。

设$\boldsymbol{a}$为质量为m的一质点对地加速度,$\boldsymbol{a}_S$为某参考系S对地加速度,$\boldsymbol{F}$为该物体所受合外力。由牛顿第二定律得

$$\boldsymbol{F} = m\boldsymbol{a}$$

物体m相对于参考系S的加速度a'为

$$\boldsymbol{a}' = \boldsymbol{a} - \boldsymbol{a}_S$$

联立两式,得

$$\boldsymbol{F} = m\boldsymbol{a}' + m\boldsymbol{a}_S$$

移项,得

$$\boldsymbol{F} - m\boldsymbol{a}_S = m\boldsymbol{a}'$$

"$-m\boldsymbol{a}_S$"可以看成一个力,称为惯性力,它与真实力的合成提供物体相对于新参考系的加速度$\boldsymbol{a}'$。

要正确理解"惯性力",需要把握以下要点:

(1) 惯性力不是物体间的相互作用。因此,惯性力没有反作用力。实质上,从惯性系来

看,它只不过是物体惯性的表现。

(2) 惯性力的大小等于研究对象的质量 m 与非惯性系的加速度 $\boldsymbol{a}_S$ 的乘积,而方向与 $\boldsymbol{a}_S$ 相反,即 $\boldsymbol{f}^* = -m\boldsymbol{a}_S$。

(3) 我们把牛顿运动定律成立的参考系称为惯性系,不成立的称为非惯性系。设一个参考系相对于绝对空间的加速度为 $\boldsymbol{a}_S$,物体相对于此参考系的加速度为 $\boldsymbol{a}'$,牛顿定律可以写成:$\boldsymbol{F}+\boldsymbol{f}^* = m\boldsymbol{a}'$,其中 $\boldsymbol{F}$ 为物体受的"真实的力",$\boldsymbol{f}^*$ 为惯性力,是个"假力"。

(4) 如果研究对象是刚体,则惯性力等效作用点在质心处。

总之,在非惯性系中,牛顿定律不再成立。为了形式上仍能利用牛顿定律,在相对于惯性系做匀加速直线运动的非惯性系中分析物体受力时,除了各种牛顿力,认为任何物体都还受到一个惯性力 $-m\boldsymbol{a}_S$,$\boldsymbol{a}_S$ 为此非惯性系相对于惯性系的加速度。

3. 匀速转动系中的惯性力

在平动非惯性系中,只需要加上假想的平动惯性力 $\boldsymbol{f}^* = -m\boldsymbol{a}_S$,牛顿第二定律就依然可以使用。但是在转动参考系中,需要考虑的惯性力较多,为了简单起见,这里仅考虑匀速转动的参考系。在匀速转动的参考系中,要使牛顿第二定律成立,需要加入惯性离心力和科里奥利力。惯性离心力的表达式为 $\boldsymbol{F}_{离} = m\omega^2\boldsymbol{r}$,$\boldsymbol{F}_{离}$ 的方向背向圆心。科里奥利力的表达式为 $\boldsymbol{F}_{科} = 2m\boldsymbol{v}_{相}\times\boldsymbol{\omega}$,这是一个叉乘式,方向满足右手螺旋定则,其中角速度也是矢量。

需要注意的是,在转动的参考系中,要使牛顿第二定律依然成立,就必须加入假想的力 $\boldsymbol{F}_{离} = m\omega^2\boldsymbol{r}$,而相对于转动参考系运动的物体才可能受到科里奥利力 $\boldsymbol{F}_{科} = 2m\boldsymbol{v}_{相}\times\boldsymbol{\omega}$。

核心问题讨论

1. 如何在平动非惯性系中引入惯性力解决问题?

在一些涉及相对运动的情景中,在地面参考系中观察其运动情况常常很复杂,若选择与相对运动相关的接触物体为参考系,运动情况可以大大简化,但是被选择的物体可能是非惯性系,若需要分析动力学相关问题,就需要考虑惯性力。对于平动非惯性系,需要考虑平动惯性力 $\boldsymbol{f}^* = -m\boldsymbol{a}_S$,平动惯性力的大小等于研究对象的质量 m 与非惯性系的加速度 $\boldsymbol{a}_S$ 的乘积,而方向与 $\boldsymbol{a}_S$ 相反。

例题1 (2010年清华等自招联考物理)在光滑的水平面上有一质量为 M、倾角为 θ 的光滑斜面,其上有一质量为 m 的物块,如图 3.4.2 所示。物块在下滑的过程中对斜面压力的大小为 ( )

A. $\dfrac{Mmg\cos\theta}{M+m\sin\theta\cos\theta}$　　B. $\dfrac{Mmg\cos\theta}{M-m\sin\theta\cos\theta}$

C. $\dfrac{Mmg\cos\theta}{M+m\sin^2\theta}$　　D. $\dfrac{Mmg\cos\theta}{M-m\sin^2\theta}$

分析 m 相对于 M 在运动,如果以 M 为参考系,则运动变得简单,但这是一个非惯性系,牛顿第二定律不再成立,需要加上惯性力才能应用牛顿第二定律。设出 M 的加速度和 m 相对于 M 的加速度,就可以在 M 这个非惯性系中应用牛顿运动定律来求解了。

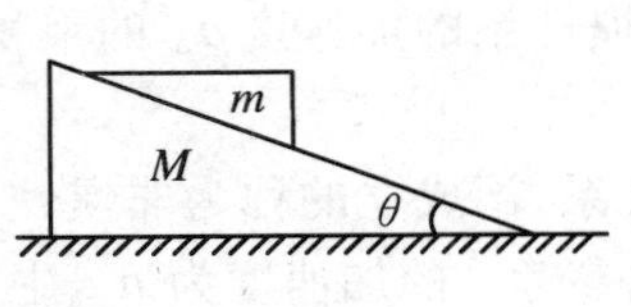

图 3.4.2

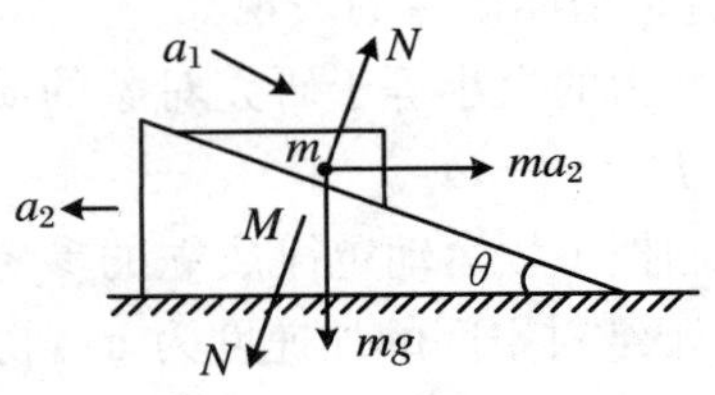

图 3.4.3

解 如图 3.4.3 所示,以 M 为参考系,m 的受力应增加惯性力 ma_2。由于 m 沿斜面方向下滑,在垂直于斜面方向,由牛顿第二定律得

$$N + ma_2\sin\theta = mg\cos\theta$$

在地面参考系中,对 M 由牛顿第二定律得

$$N\sin\theta = Ma_2$$

联立两式,可得

$$N = \frac{Mmg\cos\theta}{M + m\sin^2\theta}$$

点拨 本题也可在地面参考系中求解:设物块 m 相对于斜面的加速度为 a_1,斜面的加速度为 a_2,方向向左,则物块 m 相对于地面的加速度为

$$a_x = a_1\cos\theta - a_2, \quad a_y = a_1\sin\theta$$

根据牛顿第二定律,对 m 有

$$N\sin\theta = m(a_1\cos\theta - a_2), \quad mg - N\cos\theta = ma_1\sin\theta$$

对 M 有

$$N\sin\theta = Ma_2$$

解得

$$N = \frac{Mmg\cos\theta}{M + m\sin^2\theta}$$

例题 2 (2019 年清华领军) 长度分别为 l_1 和 l_2 的两根不可伸长的细绳悬挂着质量分别为 m_1 和 m_2 的两个小球,处于静止状态,如图 3.4.4 所示,中间小球突然受到一个水平方向的冲击力,瞬间获得水平向右的速度 v,求此时两绳中的拉力。

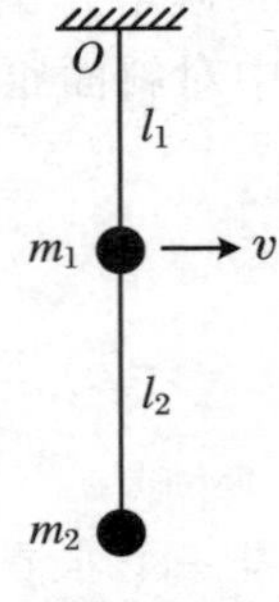

图 3.4.4

分析 m_1 相对于 O 点做圆周运动,此时速度大小为 v,要求 l_1 中的拉力大小 T_1,就必须求出 l_2 中的拉力大小 T_2,要求出 T_2,就得以 m_2 为研究对象,分析其受力和运动情况。m_2 虽然速度为 0,但是有加速度。因为绳子的拉力 T_2 竖直向上,重力 m_2g 竖直向下,所以 m_2 的加速度应该在竖直方向上。要求出 m_2 的加速度大小就得分析 m_2 的运动情况。m_2 以 m_1 为圆心做圆周运动,有向心加速度,方向竖直向上,但 m_1 是一个非惯性系,因为 m_1 以 O 为圆心做圆周运动,也具有向心加速度,方向竖直向上。所以在 m_1 这个参考系中,要使牛顿第二定律成立,应该加上竖直向

下的假想的惯性力。

解　m_1 相对于悬点 O 做圆周运动，根据牛顿第二定律，有

$$T_1 - m_1 g - T_2 = m_1 \frac{v^2}{l_1}$$

m_2 相对于 m_1 做圆周运动，此时 m_1 的向心加速度为$\frac{v^2}{l_1}$，由于 m_1 是一个非惯性系，故 m_2 所受惯性力为 $m_2 \frac{v^2}{l_1}$，方向竖直向下。根据牛顿第二定律，有

$$T_2 - m_2 g - m_2 \frac{v^2}{l_1} = m_2 \frac{v^2}{l_2}$$

由以上两式可得

$$T_1 = m_1 g + m_1 \frac{v^2}{l_1} + m_2 g + m_2 \frac{v^2}{l_1} + m_2 \frac{v^2}{l_2}$$

$$T_2 = m_2 g + m_2 \frac{v^2}{l_1} + m_2 \frac{v^2}{l_2}$$

点拨　绳子上的力可以突变，突变之后力的大小由 m_1 和 m_2 的加速度决定。在这一瞬间虽然 m_1 做圆周运动，但它是一个平动参考系，所以并不存在惯性离心力，而存在的是平动惯性力。

例题 3　质量分别为 M、m 的两个质点相距 L，将两质点从静止释放，求两质点相遇的时间。（只考虑相互间万有引力的作用，已知引力常量为 G。）

分析　以 M 为参考系，m 在运动过程中受力 $F = F_{万} + F_{惯} = \frac{Gm(m+M)}{L^2}$，等效于 m 在质量为 $M+m$ 的中心天体引力作用下，向中心天体运动（中心天体静止）。m 的运动轨迹为直线，可以看作无限扁的椭圆，焦点和中心天体都会被拉到长轴端点处。

解　将 m 的运动轨迹看作无限扁的椭圆，该椭圆的半长轴 $a = \frac{L}{2}$，由开普勒第三定律得

$$\frac{a^3}{T^2} = \frac{G(M+m)}{4\pi^2}$$

则 m 运动到 M 处的时间为该椭圆运动周期的一半，即 $t = \frac{T}{2}$，所以

$$t = \frac{\pi}{2}\sqrt{\frac{L^3}{2G(M+m)}}$$

点拨　本题若在太空静止参考系中求解将非常复杂，涉及比较麻烦的积分。以 M 为参考系，再将直线运动看成无限扁的椭圆，可以巧妙地回避这些积分。这种将直线看成无限扁的椭圆的方法在研究天体运动中是常见的。

2. 在转动系中如何正确使用惯性离心力和科里奥利力？

地球是一个天然的转动非惯性系，若考虑地球的转动引起的效果，应用牛顿第二定律时

就得考虑惯性离心力，若物体相对于地球表面以速度 $\boldsymbol{v}_{相}$ 运动，还得考虑科里奥利力 $\boldsymbol{F}_{科} = 2m\boldsymbol{v}_{相} \times \boldsymbol{\omega}$。

例题4 轮船以等速率 v 沿赤道向东航行，地球表面附近的重力加速度大小为 g，地球自转的角速度为 ω。计算由此引起的船上物体重量的相对误差。

分析 船上物体的重力大小等于物体对船的压力大小，即船对物体的支持力大小，船上物体与地球之间的万有引力并不等于物体的重力。设万有引力方向为正，则万有引力加上惯性离心力 $f = -mR\omega^2$ 才等于赤道上静止物体的重力；若船向东航行，科里奥利力为 $F_C = -2m\omega v$，则万有引力加上惯性离心力 $f = -mR\omega^2$ 和 $F_C = -2m\omega v$ 才等于赤道上运动物体的重量。

解 设地球的半径为 R，自转的角速度为 ω，赤道上重力加速度为 g，对地球参考系，船静止在赤道上时货物重力为

$$G = F_{引} - mR\omega^2 = mg$$

当船以速率 v 沿赤道向东航行时，货物受地心引力 $F_{引}$、支持力 F、惯性离心力 $f = -mR\omega^2$ 和科里奥利力 $F_C = -2m\omega v$，有

$$F_{引} + f + F_C - F = m\frac{v^2}{R}$$

式中 F 的大小即为船上物体此时的重力 G'。联立以上各式，可得由速率 v 引起的货物重量差

$$\Delta G = G - G' = G - F = m\frac{v^2}{R} + 2mv\omega$$

则相对误差为

$$\delta = \frac{\Delta G}{G} = \frac{m\dfrac{v^2}{R} + 2mv\omega}{mg} \approx \frac{2v\omega}{g}$$

请读者自行考虑，为何第一项可忽略。

点拨 一般情况下，在地球参考系中，惯性离心力和科里奥利力并不大，虽然引起的相对误差较小，但还是能在一些现象中体现出来。读者可以尝试解释一下：北半球的河流对右岸冲刷得较厉害，而南半球的河流则对左岸冲刷得较厉害。

习题实战演练

基础练习

1.（2018年北京高考理综）根据高中所学知识可知，做自由落体运动的小球将落在正下方位置。但实际上，赤道上方200 m处无初速下落的小球将落在正下方位置偏东约6 cm处。这一现象可解释为：除重力外，由于地球自转，下落过程中小球还受到一个水平向东的

“力”，该“力”与竖直方向的速度大小成正比。现将小球从赤道地面竖直上抛，考虑对称性，上升过程中该“力”水平向西，则小球（　　）

A. 到最高点时，水平方向的加速度和速度均为零

B. 到最高点时，水平方向的加速度和速度均不为零

C. 落地点在抛出点东侧

D. 落地点在抛出点西侧

2. 在悉尼、北京、赤道上空分别静止释放一重物，物体下落时的偏转情况为（　　）

A. 悉尼处偏东、北京处偏东、赤道处偏东

B. 悉尼处偏东、北京处偏西、赤道处不偏转

C. 悉尼处偏西、北京处偏东、赤道处不偏转

D. 悉尼处偏西、北京处偏西、赤道处偏西

3. 如图3.4.5所示，与水平面成θ角的AB棒上有一滑套C，可以在棒上无摩擦地滑动，开始时与棒的A端相距b，相对于棒静止。当棒保持倾角θ不变沿水平面匀加速运动，加速度为a（且$a>g\tan\theta$）时，求滑套C从棒的A端滑出所经历的时间。

4. 升降机内的水平桌面上有一质量为m的物体A，通过一根不可伸长的细线、光滑的滑轮与另一个质量为$2m$的物体B相连，A与桌面间无摩擦，如图3.4.6所示。升降机以加速度$a=0.5g$向上加速运动。求A、B相对于地面的加速度大小。

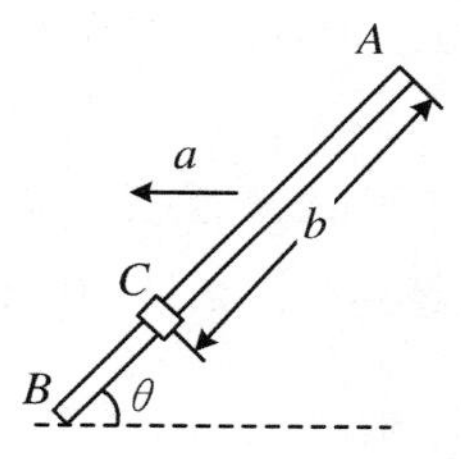

图 3.4.5

图 3.4.6

5. 如图3.4.7所示，车以加速度a匀加速向右前进，均匀木棒的质量为m，与车一起运动。棒靠在光滑后壁，下部与车底面的摩擦因数μ已知。棒与后壁夹角θ必须在多大范围内才能不让棒滑动？

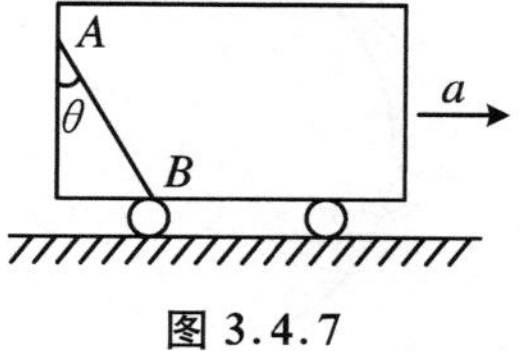

图 3.4.7

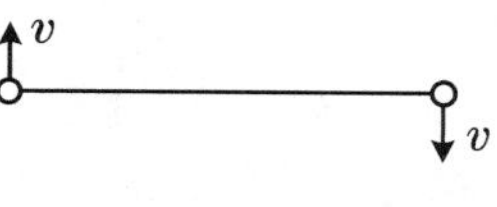

图 3.4.8

6. 如图3.4.8所示，把两个质量均为m的小球用长度为$2r$的轻绳连接，放于光滑水平地面，分别对两球施加一对瞬时冲击力，产生一对初速度$\boldsymbol{v}$与$-\boldsymbol{v}$，两位同学为计算绳子上的张力出现了矛盾。

甲同学认为：以绳子中心为圆心，拉力为$\dfrac{mv^2}{r}$。

乙同学认为：以右端球为圆心，拉力为$\dfrac{m(2v)^2}{2r}=\dfrac{2mv^2}{r}$。

哪位同学考虑不周？为什么？

7. 在可伸缩的圆珠笔中弹簧的松弛长度为 3 cm，弹簧的劲度系数大概是 0.05 N/m。设想有两个各为 10.0 kg 的铅球，放在无摩擦的面上，使得一个这样的弹簧在非压缩状态下嵌入它们的最近两点之间。引力常量 $G=6.67\times10^{-11}\ \mathrm{N\cdot m^2/kg^2}$。

(1) 这两个球的引力将使弹簧压缩多少？铅的密度约为 11000 $\mathrm{kg/m^3}$。

(2) 使这个系统在水平面内转动，在什么角速度下这两个铅球不再压缩弹簧？

8. 试解释：为什么北半球的河流对右岸冲刷得较厉害，而南半球的河流则对左岸冲刷得较厉害？

9. 列车在北纬 30°自南向北沿直线行驶，速率为 90 km/h，其中一车厢的质量为 50 t。问：哪一边铁轨将受到车轮的侧压力？该车厢作用于铁轨的侧压力为多少？

提高练习

10. 质量为 m 的汽车在水平路面上行驶，前后轮相距 L，与地面的摩擦因数为 μ。汽车质心离地面的高度为 h，与前轮轴的水平距离为 $l\,(l\neq L/2)$。问：当汽车加速度 a_C 为何值时前后车轮对地面的压力相等？

11. 如图 3.4.9 所示，半径为 $R=0.5$ m 的空心球绕本身的竖直直径旋转，角速度为 $\omega=5$ rad/s。在空心球内高度为 $R/2$ 处有一小木块同球一起旋转。g 取 10 $\mathrm{m/s^2}$。

(1) 实现这一情况所需的最小摩擦因数为多少？

(2) 求 $\omega=8$ rad/s 时实现这一情况的条件。

12. 两颗质量都为 M 的恒星构成一个双星体系，已知两星体的最近距离为 $2r$，且最近时两星体的速度都为 $v=\sqrt{\dfrac{GM}{3r}}$，求最远的时候两星体的距离以及双星的运行周期。

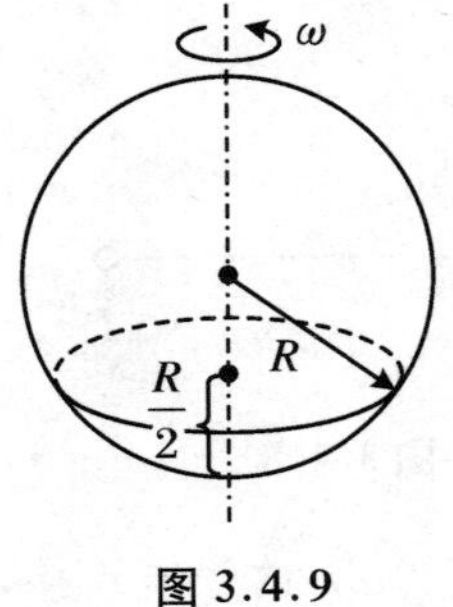

图 3.4.9

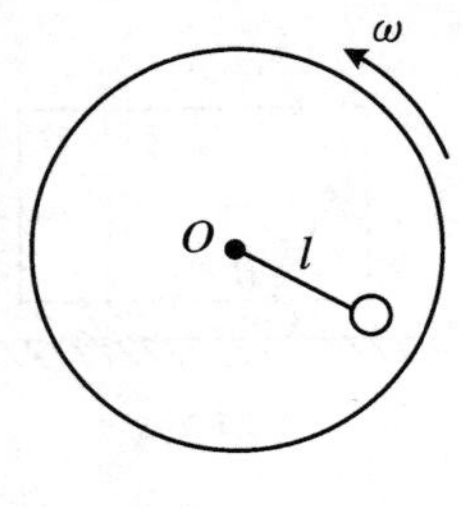

图 3.4.10

13. 如图 3.4.10 所示，在以角速度 ω 绕中心轴 O 匀速转动的太空实验室里，有一长为

l 的细线，一端固定在中心轴 O 上，另一端系一质量为 m 的小球，小球在实验室里以速度 v 匀速转动，转动方向与 ω 相反。求细线上的拉力 F_T 的大小。

≪参考答案≫

1. D。

2. A。

3. $t=\sqrt{\dfrac{2b}{a\cos\theta-g\sin\theta}}$。

提示　以棒为参照系，对滑套 C 的受力分析如图3.4.11所示。由牛顿第二定律有

$$ma\cos\theta - mg\sin\theta = ma_{相}$$

滑套 C 相对于棒做匀加速直线运动，由运动学公式有

$$l = \frac{1}{2}a_{相}t^2$$

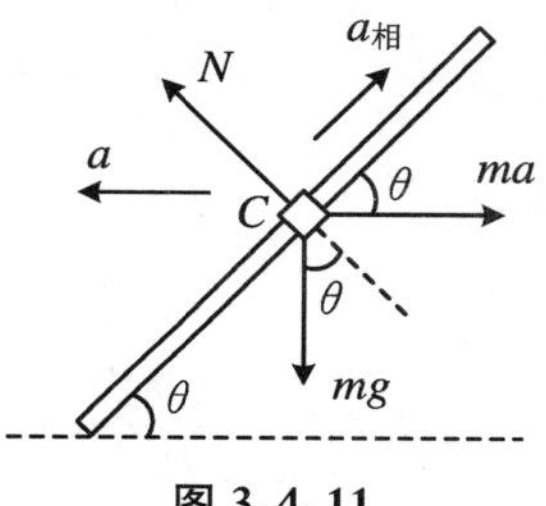

图3.4.11

联立以上两式，解得

$$t = \sqrt{\frac{2l}{a\cos\theta - g\sin\theta}}$$

4. $a_{Ax}=g, a_{Ay}=\dfrac{1}{2}g; a_{Bx}=0, a_{By}=-\dfrac{1}{2}g$。

5. $\arctan\dfrac{a-2\mu g}{g}\leqslant\theta\leqslant\arctan\dfrac{a+2\mu g}{g}$。

提示　当 θ 取最大值时，棒 AB 刚好不滑动，受力如图3.4.12所示。

此时 B 端所受摩擦力的方向水平向左，且达最大静摩擦力。以 A 点为轴，由力矩平衡条件得

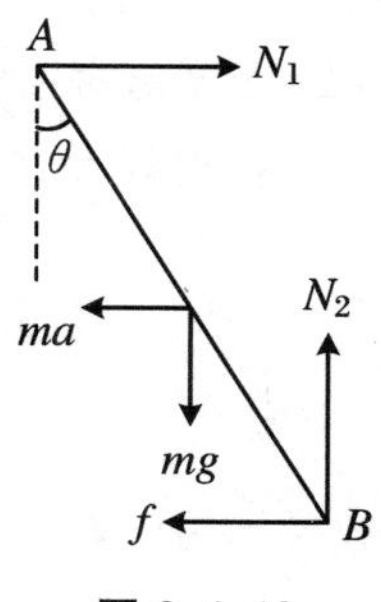

图3.4.12

$$ma\frac{l}{2}\cos\theta + fl\cos\theta = N_2 l\sin\theta - mg\frac{l}{2}\sin\theta \quad ①$$

又由力平衡条件得

$$N_2 = mg \quad ②$$

由摩擦力的公式得

$$f = \mu N_2 \quad ③$$

联立①～③式，解得

$$\theta_{\max} = \arctan\frac{a+2\mu g}{g}$$

同理，当 θ 取最小值时，棒的 B 端所受摩擦力方向水平向右，由力矩平衡条件得

$$ma\frac{l}{2}\cos\theta + mg\frac{l}{2}\sin\theta = fl\cos\theta + N_2 l\sin\theta \quad ④$$

由②～④式可解得

$$\theta_{\min}=\arctan\frac{a-2\mu g}{g}$$

综上所述,要使棒不滑动,应满足

$$\arctan\frac{a-2\mu g}{g}\leqslant\theta\leqslant\arctan\frac{a+2\mu g}{g}$$

6. 甲同学正确。

提示 乙同学未考虑惯性力。

7. (1) 6.01×10^{-2} m;(2) 6.3×10^{-4} rad/s。

提示 (1) 铅球的半径为

$$R=\left(\frac{3M}{4\pi\rho}\right)^{\frac{1}{3}}=\left(\frac{3\times10.0}{4\pi\times11000}\right)^{\frac{1}{3}}=6.01\times10^{-2}\ \text{m}$$

球心距离为 $2R+l-\Delta l\approx2R+l$。

万有引力与弹性力平衡,则

$$\frac{GM^2}{(2R+l)^2}=k\Delta l$$

由此解得

$$\Delta l=\frac{GM^2}{k(2R+l)^2}=\frac{6.67\times10^{-11}\times10.000^2}{0.05\times(2\times6.01\times10^{-2}+0.03)^2}\ \text{m}=5.91\times10^{-6}\ \text{m}$$

(2) 万有引力与惯性离心力平衡,则

$$\frac{GM^2}{(2R+l)^2}=M\omega^2\left(R+\frac{l}{2}\right)$$

由此解得角速度

$$\omega=\sqrt{\frac{GM}{(R+l/2)(2R+l)^2}}=\sqrt{\frac{2GM}{(2R+l)^3}}=6.28\times10^{-4}\ \text{rad/s}$$

8. 这是由地球这个非惯性系中的科里奥利力 $\boldsymbol{f}_C=2m\boldsymbol{v}\times\boldsymbol{\omega}$ 引起的。地球从西向东转,其角速度矢量 $\boldsymbol{\omega}$ 由南指向北,在北半球垂直于地面的分量向上,从而 $\boldsymbol{f}_C=2m\boldsymbol{v}\times\boldsymbol{\omega}$ 总指向运动方向的右边。在南半球 $\boldsymbol{\omega}$ 垂直于地面的分量向下,从而 $\boldsymbol{f}_C=2m\boldsymbol{v}\times\boldsymbol{\omega}$ 总指向运动方向的左边。故北半球的河流冲刷右岸,南半球的河流冲刷左岸。

9. 91 N。

提示 由科里奥利力公式 $\boldsymbol{f}_C=2m\boldsymbol{v}\times\boldsymbol{\omega}$ 知此力作用在铁路的东边,大小为

$$f_C=2m\omega v\sin30^\circ=2\times50\times10^3\times\frac{90\times10^3}{60\times60}\times\frac{2\pi}{24\times60\times60}\times0.5\ \text{N}=91\ \text{N}$$

10. $a_C=\dfrac{g(l-L/2)}{h}$。

提示 假设汽车刹车,车的受力如图 3.4.13 所示,则有

$$N_1+N_2-mg=0 \tag{①}$$

$$f_1+f_2=ma_C \tag{②}$$

$$N_1l-N_2(L-l)-(f_1+f_2)h=0 \tag{③}$$

将②式代入③式，得

$$N_1 l - N_2(L - l) - ma_C h = 0 \quad ④$$

当 $N_1 = N_2$ 时，④式变为

$$2Nl - NL - ma_C h = 0$$

得

$$a_C = \frac{N(2l - L)}{mh}$$

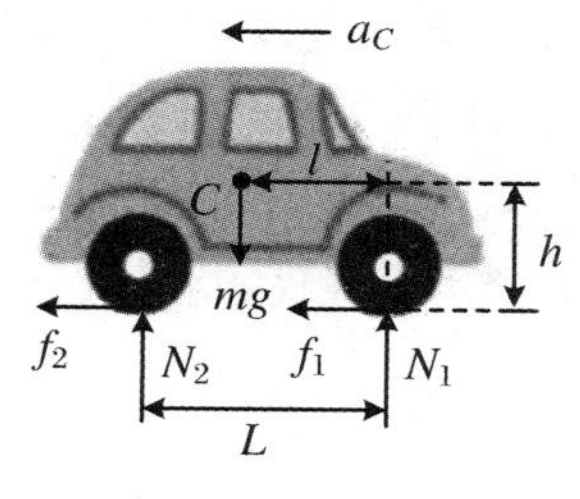

图 3.4.13

与①式联立，得

$$a_C = \frac{g(l - L/2)}{h}$$

当 $l > \frac{L}{2}$ 时，$a_C > 0$，即与假设方向相同，汽车减速运动；当 $l < \frac{L}{2}$ 时，$a_C < 0$，即与假设方向相反，汽车加速运动。

11. (1) $\mu \geqslant \frac{3\sqrt{3}}{23} \approx 0.23$；(2) $\mu \geqslant \frac{3\sqrt{3}}{29} \approx 0.18$。

提示　(1) 以球为参考系，小木块的受力情况如图 3.4.14 所示。

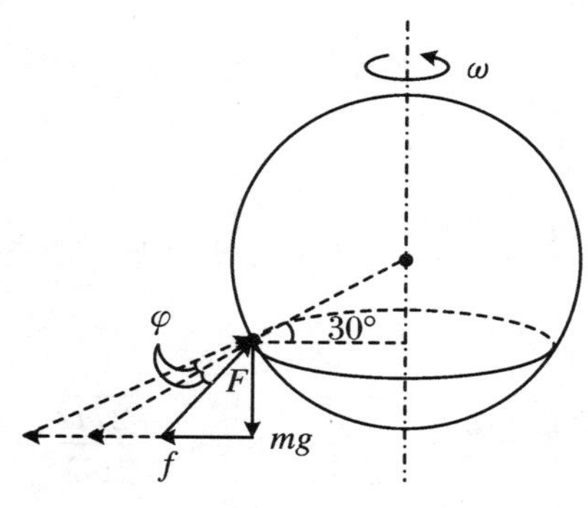

图 3.4.14

惯性离心力大小为

$$f = m\omega^2 R\cos 30°$$

球壳约束力 F 与法向的夹角

$$\varphi \leqslant \arctan\mu$$

由图可知

$$m\omega^2 R\cos 30° = mg\cot(\varphi + 30°)$$

所以

$$\omega^2 = \frac{g}{R} \cdot \frac{\cot(\varphi + 30°)}{\cos 30°} \geqslant \frac{g}{R} \cdot \frac{\cot(\arctan\mu + 30°)}{\cos 30°}$$

代入数据，得

$$\mu \geqslant \frac{3\sqrt{3}}{23} \approx 0.23$$

(2) 若角速度增大，f 增大，当 $m\omega^2 R\cos30^\circ = mg\cot30^\circ$，即 $\omega_0 = 2\sqrt{10}$ rad/s 时，小木块不受摩擦力；当 $\omega > \omega_0$ 时，摩擦力将沿切线向下，于是有

$$m\omega^2 R\cos30^\circ = mg\cot(30^\circ - \varphi)$$

将 $\omega = 8$ rad/s 代入，得

$$\mu \geqslant \frac{3\sqrt{3}}{29} \approx 0.18$$

12. $4r$，$2\pi\sqrt{\dfrac{27r^3}{2GM}}$。

提示 以其中某一星体 A 为参考系，另一星体 B 受力 $F_{合} = F_{万} + F_{惯} = \dfrac{2GM^2}{R^2}$，相当于质量为 $2M$ 的中心天体对 B 产生万有引力，B 绕 $2M$ 的中心天体做椭圆轨道运动。两星体相距最近时距离为 $2r$，$v_{相} = 2v = 2\sqrt{\dfrac{GM}{3r}}$。

设 B 绕 $2M$ 的中心天体做椭圆轨道运动的椭圆长轴长为 $2a$，根据机械能守恒，有

$$-\frac{GM(2M)}{2a} = \frac{1}{2}M\left(2\sqrt{\frac{GM}{3r}}\right)^2 - \frac{GM(2M)}{2r}$$

解得 $a = 3r$。

因此，两星体最远相距 $2a - 2r = 4r$。

由开普勒第三定律有

$$\frac{a^3}{T^2} = \frac{G\cdot 2M}{4\pi^2} \quad (注意 2M 才是中心天体)$$

解得

$$T = 2\pi\sqrt{\frac{a^3}{2GM}} = 2\pi\sqrt{\frac{27r^3}{2GM}}$$

13. $F_T = m\omega^2 l + m\dfrac{v^2}{l} - 2m\omega v$。

提示 取太空实验室为参考系，小球受到线的拉力 F_T 和惯性力 f^*。设小球相对于太空实验室的加速度为 a'，则由牛顿第二定律有

$$F_T + f^* = ma'$$

式中

$$f^* = -m\omega^2 l, \quad a' = \left(-\frac{v}{l} + \omega\right)^2 l - \omega^2 l$$

所以

$$F_T = m\omega^2 l + m\frac{v^2}{l} - 2m\omega v$$

也可以这样解：在太空实验室中，小球做匀速圆周运动，是因为受到线的拉力 F_T 和惯性力 f^*、科里奥利力 F_C，三力均沿径向，则有

$$F_T - m\omega^2 l + 2m\omega v = m\frac{v^2}{l}$$

移项,得

$$F_T = m\omega^2 l + m\frac{v^2}{l} - 2m\omega v$$

结果与前面的解一样。

3.5 转动定理与质心运动定理

1. 转动惯量

转动惯量是不能视为质点的物体在转动中惯性大小的量度,它等于刚体中每个质点的质量 m_i 与该质点到转轴距离 r_i 的平方的乘积的总和,即 $I = \sum_{i=1}^{n} m_i r_i^2$。对于质量连续分布的刚体,求和应当变成积分,即 $I = \int r^2 \mathrm{d}m$。

由转动惯量的定义可知,转动惯量 I 不仅与刚体的质量有关,还与刚体的质量相对于转轴的分布情况有关。例如,由同样质料做成的、质量相等、外观一样的空心圆柱和实心圆柱,对于圆柱的对称轴来说,前者的转动惯量较大;又例如,一根长棒对过其中心的垂直轴的转动惯量比对过其端点的垂直轴的转动惯量要小。在中学数学知识层面上,我们可以用微元法求一些质量均匀分布的几何体的转动惯量。

2. 平行轴定理与垂直轴定理

(1) 平行轴定理

如图3.5.1所示,若两转轴平行,距离为 d,其中一轴过质心,质量为 m 的刚体对过质心的轴的转动惯量为 I_C,则刚体对另一轴的转动惯量为 $I = I_C + md^2$,显然,刚体对各平行轴的不同转动惯量中,对过质心的轴的转动惯量最小。

(2) 垂直轴定理

薄板(厚度无限小)对与它垂直的坐标轴的转动惯量等于它对薄板板面内两个互相垂直的轴的转动惯量之和,即 $I_z = I_x + I_y$。垂直轴定理也称正交轴定理,它的适用条件是 x 轴、y 轴、z 轴过同一点,且互相垂直,z 轴垂直于板面,x 轴、y 轴在板面内,如图3.5.2所示。

3. 转动定理

刚体在合外力矩 $\sum M$ 的作用下,所获得的角加速度 β 与合外力矩 $\sum M$ 大小成正比,与转动惯量 I 成反比。即

$$\beta = \frac{\sum M}{I}$$

或者写为

$$\sum M = I\beta = I\frac{\Delta\omega}{\Delta t}$$

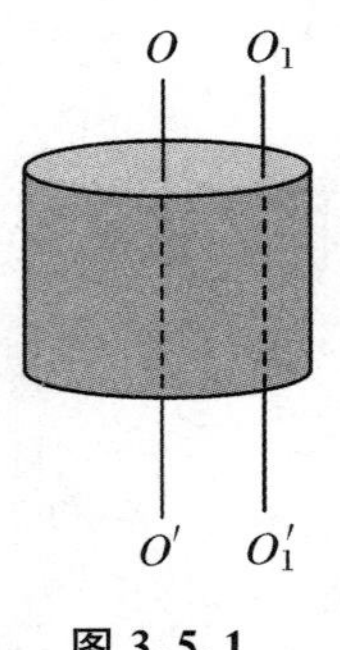

图 3.5.1

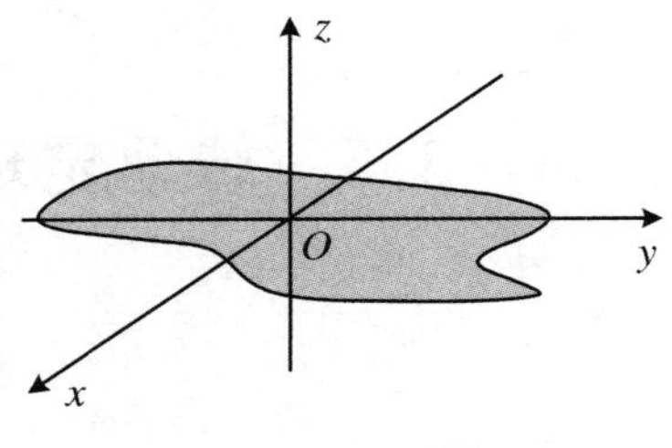

图 3.5.2

在定轴转动中,刚体的角加速度与外力对转轴的力矩成正比,与刚体对该轴的转动惯量成反比。转动定理在形式上与牛顿第二定律相似,由此也可看出,转动惯量是刚体转动惯性的量度。

4. 质心运动定理

考虑牛顿第三定律,内力总是成对出现的,所以决定质心加速度的应该只有外力,即

$$\boldsymbol{F}_{外} = \left(\sum m_i\right)\boldsymbol{a}_C$$

其中 a_C 为质心的加速度。也就是说,这个方程应该理解为:合外力提供系统质心加速度。这个方程在处理刚体和质点组变速问题时非常有用。

核心问题讨论

1. 如何计算刚体的转动惯量?

在刚体的转动中,转动惯量是一个非常重要的物理量。我们需要掌握如何计算一些具有高度对称性的、简单物体绕过质心的轴的转动惯量,比如杆绕垂直平分杆的轴的转动惯量,圆柱绕对称轴的转动惯量。计算质量分布连续的刚体的转动惯量时,常常用到微积分的知识,有时还需要综合应用平行轴定理和垂直轴定理等知识。

例题 1 计算以下物体绕轴的转动惯量。

(1) 匀质细杆,质量为 m,长度为 L,绕着垂直于杆所在平面并通过质心的轴旋转。

(2) 匀质正三角板,质量为 m,边长为 b,绕着垂直于板平面并通过质心的轴旋转。

分析 对于(1)问,可以通过两种不同的思路来进行求解:① 直接利用转动惯量的定义式进行积分;② 将杆拆分为两段,利用量纲关系和平行轴定理求解。对于(2)问,利用转动

惯量的定义式进行积分时会遇到较大的困难，因此利用量纲关系和平行轴定理求解较为方便。

解　(1) 解法一

如图3.5.3所示，根据转动惯量的定义式进行积分。

$$I = \int_{-\frac{L}{2}}^{\frac{L}{2}} r^2 \mathrm{d}m = \int_{-\frac{L}{2}}^{\frac{L}{2}} r^2 \frac{m}{L}\mathrm{d}r = \frac{mL^2}{12}$$

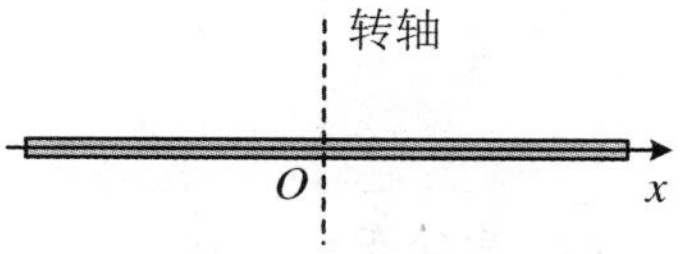

转轴　O　x

图 3.5.3

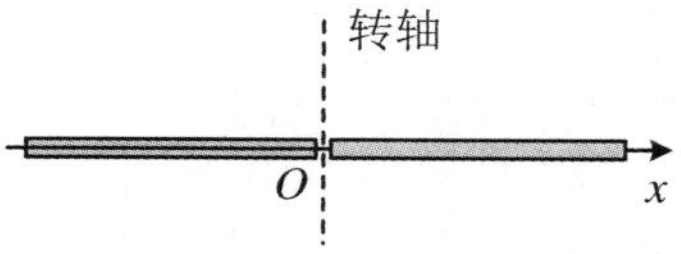

转轴　O　x

图 3.5.4

解法二

如图3.5.4所示，将该杆视为两根长度均为 $L/2$ 的相同的短杆组合而成，这两根短杆的质量均为 $m/2$。根据转动惯量与质量、长度的量纲关系可知，这两根短杆绕着垂直于杆所在平面并通过质心的轴旋转的转动惯量 I' 与整根长杆绕着垂直于杆所在平面并通过质心的轴旋转的转动惯量 I 的关系为 $I' = \dfrac{I}{8}$。假设长杆的转动惯量 $I = \lambda mL^2$，则短杆的转动惯量 $I' = \dfrac{I}{8} = \dfrac{1}{8}\lambda mL^2$。根据平行轴定理，短杆绕着垂直于杆所在平面并通过端点的轴旋转的转动惯量为

$$I'' = I' + \frac{m}{2}\cdot\left(\frac{L}{4}\right)^2 = \frac{1}{8}\lambda mL^2 + \frac{1}{32}mL^2$$

两根短杆组合成长杆，则有 $I = 2I''$，整理得

$$\lambda mL^2 = 2\times\left(\frac{1}{8}\lambda mL^2 + \frac{1}{32}mL^2\right)$$

解得 $\lambda = 1/12$，即

$$I = \frac{1}{12}mL^2$$

(2) 如图3.5.5所示，将原先的大正三角板分成四个相同的小正三角板，每个小正三角板的边长为 $b/2$，质量为 $m/4$。根据转动惯量与质量、长度的量纲关系可知，小正三角板绕着垂直于板平面并通过质心的轴旋转的转动惯量 I' 与大正三角板绕着垂直于板平面并通过质心的轴旋转的转动惯量 I 的关系为 $I' = \dfrac{I}{16}$。假设大正三角板的转动惯量 $I = \lambda mb^2$，则小正三角板的转动惯量 $I' = \dfrac{I}{16} = \dfrac{1}{16}\lambda mb^2$。根据平行轴定理，三个

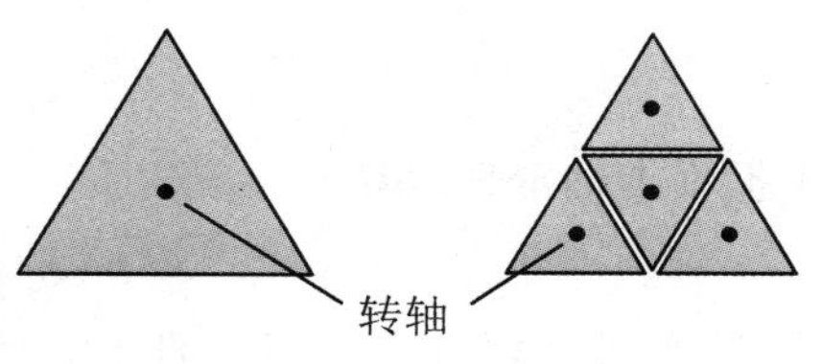

图 3.5.5

角上的小正三角板绕着中间小三角板中心轴的转动惯量为

$$I'' = I' + \frac{m}{4} \cdot \left(\frac{\sqrt{3}b}{6}\right)^2 = \frac{1}{16}\lambda mb^2 + \frac{1}{48}mb^2$$

四个小正三角板组合成大正三角板，则有 $I = I' + 3I''$，所以

$$\lambda mb^2 = \frac{1}{16}\lambda mb^2 + 3 \times \left(\frac{1}{16}\lambda mb^2 + \frac{1}{48}mb^2\right)$$

解得 $\lambda = 1/12$，即

$$I = \frac{1}{12}mb^2$$

点拨 (1) 在解决刚体转动的问题中，还常常用到质量分布均匀的薄壁圆柱相对于对称中心的转动惯量 mR^2、质量分布均匀的实心圆柱相对于对称中心的转动惯量 $\frac{1}{2}mR^2$、质量分布均匀的实心球体相对于过对称中心的轴的转动惯量 $\frac{2}{5}mR^2$。

(2) 量纲分析在物理学中是一种常见的分析方法，应用十分广泛，不仅可用于检验物理量的恒等变形结果是否正确，还可直接用于定量计算一些物理量，如本题所示。

例题 2 匀质正方形薄板的质量为 m、边长为 a。如图 3.5.6 所示，在板平面上设置过中心 O 的转轴 MN，求板相对于该轴的转动惯量 I。

分析 如图 3.5.7 所示，薄板绕板平面上 x 轴、y 轴转动的转动惯量与匀质杆绕垂直于杆所在平面并通过质心的轴旋转的转动惯量一样，再结合垂直轴定理，本题可迎刃而解。

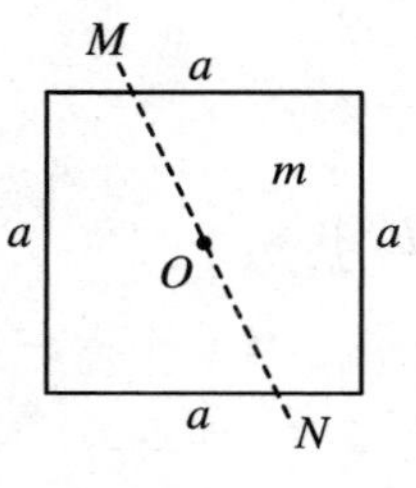

图 3.5.6

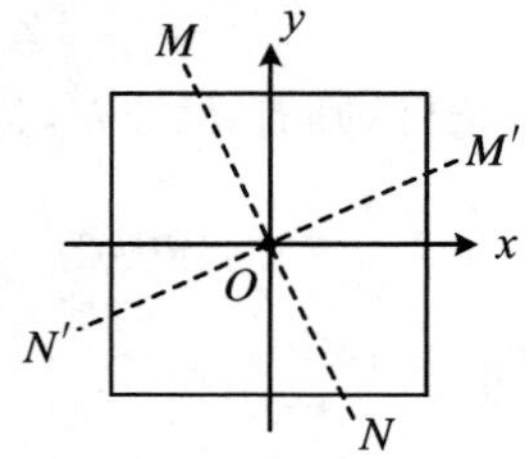

图 3.5.7

解 在板平面上设置过 O 点且与 MN 垂直的 $M'N'$ 轴，相应的转动惯量记为 I'。由对称性知 $I = I'$。在板平面上建立 Oxy 坐标系，相对于 x 轴、y 轴的转动惯量相同，即

$$I_x = I_y = \frac{1}{12}ma^2$$

再根据垂直轴定理，得

$$I + I' = I_z, \quad I_x + I_y = I_z$$

其中 I_z 是板绕着过 O 点且垂直于板平面的轴转动的转动惯量。于是有

$$I + I' = I_x + I_y$$

解得

$$I = \frac{1}{12}ma^2$$

点拨　一般情况下，刚体的转动惯量与转轴的摆放位置是直接相关的，但是对于本题描述的情景，只要过中心 O 的转轴 MN 在板平面上，结果就是 $I=\frac{1}{12}ma^2$，即与 MN 的具体摆放位置无关，这个结果有点意外。

2. 如何使用转动定律?

质点的牛顿第二定律处理的是质点模型，转动定理处理的是刚体模型，所以要分清楚两个理论使用的对象。因为课内练习了大量的关于质点牛顿第二定律的习题，而转动定理在高考中却并不涉及，所以同学们对转动定理不熟悉，很难在短时间内熟练应用。在应用转动定理解题时，还常常涉及速度、加速度关联，质心运动定理等，所以实际题目往往综合性都较强，需要勤加练习才能熟练应对。

例题 3　如图 3.5.8 所示，一轻绳绕过质量为 m、半径为 R 的质量分布均匀的圆盘形定滑轮，绳的两端分别系有质量为 m_1 和 m_2 的物体，$m_1>m_2$，滑轮轴上所受的摩擦阻力可忽略不计。试求两物体运动的加速度和两侧绳上的张力。假定绳不能伸长，绳与滑轮之间的摩擦力足够大以至于绳与滑轮之间无相对滑动，重力加速度大小为 g。

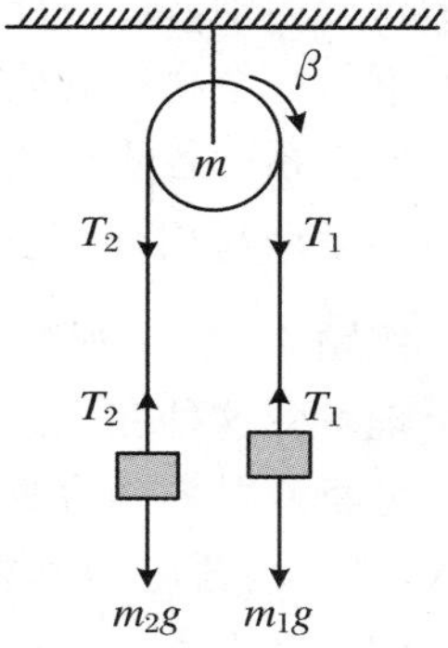

图 3.5.8

分析　由于滑轮有转动惯量，因此两侧物体加速运动时，滑轮加速转动，绳两侧张力肯定不同，否则滑轮所受合力矩为零。对两物体和滑轮分别列动力学方程，联立求解即可。

解　设两侧绳中的张力分别为 T_1、T_2，两物体运动时的加速度大小为 a，滑轮转动时的角加速度大小为 β，根据牛顿第二定律和转动定理可知

$$m_1g - T_1 = m_1a$$

$$T_2 - m_2g = m_2a$$

$$T_1R - T_2R = I\beta$$

还有圆盘的转动惯量以及 a 与 β 之间的运动辅助方程

$$I = \frac{1}{2}mR^2$$

$$a = \beta R$$

联立以上方程，可得

$$a = \frac{m_1 - m_2}{m_1 + m_2 + m/2}g$$

$$T_1 = \frac{4m_2 + m}{2m_1 + 2m_2 + m}m_1g$$

$$T_2 = \frac{4m_1 + m}{2m_1 + 2m_2 + m} m_2 g$$

点拨 从以上结果可以看出，若滑轮质量可忽略不计，即上述 3 个表达式中 $m \to 0$，则

$$a = \frac{m_1 - m_2}{m_1 + m_2} g, \quad T_1 = T_2 = T = \frac{2m_1 m_2}{m_1 + m_2} g$$

这正是课内利用牛顿运动定理处理简单的滑轮连接两物体问题的结果。但是本题的结果更具有一般性，在 $m \to 0$ 的极限情况下能回归到已知的结果中，这正说明本题结果的正确性，这也是我们检查结果是否正确常用到的一种方法。

3. 实际问题中如何使用质心运动定理？

质心运动定理表明，质点系质心的运动如同一个质点的运动，该质点的质量是质点系的总质量，所受的外力为作用在每个质点的外力总和，这就是质心运动定理。如果一个质点系的质心原来是不动的，那么在无外力作用的条件下，它的质心始终不动，即位置不变；如果一个质点系的质心原来是运动的，那么在无外力作用的条件下，它的质心将以原来的速度做匀速直线运动；如果一个质点系的质心在某一外力的作用下做某种运动，那么内力不能改变质心的这种运动，仅能够改变各质点相对于质点系质心的运动。我们在质点系中研究的质点其实就是一个物体的质心。

质点系中各质点的运动可能错综复杂，而质心的运动可能很有规律，各质点的运动可看成质心运动与相对质心运动的合运动。

例题 4 仔细观察你在台秤上蹲下和站起的过程中台秤的读数如何变化。试用质心运动定理解释这种变化。

分析 以人作为被研究的质点系，取坐标系向上为正。人受到重力 mg 和台秤的支持力 N，设人的质心加速度为 a。台秤的读数等于作用在台秤上的 N 的反作用力大小。

解 对人这一质点系运用质心运动定理，有

$$N - mg = ma$$

得

$$N = m(g + a)$$

人在蹲下时，其质心先有一向下的加速度，然后有一向上的加速度，即 a 先小于零，再大于零，最后恢复到零。于是 N(台秤的读数)先减后增，最后恢复到正常的体重。

人在站起时，其质心先有一向上的加速度，然后有一向下的加速度，即 a 先大于零，再小于零，最后恢复到零。于是 N(台秤的读数)先增后减，最后恢复到正常的体重。

点拨 这道题目在课内也很常见，属于高考内的常规题目，课内是用质点的牛顿第二定律解释的，但是人各个部分的加速度都不一样，因此这种解释不透彻，而用质心运动定理就说透其中的原因了。

例题 5 一个质量为 m、半径为 R、转动惯量为 I 的质量分布均匀的圆筒(含中心轴)在地上做纯滚动。圆筒上有一个半径为 r 的轴，轴上绕有不可伸长的轻绳。如图 3.5.9 所示，用恒力 F 向右拉动绳子，求圆筒质心的加速度的大小。

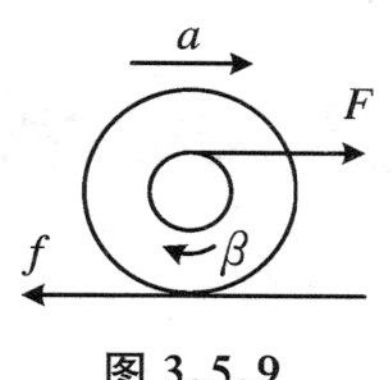

图 3.5.9

分析　一方面，圆筒的质心在向右加速运动，加速度由合外力决定；另一方面，圆筒绕过质心并垂直于质心的轴在转动。在质心参考系中，圆筒在转动时，惯性力作用在质心上，其力矩为零，因此在转动方程中可以不考虑惯性力的影响，问题便迎刃而解。

解　对圆筒，在地面参考系中，在水平方向由牛顿第二定律得

$$F - f = ma$$

在质心系中，由转动定理得

$$Fr + fR = I\beta$$

考虑到圆筒做纯滚动，根据转动与平动的运动关联，有

$$a = \beta R$$

联立以上三式，可得

$$a = \frac{F(R + r)R}{I + mR^2}$$

点拨　在地面参考系中观察，圆筒的运动是较复杂的：一方面圆筒的质心做匀加速直线运动（因为质心受恒力），另一方面整个圆筒绕过质心且垂直于圆筒的轴以恒定的角加速度转动（角加速度的大小由 F 和 f 决定，与惯性力无关）。

例题6　如图3.5.10所示，质量为 m 的棒状刚体，其质心 C 到悬挂点 P 的距离为 r_C。以水平力 f 打击该刚体上的 O 点，若打击点 O 选择得合适，则打击过程中轴对刚体的切向力 F_τ 为零，该点 O 称为打击中心，求打击中心到轴的距离 r_0。（设刚体绕与 P 点转轴平行且过质心的转轴的转动惯量为 I_C。）

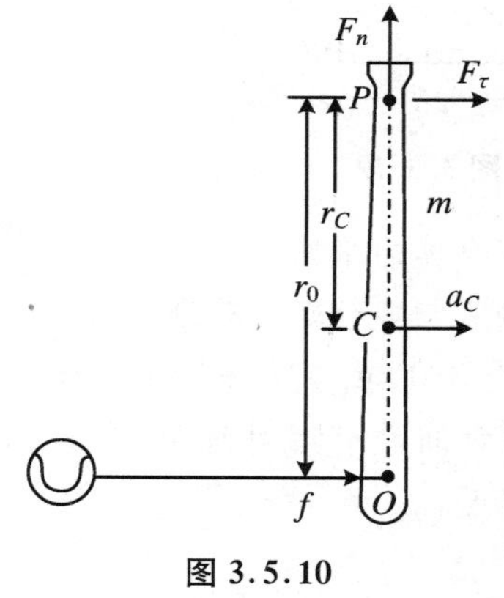

图 3.5.10

分析　刚体的质心在水平方向有加速度，若转动引起的质心的加速度恰由力 f 提供，则悬挂点 P 就不需要提供水平方向的切向力。

解　刚体绕 P 点的转动惯量 I 为

$$I = I_C + mr_C^2$$

刚体在水平力的力矩 fr_0 的作用下做定轴转动。设棒的角加速度为 β，则转动动力学方程为

$$fr_0 = I\beta$$

刚体质心的切向加速度为 $a_C = \beta r_C$，若 P 点对刚体无水平作用力，则质心运动方程为

$$f = ma_C = m\beta r_C$$

联立以上式子并消去 β，得

$$r_0 = r_C + \frac{I_C}{mr_C}$$

点拨　上述结果可适用于各种刚体，比如悬挂于端点的长为 L 的匀质细杆，计算可得 $r_0 = 2L/3$。棒球运动员在击打棒球时，如果击球点在打击中心，则手受到棒的作用力最小，这样手就不会感觉到强烈的疼痛。

习题实战演练

基础练习

1. 用一根长 80 cm 的细杆，两端各接一个 200 g 的小球，两球可以看作质点，杆的质量可以不计。

(1) 绕通过杆的中心且垂直于杆的轴转动，这个装置的转动惯量是多少？

(2) 绕通过一球且垂直于杆的轴转动，这个装置的转动惯量又是多少？

2. 一个匀质薄圆盘的质量为 m，半径为 R。求它对通过盘心且与盘面垂直的轴的转动惯量。

3. 如图 3.5.11 所示，在质量为 M、半径为 R 的匀质圆盘上挖出半径为 r 的两个圆孔，孔心在半径中点处。求剩余部分对过大圆盘中心且与盘面垂直的轴线的转动惯量。

4. 如图 3.5.12 所示，质量为 m 的均匀圆柱体，截面半径为 R，长为 $2R$，试求圆柱体绕通过质心及两底面边缘的转轴（图中的 Z_1、Z_2）的转动惯量 I。

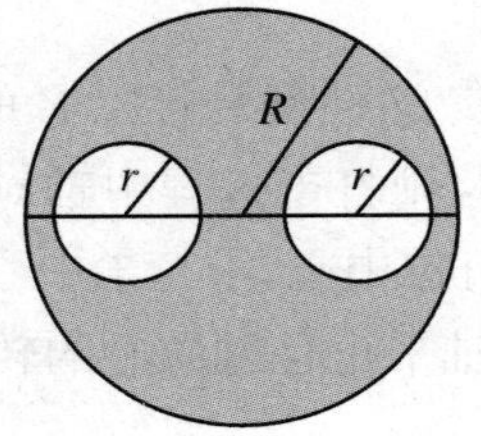

图 3.5.11

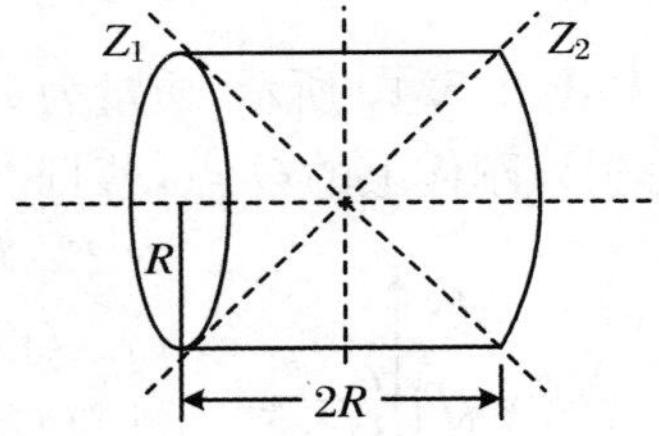

图 3.5.12

5. 为什么走钢丝的杂技演员手中要拿一根长竹竿来保持身体的平衡？

6. 人坐在车上推车，是怎么也推不动的；但坐在轮椅上的人却能让轮椅前进。为什么？

7. 如图 3.5.13 所示，一均匀圆盘的半径是 15 cm，质量是 3.0 kg，有水平固定轴通过它的中心且与盘面垂直。在圆盘的周边上绕一轻绳，轻绳与圆盘间没有相对滑动，在绳上加 5.0 N 向下的力 F，求圆盘的角加速度和圆盘边缘的切向加速度。

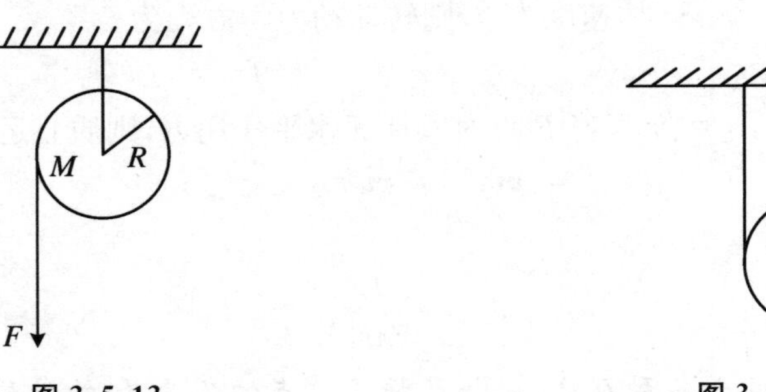

图 3.5.13　　图 3.5.14

8. 如图 3.5.14 所示，一滑轮被绕上细绳，而绳端固定于一点，从静止开始释放滑轮，求该动滑轮的平动加速度(质心 C 的加速度)。设绳轻质柔软且不可收缩,滑轮的质量为 M,半径为 R,重力加速度为 g。

9. 图 3.5.15 所示为麦克斯韦滚摆,已知转盘的质量为 m,对盘轴的转动惯量为 I_C,盘轴的直径为 $2r$,重力加速度为 g,求下降时的加速度和每根绳的张力。

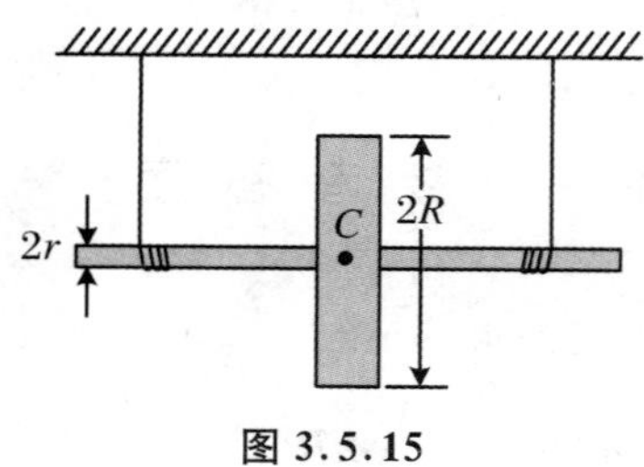

图 3.5.15

提 高 练 习

10. 质量为 m 的匀质细丝,在平面上弯曲成两个半径同为 R 的相切连接的半圆形状,如图 3.5.16 所示。过左半圆周中点 A 设置垂直于圆平面的转轴,试求弯曲细丝对此转轴的转动惯量 I_A。

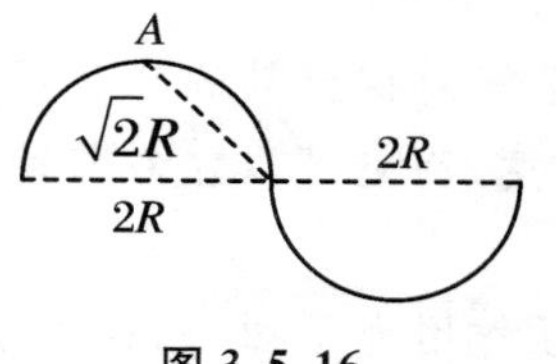

图 3.5.16

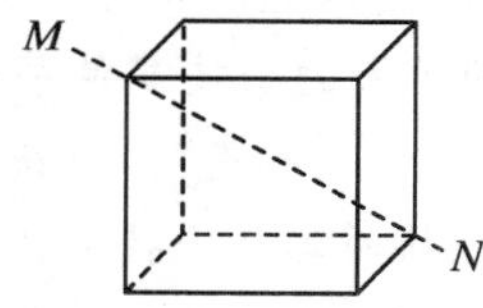

图 3.5.17

11. 如图 3.5.17 所示,匀质立方体的边长为 a,质量为 m,试求该立方体绕对角线轴 MN 的转动惯量 I。

12. 在水平方向击打台球。

(1) 应在球心上方多高处击球,才能保证球开始做无滑滚动?

(2) 如果台球与桌面之间的摩擦因数为 μ,试分析朝着中心击球的后果。(设台球的质量为 m,半径为 r。)

13. 一质量为 m、半径为 R 的圆筒垂直于行驶方向横躺在载重汽车的粗糙地板上,其间摩擦因数为 μ。若汽车以加速度 a 启动,则:

(1) a 满足什么条件时,圆筒做纯滚动?

(2) 此时圆筒质心的加速度和角加速度为多少?

14. 如图 3.5.18 所示,把两个质量一样的小球固定在一根细长的轻杆上,每个球到端点距离为杆长的 1/3,轻杆的两端分别用细绳固定在天花板下,并处于水平位置。现在剪断一端的绳子,计算剪断一瞬间两球的加速度。已知重力加速度为 g。

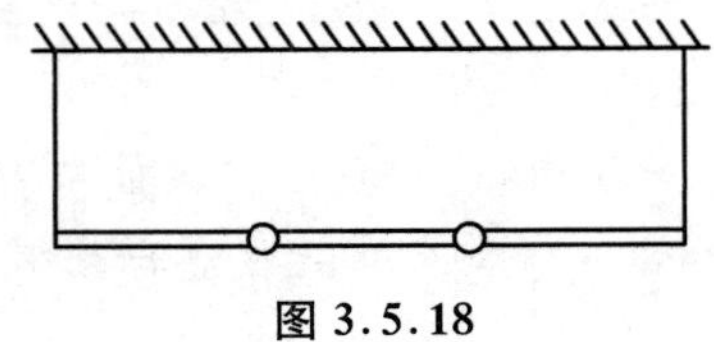

图 3.5.18

参考答案

1. (1) 0.064 kg·m²;(2) 0.128 kg·m²。

2. $I=\int_0^R \sigma\cdot 2\pi r^3 \mathrm{d}r=\frac{1}{2}\sigma\pi R^4=\frac{1}{2}mR^2$。

3. $I=\frac{MR^2}{2}\left(1-\frac{r^2}{R^2}-\frac{2r^4}{R^4}\right)$。

提示 被挖去的部分的转动惯量可以用平行轴定理计算;每个部分的质量与面积成正比。

4. $I=\frac{13}{24}mR^2$。

提示 利用垂直轴定理。

5. 走钢丝绳的杂技演员手中拿一根长竹竿,增加了系统对钢丝轴的转动惯量,演员在行走过程中即使稍有偏离,系统也不会产生太大的角加速度;而且可以左右移动竹竿,调整质心的位置,从而容易保持身体的平衡。

6. 以人和车为系统,人在车上推车,人、车之间的相互作用力是内力,根据质心运动定理,内力不能改变系统质心的运动状态,所以人坐在车上推车,怎么也推不动。但坐在轮椅上的人却可以通过转动车轮,使得车轮与地面之间有相对滑动的趋势,从而车轮与地面之间有摩擦力,这个力是外力,能使车前进。

7. 角加速度为 22.2 rad/s²,边缘的切向加速度为 3.3 m/s²。

8. $a_C=\frac{2g}{3}$。

提示 根据转动定律,有

$$\begin{cases}Mg-T=Ma_C\\ TR=I\beta\\ a_C=\beta R\end{cases}$$

解得

$$a_C=\frac{2g}{3}$$

9. $a_C=\frac{mr^2}{I_C+mr^2 g}$, $T=\frac{I_C}{2(I_C+mr^2)}mg$。

提示　列出滚摆的质心运动方程 $mg-2T=ma_C$ 和转动方程 $2T=I_C\beta$，结合运动学关系 $a_C=r\beta$，即可求解。

10. $I_A=4mR^2$。

提示　如图3.5.19所示，设过细丝绕经过质心 C 的轴转动的转动惯量为 I_C，则由平行轴定理有

$$I_A = I_C + m(\sqrt{2}R)^2$$

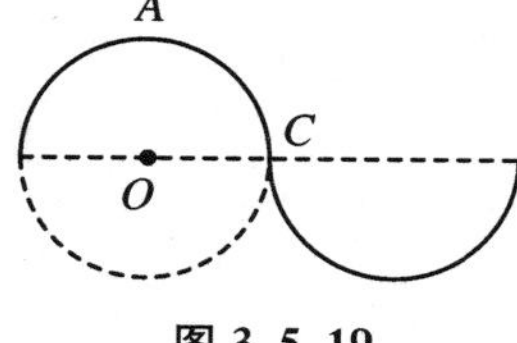

图 3.5.19

由两个半圆细丝组成的形状绕 C 点转动的转动惯量与一个完整的圆绕其圆周上一点转动的转动惯量相等。利用平行轴定理可得绕 C 点的转动惯量大小为

$$I_C = 2mR^2$$

于是有

$$I_A = I_C + m(\sqrt{2}R)^2 = 4mR^2$$

11. $I=\dfrac{1}{6}ma^2$。

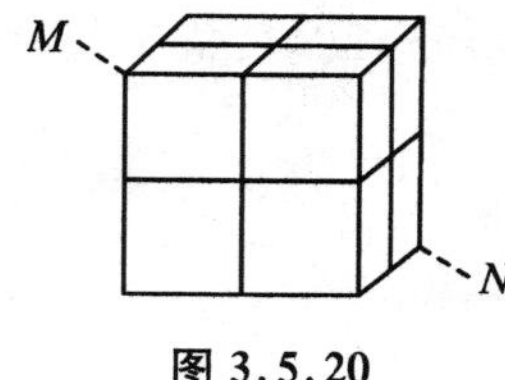

图 3.5.20

提示　如图3.5.20所示，将立方体等分成8个边长为 $a/2$ 的小立方体，其中有6个小立方体体对角线到大立方体体对角线的距离为

$$d = \frac{1}{2}\cdot\frac{\sqrt{2}}{\sqrt{3}}a = \frac{\sqrt{6}}{6}a$$

参照本节所介绍的量纲分析的方法，有

$$I = \lambda ma^2 = 2\lambda\frac{m}{8}\left(\frac{a}{2}\right)^2 + 6\left[\lambda\frac{m}{8}\left(\frac{a}{2}\right)^2 + \frac{m}{8}\left(\frac{\sqrt{6}}{6}a\right)^2\right]$$

由此解得

$$\lambda = \frac{1}{6},\quad I = \frac{1}{6}ma^2$$

12. (1) 在球心上方 $h=2r/5$ 处击球，都可以使球做纯滚动；(2) 球做纯滚动应当满足的条件为 $F\leqslant\dfrac{7}{2}\mu mg$。

提示　(1) 如图3.5.21所示，设用水平力 F 击距球心高度 h 处时，摩擦力为 f，则运动方程为

$$F - f = ma$$

$$Fh + fr = I\beta$$

其中

$$I = \frac{2}{5}mr^2,\quad a = \beta r$$

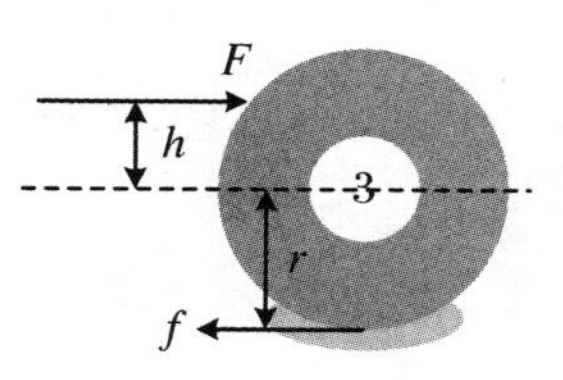

图 3.5.21

联立以上各式，解得

$$f = \frac{2r - 5h}{7r}F$$

因此,纯滚动的条件为

$$f = \frac{2r - 5h}{7r}F \leqslant f_{\max} = \mu mg$$

由此可见,无论用多大的力 F 击打球心上方 $h = 2r/5$ 处,都可以使球做纯滚动。

(2) 如果朝中心击球,$h = 0$,则球做纯滚动应当满足的条件为

$$F \leqslant \frac{7}{2}\mu mg$$

13. (1) $a \leqslant \frac{\mu g}{2}$;(2) 加速度为$\frac{a}{2}$,角加速度为$\frac{a}{2R}$。

提示 (1) 若圆筒做纯滚动,则圆筒相对于汽车的运动方程和圆筒的转动方程分别为

$$f = m(a - a_C)$$

$$fR = mR^2 \cdot \frac{a_C}{R}$$

其中,a_C 为圆筒质心相对于汽车的加速度。由此解得 $a_C = a/2, f = ma/2$。该值不超过最大静摩擦力,因此

$$f = \frac{ma}{2} \leqslant \mu mg \Rightarrow a \leqslant 2\mu g$$

(2) 圆筒质心相对于地面的加速度为 $a/2$,角加速度为

$$\beta = \frac{a_C}{R} = \frac{a}{2R}$$

14. $0.6g, 1.2g$。

提示 如图 3.5.22 所示,设左球对杆的作用力 F_1 向下(若 $F_1 < 0$,则表示向上),则右球对杆的作用力 F_2 应向上。对杆,以 A 为支点,由力矩平衡得

$$F_1 l = F_2 \cdot 2l$$

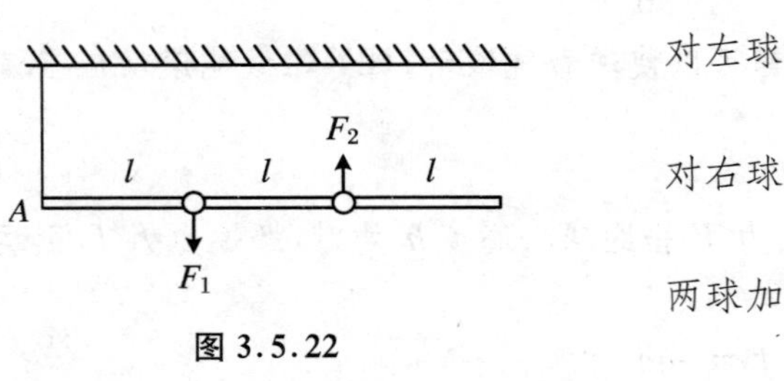

图 3.5.22

对左球,有

$$mg - F_1 = ma_1$$

对右球,有

$$mg + F_2 = ma_2$$

两球加速度的关系为

$$\frac{a_1}{a_2} = \frac{1}{2}$$

联立以上各式,可得

$$a_1 = 0.6g, \quad a_2 = 1.2g$$

第4章　功　和　能

任何人类活动都离不开能量，而功是能量转化的量度。在力学体系中，从受力分析和牛顿运动定律出发是解决问题的一种思路，从能量、动量和角动量出发是解决问题的另一种思路，而能量并不仅仅局限于力学体系，在热学、电学、光学、近代物理等各个物理学的分支中都扮演着重要的角色。本章的内容仅涉及功和能在力学部分的应用，更多的内容将在后续的章节中逐渐展开。

能量是一种状态量，状态量的描述相对容易；功是一种过程量，相对来说较为复杂。但人们发现复杂的过程量可以通过简单的状态量的差值来表述，因此在用功能原理解决物理问题时，往往可以跳过复杂的加速度分析，由初末状态直接得到结果。在学习这部分内容时，要注意先确定物体的不同状态，找出状态量，再考察不同的能量状态是通过什么样的力做功转化的。

本章的内容包括功和功率、动能定理、保守力做功和势能、功能关系、刚体的转动动能。本章中“刚体的转动动能”一节非常重要，刚体模型是从质点这个非常理想化的模型到较为接近实际的质点组模型的重要过渡。

4.1　功 和 功 率

课外知识延伸

1. 矢量的点乘

两矢量的“点乘”被定义成一个标量，其值为两矢量的大小和两矢量夹角的余弦值的乘积，表达式为 $\boldsymbol{A}\cdot\boldsymbol{B}=AB\cos\theta$。通过表达式可以看出：当 $0\leqslant\theta<\frac{\pi}{2}$ 时，$\cos\theta>0$，$\boldsymbol{A}\cdot\boldsymbol{B}>0$；当 $\theta=\frac{\pi}{2}$ 时，$\cos\theta=0$，$\boldsymbol{A}\cdot\boldsymbol{B}=0$；当 $\frac{\pi}{2}<\theta\leqslant\pi$ 时，$\cos\theta<0$，$\boldsymbol{A}\cdot\boldsymbol{B}<0$。

力 $\boldsymbol{F}$ 作用在物体上，使物体发生了微小的位移 $\Delta\boldsymbol{r}$，则力做的功可以表示成点乘的形式，即 $\Delta W=F\Delta r=F\Delta r\cos\theta=F_{/\!/}\Delta r=\boldsymbol{F}\cdot\Delta r_{/\!/}$。其中，$F_{/\!/}$ 指的是平行于位移 $\Delta\boldsymbol{r}$ 方向上的力，$\Delta r_{/\!/}$ 指的是平行于力 $\boldsymbol{F}$ 方向上的位移。

2. 恒力做功的特点

若物体在恒力 $\boldsymbol{F}$ 的作用下做直线运动，发生了位移 $\boldsymbol{l}$，则恒力在该过程中做功为 $W=\boldsymbol{F}\cdot\boldsymbol{l}=Fl\cos\theta$，其中 θ 为恒力 $\boldsymbol{F}$ 与位移 $\boldsymbol{l}$ 的夹角。

若物体在恒力 $\boldsymbol{F}$ 的作用下做曲线运动，发生了位移 $\boldsymbol{l}$，则恒力在该过程中做功也可表示为 $W=\boldsymbol{F}\cdot\boldsymbol{l}=Fl\cos\theta$。具体证明如下：将曲线切割成无数个小段 $\Delta\boldsymbol{l}$，在每一小段内恒力做功为 $\Delta W=\boldsymbol{F}\cdot\Delta\boldsymbol{l}$，则整个过程中恒力所做的功可表示为 $W=\sum\Delta W=\sum\boldsymbol{F}\cdot\Delta\boldsymbol{l}=\boldsymbol{F}\cdot\sum\Delta\boldsymbol{l}=\boldsymbol{F}\cdot\boldsymbol{l}=Fl\cos\theta$。只要位移的起点和终点确定了，恒力做功的大小就确定了，即恒力做功与路径无关。

3. 变力做功的积分表示

所谓变力，是指力的大小或方向至少有一个在变化的力。求变力做功的常用方法就是微元法，常常表示成积分的形式。首先写出微元功 $\mathrm{d}W=\boldsymbol{F}\cdot\mathrm{d}\boldsymbol{r}$，因为 $\mathrm{d}\boldsymbol{r}$ 趋于无穷小，所以可以认为力 $\boldsymbol{F}$ 还没来得及发生变化，然后再求和（积分），即 $W=\int\mathrm{d}W=\int\boldsymbol{F}\cdot\mathrm{d}\boldsymbol{r}$，这就是变力做功的积分表示。

4. 功与参考系的关系

在计算功的时候涉及了位移，选取不同的参考系，位移可能不一样，所以计算的功的值也可能不一样，即相对于不同的参考系，同一个力做功的大小可能不同。

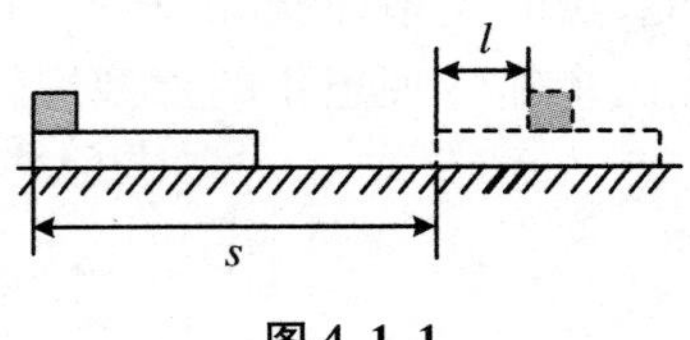

图 4.1.1

质量为 M 的长木板放在光滑的水平面上，质量为 m 的滑块以某一速度滑上木板表面，滑块和木板之间的摩擦因数为 μ，滑块相对于木板滑行了 l 的距离，此时木板相对于地面前进了 s 的距离，如图 4.1.1 所示。在地面参考系中看，摩擦力对滑块和木板做的功分别为 $-\mu mg(s+l)$ 和 μmgs；在木板参考系中看，摩擦力对滑块和木板做的功分别为 $-\mu mgl$ 和 0。

5. 平均功率和瞬时功率

平均功率的定义为 $\bar{P}=\dfrac{\Delta W}{\Delta t}$，瞬时功率的定义为 $P=\dfrac{\mathrm{d}W}{\mathrm{d}t}$。由于 $\mathrm{d}W=\boldsymbol{F}\cdot\mathrm{d}\boldsymbol{r}$，瞬时功率可进一步表示成

$$P=\frac{\mathrm{d}W}{\mathrm{d}t}=\frac{\boldsymbol{F}\cdot\mathrm{d}\boldsymbol{r}}{\mathrm{d}t}=\boldsymbol{F}\cdot\boldsymbol{v}=Fv\cos\theta$$

核心问题讨论

1. 如何从功的定义出发求力做功?

在许多物理题目中都需要计算力做的功，求力做功的方法有很多，比如利用功的定义、功率、动能定理、功能关系和能量守恒等。在这些方法中，利用功的定义求力做的功是最基本的方法。在利用功的定义求力做的功时，若力为恒力，不管物体是做直线运动还是做曲线

运动，关系式 $W=\boldsymbol{F}\cdot\boldsymbol{l}=Fl\cos\theta$ 都成立；若力是变力，不管物体是做直线运动还是做曲线运动，往往都需要考虑将位移分割成许多小段，先求出每一小段过程中力做的功，再求和或积分。

例题1 如图4.1.2所示，质量为 m 的物体在外力 $\boldsymbol{F}$ 的作用下沿圆弧轨道从 A 点运动到 B 点，已知 $AO\perp BO$，轨道半径为 R。

(1) 若 $\boldsymbol{F}=\boldsymbol{F}_0$，大小不变，方向沿 $\overrightarrow{OB}$ 方向，试求该过程中 $\boldsymbol{F}$ 做的功 W_{F1}。

(2) 若 $F=F_0$，大小不变，方向始终沿切线方向，试求该过程中 F 做的功 W_{F2}。

(3) 若外力 $\boldsymbol{F}$ 的方向与物体的速度方向一致，大小与物体转过的角度成正比，比例系数为 k，试求该过程中外力 $\boldsymbol{F}$ 做的功 W_{F3}。

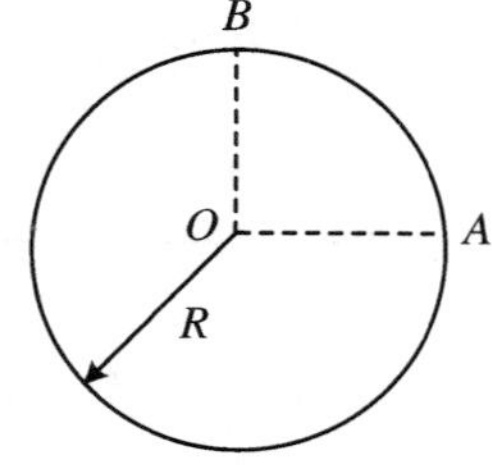

图4.1.2

分析 注意到力 F 做的功只与力和力的作用点的位移有关，而与物体的质量、是否有摩擦、物体做什么样的运动无关，所以题目中的 m 是干扰条件。对于(1)问，力的大小、方向都不变，是典型的恒力做功，只要用 $W_F=\boldsymbol{F}\cdot\boldsymbol{l}$ 就可以；对于(2)问，力的大小不变，方向不断变化，是典型的变力做功，利用微元法写出质点从位置 θ 到 $\theta+\mathrm{d}\theta$ 力 F 做的功，再求和或积分即可；对于(3)问，力的大小和方向都在变化，但是始终共线，写出 F-s 的关系，画图像或积分都能很好解决问题。

解 (1) 根据恒力做功，可得

$$W_{F1}=\boldsymbol{F}\cdot\boldsymbol{l}=F_0\sqrt{2}R\cos\frac{\pi}{4}=F_0R$$

(2) 力 F 与质点速度始终共线，因此点乘可以简化成标量乘法，即

$$\mathrm{d}W_{F2}=\boldsymbol{F}\cdot\mathrm{d}\boldsymbol{r}=F_0R\mathrm{d}\theta\cos0=F_0R\mathrm{d}\theta$$

所以

$$W_{F2}=\int\mathrm{d}W_{F2}=\int F_0R\mathrm{d}\theta=F_0R\int\mathrm{d}\theta=F_0R\,\frac{\pi}{2}$$

(3) 根据题意，可得

$$\mathrm{d}W_{F3}=\boldsymbol{F}\cdot\mathrm{d}\boldsymbol{s}=k\theta\mathrm{d}s=k\,\frac{s}{R}\mathrm{d}s$$

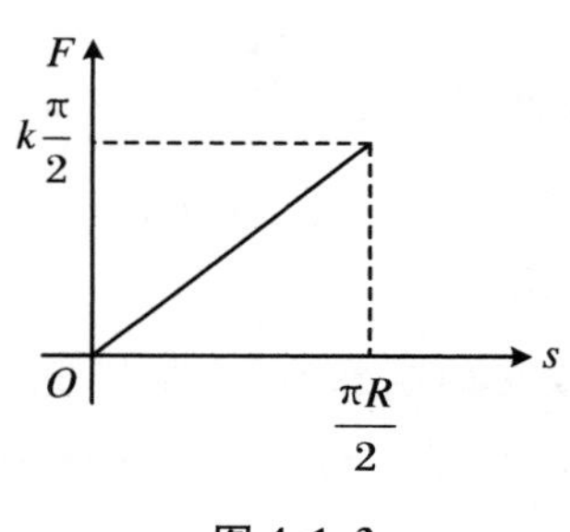

图4.1.3

作出 F-s 图像，如图4.1.3所示，其中 $F=k\,\dfrac{s}{R}$，图像的面积代表了这个变力 F 做的功，由此可得

$$W_{F3}=\frac{k\pi^2R}{8}$$

点拨 在一些利用功的定义求变力做功的问题中，写出元功后再求和或积分将变得比较容易。比如，若力和位移始终共线(比如本题的(3)问)，且我们知道力 F 随位移 x

的变化关系 $F(x)$,则可以尝试作出 F-x 图像,利用函数图像中曲线和 x 轴所围成的面积来求力在此过程中做的功。当然,本题若直接积分也非常容易。

例题 2 (第 11 届全国中学生物理竞赛预赛)跳水运动员从高于水面 $H=10\ \text{m}$ 的跳台自由落下。假设运动员的质量 $m=60\ \text{kg}$,其体形可等效为一长度 $L=1.0\ \text{m}$、直径 $d=0.3\ \text{m}$ 的圆柱体。略去空气阻力。运动员入水后,水的等效阻力 F 作用于圆柱体的下端面,F 的值随入水深度 Y 变化的函数曲线如图 4.1.4 所示。该曲线可近似看作椭圆的一部分,该椭圆的长轴和短轴分别与坐标轴 OY 和 OF 重合。椭圆与 Y 轴相交于 $Y=h$ 处,与 F 轴相交于 $F=\dfrac{5}{2}mg$ 处。为了确保运动员的安全,问:水池中水的深度 h 至少应等于多少?(水的密度为 $\rho=1.0\times10^3\ \text{kg/m}^3$。)

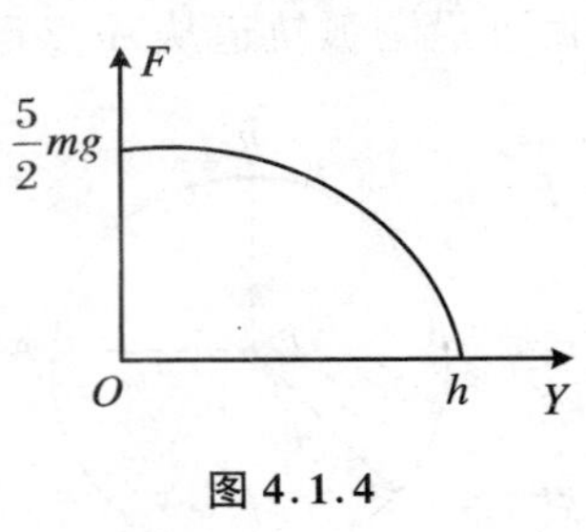

图 4.1.4

分析 计算水池中水的深度,关键在于计算整个过程中各个力做的功。重力是恒力,做功的求解最简单,利用恒力做功的特点直接求解重力做功;在运动员入水过程中浮力是变力,入水后浮力是恒力,所以可以分两段求解浮力做功;题目中给了水的等效阻力 F 和入水深度 Y 的变化函数曲线,可以利用面积代表功来求解阻力做功。

解 运动员的运动过程如图 4.1.5 所示,运动员的始末速度均为零。设全过程中重力做功为 W_G,水的浮力做功为 W_f,水的阻力做功为 W_F,则满足 $W_G+W_f+W_F=0$。显然,整个过程中重力做功为 $W_G=mg(H+h)$。

设水池中水的深度为 h,在运动员全部没入水中之前,他所受水的浮力随入水的深度线性增加,其功为

$$W_{f1}=-\frac{1}{2}\rho L\pi\left(\frac{d}{2}\right)^2 gL=-\frac{1}{8}\pi\rho L^2 d^2 g$$

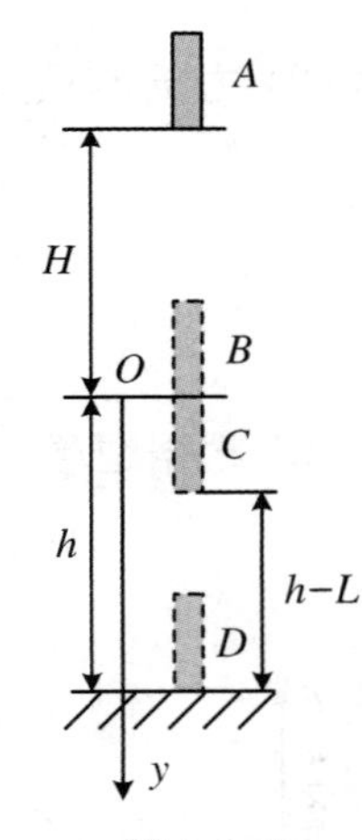

图 4.1.5

从位置 C 到 D,水的浮力做功为

$$W_{f2}=-\frac{1}{4}\pi\rho L d^2(h-L)g$$

水的阻力做功为图 4.1.4 中曲线与坐标轴围成的面积,即

$$W_F=-\frac{1}{4}\pi\cdot\frac{5}{2}mgh=-\frac{5}{8}\pi mgh$$

联立以上各式,整理得

$$h=\frac{mH+\dfrac{1}{8}\pi\rho L^2 d^2}{\dfrac{5}{8}\pi m+\dfrac{1}{4}\pi\rho L d^2-m}=4.9\ \text{m}$$

点拨 题目中给出了水的等效阻力 F 的值随入水深度 Y 变化的函数图像,而该图像中的曲线与坐标轴围成的面积是非常好求的(椭圆的面积公式为 πab,其中 a 和 b 分别是椭圆的半长轴和半短轴),从而巧妙地回避了相对复杂的求积分运算。

例题 3　半径为 R 的半球形水池中充满了水。从水池边缘把池中的水完全吸尽，至少需要做多少功？已知重力加速度为 g，水的密度为 ρ。

分析　对于不同高度的水，吸走相同质量的水需要做的功不同，所以需要将池中的水分层，用微元法先计算吸走每一层水需要做的功，再积分计算总功。

解　如图 4.1.6 所示，建立坐标原点在球心的坐标系，其中 y 轴竖直向下。y 处的液体微元的质量为

$$\mathrm{d}m = \rho\pi(R^2 - y^2)\mathrm{d}y$$

其中 $\mathrm{d}y$ 为这一薄层水的厚度，将之移到水池表面需要做的功为

$$\mathrm{d}W = \mathrm{d}m \cdot gy = \rho g\pi(R^2 - y^2)y\mathrm{d}y$$

所以总功为

$$W = \int \mathrm{d}W = \int_0^R \rho g\pi(R^2 - y^2)y\mathrm{d}y$$

$$= \rho g\pi\left(R^2\frac{y^2}{2} - \frac{y^4}{4}\right)\bigg|_0^R = \frac{1}{4}\rho g\pi R^4$$

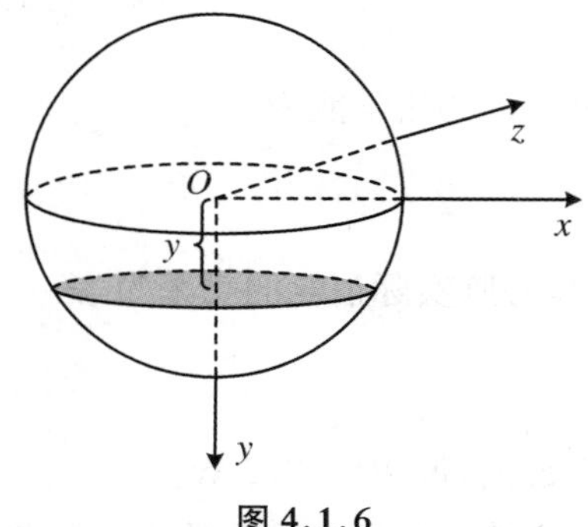

图 4.1.6

点拨　本题也可以先求质量分布均匀的半球体的重心，吸走水需要做的最少的功就是使水的重心上升到水池表面需要做的功，这样做的运算量相差不大。

2. 如何计算流体做功?

我们可以直接利用功的定义计算外界对流体做的功或流体对外界做的功，但是考虑到流体的特殊性，描述流体常用到的物理量是体积 V、压强 p 等，所以在计算流体做功的时候还可以进一步简化。设某流体的体积为 V、内部压强为 p，若体积改变量为 $\mathrm{d}V$，则外界对流体做的功可表示为

$$\mathrm{d}W = F'\mathrm{d}x = -F\mathrm{d}x = -pS\mathrm{d}x = -p\mathrm{d}V$$

例题 4　心脏是人体血液循环的动力中心，人的左心室和对应的主动脉如图 4.1.7 所示。设某人的心率是 $f = 75$ 次/分钟，主动脉直径为 $d = 25\ \mathrm{mm}$，心脏每跳动一次，由左心室送入主动脉的血液量为 $V = 70\ \mathrm{cm}^3$，血压（收缩压）约为 $p = 100\ \mathrm{mmHg}(1.3\times10^4\ \mathrm{Pa})$。

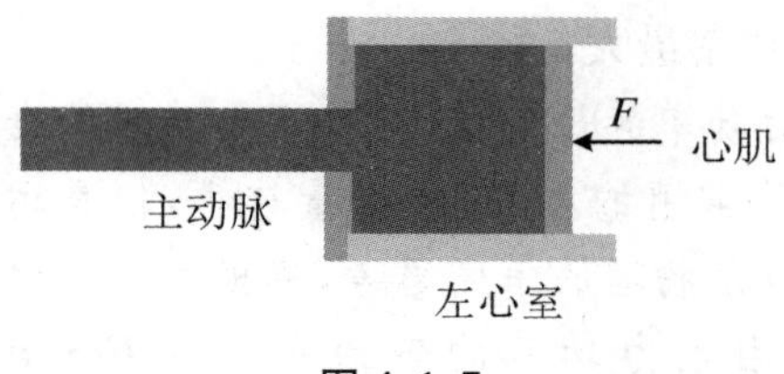

图 4.1.7

(1) 请计算一次心跳过程中左心室对进入主动脉的血液所做的机械功。

(2) 若右心室一次把血液送入肺动脉所做的功仅相当于左心室的 1/5，假如心脏消耗的化学能只有 $\eta = 10\%$ 用于心脏做功，那么该人心脏实际消耗的功率是多少？

分析　本题需要计算液体做功，题目中给了一次心跳过程中在心室中的液体体积的变化 V、液体压强 p，可以直接采用 pV 计算一次心跳过程中对液体做的功，从而求出相应的功率。

解　(1) 一次心跳过程中左心室对进入主动脉的血液所做的机械功为

$$W_1 = pV$$

代入数据，得 $W_1=0.91\,\mathrm{J}$。

(2) 因为右心室一次把血液送入肺动脉所做的功相当于左心室的 1/5，所以

$$W_1' = \frac{1}{5}pV$$

在一次心跳过程中，心脏做的总功为

$$W = W_1 + W_1' = \frac{6}{5}pV$$

心脏消耗的化学能为

$$E = \frac{W}{\eta} = \frac{6pV}{5\eta}$$

所以，心脏实际消耗的功率为

$$P = \frac{E}{T} = \frac{6pV}{5\eta}f$$

代入数据，得 $P\approx 13.7\,\mathrm{W}$。

点拨 本题中的压强是一个常量，因而计算非常方便。若压强不是常量，则可能需要先写出元功 $\mathrm{d}W=-p\mathrm{d}V$，然后再积分求解，这种类型的题目在热学中更为常见。

3. 如何判断瞬时功率的变化情况？

瞬时功率可写成 $P=\boldsymbol{F}\cdot\boldsymbol{v}=Fv\cos\theta$。我们要判断瞬时功率的变化情况，一方面，可以写出瞬时功率的表达式，根据表达式利用函数的增减性判断瞬时功率如何变化；另一方面，可以将瞬时功率的表达式改写成 $P=Fv\cos\theta=Fv_{/\!/}=F_{/\!/}v$，其中 $v_{/\!/}$ 是平行于力方向上的速度，$F_{/\!/}$ 是平行于速度方向上的力，可以尝试从物理角度分析出取最值的条件，从而判断出功率的增减性。此外，注意到"当力的方向与速度方向垂直时瞬时功率为零"，有时利用这一点也可快速定性判断瞬时功率的增减情况。

例题 5 如图 4.1.8 所示，一个质量为 m 的小球系在一根长度为 l 的绳上，当绳子在水平方向时，无初速地释放小球，问：绳子与水平方向的夹角 θ 为多少时，重力的功率最大？

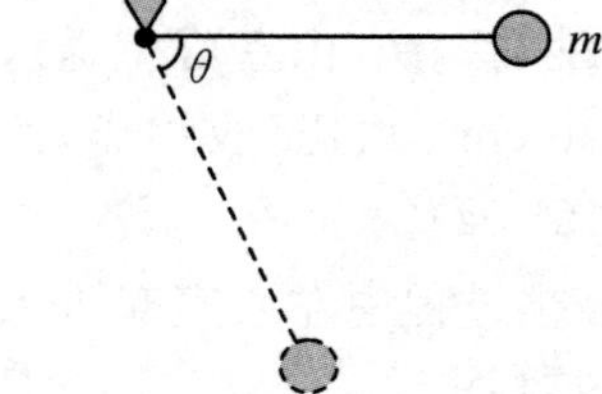

图 4.1.8

分析 要求重力功率的最大值，可以写出功率的表达式，然后求极值，这是常用的办法，思维量较小，但是运算量可能较大。也可以从物理的角度思考，将极值点通过分析直接确定下来。由重力功率的表达式 $P=\boldsymbol{F}\cdot\boldsymbol{v}=mgv\cos\theta=mgv_{/\!/}$ 可知，要求重力功率的最大值，也就是求小球在竖直方向的分速度 $v_{/\!/}$ 的最大值。显然，运动过程中小球在竖直方向的合外力为零时竖直方向的速度最大。根据小球的受力情况，在竖直方向仅受重力与绳子拉力的竖直分量两个力的影响。因此，我们只要表达出绳子拉力 T 随角度 θ 的变化就可以解出这个极值点。

解 解法一

设质点下落到 θ 位置时的线速度为 v，根据机械能守恒，有

$$mgl\sin\theta = \frac{1}{2}mv^2$$

所以重力的功率为

$$P = \boldsymbol{F}\cdot\boldsymbol{v} = mgv\cos\theta = mg\sqrt{2gl\sin\theta}\cos\theta$$

当函数 $y=\sqrt{\sin\theta}\cos\theta$ 取极值时，P 有极值。为了求函数 y 的极值，可以求 y^4 的极值，即

$$y^4 = \sin^2\theta\cos^4\theta = \frac{1}{2}\times 2\sin^2\theta\cos^2\theta\cos^2\theta$$

$$\leqslant \frac{1}{2}\left(\frac{2\sin^2\theta + \cos^2\theta + \cos^2\theta}{3}\right)^3 = \frac{1}{2}\left(\frac{2}{3}\right)^3$$

当 $2\sin^2\theta=\cos^2\theta$，即 $\tan\theta=\frac{\sqrt{2}}{2}$ 时取得极值，此时重力的功率达到最大。

解法二

设质点下落到 θ 位置时的线速度为 v，根据机械能守恒，有

$$mgl\sin\theta = \frac{1}{2}mv^2$$

质点绕 O 点做圆周运动，受力分析如图 4.1.9 所示，有

$$T - mg\sin\theta = m\frac{v^2}{l}$$

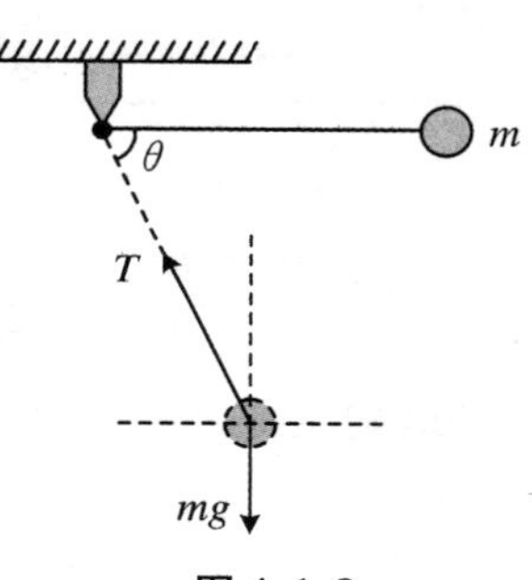

图 4.1.9

由以上两式解得

$$T = 3mg\sin\theta$$

根据竖直方向合外力为零时重力功率最大，得到

$$T\sin\theta = mg$$

所以

$$\sin\theta = \frac{\sqrt{3}}{3}$$

（这个答案与解法一的答案是等价的。）

点拨　(1) 考虑到 $\theta=0$ 时重力功率为 0，而 $\theta=\frac{\pi}{2}$ 时重力功率也为 0(因为此时质点的速度与重力垂直)，可以判断在下落过程中重力的功率必然是先增大后减小的，所以本题有最大值。

(2) 在解法一中，为了求功率 P 的极值，也可以采用求导的方法，如下：

$$\frac{\mathrm{d}P}{\mathrm{d}\theta} = \frac{\mathrm{d}(mg\sqrt{2gl\sin\theta}\cos\theta)}{\mathrm{d}\theta} = mg\sqrt{2gl}\left[\frac{\cos^2\theta}{2\sqrt{\sin\theta}} + \sqrt{\sin\theta}(-\sin\theta)\right]$$

当 $\frac{\mathrm{d}P}{\mathrm{d}\theta}=0$ 时，函数取极值，仍然可以得到 $\tan\theta=\frac{\sqrt{2}}{2}$ 时功率取极值。

基 础 练 习

1. 飞机在飞行时受到与速度平方成正比的空气阻力,若飞机以速度 v 匀速飞行时发动机的功率为 P,则当飞机以速度 nv 匀速飞行时,发动机的功率为 ( )

A. nP　　B. $2nP$　　C. n^2P　　D. n^3P

2. 如图 4.1.10 所示,物块 A、B 在外力 F 的作用下一起沿水平地面做匀加速直线运动的过程中,关于 A 与地面间的滑动摩擦力和 A、B 间的静摩擦力做功的说法,正确的是 ( )

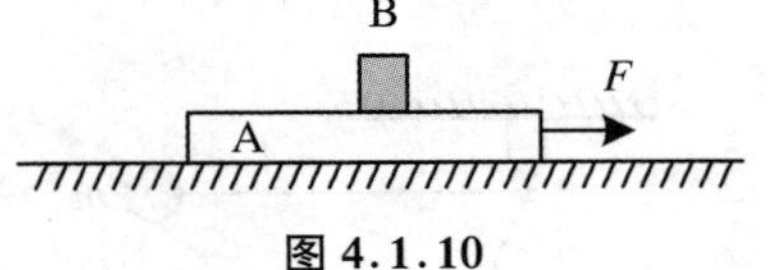

图 4.1.10

A. 静摩擦力都做正功,滑动摩擦力都做负功

B. 静摩擦力都不做功,滑动摩擦力都做负功

C. 有静摩擦力做正功,有滑动摩擦力做负功

D. 有静摩擦力做负功,有滑动摩擦力做正功

3. 质量为 m 的物体放在倾角为 θ 的光滑的斜面上,用水平力 F 推斜面体,使物体和斜面体保持相对静止,以共同加速度 a 运动,前进的位移为 l,如图 4.1.11 所示,这一过程中斜面对物体的支持力做的功为 ( )

A. 0　　B. mal

C. $mgl\sin\theta\cos\theta$　　D. $mgl\tan\theta$

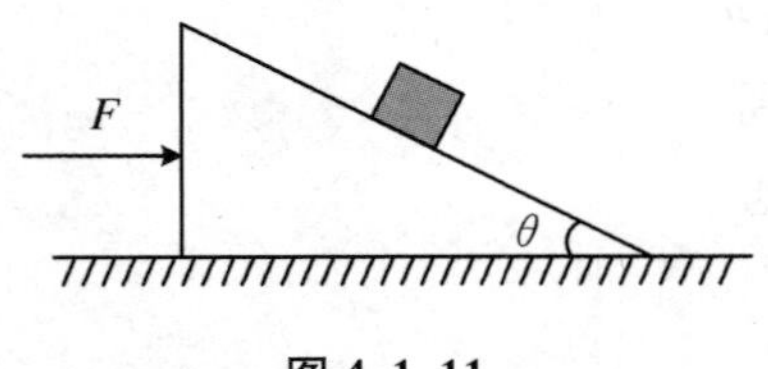

图 4.1.11

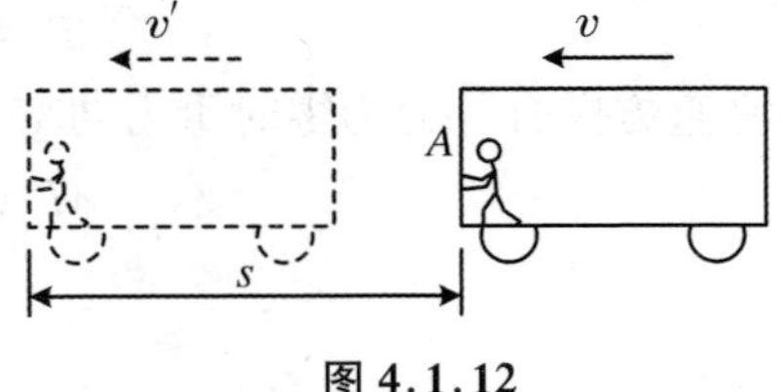

图 4.1.12

4. 在加速运动的车厢里一个人用力向前推车厢,如图 4.1.12 所示。人相对于车厢未移动,则 ( )

A. 人对车做正功　　B. 人对车做负功

C. 推力对车做正功　　D. 人对车不做功

5. (2012 年上海高考) 位于水平面上的物体在水平恒力 F_1 作用下,做速度为 v_1 的匀速运动;若作用力变为斜向上的恒力 F_2,则物体做速度为 v_2 的匀速运动,且 F_1 与 F_2 功率相同。可能有 ( )

A. $F_2=F_1, v_1>v_2$　　B. $F_2=F_1, v_1<v_2$

C. $F_2>F_1, v_1>v_2$　　D. $F_2<F_1, v_1<v_2$

6. 甲、乙两容器形状不同,容积却相同,如图 4.1.13 所示。现有两块完全相同的金属

块用细线系着，分别浸没入相同的深度，这时两容器水面相平齐，如果将金属块匀速提出水面，则　(　　)

A. 从甲容器中把金属块提出水面时拉力做功多些

B. 从乙容器中把金属块提出水面时拉力做功多些

C. 从甲、乙两容器中把金属块提出水面拉力做功相同

D. 做功多少无法比较

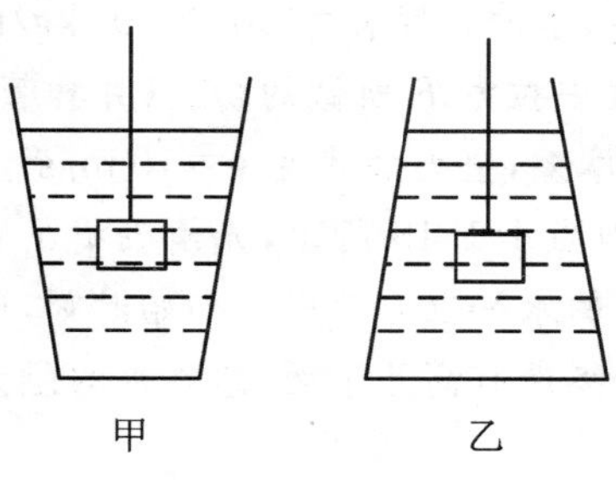

图 4.1.13

7. 用锤子向墙内钉钉子，第一次将钉子全长的 1/3 钉入墙内，设锤子每次对钉子做的功相同，且墙的阻力与钉入的深度成正比，要将钉子全部钉入墙内，还需要钉几次？

提 高 练 习

8. 如图 4.1.14 所示，将质量为 m 的物体从山脚拉到高为 h 的山顶，且拉力总是与物体所经过的坡面平行。已知物体与坡面的动摩擦因数为 μ，山脚到山顶的水平距离为 s。问：将物体从山脚拉到山顶至少做多少功？

9. 一个质量为 m 的机动小车以恒定速度 v 在半径为 R 的竖直 1/4 圆轨道绕圈运动。已知动摩擦因数为 μ，问：在小车从最低点运动到最高点的过程中，摩擦力做了多少功？

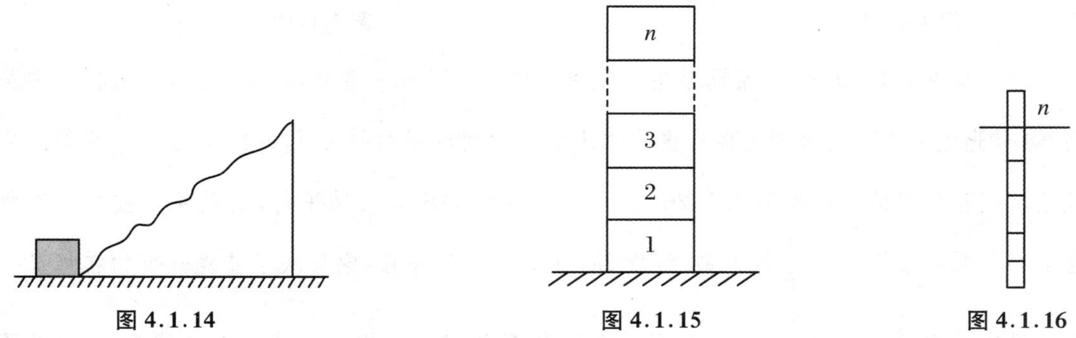

图 4.1.14　　图 4.1.15　　图 4.1.16

10. 有 n 块质量均为 m、厚度为 d 的相同砖块，平放在水平地面上，现将它们一块一块地叠放起来，如图 4.1.15 所示，人至少做多少功？

11. 如图 4.1.16 所示，一根粗细均匀的铁杆 AB 长为 L，横截面积为 S，将杆的全长等

分为 n 段，使其竖直落入水中。求第 n 段浸没于水的过程中克服浮力所做的功。（水的密度为 ρ。）

12. 一个圆柱形的竖直的井里存有一定量的水，井的侧面和底部是密闭的。在井中固定地插着一根两端开口的薄壁圆管，管和井共轴，管下端未触及井底。在管内有一不漏气的活塞，它可以沿圆管上下滑动。开始时，管内外水面相齐，且活塞恰好接触水面，如图 4.1.17 所示。现用卷扬机通过绳子对活塞施加一个向上的力 $\boldsymbol{F}$，使活塞缓慢向上移动。已知管筒半径 $r=0.100\ \mathrm{m}$，井的半径 $R=2r$，水的密度 $\rho=1.00\times10^3\ \mathrm{kg/m^3}$，大气压 $p_0=1.00\times10^5\ \mathrm{Pa}$，求活塞上升 $H=9.00\ \mathrm{m}$ 的过程中拉力 $\boldsymbol{F}$ 所做的功。（井和管在水面以上及水面以下的部分都足够长，不计活塞质量，不计摩擦，重力加速度 $g=10\ \mathrm{m/s^2}$。）

13. （2018 年北大博雅）如图 4.1.18 所示，光滑轻绳的一端系在质量为 m 的船上，另一端跨过轻质滑轮被大小为 F 的水平恒力牵引。初始时刻，船的速度大小为 v_0，绳长为 l_0，船速和绳子的夹角为 θ_0。船始终没有离开水面，忽略水的阻力，当船速和绳子的夹角变为 θ 时，求：

(1) 船的速度大小 v；

(2) 船的加速度大小 a；

(3) 拉力 F 的功率大小。

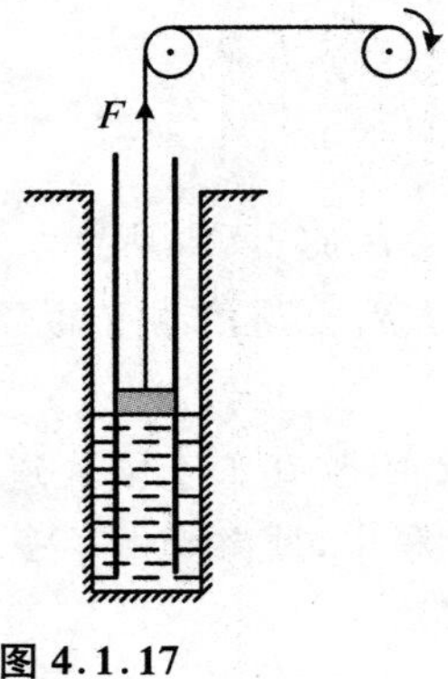

图 4.1.17

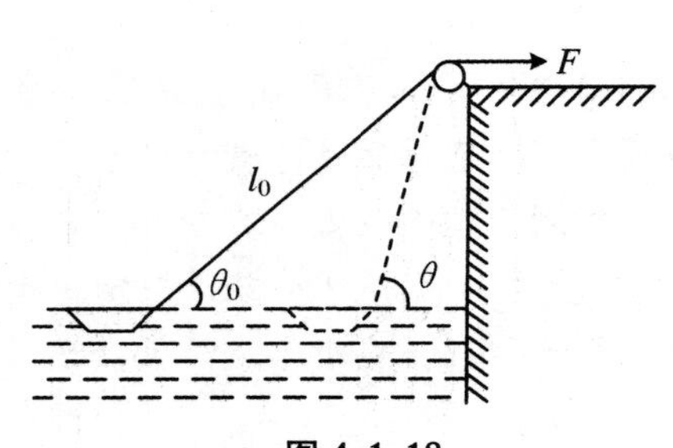

图 4.1.18

14. 如图 4.1.19 所示，某同学用轻绳通过定滑轮提升一重物，运用传感器（未在图中画出）测得此过程中不同时刻被提升重物的速度 v 与对轻绳的拉力 $\boldsymbol{F}$，并描绘出 v-$\dfrac{1}{F}$ 图像。假设某次实验所得的图像如图 4.1.20 所示，其中线段 AB 与 v 轴平行，它反映了被提升重物在第一个时间段内 v 和 $\dfrac{1}{F}$ 的关系；线段 BC 的延长线过原点，它反映了被提升重物在第二个时间段内 v 和 $\dfrac{1}{F}$ 的关系；第三个时间段内拉力 F 和速度 v 均为 C 点所对应的大小，保持不变，因此图像上没有反映。实验中还测得重物由静止开始经过 $t=1.4\ \mathrm{s}$，速度增加到 $v_C=3.0\ \mathrm{m/s}$，此后物体做匀速运动。取重力加速度 $g=10\ \mathrm{m/s^2}$，绳重及一切摩擦和阻力均可忽略不计。

(1) 在提升重物的过程中，除了重物的质量和所受重力保持不变，在第一个时间段内和第二个时间段内还各有一些物理量的值保持不变。请分别指出第一个时间段内和第二个时间段内所有其他保持不变的物理量，并求出它们的大小。

(2) 求被提升重物在第一个时间段内和第二个时间段内通过的总路程。

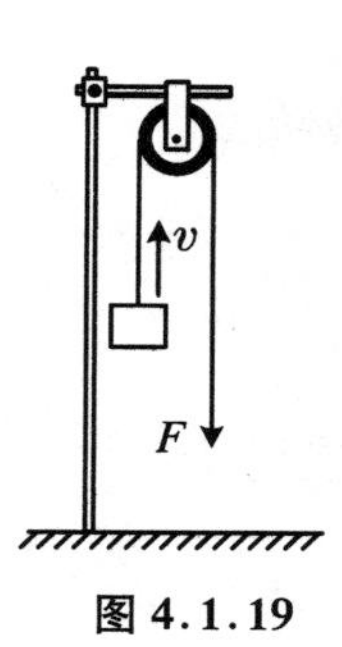

图 4.1.19

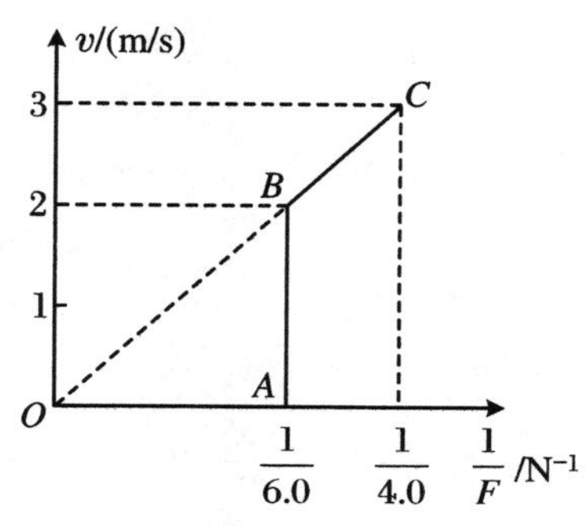

图 4.1.20

参　考　答　案

1. D。
2. C。
3. BD。
4. BC。
5. BD。
6. A。

提示　甲、乙两个过程中，绳子拉力是相同的，而甲过程中金属块离开水时水面下降的高度小，因此甲过程中金属块上升的距离更大一些。

7. 8 次。
8. $W = mgh + \mu mgs$。

提示　如图 4.1.21 所示，将坡面分为很多小段，取其中长度为 Δl 的一个小段，则拉力克服摩擦力所做的微元功为 $\Delta W = \mu mg\cos\theta\Delta l = \mu mg\Delta s$。于是在从坡底到坡顶的整个过程中，拉力克服摩擦力所做的总功为 $W_1 = \sum\Delta W = \mu mgs$。又因为拉力克服重力做的功为 $W_2 = mgh$，所以将物体拉到山顶至少需做功 $W = W_1 + W_2 = mgh + \mu mgs$。

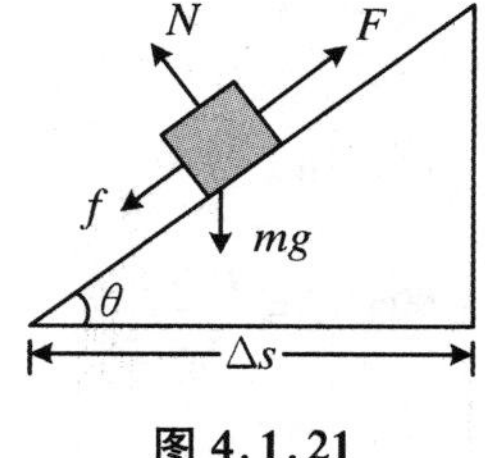

图 4.1.21

9. $\dfrac{\mu\pi mv^2}{2} + \mu mgR$。

10. $W = mgd\dfrac{n(n-1)}{2}$。

提示 人对砖做的功至少得等于砖的重力势能改变量。这些砖块的重力势能改变量为

$$\Delta E_{\mathrm{p}} = mgd + mg \cdot 2d + mg \cdot 3d + \cdots + mg \cdot (n-1)d = mgd\frac{n(n-1)}{2}$$

11. $W=\dfrac{\rho SgL^2(2n-1)}{2n^2}$。

提示 设杆入水深度是 x,此时浮力为 $F(x)=\rho gSx$,则微元功为

$$\mathrm{d}W = F(x)\mathrm{d}x = \rho gSx\mathrm{d}x$$

此杆从入水深度 x_1 到入水深度 x_2 的过程中,克服水的浮力所做的功为

$$W = \int \mathrm{d}W = \int_{x_1}^{x_2} \rho gSx\mathrm{d}x = \rho gS\frac{x_2^2 - x_1^2}{2}$$

在本题中,$x_1=(n-1)L/n$,$x_2=L$,所以

$$W = \frac{\rho gS}{2}\left[L^2 - \left(\frac{n-1}{n}L\right)^2\right] = \frac{\rho gSL^2(2n-1)}{2n^2}$$

12. $W\approx 1.65\times 10^4$ J。

提示 大气压能够维持的液面高度差为 $h=\dfrac{p_0}{\rho g}=10$ m。所以当活塞向上移动 $h_1=7.5$ m 后,管内的水面和管外的水面高度差将达到 10 m。题目中活塞向上移动 9 m,因此后面移动 1.5 m 的过程中液面将不再上升,活塞下方将出现一段真空。所以本题外力功的计算应该分成两个阶段。

第一个阶段,拉力做功等于水的机械能的改变量,即

$$W_1 = \rho\pi r^2 g \cdot \frac{3}{8}h^2 = 1.18\times 10^4 \text{ J}$$

其中$\dfrac{3}{8}h$ 是水的重心的高度变化。

第二个阶段,拉力是恒力,与大气压力一样,做功为

$$W_2 = F(H - h_1) = p_0\pi r^2(H - h_1) = 4.71\times 10^3 \text{ J}$$

故

$$W = W_1 + W_2 \approx 1.65\times 10^4 \text{ J}$$

13. (1) $v=\sqrt{\dfrac{2F\left(l_0-\dfrac{l_0\sin\theta_0}{\sin\theta}\right)}{m}+v_0^2}$;

(2) $a=\dfrac{F\cos\theta}{m}$;

(3) $P=F\cos\theta\sqrt{\dfrac{2Fl_0\left(1-\dfrac{\sin\theta_0}{\sin\theta}\right)}{m}+v_0^2}$。

提示 (1) 根据动能定理可得

$$\frac{1}{2}mv^2 - \frac{1}{2}mv_0^2 = F(l_0 - l)$$

解得

$$v=\sqrt{\frac{2F(l_0-l)}{m}+v_0^2}$$

将 $l=\dfrac{l_0\sin\theta_0}{\sin\theta}$ 代入并化简,得

$$v=\sqrt{\frac{2Fl_0\left(1-\dfrac{\sin\theta_0}{\sin\theta}\right)}{m}+v_0^2}$$

(2) 根据牛顿第二定律,得

$$a=\frac{F\cos\theta}{m}$$

(3) 拉力 F 的功率大小为

$$P=F\cos\theta\cdot v=F\cos\theta\sqrt{\frac{2Fl_0\left(1-\dfrac{\sin\theta_0}{\sin\theta}\right)}{m}+v_0^2}$$

14. (1) 第一段时间内,$F_1=6.0\ \text{N}$;重物的质量 $m=\dfrac{G}{g}=0.40\ \text{kg}$;$a=5.0\ \text{m/s}^2$;重物速度达到 $v_C=3.0\ \text{m/s}$ 后拉力的功率保持不变,$P=Fv=12\ \text{W}$。

(2) $x=3.15\ \text{m}$。

提示 设第一段时间为 t_1,重物在这段时间内的位移为 x_1,则

$$t_1=\frac{v_B}{a}=\frac{2.0}{5.0}\ \text{s}=0.40\ \text{s},\quad x_1=\frac{1}{2}at_1^2=0.40\ \text{m}$$

设第二段时间为 t_2,$t_2=t-t_1=1.0\ \text{s}$,重物在 t_2 这段时间内的位移为 x_2,则根据动能定理有

$$Pt_2-Gx_2=\frac{1}{2}mv_C^2-\frac{1}{2}mv_B^2$$

解得 $x_2=2.75\ \text{m}$。所以,被提升重物在第一时间段内和第二时间段内通过的总路程为 $x=x_1+x_2=3.15\ \text{m}$。

4.2 动 能 定 理

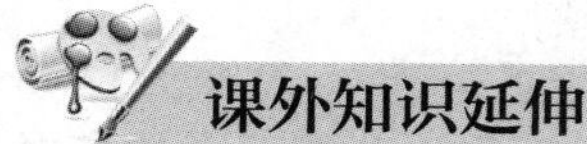

课外知识延伸

1. 非惯性系中质点的动能定理

在高考中,我们应用动能定理处理实际问题,基本上都是针对质点在惯性系中的情况,

若将质点的动能定理拓展到非惯性系中，则需要加上“惯性力做的功”，即需要将质点的动能定理修改为 $W_{合}+W_{惯性力}=\Delta E_k$，其中 $W_{惯性力}$ 代表惯性力做的功。

2. 质点系的动能定理

在第3章，我们已经拓展了，对于质点系，因为内力总是成对出现的，所以一对内力对质心加速度的贡献为零，所有内力对质心的加速度的总贡献为零。该关系不能推广到做功的情况，即所有内力做功之和未必等于零。

考虑一对相互作用力 $\boldsymbol{f}_{ij}$ 和 $\boldsymbol{f}_{ji}$ 做的功 $\mathrm{d}W=\boldsymbol{f}_{ij}\cdot\mathrm{d}\boldsymbol{r}_j+\boldsymbol{f}_{ji}\cdot\mathrm{d}\boldsymbol{r}_i$，应用牛顿第三定律得 $\mathrm{d}W=\boldsymbol{f}_{ij}\cdot(\mathrm{d}\boldsymbol{r}_j-\mathrm{d}\boldsymbol{r}_i)=\boldsymbol{f}_{ij}\cdot\mathrm{d}(\boldsymbol{r}_j-\boldsymbol{r}_i)$。可见，只要施加相互作用力的质点之间有相对位移，一对相互作用力做功之和就不为零，即内力做功可以改变系统的动能。根据以上分析，质点系的动能定理需要写为

$$W_{内}+W_{外}=\sum\Delta E_{ki}$$

但是，若质点系是刚体，由于其内部任意两质点间的距离始终不变，因此其内力做功之和必为零，即内力作用不改变刚体的动能。

3. 质心的动能定理

在第3章，我们已经拓展了质心的牛顿第二定律，即

$$\boldsymbol{F}_{外}=m\boldsymbol{a}_C=m\frac{\mathrm{d}\boldsymbol{v}_C}{\mathrm{d}t}$$

将上式进行等价变形处理，得

$$\boldsymbol{F}_{外}\cdot\mathrm{d}\boldsymbol{r}_C=m\frac{\mathrm{d}\boldsymbol{v}_C}{\mathrm{d}t}\cdot\mathrm{d}\boldsymbol{r}_C=m\mathrm{d}\boldsymbol{v}_C\cdot\frac{\mathrm{d}\boldsymbol{r}_C}{\mathrm{d}t}=m\boldsymbol{v}_C\cdot\mathrm{d}\boldsymbol{v}_C$$

考虑到 $\boldsymbol{v}_C\cdot\boldsymbol{v}_C=v_C^2$，即 $2\boldsymbol{v}_C\cdot\mathrm{d}\boldsymbol{v}_C=2v_C\mathrm{d}v_C$，继续进行等价变形，得

$$\boldsymbol{F}_{外}\cdot\mathrm{d}\boldsymbol{r}_C=m\boldsymbol{v}_C\cdot\mathrm{d}\boldsymbol{v}_C=mv_C\mathrm{d}v_C=\mathrm{d}\left(\frac{1}{2}mv_C^2\right)$$

若将 $\boldsymbol{F}_{外}\cdot\mathrm{d}\boldsymbol{r}_C$ 定义成外力对质心做的功 $\mathrm{d}W_{心}=\boldsymbol{F}_{外}\cdot\mathrm{d}\boldsymbol{r}_C$，将 $\frac{1}{2}mv_C^2$ 定义成质心的动能，则可得质心的动能定理

$$\int\boldsymbol{F}_{外}\cdot\mathrm{d}\boldsymbol{r}_C=E_{kC2}-E_{kC1}$$

值得注意的是，内力做功和外力做功对质点系的总动能都有贡献，但是改变质心的动能却只与外力做功有关，即内力做功不改变质心的动能。

核心问题讨论

1. 在应用动能定理时应如何选择参考系？

在描述物体的机械运动时，我们可以根据实际需要，任意选择参考系。选择不同的参考系，物体的运动形式可能不同。选择参考系的一个基本原则就是为解决问题带来方便。在应用动能定理时，动能定理中涉及的每一个物理量都是相对于同一参考系而言的。如果该

参考系是惯性参考系，则无须考虑惯性力的功；如果该参考系是非惯性系，在计算合外力的功时，需要加上惯性力的功。

例题1 （2015年北京大学暑期夏令营）水平面上有一车厢以恒定速度朝右运动，大小为 v_0，车厢内的单摆开始时相对于车厢静止，摆线与竖直方位线的夹角为 θ，其方位如图4.2.1所示。设摆线长为 l，摆球的质量为 m。摆球从初始位置开始第一次到达最低位置的过程中，计算在地面参考系中摆线拉力对摆球做的功。已知重力加速度大小为 g。

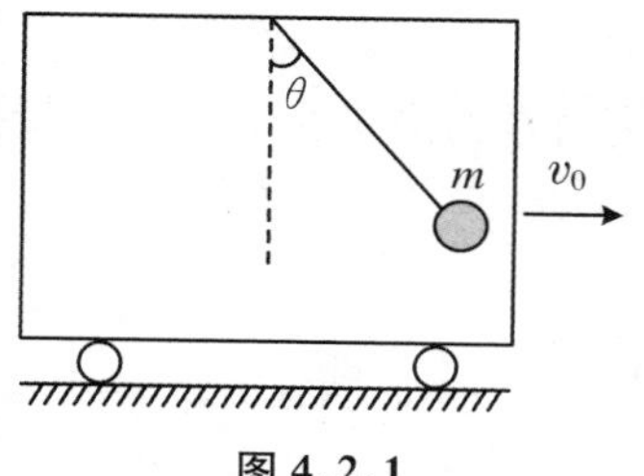

图4.2.1

分析 在地面参考系内，小球的机械能并不守恒。因此，可以先在车厢参考系（惯性系）内求解小球相对于车厢的速度；再根据速度合成，得到小球在地面参考系内的速度；最后在地面参考系内，由动能定理求解摆线的拉力对小球做的功。

解 以车厢速度方向为正方向，在车厢参考系内，由动能定理得小球到达最低位置的速度大小为

$$v_r = \sqrt{2gl(1-\cos\theta)}$$

小球相对于车厢的速度方向是水平向左的，根据速度合成，可得小球对地的速度为

$$v = v_0 - \sqrt{2gl(1-\cos\theta)}$$

在地面参考系内，对小球用动能定理，可得

$$W_T + W_G = \frac{1}{2}m\left[v_0 - \sqrt{2gl(1-\cos\theta)}\right]^2 - \frac{1}{2}mv_0^2$$

又因为

$$W_G = mgl(1-\cos\theta)$$

所以

$$W_T = -mv_0\sqrt{2gl(1-\cos\theta)}$$

点拨 通过本题，我们再次深刻地体会到，同一个力对不同的参考系来说，做的功可能是不一样的，甚至这两个参考系都是惯性系，做的功也可能不同。在应用动能定理解题时，所有物理量一定是相对于同一参考系而言的。

例题2 如图4.2.2所示，一个很大质量的车厢在水平地面上以速度 v_0 匀速行驶，车厢内有一个半径为 R 的固定光滑半圆柱面，顶部有一个质量为 m 的物块，开始时物块保持相对静止，后因扰动在图示平面内下滑，直至离开圆柱面，试求此过程中圆柱面支持力对物块做的功。

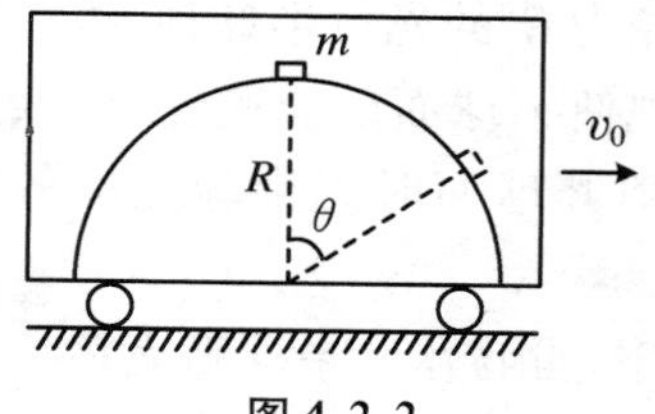

图4.2.2

分析 需要注意的是，做功的大小与参考系的选择有关，在题目未明确说明参考系的时候，一般是指地面参考系。而在地面参考系中直接计算做功很麻烦，因为物块受到的支持力是变力。这时应该变换到车厢参考系中研究，在车厢参考系中支持力不做功，而且由于题目说车厢质量很大，可认为车厢参考系是个惯性参考系。

解 在车厢参考系中,设物块与圆柱面脱离时的位置为 θ,速度为 v',则由动能定理可得

$$mgR(1-\cos\theta)=\frac{1}{2}mv'^2$$

脱离时重力沿半径方向的分量提供向心力,有

$$mg\cos\theta=\frac{mv'^2}{R}$$

可得

$$v'=\sqrt{\frac{2}{3}gR},\quad \cos\theta=\frac{2}{3}$$

若物体从右侧脱离,则地面系中脱离时的速度大小为 v_R,满足

$$v_R^2=v_0^2+v'^2+2v_0v'\cos\theta=v_0^2+\frac{2}{3}gR+\frac{4}{3}v_0\sqrt{\frac{2}{3}gR}$$

对物块用动能定理,有

$$W_1+mgR(1-\cos\theta)=\frac{1}{2}mv_R^2-\frac{1}{2}mv_0^2$$

解得

$$W_1=\frac{2}{3}\sqrt{\frac{2}{3}gR}mv_0$$

若物体从左侧脱离,则地面系中脱离时的速度大小为 v_L,满足

$$v_L^2=v_0^2+v'^2-2v_0v'\cos\theta=v_0^2+\frac{2}{3}gR-\frac{4}{3}v_0\sqrt{\frac{2}{3}gR}$$

对物块用动能定理,有

$$W_2+mgR(1-\cos\theta)=\frac{1}{2}mv_L^2-\frac{1}{2}mv_0^2$$

解得

$$W_2=-\frac{2}{3}\sqrt{\frac{2}{3}gR}mv_0$$

点拨 (1) 求一个力的功大体有两种思路,一种是用功的定义直接求,另一种是使用动能定理间接求。本题中使用动能定理间接去求。

(2) 本题中并未说物块是从左侧还是从右侧离开圆柱面的,所以需要分两种情况讨论。

例题 3 如图 4.2.3 所示,一质量为 m 的小物体放在半径为 R 的光滑半球顶上,初始时,它们之间相对静止。现使半球面以加速度 $a=g/4$ 匀加速向右运动,求物体离开球面时到半球底面的距离 h。

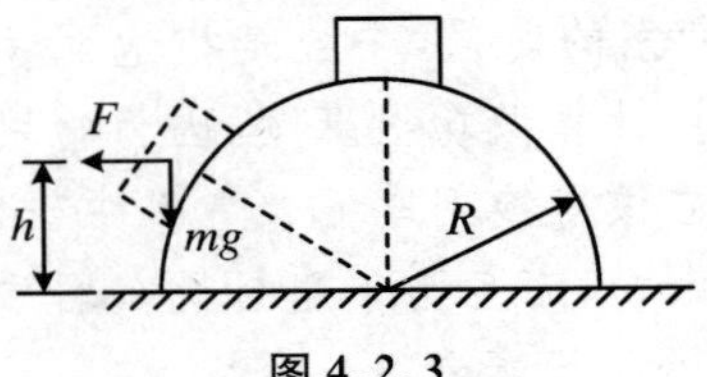

图 4.2.3

分析 物体沿球面滑下,当物体与半球面之间的相互作用力为零时,物体将要脱离半球面。若在地面参考

系中求解将非常复杂，而在半球面参考系中观察，物理情景相对简单，但是半球面参考系是一个非惯性系，应用牛顿第二定律时需要加上一个假想的“惯性力”，应用动能定理时需要加上惯性力做的功。

解　设临界点与圆心连线和竖直方向的夹角为 α，惯性力为 F，在非惯性系中应用牛顿第二定律，得

$$mg\cos\alpha - F\sin\alpha = m\frac{v^2}{R}$$

由非惯性系中的动能定理得

$$mg(R-h) + FR\sin\alpha = \frac{1}{2}mv^2$$

由几何关系得

$$\cos\alpha = \frac{h}{R},\quad \sin\alpha = \sqrt{\frac{R^2-h^2}{R^2}}$$

联立各方程，得

$$153h^2 - 192Rh + 55R^2 = 0$$

解得

$$h_1 = 0.81R,\quad h_2 = 0.44R$$

根据物理过程可知，当物体位于 $h_2 = 0.44R$ 时，早已脱离半球面的约束了，所以 h_2 应该舍去。因此，物体距半球面底部的高度为 $0.81R$ 时，就开始离开半球面了。

点拨　在力学问题中，一定要注意参考系，很多问题在变换参考系后会变得很简单，但也要注意变换后的参考系是否是惯性参考系，如不是，应用牛顿第二定律时需要加上一个假想的“惯性力”，应用动能定理时需要加上惯性力做的功。

2. 如何应用动能定理求变力做的功？

求变力做功，常常用到三种方法：一种是直接根据功的定义求解，该方法可能会涉及积分运算；另一种是利用功率求解，即 $W=Pt$，该方法常见于功率恒定的情况；还有一种就是利用动能定理求解，该方法应用广泛，可以综合关联、临界等问题的讨论，该方法的关键在于求速度。

例题4　如图4.2.4所示，一辆车通过一根跨过定滑轮的绳子 PQ 提升井中质量为 m 的物体。设绳子的总长度始终不变，绳的质量、定滑轮的质量和尺寸、滑轮上的摩擦都忽略不计。开始时车静止在 A 点，滑轮左右两侧的绳都已绷紧，且是竖直的，左侧绳长为 H。提升物体时车加速向左运动，从 A 运动到 B 的距离为 H，车过 B 点时的速度为 v。求车由 A 运动到 B 的过程中对 P 端的绳子做的功。

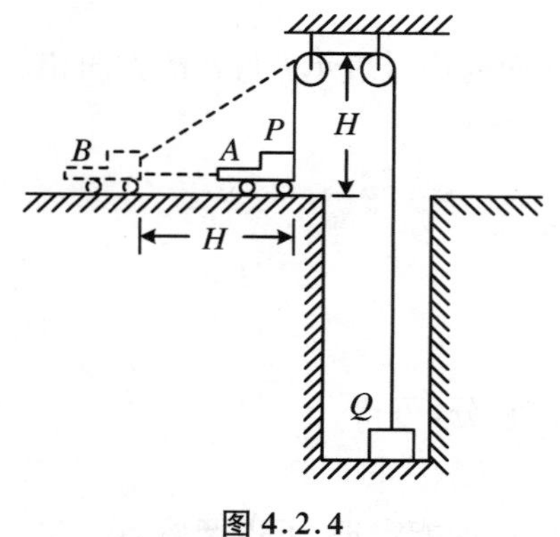

图4.2.4

分析　小车对 P 端的绳子做的功应该等于绳 Q

端的拉力对物体做的功，显然是变力做功，可以考虑应用动能定理，关键是应用速度关联，求出物体的末速度。

解 对物体应用动能定理，有

$$W_T - mgh = \frac{1}{2}mv_{物}^2 - 0$$

结合几何关系 $h=\frac{H}{\sin 45^\circ}-H$，关联关系 $v_{物}=v\cos 45^\circ$，解得

$$W_T = \frac{1}{4}mv^2 + (\sqrt{2}-1)mgH$$

点拨 关联运动贯穿于整个力学，甚至电磁学等，在运动学中涉及关联运动，在牛顿定律中涉及关联运动，在功能关系中涉及关联运动，在以后的学习中也涉及关联运动。关联运动包括位移关联、速度关联、加速度关联，其中速度关联和加速度关联难度都很大，综合性也很强，尤其是加速度关联。在应用动能定理时，经常遇到的关联还是速度关联，找出相应的速度关联往往是解题的关键，需要我们多加练习，不断总结，才能逐渐掌握。

例题 5 在水平桌面上，有一如图 4.2.5 所示的固定半圆形轨道。质量为 m 的小滑块以初速度 v_0 沿切线方向进入轨道内，仅考虑滑块与轨道侧壁间的摩擦力，滑动摩擦因数为 μ。求滑块从进入轨道到滑出轨道整个过程中摩擦力所做的功。

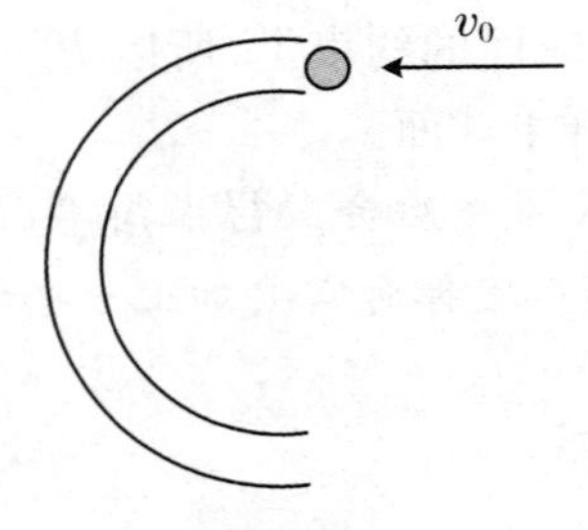

图 4.2.5

分析 滑块做速度减小的圆周运动，需要向心力，滑块和轨道侧壁间的弹力提供向心力，滑块与轨道侧壁间的摩擦力使滑块做减速运动，由于速度减小，需要的向心力就减小，弹力就减小，摩擦力就减小，故摩擦力是大小和方向都在改变的力。

解 滑块和轨道侧壁间的摩擦力大小为

$$f = \mu N = \mu F_n = \mu m\frac{v^2}{R}$$

根据切向的牛顿第二定律，可得

$$-f = m\frac{\mathrm{d}v}{\mathrm{d}t} = m\frac{\mathrm{d}v}{\mathrm{d}s}\frac{\mathrm{d}s}{\mathrm{d}t} = mv\frac{\mathrm{d}v}{\mathrm{d}s}$$

f 前面的负号表示 $\boldsymbol{f}$ 与 $\boldsymbol{v}$ 的方向相反。联立以上两式，切向的牛顿第二定律可写为

$$-\mu m\frac{v^2}{R} = mv\frac{\mathrm{d}v}{\mathrm{d}s}$$

化简得

$$-\frac{\mu}{R}\mathrm{d}s = \frac{\mathrm{d}v}{v}$$

作定积分，可得

$$v = v_0\mathrm{e}^{-\mu\pi}$$

再使用动能定理，可得摩擦力做功

$$W = \frac{1}{2}mv_0^2(e^{-2\mu\pi} - 1)$$

点拨 摩擦力是一个变力，若直接应用功的定义求解，则需要积分，$W_f = \int -\mu m\frac{v^2}{R}ds$，这就需要求出 v 关于 s 的函数关系，根据本题的思路，可以得到 $v = v_0 e^{-\frac{\mu}{R}s}$，然后再积分求解。如果这样求解，则运算量比上面给出的解法要稍大一些。

3. 如何应用质心的动能定理?

质心动能定理的表达式为 $\int \boldsymbol{F}_{外}\cdot d\boldsymbol{r}_C = E_{kC2} - E_{kC1}$，在应用该定理时，需要区分力 F 做功和力 F 对系统质心做功，力 F 做的功应该是力 F 乘作用点的位移，力 F 对质心做的功应该是力 F 乘系统质心的位移。

例题6 如图4.2.6(a)所示，把质量均为 m 的两个小钢球用长为 $2L$ 的线连接，放在光滑的水平面上，在线的中央 O 点作用一个恒定的拉力，其大小为 F，其方向沿水平方向且与开始时连线的方向垂直。连线是非常柔软且不会伸缩的，质量可忽略不计。

(1) 当两连线的张角为 2θ 时，如图4.2.6(b)所示，求小球受到的拉力 F' 的大小。

(2) 求钢球第一次碰撞时，在与力 F 垂直的方向上，钢球对地速度 v_y 的大小。

(3) 经过若干次碰撞，最后两个钢球一直处于接触状态下运动，试求因碰撞而失去的总动能的大小。

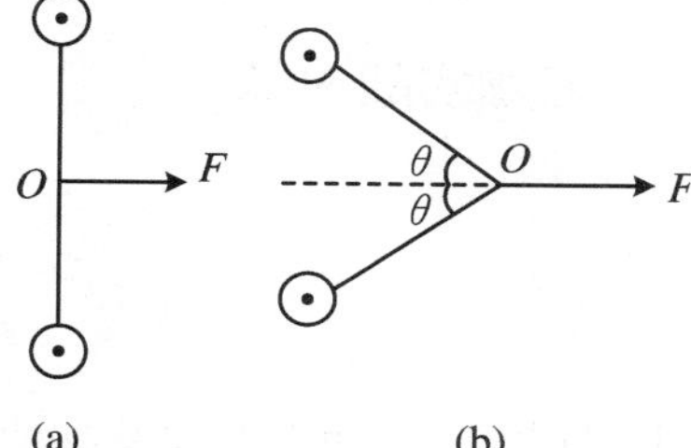

图4.2.6

分析 力 F 作用在 O 点，钢球开始运动，在运动过程中两线之间的夹角逐渐变小，线上的力也在发生变化，所以线对钢球做功是变力做功。但是，若将两钢球当成一个系统，这个系统受到的外力是恒力 F，就简化成恒力做功的问题了。这个时候需要区分力 F 做的功和力 F 对系统的质心做的功。力 F 做的功应该是力 F 乘作用点的位移；力 F 对质心做的功应该是力 F 乘质心的位移。

解 (1) 以 O 点为研究对象，根据 O 点受到的合外力为零，有

$$2F'\cos\theta = F$$

解得

$$F' = \frac{F}{2\cos\theta}$$

(2) 设钢球第一次碰撞时，两钢球的质心的位移为 x_C，则力 F 的作用点 O 的位移为 $x_C + L$，力 F 对质心做功和力 F 做的实际功分别为 Fx_C 和 $F(x_C + L)$，应用质心动能定理和动能定理，得

$$\begin{cases} Fx_C = 2\times\dfrac{1}{2}mv_x^2 \\ F(x_C + L) = 2\times\dfrac{1}{2}m(v_x^2 + v_y^2) \end{cases}$$

两式相减,可解得

$$v_y = \sqrt{\frac{FL}{m}}$$

(3) 经过若干次碰撞,钢球的 v_y 逐渐变为零,则因碰撞而失去的总动能的大小为

$$\Delta E_k = 2\times\frac{1}{2}mv_y^2 = FL$$

点拨 本题的(2)问若不应用质心动能定理求解将非常麻烦,注意到内力做功和外力做功对质点系的总动能都有贡献,但是改变质心的动能却只与外力做功有关,即内力做功不改变质心的动能,这正是本题应用质心动能定理的优点所在。

习题实战演练

基础练习

1. 质量为 m 的汽车在平直的公路上行驶,某时刻速度为 v_0,从该时刻起汽车开始加速,经过时间 t 前进的距离为 s,此时速度达到最大值 v_m,设在加速过程中发动机的功率恒为 P,汽车所受阻力恒为 f,则这段时间内牵引力所做的功为 ( )

A. Pt　　B. $fv_m t$

C. fs　　D. $\dfrac{mv_m^2}{2}+fs-\dfrac{mv_0^2}{2}$

2. 如图 4.2.7 所示,小球以大小为 v_0 的初速度由 A 端向右运动,到 B 端时的速度减小为 v_B;若以同样大小的初速度由 B 端向左运动,则到 A 端时的速度减小为 v_A。已知小球运动过程中始终未离开该粗糙轨道。比较 v_A、v_B 的大小,结论是 ( )

A. $v_A > v_B$　　B. $v_A = v_B$　　C. $v_A < v_B$　　D. 无法确定

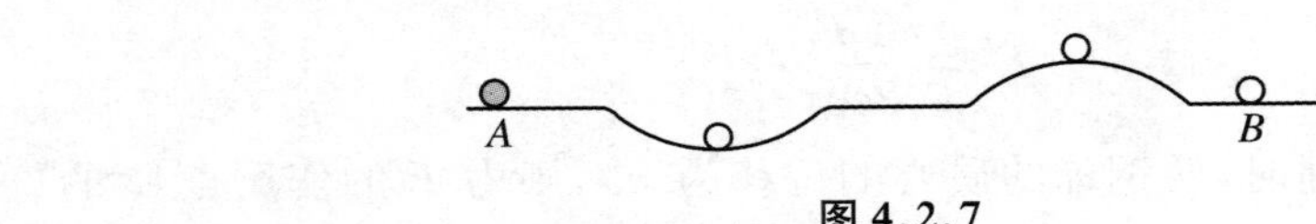

图 4.2.7

3. 如图 4.2.8 所示,$ABCD$ 是一条长轨道,其中 AB 段是倾角为 θ 的斜面,CD 段是水平的,BC 是与 AB 和 CD 都相切的一小段圆弧,其长度可以略去不计。一质量为 m 的小滑块在 A 点从静止释放,沿轨道滑下,最后停在 D 点,A 点和 D 点的位置如图所示。现用一沿轨道方向的力推滑块,将它由 D 点缓缓地推回到 A 点。设滑块与轨道间的动摩擦因数为

μ,则推力对滑块做的功等于 ( )

A. mgh

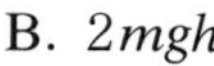

B. $2mgh$

C. $\mu mg\left(s+\dfrac{h}{\sin\theta}\right)$

D. $\mu mgs+\mu mgh\cot\theta$

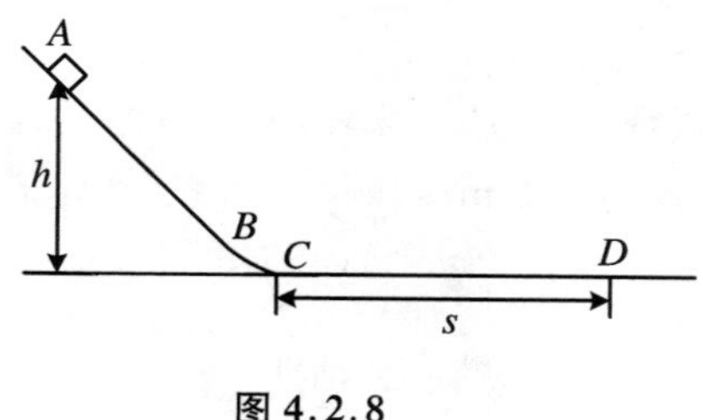

图 4.2.8

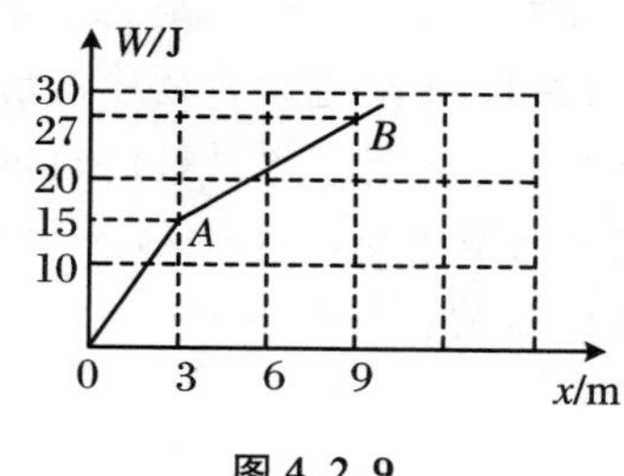

图 4.2.9

4. 质量为 2 kg 的物体放在动摩擦因数 $\mu=0.1$ 的水平面上,在水平拉力的作用下由静止开始运动,水平拉力做的功 W 随物体位置 x 变化的关系如图 4.2.9 所示。取重力加速度 g 为 $10\ \mathrm{m/s^2}$,则 ( )

A. $x=0$ m 至 $x=3$ m 的过程中,物体的加速度是 $2.5\ \mathrm{m/s^2}$

B. $x=6$ m 时,拉力的功率是 6 W

C. $x=9$ m 时,物体的速度是 3 m/s

D. $x=3$ m 至 $x=9$ m 的过程中,合外力做的功是 12 J

5. 如图 4.2.10 所示,竖直固定放置的斜面 AB 的下端与光滑的圆弧轨道 BCD 的 B 端相切,圆弧的半径为 R,圆心 O 与 A、D 在同一水平面上,$\angle COB=\theta$。现有一个质量为 m 的小物体从斜面上的 A 点无初速滑下,已知小物体与 AB 斜面间的动摩擦因数为 μ。求:

(1) 小物体在斜面上能够通过的路程;

(2) 小物体通过 C 点时,对 C 点的最大压力和最小压力。

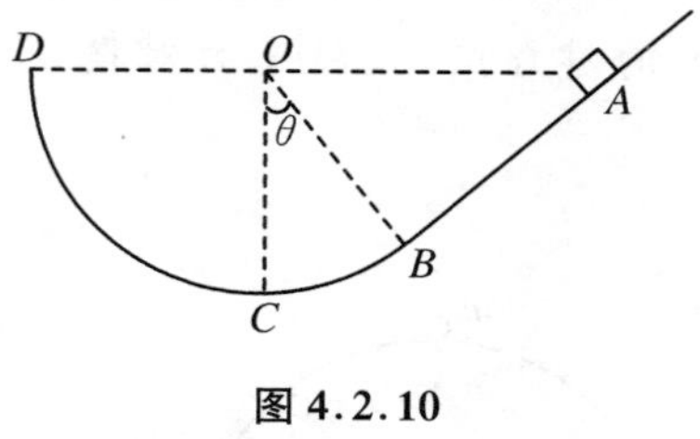

图 4.2.10

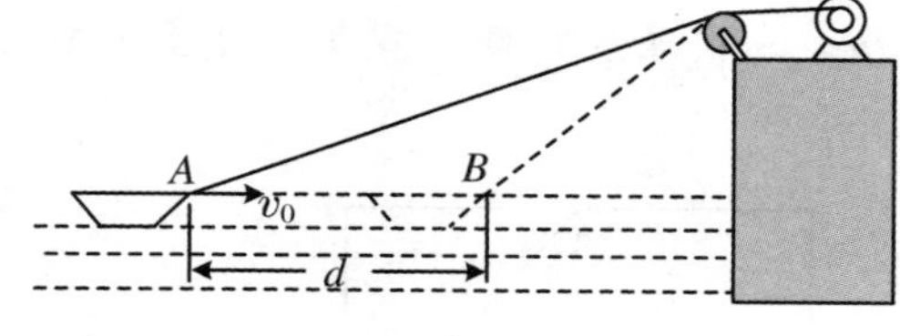

图 4.2.11

6. 如图 4.2.11 所示,用跨过光滑定滑轮的缆绳将海面上一只失去动力的小船沿直线拖向岸边。已知拖动缆绳的电动机功率恒为 P,小船的质量为 m,小船受到的阻力大小恒为 f,经过 A 点时的速度大小为 v_0,小船从 A 点沿直线加速运动到 B 点经历的时间为 t_1,A、B 两点间距离为 d,缆绳质量忽略不计。求:

(1) 小船经过 B 点时的速度大小 v_1;

(2) 小船经过 B 点时的加速度大小 a。

7.(2010 年福建理综) 如图 4.2.12 所示,物体 A 放在足够长的木板 B 上,木板 B 静止于水平面。$t=0$ 时,电动机通过水平细绳以恒力 F 拉木板 B,使它做初速度为零、加速度 $a_B=1.0\ \mathrm{m/s^2}$ 的匀加速直线运动。已知 A 的质量 m_A 和 B 的质量 m_B 均为 2.0 kg,A、B 之间的动摩擦因数 $\mu_1=0.05$,B 与水平面之间的动摩擦因数 $\mu_2=0.1$,最大静摩擦力与滑动摩擦力大小视为相等,重力加速度 g 取 $10\ \mathrm{m/s^2}$。

(1) 求物体 A 刚开始运动时的加速度 a_A。

(2) 求 $t=1.0\ \mathrm{s}$ 时电动机的输出功率 P。

(3) 若 $t=1.0\ \mathrm{s}$ 时将电动机的输出功率立即调整为 $P'=5\ \mathrm{W}$,并在以后的运动过程中始终保持这一功率不变,$t=3.8\ \mathrm{s}$ 时物体 A 的速度为 1.2 m/s,则在 $t=1.0\ \mathrm{s}$ 到 $t=3.8\ \mathrm{s}$ 这段时间内木板 B 的位移为多少?

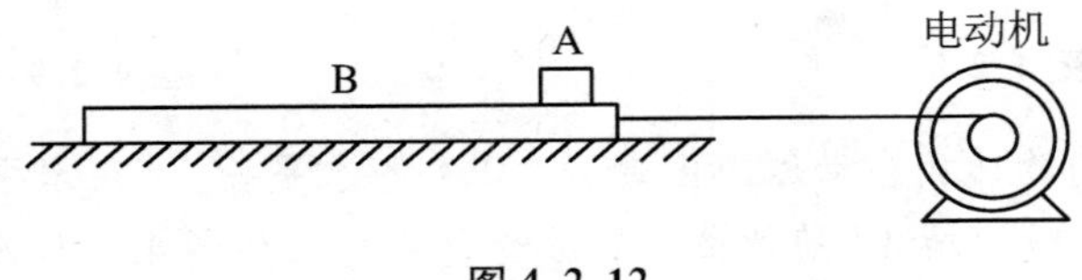

图 4.2.12

8. 一列质量为 M 的火车由静止开始运动,机车的牵引力等于常数 F,阻力等于常数 f,当列车速度达到 v_0 时,改变牵引力,但机车功率不变。火车继续运动,求当总位移为 x,总时间为 t 时,火车速度 v 的表达式。

提高练习

9. (2017 年清华领军改编) 有一辆汽车质量为 m,以恒定功率 P 由静止开始沿直线行驶,一定时间内走过的路程为 s,不计阻力,求 $s=s(t)$。

10. 水平地面上有一质量很大的车厢以速度 v_0 向右匀速行驶,车厢内的单摆开始相对于车厢静止,摆线与竖直线的夹角为 θ,其方向如图 4.2.13 所示。设摆线长为 l,摆球质量为 m。求摆球从初始位置第二次到达最低位置的过程中,摆线张力对摆球所做的功 W_2。

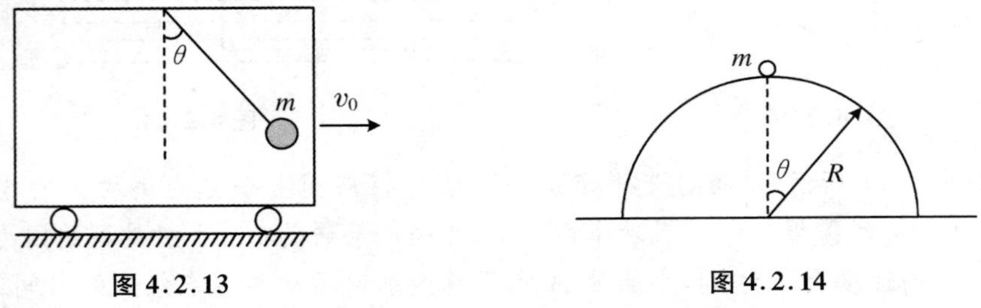

图 4.2.13　　图 4.2.14

11. 一个质量为 m 的光滑质点从固定在水平面上的半径为 R 的半圆柱形表面的顶端由静止开始下落,如图 4.2.14 所示,求它脱离圆柱体的位置和圆心的连线与竖直方向的夹角 θ。

12. 在水平固定放置的光滑细棒上穿入 A、B 两个刚性小球，两球相距 l，然后用两根长度同为 l 的轻质细线分别与 C 球连接。用手握住 A、B 球，使三球静止在图 4.2.15 所示的位置上，而后同时释放 A、B 球。已知 A、B、C 球的质量相同，试求 A、B 球相碰前它们相同的速度大小 v 与 C 球和细棒的距离 h 之间的函数关系。

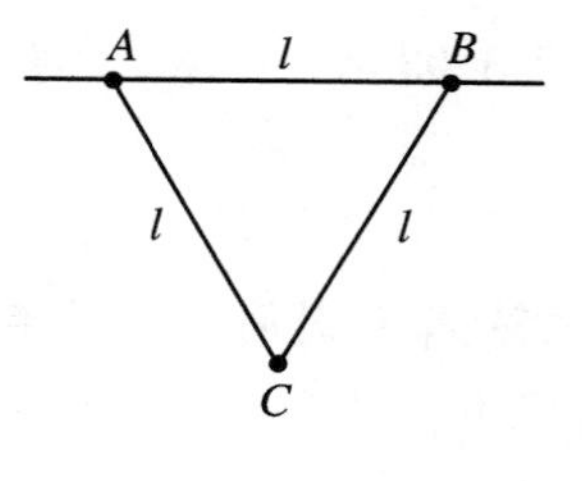

图 4.2.15

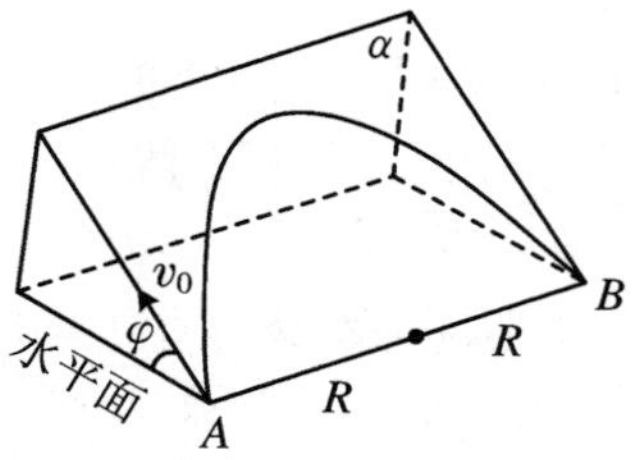

图 4.2.16

13. 平面 α 与水平面成夹角 φ，两平面交线为 AB，在平面 α 上有一个以 AB 为底、R 为半径的固定光滑半圆环。设环的一端 A 处有一小球以初速度 v_0 沿着环的内侧运动，如图 4.2.16 所示。若小球与环光滑接触，小球与平面 α 之间的动摩擦因数为 μ，试求能使小球在环的最高处继续沿着环内侧运动的 v_0 的取值范围。

《参考答案》

1. ABD。

2. A。

3. B。

4. BC。

5. (1) $s=\dfrac{R}{\mu}$；(2) $N_{\max}=3mg-2\mu mg\cos\theta\cot\theta$，$N_{\min}=3mg-2mg\cos\theta$。

6. (1) $v_1=\sqrt{\dfrac{2(Pt_1-fd)}{m}+v_0^2}$；(2) $a=\dfrac{P}{\sqrt{m^2v_0^2+2m(Pt_1-fd)}}-\dfrac{f}{m}$。

7. (1) $a_A=0.5\ \text{m/s}^2$；(2) $P=7\ \text{W}$；(3) $s=3.03\ \text{m}$。

提示　电动机的输出功率调整为 5 W 时，设细绳对木板 B 的拉力为 F'，则

$$P'=F'v_1$$

代入数据，解得 $F'=5\ \text{N}$。

木板 B 受力满足

$$F'-\mu_1 m_A g-\mu_2(m_A+m_B)g=0$$

所以木板 B 将做匀速直线运动，而物体 A 则继续在 B 上做匀加速直线运动，直到 A、B 速度相等。设这一过程经历的时间为 t'，则有

$$v_1=a_A(t_1+t')$$

这段时间内 B 的位移为

$$s_1 = v_1 t'$$

A、B速度相同后，由于$F > \mu_2(m_A + m_B)g$且电动机输出功率恒定，A、B将一起做加速度逐渐减小的变加速运动，由动能定理得

$$P'(t_2 - t' - t_1) - \mu_2(m_A + m_B)gs_2 = \frac{1}{2}(m_A + m_B)v_A^2 - \frac{1}{2}(m_A + m_B)v_1^2$$

木板B在$t = 1.0\ \text{s}$到$t = 3.8\ \text{s}$这段时间的位移$s = s_1 + s_2 = 3.03\ \text{m}$。

8. $v = \sqrt{2\frac{Fv_0 t - fx}{M} - \frac{Fv_0^2}{F - f}}$。

提示 前半段机车做匀变速运动，可以求出匀变速的位移x_1和时间t_1。后半段机车做恒定功率运动，利用动能定理，发动机做功是$Pv_0(t - t_1)$，阻力做功是$-f(x - x_1)$，化简后即可得结果。

9. $s = \frac{2}{3}\sqrt{\frac{2P}{m}}t^{\frac{3}{2}}$。

提示 由动能定理可得

$$Pt = \frac{1}{2}mv^2 \quad 即 \quad v = \sqrt{\frac{2Pt}{m}}$$

由$v = \frac{\mathrm{d}s}{\mathrm{d}t}$得

$$s = \int \mathrm{d}s = \int v\mathrm{d}t = \int \sqrt{\frac{2Pt}{m}}\mathrm{d}t = \frac{2}{3}\sqrt{\frac{2P}{m}}t^{\frac{3}{2}} + C$$

其中C是不定积分项。代入初始条件，$t = 0$时$s = 0$，可得$C = 0$。所以

$$s = \frac{2}{3}\sqrt{\frac{2P}{m}}t^{\frac{3}{2}}$$

10. $W_2 = mv_0\sqrt{2gl(1 - \cos\theta)}$。

提示 与例题1类似。

11. $\theta = \arccos\frac{2}{3}$。

提示 由动能定理得

$$mgR(1 - \cos\theta) = \frac{1}{2}mv^2$$

脱离时压力N为零，即

$$mg\cos\theta = m\frac{v^2}{R}$$

联立以上两式，解得$\cos\theta = \frac{2}{3}$。

12. $v = h\sqrt{\frac{g(2h - \sqrt{3}l)}{h^2 + l^2}}$。

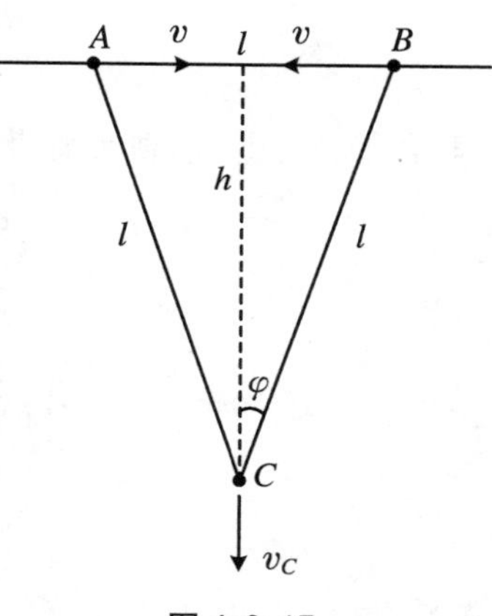

图 4.2.17

提示　如图 4.2.17 所示，在 A、B 球相碰前引入 φ 角，考虑 BC 绳子长度不能发生改变，B 点和 C 点实际速度的沿绳方向的分速度应该相同，因此有

$$v_C\cos\varphi = v\sin\varphi$$

由动能定理可得

$$mg(h-h_0)=\frac{1}{2}mv_C^2+2\times\frac{1}{2}mv^2$$

其中，m 为各球的质量，h_0 为 h 的初始值，易知 $h_0=\frac{\sqrt{3}}{2}l$。

联立上述各式，可得

$$v^2=\frac{2g(h-h_0)}{2+\tan^2\varphi}$$

又 $\tan^2\varphi=\frac{l^2-h^2}{h^2}$，所以 v 与 h 的函数关系为

$$v=h\sqrt{\frac{g(2h-\sqrt{3}l)}{h^2+l^2}}$$

13. $v_0\geqslant\sqrt{(3\sin\varphi+\pi\mu\cos\varphi)Rg}$。

提示　如图 4.2.18(a)所示，小球在平面 α 上运动时所受支持力为 $N=mg\cos\varphi$，则所受摩擦力为

$$f=\mu N=\mu mg\cos\varphi \qquad ①$$

其中 m 为小球的质量。

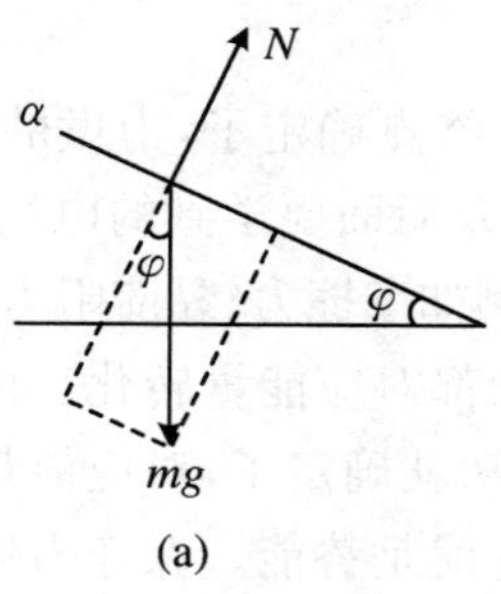

(a)

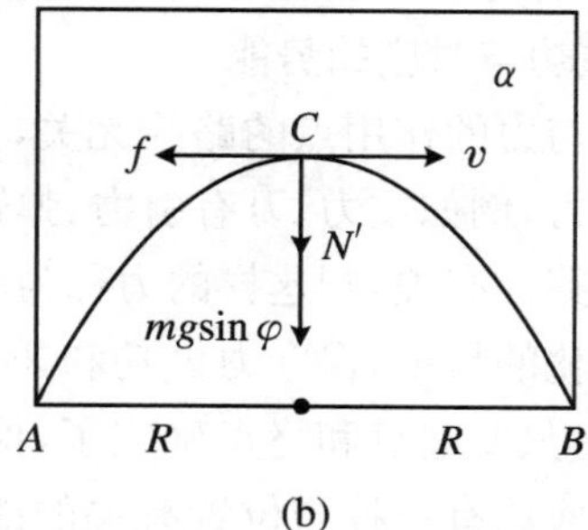

(b)

图 4.2.18

小球在圆环顶点 C 处的运动速度记为 v，根据动能定理得

$$-f\left(\frac{1}{2}\pi R\right)-mg(R\sin\varphi)=\frac{1}{2}mv^2-\frac{1}{2}mv_0^2 \qquad ②$$

如图 4.2.18(b)所示，小球在 C 处受环提供的支持力 $N'>0$，这样才能保证小球继续做圆周运动，而 N' 满足小球圆运动关系式 $mg\sin\varphi+N'=\frac{mv^2}{R}$，所以

$$\frac{mv^2}{R} - mg\sin\varphi = N' \geqslant 0 \quad ③$$

联合①、②、③式，便可解得 v_0 满足的条件为

$$v_0 \geqslant \sqrt{(3\sin\varphi + \pi\mu\cos\varphi)Rg}$$

4.3 保守力做功与势能

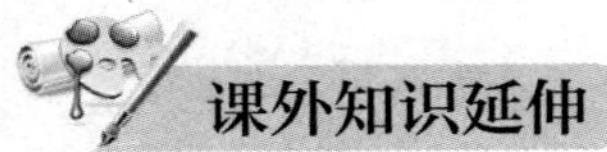

课外知识延伸

1. 引入保守力和势能的必要性

物理学中每一个概念的来源都有原因。我们在有了动能定理之后，原则上对于能量方面的问题都能解决，但是人们逐渐发现动能定理有一个不方便之处，即方程的左边必须是物体所受的各个力做功之和。通过4.1节的学习我们知道，求一个力的做功是比较麻烦的，需要考虑力的方向和物体的位移方向，如果这个力是变力，还需要使用微积分，这驱使人们去寻找更简单的计算做功的办法。有人发现，某些力做功与路径无关而仅与作用点的始末位置有关，那么就可以在空间中定义一个函数，在不同位置具有不同的函数值，令 A、B 两个位置的函数值相减的数值恰好等于该力把物体从 A 移动到 B 所做的功的数值，用这种方法，只要我们熟记函数值，就可以很容易求出该力所做功，这样的函数就是"势能"。由于该力必须是做功与路径无关的力，才能定义出相应的势能函数，因此我们将符合这种性质的力称为保守力，一般在计算保守力做功时，用势能的差值往往更加简单。

2. 保守力做功与对应的势能

有些力做功与力的作用点的路径无关，只要起点和终点确定了，力做的功就确定了，这样的力称为保守力，例如重力、万有引力、弹簧的弹力以及后面要学到的电场力等；若力做功与力的作用点的路径有关，则这样的力称为非保守力，例如摩擦力、黏滞阻力等。

功是能量转化的量度，保守力做功和非保守力做功都对应能量转化。由于保守力做功的值与路径无关，只要起点和终点确定了，保守力做的功就确定了，对应能量转化的量值就确定了。这说明应该有一种与位置有关的能量改变，这就是势能。保守力做功对应势能的转化，具体定量关系为 $W_{保守力} = E_{p1} - E_{p2} = -\Delta E_p$。可见，保守力做正功，与保守力对应的势能减少；保守力做负功，与保守力对应的势能增加。比如，重力做正功，与重力对应的重力势能减少；重力做负功，与重力对应的重力势能增加。

要得到势能的具体表达式，需要选取某个位置作为势能的零点，将物体从该位置移到势能零点的过程中，保守力做功的值就是物体在该位置具有的势能的值。根据势能零点的选取不同，势能可以有不同的形式，我们通常介绍的只是较为方便的一种势能函数的形式，并不是唯一的。

3. 弹力做功与弹性势能

劲度系数为 k 的理想轻质弹簧在形变量为 x 时，具有的弹性势能为 $E_p = \frac{1}{2}kx^2$。此时，弹簧的弹性势能零点必须选在弹簧原长处。

选取不同的弹性势能零点，弹簧弹性势能的表达式也不同，这种情况也可以类推到其他形式的势能。因此，大家要记得，势能本身的数值是相对的，但不同位置的势能的差值是绝对的，势能函数的差值反映了两点间该力做功的大小，这也是我们定义势能的初衷。同时势能函数并不是唯一的。

4. 引力做功与引力势能

两个质点的质量分别为 m_1 和 m_2，相距 r，则两质点之间因万有引力而具有的能量称为引力势能，引力势能的大小为 $E_p = -G\frac{m_1m_2}{r}$。此时，引力势能的零点必须选在两质点相距无穷远处。

现在我们来推导引力势能的表达式。如图 4.3.1 所示，取无穷远处为引力势能的零点。我们设想，质量为 m 的质点与质量为 M 的天体中心间距为 R，将质点 m 由此处移动至无穷远处，此过程中引力做的功为

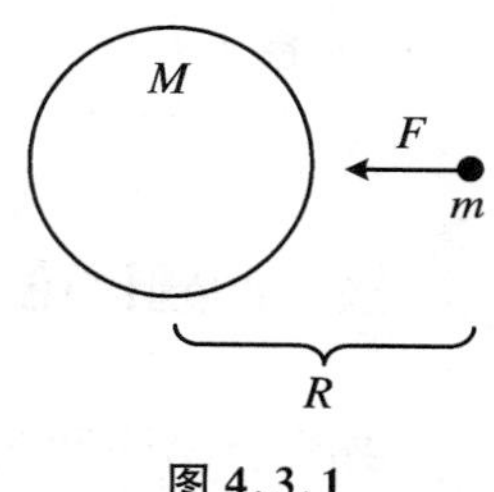

图 4.3.1

$$W = \int_R^{\infty} -\frac{GMm}{r^2}\mathrm{d}r = \frac{GMm}{r}\bigg|_R^{\infty} = -\frac{GMm}{R}$$

而

$$W = -\Delta E_p = (E_p)_R - (E_p)_{\infty} = (E_p)_R - 0$$

所以质点在 R 处的引力势能为

$$(E_p)_R = -\frac{GMm}{R}$$

5. 第二宇宙速度

第二宇宙速度是指火箭将卫星沿切线(垂直于地球半径)送入近地轨道时，为了使卫星脱离地球的束缚而必须给予卫星的最小初始速度。这里需要明确几点：近地轨道高度一般指 100 km 至 200 km，相比于地球半径的 6400 km，我们近似认为忽略不计，因此卫星的初始位置认为距离地球中心 6400 km；卫星不携带燃料，除了火箭给予的初始动能，不再额外获取能量，因此可以认为卫星就像一个“大石头”一样；第二宇宙速度是指在地心参考系内的速度，这与地面参考系不同(这可以解释：实际发射卫星时可以借助地球的自转，并且在低纬度的地方发射卫星更容易)。

“脱离地球的束缚”表达的意思是到达距离地球无穷远处时剩余动能大于或等于零，根据上述讨论，我们可以列出临界情况的能量守恒方程

$$E_k + E_p = E_{k\infty} + E_{p\infty}$$

即

$$\frac{1}{2}mv_2^2 - \frac{GMm}{R} = 0$$

可得

$$v_2 = \sqrt{\frac{2GM}{R}}$$

将 $GM = gR^2$，$R = 6400$ km 代入，可估算出 $v_2 = 11.2$ km/s。

6. 惯性离心力做功与离心力势能

在处理力学问题时，有时需要选取转动参考系，在匀速转动参考系中，要使牛顿第二定律成立，需要加一个假想的惯性离心力。惯性离心力做功与路径无关，可以引入对应的离心力势能。

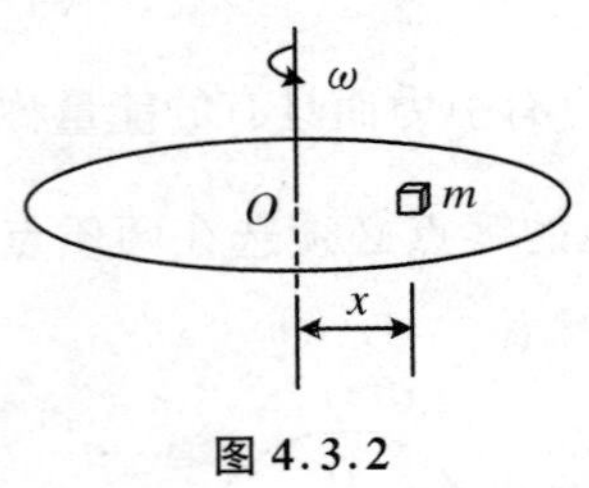

图 4.3.2

在图 4.3.2 所示的匀速转动参考系中，距离转轴 x 处质量为 m 的质点受到的离心力为 $f = m\omega^2 x$，方向沿半径向外。选取转轴 O 处为势能零点，将该质点移动到势能零点，惯性离心力做功为 $W = -\frac{1}{2}m\omega^2 x^2$，所以与惯性离心力对应的势能函数可表示为 $E_p = -\frac{1}{2}m\omega^2 x^2$。

核心问题讨论

1. 如何分析弹簧的弹性势能？

要求出弹簧的弹性势能的表达式，就必须选取势能零点，然后将物体从该位置移到势能零点，求出此过程中弹力做功的值，该值就是弹性势能的值。实际上，该方法可以推广。该方法是求所有势能表达式的一种常用方法。

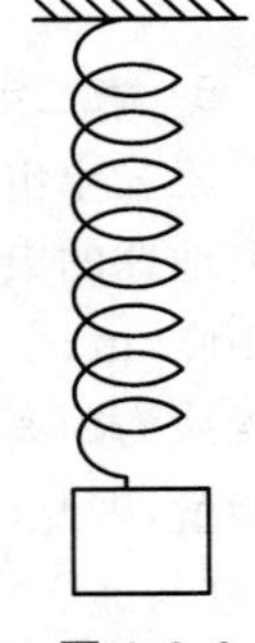
图 4.3.3

例题 1 如图 4.3.3 所示，轻质弹簧原长为 L_0，劲度系数为 k。将其竖直悬挂，在弹簧下端悬挂一个质量为 m 的物体，弹簧静止后，用外力将弹簧缓慢向下再拉伸 x 长度。已知重力加速度大小为 g。

(1) 若选取“弹簧原长”为弹性势能零点，求弹簧在末状态具有的弹性势能 E_p，以及弹簧再被拉伸 x 长度的过程中弹性势能的改变量 ΔE_p。

(2) 若选取“弹簧静止后”为弹性势能零点，求弹簧在末状态具有的弹性势能 E_p'，以及弹簧再被拉伸 x 长度的过程中弹性势能的改变量 $\Delta E_p'$。

(3) 将弹簧施加的弹力和物体的重力合成一个“等效力”，该“等效力”做功与路径无关，对应一种“等效势能”。若选取“弹簧静止后”为等效势能零点，求弹簧在末状态时“等效势能”的表达式 E_p''。

分析 要求出弹性势能的表达式，必须选取势能零点，然后将物体从该位置移到势能零点，求出此过程中弹力做功的值，该值就是弹性势能的值。该方法也适用于求“等效势能”的表达式。

解 (1) 选取“弹簧原长”为弹性势能零点，根据弹性势能的表达式可得弹簧在末状态具有的弹性势能为

$$E_{\mathrm{p}} = \frac{1}{2}k\left(x + \frac{mg}{k}\right)^2$$

弹簧在被拉伸 x 长度的过程中弹性势能的变化量为

$$\Delta E_{\mathrm{p}} = \frac{1}{2}k\left(x + \frac{mg}{k}\right)^2 - \frac{1}{2}k\left(\frac{mg}{k}\right)^2$$

(2) 若选取“弹簧静止后”为弹性势能零点，将物体从“再被拉伸 x 长度”的位置移到势能零点的过程中，弹力做功为

$$W = \int_{\frac{mg}{k}+x}^{\frac{mg}{k}} - kx\mathrm{d}x = \frac{1}{2}k\left(\frac{mg}{k} + x\right)^2 - \frac{1}{2}k\left(\frac{mg}{k}\right)^2$$

可见，弹性势能的表达式为

$$E'_{\mathrm{p}} = \frac{1}{2}k\left(\frac{mg}{k} + x\right)^2 - \frac{1}{2}k\left(\frac{mg}{k}\right)^2$$

弹簧在被拉伸 x 长度的过程中弹性势能的变化量为

$$\Delta E_{\mathrm{p}} = E'_{\mathrm{p}} = \frac{1}{2}k\left(\frac{mg}{k} + x\right)^2 - \frac{1}{2}k\left(\frac{mg}{k}\right)^2$$

(3) 将弹簧施加的弹力和物体的重力合成一个“等效力”，该“等效力”的表达式为 $-kx$，选取“弹簧静止后”为等效势能零点，将物体从“再被拉伸 x 长度”的位置移到势能零点的过程中，“等效力”做功为

$$W = \int_x^0 - kx\mathrm{d}x = \frac{1}{2}kx^2$$

可见，“等效势能”的表达式为

$$E''_{\mathrm{p}} = \frac{1}{2}kx^2$$

点拨 势能零点的选取在任何情况下都是任意的，只不过选取不同的势能零点，势能函数的表达式和定义域可能不同。例如，在选取弹簧弹性势能的零点的时候，若选择弹簧原长为势能零点，不仅符合物理上的直观感受，也能使弹簧弹性势能的表达式较为简洁，但是像本题中的“等效势能”就应该选取“弹簧静止后”为等效势能零点才能保住该优点。

例题2 如图4.3.4所示，竖直悬挂一个有质量的弹簧。已知弹簧的质量为 m，当水平放置该弹簧时，原长为 l_0，该弹簧的劲度系数为 k_0，重力加速度大小为 g，取平放时弹性势能为零。求：

(1) 弹簧平衡时的总长度；

(2) 弹簧平衡时的弹性势能。

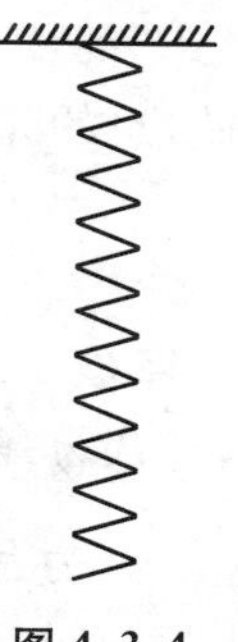

图4.3.4

分析 轻质弹簧的张力处处相同，形变量为 Δx 时，弹性势能表达式是 $E_{\mathrm{p}} = \frac{1}{2}k(\Delta x)^2$。有质量的弹簧模型更接近实际的弹簧，有质量弹簧的张力并不是处处相同，弹性势能也不是简单的 $E_{\mathrm{p}} = \frac{1}{2}k(\Delta x)^2$。对于本题，我们

应该将弹簧切割成许多小段，对每一小段进行受力分析和能量分析，然后再求和或积分。

解 (1) 如图 4.3.5 所示，图(a)中 $\mathrm{d}l$ 表示的是未拉伸时弹簧上的一小段；图(b)中 $\mathrm{d}x$ 表示的是悬挂后 $\mathrm{d}l$ 这一小段弹簧的形变量。

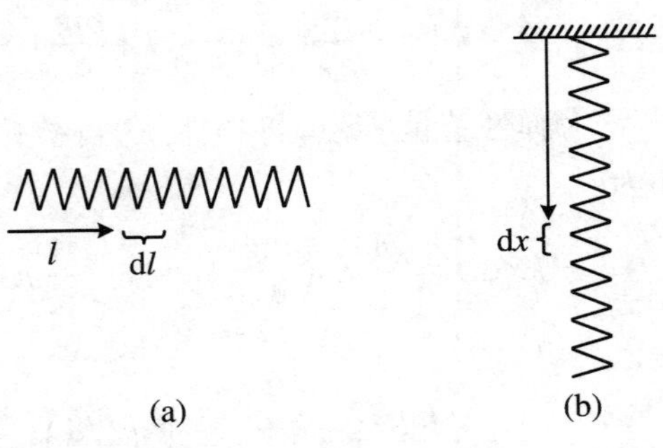

图 4.3.5

首先计算 $\mathrm{d}l$ 这一小段弹簧的劲度系数 k。由弹簧的串联公式可得

$$k = k_0 \frac{l_0}{\mathrm{d}l}$$

悬挂后，$\mathrm{d}l$ 这一小段弹簧下方还有 $l_0 - l$ 长度，因此 $\mathrm{d}l$ 这一小段弹簧产生的张力为

$$T = \frac{mg}{l_0}(l_0 - l)$$

则 $\mathrm{d}l$ 这一小段弹簧的形变量为

$$\mathrm{d}x = \frac{T}{k} = \frac{\dfrac{mg}{l_0}(l_0 - l)}{k_0 \dfrac{l_0}{\mathrm{d}l}} = \frac{mg}{k_0 l_0^2}(l_0 - l)\mathrm{d}l$$

因此，总的形变量为

$$\Delta x = \int \mathrm{d}x = \int \frac{mg}{k_0 l_0^2}(l_0 - l)\mathrm{d}l = -\frac{mg}{2k_0 l_0^2}(l_0 - l)^2 \Big|_0^{l_0} = \frac{mg}{2k_0}$$

(2) $\mathrm{d}l$ 这一小段弹簧的弹性势能为

$$\frac{1}{2}k(\mathrm{d}x)^2 = \frac{1}{2}\left(k_0 \frac{l_0}{\mathrm{d}l}\right)\left[\frac{mg}{k_0 l_0^2}(l_0 - l)\mathrm{d}l\right]^2 = \frac{m^2 g^2}{2k_0 l_0^3}(l_0 - l)^2 \mathrm{d}l$$

因此，总的弹性势能为

$$E_{\mathrm{p}} = \int_0^{l_0} \frac{m^2 g^2}{2k_0 l_0^3}(l_0 - l)^2 \mathrm{d}l = -\frac{m^2 g^2}{6k_0 l_0^3}(l_0 - l)^3 \Big|_0^{l_0} = \frac{m^2 g^2}{6k_0}$$

点拨 (1) 本题不能简单地应用弹性势能的表达式，但是若选取一小段，在这一小段内，可认为弹簧的劲度系数不变，然后再求和或积分，这样处理的过程思维量很大。

(2) 还可以通过积分计算出重力势能减少了 $\dfrac{m^2 g^2}{3k_0}$。

2. 如何应用机械能守恒处理实际问题？

在应用机械能守恒处理实际问题时，需要特别注意该过程机械能是否守恒。一方面，可以根据机械能守恒的条件判断机械能是否守恒，即只有内部弹簧弹力做功、重力做功、引力做功的情况下，系统的机械能守恒；另一方面，有时不好界定内部各力做功的情况，这时可以从能量转化的角度判断机械能是否守恒，如有热量、电势能等参与的能量转化过程中机械能不守恒。

例题3　如图4.3.6所示，长为 l 的轻绳一端系于固定点 O，另一端系质量为 m 的小球。将小球从 O 点正下方 $l/4$ 处以一定的初速度水平向右抛出，经一定的时间，绳被拉直，以后小球将以 O 为圆心在竖直平面内摆动。已知绳刚被拉直时，绳与竖直线成60°角，重力加速度大小为 g，求：

(1) 小球水平抛出的初速度大小 v_0；

(2) 细绳被拉直时小球的速度大小 v 和方向；

(3) 小球摆到最低点时，绳所受的拉力大小 T。

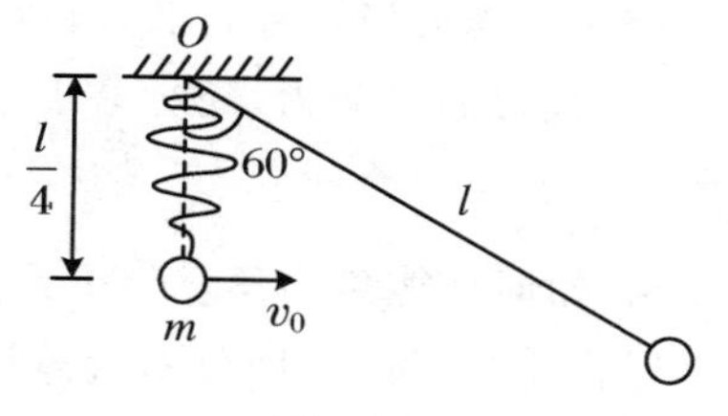

图4.3.6

分析　绳刚被拉直时，由于绳子不可伸长，小球速度沿绳方向的分量变为零，有机械能损失，因此不能对整个过程应用机械能守恒定律，需要分段求解。

解　(1) 由平抛运动规律知

$$v_0 t = l\sin 60^\circ$$

$$\frac{1}{2}gt^2 = l\cos 60^\circ - l/4$$

联立以上二式，解得

$$v_0 = \sqrt{\frac{3gl}{2}}$$

(2) 以最低点为势能零点，从开始运动到绳被拉直的过程中机械能守恒，则

$$\frac{1}{2}mv_0^2 + mg\cdot\frac{3}{4}l = \frac{1}{2}mv^2 + mg\cdot l\cos 60^\circ$$

将 v_0 的表达式代入，解得

$$v = \sqrt{2gl}$$

方向与水平面成 θ 角，则

$$\cos\theta = \frac{v_0}{v} = \frac{\sqrt{3}}{2}$$

得 $\theta = 30^\circ$。

(3) 绳被拉直时，小球速度恰沿绳方向，且立刻变为零，以后小球开始做无初速的摆动，设球到达最低点时的速度为 v'，由机械能守恒定律有

$$mgl(1-\cos 60^\circ) = \frac{1}{2}mv'^2$$

解得

$$v' = \sqrt{gl}$$

由牛顿第二定律有

$$T - mg = \frac{mv'^2}{l}$$

解得

$$T = mg + \frac{mv^2}{l} = 2mg$$

点拨 因为绳不可伸长，所以在绳被拉直的瞬间，小球沿绳方向的速度必须减为零。其实，在这极短的时间内，绳会给小球一个很大的力，通过下一章的介绍你将会知道，该力对时间的累积会有一个冲量，正是这个冲量使小球的速度减为零，该冲量的大小就是 mv。

3. 如何从能量的角度分析天体运动?

经常从能量的角度分析天体运动。以卫星和地球所组成的系统为例，该系统因万有引力的存在而具有引力势能，引力势能和卫星的动能统称该系统的机械能，有时为了简便，会说成卫星的机械能。在卫星从近地点运动到远地点的过程中，卫星的动能减少，系统的引力势能增加，卫星的动能转化成系统的引力势能，总的机械能守恒；在卫星从远地点运动到近地点的过程中，卫星的动能增加，系统的引力势能减少，系统的引力势能转化成卫星的动能，总的机械能守恒。在分析天体运动的过程中，除了常用到机械能守恒定律，还常用到开普勒行星运动定律和相对运动关系，在一些综合性很强的题目中还会涉及在以后将要学习的动量守恒定律、角动量守恒定律、振动等知识。

例题 4 如图 4.3.7 所示，质量为 m 的卫星绕质量为 M 的地球做椭圆轨道运动，椭圆的半长轴为 a，引力常量为 G。根据机械能守恒定律和开普勒第二定律证明：卫星的机械能的表达式可写成 $E = -G\dfrac{Mm}{2a}$。

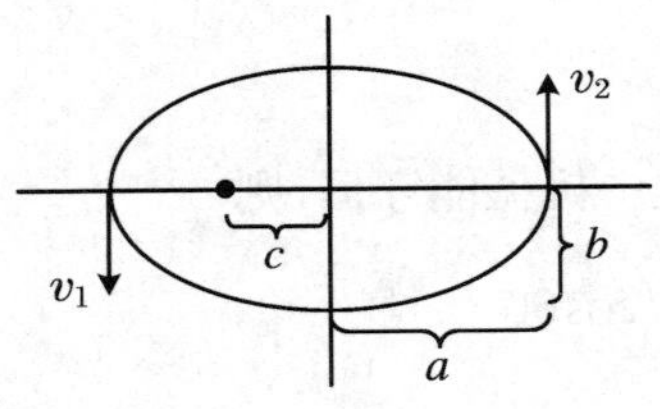

图 4.3.7

分析 可以利用机械能守恒定律和开普勒第二定律，对近地点和远地点写出两个方程，联立求出近地点和远地点的速度，进而推导出总的机械能的表达式。

解 设卫星在近地点和远地点的速度大小分别为 v_1 和 v_2，由机械能守恒定律得

$$\frac{1}{2}mv_1^2 + \left(-G\frac{Mm}{a-c}\right) = \frac{1}{2}mv_2^2 + \left(-G\frac{Mm}{a+c}\right) \quad ①$$

将开普勒第二定律应用于地球和卫星所组成的系统，即在一定的时间内，卫星和中心天体的连线所构成的位置矢量 $\boldsymbol{r}$（简称位矢）扫过的扇形面积是定值，对于近地点和远地点，速度和位矢垂直，即 $\mathrm{d}t$ 时间内位矢扫过的面积为 $\mathrm{d}s = \dfrac{1}{2}rv\mathrm{d}t$，因此可得

$$\frac{1}{2}(a-c)v_1 = \frac{1}{2}(a+c)v_2 \quad ②$$

联立方程①和②，可得

$$\begin{cases} v_1 = \sqrt{\dfrac{GM}{a}\dfrac{a+c}{a-c}} \\ v_2 = \sqrt{\dfrac{GM}{a}\dfrac{a-c}{a+c}} \end{cases}$$

代入机械能的表达式并整理,得

$$E = \frac{1}{2}mv_1^2 + \left(-G\frac{Mm}{a-c}\right) = -G\frac{Mm}{2a}$$

点拨 (1)在地球和卫星所组成的系统中,开普勒行星运动三大定律仍然成立。

(2)通过下一章的学习,我们将知道,由角动量守恒的方程可以推导出开普勒第二定律(面积定律),这是开普勒第二定律之所以成立的动力学原因。

(3)环绕天体在近地点的速度表达式 $v_1 = \sqrt{\dfrac{GM}{a}\dfrac{a+c}{a-c}}$ 和在远地点的速度表达式 $v_2 = \sqrt{\dfrac{GM}{a}\dfrac{a-c}{a+c}}$ 在处理天体运动时经常用到,希望大家能记住。

例题5 设地球的质量为 $M_{地}$、半径为 $R_{地}$,太阳的质量为 $M_{日}$,日、地间的距离为 $r_{日地}$,引力常量为 G,求第三宇宙速度的表达式 v_3。

分析 第三宇宙速度指的是在近地轨道处,为了使卫星脱离太阳的束缚,必须给予卫星的最小初始速度。我们应该分成三步去理解:第一步,在地心参考系内,根据能量守恒,计算卫星以第三宇宙速度 v_3 脱离地球束缚后剩余的动能(速度大小记为 u);第二步,在太阳参考系内,计算卫星脱离地球束缚后,相对于太阳的速度的大小;第三步,从地球公转轨道脱离太阳束缚,需要克服太阳引力做功,因此势能应表达成太阳与卫星的引力势能。

解 在地心参考系内,设卫星脱离地球束缚后剩余的速度大小为 u,根据能量守恒,得

$$\frac{1}{2}mv_3^2 - \frac{GM_{地}m}{R_{地}} = \frac{1}{2}mu^2 + 0 \quad ①$$

以太阳为参考系,借助地球公转速度,卫星获得相对于太阳的速度

$$v_{相} = u + v_{地} \quad ②$$

其中

$$v_{地} = \sqrt{\frac{GM_{日}}{r_{日地}}} \quad ③$$

根据能量守恒,得

$$\frac{1}{2}mv_{相}^2 - \frac{GM_{日}m}{r_{日地}} = 0 + 0 \quad ④$$

联立以上四式,可得

$$v_3 = \sqrt{\frac{2GM_{地}}{R_{地}} + \left(\sqrt{\frac{2GM_{日}}{r_{日地}}} - \sqrt{\frac{GM_{日}}{r_{日地}}}\right)^2}$$

代入数据 $G = 6.67\times10^{-11}\ \mathrm{N\cdot m^2/kg^2}$,$M_{日} = 1.99\times10^{30}\ \mathrm{kg}$,$r_{日地} = 1.5\times10^{11}\ \mathrm{m}$,$GM_{地} =$

$gR_{地}^2$，$R_{地}=6400\ \text{km}$，可得 $v_3=16.7\ \text{km/s}$。

点拨 在上面的推导过程中，我们需要搞清楚："脱离地球束缚"的含义是什么？若只是理解为到达距离地球无穷远处，则"无穷远"又是指什么？若是理解为到达地球引力影响不到的地方，那么"地球引力影响不到的地方"又是在哪里？我们推导第三宇宙速度时，应该将之理解成：还是在地球公转轨道上，但是此时卫星已经成为太阳的一颗"行星"，地位与地球相同，与地球一起以相同的公转速度围绕太阳运转。为了借助地球公转的速度，应该让卫星与地球同方向地绕太阳运转，这样卫星的初始速度就是 $u+v_{地}$，其中 $v_{地}$ 是指地球的公转速度。

4. 如何应用离心力势能?

在处理力学问题时，有时需要选取转动参考系，这样可以使物体的运动形式变得简单，甚至将动力学问题转化成静力学问题。在匀速转动参考系中，要使牛顿第二定律成立，需要加一个假想的惯性离心力；要使相应的能量定律成立，需要加一个假想的离心力势能。

例题6 （2019年清华领军）如图 4.3.8 所示，一光滑圆环套着一小球，圆环绕竖直轴匀速转动。角速度 ω、角度 θ 满足什么条件时，小球处于稳定平衡状态？（　　）

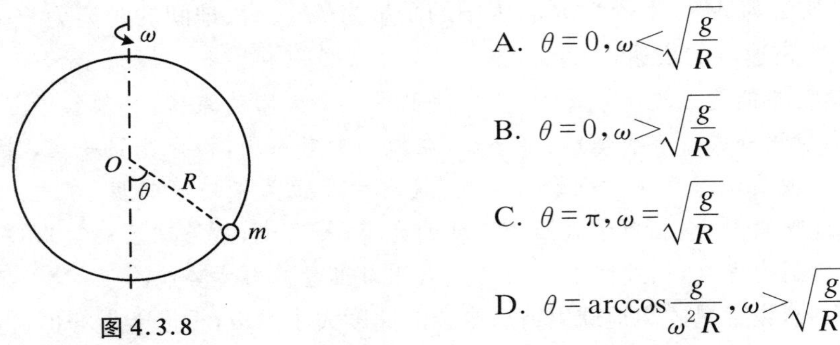

图 4.3.8

A. $\theta=0,\omega<\sqrt{\dfrac{g}{R}}$

B. $\theta=0,\omega>\sqrt{\dfrac{g}{R}}$

C. $\theta=\pi,\omega=\sqrt{\dfrac{g}{R}}$

D. $\theta=\arccos\dfrac{g}{\omega^2R},\omega>\sqrt{\dfrac{g}{R}}$

分析 显然，在转动参考系中求解本题将更简单，小球处于稳定平衡状态，则小球具有的势能应该取得极小值。可以先写出势能 E_p 关于 θ 的函数，然后求 E_p 取得极小值的条件。需要注意的是，在转动参考系中，小球除了具有重力势能，还应具有离心力势能。

解 以圆环为参考系，小球除了具有重力势能，还具有离心势能，以 O 为势能零点，则总势能的表达式为

$$E_p=-mgR\cos\theta-\frac{1}{2}m\omega^2(R\sin\theta)^2$$

小球处于平衡状态，则势能有极小值，所以必须满足条件

$$\begin{cases}\dfrac{dE_p}{d\theta}=0\\[2ex]\dfrac{d^2E_p}{d\theta^2}>0\end{cases}$$

因为

$$\frac{dE_p}{d\theta}=mgR\sin\theta-m\omega^2R^2\sin\theta\cos\theta=0$$

所以

$$\sin\theta = 0 \quad 或 \quad \cos\theta = \frac{g}{\omega^2 R}$$

又

$$\frac{d^2 E_p}{d\theta^2} = mgR\cos\theta - m\omega^2 R^2 (2\cos^2\theta - 1) > 0$$

所以分以下情况进行讨论：

（1）当 $\sin\theta = 0$ 时，$\theta = 0$ 或 $\theta = \pi$。将 $\theta = 0$ 代入上述不等式，解得

$$\omega < \sqrt{\frac{g}{R}}$$

将 $\theta = \pi$ 代入不等式，无解。

（2）当 $\cos\theta = \frac{g}{\omega^2 R}$ 时，代入上述不等式，解得

$$\omega > \sqrt{\frac{g}{R}}$$

综上所述，本题答案为A、D。

点拨　本题综合性较强、计算量较大，普通高考生完全没法下手，即使是知道选取转动参考系并且能写出总势能表达式的考生，也可能卡在求势能极小值这一步上。

习题实战演练

基础练习

1.（2020年海淀一模）我们知道，处于自然状态的水都是向重力势能更低处流动的，当水不再流动时，同一滴水在水表面的不同位置具有相同的重力势能，即水面是等势面。通常稳定状态下水面为水平面，但将一桶水绕竖直固定中心轴以恒定的角速度 ω 转动，稳定时水面呈凹状，如图4.3.9所示。这一现象依然可用等势面解释：以桶为参考系，桶中的水还多受到一个"力"，同时水还将具有一个与这个"力"对应的"势能"。为便于研究，在过桶竖直轴线的平面上，以水面最低处为坐标原点 O、竖直向上为 y 轴正方向建立 xOy 直角坐标系，质量为 m 的小水滴（可视为质点）在这个坐标系下具有的"势能"可表示为 $E_{px} = -\frac{1}{2}m\omega^2 x^2$。该"势能"与小水滴的重力势能之和为其总势能，水会向总势能更低的地方流动，稳定时水表面上的质量相同的水将具有相同的总势能。根据以上信息可知，下列说法中正确的是（　　）

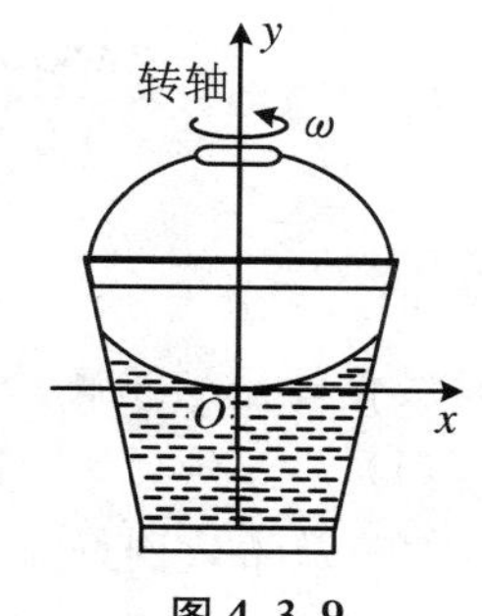

图4.3.9

A. 与该"势能"对应的"力"的方向指向 O 点

B. 与该“势能”对应的“力”的大小随 x 的增大而减小

C. 该“势能”的表达式 $E_{px}=-\dfrac{1}{2}m\omega^2x^2$ 选取了 y 轴处“势能”为零

D. 稳定时桶中水面的纵截面为圆的一部分

2. (2019 年海淀一模) 光镊技术可以用来捕获、操控微小粒子(目前已达微米级)。激光经透镜后会聚成强聚焦光斑,微粒一旦落入会聚光的区域内,就有移向光斑中心的可能,从而被捕获。由于光的作用使微粒具有势能,光斑形成了一个类似于“陷阱”的能量势阱,光斑中心为势能的最低点。结合以上信息可知,关于利用光镊捕获一个微小粒子的情况,下列说法正确的是 ( )

A. 微粒被捕获时,受到激光的作用力一定沿着激光传播的方向

B. 微粒被捕获时,受到激光的作用力一定垂直于激光传播的方向

C. 微粒向光斑中心移动时,在能量势阱中对应的势能可能增大

D. 被捕获的微粒在获得较大的速度之后,有可能逃离能量势阱

3. 如图 4.3.10 所示,轻杆 OB 长 $2r$,其一端连在光滑轴 O 上,可绕 O 在竖直平面内转动,另一端 B 和中点 A 各固定一个质量相同的小重球。先使杆静止于水平方向,然后轻轻释放。当轻杆 OB 摆至轴 O 下方的竖直位置时,重球 A 的速度为(空气阻力不计) ( )

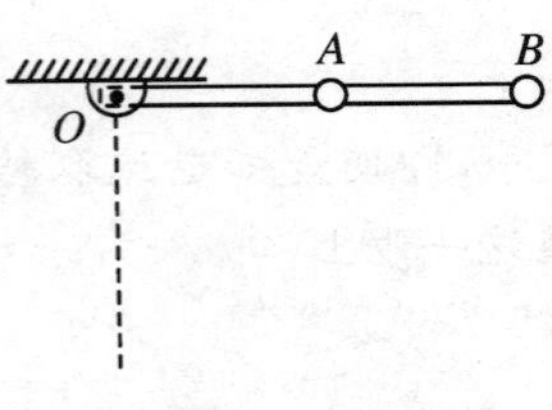

图 4.3.10

A. $\sqrt{\dfrac{3gr}{5}}$　　B. $\sqrt{\dfrac{6gr}{5}}$

C. $\sqrt{2gr}$　　D. $\sqrt{3gr}$

4. (2010 年海淀二模) 物体在万有引力场中具有的势能称为引力势能。若取两物体相距无穷远时的引力势能为零,一个质量为 m_0 的质点与质量为 M_0 的引力源中心相距 r_0 时,其万有引力势能 $E_p=-\dfrac{GM_0m_0}{r_0}$(式中 G 为引力常量)。一颗质量为 m 的人造地球卫星以圆形轨道环绕地球飞行,已知地球的质量为 M,由于受高空稀薄空气的阻力作用,卫星的圆轨道半径从 r_1 逐渐减小到 r_2。若在这个过程中空气阻力做功为 W_f,则在下面给出的 W_f 的四个表达式中正确的是 ( )

A. $W_f=-GMm\left(\dfrac{1}{r_1}-\dfrac{1}{r_2}\right)$　　B. $W_f=-\dfrac{GMm}{2}\left(\dfrac{1}{r_2}-\dfrac{1}{r_1}\right)$

C. $W_f=-\dfrac{GMm}{3}\left(\dfrac{1}{r_1}-\dfrac{1}{r_2}\right)$　　D. $W_f=-\dfrac{2GMm}{3}\left(\dfrac{1}{r_2}-\dfrac{1}{r_1}\right)$

5. 有一面积很大的水池,水深为 H,水面上浮着一正方体木块,木块边长为 a,密度为水的 1/2,质量为 m。开始时,木块静止,有一半没入水中,如图 4.3.11 所示。现用外力将木块缓慢地压到池底。不计摩擦。求:

(1) 从开始到木块刚好完全没入水中的过程中外力所做的功;

(2) 从木块刚好完全没入水中到停在池底的过程中池水势能的改变量。

6. (2015 年北京理综) 如图 4.3.12 所示,弹簧的一端固定,另一端连接一个物块,弹簧

的质量不计。物块(可视为质点)的质量为 m,物块在水平桌面上沿 x 轴运动,与桌面间的动摩擦因数为 μ。以弹簧处于原长时物块的位置为坐标原点 O,当弹簧的伸长量为 x 时,物块所受弹簧的弹力大小为 $F=kx$,k 为常量。

(1) 请画出 F 随 x 变化的示意图,并根据 F-x 图像求物块沿 x 轴从 O 点运动到位置 x 的过程中弹力所做的功。

(2) 物块由 x_1 向右运动到 x_3,然后由 x_3 返回到 x_2,在这个过程中:

① 求弹力所做的功,并据此求弹性势能的变化量。

② 求滑动摩擦力所做的功,并与弹力做功比较,说明为什么不存在与摩擦力对应的“摩擦力势能”的概念。

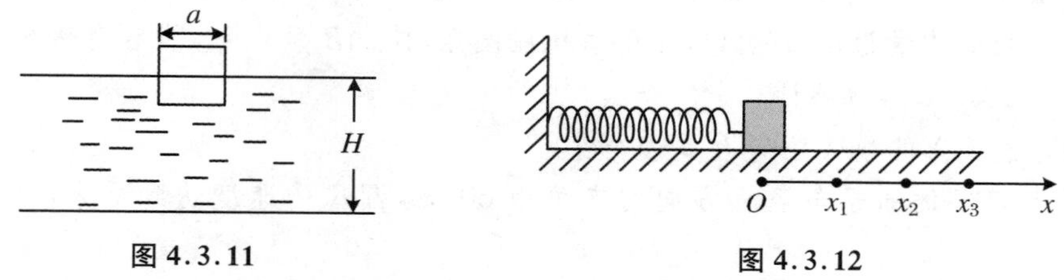

图 4.3.11　　图 4.3.12

7. 如图 4.3.13 所示,质量为 m_1 的物体 A 经一轻质弹簧与下方地面上的质量为 m_2 的物体 B 相连,弹簧的劲度系数为 k,A、B 都处于静止状态。一条不可伸长的轻绳绕过轻滑轮,一端连接物体 A,另一端连接一轻挂钩。开始时各段绳都处于伸直状态,A 上方的绳沿竖直方向。现在挂钩上挂一质量为 m_3 的物体 C 并从静止状态释放,已知它恰好能使 B 离开地面但不继续上升。若将 C 换成另一个质量为 m_1+m_3 的物体 D,仍从上述初始位置由静止状态释放,则这次 B 刚离地时 D 的速度的大小是多少?已知重力加速度为 g。

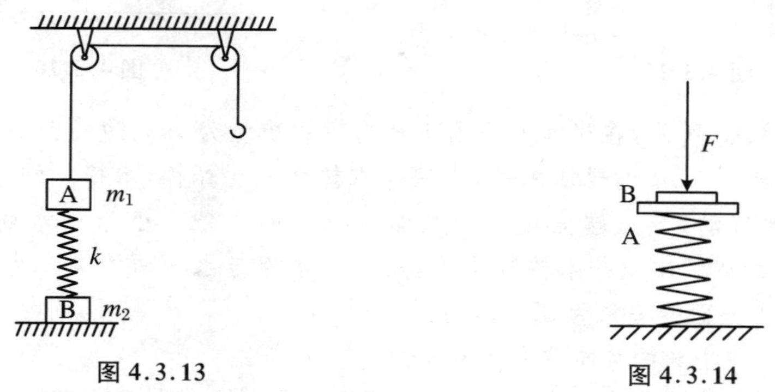

图 4.3.13　　图 4.3.14

8. 如图 4.3.14 所示,一根原长为 l 的轻弹簧,其下端固定在水平桌面上,上端固定一个质量为 m 的物体 A,在 A 上再放一个质量也是 m 的物体 B,但 A 与 B 不粘连,A、B 静止时弹簧压缩量为 Δl_1,之后,在 B 上加一竖直向下的外力,使弹簧再缩短 Δl_2 而静止,这时弹簧的弹性势能为 E_p。现突然撤去外力,则 B 脱离 A 向上飞出瞬间弹簧的长度应为多少?此时 B 的速度为多大?重力加速度大小为 g。

提高练习

9.（2017年北大暑期学校）在宇宙中，存在着这样一颗不断自转着的行星，质量为 M 且均匀分布，半径为 R，在其上的未知生命对于重力的变化非常敏感。有一个热爱旅行的未知生命体感受到赤道上的重力恰为极地重力的99%。现在这些生命体希望发射一个卫星，请问：

(1) 该星球极点处的逃逸速度是多少？

(2) 如果使发射所需的能量最小，应该在何处以怎样的速度发射？

10. 如图4.3.15所示，一细绳绕过 A、B 两定滑轮，在两端各挂质量为 M 的重物，在 AB 的中点 C 悬挂质量为 m 的圆球，先用手托住圆球，使 AB 呈水平，然后突然放手，设 AB 长为 $2L$，$m<2M$，摩擦力不计。

(1) 圆球能下落的最大距离 h 是多少？

(2) 若连接 C 的绳子与竖直方向的夹角为60°时，圆球的速度达到最大，试求此时的 M/m。

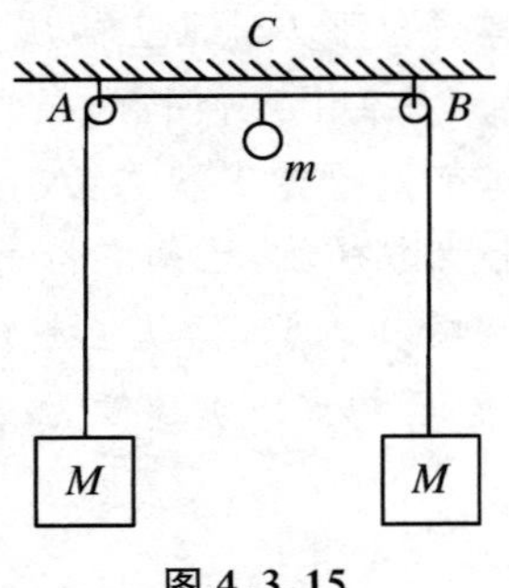

图4.3.15

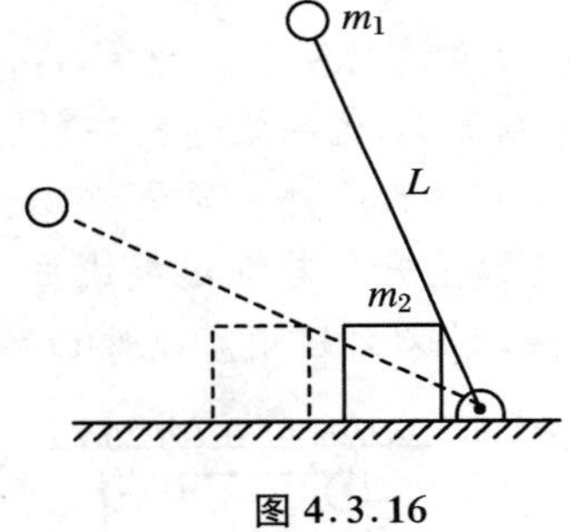

图4.3.16

11. 如图4.3.16所示，在光滑水平面上放有一块质量为 m_2、边长为 a 的正方体木块，木块上搁有一根长 $L=5a$ 的轻质木棒，木块与木棒之间无摩擦，木棒一端用铰链与水平面连接，可无摩擦地转动，另一端固定一个质量为 m_1 的小球。小球与木块质量的关系为 $m_2=0.76m_1$，开始时让木块和木棒静止不动，此时木棒与水平面的夹角为53°。当木块向左滑动到木棒与水平面的夹角为37°时，问：

(1) 运动过程中小球的势能改变了多少？

(2) 若将此时小球的速度记为 v_1，则与木块接触的木棒上的 P 点的速度(v_P)为多大？

(3) 此时木块的速度 v_2 为多少？

12. 如图4.3.17所示，一根长度为 l 的轻质摆线的上端固定于 O 点，下端悬挂一小球，在 O 点下方偏离竖直线 φ 角、与 O 点的距离为 a 处有一颗固定的钉子 A。现将摆球在过 OA 的竖直平面内拉离平衡位置，使摆线与竖直线成 θ 角($\theta\geqslant\varphi$)，然后静止释放，当摆线与钉子 A 接触受阻后，摆球继续运动。假设摆线受钉子阻挡时不损失机械能，试讨论摆线被钉子 A 阻挡后，A 与摆球间的摆线不弯曲，θ 与 φ 之间应该满足什么关系。

13. 一个质量为 M 的光滑圆环用线悬挂着，将两质量均为 m 的有孔小球套在圆环上，且能在环上无摩擦地滑动。现同时将两小球从环的顶端释放，它们沿左右两边自由滑下，如图 4.3.18 所示。试问：当 m 与 M 满足什么关系时，大圆环会升起？并求出开始升起时的 θ。

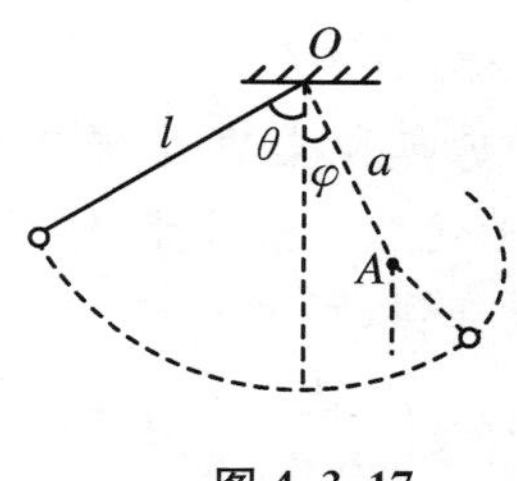

图 4.3.17

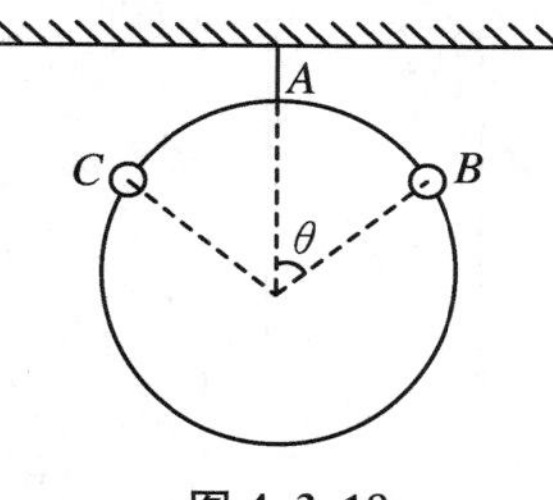

图 4.3.18

参考答案

1. C。
2. D。
3. B。
4. B。
5. (1) $mga/4$；(2) $2mg(H-a)$。
6. (1) 图略，$W=-\frac{1}{2}kx\cdot x=-\frac{1}{2}kx^2$。

(2) ① 整个过程中，弹力做功 $W_T=W_{T1}+W_{T2}=\frac{1}{2}kx_1^2-\frac{1}{2}kx_2^2$，弹性势能的变化量 $\Delta E_p=-W_T=\frac{1}{2}kx_2^2-\frac{1}{2}kx_1^2$。

② 整个过程中，摩擦力做功 $W_f=-\mu mg(2x_3-x_1-x_2)$。与弹力做功比较：弹力做功与 x_3 无关，即与实际路径无关，只与始末位置有关，所以我们可以定义一个由物体之间的相互作用力（弹力）和相对位置决定的能量——弹性势能；而摩擦力做功与 x_3 有关，即与实际路径有关，所以不可以定义与摩擦力对应的"摩擦力势能"。

7. $\sqrt{\frac{2m_1(m_1+m_2)g^2}{(2m_1+m_3)k}}$。
8. l，$\sqrt{\frac{E_p}{m}-2(\Delta l_1+\Delta l_2)g}$。
9. (1) $v_2=\sqrt{\frac{2GM}{R}}$；(2) $(\sqrt{2}-0.1)\sqrt{\frac{GM}{R}}$。

提示　逃逸速度这里指的是第二宇宙速度。在赤道处，借助自转，可以减少所需要的燃料，相对于地面的发射速度为 $v_2-\omega R$，其中 v_2 指第二宇宙速度，ωR 指赤道处的线速度。

10. (1) $h=\dfrac{4LMm}{4M^2-m^2}$；(2) $\dfrac{M}{m}\approx0.755$。

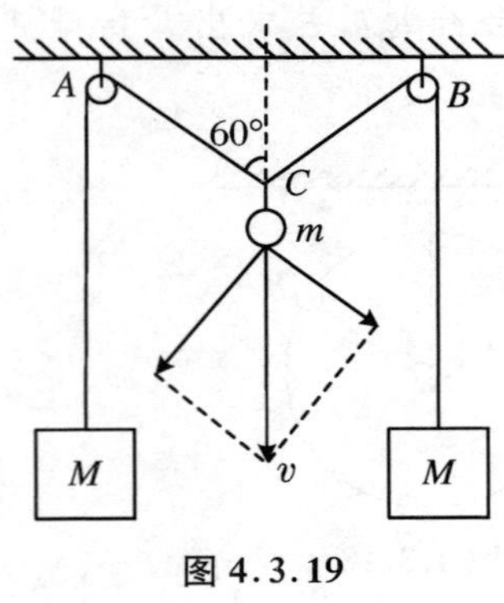

图 4.3.19

提示 (1) 当 m 与 M 的速度都为零时，h 达到最大值。

(2) 当 m 的加速度为零时，m 的速度达到最大值，注意此时 M 的加速度并不是零。

将 m 的速度在沿绳方向和垂直于绳方向分解，如图 4.3.19 所示，沿绳方向的速度分量等于 M 的速度大小，即 $v\cos60°=v_M$；根据能量守恒，可得

$$\frac{1}{2}mv^2+\frac{1}{2}\times2Mv_M^2+2Mg\left(\frac{L}{\sin60°}-L\right)=mg\frac{L}{\tan60°}$$

由此可以求出 m 的速度 v。

对 m 进行受力分析，将力在水平方向和竖直方向分解，可得 $2T\cos60°=mg$；对 M 进行受力分析，可得 $T-Mg=Ma_M$。

加速度关联：在极坐标系中研究 m 的加速度，m 沿绳方向的加速度分量为 $a_r=\ddot{r}-\dot{\theta}^2r=\ddot{r}-\dfrac{v_\theta^2}{r}$，其中 $r=\dfrac{L}{\sin60°}$，$v_\theta=v\sin60°$，因为 m 加速度为零，所以 $a_r=0$，由此可得 $\ddot{r}$。而 M 的加速度大小等于绳子长度的二阶导数，也等于 $\ddot{r}$。联立以上各式，可得 $\dfrac{M}{m}\approx0.755$。

11. (1) m_1ga；(2) $v_1/3$；(3) $\sqrt{2ga}/2$。

提示 (2) 杆上点 P 与小球有相同的角度，此时 P 点与铰链的距离为 $L\sin37°=\dfrac{5}{3}a$。

(3) 本问中需要注意物块与杆的速度关联：相互接触的两个物体沿接触面法线方向的分速度相同，如图 4.3.20 所示，即 $v_P=v_2\sin37°$。

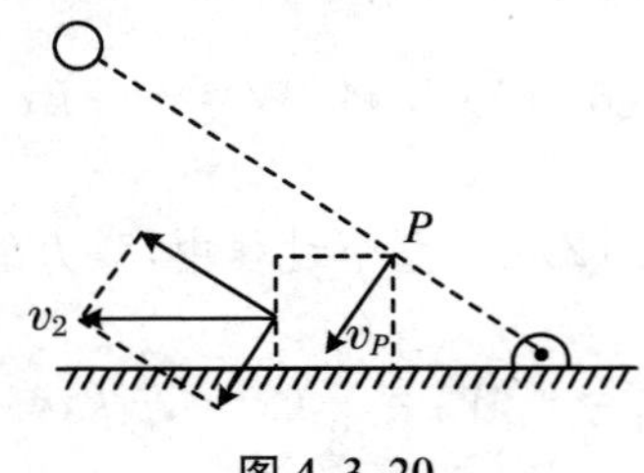

图 4.3.20

12. $l\cos\theta\geqslant a\cos\varphi$ 或者 $\cos\theta\leqslant\dfrac{a}{l}\cos\varphi-\dfrac{3(l-a)}{2l}$。

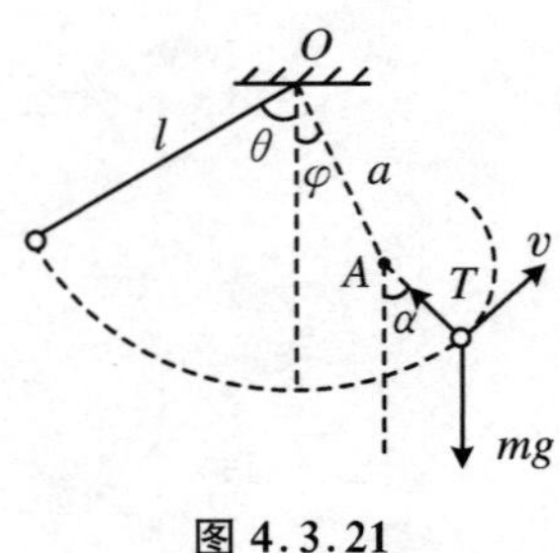

图 4.3.21

提示 如图 4.3.21 所示，分 $\alpha\leqslant\dfrac{\pi}{2}$ 和 $\alpha=\pi$ 两种情况，这两种情况都可以使得摆线不松弛。摆线接触钉子后，小球上升的最高点不超过新的圆心 A 的等高线，则摆线一直不会弯曲，针对这种情况，根据能量守恒，可得 $l\cos\theta\geqslant a\cos\varphi$；摆线接触钉子后，如果小球能做完整的圆周运动，则摆线也不会变弯曲。根据能量守恒，可得

$$mg[a\cos\varphi-(l-a)-l\cos\theta]=\frac{1}{2}mv^2$$

又 $mg \leqslant m\dfrac{v^2}{l-a}$,联立可得

$$\cos\theta \leqslant \frac{a}{l}\cos\varphi - \frac{3(l-a)}{2l}$$

13. $m \geqslant \dfrac{3}{2}M, \theta = \arccos\left[\dfrac{1}{3}\left(1+\sqrt{1-\dfrac{3M}{2m}}\right)\right]$。

提示 设圆环受到的弹力为 N',则圆环升起的条件是

$$2N'\cos\theta > Mg$$

对小球进行受力分析,有

$$N + mg\cos\theta = m\frac{v^2}{R}$$

根据能量守恒,得

$$mgR(1-\cos\theta) = \frac{1}{2}mv^2$$

联立以上各式并化简,可得

$$m > \frac{M}{\dfrac{2}{3} - 6\left(\cos\theta - \dfrac{1}{3}\right)^2}$$

当 $\cos\theta = \dfrac{1}{3}$ 时,m 取最小值,此时 $m \geqslant \dfrac{3}{2}M$。

4.4 功能关系

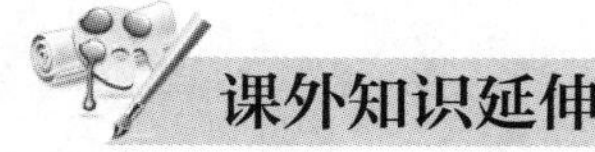

1. 功能原理

质点系的动能定理的表达式为 $W_{外力} + W_{内力} = \Delta E_k$,其中内力可以分为保守力和非保守力,对应的功分别为保守力的功 $W_{内保}$ 和非保守力的功 $W_{内非保}$,所以可将质点系的动能定理进一步写成 $W_{外力} + W_{内保} + W_{内非保} = \Delta E_k$。考虑到保守力做功与势能的关系 $W_{内保} = -\Delta E_p$,上式可以进一步写成 $W_{外力} + W_{内非保} = \Delta E_k + \Delta E_p = \Delta(E_k + E_p)$。质点系的机械能的增量等于系统所受外力的总功与内部非保守力的总功的代数和,这就是质点系的机械能定理,也就是功能原理。

2. 摩擦生热

能量的转化和转移不是一个力做功能够完成的,而是依靠一对作用力与反作用力做功来完成的。

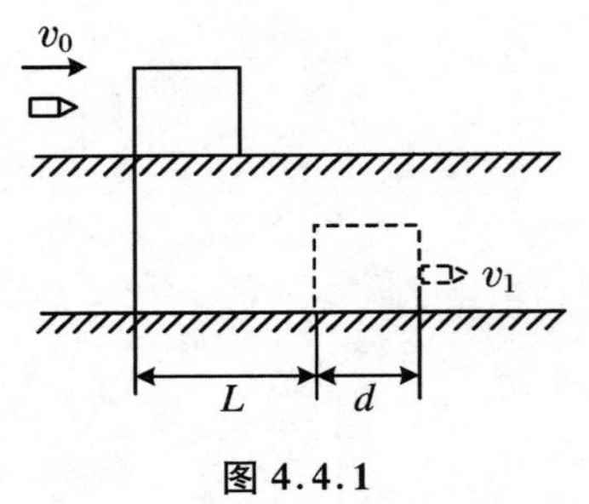

图 4.4.1

我们研究图 4.4.1 所示的一个子弹射入木块的过程。假设质量为 M 的木块开始时静止在地面上,质量为 m 的子弹以初速度 v_0 射入木块,以速度 v_1 射出木块,子弹射出时木块的速度为 v_2,在此过程中木块在地面上行进的位移为 L,木块的厚度为 d。

我们研究摩擦力 f 对子弹做的功,根据动能定理,得

$$W_f = -f(L+d) = \frac{1}{2}mv_1^2 - \frac{1}{2}mv_0^2$$

研究摩擦力 f' 对木块做的功,根据动能定理,得

$$W'_f = fL = \frac{1}{2}Mv_2^2$$

一对相互作用的摩擦力做功之和为

$$W_f + W'_f = -f(L+d) + fL = -fd$$

由上式可见,一对滑动摩擦力做功之和不为零,而等于摩擦力大小乘两质点的相对位移 d。

根据以上分析,可得

$$W_f + W'_f = \frac{1}{2}mv_1^2 + \frac{1}{2}Mv_2^2 - \frac{1}{2}mv_0^2 = E_2 - E_1$$

式中 E_2 为体系末状态的机械能,E_1 为体系初状态的机械能,两者差值为系统机械能的减少量。根据能量守恒,这部分机械能的减少量恰好等于系统内能的增加量 Q,即系统内一对滑动摩擦力做功之和的相反数等于摩擦产生的热量,也即 $Q=fd$。

3. 虚功原理

一个原本静止的质点系继续保持静止的条件是所有作用于该系统的主动力对作用点的虚位移所做的功的和为零,即 $\sum \boldsymbol{F}_i \cdot \delta \boldsymbol{x} = 0$。虚位移是指保持时间不变而满足系统约束条件的无穷小位移。

核心问题讨论

1. 摩擦生热过程中机械能到内能的转化该如何计算?

根据动能定理,单个力做功的效果只有一个,就是为质点动能改变作贡献,而要真正实现能量转化或者转移,需要一个体系中的一对作用力和反作用力一起做功才行。一对滑动摩擦力做功之和的相反数等于摩擦生热的热量。其实,计算摩擦生热更常用的表达式为摩擦力大小乘两质点的相对位移 d,即 $Q=fd$。

例题 1 有一条足够长的传送带,与水平方向的夹角为 θ,在电动机带动下以恒定速度 v 匀速传动。在传送带的左端轻轻放上质量为 m 的物体,并且当物体相对于地面的位移为 s 时,它恰好与传送带的速度相同。

(1) 如图 4.4.2 所示,当 $\theta=0°$时,求:

① 传送带对物体做的功 W_1；

② 过程中摩擦生热 Q，并判断 Q 与 W_1 和物体动能 E_k 的关系；

③ 物体对传送带做的功 W_2；

④ 传送带消耗的额外的电能 E。

(2) 如图 4.4.3 所示，当 $\theta=30°$ 时，求：

① 传送带对物体做的功 W_1'；

② 过程中摩擦生热 Q'，并判断 Q' 与 W_1' 和物体动能 E_k 的关系；

③ 物体对传送带做的功 W_2'；

④ 传送带消耗的额外的电能 E'。

图 4.4.2　　图 4.4.3

分析 本题的关键是理清研究对象以及不同的力做功的效果。若研究对象是物体，则传送带对物体做功和重力对物体做功共同改变物体的动能；若研究对象是传送带，则电动机(未画出)对传送带做功和物体对传送带做功共同改变传送带的动能；若研究对象是物体和传送带所构成的系统，则摩擦力与相对位移的乘积是系统的发热量。

解 (1) ① 由动能定理得

$$W_1 = \frac{1}{2}mv^2$$

② 作物体和传送带的 v-t 图，如图 4.4.4 所示，由图像可知，三角形 OvA 的面积就是相对位移，而三角形 OAt_0 的面积是物体相对于地面的位移 s，易知三角形 OAt_0 与三角形 OvA 的面积相等，故

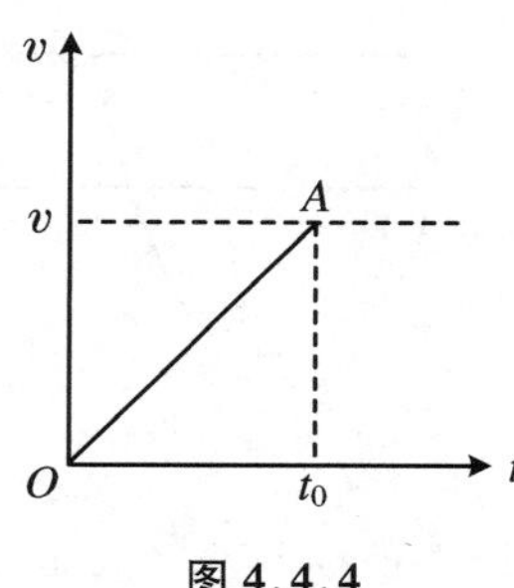

图 4.4.4

$$Q = fs = mas = m\frac{v^2}{2s}s = \frac{1}{2}mv^2 = W_1 = E_k$$

③ 由图像易知传送带相对于地面的位移为矩形 $OvAt_0$，其面积为 $2s$，故物体对传送带做的功为

$$W_2 = -f \cdot 2s = -m\frac{v^2}{2s} \times 2s = -mv^2$$

④ 在传送物体的过程中，电动机对传送带做正功，物体对传送带做负功，传送带动能未改变，因此传送带消耗的额外的电能就是物体对传送带做的功的绝对值，即

$$E = mv^2$$

(2) ① 传送带对物体做功和物体重力做功之和等于物体动能改变量，本问中重力做功不再为零，故

$$W'_1 - mgs\sin\theta = \frac{1}{2}mv^2$$

$$W'_1 = mg\frac{s}{2} + \frac{1}{2}mv^2$$

② 对物体进行受力分析,有

$$f = mg\sin\theta + ma = \frac{mg}{2} + m\frac{v^2}{2s}$$

$$Q' = fs = mg\frac{s}{2} + \frac{1}{2}mv^2 = W'_1 \neq E_k$$

③ 物体对传送带做功为

$$W'_2 = -f\cdot 2s = -mgs - mv^2$$

④ 传送带消耗的额外的电能为

$$E' = -W'_2 = mgs + mv^2$$

点拨 需要注意的是,一对相互作用的摩擦力做的总功的相反数等于系统摩擦生热,与物体的动能改变没有直接关系。

2. 虚功原理中如何区分主动力和约束力?

约束力是由约束条件给质点的作用力,一般来说,约束不存在,约束力也就随之消失,而主动力是如重力、推力、拉力等不受质点其他力影响的力。往往由于主动力存在,约束力才相应地存在。比如一个静止在水平地面上的物体,重力为主动力,弹力为约束力,如果重力消失,则弹力也随之消失,这样的弹力也称被动力。

例题 2 如图 4.4.5 所示,有一根不可伸长的均匀的绳子,其两端悬挂在 A、B 两点,B 点比 A 点高 h,在 A 点绳子的张力为 T_A。已知:绳子的质量为 m,长为 L,重力加速度大小为 g,求绳子在 B 点处的张力大小 T_B。

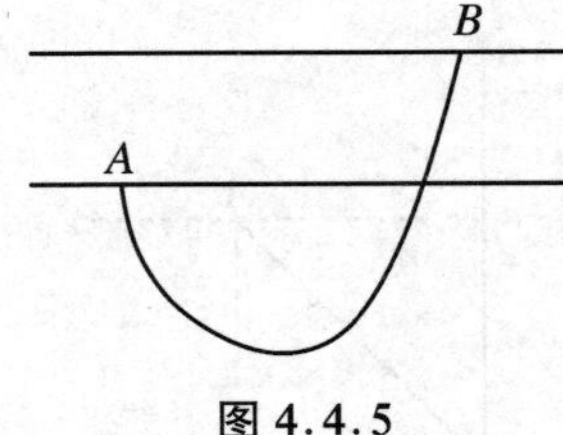

图 4.4.5

分析 根据虚功原理,取整段绳子作为研究对象,假想绳子的 B 端从现在的状态往上略微提一下,使整根绳子沿着约束的方向发生一个虚位移 δx,这时所有主动力做功之和应为零。本例中有三个主动力:A 点处的拉力 T_A,沿 A 点切线向上;B 点处的拉力 T_B,沿 B 点切线向上;绳子重力 mg。在发生虚位移 δx 的过程中,重力做功相当于将长度为 δx 的一小段从 A 点提升到 B 点重力做的功,其余部分重力不做功。

解 根据虚功原理,得

$$T_B\delta x - T_A\delta x = \delta mgh = \frac{\delta x}{L}mgh$$

$$T_B = T_A + \frac{mgh}{L}$$

点拨 (1) 虚功原理的应用中要找全所有的主动力做功,而且请体会虚位移的方向一定不能违背约束条件。

(2) 虚功原理虽然是能量方程,但是主要用来解决静力平衡问题,也正因为它是能量方程,所以适合用来计算受力和约束情况复杂的静力学问题。

例题 3 如图 4.4.6 所示,一列长为 L 的过山车由许多节车厢组成,以某一速度 v_0 在水平轨道行驶,然后进入在竖直平面内的半径为 R 的圆轨道。已知 R 比每一节车厢的尺寸大得多,且 $L>2\pi R$,不计车和轨道间的摩擦,可将过山车简化成一条柔软的绳子,过山车能安全地驶过竖直圆轨道:

(1) 若车头经过最高点已经驶入水平轨道,设单位长度的车厢质量为 λ,则位于最高点的车厢与车厢之间的张力 T 为多少?

(2) 若 v_0 已知,则过山车驶过圆形轨道的过程中最小速度为多少?

(3) 若 v_0 未知,求 v_0 的最小值。

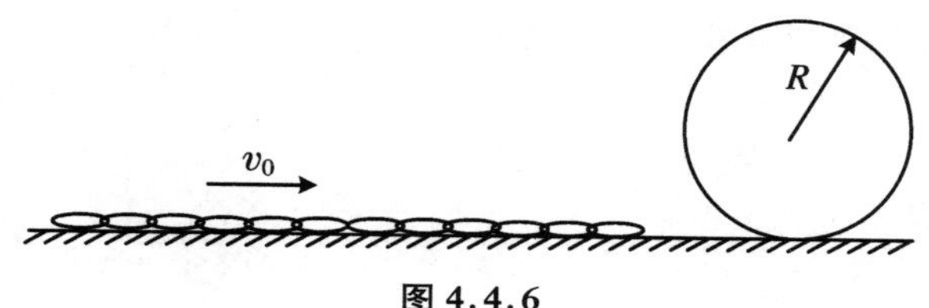

图 4.4.6

分析 直接通过受力分析求解位于最高点的车厢与车厢之间的张力是不容易的。假想将运动中的过山车断开,则断开后右边的车厢受到左边的车厢的拉力 T。假设在拉力 T 的作用下,右边车厢发生了一段极小的位移 Δx,则此过程中拉力 T 对右边车厢做功为 $T\Delta x$。将这一做功过程的前后两状态比较,相当于将整列车厢尾部的一小段移到圆轨道的最高点处,相应的势能增加,于是就可以求解了。

解 (1) 假设右边车厢发生了一段极小的位移 Δx,其重力势能增加 $\lambda\Delta xg\cdot 2R$,而列车的速率不变,可见上述重力势能的增加是拉力 T 做功的结果,即

$$T\Delta x = \lambda\Delta xg\cdot 2R$$

解得

$$T = 2R\lambda g$$

(2) 设列车单位长度的质量为 λ,当整个圆轨道上都分布有列车车厢时,这部分车厢相比于在水平轨道上时增加的重力势能为 $2\pi R^2\lambda g$,此时列车的速度最小,设为 v,由机械能守恒定律有

$$\frac{1}{2}\lambda Lv_0^2 = \frac{1}{2}\lambda Lv^2 + 2\pi R^2\lambda g$$

解得

$$v = \sqrt{\frac{Lv_0^2 - 4\pi R^2 g}{L}}$$

(3) 当轨道对最高点处的车厢的作用力为零时,v_0 有最小值 $v_{0\min}$。以最高点处的车厢为研究对象,其受力情况如图 4.4.7 所示。设一节车厢的长度为 l(其质量为 $m=\lambda l$),其对应的轨道圆心角为 α,则两张力的合力为

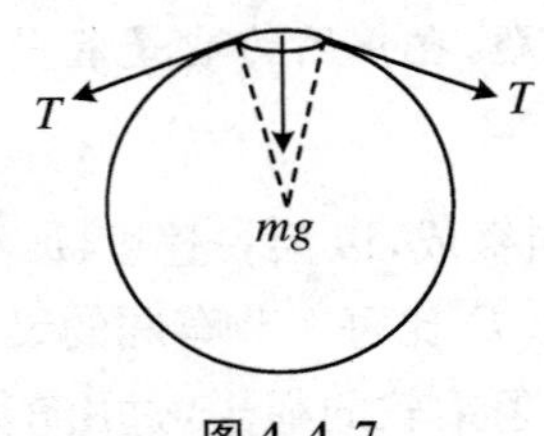

图 4.4.7

$$T_y = 2T\sin\frac{\alpha}{2} \approx 2T\cdot\frac{\alpha}{2} = T\alpha \approx T\frac{l}{R}$$

这节车厢做圆周运动所需的向心力由 mg 和两张力的合力提供,即

$$T_y + mg = m\frac{v^2}{R}$$

考虑(1)和(2)的结果,易得

$$v_{0\,\min} = \sqrt{\left(3+\frac{4\pi R}{L}\right)Rg}$$

点拨 像本题一样,研究绳子内部的张力问题或桁架问题时,用功能原理常常比较简便,思路如下:假设所研究的力 F 做了微功 $W=F\Delta x$,其中 Δx 是力的作用点沿力 F 方向的微小位移,根据 $W=\Delta E$ 可以得出力 F 的大小。

基础练习

1. 质量为 m 的物体在竖直向上的恒力 F 作用下减速上升了 H,在这个过程中,下列说法中正确的是 (　　)

A. 物体的重力势能增加了 mgH

B. 物体的动能减少了 FH

C. 物体的机械能增加了 FH

D. 物体重力势能的增加量小于动能的减少量

2. (2018年清华领军) 如图 4.4.8 所示,将一个静止物体轻轻放在以速度 v 匀速率运转的传送带上,两者间的摩擦因数为 μ,最终物体速度达到 v。设 F 为传送带受到的牵引力,f_M、f_m 分别为传送带、物块所受到的摩擦力。下列说法中正确的是 (　　)

A. F 做的功等于 m 增加的动能

B. F 做的功与 f_M 做的功之和为零

C. F 做的功与 f_m 做的功之和等于 m 增加的动能

D. f_m 做的功等于 m 增加的动能

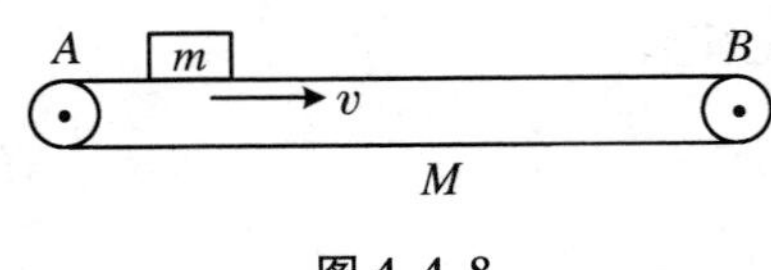

图 4.4.8

3. 在海岛上往往有较强的海风,可架设风力发电机发电。设风速为 v,空气的密度为 ρ,如果将垂直通过横截面积 S 的风的动能全部转化为电能,则其电功率为多少?

4. 一列总质量为 M 的列车沿平直铁路匀速行驶,某时刻其质量为 m 的末节车厢脱钩,司机发觉时车的前部自脱钩处又行驶了距离 L,司机立刻关闭发动机。设车所受阻力与车

重成正比，机车牵引力恒定，求机车两部分都停下来后其间距 s。

5. 如图4.4.9所示，AB 与 CD 为两个对称斜面，其上部足够长，下部分别与一个光滑的圆弧面的两端相切，圆弧的圆心角为 $120°$，半径 $R=2.0\ \mathrm{m}$。一个物体在离弧底 E 的高度 $h=3.0\ \mathrm{m}$ 处以速率 $v=4.0\ \mathrm{m/s}$ 沿斜面运动，若物体与斜面间的动摩擦因数 $\mu=0.02$，问：物体在两斜面上(不包括圆弧部分)一共能够走多长的路程(g 取 $10\ \mathrm{m/s^2}$)？

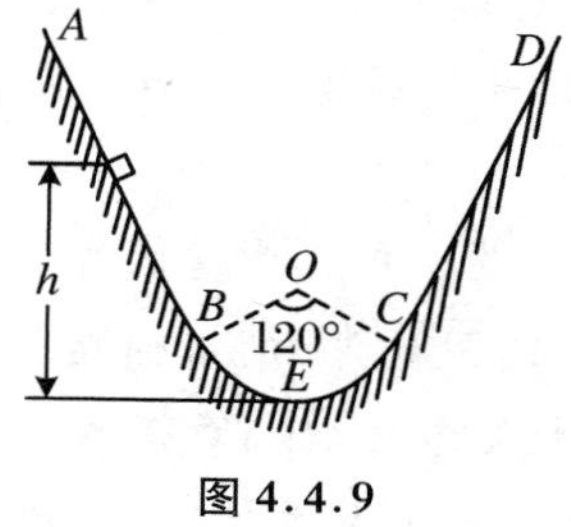

图 4.4.9

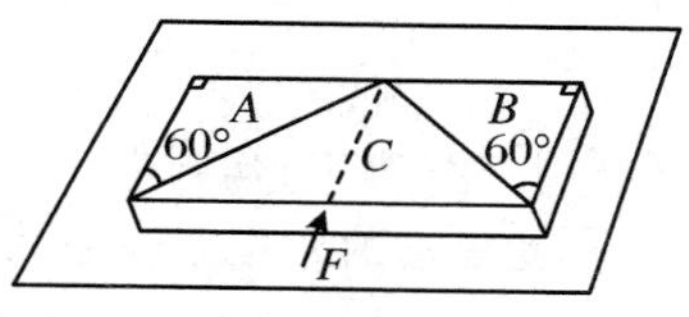

图 4.4.10

6. 将某种材料做成的均匀长方体锯成 A、B、C 三块，然后对拼在一起，放在光滑的水平面上，如图4.4.10所示。A、B 两块的质量都是 $1\ \mathrm{kg}$。用 $8\ \mathrm{N}$ 的水平力 F 从正面推 C，使 A、B、C 所组成的长方体整体沿力的作用方向平动。求：

(1) 运动中 C 对 A 的作用力的大小和方向；

(2) 运动中 B 对 C 的静摩擦力的大小和方向；

(3) 从力开始作用时计时，经过 $t=3\ \mathrm{s}$，C 对 A、B 两物块所做的功。

7. 如图4.4.11所示，绷紧的传送带在电动机的带动下，始终保持 $v_0=2\ \mathrm{m/s}$ 的速度匀速运行，传送带与水平面成 $30°$ 角。现把一个质量 $m=10\ \mathrm{kg}$ 的工件轻轻地放在传送带的底端，经过一段时间，工件被送到高 $h=2\ \mathrm{m}$ 的平台上。已知工件与传送带间的动摩擦因数 $\mu=\sqrt{3}/2$，若不计其他损耗，g 取 $10\ \mathrm{m/s^2}$，在传送工件的过程中：

(1) 工件增加的机械能是多大？

(2) 求摩擦力对工件所做的功。

(3) 求系统增加的内能。

(4) 电动机多消耗的电能是多少？

(5) 有几个力对工件做功？其效果分别是什么？有几个力对传送带做功？其效果是什么？

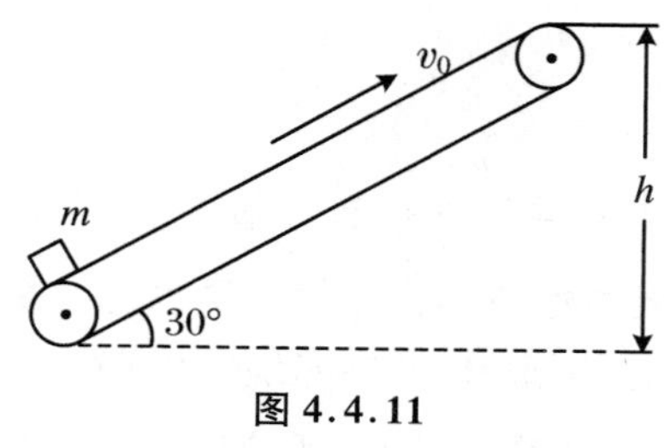

图 4.4.11

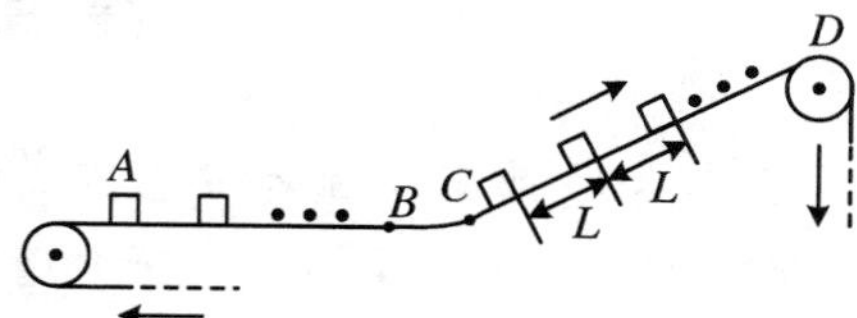

图 4.4.12

8.(2003年全国卷理综) 一传送带装置示意图如图4.4.12所示，其中传送带经过

AB 区域时是水平的，经过 BC 区域时变为圆弧形（圆弧由光滑模板形成，未画出），经过 CD 区域时是倾斜的，AB 和 CD 都与 $\overset{\frown}{BC}$ 相切。现将大量的质量均为 m 的小货箱一个一个在 A 处放到传送带上，放置时初速度为零，经传送带运送到 D 处，D 和 A 的高度差为 h。稳定工作时传送带速度不变，CD 段上各箱等距排列，相邻两箱的距离为 L。每个箱子在 A 处投放后，在到达 B 之前已经相对于传送带静止，且以后也不再滑动（忽略经 BC 段时的微小滑动）。已知在一段相当长的时间 T 内，共运送小货箱的数目为 N。这一装置由电动机带动，传送带与轮子间无相对滑动，不计轮轴处的摩擦。求电动机的平均输出功率 $\overline{P}$。

9. 如图 4.4.13(a)所示，在圆形水池正上方，有一半径为 r 的圆形储水桶。水桶底部有多个水平小孔，小孔喷出的水在水池中的落点与水池中心的距离为 R，水桶底部与水池水面之间的高度差是 h。为了维持水桶水面的高度不变，用水泵通过细水管将洒落的水重新抽回到高度差为 H 的水桶上方。水泵由效率为 η_1 的太阳能电池板供电，电池板与水平面之间的夹角为 α，太阳光竖直向下照射，如图(b)所示，太阳光垂直照射时单位时间、单位面积接收的能量为 E_0。水泵的效率为 η_2，水泵出水口单位时间流出水的质量为 m_0，流出水流的速度大小为 v_0（不计水在细水管和空气中运动时所受的阻力）。求：

(1) 水从小孔喷出时的速度大小；

(2) 水泵的输出功率；

(3) 为了使水泵的工作能维持水面的高度不变，太阳能电池板面积的最小值 S。

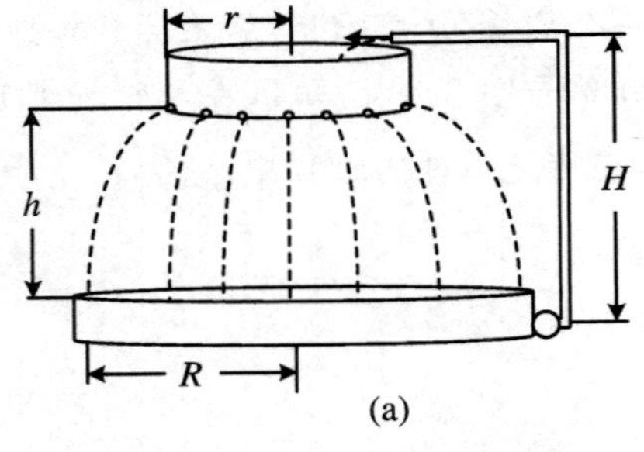

(a)

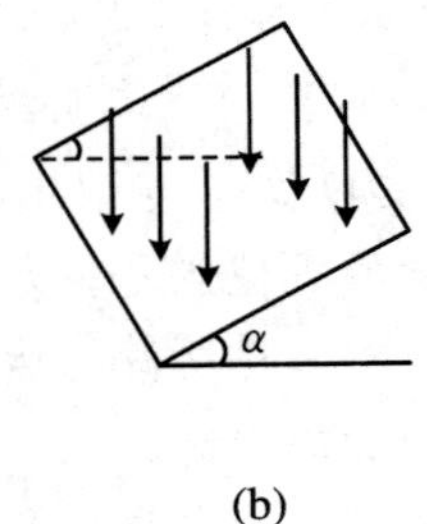

(b)

图 4.4.13

提 高 练 习

10. 如图 4.4.14 所示，一盛有水的大容器，其侧面有一个水平的短细管，水能够从细管中喷出；容器中水面的面积 S_1 远远大于细管内的横截面积 S_2；重力加速度为 g。假设水不可压缩，而且没有黏滞性。估算当液面距离细管的高度为 h 时细管中的水流速度 v。提示：由于 S_1 远远大于 S_2，可认为容器中的水是静止的；用割补法的观点，可以认为细管中的水来自大容器液面距细管高 h 处的一薄层水。

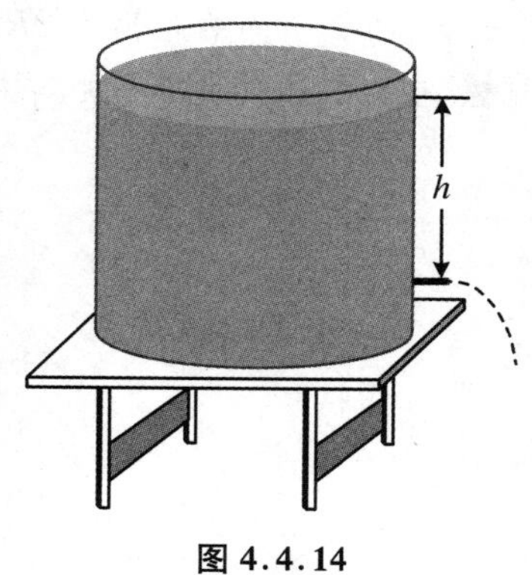

图 4.4.14

11. 如图 4.4.15 所示，在一个置于水平面上的表面光滑的半径为 R 的半圆柱面上，放有一根长为 πR 的均匀柔质绳子，绳子的质量为 m，其两端刚好分别与两侧的水平面接触，求此绳子中的最大张力 F。

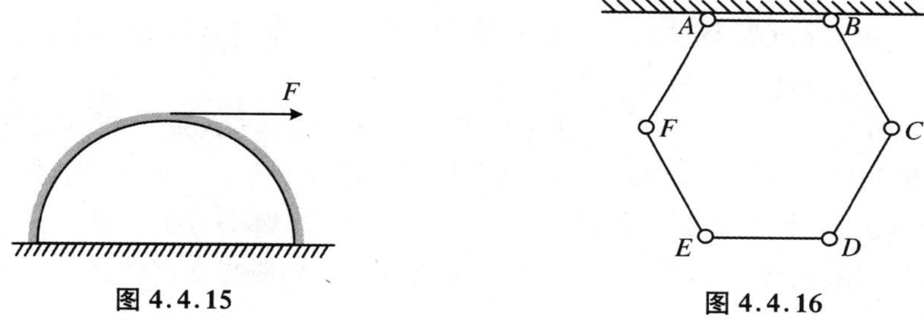

图 4.4.15　　图 4.4.16

12. 如图 4.4.16 所示，重为 G 的 6 根均匀刚性棒光滑铰合成正六边形 $ABCDEF$，顶边 AB 棒水平固定在天花板上，问：在底边 DE 的中点加一个多大的竖直方向的力 F，可维持正六边形的平衡？

13. 如图 4.4.17 所示的曲柄连杆机构中(连杆本身质量不计，C 为固定点)，设曲柄 A 端上所受的竖直力为 F_1，由活塞上所受的水平力 F_2 维持平衡。α 和 β 已知，试用虚功原理确定 F_2 与 F_1 的比值。

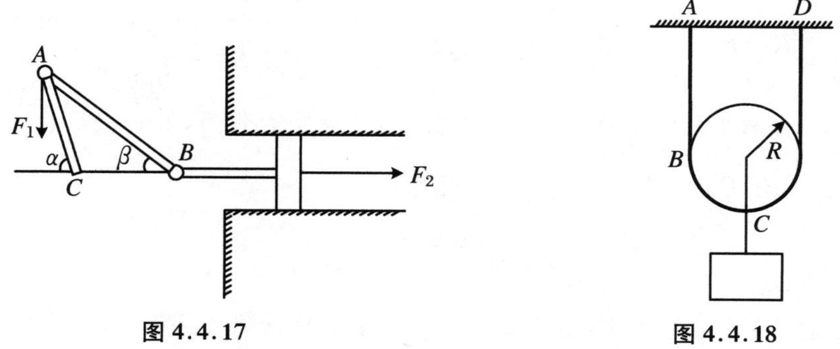

图 4.4.17　　图 4.4.18

14. 如图 4.4.18 所示，质量为 m、长度为 L 的均匀柔软粗绳穿过半径为 R 的滑轮，绳子的两端吊在天花板上的两个钉子上，两钉子间的距离为 $2R$，滑轮轴上挂一重物，重物与滑轮的总质量为 M，且相互之间无摩擦，重力加速度大小为 g，求绳子上最低点 C 处的张力大小。

参考答案

1. AC。

2. BD。

3. $\frac{1}{2}\rho S v^3$。

4. $\frac{ML}{M-m}$。

提示 用能量守恒的观点看，发动机消耗的燃料能量是 FL；这部分能量使得 $M-m$ 这部分比末节车厢 m 多跑了距离 s。

5. 280 m。

提示 因为 $\mu<\tan\theta$，所以物体在斜面上的瞬时速度为零时不会停止，而要下滑，最后滑到 B 点（或 C 点）速度为零时将在光滑的圆弧上来回振动。

6. (1) $F_{CA}=2\ \text{N}$，方向与力 F 相同；(2) $f_{BC}=1\ \text{N}$，方向与 F 成 $120°$；(3) $W=36\ \text{J}$。

7. (1) 220 J；(2) 220 J；(3) 60 J；(4) 280 J；(5) 有两个力对工件做功，重力做负功使得工件重力势能增加，摩擦力做正功使得工件机械能增加；有两个力对传送带做功，摩擦力对传送带做负功使得传送带消耗电能，电动机对传送带做正功将电能转化为传送带的动能。

8. $\bar{P}=\frac{Nm}{T}\left(\frac{N^2L^2}{T^2}+gh\right)$。

提示

$$\bar{P}=\frac{W}{T}=\frac{\frac{1}{2}Nmv_0^2+Nmgh+NQ}{T}=\frac{Nm}{T}\left(\frac{N^2L^2}{T^2}+gh\right)$$

其中 $Q=\frac{1}{2}mv_0^2$ 为摩擦生热。

9. (1) $v=\frac{R-r}{2h}\sqrt{2gh}$；(2) $P=m_0gH+\frac{1}{2}m_0v_0^2$；(3) $S=\frac{m_0gH+\frac{1}{2}m_0v_0^2}{\eta_1\eta_2E_0\cos\alpha}$。

提示 (1) 水从小孔喷出时速度沿水平方向，只受重力作用，做平抛运动。设水喷出时的速度大小为 v，有 $R-r=vt$，$h=\frac{1}{2}gt^2$，解得

$$v=\frac{R-r}{2h}\sqrt{2gh}$$

(2) 水泵做功，既改变水的势能又改变水的动能。由功能关系得

$$P=m_0gH+\frac{1}{2}m_0v_0^2$$

(3) 考虑单位时间内的能量转化及利用效率，太阳能电池板接收的太阳能的一部分转变成电能 E_1，电能通过水泵将其中的部分转变成水的势能与动能 E_2，有

$$E_1 = \eta_1 E_0 S\cos\alpha, \quad E_2 = \eta_2 E_1$$

$$E_2 = m_0 gH + \frac{1}{2}m_0 v_0^2$$

解得

$$S = \frac{m_0 gH + \frac{1}{2}m_0 v_0^2}{\eta_1\eta_2 E_0\cos\alpha}$$

10. $v=\sqrt{2gh}$。

11. $F=mg/\pi$。

提示 在最高点绳子的张力记为 F，假设右侧绳子在力 F 作用下发生虚位移 Δx，右侧绳子的重力势能增大，即

$$F\Delta x = \frac{\Delta x}{\pi R}mgR$$

整理得

$$F = \frac{mg}{\pi}$$

12. $3G$。

提示 利用虚功原理，设 DE 在力 F 作用下向上发生一个虚位移 δy，AF、BC、CD、FE 杆的重心将向上移动虚位移$\dfrac{\delta y}{2}$，ED 杆移动 δy。因此，$F\delta y=mg\delta y+4mg\dfrac{\delta y}{2}$，可求出 $F=3G$。

13. $\dfrac{F_2}{F_1}=\dfrac{1}{\tan\alpha-\tan\beta}$。

提示 设活塞向右发生虚位移 δx，A 点向下发生虚位移 δy，由约束关系先求 δx 和 δy 的关系，再由虚功原理 $F_2\delta x=F_1\delta y$ 可得 F_2 与 F_1 的关系。本题的难点在于确定活塞向右移动的虚位移与力 F_1 的作用点向下移动的虚位移的大小关系。下面使用微分的方法来求解。

由图 4.4.19 可得几何关系

$$y = L_1\sin\alpha = L_2\sin\beta, \quad x = L_2\cos\beta - L_1\cos\alpha$$

微分后可得

$$\delta x = -L_2\sin\beta\cdot\delta\beta + L_1\sin\alpha\cdot\delta\alpha$$

$$\delta y = L_1\cos\alpha\cdot\delta\alpha = L_2\cos\beta\cdot\delta\beta$$

联立可得

$$\delta x = (\tan\alpha - \tan\beta)\delta y$$

再由虚功原理可得

$$F_2\delta x = F_1\delta y$$

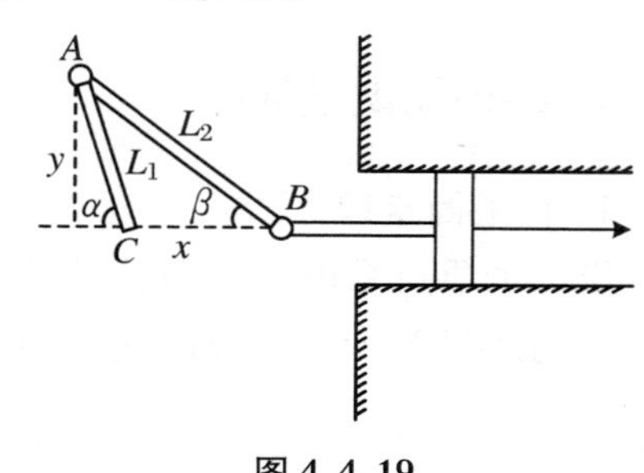

图 4.4.19

联立可得

$$\frac{F_2}{F_1}=\frac{\delta y}{\delta x}=\frac{1}{\tan\alpha-\tan\beta}$$

14. $T_C=\frac{Mg}{2}+\frac{(\pi-2)R}{2L}mg$。

提示 本题在滑轮参考系内求解，计算过程简洁一些。需要注意的是，由于缓慢移动，滑轮参考系仍然是一个惯性系。分析如下：如图4.4.20所示，在滑轮平动系中，绳子A端移动了$\frac{\delta x}{2}$；竖直段绳子AB向上移动了$\frac{\delta x}{2}$；滑轮给绳子的压力不做功；圆弧段绳子只有末端的$\frac{\delta x}{2}$视作由底部向上移动R的距离到了竖直段。

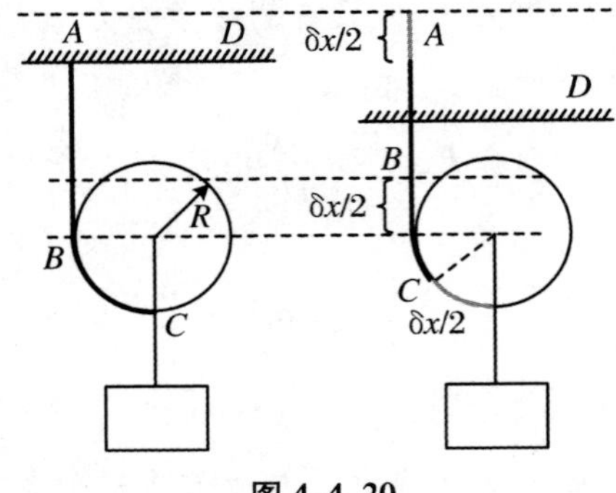

图4.4.20

使用虚功原理，计算如下：

$$T_A\frac{\delta x}{2}+\left(-T_C\frac{\delta x}{2}\right)+\left(-\frac{m}{L}\frac{L-\pi R}{2}g\frac{\delta x}{2}-\frac{m}{L}\frac{\delta x}{2}gR\right)=0$$

解得结果。

4.5 刚体的转动动能

1. 柯尼西定理

设一个质点系由n个质点构成，质点系的总质量为m，质点系的质心速度为$\boldsymbol{v}_C$，第i个质点的质量为m_i，对应的速度为$\boldsymbol{v}_i$，相对于质心的速度为$\boldsymbol{v}_i'$，则质点系的总动能可表示为

$$E_k = \sum \frac{1}{2} m_i \boldsymbol{v}_i^2 = \sum \frac{1}{2} m_i \boldsymbol{v}_i \cdot \boldsymbol{v}_i = \sum \frac{1}{2} m_i (\boldsymbol{v}_C + \boldsymbol{v}'_i) \cdot (\boldsymbol{v}_C + \boldsymbol{v}'_i)$$

将上式展开并整理，可得

$$\begin{aligned} E_k &= \sum \frac{1}{2} m_i v_C^2 + \sum \frac{1}{2} \cdot 2 m_i \boldsymbol{v}'_i \cdot \boldsymbol{v}_C + \sum \frac{1}{2} m_i v_i'^2 \\ &= \frac{1}{2} \left(\sum m_i\right) v_C^2 + \left(\sum m_i \boldsymbol{v}'_i\right) \cdot \boldsymbol{v}_C + \sum \frac{1}{2} m_i v_i'^2 \end{aligned}$$

上式中的第一项$\frac{1}{2}\left(\sum m_i\right) v_C^2$ 定义为质心的动能，用 E_{kC} 表示，$E_{kC} = \frac{1}{2} m v_C^2$；将上式中的第二项$\left(\sum m_i \boldsymbol{v}'_i\right) \cdot \boldsymbol{v}_C$ 表示为$m \frac{\sum m_i \boldsymbol{v}'_i}{m} \cdot \boldsymbol{v}_C$，$\frac{\sum m_i \boldsymbol{v}'_i}{m}$ 的含义是在质心系中看质心的速度，显然应该等于零，所以第二项$\left(\sum m_i \boldsymbol{v}'_i\right) \cdot \boldsymbol{v}_C = 0$；第三项的含义显然是各个质点相对于质心的动能，用 E_{kr} 表示。

最后得出结论：质点系的总动能 E_k 等于质心的动能 E_{kC} 加上各个质点相对于质心的总动能 E_{kr}，即 $E_k = E_{kC} + E_{kr}$。这就是柯尼西定理。

2. 刚体定轴转动时的动能

刚体可以看成是由许多质点构成的，所以刚体应该满足质点系的一切规律。然而，刚体又是特殊的质点系，其特殊性就在于组成刚体的各个质点之间的相对位置保持不变，这就使得刚体的机械能(包括动能与势能)的表达式具有比一般质点系更简单的形式。

当刚体以角速度 ω 绕定轴转动时，组成刚体的各个质点具有相同的角速度，根据动能的定义，刚体的动能可表示为

$$E_k = \sum \frac{1}{2} \Delta m_i v_i^2 = \frac{1}{2} \sum \Delta m_i \omega^2 r_i^2 = \frac{1}{2} \left(\sum \Delta m_i r_i^2\right) \omega^2 = \frac{1}{2} I \omega^2$$

即做定轴转动的刚体的动能可表示为 $E_k = \frac{1}{2} I \omega^2$，其中 I 是刚体对轴的转动惯量。

3. 刚体做平面平行运动时的动能

将柯尼西定理应用于做平面平行运动的刚体，刚体的总动能 $E_{k总}$ 可表示为质心动能 E_{kC}与刚体相对于质心的动能E_{kr}之和，即

$$E_{k总} = E_{kC} + E_{kr} = \frac{1}{2} m v_C^2 + \frac{1}{2} I_C \omega^2$$

其中 I_C 是刚体相对于质心的转动惯量。

4. 力矩的功

对于做定轴转动的刚体，外力的功可以表述为力矩的功，即 $W = \int \mathrm{d}W = \int_{\theta_1}^{\theta_2} M \mathrm{d}\theta$，其中 M 是外力对轴的力矩，简单推导如下：

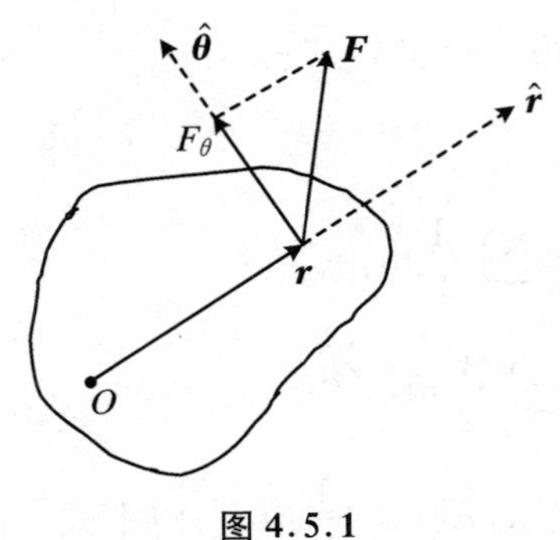

图 4.5.1

如图 4.5.1 所示,刚体绕过 O 且垂直于纸面的轴转动,某力 $\boldsymbol{F}$ 的作用点对转轴 O 的位矢为 $\boldsymbol{r}$,在极坐标系中推导

$$\mathrm{d}W_F = \boldsymbol{F}\cdot\mathrm{d}\boldsymbol{r} = \boldsymbol{F}\cdot\mathrm{d}(r\hat{\boldsymbol{r}}) = \boldsymbol{F}\cdot\hat{\boldsymbol{r}}\mathrm{d}r + \boldsymbol{F}\cdot r\mathrm{d}\hat{\boldsymbol{r}}$$

由于刚体定轴转动时,其上任意点对轴的位矢 $\boldsymbol{r}$ 的大小 r 保持不变,故 $\mathrm{d}r=0$。又因为 $\mathrm{d}\hat{\boldsymbol{r}}=\hat{\boldsymbol{\theta}}\mathrm{d}\theta$,所以

$$\mathrm{d}W_F = \boldsymbol{F}\cdot r\hat{\boldsymbol{\theta}}\mathrm{d}\theta = rF_\theta\mathrm{d}\theta = M_F\mathrm{d}\theta$$

同样地,若有其他力矩参与做功,上述表达式需要改写成合力矩的形式,即

$$\mathrm{d}W_{总} = \sum_{i=1}^{N} M_{F_i}\mathrm{d}\theta$$

5. 转动的动能定理

对于定轴转动的刚体,动能定理 $W=\Delta E_\mathrm{k}$ 可表示为

$$W = \int\mathrm{d}W = \int_{\theta_1}^{\theta_2} M\mathrm{d}\theta = \frac{1}{2}I\omega_2^2 - \frac{1}{2}I\omega_1^2$$

其中 M 是外力对轴的力矩(准确地说是力矩对轴的分量 M_z),I 是刚体对轴的转动惯量。转动的动能定理揭示了力矩作用对角位移的累积效应是改变刚体转动动能的原因。当 M 与 ω 的方向一致时,$\mathrm{d}W$ 取正,转动动能增加;当 M 与 ω 的方向相反时,$\mathrm{d}W$ 取负,转动动能减少。

核心问题讨论

1. 怎样计算刚体的转动动能?

$\frac{1}{2}mv^2$ 表示的是一个质点的动能,对于质点系的动能,我们可以用 $\sum\frac{1}{2}m_iv_i^2$ 来计算,但是可能很复杂,这时可以尝试采用柯尼西定理,将之表述为质心动能 $E_{\mathrm{k}C}$ 与质心系内的各质点的总动能 $E_{\mathrm{k}r}$ 之和。刚体作为特殊的质点系,当其做定轴转动和平面平行运动这两种较为简单的运动时,其动能的计算还可以进一步简化。值得一提的是,如果刚体做的不是上述两种运动,比如刚体做定点转动(如陀螺仪的运动),那么转动惯量将表达成一个张量,其计算将不同于上述两种运动。我们只限于讨论这两种运动:定轴转动和平面平行运动。

例题 1 计算下面两种情景的动能。

(1) 如图 4.5.2 所示,将质量为 m、长为 l 的匀质杆放在光滑的地面上,绕过其一端且垂直于地面的轴以角速度 ω 匀速转动起来,计算杆的动能。

(2) 如图 4.5.3 所示,质量为 m、半径为 R 的匀质实心球在粗糙的水平地面上做纯滚动,角速度为 ω。已知匀质实心球相对于过球心的轴的转动惯量为 $\frac{2}{5}mR^2$,计算球的动能。

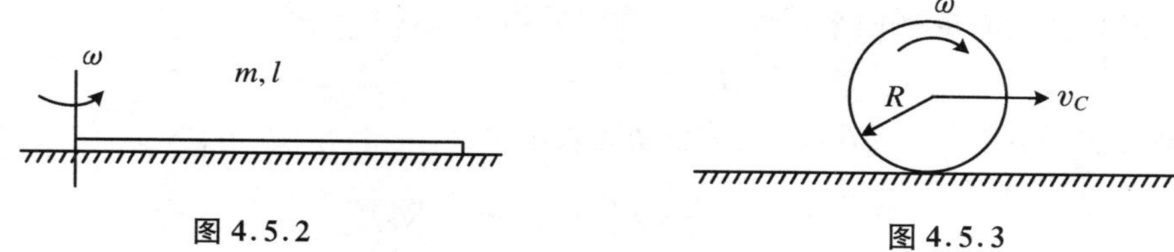

图 4.5.2　　　　图 4.5.3

分析　对于(1)，一方面可以将杆分成许多小份 dm，每一小份可看成质点，应用 $\frac{1}{2}\mathrm{d}mv^2$ 计算每一小份的动能，再积分就可求出杆的动能；另一方面，杆做定轴转动，可以直接应用转动动能的公式 $E_\mathrm{k}=\frac{1}{2}I\omega^2$ 求解。对于(2)，球的质心做平动，在质心系中看，球绕过质心且垂直于纸面的轴在转动，采用柯尼西定理求解较方便。

解　(1) 解法一

如图 4.5.4 所示，取在 x 处的一小段 dx 进行研究，其动能可以表示为

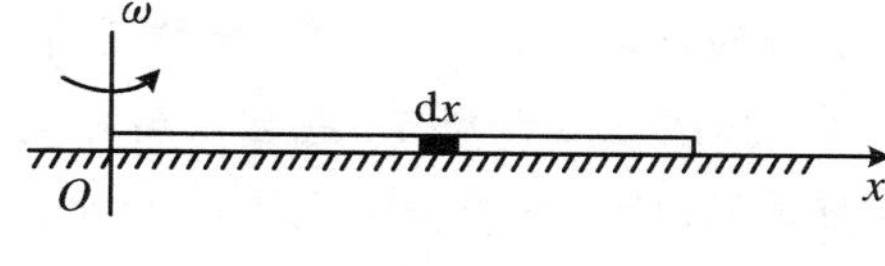

图 4.5.4

$$\mathrm{d}E_\mathrm{k} = \frac{1}{2}\frac{\mathrm{d}x}{l}m(\omega x)^2$$

积分后可得总动能为

$$E_\mathrm{k} = \int \mathrm{d}E_\mathrm{k} = \int \frac{1}{2}\frac{\mathrm{d}x}{l}m(\omega x)^2 = \frac{m\omega^2}{2l}\frac{x^3}{3}\bigg|_0^l = \frac{1}{6}m\omega^2 l^2$$

解法二

杆对其一端做定轴转动的转动惯量为 $I=\frac{1}{3}ml^2$，代入刚体定轴转动动能的表达式，得

$$E_\mathrm{k} = \frac{1}{2}I\omega^2 = \frac{1}{2}\cdot\frac{1}{3}ml^2\omega^2 = \frac{1}{6}m\omega^2 l^2$$

解法三

利用柯尼西定理，得

$$E_\mathrm{k} = E_{\mathrm{k}C} + E_{\mathrm{k}r}$$

其中质心动能表示为

$$E_{\mathrm{k}C} = \frac{1}{2}mv_C^2 = \frac{1}{2}m\left(\omega\frac{l}{2}\right)^2$$

在质心平动系内各质点的总动能可以表示为过质心的轴的定轴转动动能，因此

$$E_{\mathrm{k}r} = \frac{1}{2}I\omega^2 = \frac{1}{2}\left(\frac{1}{12}ml^2\right)\omega^2$$

所以

$$E_k = E_{kC} + E_{kr} = \frac{1}{6}m\omega^2 l^2$$

(2) 将刚体运动看成平面平行运动,利用柯尼西定理,得

$$E_k = E_{kC} + E_{kr}$$

根据纯滚动条件,可得 $v_C = \omega R$,因此质心动能表示为

$$E_{kC} = \frac{1}{2}mv_C^2 = \frac{1}{2}m(\omega R)^2$$

质心平动系内各质点的总动能表示为

$$E_{kr} = \frac{1}{2}I\omega^2 = \frac{1}{2}\left(\frac{2}{5}mR^2\right)\omega^2$$

所以

$$E_k = E_{kC} + E_{kr} = \frac{7}{10}m\omega^2 R^2$$

点拨 (1) 对于(2)问,若采用分割法,先切割成很多小份,将每一小份看成质点,求出每一小份的动能,然后再积分,将非常麻烦。

(2) 如图 4.5.5 所示,也可以将球的运动看成绕过 P 点且垂直于纸面的轴的转动,P 点与地面接触,所以该轴是定轴。应用平行轴定理,整个球对该轴的转动惯量为

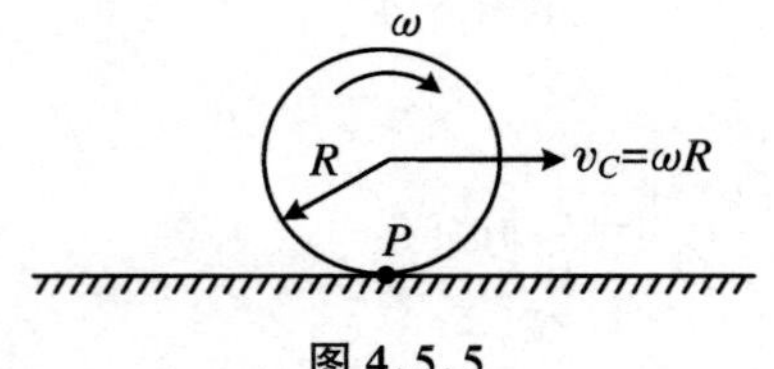

图 4.5.5

$$I = mR^2 + \frac{2}{5}mR^2 = \frac{7}{5}mR^2$$

所以整个球的动能为

$$E_k = \frac{1}{2}I\omega^2 = \frac{7}{10}m\omega^2 R^2$$

例题 2 (2018 年清华领军) 如图 4.5.6 所示,一个粗糙的凹形半圆柱斜面开口向上固定在水平面上,将半径都为 R 的实心圆柱和空心圆柱分别从最高点释放,在整个过程中圆柱做纯滚动,下列说法正确的是 ( )

A. 实心圆柱滚得快 B. 空心圆柱滚得快

C. 两个滚得差不多快 D. 实心圆柱先停下

E. 空心圆柱先停下 F. 两个差不多同时停下

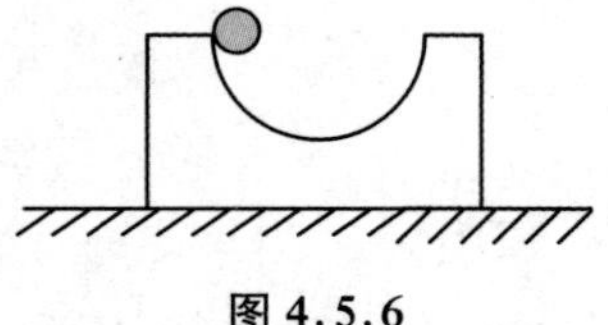
图 4.5.6

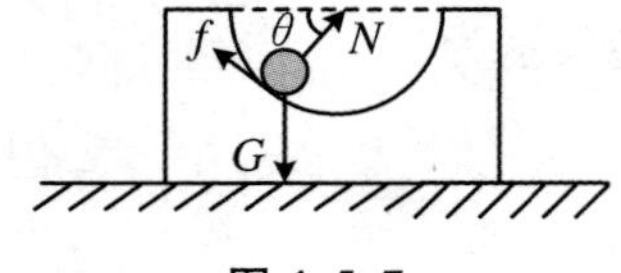

图 4.5.7

分析 当转动到图 4.5.7 所示的位置时,进行受力分析,以相切点为参考点,支持力 N 和摩擦力 f 的力矩均为零,只有重力有力矩,可以比较两个圆柱在相同位置的角加速度,角加速度大的角速度必然大。另外,纯滚动没有机械能的损失,圆柱体将运动到等高的位置,

即两个圆柱转过的角度相同,由此可判断到底谁先停下来。

解 根据转动定律,得

$$mgR\cos\theta = I\beta$$

所以

$$\beta = \frac{mgR\cos\theta}{I}$$

实心圆柱和空心圆柱的转动惯量分别为

$$I_1 = \frac{1}{2}mR^2 + mR^2 = \frac{3}{2}mR^2, \quad I_2 = mR^2 + mR^2 = 2mR^2$$

实心圆柱和空心圆柱的角加速度分别为

$$\beta_1 = \frac{2g\cos\theta}{3R}, \quad \beta_2 = \frac{g\cos\theta}{2R}$$

可见实心圆柱滚动得快,滚动到相同位置时实心圆柱的角速度 ω 较大,所以 A 正确。

空心圆柱和实心圆柱的运动轨迹一样,由于在相同的位置,实心圆柱的角速度较大,所以实心圆柱先停下来。所以,本题答案为 A、D。

点拨 本题也可从转动动能的角度思考。因为纯滚动的机械能守恒,所以当转动到图 4.5.7 所示位置时有 $mgR\sin\theta = \frac{1}{2}(I + mR^2)\omega^2$。又因为实心圆柱的转动惯量小,所以滚动到相同位置时实心圆柱的角速度 ω 大。

2. 在什么情况下需要计算力矩做的功?

对于定轴转动的刚体,在应用动能定理时,有时计算外力做的功并不容易,但是计算力矩相对容易,然后再应用 $W = \int \mathrm{d}W = \int_{\theta_1}^{\theta_2} M\mathrm{d}\theta$,即可算出力矩做的功。

例题 3 如图 4.5.8 所示,将长为 l、质量为 m 的匀质杆放在摩擦因数为 μ 的水平粗糙地面上,使其绕过自身中心且垂直于地面的轴以初始角速度 ω_0 转动,已知重力加速度大小为 g,求杆最终停止后转过的角度 θ。

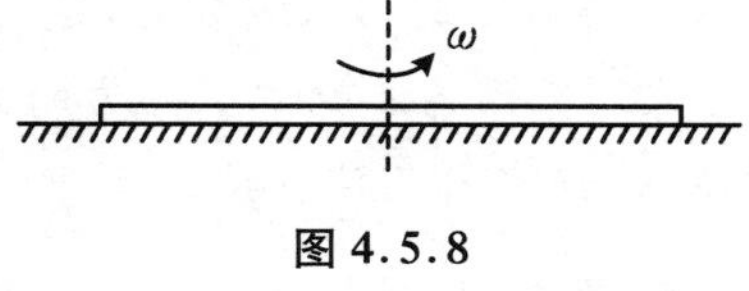

图 4.5.8

分析 在本题中,杆的质心无速度,可以看作绕过质心的竖直轴做定轴转动。由于杆上各处均受到摩擦力,因此对摩擦力矩的计算需要用到积分。计算出摩擦力矩后,可轻松地计算摩擦力矩做的功,再应用转动动能定理就可求出杆转过的角度 θ。

解 在俯视图中分析杆的受力,如图 4.5.9 所示。取逆时针方向为正方向,距轴 x 处的 $\mathrm{d}f$ 对轴的力矩为

$$\mathrm{d}M = -x\mathrm{d}f = -x\mu g\mathrm{d}m = -x\mu g\frac{m}{l}\mathrm{d}x$$

因此,摩擦力的总力矩为

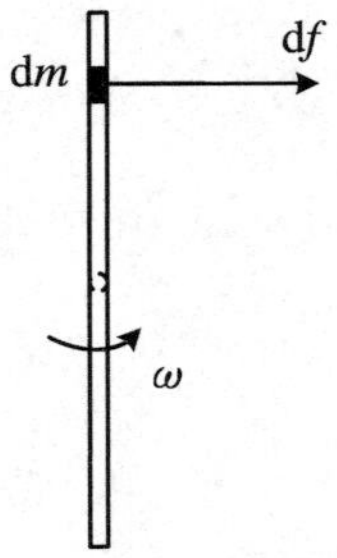

$$M=\int \mathrm{d}M=-\mu g\cdot 2\int_0^{\frac{l}{2}} x\frac{m}{l}\mathrm{d}x=-2\mu g\frac{m}{l}\int_0^{\frac{l}{2}} x\mathrm{d}x$$

$$=-2\mu g\frac{m}{l}\cdot\frac{l^2}{8}=-\frac{1}{4}\mu mgl$$

摩擦力矩做的功为

$$W=\int M\mathrm{d}\theta=\int_0^{\theta}-\frac{1}{4}\mu mgl\mathrm{d}\theta=-\frac{1}{4}\mu mgl\int_0^{\theta}\mathrm{d}\theta=-\frac{1}{4}\mu mgl\theta$$

图 4.5.9

根据动能定理 $W=\Delta E_{\mathrm{k}}$,可得

$$-\frac{1}{4}\mu mgl\theta=0-\frac{1}{2}\left(\frac{1}{12}ml^2\right)\omega_0^2$$

解得转过的角度

$$\theta=\frac{\omega_0^2 l}{6\mu g}$$

点拨 (1) 在本题中,摩擦力的力矩是一个与 θ 无关的定值,因此在计算摩擦力的力矩做功时就非常简单,一般情况下力矩 M 是 θ 的函数 $M(\theta)$,这时就需要真正的积分了。

(2) 本题也可以采用下列方式求摩擦力做的功:因为距轴 x 处的 $\mathrm{d}f$ 对轴的力矩可表示为

$$\mathrm{d}M=-x\mathrm{d}f=-x\mu g\mathrm{d}m=-x\mu g\frac{m}{l}\mathrm{d}x$$

所以

$$\mathrm{d}W=-x\mu g\frac{m}{l}\mathrm{d}x\mathrm{d}\theta$$

可得

$$W=\int \mathrm{d}W=2\int_0^{\theta}\int_0^{\frac{l}{2}}-x\mu g\frac{m}{l}\mathrm{d}x\mathrm{d}\theta=-\frac{1}{4}\mu mgl\theta$$

这样求解需要写出双重积分,这对大部分同学来说是困难的。

(3) 正因为本题中摩擦力的力矩是一个与 θ 无关的定值,所以采用转动定理求解也很方便,请读者自己试一试。

例题 4 旧式留声机的转盘绕过圆心且垂直于转盘的轴以角速度 ω_0 匀速转动。放上唱片后,唱片在摩擦力的作用下随转盘一起转动。已知唱片的半径为 R,质量为 m,与转盘间的摩擦因数为 μ,重力加速度大小为 g,求:

(1) 唱片与转盘间的摩擦力对轴的力矩;

(2) 唱片与转盘达到共速时所转过的角度 θ。

分析 本题描述的物理情景是刚体的定轴转动,一方面可以考虑应用刚体的转动定理进行求解,另一方面可以考虑应用刚体的转动动能定理进行求解。另外,在求解摩擦力的力矩时,考虑对称性,可以将唱片圆盘分成无数个圆环,通过积分来计算其摩擦力矩。

解 (1) 以顺时针为角速度的正方向,对位于 x 处的圆环进行受力分析,如图 4.5.10 所示,摩擦力矩为

$$dM = x df = x\mu g dm = x\mu g \frac{m}{\pi R^2} dS = x\mu g \frac{m}{\pi R^2} \cdot 2\pi x dx$$

因此,圆环总的摩擦力矩为

$$M = \int dM = \mu g \frac{2m}{R^2} \int_0^R x^2 dx = \frac{2}{3} \mu m g R$$

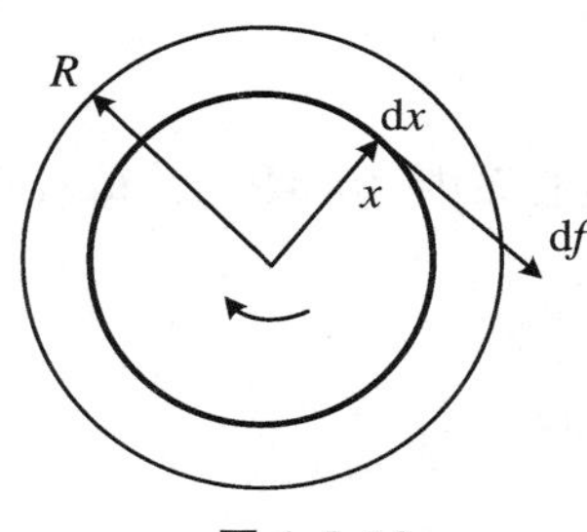

图 4.5.10

(2) 由定轴转动的动能定理 $M(\theta_2 - \theta_1) = \frac{1}{2} I\omega_2^2 - \frac{1}{2} I\omega_1^2$ 可得

$$\frac{2}{3} \mu m g R \theta = \frac{1}{2} \left(\frac{1}{2} m R^2 \right) \omega_0^2 - 0$$

解得

$$\theta = \frac{3\omega_0^2 R}{8\mu g}$$

点拨　因为力矩恒定,所以圆盘的角加速度恒定,由转动定理可得 $\beta = \frac{M}{I} = \frac{4}{3} \frac{\mu g}{R}$,达到共速时转过的角度 $\theta = \frac{\omega_0^2}{2\beta} = \frac{3\omega_0^2 R}{8\mu g}$。该结果与采用定轴转动的动能定理求得的结果一样。

3. 如何处理刚体平面平行运动的综合问题?

对于刚体的平面平行运动,在动力学角度,经常从质心的牛顿定律和质心平动系内的转动方程两个方面来研究;在能量角度,经常把刚体的动能分成质心动能 E_{kC} 与质心系内的总动能 E_{kr} 两项来计算。有时这两个角度需要同时进行,所以题目的综合性往往较强。

例题 5　将半径为 R 的圆盘以角速度 ω_0 轻置于粗糙水平面上,摩擦因数为 μ,重力加速度大小为 g,达到纯滚动时,求:

(1) 圆心走过的距离 x_C 和圆盘绕圆心转过的角度 θ;

(2) 该过程中摩擦产生的热量 Q。

分析　如图 4.5.11 所示,圆盘放到粗糙水平面上后,接触处受到向右的滑动摩擦力 f,f 一方面使圆盘的质心(圆心)加速,另一方面在质心系内产生对质心的逆时针力矩,使圆盘的角速度减小,最终使圆盘达到纯滚动状态。对于摩擦生热问题,我们可以使用能量守恒定律来计算,也可以在地面参考系内使用功能关系计算。

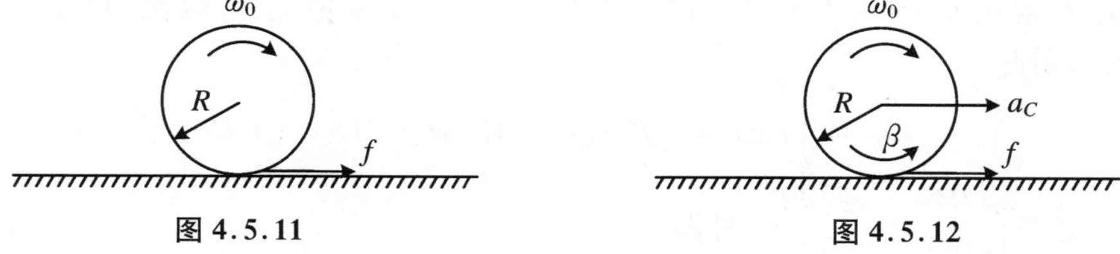

图 4.5.11　　图 4.5.12

解　(1) 取水平向右为质心平动的正方向,取顺时针为角速度的正方向,圆盘受到的摩擦力方向如图 4.5.12 所示。

对质心的平动，有

$$f = ma_C, \quad f = \mu mg$$

可得

$$a_C = \mu g$$

在质心系内，由 $M = I\beta$ 得对质心的转动方程为

$$-fR = \frac{1}{2}mR^2\beta$$

代入摩擦力，可得

$$\beta = -\frac{2\mu g}{R}$$

因此

$$v_C = \mu gt, \quad \omega = \omega_0 + \beta t$$

当达到纯滚动时，$v_C = \omega R$，由此可得

$$t = \frac{\omega_0 R}{3\mu g}, \quad v_C = \frac{\omega_0 R}{3}, \quad \omega = \frac{\omega_0}{3}$$

所以

$$x_C = \frac{1}{2}a_C t^2 = \frac{\omega_0^2 R^2}{18\mu g}$$

转过的角度

$$\theta = \omega_0 t + \frac{1}{2}\beta t^2 = \omega_0 \frac{\omega_0 R}{3\mu g} - \frac{1}{2}\frac{2\mu g}{R}\left(\frac{\omega_0 R}{3\mu g}\right)^2 = \frac{2\omega_0^2 R}{9\mu g}$$

(2) 解法一

将刚体的动能分为质心动能和质心系内总动能两项，可得

$$Q = \Delta(E_{kC} + E_{kr}) = 0 + \frac{1}{2}\left(\frac{1}{2}mR^2\right)\omega_0^2 - \left[\frac{1}{2}mv_C^2 + \frac{1}{2}\left(\frac{1}{2}mR^2\right)\omega^2\right]$$

代入(1)中 $v_C = \frac{\omega_0 R}{3}$，$\omega = \frac{\omega_0}{3}$，可得

$$Q = \frac{m\omega_0^2 R^2}{6}$$

解法二

根据功能关系，$Q = -(W_f + W_{f'})$，在地面参考系内求解。

摩擦力 f' 对地面的功率时刻为零，因此 $W_{f'} = 0$；摩擦力 f 对圆盘的功率为 $P = f(v_C - \omega R)$，因此

$$W_f = \int P\mathrm{d}t = \int f(v_C - \omega R)\mathrm{d}t = fx_C - f\theta R$$

代入(1)中 $x_C = \frac{\omega_0^2 R_0^2}{18\mu g}$，$\theta = \frac{2\omega_0^2 R}{9\mu g}$，可得

$$W_f = -\frac{m\omega_0^2 R^2}{6}$$

最后，由 $Q=-(W_f+W_{f'})$ 可得

$$Q=\frac{m\omega_0^2R^2}{6}$$

点拨　(1) 在求解圆盘最后的质心速度和旋转的角速度时，也可以根据角动量守恒进行求解，详情请见下一章，这里不再赘述。

(2) 对于摩擦产生的热量，我们常常根据摩擦力乘相对位移进行求解，其实也可以像本题一样，根据摩擦产生的热量等于一对相互作用的摩擦力做的总功的相反数，即 $Q=-(W_f+W_{f'})$ 来求解，这个方法对许多同学来说并不熟悉，需要引起注意。

例题 6　如图 4.5.13 所示，质量分布均匀的圆柱体的质量为 m，半径为 R，在其上绕以细绳。绳的一端固定不动，圆柱体以初速度为零的条件开始下落。已知重力加速度大小为 g，求当其轴心降低 h 时圆柱体轴心的速度及绳上的张力。

分析　一方面，在质心平动系中，圆柱体做定轴转动，所以可以考虑采用转动定理求解；另一方面，圆柱体在下落的过程中机械能守恒，重力势能转化成质心的平动动能和绕质心的转动动能，所以也可以考虑从能量的角度求解本题。

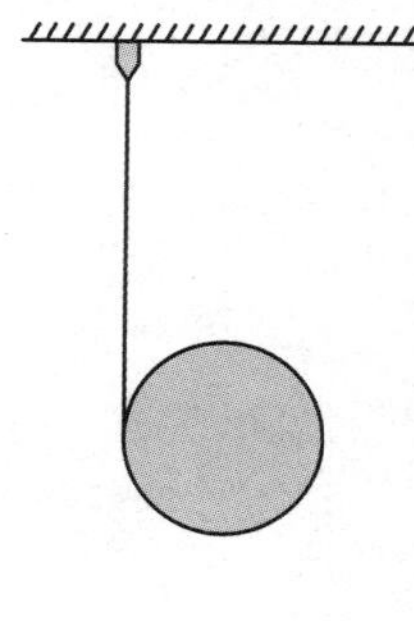

图 4.5.13

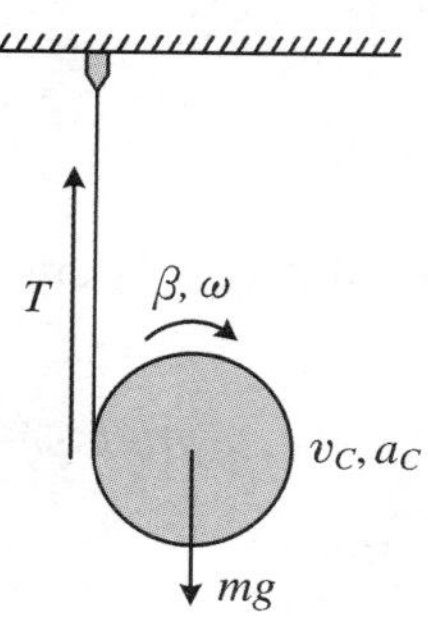

图 4.5.14

解　解法一

圆柱体的受力分析如图 4.5.14 所示，由质心的牛顿第二定律可得

$$mg-T=ma_C$$

在质心系内，对质心的转动定理方程为

$$TR=I\beta=\frac{1}{2}mR^2\beta$$

由于圆柱相对于绳子做纯滚动，可得

$$v_C=\omega R$$

求导可得

$$a_C=\beta R$$

联立以上方程，可得

$$a_C=\frac{2}{3}g,\quad \beta=\frac{2}{3}\frac{g}{R},\quad T=\frac{1}{3}mg$$

由于质心做匀加速运动，因此当轴心降低 h 时

$$v_C = \sqrt{2a_C h} = \sqrt{\frac{4}{3}gh}$$

解法二

根据能量守恒和柯尼西定理，可得

$$mgh = \frac{1}{2}mv_C^2 + \frac{1}{2}\left(\frac{1}{2}mR^2\right)\omega^2$$

由于圆柱相对于绳子做纯滚动，可得

$$v_C = \omega R$$

联立上两式，可得

$$v_C = \sqrt{\frac{4}{3}gh}$$

由于质心做直线运动，因此

$$a_C = \frac{\mathrm{d}v_C}{\mathrm{d}t}$$

由于角速度方向不变，因此

$$\beta = \frac{\mathrm{d}\omega}{\mathrm{d}t}$$

又 $v_C = \frac{\mathrm{d}h}{\mathrm{d}t}$，对能量方程求导，可得

$$mgv_C = \frac{1}{2}m \cdot 2v_C a_C + \frac{1}{2}\left(\frac{1}{2}mR^2\right)2\omega\beta$$

又有 $a_C = \beta R$，可得

$$a_C = \frac{2}{3}g$$

进而由质心的牛顿第二定律可得

$$T = \frac{1}{3}mg$$

点拨 解法二从能量的角度求速度和加速度的最大优点是不用过多地考虑方向的问题，这是因为能量是标量。这种方法在求解许多问题时常用到，需要读者的重视。

例题 7 将质量为 m、长度为 l 的匀质杆竖直靠在墙上。由于微扰，杆开始逆时针倾倒 θ 角，如图 4.5.15 所示。已知重力加速度大小为 g，不计一切摩擦。

(1) 求墙给杆 A 端的支持力 N_1、地面给 B 端的支持力 N_2。

(2) 判断杆的 A 端或 B 端是否会离开墙或地面。如果会的话，谁先离开？此时 θ 是多少？

分析 本题是刚体做平面平行运动的典型问题。质心以墙角 O 点为圆心、$\frac{l}{2}$ 为半径做圆周运动；在质心系内，杆围绕质心做逆时针转动。根据能量守恒，可以先求出质心的速度

和角速度，再采用对能量方程求导的方法可以轻松求出转动的角加速度等相关的量，最后列出质心的动力学方程求解 N_1 和 N_2。

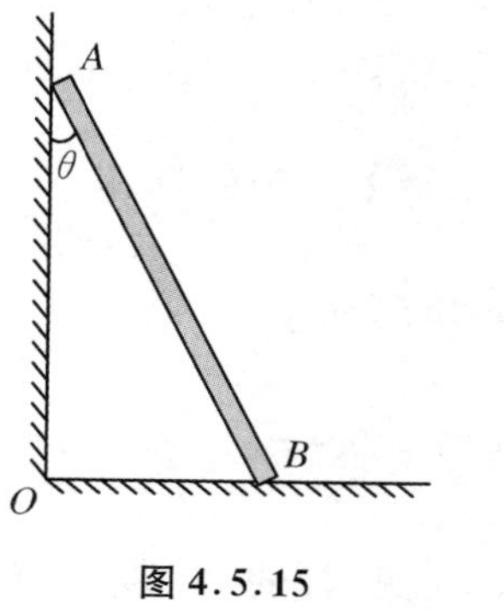

图 4.5.15

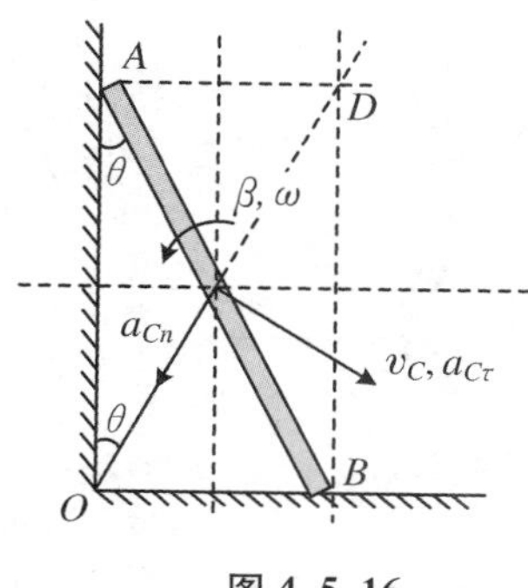

图 4.5.16

解 （1）设质心的速度、切向加速度、法向加速度和杆的角速度、角加速度如图 4.5.16 所示，则由能量守恒定律可得

$$mg\,\frac{l}{2}(1-\cos\theta) = \frac{1}{2}mv_C^2 + \frac{1}{2}\left(\frac{1}{12}ml^2\right)\omega^2 \quad ①$$

质心以 O 为圆心做半径为 $l/2$ 的圆周运动，且质心圆周运动的角速度等于杆的角速度，据此可得

$$v_C = \omega\,\frac{l}{2} \quad ②$$

联立以上方程，可得

$$v_C = \sqrt{\frac{3}{4}gl(1-\cos\theta)},\quad \omega = \sqrt{\frac{3g(1-\cos\theta)}{l}}$$

将①式对时间 t 求导，并注意 $\dot{\theta}=\omega$，$\dot{\omega}=\beta$，$a_{C\tau}=\dfrac{\mathrm{d}v_C}{\mathrm{d}t}$是质心的切向加速度，方向与 $\boldsymbol{v}_C$ 相同，可得

$$g\,\frac{l}{2}\sin\theta\,\omega = \frac{1}{2}2v_Ca_{C\tau} + \frac{1}{2}\left(\frac{1}{12}l^2\right)2\omega\beta \quad ③$$

由②式可得

$$a_{C\tau} = \beta\,\frac{l}{2} \quad ④$$

代入③式，可得

$$\beta = \frac{3g\sin\theta}{2l},\quad a_{C\tau} = \frac{3g\sin\theta}{4}$$

质心的法向加速度为

$$a_{Cn} = \frac{v_C^2}{\rho} = \frac{\dfrac{3}{4}gl(1-\cos\theta)}{\dfrac{l}{2}} = \frac{3}{2}g(1-\cos\theta)$$

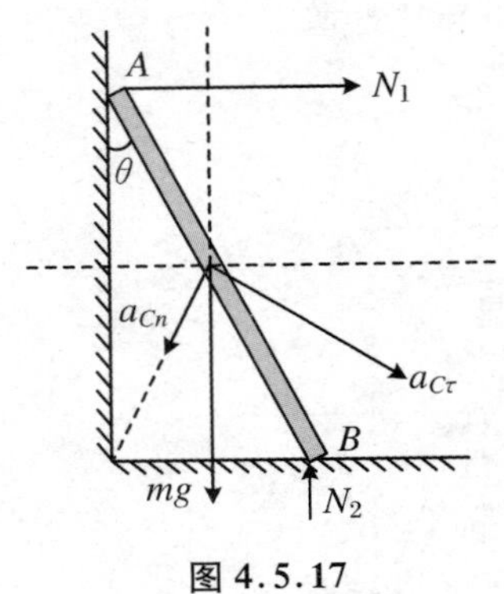

图 4.5.17

杆的受力分析如图 4.5.17 所示，对质心使用牛顿第二定律，可得

$$N_1 = ma_{C\tau}\cos\theta - ma_{Cn}\sin\theta$$

$$mg - N_2 = ma_{C\tau}\sin\theta + ma_{Cn}\cos\theta$$

将 $a_{C\tau} = \dfrac{3g\sin\theta}{4}$ 和 $a_{Cn} = \dfrac{3}{2}g(1-\cos\theta)$ 代入，可得

$$N_1 = \frac{3}{4}mg\sin\theta(3\cos\theta - 2)$$

$$N_2 = \frac{1}{4}mg(1 + 9\cos^2\theta - 6\cos\theta)$$

(2) 当 $\cos\theta = \dfrac{2}{3}$ 时，$N_1 = 0$；当 $\cos\theta = \dfrac{1}{3}$ 时，$N_2 = 0$。可见，杆的 A 端会先离开竖直墙，此时 $\theta = \arccos\dfrac{2}{3}$。

点拨 本题主要涉及运动关联、转动动能、质心的牛顿第二定律等高考基本不会考查的内容，综合性很强，难度较大。

基础练习

1. 有一匀质圆盘状飞轮，质量为 20 kg，半径为 30 cm，当它以每分钟 60 转的角速度绕通过圆心并与盘面垂直的轴旋转时，其动能为多少？

2. 一个质量为 m、长度为 l 的匀质杆，从图 4.5.18 所示水平位置绕过其一端的水平轴由静止开始向下摆动。忽略一切摩擦，已知重力加速度大小为 g，求杆摆动到竖直状态时的角速度。

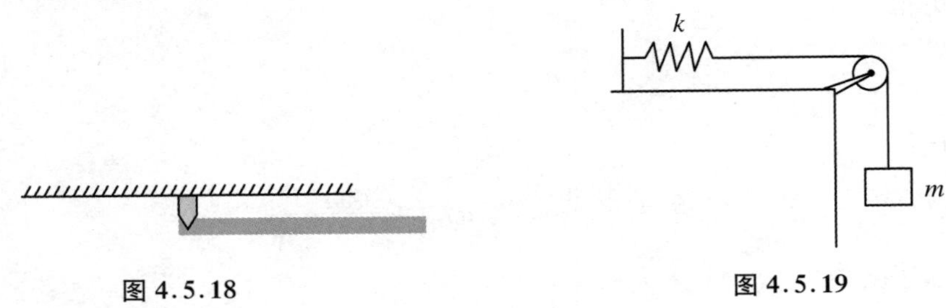

图 4.5.18　　图 4.5.19

3. 如图 4.5.19 所示，轻弹簧、定滑轮和物体构成一系统。已知弹簧劲度系数 $k = 200\ \mathrm{N/m}$，定滑轮的转动惯量 $I = 0.5\ \mathrm{kg\cdot m^2}$，半径 $r = 0.3\ \mathrm{m}$。开始时物体静止，弹簧无伸长，绳与滑轮之间无相对滑动，重力加速度大小为 $g = 10\ \mathrm{m/s^2}$，求质量 $m = 60\ \mathrm{kg}$ 的物体下

落 0.4 m 时的速度大小。

4. 如图 4.5.20 所示，将半径为 R 的圆盘以角速度 $\omega_0=0$、圆心速度 v_0 轻置于粗糙水平面上，摩擦因数为 μ，达到纯滚动时，求：

(1) 圆心走过的距离 x_C 和圆盘绕圆心转过的角度 θ；

(2) 摩擦生热。

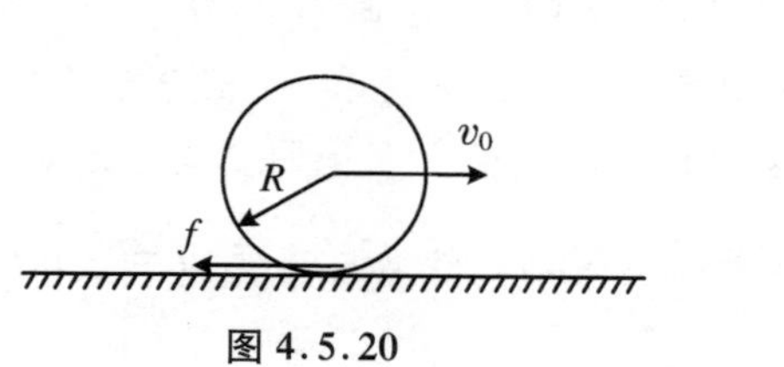

图 4.5.20

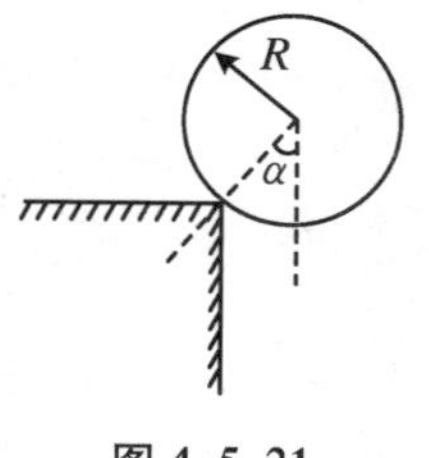

图 4.5.21

5. 如图 4.5.21 所示，有一个质量分布均匀的大球正好静止在桌子边上，且球与桌子有摩擦。若将球轻轻一推，使球滚下桌子，球做纯滚动，试求球不再接触桌子的瞬间球心的速率。$\left(\text{已知：球的半径为 } R\text{，重力加速度大小为 } g\text{，球对过球心的转轴的转动惯量为 } I=\dfrac{2mR^2}{5}\text{。}\right)$

提高练习

6. 使半径为 R 的薄壁圆筒迅速旋转到角速度为 ω_0，然后把它放在倾角均为 45° 的两斜面之间，如图 4.5.22 所示，两斜面的动摩擦因数 μ 与滑动速度无关。已知圆筒减速过程中其轴保持静止不动，求到转动停止时圆筒转过的圈数。

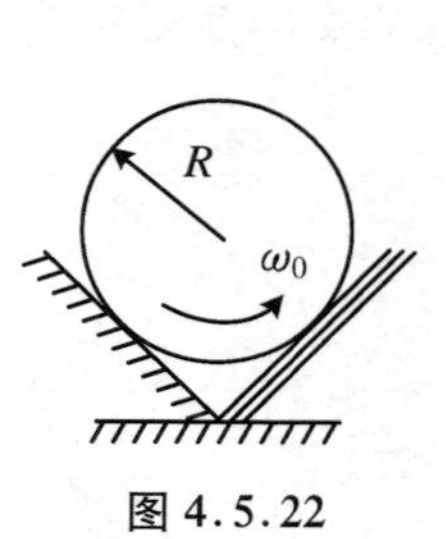

图 4.5.22

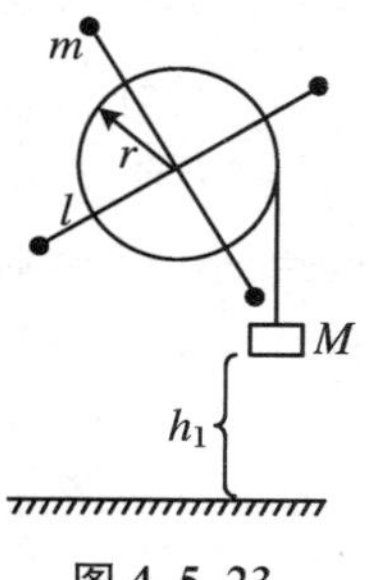

图 4.5.23

7. 半径为 r 的一轻质轮绕水平轴转动。在轮上绕有细绳，绳的下端挂有质量为 M 的物体。在鼓形轮上固定着四根相互垂直的轻杆，长度都为 l。在轻杆的末端各固定一个质量为 m 的小球。M 释放后从 h_1 高度下落，如图 4.5.23 所示。求 M 落地前的瞬间 m 的速度大小。(不考虑 M 的晃动。)

8. 如图 4.5.24 所示，长为 L 的均匀细棒 AB 的 A 端悬挂在铰链上。开始使棒自水平位置无初速地向下摆动，当棒通过竖直位置时，铰链突然松脱，棒自由下落。问：自由脱落后，当棒的质心 C 下降了 h 距离时，棒一共转了多少圈？

9．小明是一个很善于观察和思考的同学。如图 4.5.25 所示，小明将小球从斜面上的 A 点静止释放，他发现：若斜面和水平面是光滑的，小球在斜面和水平面上将做类似于滑块一样的平动；若斜面和水平面不是光滑的，小球将出现滚动。以下讨论都限于：斜面的高度为 h，两水平面间的高度为 H，不计小球经过 B 点时的动能损失，假设小球是刚性的且质量分布均匀，为了使问题简单，所有的滚动都是纯滚动。

(1) 若斜面和水平面是光滑的，求小球的落地点 D 和 O 点的距离 x_{DO}。

(2) 假设斜面和水平面不是光滑的，为了求小球的落地点 D' 和 O 点的距离 $x_{D'O}$，小明请教了他的物理老师。老师告诉他：小球的动能等于两部分之和，一部分为小球的平动动能，另一部分为小球相对于过质心的转轴的转动动能。接着小明上网查询了小球的转动动能公式为 $E_k' = \dfrac{1}{2}I\omega^2$，式中 ω 为小球相对于过质心的转轴的转动角速度，$I = \dfrac{2}{5}mr^2$，r 为小球的半径。请应用这些条件帮助小明求 $x_{D'O}$。

(3) 通过思考，小明发现：只要小球做纯滚动，小球的平动动能与转动动能之比就是一个常量。请你求出该常量。

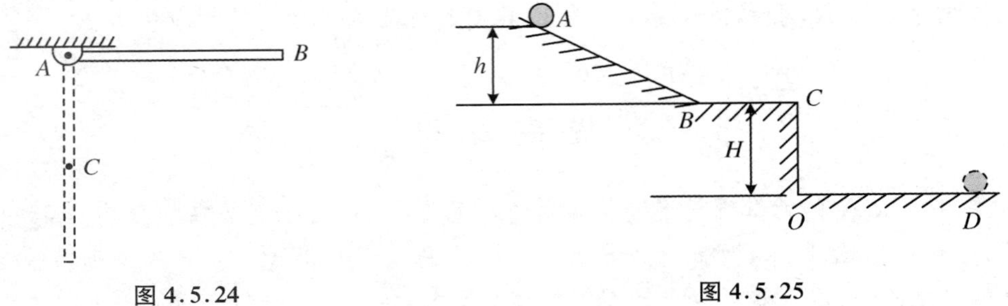

图 4.5.24　　图 4.5.25

10．如图 4.5.26 所示，在水平地面上有两个完全相同的均匀实心球，其一做纯滚动，质心速度为 v_0；另一个静止不动。两球做完全弹性碰撞，即碰后交换质心速度，由于碰撞时间很短，碰撞过程中摩擦力的影响可以不计。试求：

(1) 碰后两球达到纯滚动时的质心速度；

(2) 全部过程中损失的机械能的百分数。

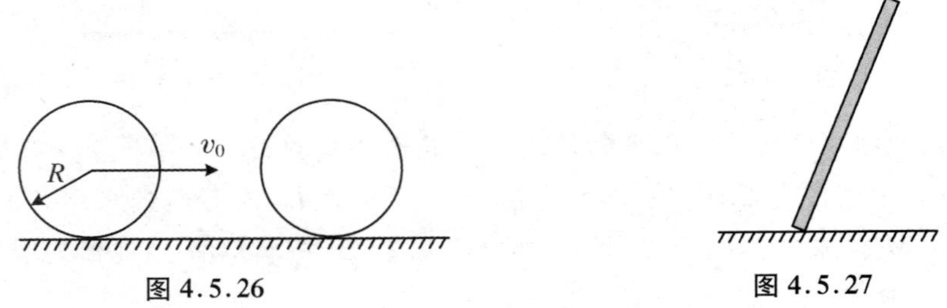

图 4.5.26　　图 4.5.27

11．如图 4.5.27 所示，光滑地面上有一细杆，杆的质量为 m 且均匀分布，长度为 l，开始时杆直立在地面上，因微扰而倾倒，问：在杆全部着地前，其下端是否会跳离地面？

参考答案

1．18 J。

2．$\omega=\sqrt{\dfrac{3g}{l}}$。

提示　匀质杆的重力势能转化为匀质杆的转动动能，匀质杆对定轴的转动动能为 $E_k=\dfrac{1}{2}I\omega^2$，在本题中 $I=\dfrac{1}{3}ml^2$。

3．2.61 m/s。

提示　系统的机械能守恒，减少的重力势能转化为弹簧的弹性势能、物体的动能和定滑轮的转动动能。此外，根据定滑轮不打滑可得物体速度和定滑轮角速度的关系。

4．(1) $x_C=\dfrac{5v_0^2}{18\mu g}$，$\theta=\dfrac{v_0^2}{9\mu gR}$；(2) $Q=\dfrac{1}{6}mv_0^2$。

5．$v=\sqrt{10gR/17}$。

提示　球的重心的运动轨迹是圆，故有

$$m\frac{v^2}{R}=mg\cos\alpha$$

根据能量守恒，可得到

$$\frac{1}{2}I\omega^2+\frac{1}{2}mv^2=R(1-\cos\alpha)mg,\quad I=\frac{2}{5}mR^2,\quad \omega=\frac{v}{R}$$

联立以上各式，得球不再接触桌子的瞬间球心的速度 $v=\sqrt{10gR/17}$。

6．$N=\dfrac{(1+\mu^2)\omega_0^2R}{4\sqrt{2}\pi\mu g}$。

提示　薄壁圆筒受力如图4.5.28所示，由于圆筒质心无加速度，对质心进行受力分析，可得

$$N_2-f_1-mg\cos45^\circ=0$$
$$f_2+N_1-mg\sin45^\circ=0$$
$$f_1=\mu N_1,\quad f_2=\mu N_2$$

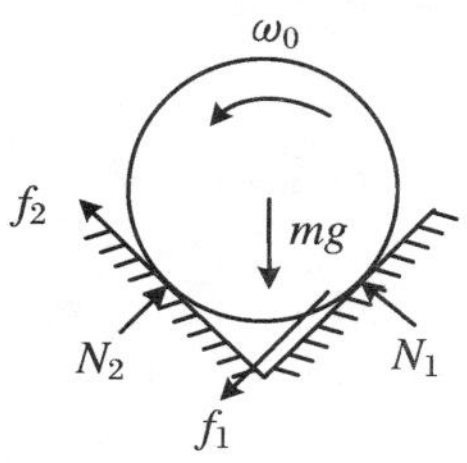

图4.5.28

由此解得

$$f_1=\frac{\sqrt{2}mg(\mu-\mu^2)}{2(1+\mu^2)},\quad f_2=\frac{\sqrt{2}mg(\mu+\mu^2)}{2(1+\mu^2)}$$

由定轴转动的刚体的动能定理得

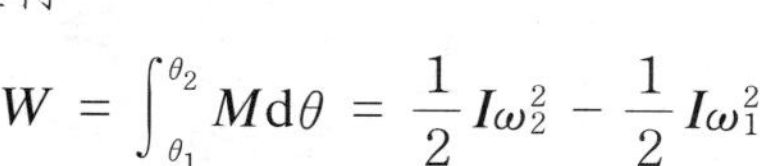

$$W=\int_{\theta_1}^{\theta_2}M\mathrm{d}\theta=\frac{1}{2}I\omega_2^2-\frac{1}{2}I\omega_1^2$$

可得

$$-(f_1+f_2)R\Delta\theta = 0-\frac{1}{2}(mR^2)\omega_0^2$$

解得

$$N=\frac{\Delta\theta}{2\pi}=\frac{(1+\mu^2)\omega_0^2 R}{4\sqrt{2}\pi\mu g}$$

7. $\sqrt{\dfrac{2Mgh_1 l^2}{Mr^2+4ml^2}}$。

提示 M 下落的过程中,M 的重力势能转化为 M 和四个小球的动能,以地面为参考系,可得

$$Mgh_1=\frac{1}{2}Mv_1^2+4\times\frac{1}{2}mv_2^2 \qquad ①$$

式中 v_1 为 M 着地前的速度,v_2 为同一时刻四个小球的速度。

为什么不考虑四个小球的重力势能变化呢?因为四个小球整体的重心位置始终在轻质轮的圆心处,所以总的重力势能保持不变。由于鼓形轮和四个小球的角速度 ω 相等,鼓形轮边缘上的点的线速度等于 M 的速度,得

$$\frac{v_1}{v_2}=\frac{\omega r}{\omega l}=\frac{r}{l}\Rightarrow v_1=\frac{r}{l}v_2 \qquad ②$$

由①、②式得

$$v_2=\sqrt{\frac{Mgh_1}{\frac{1}{2}M\left(\frac{r}{l}\right)^2+2m}}=\sqrt{\frac{2Mgh_1 l^2}{Mr^2+4ml^2}}$$

8. $n=\dfrac{\theta}{2\pi}=\dfrac{1}{2\pi}\sqrt{\dfrac{6h}{L}}$。

提示 棒下落时间 t 由高度决定:因为 $h=\dfrac{1}{2}gt^2$,所以 $t=\sqrt{\dfrac{2h}{g}}$。

棒转动的角速度由机械能守恒定律求得:$\dfrac{1}{2}I\omega^2=mg\cdot\dfrac{1}{2}L$,而 $I=\dfrac{1}{3}mL^2$,解得 $\omega=\sqrt{\dfrac{3g}{L}}$。

棒与悬点脱离后,在空中的转动角速度保持不变,因此转过的角度为

$$\theta=\omega t=\sqrt{\frac{3g}{L}}\sqrt{\frac{2h}{g}}$$

则转的圈数为

$$N=\frac{\theta}{2\pi}=\frac{1}{2\pi}\sqrt{\frac{6h}{L}}$$

9. (1) $x_{DO}=2\sqrt{Hh}$；(2) $x_{D'O}=2\sqrt{\dfrac{5Hh}{7}}$；(3) $\dfrac{E_k}{E_k'}=\dfrac{5}{2}$。

提示　(2) 设小球到达 C 点的平动速度为 v_C'。因为小球做纯滚动，小球和斜面、水平面间没有相对滑动，所以不产生热能，小球的机械能守恒，则有

$$mgh=\frac{1}{2}mv_C'^2+\frac{1}{2}I\omega^2,\quad I=\frac{2}{5}mr^2$$

由于小球做纯滚动，故 $v_C'=\omega r$，小球离开 C 后做平抛运动，则有

$$x_{D'O}=v_C't,\quad H=\frac{1}{2}gt^2$$

联立以上各式，解得

$$x_{D'O}=2\sqrt{\frac{5Hh}{7}}$$

(3) 假设小球做纯滚动时，小球质心的速度为 v，则小球的平动动能为

$$E_k=\frac{1}{2}mv^2$$

小球做纯滚动必然满足 $v=\omega r$，小球的转动动能为

$$E_k'=\frac{1}{2}I\omega^2,\quad I=\frac{2}{5}mr^2$$

联立以上各式，得

$$\frac{E_k}{E_k'}=\frac{5}{2}$$

10. (1) $v_{1C}=\dfrac{2}{7}v_0$，$v_{2C}=\dfrac{5}{7}v_0$；(2) 41%。

提示　本题条件中“碰撞过程中摩擦力的影响可以不计”表示在两个球发生碰撞作用的过程中，可以认为相互间没有摩擦，球是光滑的，因此碰撞后两个球的角速度没有变化。又因为两球做完全弹性碰撞，可知碰后状态是：质心交换速度，角速度各自保持不变，如图4.5.29所示。即：左侧球的质心速度为零，角速度仍为 ω_0；右侧球的质心速度为 v_0，角速度为零。之后两个球在各自受到的滑动摩擦力作用下，最终达到纯滚动状态。

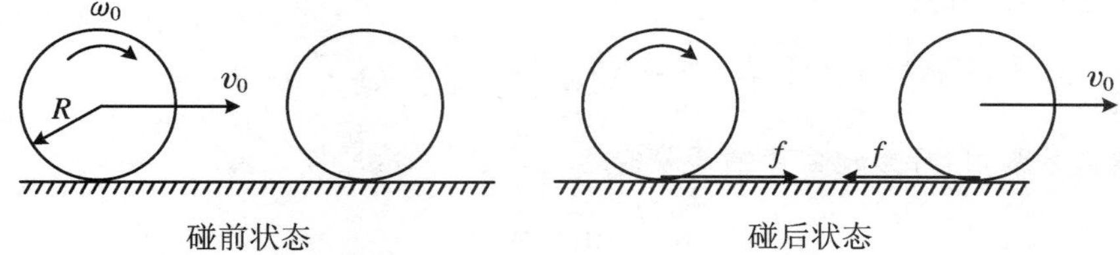

图 4.5.29

由碰后状态达到最终纯滚动，对左侧球分析如下：

对质心的平动,有

$$f = ma_C, \quad f = \mu mg$$

可得 $a_C = \mu g$。

在质心系内,根据 $M = I\beta$,以顺时针为正方向,对质心的转动方程为

$$-fR = \frac{2}{5}mR^2\beta$$

代入摩擦力,可得

$$\beta = -\frac{5\mu g}{2R}$$

因此

$$v_C = \mu gt, \quad \omega = \omega_0 + \beta t$$

当达到纯滚动时,$v_C = \omega R$,由此可得

$$t = \frac{2\omega_0 R}{7\mu g}, \quad v_{1C} = \frac{2\omega_0 R}{7} = \frac{2}{7}v_0$$

对右侧球可以用相同的方式分析。

11. 在杆全部着地前,其下端不会离开地面。

提示 如图 4.5.30 所示,因为地面光滑,所以质心做竖直向下的加速直线运动;在质心系内,杆做顺时针的转动。

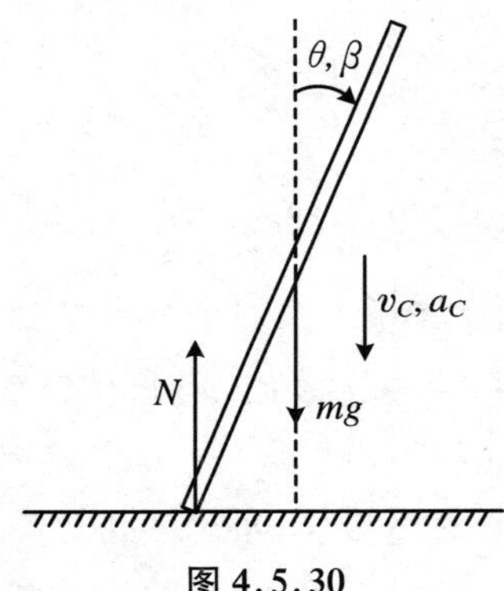

图 4.5.30

根据能量守恒,可得

$$\frac{1}{2}mv_C^2 + \frac{1}{2}\left(\frac{1}{12}ml^2\right)\omega^2 = mg\frac{l}{2}(1-\cos\theta)$$

在与地面分离前,杆与地面接触部分的速度是水平的,可得

$$\omega\frac{l}{2}\sin\theta = v_C$$

联立以上各式,可得

$$v_C^2 = \frac{3gl(1-\cos\theta)\sin^2\theta}{1+3\sin^2\theta}, \quad \omega^2 = \frac{12g(1-\cos\theta)}{l(1+3\sin^2\theta)}$$

对质心应用牛顿第二定律，可得

$$mg - N = ma_C$$

由对质心的转动方程可得

$$N\frac{l}{2}\sin\theta = \frac{1}{12}ml^2\beta$$

对速度关联式子进行求导，可得

$$\beta\frac{l}{2}\sin\theta + \omega^2\frac{l}{2}\cos\theta = a_C$$

联立以上各式，可得

$$\beta = \frac{g}{l}\frac{3\sin\theta(8 + 6\cos^2\theta - 12\cos\theta)}{(1 + 3\sin^2\theta)^2}$$

$$N = mg\frac{4 + 3\cos^2\theta - 6\cos\theta}{(1 + 3\sin^2\theta)^2}$$

$N=0$ 时就是杆离开地面的时候，而 $4+3\cos^2\theta-6\cos\theta$ 始终大于0，因此杆不会离开地面。

第 5 章　动量和角动量

早在 2400 多年前，古希腊的唯物主义哲学家德谟克利特（曾提出原子学说）就曾提出：世间的运动是守恒的。然而，在他那个年代还不会用数学的语言来描述自然界，所以这种守恒思想仅仅停留在了直觉上。直到 17 世纪时，才由笛卡儿正式地提出了描述“运动守恒”的物理量，他认为质量 m 和速率 v 的乘积是守恒的，并将 mv 定义为一个新的物理量——动量。再后来，年轻的惠更斯意识到物体相互作用时，守恒的并不是质量和速率的乘积 mv，而应该是质量 m 与速度 $\boldsymbol{v}$ 的乘积 $m\boldsymbol{v}$，动量应当是一个矢量，于是才有了我们今天的定义 $\boldsymbol{p}=m\boldsymbol{v}$。并且惠更斯的这一思想很好地启发了牛顿，并促使后者最终提出了伟大的力学三定律。

动量是物体相互作用时关于平动的守恒量。类似地，关于转动，我们也有一个守恒量，那就是角动量。角动量在转动中的地位相当于动量在平动中的地位，但角动量的理解和计算比动量要复杂得多。只有把动量和角动量都理解了，才能对复杂的物体运动有清晰的认识。

本章中，我们会先对比较直观的动量进行学习，然后再进一步学习比较抽象和复杂的角动量，为将来可以研究复杂物体的运动（尤其是刚体运动）打下基础。

5.1　动 量 定 理

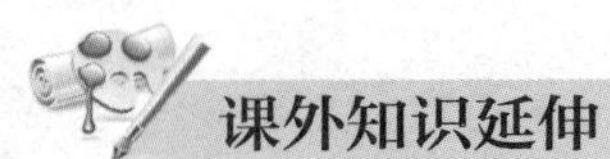

1. 从动量变化率的角度认识力

在物理的学习过程中，很多同学都以为牛顿通过实验得到了 $\boldsymbol{F}=m\boldsymbol{a}$ 这个广为人知的牛顿第二定律，其实并非如此，牛顿首先提出牛顿第二定律的形式应该是 $\boldsymbol{F}=\dfrac{\Delta \boldsymbol{p}}{\Delta t}$。也就是说，历史上先有了动量的概念，然后牛顿采用动量随时间的变化率来定义物体间相互作用的强度，也就是力。所以牛顿第二定律实际上只是牛顿为定义相互作用强度（力）所做出的一种选择而已。上式还可以改写为 $\boldsymbol{F}\Delta t=\Delta \boldsymbol{p}$，这正是我们所熟悉的动量定理，也就是牛顿第二定律的本质。在许多情况下，用动量定理来解决物体间的相互作用问题更为方便。

2. 动量定理的矢量性

对于动量定理 $\boldsymbol{F}\Delta t=\Delta\boldsymbol{p}$，其中动量 $\boldsymbol{p}$ 和力 $\boldsymbol{F}$ 都是矢量。在运用动量定理处理二维问题时，既可以对 $\boldsymbol{p}$ 和 $\boldsymbol{F}$ 使用三角形或平行四边形法则进行分析，也可以在相互垂直的 x 轴和 y 轴两个方向上分别研究。

如图 5.1.1 所示，某质点的动量从 $\boldsymbol{p}_0$ 变化到 $\boldsymbol{p}_t$，可以先利用三角形法则画出动量的变化量 $\Delta\boldsymbol{p}$，然后再利用动量定理 $\boldsymbol{F}\Delta t=\Delta\boldsymbol{p}$ 处理；也可以在 x 轴和 y 轴两个方向上分别应用动量定理处理，即可列出 $F_x\Delta t=\Delta p_x=p_{xt}-p_{x0}$ 和 $F_y\Delta t=\Delta p_y=p_{yt}-p_{y0}$ 两个方程。在应用动量定理解决实际问题时，有时只有某一个方向上的动量变化对解决问题才有帮助，我们只需列出这个方向上的动量定理方程。

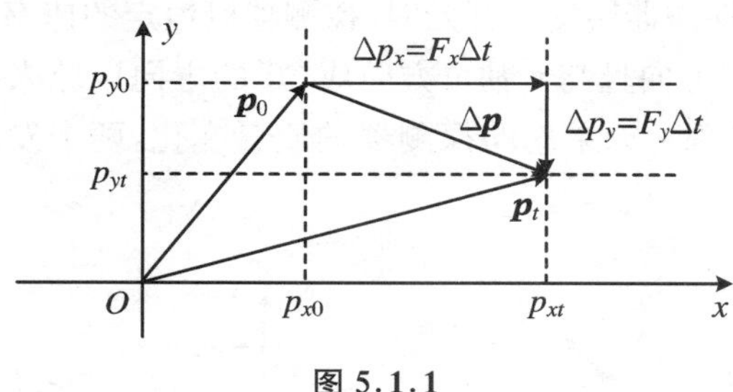

图 5.1.1

3. 质点系的动量定理

对于一个由多个质点构成的系统，设第 i 个质点的动量为 $\boldsymbol{p}_i$，其所受的力可以分为两类：一类是系统外给的力，记为 $\boldsymbol{F}_i$；另一类是系统内的质点给的力，设第 j 个质点对第 i 个质点的作用力记为 $\boldsymbol{f}_{ji}$，则对第 i 个质点应用动量定理有 $(\boldsymbol{F}_i+\sum\limits_{j\neq i}\boldsymbol{f}_{ji})\Delta t=\Delta\boldsymbol{p}_i$，再将所有质点的动量定理方程全部加起来，即

$$\sum_i(\boldsymbol{F}_i+\sum_{j\neq i}\boldsymbol{f}_{ji})\Delta t=\sum_i\Delta\boldsymbol{p}_i=(\sum_i\boldsymbol{F}_i+\sum_i\sum_{j\neq i}\boldsymbol{f}_{ji})\Delta t$$

式中，$\sum\limits_i\boldsymbol{F}_i$ 表示系统所受合外力；$\sum\limits_i\sum\limits_{j\neq i}\boldsymbol{f}_{ji}$ 表示系统所有内力之和，根据牛顿第三定律，可知每一个内力都可以和其反作用力相加为零，所以 $\sum\limits_i\sum\limits_{j\neq i}\boldsymbol{f}_{ji}$ 必然为零。于是，有

$$\sum_i\boldsymbol{F}_i\Delta t=\sum_i\Delta\boldsymbol{p}_i=\Delta(\sum_i\boldsymbol{p}_i)=\Delta\boldsymbol{p}_{总}$$

这就是质点系的动量定理。

核心问题讨论

1. 在二维情况下如何使用动量定理？

根据动量定理的矢量性，我们可以采取平行四边形法则或三角形法则来处理二维动量变化的问题，也可以将物体的受力和动量情况分解到直角坐标系中进行处理。这种分解处理的好处就是把复杂的矢量运算转化成了相对简单的代数运算，因而在处理二维动量变化

问题时常常用到。

例题 1 动量定理可以表示为 $\Delta \boldsymbol{p}=\boldsymbol{F}\Delta t$，其中动量 $\boldsymbol{p}$ 和力 $\boldsymbol{F}$ 都是矢量。在运用动量定理处理二维问题时，可以在相互垂直的 x 轴和 y 轴两个方向上分别研究。

（1）如图 5.1.2 所示，质量为 m 的小球斜射到木板上，入射的角度是 θ，碰撞后弹出的角度也是 θ，碰撞前后的速度大小都是 v，碰撞过程中忽略小球所受重力。

① 分别求出碰撞前后 x 轴和 y 轴方向小球的动量变化 Δp_x、Δp_y；

② 分析说明小球对木板的作用力的方向。

（2）图 5.1.3 为一空间探测器的示意图，P_1、P_2、P_3、P_4 是四个喷气发动机，P_1、P_3 的连线与空间一固定坐标系的 x 轴平行，P_2、P_4 的连线与 y 轴平行。每台发动机开动时，都能向探测器提供推力，但不会使探测器转动。开始时，探测器以恒定的速率 v_0 向 x 轴正方向平动，要使探测器改为沿 x 轴正方向且与 y 轴负方向成 30°的方向以原来的速率 v_0 平动，可以通过开动哪两个发动机来实现？如果忽略探测器的质量变化，两个发动机提供的冲量之比为多大？

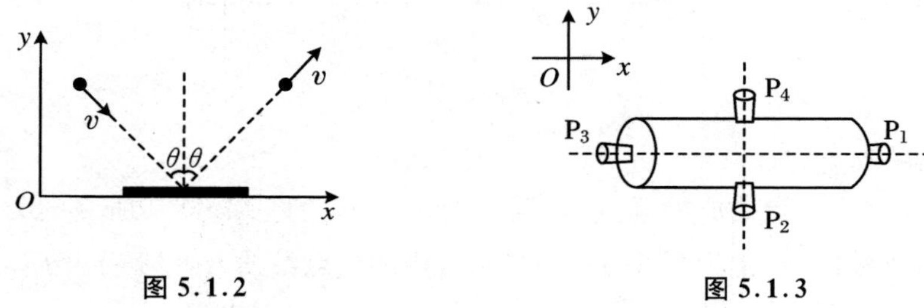

图 5.1.2　　　　图 5.1.3

（3）激光束可以看作粒子流，其中的粒子以相同的动量沿光传播方向运动。激光照射到物体上，在发生反射、折射和吸收现象的同时，也会对物体产生作用。光镊效应就是一个实例，激光束可以像镊子一样抓起细胞等微小颗粒。

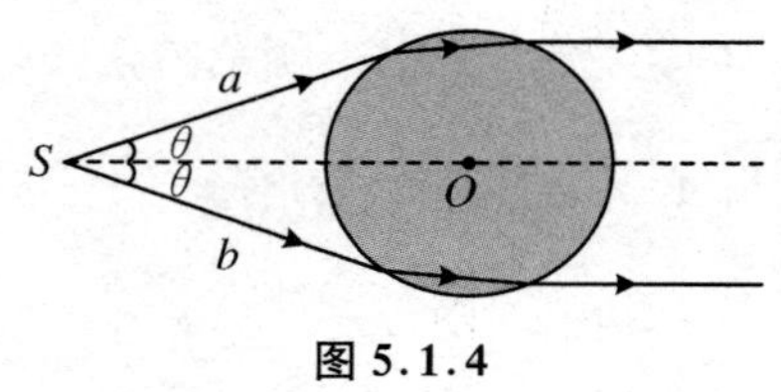

图 5.1.4

一束激光经 S 点被分成若干细光束，若不考虑光的反射和吸收，其中光束 a 和 b 穿过介质小球的光路如图 5.1.4 所示。图中 O 点是介质小球的球心，入射时光束 a 和 b 与 SO 的夹角均为 θ，出射时光束均与 SO 平行，请在下面两种情况下，分析说明两光束因折射对小球产生的合力的方向：

① 光束 a 和 b 的强度相同。

② 光束 a 比 b 的强度大。

分析 本题中三种不同的情形都需要求物体的受力方向。根据动量定理，可以通过分析动量的改变量的方向来确定冲量的方向，从而确定出受力方向。三种情形都属于二维问题，都可以用正交分解和矢量图的方法来处理。

解 （1）① 解法一

分别写出小球在 x 轴和 y 轴方向上的初、末动量：

$$\begin{cases}p_{x0}=mv\sin\theta, p_{xt}=mv\sin\theta\\ p_{y0}=-mv\cos\theta, p_{yt}=mv\cos\theta\end{cases}$$

所以有

$$\begin{cases}\Delta p_x=p_{xt}-p_{x0}=0\\ \Delta p_y=p_{yt}-p_{y0}=2mv\cos\theta\end{cases}$$

解法二

小球的动量变化情况如图 5.1.5 所示，根据图示，可以直接得到

$$\begin{cases}\Delta p_x=0\\ \Delta p_y=2mv\cos\theta\end{cases}$$

② 根据①中的结论，由动量定律可知木板对小球的作用力是沿 y 轴正方向的；根据牛顿第三定律，可知小球对木板的作用力沿 y 轴负方向。

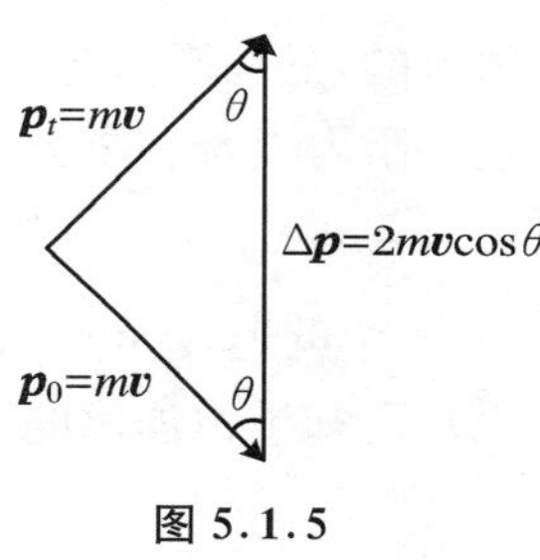

图 5.1.5

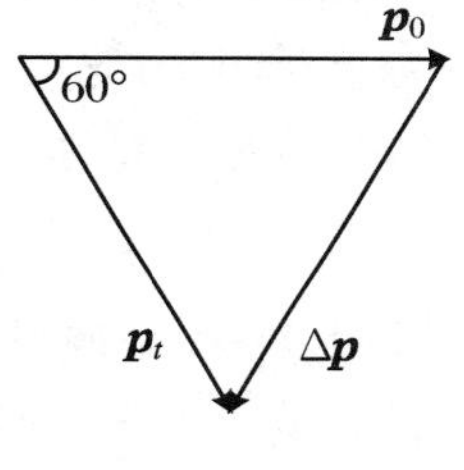

图 5.1.6

(2) 画出探测器的动量变化情况，如图 5.1.6 所示，可以写出

$$p_{x0}=p_0,\quad p_{xt}=\frac{p_0}{2},\quad p_{y0}=0,\quad p_{yt}=-\frac{\sqrt{3}}{2}p_0$$

所以有

$$\Delta p_x=p_{xt}-p_{x0}=-\frac{p_0}{2},\quad \Delta p_y=p_{yt}-p_{y0}=-\frac{\sqrt{3}}{2}p_0$$

可见 $\Delta\boldsymbol{p}_x$ 和 $\Delta\boldsymbol{p}_y$ 都沿坐标轴负方向，所以需要分别开动 P_1 和 P_4 两个发动机，并且 P_1 和 P_4 对探测器的冲量大小之比为 $I_1:I_4=\Delta p_x:\Delta p_y=1:\sqrt{3}$。有趣的是，$P_1$ 和 P_4 是否同时开动或者谁先开动，对结果都没有影响。

(3) 取光束 a 中的一个光子进行研究，设其在空气中的动量大小为 p，只考虑折射对其的影响。如图 5.1.7 所示，建立 x 轴、y 轴，画出该光子经过介质前后的动量变化情况，可知

$$p_{x0}=p\cos\theta,\quad p_{xt}=p,\quad p_{y0}=p\sin\theta,\quad p_{yt}=0$$

所以有

$$\begin{cases}\Delta p_x=p_{xt}-p_{x0}=p(1-\cos\theta)\\ \Delta p_y=p_{yt}-p_{y0}=-p\sin\theta\end{cases}$$

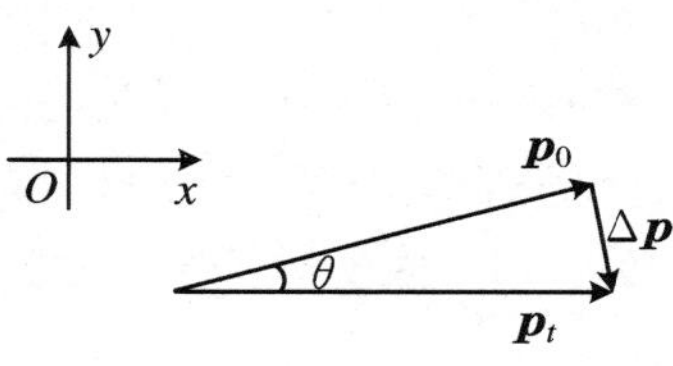

图 5.1.7

可知光子的动量变化方向是指向右下的，即介质对 a 中光子的冲量指向右下（该结论也可通过图 5.1.7 中的矢

量变化图直接看出)，再根据牛顿第三定律可知，该光子对介质的作用力指向左上方向。又根据对称性可知，b 中的光子对介质的作用力指向左下方向。

情况①中，因为 a、b 的强度相同，所以相同时间内 a、b 中有同样多的光子与介质发生作用，因此在 y 轴方向上合力为零，而 x 轴方向上的合力向左，故此时光束对介质的合力方向为水平向左。

情况②中，因为 a 的强度比 b 大，所以相同时间内 a 中有更多的光子与介质发生作用，因此在 y 轴方向上合力向上，而 x 轴方向上的合力向左，故此时光束对介质的合力方向为指向左上。

点拨 本题的(1)和(3)问是根据 2016 年北京卷理综物理试题改编的，(2)问是根据 2000 年全国卷的物理试题改编的，都主要考查二维动量问题，二维动量问题是高考中的擦边球，常常在高考压轴题中出现，而在强基计划考试中它就是常客了。

2. 应用动量定理时如何判断重力、阻力等能否忽略?

一般而言，重力、空气阻力等产生的加速度都是有限大的，是肉眼可分辨的，所以当物体的速度发生"突变"时，意味着有远大于重力的力存在，这时重力以及和重力大小相当的力都可以忽略。

例题 2 如图 5.1.8 所示，质量为 m 的铁块以大小为 v_1 的速度竖直向下砸在地面上，撞击后又以大小为 v_2 的速度向上弹起，设碰撞时间为 Δt，已知重力加速度大小为 g。

(1) 求铁块在撞击过程中受到外界的总冲量 I。

(2) 求在撞击过程中铁块对地面的平均作用力 $F_{压}$。

(3) g、v_1、v_2 和 Δt 满足什么条件，在计算 $F_{压}$ 时可忽略铁块的重力?

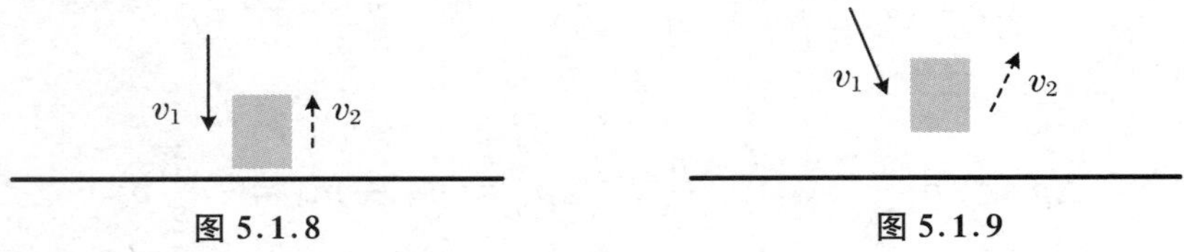

图 5.1.8　　　　图 5.1.9

(4) 如图 5.1.9 所示，如果地面和铁块之间的滑动摩擦因数为 μ，入射时 $\boldsymbol{v}_1$ 的方向与法线的夹角为 θ_1，此次碰撞的恢复系数为 e，且物理量之间满足(3)问的条件。

① 分析说明这次碰撞过程中摩擦力 f 是否能忽略。

② 这次碰撞后铁块反弹的速度 $\boldsymbol{v}_2$ 与法线的夹角 θ_2 的正切值是多大?

分析 不管是哪一种情况，判断某个力是否能忽略主要看在作用过程中该力对物体动量变化的贡献是否远小于别的力，即看该力所引起的加速度是不是远小于物体在相互作用过程中的加速度大小。因此，受力分析依然是我们解决问题的入手点，然后结合加速度的情况(速度是否突变等)来作出判断。

解 (1) 撞击过程中，铁块动量的变化即为其所受总冲量，所以有

$$I = m(v_1 + v_2)$$

方向竖直向上。

(2) 导致铁块动量变化的是合外力,因此必须对铁块进行受力分析。设撞击时地面对铁块的作用力为 F,并设竖直向上为正方向,可根据受力分析写出动量定理方程

$$(F-mg)\Delta t = m[v_2-(-v_1)]$$

再由牛顿第三定律可得

$$F_{压} = F = m\frac{v_1+v_2}{\Delta t}+mg$$

方向竖直向下。

(3) 分析上问结果可知,当 Δt 很小时,铁块的加速度远大于 g,即“速度突变”,这时可近似认为铁块的动量变化只由撞击力 F 决定,所以对应条件为

$$\frac{v_1+v_2}{\Delta t}\gg g$$

(4) ① 在(3)问的条件下,重力可以忽略,是因为撞击过程中支持力 $N=F_{压}$ 是极大的(导致 y 轴方向动量突变),所以相应的滑动摩擦力 $f=\mu N$ 也是极大的(远大于重力),不可以忽略。

② 设法向为 y 轴方向,水平向右为 x 轴方向,则根据恢复系数定义,在 y 轴方向有

$$v_{2y} = ev_1\cos\theta_1$$

$$I_N = m(v_1\cos\theta_1+v_{2y}) = mv_1\cos\theta_1(1+e)$$

在水平方向,摩擦力的冲量为

$$I_f = -\mu I_N = -\mu mv_1\cos\theta_1(1+e)$$

在水平方向应用动量定理,则

$$I_f = mv_{2x}-mv_1\sin\theta_1$$

于是算得

$$v_{2x} = v_1\sin\theta_1-\mu v_1\cos\theta_1(1+e)$$

注意,此处需要讨论。因为 v_{2x} 不可能小于0,所以当 $\mu\cos\theta_1(1+e)<\sin\theta_1$ 时,有 $v_{2x}=v_1\sin\theta_1-\mu v_1\cos\theta_1(1+e)$;当 $\mu\cos\theta_1(1+e)\geqslant\sin\theta_1$ 时,$v_{2x}=0$。因此:

当 $\mu\cos\theta_1(1+e)<\sin\theta_1$ 时,有

$$\tan\theta_2 = \frac{v_{2x}}{v_{2y}} = \frac{\mu\cos\theta_1(1+e)-\sin\theta_1}{e\cos\theta_1}$$

当 $\mu\cos\theta_1(1+e)\geqslant\sin\theta_1$ 时,有

$$\tan\theta_2 = 0$$

点拨　判断某个力是否能忽略没有固定套路,比如摩擦力有时可以忽略,有时却不能,关键还是要看该力所引起的加速度是否足够大。另外,在解决摩擦力相关问题时,还要注意摩擦力的变化情况,当物体间没有切向的相对运动或者运动趋势时,即使物体间有很大的压力,摩擦力也只能为零。此外,本题还提供了解决二维碰撞的一种方法,即动量定理是可以分方向使用的。

例题3　(2018年清华领军) 如图5.1.10所示,一个足够大的粗糙木板在水平面上始终以速度 v 向右匀速运动,一个质量不可忽略但重力可忽略的小球从高为 H 处无初速度下

落，与木板发生弹性碰撞，弹起时速度方向与竖直线夹角为 α。已知小球和木板之间的摩擦因数为 μ，则下列说法中正确的是（　）

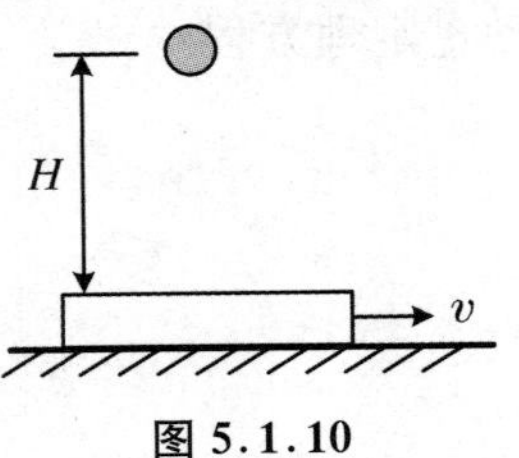

图 5.1.10

A. H 存在某个临界值，使得小球在弹起前获得与板相同的水平速度

B. 当 v 足够大时，小球在碰撞全过程中始终与板有摩擦力

C. 当 H 超过某个临界值时，小球可以竖直弹起

D. α 和 H 无关

分析　本题关键是需要分析清楚整个过程中的物理情景。小球在自由下落时没有水平方向的速度，但是木板有水平方向的速度，所以小球在接触木板时，立刻受到与木板运动方向相同的摩擦力，使它在水平方向加速运动。若 v 足够大或 H 足够小，则小球在水平方向没法加速到与木板同速，所以小球一直会受到摩擦力；若 v 不够大或 H 足够大，则小球在水平方向加速到与木板同速后将不再受摩擦力。所以，要分析清楚本题的物理过程，需要分情况讨论。

解　在碰撞过程中，只要小球的速度小于木板的速度 v，小球和木板之间就存在摩擦力的作用。所以，当 v 足够大或 H 足够小时，小球在碰撞全过程中始终与板有摩擦力作用，故 A 和 B 都正确。由于小球在水平方向受到摩擦力的作用，碰后小球应该具有水平方向的速度，故小球永远不可能竖直弹起，所以 C 选项错误。通过以上分析可知 α 和 H 是有关系的，所以 D 错误。所以本题选 A、B。

点拨　现在我们来定量计算一下 α 和 H 之间的关系。

(1) 当 v 足够大或 H 足够小时，小球和木板之间始终存在滑动摩擦力的作用，即 $f=\mu N$，两边对时间求和得 $\sum f\Delta t=\mu\sum N\Delta t$。设小球在水平方向获得的速度大小为 v_1，落到木板上的速度大小为 v_0，对上式两边分别应用动量定理，得

$$mv_1=\mu\cdot 2mv_0=\mu\cdot 2m\sqrt{2gH}$$

可见 $\tan\alpha=\dfrac{v_1}{v_0}=2\mu$。只要 $v_1\leqslant v$，上式就成立，即 $2\mu\sqrt{2gH}\leqslant v$。

(2) 当 $2\mu\sqrt{2gH}>v$ 时，小球在水平方向的速度必将达到和木板在水平方向的速度相同，则 $\tan\alpha=\dfrac{v}{v_0}=\dfrac{v}{\sqrt{2gH}}$。

综上所述，$\tan\alpha$ 与 H 的关系为

$$\tan\alpha=\begin{cases}2\mu, & 若\ 2\mu\sqrt{2gH}\leqslant v\\ \dfrac{v}{\sqrt{2gH}}, & 若\ 2\mu\sqrt{2gH}>v\end{cases}$$

两者间的图像关系如图 5.1.11 所示。

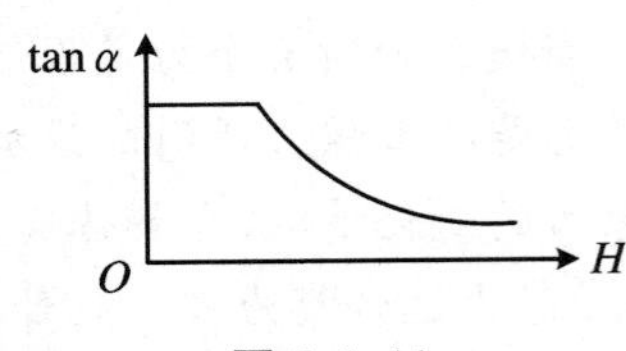

图 5.1.11

3. 应用动量定理时如何选取合适的研究对象？

研究对象的选取往往是使用动量定理解决问题的关键所在，我们可以选取整体研究，也

可以选取某一部分研究，不仅要考虑方程的完整性，还要考虑解决问题的繁简程度。

例题 4　如图 5.1.12 所示，一根柔软均匀的细绳长为 l，质量为 m，初始时将其竖直提起，并使其下端刚好接触桌面，然后将其由静止释放。假设绳落到桌面的部分不会弹起，已知重力加速度大小为 g，则当其下落高度 y 时对桌面的压力大小为多大？

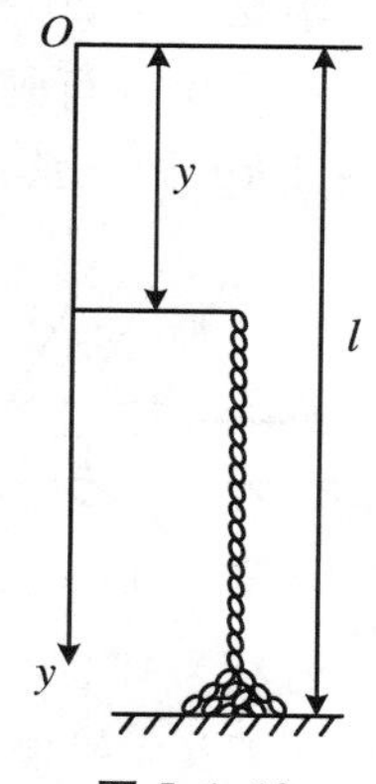

图 5.1.12

分析　本题的关键在于如何正确地选取研究对象并列出动量定理方程，我们可以选整体为研究对象，也可以选某一部分来研究，但要注意，我们选择的对象所受外力中必须包含桌面的支持力。

解　解法一

选择整体作为研究对象。整根链条受力为向下的重力 mg 和向上的支持力 N。对图 5.1.12 所示的状态，取其附近极小的时间间隔 $\mathrm{d}t$，以竖直向下为正方向，列出动量定理方程

$$(mg-N)\mathrm{d}t=\frac{(l-y-\mathrm{d}y)m}{l}(v+\mathrm{d}v)-\frac{(l-y)m}{l}v$$

$$=\frac{l-y}{l}m\mathrm{d}v-\frac{mv\mathrm{d}y}{l}-\frac{m\mathrm{d}y\cdot\mathrm{d}v}{l}$$

上式第三项是高阶小量（远小于前两项），所以忽略不计，于是

$$(mg-N)\mathrm{d}t=\frac{l-y}{l}m\mathrm{d}v-\frac{mv\mathrm{d}y}{l}$$

$$mg-N=\frac{l-y}{l}m\frac{\mathrm{d}v}{\mathrm{d}t}-\frac{mv}{l}\frac{\mathrm{d}y}{\mathrm{d}t}=\frac{l-y}{l}mg-\frac{mv^2}{l}$$

根据运动学有 $v^2=2gy$，于是有

$$mg-N=\frac{l-y}{l}mg-\frac{2mgy}{l}=mg-\frac{3y}{l}mg$$

得

$$N=\frac{3y}{l}mg$$

解法二

对于已经落在桌面上保持静止的那部分链条，其对桌面的压力为

$$N_{静}=\frac{y}{l}mg$$

除此之外，还有正在与桌面相撞的那一小环，对桌面有一个冲击力

$$N_{冲击}=\frac{(m\mathrm{d}y)v}{l\mathrm{d}t}=\frac{mv^2}{l}=\frac{m}{l}2gy$$

所以链条对桌面的总压力为

$$N=N_{静}+N_{冲击}=\frac{3y}{l}mg$$

点拨　即使选取不同的研究对象，只要能涉及桌面和链条之间的作用力，就都可以解决问

题。但解法二明显比解法一简单很多，而且解法二更能揭示链条和桌面之间作用力的本质。

例题5 （2018年清华领军）如图5.1.13所示，下雨天，质量为 $m=0.2\ \text{kg}$ 的汽车以速度 $v=16\ \text{m/s}$ 行驶，雨水速度 $u=10\ \text{m/s}$，与竖直方向的夹角为 30°，空气中每立方米雨水为 $m_0=1\ \text{kg}$，雨水落在车顶上不反弹并立即从侧边流走，车顶面积 $S=0.01\ \text{m}^2$，汽车受地面的阻力与受地面的支持力之比为 $\mu=0.1$，取 $g=9.8\ \text{m/s}^2$，则车受到地面给的阻力大小为（　　）

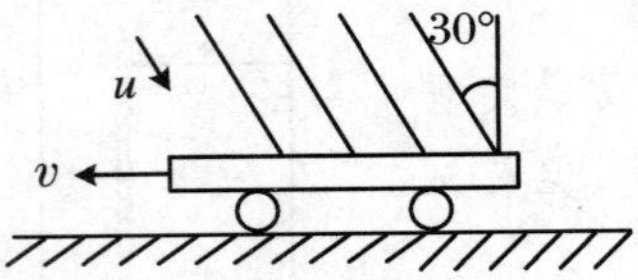

图 5.1.13

A. 0.23 N　　B. 0.24 N

C. 0.25 N　　D. 0.26 N

E. 0.27 N　　F. 0.28 N

分析　题目给出了汽车受地面的阻力与受地面的支持力之比，求出支持力 N 即可求解出阻力 f。N 的来源应该有两部分，一部分是车的重力，一部分是雨滴对车的冲击力。在求解雨滴对车的冲击力时，应该选取雨滴为研究对象，对雨滴应用动量定理求解更为方便。

解　设雨水对车顶的作用力大小为 F，考虑一小段时间，对雨水应用动量定理得

$$F\Delta t = \Delta m \cdot u\cos\theta = m_0 \cdot Su\Delta t\cos\theta \cdot u\cos\theta$$

解得

$$F = m_0 S u^2 \cos^2\theta$$

所以地面对汽车的支持力为

$$N = mg + F = mg + m_0 S u^2 \cos^2\theta$$

地面给车的阻力为

$$f = \mu(mg + m_0 S u^2 \cos^2\theta)$$

代入相关的数据，并取 $g=9.8\ \text{m/s}^2$，则 $f=0.271\ \text{N}$，所以本题选E。

点拨　对于这种连续体问题，我们常常选取连续体的一小部分作为研究对象，考虑这一小部分的动量变化量，对这一小部分应用动量定理，求出这一小部分所受的合外力（常常不用考虑重力），再应用牛顿第三定律可求出外界的受力情况。

例题6　如图5.1.14所示，截面积为 S 的水管被固定在水平地面上，研究其一个直角转弯处，若水流速度大小为 v，水的密度设为 ρ，求水流对管道的冲击力。（不计管道与水流之间以及水流之间的摩擦。）

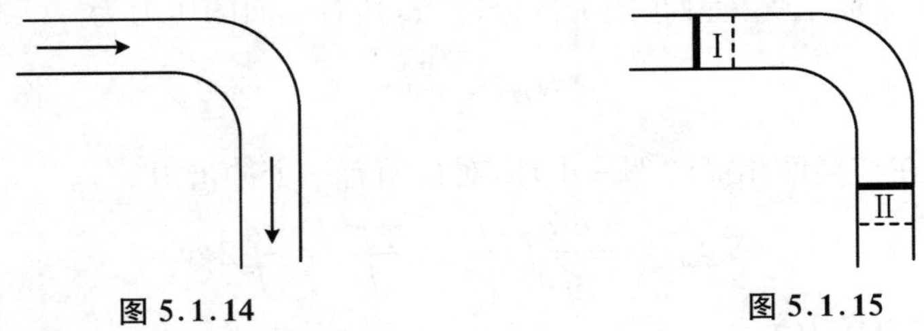

图 5.1.14　　图 5.1.15

分析　本题最大的难点不在于计算，而在于如何选取研究对象。很明显，如果只选足够小的一段水是不行的。为了解决这个问题，我们可以选择完整的包含了弯道部分的一段水来分析，如图5.1.15所示，我们选取的研究对象是两段粗实线之间的所有水，经过 Δt 时间，

这段水的边界运动到图中的两段虚线位置。可以看到，这段水在 Δt 时间前后有一部分公共区域（转弯处），这部分公共区域的动量在 Δt 前后是一样的。因此，由图可知，我们所选取的研究对象在 Δt 时间内的动量变化就相当于图中第Ⅰ部分水的动量变化成了第Ⅱ部分水的动量。

解　如图 5.1.16 所示，画出分析中所述研究对象在 Δt 内的动量变化，由此可以看出 $\Delta \boldsymbol{p}$ 的方向是弯道处的角平分线，且其大小为

$$\Delta p = \sqrt{2}p_{\mathrm{I}} = \sqrt{2}\rho S v^2 \Delta t$$

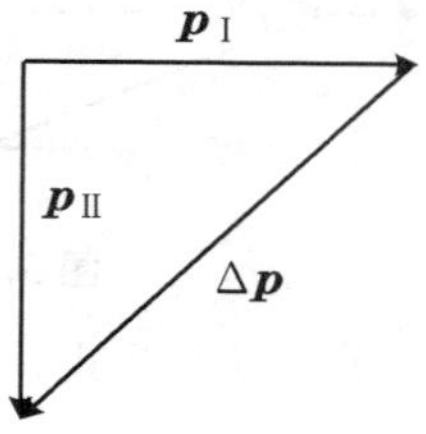

另外，对处于直道的任意一段水进行研究：其处于直道时动量没有变化，说明直道部分的水流之间并没有相互作用。因此，引起 Δp 的一定是管道拐弯处对水的作用力，则

$$F = \frac{\Delta p}{\Delta t} = \frac{\sqrt{2}\rho S v^2 \Delta t}{\Delta t} = \sqrt{2}\rho S v^2$$

图 5.1.16

点拨　这道题中我们选取研究对象需要一些技巧，不能只盯着正在发生动量变化的那部分水。如果换个思路，选择更广泛的整体，以便于计算动量变化，就可以解决问题。

4. 如何利用动量定理解决多体的系统问题？

如果一个系统里有多个质点，我们可以分别对每个质点在每个方向上列动量定理方程，还可以利用系统内部的约束条件来列方程。

例题 7　如图 5.1.17 所示，有四个质量均为 m 的质点，用相同长度且不可伸长的轻绳连接成菱形 $ABCD$，静止放在水平光滑的桌面上。若突然给质点 A 一个历时极短的沿 CA 方向的冲击，当冲击结束的时刻，质点 A 的速度为 v，其他质点也获得一定的速度，$\angle BAD = 2\alpha$（$\alpha < \pi/4$）。

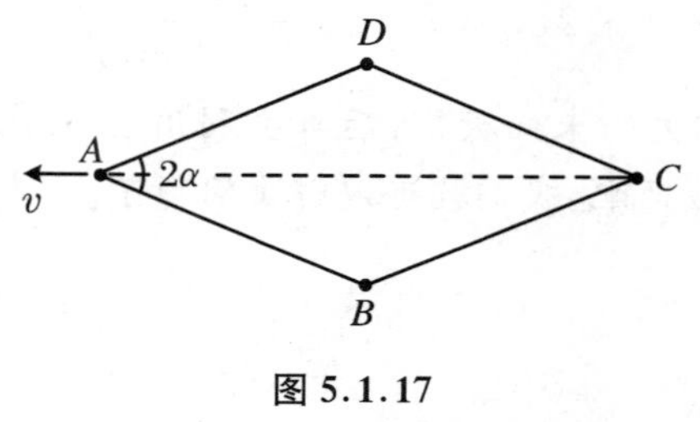

图 5.1.17

（1）对任意一根绳进行分析，其所受每个质点冲量应该沿什么方向？

（2）四个质点之间的速度应该具有什么关系？

（3）求此质点系统受冲击后所具有的总动量和总能量。

分析　对于用不可伸长的轻绳或者轻杆进行连接的模型，可以利用沿绳或者沿杆速度大小相等来列速度之间的方程，还可以利用绳或者杆对所连物体的冲量来列动量定理的方程。

解　（1）因为是轻绳，所以不但要受力平衡，还得力矩平衡。又因为绳子只有两端受力，所以绳两端所受冲量必然沿绳（向外），而且等大反向。再根据对称性可知，AB 和 AD 段绳子受到的冲量大小一样，设为 I_1；BC 和 CD 段绳子受到的冲量大小一样，设为 I_2。

（2）因为是不可伸长的轻绳，所以绳子上所有点（包括两端）沿绳方向的速度必须一样。且根据对称性可知，B 和 D 的速度大小相等，方向关于 AC 对称，C 点的速度方向必须沿水平方向。因此，可以设各质点的速度方向如图 5.1.18 所示。

（3）根据前两问的分析，我们共设出了 5 个未知数：v_x、v_y、v_C、I_1、I_2。分别对 C 和 D

列动量定理方程，可以得到3个方程（D有两个方向的方程），再利用沿绳速度一样分别对两根绳列出2个方程，这样我们方程的个数就足够解出未知数了。其实，如果要对A列动量定理方程，还需要再设一个A所受的水平冲量I_A，但这样会导致方程和未知数都多一个，所以没有必要做此操作了。于是有

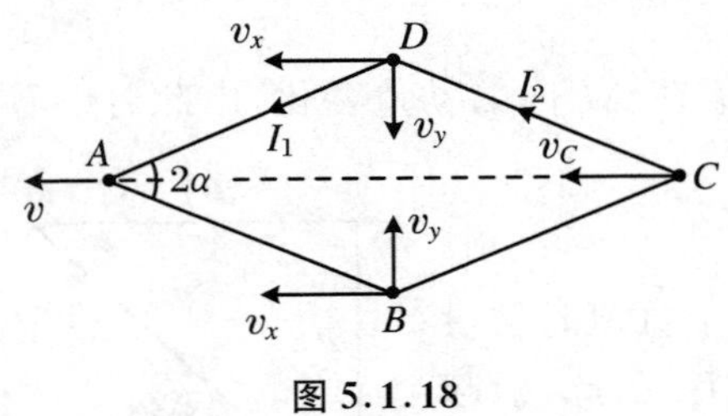

图 5.1.18

$$(I_1 - I_2)\cos\alpha = mv_x$$
$$(I_1 + I_2)\sin\alpha = mv_y$$
$$2I_2\cos\alpha = mv_C$$
$$v\cos\alpha = v_x\cos\alpha + v_y\sin\alpha$$
$$v_x\cos\alpha - v_y\sin\alpha = v_C\cos\alpha$$

联立以上5式，可以解得

$$v_x = \frac{v}{1 + 2\sin^2\alpha}$$

$$v_y = \frac{v\sin 2\alpha}{1 + 2\sin^2\alpha}$$

$$v_C = \frac{v\cos 2\alpha}{1 + 2\sin^2\alpha}$$

所以系统的总动量方向向左，大小为

$$p = mv + 2mv_x + mv_C = \frac{4mv}{1 + 2\sin^2\alpha}$$

系统的总动能为

$$E_{k总} = E_{kA} + E_{kB} + E_{kC} + E_{kD} = \frac{1}{2}m(v^2 + 2v_x^2 + 2v_y^2 + v_C^2) = \frac{2mv^2}{1 + 2\sin^2\alpha}$$

点拨　解题时，最好先观察有几个与冲量、速度相关的未知数，然后再去利用动量定理和几何约束列出方程，只要方程的个数和未知数的个数匹配，我们就可以解决问题了。

习题实战演练

基 础 练 习

1. 质量相等的A、B两物体（均可视为质点）放在同一水平面上，分别受到水平恒力F_1、F_2的作用，同时由静止开始从同一位置出发沿同一直线做匀加速运动。经过时间t_0和$4t_0$速度分别达到$2v_0$和v_0时分别撤去F_1和F_2，以后物体继续做匀减速运动直至停止。两物体速度随时间变化的图线如图5.1.19所示。对于上述过程，下列说法中正确的是　（　　）

A. F_1和F_2的大小之比为8∶1

B. A、B的位移大小之比为2∶1

C. 在$2t_0$和$3t_0$间的某一时刻B追上A

D. F_1 和 F_2 的冲量大小之比为 3∶5

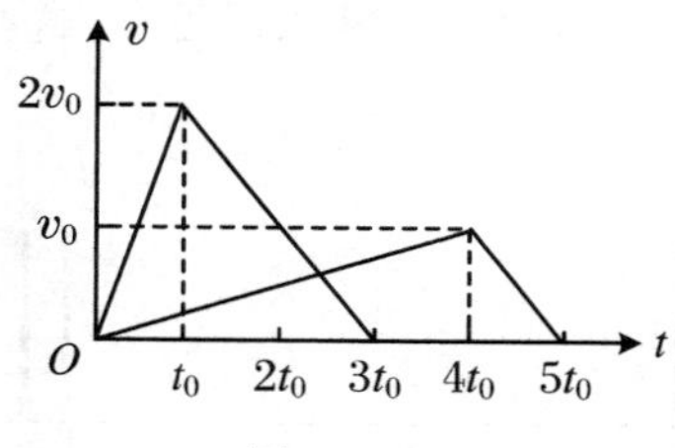

图 5.1.19

2. 水力采煤是利用高速水流冲击煤层而进行的。已知水的密度 $\rho=1.0\times10^3\ \mathrm{kg/m^3}$，煤层受到 $p=3.6\times10^6\ \mathrm{N/m^2}$ 的压强冲击即可击碎。若水流沿水平方向冲击煤层，不考虑水的反向溅射作用，则冲击煤层的水流速度至少应为　（　　）

A. 30 m/s　　B. 40 m/s　　C. 45 m/s　　D. 60 m/s

3. 有一宇宙飞船，正面面积为 S，以速度 v 飞入宇宙微粒尘区，尘区内 $1\ \mathrm{m^3}$ 的空间内静止有 n 个微粒，每个微粒的平均质量为 m。设微粒尘与飞船碰撞后即附着在飞船上，要使飞船的速度保持不变，则飞船应增加的牵引力大小为　（　　）

A. $2nSmv^2$　　B. $nSmv^2/2$　　C. $nSmv^2$　　D. $nSmv^2/4$

4.（2002 年全国卷理综）蹦床是运动员在一张绷紧的弹性网上蹦跳、翻滚并做各种空中动作的运动项目。一个质量为 60 kg 的运动员从离水平网面 3.2 m 高处自由下落，着网后沿竖直方向蹦回到离水平网面 5.0 m 高处。已知运动员与网接触的时间为 1.2 s。若把在这段时间内网对运动员的作用力当作恒力处理，求此力的大小。（$g=10\ \mathrm{m/s^2}$。）

5.（2013 年北京卷理综）对于同一物理问题，常常可以从宏观与微观两个不同的角度进行研究，找出其内在联系，从而更加深刻地理解其物理本质。正方体密闭容器中有大量运动的粒子，每个粒子的质量为 m，单位体积内粒子数量 n 为恒量。为简化问题，我们假定：粒子大小可以忽略；其速率均为 v，且与器壁各面碰撞的机会均等；与器壁碰撞前后瞬间，粒子速度方向都与器壁垂直，且速率不变。利用所学力学知识，导出器壁单位面积所受粒子压力 f 与 m、n 和 v 的关系。（注意：对解题过程中需要用到但题目没有给出的物理量，要在解题时作必要的说明。）

6. 下雨时，雨滴落伞面上，如图 5.1.20 所示，设每滴雨的质量均为 m，并以 v_0 匀速下落，已知单位体积内的雨滴数为 n，平面伞面积为 S，且每滴雨落在伞面后就立即停止。图 5.1.21 中的多个脉冲（实线）是雨伞受到雨滴冲击力随时间的变化情况。

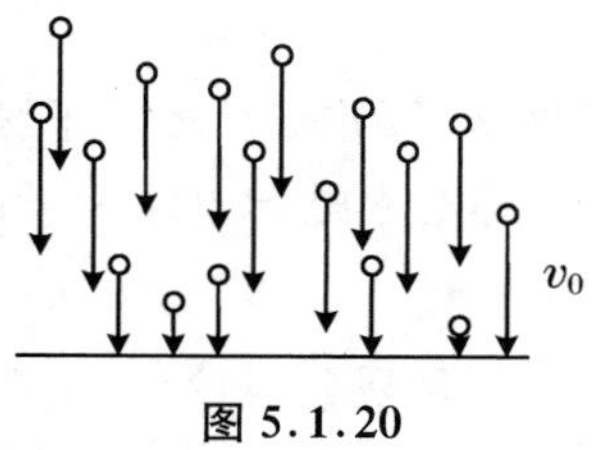

图 5.1.20

(1) 求每个脉冲与 t 轴所围成的面积 A 的大小。

(2) 如图 5.1.21 中虚线所示，可以取一个平均力 $\overline{F}$，使得 $\overline{F}$ 在从 0 到 t 时间内与 t 轴所围矩形面积等于这段时间内的所有脉冲与 t 轴所围面积，这样的 $\overline{F}$ 又称对时间的平均力，求 $\overline{F}$ 的大小。

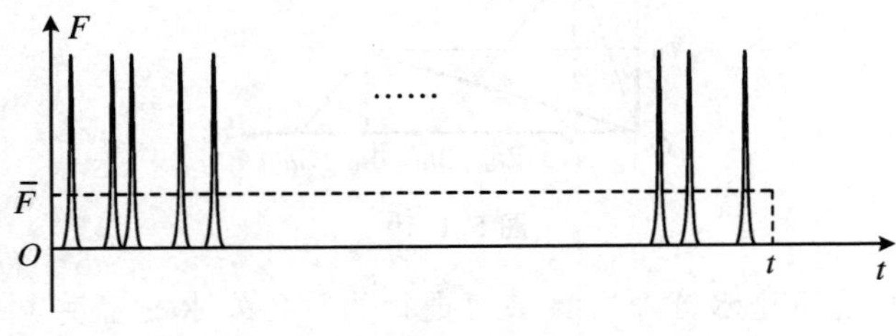

图 5.1.21

(3) 水流以 v_0 的水平速度源源不断地冲击竖直墙壁，不考虑水的反溅，设水的密度为 ρ，求水流对墙壁的压强 p。

7. 光是由光子组成的，光子具有能量和动量，可以对被照射的物体产生压力，能量和动量间的关系为 $pc=E$。

(1) 如图 5.1.22 所示，一束功率为 P 的激光垂直照射在平面上，分别在以下两种情形下求平面受到的光的作用力大小(已知光速为 c)：① 平面是黑色的，可完全吸收光；② 平面是完全反光的镜面。

(2) 如图 5.1.23 所示，一束功率为 P 的激光斜射在平面上，分别在以下两种情形下求平面受到的光的作用力(已知光速为 c)：① 平面是黑色的，可完全吸收光；② 平面是完全反光的镜面。

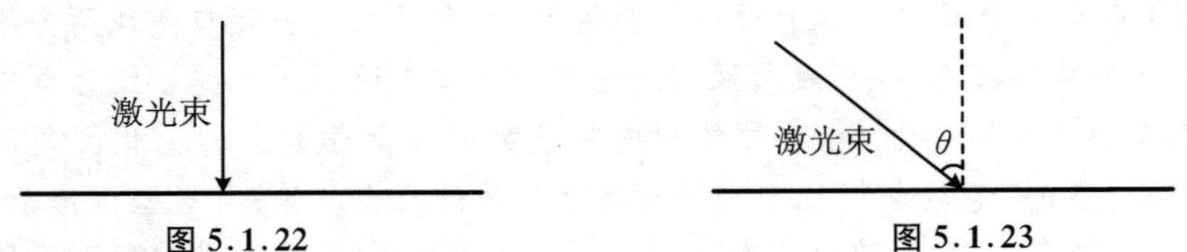

图 5.1.22　　图 5.1.23

提 高 练 习

8. (1) 一根均匀的软绳下端与桌面接触，上端被拎起，整根绳处于竖直状态。上端放手后，绳子下落的过程中，正与桌面撞击的那段绳子对桌面的冲击力和已经落在桌面上的绳子的重力哪个更大？

(2) 水流从瀑布顶端源源不断地落下，并落入瀑布下方的水潭中，可认为水流在瀑布顶端时竖直速度为 0，并忽略空气阻力，那么水流对水潭向下的冲击力与空中正在下落的水的重力哪个更大？

9. 一个水管竖直向上喷水，水管的截面积为 S，喷出水的初速度为 v，如果将一个质量为 m 的圆盘平放在水流上方适当高度，则圆盘可以仅仅在水流的冲击下悬空保持静止。假设水流与圆盘碰撞后速度立即减为 0 并且从侧面流走，忽略一切摩擦损耗，已知重力加速度

大小为 g，水的密度为 ρ，求圆盘静止时距离水管口的高度 h。

10. 如图5.1.24所示，一质量为 M、长为 L 带薄挡板 P 的木板静止在水平的地面上，设木板与地面间的静摩擦因数与滑动摩擦因数相等，皆为 μ，质量为 m 的人从木板的一端由静止开始相对于地面向前匀加速地走向另一端，到达另一端时便骤然抓住挡板 P 而停在木板上。已知人与木板间的静摩擦因数足够大，人在木板上不滑动，问：在什么条件下，最后可使木板向前方移动的距离达到最大？其值等于多少？

11. 如图5.1.25所示，一质量为 m、长为 L 的不可伸长的轻绳两端都被固定在天花板上保持静止。若右端突然松落，求右端下落高度 y 时，左端对天花板的拉力大小。

图5.1.24　　图5.1.25

12. 如图5.1.26所示，三个质量都是 m 的刚性小球 A、B、C 位于光滑的水平桌面(图中纸面)上，A、B 之间与 B、C 之间分别用刚性轻杆相连，杆与 A、B、C 的各连接处皆为铰链式的(不能对小球产生垂直于杆方向的作用力)。已知杆 AB 与 BC 的夹角为 α，$\alpha<\pi/2$。DE 为固定在桌面上的一块挡板，它与 A、B 连线方向垂直。现令 A、B、C 一起以共同的速度 v 沿平行于 A、B 连线方向向 DE 运动，已知在 C 与挡板碰撞过程中 C 与挡板之间无摩擦力作用，求碰撞时 C 沿垂直于 DE 方向的速度由 v 变为0这一极短时间内挡板对 C 的冲量的大小。

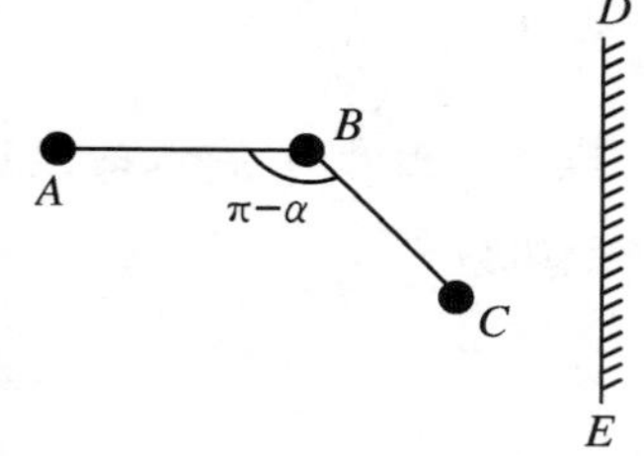

图5.1.26

参考答案

1. D。

2. D。

3. C。

4. 1500 N。

5. 考虑单位面积，t 时间内能到达容器壁的粒子所占据的体积为 $V=Svt=1\times vt$，其中粒子有均等的概率与容器各面相碰，即可能到达目标区域的粒子数为 $\frac{1}{6}nV=\frac{1}{6}nvt$，由动量定理可得

$$f=\frac{\Delta p}{t}=\frac{\frac{1}{6}nvt\,(2\times mv)}{t}=\frac{1}{3}nmv^2$$

6.（1）$A=mv_0$；（2）$\bar{F}=nSmv_0^2$；（3）$p=\rho v_0^2$。

7.（1）① $F_1=\dfrac{P}{c}$；② $F_2=2\dfrac{P}{c}$。

（2）① $F_1=\dfrac{P}{c}$，方向沿激光束射来的方向；② $F_2=2\dfrac{P}{c}\cos\theta$，方向均垂直于镜面。

8.（1）与桌面撞击的那段绳子对桌面的冲击力更大；（2）两者一样大。

提示 设水的流量 $Q=\dfrac{\mathrm{d}m}{\mathrm{d}t}$，则空中水的重力为

$$G_{空}=Q\sqrt{\frac{2h}{g}}g=Q\sqrt{2gh}$$

正在落入水潭的水对水潭的冲击力为

$$N_{冲击}=\frac{(\mathrm{d}m)v}{\mathrm{d}t}=\frac{\mathrm{d}m\sqrt{2gh}}{\mathrm{d}t}=Q\sqrt{2gh}$$

所以两者一样大。

9. $h=\dfrac{v^2-\dfrac{mg}{\rho S}}{2g}$。

提示 上升 h 后水的速度为 $v_1=\sqrt{v^2-2gh}$，对圆盘的冲击力等于圆盘的重力，即 $\rho Sv_1^2=mg$，解得

$$h=\frac{v^2-\dfrac{mg}{\rho S}}{2g}$$

10. 向前移动的距离达到最大的条件是：人作用于木板的静摩擦力等于地面作用于木板的滑动摩擦力。$x_{\max}=\dfrac{m}{M+m}L$。

提示 人作用于木板的静摩擦力等于地面作用于木板的滑动摩擦力时，木板向前移动的距离达最大，则

$$fL=\frac{1}{2}mv^2,\quad mv=(M+m)v_1,\quad fx_{\max}=\frac{1}{2}(M+m)v_1^2$$

可得移动的最大距离

$$x_{\max}=\frac{m}{M+m}L$$

11. $T=\dfrac{L+3y}{2L}mg$。

提示

$$T=\frac{L+y}{2L}mg+\frac{m\mathrm{d}y}{2L\mathrm{d}t}v=\frac{L+y}{2L}mg+\frac{m}{2L}v^2=\frac{L+y}{2L}mg+\frac{m}{2L}2gy=\frac{L+3y}{2L}mg$$

12．$I=\dfrac{3+\sin^2\alpha}{1+3\sin^2\alpha}mv$。

提示　令 I 表示题述极短时间 Δt 内挡板对 C 冲量的大小，因为挡板对 C 无摩擦力作用，可知冲量的方向垂直于 DE，I' 表示 B、C 间的杆对 B 或 C 冲量的大小，其方向沿杆方向，对 B 和 C 皆为推力；$v_{C/\!/}$ 表示 Δt 末时刻 C 沿平行于 DE 方向速度的大小，$v_{B/\!/}$ 表示 Δt 末时刻 B 沿平行于 DE 方向速度的大小，$v_{B\perp}$ 表示 Δt 末时刻 B 沿垂直于 DE 方向速度的大小。根据动量定理，对 C 有

$$I'\sin\alpha = mv_{C/\!/},\quad I - I'\cos\alpha = mv$$

对 B 有

$$I'\sin\alpha = mv_{B/\!/}$$

对 AB 有

$$I'\cos\alpha = 2m(v - v_{B\perp})$$

因为 B、C 之间的杆不能伸缩，所以 B、C 沿杆方向的分速度必相等，故有

$$v_{C/\!/}\sin\alpha = v_{B\perp}\cos\alpha - v_{B/\!/}\sin\alpha$$

联立解得结果。

5.2　动量守恒

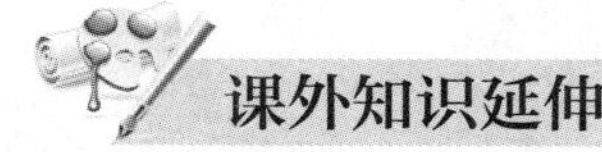

1．动量守恒的条件

动量守恒的条件是系统没有受到外界的作用，或者外界对系统的合外力为零，即 $\sum \boldsymbol{F}_{外}=\boldsymbol{0}$。但在某些情况下，即使系统的合外力不为零，但外力对系统的冲量远小于系统内力对各部分动量的影响，这时仍可视为动量守恒。例如，炸弹在空中爆炸的瞬间，由于弹片在爆炸瞬间的加速度远大于重力加速度 g（速度突变），可以忽略重力对动量变化的贡献，即该瞬间可以认为动量近似守恒。

对于某些系统，虽然整体动量并不守恒，但在某个方向上的合外力为零（或可以忽略），则在该方向上我们仍然可以使用动量守恒定律。

2．动量守恒定律与牛顿第三定律

在物理学习过程中，我们通常先接触到牛顿第三定律，然后再由牛顿第三定律推导出动量守恒定律。但这并不是我们正常认识事物的方式，牛顿第三定律是如何得来的，教材上并没有说明。事实上，历史上最先由惠更斯提出动量作为一个矢量，应当是物体相互作用过程中的一个守恒量，然后牛顿才在此基础上提出物体间的相互作用应当是等大反向的。因此，

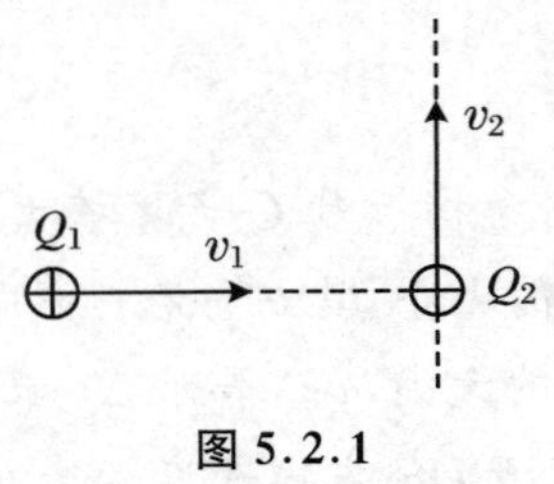

图 5.2.1

动量守恒定律是比牛顿第三定律更本质的规律，在有些情况下，牛顿第三定律可能会失效，但动量守恒定律却始终是成立的。例如图 5.2.1 中的两个点电荷，某时刻，Q_1 的运动方向指向 Q_2，Q_2 的运动方向垂直于两电荷的连线，则两电荷之间的库仑力是等大反向的，而 Q_1 的磁场对 Q_2 是没有作用力的，但 Q_2 的磁场对 Q_1 有向下的洛伦兹力。因此，这两个点电荷所受彼此的电磁力并不满足牛顿第三定律，而如果将电磁场的动量也考虑在内的话，整个系统的动量是守恒的。

应当指出，动量守恒定律其实还有更深的本质，它实际上是物理规律随空间平移保持不变的推论。

3. 动量守恒与质心速度

如果一个系统动量守恒，则有

$$\sum_i \boldsymbol{p}_i = \sum_i m_i \boldsymbol{v}_i = m\frac{\sum_i m_i \boldsymbol{v}_i}{m} = m\boldsymbol{v}_C = \boldsymbol{p}_C = \text{常量}$$

其中 m 表示质点系的总质量，$\boldsymbol{v}_C$ 表示质心的速度。通过上式可以看出，对于动量守恒的系统，其质心速度不变，即质心保持匀速直线运动。

特殊地，如果一个系统动量守恒，且初始总动量为零，即 $\sum_i \boldsymbol{p}_i = \boldsymbol{0}$，则有 $\sum_i \boldsymbol{p}_i \Delta t = \sum_i m_i \boldsymbol{v}_i \Delta t = \sum_i m_i \Delta \boldsymbol{x}_i = \boldsymbol{0}$，所以 $\sum_i m_i \Delta \boldsymbol{x}_i = \boldsymbol{0}$，即所有质点的“质量矩”不发生改变，最容易理解的就是两个物体构成的零动量系统，一定有 $m_1 \Delta \boldsymbol{x}_1 + m_2 \Delta \boldsymbol{x}_2 = \boldsymbol{0}$。

核心问题讨论

1. 如何处理多过程的动量守恒问题？

在有些物理情景中，过程很多，但合外力等于零，可以应用动量守恒定律确定一些物理量；在有些物理情景中，整个过程动量不守恒，但是内部一些阶段动量守恒，可以分阶段应用动量守恒定律处理，这时需要注意各个阶段之间的联系，找到递推规律。

例题 1 如图 5.2.2 所示，一排人站在沿 x 轴的水平轨道旁，原点 O 两侧的人的序号都依次记为 $1,2,3,\cdots,n$，每人只有一个沙袋，$x>0$ 一侧每个沙袋的质量为 $m=14\ \text{kg}$，$x<0$ 一侧每个沙袋的质量为 $m'=10\ \text{kg}$。一质量为 $M=48\ \text{kg}$ 的小车以某初速度从原点出发向正 x 轴正方向滑行，不计轨道阻力，当车每经过一人身旁时，此人就把沙袋以水平速度 u 朝与车速相反的方向沿车面抛到车上，u 的大小等于扔此袋之前的瞬间车速大小的 $2n$ 倍（n 是此人的序号数）。问：

（1）空车出发后，车上堆积了几个沙袋时车就反向滑行？

（2）车上最终有大小沙袋共多少个？

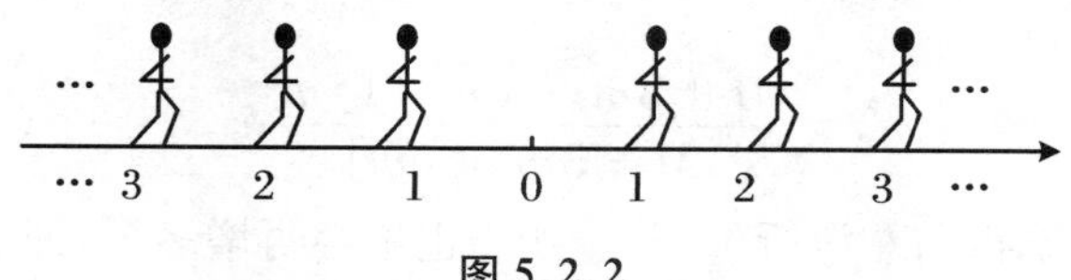

图 5.2.2

分析　设车从原点向右滑行的速度为 v_0。那么右侧第一个人以 $2v_0$ 的速度把沙袋扔出，运用动量守恒定律可求出车以 v_1 的速度滑向第2个人，这时第2个人以 $4v_1$ 扔出沙袋，第3个人以 $6v_2$ 扔出沙袋……第 n 个人以 $2nv_{n-1}$ 扔出沙袋后车速 $v_n<0$，车就反向滑行了。当车自反向滑行直到接近 $x<0$ 一侧第1个人所在位置时，左侧第1个人开始扔沙袋，接下来的物理情景与刚才类似，最终车一定向右运动。可见，本题分段动量守恒，需要逐次进行递推归纳找到速度变化的规律。

解　(1) 设向右为正方向，右侧第1个人扔沙袋前后，车和沙袋组成的系统动量守恒，则

$$Mv_0 - m\cdot 2v_0 = (M+m)v_1$$

右侧第2个人扔沙袋前后，车和沙袋组成的系统动量守恒，则

$$(M+m)v_1 - m\cdot 4v_1 = (M+2m)v_2$$

……

右侧第 n 个人扔沙袋前后，车和沙袋组成的系统动量守恒，则

$$[M+(n-1)m]v_{n-1} - m\cdot 2nv_{n-1} = (M+nm)v_n$$

可见

$$v_n = \frac{M-(n+1)m}{M+nm}v_{n-1}$$

如 $v_{n-1}>0$，$v_n<0$，车将载上 n 个沙袋反向滑行，即

$$M-nm>0,\quad M-(n+1)m<0$$

解得

$$n<\frac{M}{m}=\frac{48}{14}=3\frac{6}{14},\quad n>\frac{M}{m}-1=2\frac{6}{14}$$

所以

$$n=3$$

(2) 以向左为正方向，设车向左滑行时速度为 v_0'，左侧第1个人扔沙袋前后，车和沙袋组成的系统动量守恒，则

$$(M+3m)v_0' - m'\cdot 2v_0' = (M+3m+m')v_1'$$

左侧第2个人扔沙袋前后，车和沙袋组成的系统动量守恒，则

$$(M+3m+m')v_1' - m'\cdot 4v_1' = (M+3m+2m')v_2'$$

……

左侧第 n 个人扔沙袋前后，车和沙袋组成的系统动量守恒，则

$$[M+3m+(n-1)m']v_{n-1}' - m'\cdot 2nv_{n-1}' = (M+3m+nm')v_n'$$

可见

$$v'_n=\frac{M+3m-(n+1)m'}{M+3m+nm'}v'_{n-1}$$

如 $v'_{n-1}>0$，$v'_n=0$，车不再向左滑行了，车上沙袋也不会再增多了，即

$$M+3m-nm'>0,\quad M+3m-(n+1)m'=0$$

解得

$$n<\frac{M+3m}{m'}=9,\quad n=\frac{M+3m}{m'}-1=8$$

所以 $n=8$ 时，车刚好停止滑行。

故车上最终共有大小沙袋 3+8=11 个。

点拨 本题的物理情景较为复杂，参与的对象较多，很难直接就看出车的速度变化规律，需要分阶段讨论，通过递推归纳找到车的速度变化规律，这种方法在物理中常常用到。

2. 在某方向如何应用动量守恒定律解决实际问题?

动量是一个矢量，所以动量守恒定律可以分方向使用，在不同的方向可以单独使用动量守恒定律，只需要注意动量是否在每个方向都守恒就可以了。稍微难一点的题目中，系统受到的合外力不为零，所以动量不守恒，但是在某方向上合外力为零，则在该方向动量守恒定律成立，包括由动量守恒定律导出的一些二级结论也仍然成立。

例题 2 如图 5.2.3 所示，物体 B 由半径为 r 的光滑的 1/4 圆弧轨道和长为 L 的粗糙水平部分组成，总质量为 m_B，静止于光滑水平地面。现将质量为 m_A 的物体 A 从圆弧轨道顶端由静止释放，最终 A 恰好不会滑出 B。已知重力加速度大小为 g。

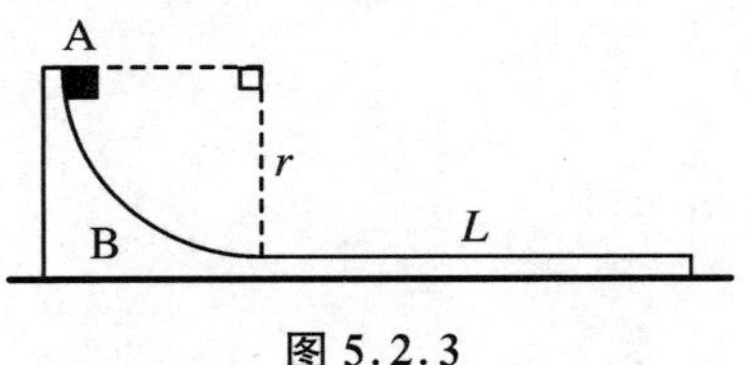

图 5.2.3

(1) 由 A、B 组成的系统动量是否守恒？地面对 B 的支持力是否等于 $(m_A+m_B)g$？

(2) 求 B 的最大速度。

(3) 求 B 最终的位移大小。

(4) 在地面参考系中，以 A 的出发位置为坐标原点，分别沿水平向右和竖直向上两个方向建立 x 轴、y 轴，写出 A 运动到最低点前的轨迹方程。

分析 因为 A 在下滑的过程中具有竖直方向的速度，即有竖直方向的动量，所以系统在竖直方向的动量并不守恒；但是系统在水平方向受到的合外力为零，所以系统在水平方向动量守恒，由动量守恒定律导出的一些二级结论在水平方向也应该成立。

解 (1) 因为水平地面光滑，系统在水平方向受到的合外力为零，所以系统在水平方向动量守恒。但 A 在竖直方向的速度一直在变化，而 B 始终没有竖直速度，所以系统在竖直方向动量不守恒，从而竖直方向的合外力不为零，因此地面对 B 的支持力也就不等于 $(m_A+m_B)g$。

(2) 当 A 运动到圆弧最低点时，B 有向左的最大速度 v_{Bm}，根据机械能守恒和水平方向动量守恒，可以有

$$\begin{cases} m_A g r = \dfrac{1}{2} m_A v_{Am}^2 + \dfrac{1}{2} m_B v_{Bm}^2 \\ m_A v_{Am} = m_B v_{Bm} \end{cases}$$

联立解得

$$v_{Bm} = m_A \sqrt{\frac{2gr}{m_B(m_A + m_B)}}$$

(3) 此问当然可以分阶段讨论并计算，但因为水平动量为零，所以直接利用动量守恒定律的推论会大大简化问题。根据系统的水平动量守恒，每一瞬间有

$$m_A v_{Ax} = m_B v_B$$

两边同时乘微小时间 Δt，再求和，得

$$\sum m_A v_{Ax} \Delta t = \sum m_B v_B \Delta t$$

注意到 $v_{Ax}\Delta t$ 表示 Δx_A，$v_B \Delta t$ 表示 Δx_B，上式可表示为

$$m_A x_A = m_B x_B$$

又根据几何关系有 $x_A + x_B = r + L$，推出

$$x_B = \frac{m_A}{m_A + m_B}(r + L)$$

(4) 根据上问的求解过程可知，在水平方向有

$$m_A x_A = m_B x_B$$

其中 x_A 正是 A 的横坐标，而 x_B 表示的是 B 向左移动的距离。设 A 相对于 B 的圆弧段的圆心转过的角度为 θ，根据几何关系，有

$$x_A + x_B = r(1 - \cos\theta)$$

联立以上两式，得

$$r - \frac{m_A + m_B}{m_B} x_A = r\cos\theta$$

在竖直方向有

$$y_A = - r\sin\theta$$

以上两式消去 θ，得

$$\left(r - \frac{m_A + m_B}{m_B} x_A\right)^2 + y_A^2 = r^2$$

这就是在下滑阶段 A 的轨迹方程。

点拨　通过本题我们可以看到，对于某个方向的动量守恒问题，一般还会结合能量或者几何约束来共同解决体系的问题。

3. 如何处理动量守恒中的相对运动问题?

选取不同的参考系，速度的表达式可能会不一样，因而动量守恒定律中的速度应该是相对于同一参考系而言的，通常情况下是相对于同一惯性参考系而言的。

例题 3　如图 5.2.4 所示，在水平轨道上放置一门质量为 M 的炮车，发射的炮弹质量为

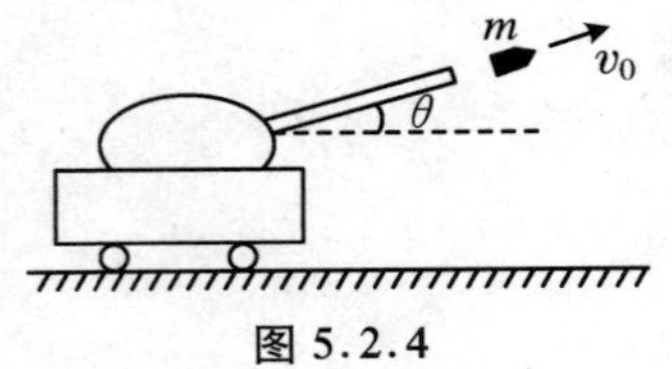

图 5.2.4

m,炮车与轨道间的摩擦不计。当炮身与水平方向成 θ 角发射炮弹时,炮弹相对于炮身的出口速度大小为 v_0,问:炮车后退的速度为多大?

分析 炮弹和炮车所组成的系统在发射过程中受重力 G 和支持力 F_N 的作用。因斜向上发射炮弹时 $F_N>G$,合外力不为零,故系统动量不守恒,但水平方向无外力作用,所以水平方向的动量是守恒的。另外,题中的出口速度为炮弹相对于炮身的速度,需要转化成炮弹相对于地面的速度。

解 设 $\boldsymbol{v}_0$ 在水平方向的分量为正的,炮车后退的速度大小为 v,则炮弹对地的水平速度为 $v_0\cos\theta-v$,根据水平方向动量守恒,有

$$m(v_0\cos\theta-v)-Mv=0$$

解得

$$v=\frac{mv_0\cos\theta}{M+m}$$

点拨 题目中的 v_0 是炮弹相对于炮身的出口速度大小,而不是炮弹相对于地面的速度大小,在许多题目中都是这样给的,这更符合实际情况。

例题 4 在水平固定的杆(足够长)上,有一个质量为 $M=2m$ 的环,一根长为 L 的细轻绳拴在环上,另一端系住一质量为 m 的小球。现将环和球拉至细绳刚好被拉直且与水平方向成 30°角的位置,然后将它们由静止同时释放,如图 5.2.5 所示。若不计一切摩擦和空气阻力,试求在以后的运动过程中:

(1) 环的最大速度值;

(2) 当环具有最大速度时,横杆对环的作用力大小。

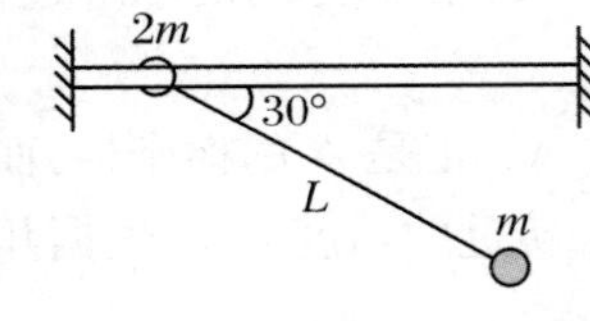

图 5.2.5

分析 当球运动到最低点时,球和环的速度均达到最大值,根据系统的机械能守恒、水平方向动量守恒建立方程,即可轻松求出球和环的最大速度。当球运动到最低点时,以环为参考系,球做圆周运动,由牛顿第二定律便可解得细绳的拉力;再对环进行受力分析,根据竖直方向受力平衡,便可求出横杆对环的作用力大小。

解 (1) 设小球运动到最低点时,球和环的速度大小分别为 v 和 v_1,对球、环系统,根据机械能守恒,可得

$$mgL(1-\sin 30^\circ)=\frac{1}{2}mv^2+\frac{1}{2}Mv_1^2$$

根据系统在水平方向动量守恒,得

$$0=mv-Mv_1$$

联立以上两式,并考虑到 $M=2m$,得

$$\begin{cases} v_1=\sqrt{\dfrac{gL}{6}} \\ v=2\sqrt{\dfrac{gL}{6}} \end{cases}$$

（2）以环为参考系，球相对于环做圆周运动，所以球在最低点相对于环的速度大小为

$$v' = v_1 + v = 3\sqrt{\frac{gL}{6}}$$

此瞬间环的加速度恰好是零，所以环参考系正好是惯性系，因此对球由牛顿第二定律有

$$T - mg = mv'^2/L$$

解得

$$T = 5mg/2$$

环具有最大速度时，受重力、细绳竖直向下的拉力 T、横杆竖直向上的弹力 N 作用。环在竖直方向的受力总是平衡的，所以有

$$N = T + Mg = 5mg/2 + 2mg = 4.5mg$$

点拨　在求解本题的(2)问时，以环为参考系，球做圆周运动，当球运动到最低点时，环才是一个惯性系，即环是一个瞬时惯性系。如果本题不是求解球运动到最低点时的相关量，则以环为参考系对球应用牛顿第二定律时，需要考虑惯性力。

习题实战演练

基础练习

1．如图5.2.6所示，将质量为 M 的三角形滑块置于水平光滑的地面上，斜面亦光滑。在质量为 m 的滑块沿斜面下滑的过程中，M 与 m 所组成的系统　（　　）

A．由于不受摩擦力，系统动量守恒

B．由于地面对系统的支持力大小等于系统所受重力大小，故系统动量守恒

C．系统在水平方向不受外力，故水平方向动量守恒

D．M 对 m 的作用有水平方向的分力，故系统在水平方向动量不守恒

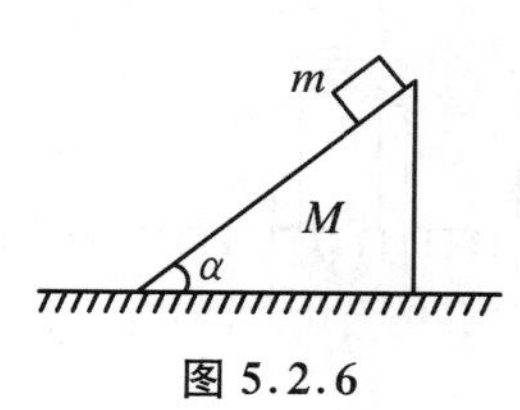

图5.2.6

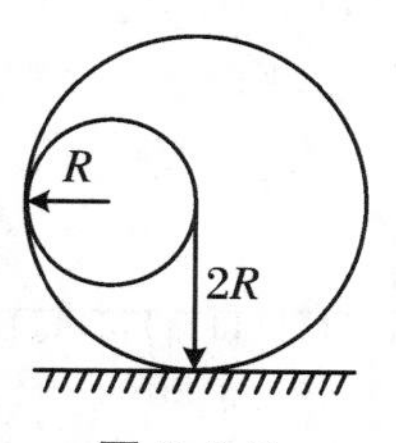

图5.2.7

2．质量为 m、半径为 R 的小球放在半径为 $2R$、质量为 $2m$ 的大空心球内，大球开始静止在光滑水平面上，当小球从图5.2.7中所示位置沿内壁无初速滚到最低点时，大球移动的距离为　（　　）

A．$R/2$　　B．$R/3$　　C．$R/4$　　D．$R/6$

3．如图5.2.8所示，质量为 M 的小车静止在光滑的水平地面上，小车上有 n 个质量为

m 的小球。现用两种方式将小球相对于地面以恒定速度 v 向右水平抛出：第一种方式是将 n 个小球一起抛出；第二种方式是将小球一个接一个地抛出。比较用这两种方式抛完小球后小车的最终速度，则 （　　）

A. 第一种较大　　B. 第二种较大　　C. 两种一样大　　D. 不能确定

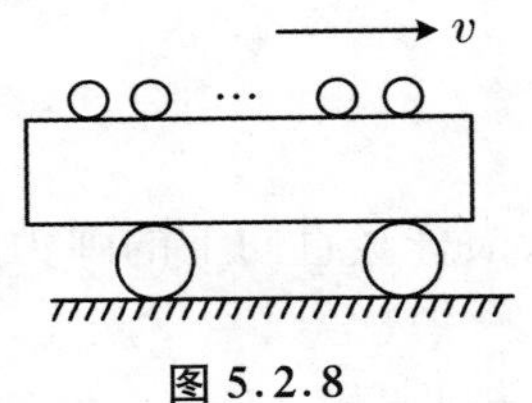

图 5.2.8

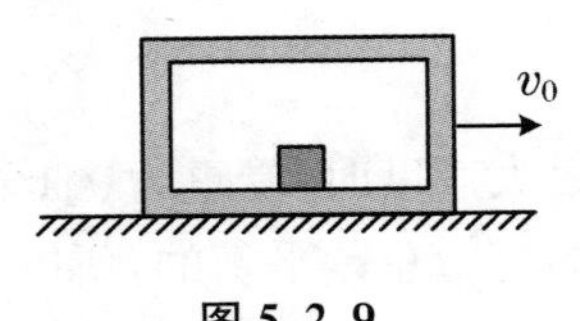

图 5.2.9

4.（2010 年福建卷）如图 5.2.9 所示，一个木箱原来静止在光滑水平面上，木箱内粗糙的底板上放着一个小木块。木箱和小木块都具有一定的质量。现使木箱获得一个向右的初速度 v_0，则 （　　）

A. 小木块和木箱最终都将静止

B. 小木块最终将相对于木箱静止，二者一起向右运动

C. 小木块在木箱内将始终来回往复碰撞，而木箱一直向右运动

D. 如果小木块与木箱的左壁碰撞后相对于木箱静止，则二者将一起向左运动

5. 一弹簧枪可射出速度为 10 m/s 的铅弹，现对准以 6 m/s 的速度沿光滑桌面迎面滑来的软木块发射一颗铅弹，铅弹射入木块后未穿出，木块继续向前运动，但速度变为 5 m/s。如果想让木块停止运动，并且铅弹射入木块后都不会穿出，则再向木块迎面射入的铅弹数应为 （　　）

A. 5 颗　　B. 6 颗　　C. 7 颗　　D. 8 颗

6. A、B 两滑块在同一气垫导轨上，碰撞前 B 滑块静止，A 滑块匀速向 B 滑块运动并发生碰撞，利用闪光照相的方法连续 4 次拍摄得到的闪光照片如图 5.2.10 所示。已知相邻两次闪光的时间间隔为 T，在这 4 次闪光的过程中，A、B 两滑块均在 0～80 cm 范围内，且第 1 次闪光时，滑块 A 恰好位于 $x=10$ cm 处。若 A、B 两滑块的碰撞时间和闪光持续的时间极短，均可忽略不计，则 （　　）

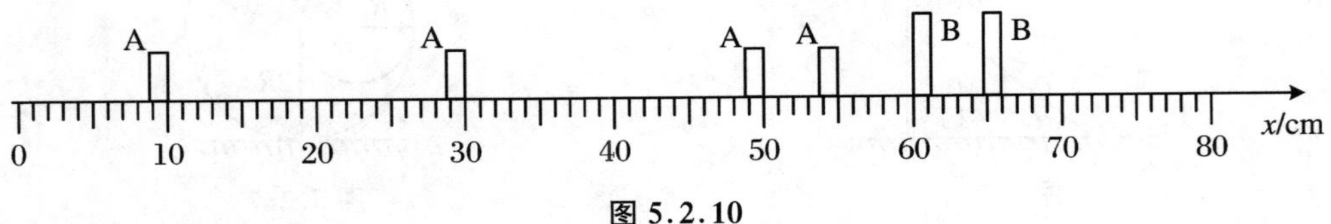

图 5.2.10

A. 碰撞发生在第 1 次闪光后的 $3T$ 时刻

B. 碰撞后 A 与 B 的速度大小相等、方向相反

C. 碰撞后 A 与 B 的速度大小之比为 1∶3

D. A、B 两滑块的质量之比为 1∶3

7. 实验室中，一对正负电子以大小相同、方向相反的速度对撞后发生了湮灭，并产生光子。关于湮灭后产生光子的情况，以下哪些是可能发生的？（　　）

A. 只产生一个沿电子运动方向的光子

B. 只产生一个与电子运动方向垂直的光子

C. 产生了两个运动方向不共线的光子

D. 产生了两个运动方向相反的光子

E. 产生了三个运动方向不共面的光子

F. 产生了三个运动方向在同一平面内的光子

8. 如图5.2.11所示，在一个无红绿灯路口，自西向东行驶的小货车和自南向北行驶的轿车发生了一起碰撞事故，撞后两车贴在一起沿东偏北45°方向滑出并缓慢停下。交警在进行事故调查时，轿车司机指责小货车超速行驶，声称小货车碰撞前速度目测达到100 km/h。后经过调查，小货车加上货物总质量约为5 t，而轿车总质量约为2 t，请判断轿车车主的证词是否可靠，为什么？

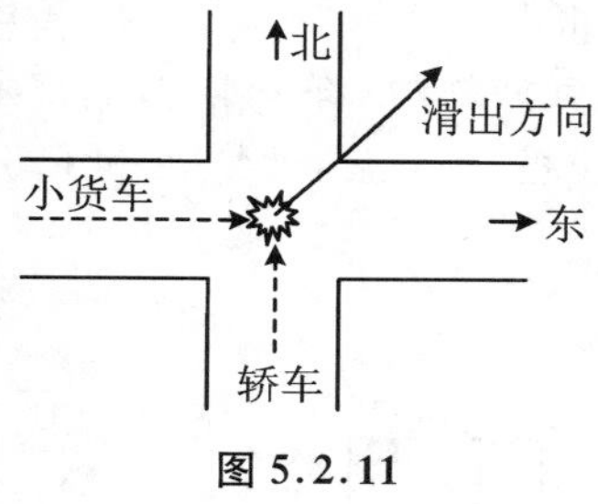

图5.2.11

提高练习

9. 如图5.2.12所示，光滑的冰面上原来停着质量为m的物块，小孩和冰车的总质量为M，也静止。已知$M:m=16:1$。现小孩推物块使它以对地速度大小v向正前方运动，物块被前方挡板P弹回后被小孩接住，小孩再次推出物块。假如物块每次被推出时对地速度大小都是v，每次与挡板相撞都以原速率弹回。这样经几次推物块之后，小孩再也不能接到物块？

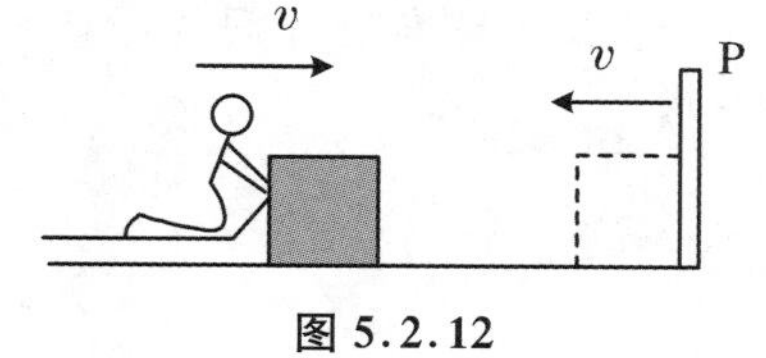

图5.2.12

10. 如图5.2.13所示，AB为一光滑水平横杆，杆上套一质量为M的小圆环，环上系一长为L、质量不计的细绳，绳的另一端拴一质量为m的小球。现将绳拉直，且与AB平行，由静止释放小球，则当绳与AB成θ角时，圆环移动的距离是多少？

11. （2011年安徽卷）如图5.2.14所示，质量$M=2$ kg的滑块套在光滑的水平轨道上，质量$m=1$ kg的小球通过长$L=0.5$ m的轻质细杆与滑块上的光滑轴O连接，小球和轻杆可在竖直平面内绕O轴自由转动。开始轻杆处于水平状态。现给小球一个竖直向上的初速度$v_0=4$ m/s，g取10 m/s^2。

(1) 锁定滑块,试求小球通过最高点 P 时对轻杆的作用力大小和方向。

(2) 若解除对滑块的锁定,试求小球通过最高点时的速度大小。

(3) 在满足(2)的条件下,试求小球击中滑块右侧轨道位置点与小球起始位置点间的距离。

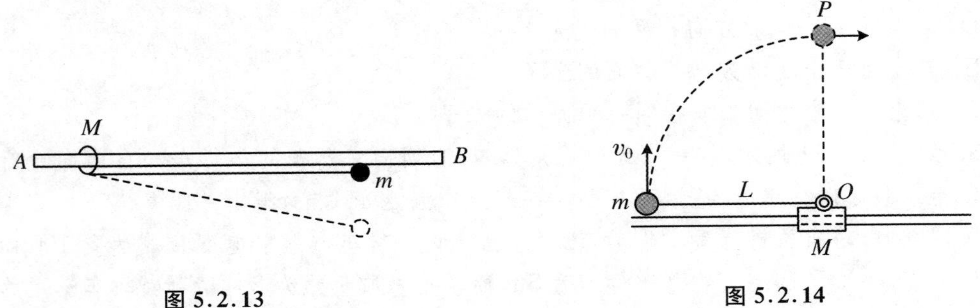

图 5.2.13

图 5.2.14

12. 如图 5.2.15 所示,在光滑的水平地面上有一轨道 B,B 的质量为 m_B,左右都有 1/4 光滑圆弧,半径分别为 r 和 R,将质量为 m_A 的物体 A 和质量为 m_C 的物体 C 同时在 B 两端最高点由静止释放,经过一系列碰撞、运动后,最终 A 和 C 分别静止于粗糙水平段的左右两端,求 B 的位移。

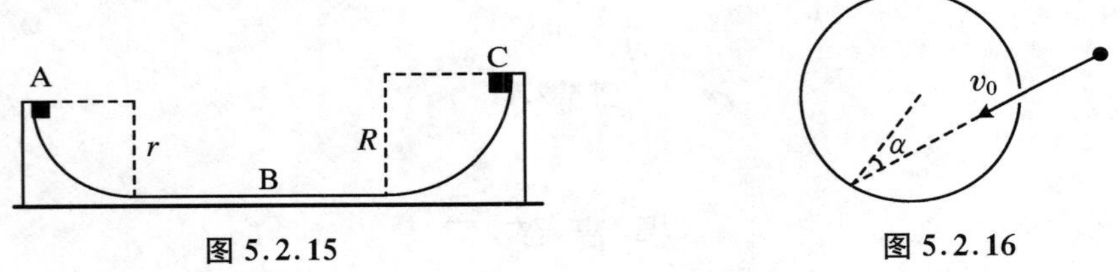

图 5.2.15

图 5.2.16

13. 如图 5.2.16 所示,在光滑的水平面上放置一个质量为 M 的静止圆环,圆环上开有一个小口。一个质量为 m 的小球对准小口以 v_0 射入圆环,第一次与圆环相撞时的入射角为 α。已知小球与圆环间的碰撞是弹性的,求小球从圆环的小口再次射出的时候圆环的速度大小。

参考答案

1. C。
2. B。
3. C。
4. B。
5. D。
6. BD。
7. DF。

8. 若小货车达到100 km/h，则轿车速度将在250 km/h以上，所以轿车司机在说谎。

9. $n=9$。

提示　注意到小孩每次推和接物块，动量总改变量为$2mv$，由此易得

$$v_n = \frac{(2n-1)m}{M}v \geqslant v$$

10. $d=mL(1-\cos\theta)/(M+m)$。

提示　根据人船模型结论，得

$$Md = m[(L - L\cos\theta) - d]$$

解得圆环移动的距离

$$d = \frac{mL(1-\cos\theta)}{M+m}$$

11. (1) 2 N，方向竖直向上；(2) $v=2$ m/s；(3) $s=\frac{2}{3}$ m。

提示　该过程中系统在水平方向动量守恒。设小球向右的水平位移大小为s，滑块向左的水平位移大小为s'，由$mv=Mv'$得$ms=Ms'$，即$s=2s'$，而由图5.2.17可知$s+s'=2L$。

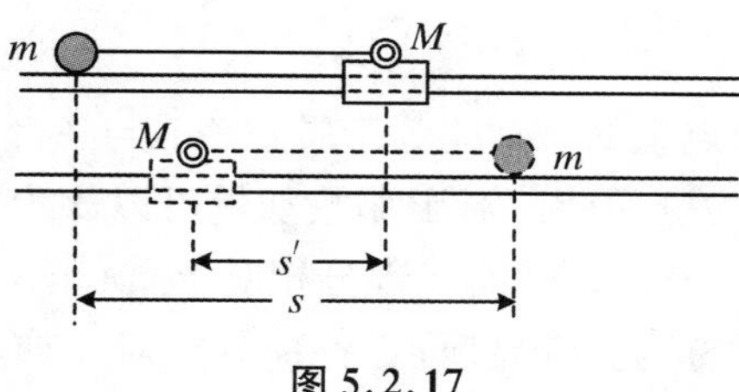

图5.2.17

12. $x_B=\frac{m_CR-m_Ar}{m_A+m_B+m_C}$，若$x_B$为正，则向右。

提示　设向右为正方向，则

$$m_A v_{Ax} + m_B v_{Bx} + m_C v_{Cx} = 0$$

从而

$$m_A\Delta x_A + m_B\Delta x_B + m_C\Delta x_C = 0$$

进而

$$m_A x_A + m_B x_B + m_C x_C = 0$$

又有$x_A-x_B=r$，$x_B-x_C=R$，可推出

$$x_B = \frac{m_C R - m_A r}{m_A + m_B + m_C}$$

若x_B为正，则向右。

13. $\frac{2mv_0\cos\alpha}{M+m}$。

提示　因为每次碰撞前后小球相对于过碰撞点的圆环半径的角度均为α，所以最终小

球从圆环射出时的速度方向与过小孔的圆环半径的夹角也为 α，因此沿小孔所在半径方向（设为 x 轴方向）入射和出射时的动量相同，且机械能也相等。设小球出来后沿 x 轴方向的速度为 v_x，则有

$$mv_0\cos\alpha = mv_x + Mv$$

$$\frac{1}{2}mv_0^2\cos^2\alpha = \frac{1}{2}mv_x^2 + \frac{1}{2}Mv^2$$

由此解得

$$v = \frac{2mv_0\cos\alpha}{M+m}$$

5.3 质点碰撞

课外知识延伸

1. 碰撞的分类

根据柯尼西定理，一个质点组的总动能等于质心动能与各部分相对于质心动能之和，其中各部分相对于质心动能称为资用能。对于那些动量可以认为守恒的过程，由于质点组的质心动量不变，故质心动能也不变，即只有各部分相对于质心的动能可能发生改变。若各部分相对于质心的动能不变，则称为弹性碰撞；若各部分相对于质心的动能变为 0，则称为完全非弹性碰撞；若各部分相对于质心的动能减少一部分但并未减为 0，则是普通的非弹性碰撞。

具体到两个物体的碰撞，两物体的质量分别为 m_1 和 m_2，设碰撞前的速度分别为 v_1 和 v_2，碰撞后的速度分别为 v_1' 和 v_2'，引入恢复系数 $e=\dfrac{v_2'-v_1'}{v_1-v_2}$，则三类碰撞如表 5.3.1 所示。

表 5.3.1

碰撞类型	机　械　能	恢 复 系 数	资　用　能
完全弹性碰撞	碰撞时守恒	$e=1$	碰撞前后不变
完全非弹性碰撞	碰撞时损失最大	$e=0$	碰撞后全部损失
非完全弹性碰撞	碰撞时部分损失	$0<e<1$	碰撞后部分损失

需要注意的是，上述表格并未包括类似于爆炸的情形，这对应机械能增大、恢复系数 $e>1$、资用能在碰撞后变大的情况。

2. 弹性碰撞

假设质量为 m_1 的小球以速度 v_1 去碰质量为 m_2、速度为 v_2 的小球，考虑对心弹碰，满

足系统机械能守恒和动量守恒，则

$$\frac{1}{2}m_1v_1^2+\frac{1}{2}m_2v_2^2=\frac{1}{2}m_1v_1'^2+\frac{1}{2}m_2v_2'^2$$

$$m_1v_1+m_2v_2=m_1v_1'+m_2v_2'$$

由以上两式可得

$$v_1'=\frac{m_1-m_2}{m_2+m_1}v_1+\frac{2m_2}{m_2+m_1}v_2$$

$$v_2'=\frac{m_2-m_1}{m_2+m_1}v_2+\frac{2m_1}{m_2+m_1}v_1$$

我们可以看到

$$v_1-v_2=v_2'-v_1'$$

即接近速度 v_1-v_2 等于分离速度 $v_2'-v_1'$，这也正说明恢复系数 $e=1$。

在质心系中，我们观察到的两小球弹性碰撞的结果是碰撞前后速率相等。

3. 非弹性碰撞

对于一般的非弹性碰撞，物体能部分恢复原状，所以碰撞过程中，有部分动能转化成其他形式的能量，该过程满足动量守恒定律，碰撞前后动能不相等，但总能量守恒，即

$$m_1v_1+m_2v_2=m_1v_1'+m_2v_2'$$

$$\frac{1}{2}m_1v_1^2+\frac{1}{2}m_2v_2^2=\frac{1}{2}m_1v_1'^2+\frac{1}{2}m_2v_2'^2+E_{其他}$$

$$e=\frac{v_2'-v_1'}{v_1-v_2}$$

解得

$$\begin{aligned}E_{其他}&=\left(\frac{1}{2}m_1v_1^2+\frac{1}{2}m_2v_2^2\right)-\left(\frac{1}{2}m_1v_1'^2+\frac{1}{2}m_2v_2'^2\right)\\&=\frac{1}{2}(1-e^2)\frac{m_1m_2}{m_1+m_2}(v_1-v_2)^2\end{aligned}$$

其中$\dfrac{m_1m_2}{m_1+m_2}$是二体的折合质量，v_1-v_2 是二体碰前的接近速度。当 $e=0$，即碰后共速时，动能损失最大。

质量为 m_1 的物体以速度 v_1 与质量为 m_2 的静止物体发生正碰，m_1 和 m_2 碰后速度的取值范围分别为

$$\frac{m_1-m_2}{m_1+m_2}v_1\leqslant v_1'\leqslant\frac{m_1}{m_1+m_2}v_1$$

$$\frac{m_1}{m_1+m_2}v_1\leqslant v_2'\leqslant\frac{2m_1}{m_1+m_2}v_1$$

1. 弹性碰撞

解关于弹性碰撞题目的关键在于抓住弹性碰撞的特点，即碰撞前后动量守恒、动能相等。当然具体题目情景可能比较复杂，甚至需要通过递推归纳找规律、写通项，有时需要灵活利用“接近速度等于分离速度”才能提高解题速度。

例题1 （2009年北京卷理综）（1）如图5.3.1所示，ABC为一固定在竖直平面内的光滑轨道，BC段水平，AB段与BC段平滑连接。质量为m_1的小球从高为h处由静止开始沿轨道下滑，与静止在轨道BC段上质量为m_2的小球发生碰撞，碰撞前后两球的运动方向处于同一水平线上，且在碰撞过程中无机械能损失。求碰撞后小球m_2的速度大小v_2。

（2）碰撞过程中的能量传递规律在物理学中有着广泛的应用。为了探究这一规律，我们采用多球依次碰撞、碰撞前后速度在同一直线上且无机械能损失的简化力学模型。如图5.3.2所示，在固定的光滑水平直轨道上，质量分别为$m_1, m_2, m_3, \cdots, m_n, \cdots$的若干个球沿直线静止相间排列。给第1个球初动能$E_{k1}$，从而引起各球的依次碰撞。定义其中第$n$个球经过一次碰撞后获得的动能$E_{kn}$与$E_{k1}$之比为第1个球对第$n$个球的动能传递系数$k_{1n}$。

① 求k_{1n}。

② 若$m_1 = 4m_0$，$m_3 = m_0$，m_0为确定的已知量。问：m_2为何值时k_{13}最大？

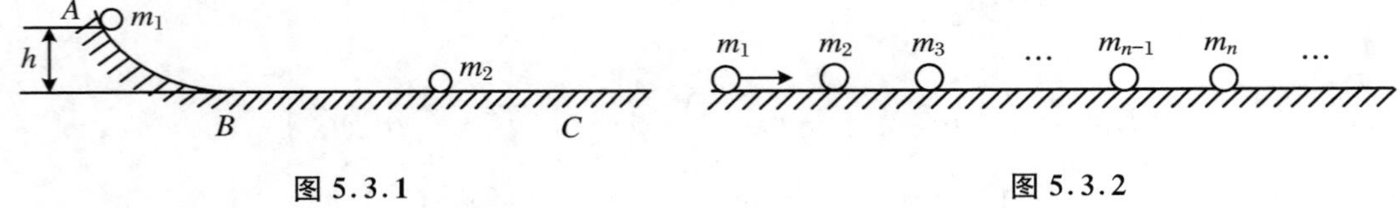

图5.3.1　　　　图5.3.2

分析 本题的难点在于(2)问，题目中定义了一个新的物理量——动能传递系数k_{1n}。一方面，我们可以通过递推归纳的方式求出第n个球被碰后的动能，从而求出k_{1n}；另一方面，我们可以先求得k_{12}、k_{13}、k_{14}，然后通过递推归纳的方式求出k_{1n}。两种方式都需要递推归纳，注意到任意相邻两球碰撞的物理情景是相似的，所以递推归纳并不困难。

解 （1）设碰撞前m_1的速度为v_{10}，根据机械能守恒定律，有

$$m_1 gh = \frac{1}{2}m_1 v_{10}^2 \quad ①$$

设碰撞后m_1与m_2的速度分别为v_1和v_2，根据动量守恒定律，有

$$m_1 v_{10} = m_1 v_1 + m_2 v_2 \quad ②$$

由于碰撞过程中无机械能损失，故

$$\frac{1}{2}m_1 v_{10}^2 = \frac{1}{2}m_1 v_1^2 + \frac{1}{2}m_2 v_2^2 \quad ③$$

将②、③式联立，解得

$$v_2=\frac{2m_1v_{10}}{m_1+m_2} \tag{4}$$

将①式代入④式，得

$$v_2=\frac{2m_1\sqrt{2gh}}{m_1+m_2}$$

(2) ① 结合④式，考虑到 $E_{k1}=\frac{1}{2}m_1v_{10}^2$ 和 $E_{k2}=\frac{1}{2}m_2v_2^2$，得

$$E_{k2}=\frac{4m_1m_2}{(m_1+m_2)^2}E_{k1}$$

根据动能传递系数的定义，对于球 m_1、m_2，有

$$k_{12}=\frac{E_{k2}}{E_{k1}}=\frac{4m_1m_2}{(m_1+m_2)^2} \tag{5}$$

同理可得，球 m_2 和球 m_3 碰撞后，动能传递系数 k_{13} 应为

$$k_{13}=\frac{E_{k3}}{E_{k1}}=\frac{E_{k2}}{E_{k1}}\cdot\frac{E_{k3}}{E_{k2}}=\frac{4m_1m_2}{(m_1+m_2)^2}\cdot\frac{4m_2m_3}{(m_2+m_3)^2} \tag{6}$$

依次类推，动能传递系数应为

$$k_{1n}=\frac{E_{kn}}{E_{k1}}=\frac{E_{k2}}{E_{k1}}\cdot\frac{E_{k3}}{E_{k2}}\cdot\cdots\cdot\frac{E_{kn}}{E_{k(n-1)}}=\frac{4m_1m_2}{(m_1+m_2)^2}\cdot\frac{4m_2m_3}{(m_2+m_3)^2}\cdot\cdots\cdot\frac{4m_{n-1}m_n}{(m_{n-1}+m_n)^2}$$

解得

$$k_{1n}=\frac{4^{n-1}m_1m_2^2m_3^2\cdots m_{n-1}^2m_n}{(m_1+m_2)^2(m_2+m_3)^2\cdots(m_{n-1}+m_n)^2}$$

② 将 $m_1=4m_0$，$m_3=m_0$ 代入⑥式，可得

$$k_{13}=64m_0^2\left[\frac{m_2}{(4m_0+m_2)(m_2+m_0)}\right]^2$$

为使 k_{13} 最大，只需使

$$\frac{m_2}{(4m_0+m_2)(m_2+m_0)}=\frac{1}{m_2+\dfrac{4m_0^2}{m_2}+5m_0}$$

最大，即 $m_2+\frac{4m_0^2}{m_2}$ 最小，由

$$m_2+\frac{4m_0^2}{m_2}=\left(\sqrt{m_2}-\frac{2m_0}{\sqrt{m_2}}\right)^2+4m_0$$

可知，当 $\sqrt{m_2}=\frac{2m_0}{\sqrt{m_2}}$，即 $m_2=2m_0$ 时，k_{13} 最大。

点拨　(1) 本题的(2)问涉及多球连续碰撞，看似物理情景很复杂，但是注意到任意相邻两球碰撞的物理情景相似，所以只需要写出 k_{12}，就可以迅速得到 k_{23}，k_{34}，…，从而写出

k_{1n}。所以,我们在递推归纳的时候需要多思考、多观察,就可以快速找到规律,写出通项。

(2) 在求解 $m_2+\frac{4m_0^2}{m_2}$ 的最小值时,我们也可以采用求导或均值不等式的方式。例如,采用均值不等式,$m_2+\frac{4m_0^2}{m_2}\geqslant 2\sqrt{m_2\cdot\frac{4m_0^2}{m_2}}=4m_0$,当且仅当 $m_2=\frac{4m_0^2}{m_2}$,即 $m_2=2m_0$ 时取等号。

例题 2 2019 年春节上映的《流浪地球》赢得了票房和口碑双丰收。影片讲述的是由于太阳快速老化膨胀,在不远的将来太阳将会吞并包括地球在内的众多行星,面对此灾难,人类制定了"流浪地球"计划,即将地球推移出太阳系,到达距离太阳最近的恒星(比邻星)。"流浪地球"计划分为以下五个阶段。刹车阶段:通过部署在赤道上的行星发动机使地球停止自转。逃逸阶段:通过行星发动机(安装在朝向太阳半面的地球上)使地球加速。先流浪阶段:通过木星和地球的"引力弹弓效应"再次使地球加速,驶出太阳系,奔向人类选定的新家园"比邻星"。后流浪阶段:继续加速进行星际航行,快到达比邻星时减速。新太阳阶段:地球被比邻星捕获,成为比邻星的行星。设太阳质量为 m,地球质量为 m_1,木星质量为 m_2。

(1) 如图 5.3.3 所示,若日地间的距离为 r,则地球和太阳间的引力势能可表示为 $E_p=-\frac{Gm_1m}{r}$,G 为引力常量。

① 若该位置的地球仅在地球和太阳的万有引力作用下绕太阳做匀速圆周运动,则地球的速度大小 v 为多少?

② 要使该位置的地球逃离太阳的引力,则地球应该具有的最小速度 $v_{逃}$ 的大小为多少?

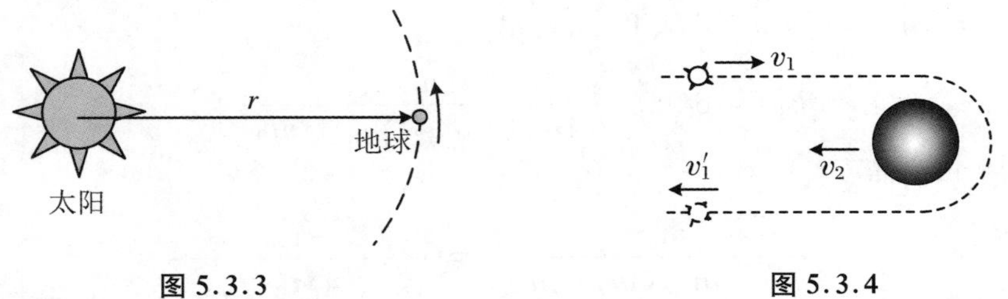

图 5.3.3　　图 5.3.4

(2) 地球仅靠行星发动机难以达到很大的速度逃离太阳进行星际航行,故在"先流浪阶段"让地球从极远处迎面飞向木星,地球从木星旁绕过时,木星的引力作用将使地球的运动速率增大,这种现象称为"弹弓效应"。如图 5.3.4 所示,地球以相对于太阳的速率 v_1 从遥远的地方飞向木星,此时木星以相对于太阳的轨道速率 v_2 运行,方向与 $\boldsymbol{v}_1$ 相反。当地球绕过木星并远离木星到极远处时速率为 v_1',此时木星的速率为 v_2',$\boldsymbol{v}_1'$ 和 $\boldsymbol{v}_2'$ 的方向相同。由于 $m_1\ll m_2$,在极远处 $\boldsymbol{v}_1$、$\boldsymbol{v}_2$、$\boldsymbol{v}_1'$、$\boldsymbol{v}_2'$ 的方向可视为相互平行。木星的自转以及太阳对它们的引力的影响均可忽略不计。

① 请推导经上述"弹弓效应"后地球的速度大小 v_1' 的表达式(用 v_1、v_2、m_1 和 m_2 表示),并求当 $m_1\ll m_2$ 时 v_1' 的大小。

② 若地球飞向木星时其速度 $\boldsymbol{v}_1$ 与木星的速度 $\boldsymbol{v}_2$ 同方向($v_1>v_2$)，则是否仍能产生使地球速率增大的“弹弓效应”？简要说明理由。

分析　地球从极远处迎面飞向木星，然后又从木星旁绕过，这个相互作用过程可以看成一个碰撞过程。相互作用前后，引力势能都为零，所以这个碰撞可认为是一个弹性碰撞过程，利用弹性碰撞的规律求解即可。

解　(1) ① 万有引力提供向心力，则

$$\frac{Gm_1m}{r^2}=m_1\frac{v^2}{r}$$

解得

$$v=\sqrt{\frac{Gm}{r}}$$

② 根据机械能守恒，得

$$\frac{1}{2}m_1v_{逃}^2-\frac{Gm_1m}{r}=0$$

解得

$$v_{逃}=\sqrt{2\frac{Gm}{r}}$$

(2) ① 根据系统机械能守恒，有

$$\frac{1}{2}m_1v_1^2+\frac{1}{2}m_2v_2^2=\frac{1}{2}m_1v_1'^2+\frac{1}{2}m_2v_2'^2$$

设木星的运动方向为正方向，根据动量守恒，有

$$m_2v_2-m_1v_1=m_2v_2'+m_1v_1'$$

由以上两式可得

$$v_1'=\frac{2m_2}{m_2+m_1}v_2+\frac{m_2-m_1}{m_2+m_1}v_1$$

当 $m_2\gg m_1$ 时，有

$$v_1'=2v_2+v_1$$

② 若 v_1 与 v_2 同向，要使探测器追上并绕过行星，应有 $v_1>v_2$，则在上述坐标系下讨论的结果应为

$$v_1''=\frac{2m_2}{m_2+m_1}v_2+\frac{m_1-m_2}{m_1+m_2}v_1$$

当 $m_2\gg m_1$ 时，有 $v_1''=2v_2-v_1$。因为

$$v_1''^2=4v_2^2-4v_2v_1+v_1^2=4v_2(v_2-v_1)+v_1^2<v_1^2$$

所以其速率不能增大。

点拨　(1) 严格来说，地球飞向木星前后的运动轨迹实际上是圆锥曲线，所以地球与木星相互作用前后的速度并不在一条直线上，因此本题作了简化。

(2) 本题的模型是弹性碰撞，所以碰撞前后接近速度等于分离速度，以向左为正方向，

$-v_1-v_2=v_2-v_1'$，从而得到 $v_1'=2v_2+v_1$；同理，可列出 $v_1-v_2=v_2-v_1''$，从而得出 $v_1''=2v_2-v_1$。

例题 3 三个大小相同的刚性小球 A、B、C，它们的质量分别是 m_1、m_2 和 m_3，$m_2=m_3=2m_1$，不计一切摩擦，各球之间的碰撞皆为弹性碰撞，求解下列问题。

(1) 如图 5.3.5 所示，将三个小球放置在水平面上的同一直线上，A 球以初速度 v_0 向右运动，B、C 球的初速度为零。求 A、B、C 三球的最终速度 v_A、v_B、v_C 的大小。

(2) 如图 5.3.6 所示，圆环形刚性窄槽固定在水平面上，开始时，A、B、C 三球彼此间距离相等，B 和 C 静止，A 以初速度 $v_0=\pi R/2$(单位为国际单位)沿槽运动，R 为圆环的半径。经过一段时间，A、B、C 是否还能都在开始位置，且分别具有与开始时相同的速度？若能，则求出时间；若不能，则说明理由。小球均视为质点。

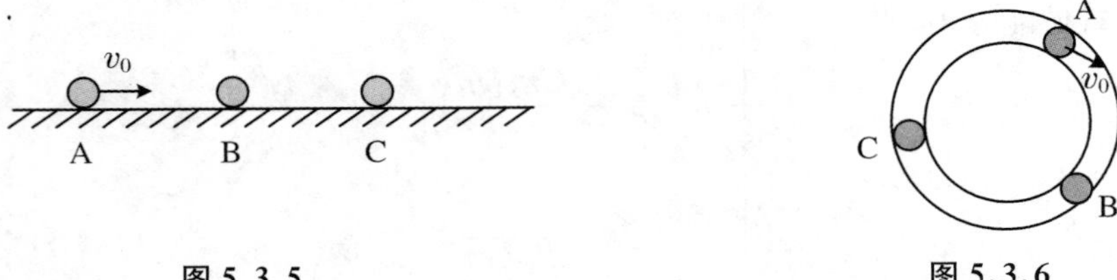

图 5.3.5　　图 5.3.6

分析 本题的(2)问涉及三个小球多次相碰，情景较复杂，需要逐次分析每次碰撞前后的物理情景，可以利用弹性碰撞的规律求解碰撞后的速度，而在两次碰撞之间小球做匀速率运动。

解 (1) 以 A、B 为研究对象，当 A 与 B 发生弹性碰撞后，根据动量守恒定律和能量守恒定律可分别写出

$$m_1v_0=m_1v_1+m_2v_2 \quad ①$$

$$\frac{1}{2}m_1v_0^2=\frac{1}{2}m_1v_1^2+\frac{1}{2}m_2v_2^2 \quad ②$$

由①、②式得

$$v_1=\frac{m_1-m_2}{m_1+m_2}v_0=-\frac{1}{3}v_0,\quad v_2=\frac{2m_1}{m_1+m_2}v_0=\frac{2}{3}v_0$$

以 B、C 为研究对象，当 B 与 C 发生弹性碰撞后，有 $v_3=\dfrac{2}{3}v_0$，$v_2'=0$。

所以，A、B、C 三球的最终速度大小分别为 $v_A=\dfrac{1}{3}v_0$，$v_B=0$，$v_C=\dfrac{2}{3}v_0$。

(2) 一段时间后 A、B、C 能都在开始位置，且分别具有与开始时相同的速度。

以 A、B 为研究对象，当 A 与 B 发生弹性碰撞后，根据动量守恒定律和能量守恒定律可分别写出

$$m_1v_0=m_1v_1+m_2v_2 \quad ③$$

$$\frac{1}{2}m_1v_0^2=\frac{1}{2}m_1v_1^2+\frac{1}{2}m_2v_2^2 \quad ④$$

由③、④式得

$$v_1 = \frac{m_1 - m_2}{m_1 + m_2} v_0 = -\frac{1}{3} v_0, \quad v_2 = \frac{2m_1}{m_1 + m_2} v_0 = \frac{2}{3} v_0$$

且 $t_1 = t_{AB} = \dfrac{2\pi R}{3v_0}$。

以 B、C 为研究对象，当 B 与 C 发生弹性碰撞后，有 $v_3 = \dfrac{2}{3} v_0$，$v_2' = 0$。

以 C、A 为研究对象，当 C 与 A 发生弹性碰撞后，有 $v_3' = 0$，$v_1' = v_0$，且 $t_2 = t_{BA} = \dfrac{2\pi R}{3 \times \dfrac{1}{3} v_0} = \dfrac{2\pi R}{v_0}$。

由此可见，当 A 又用时 $t_{AB}' = \dfrac{2\pi R}{3v_0}$ 再次运动到 B 处时，A、B 和 C 组成的系统与开始所处的状态和空间位形相似，不同的是 A、B 和 C 都沿顺时针转动了 $\dfrac{2\pi}{3}$ 的角度。当 A、B 和 C 再次回到原来位置时，所用的时间恰好就是系统的一个周期 T，由此可得周期

$$T = 3(t_1 + t_2 + t_3) = 3 \times \left(\frac{2\pi R}{3v_0} + \frac{2\pi R}{v_0} + \frac{2\pi R}{3v_0} \right) = \frac{10\pi R}{v_0} = \frac{10\pi R}{\dfrac{\pi R}{2}} = 20 \text{ s}$$

所以，A、B、C 都回到初始位置的时间为 $t = nT = 20n$ s，$n = 1,2,3,\cdots$。

点拨　本题的物理情景较复杂，读完题之后很难判断出物理情景，需要定量计算。通过定量计算，整个过程的物理情景逐渐就清晰了。

2. 完全非弹性碰撞

处理完全非弹性碰撞类题目时，关键是抓住完全非弹性碰撞的特点，即碰撞后共速，碰撞前后动能损失最大。当然，具体的题目可能还会涉及比较复杂的过程分析，可能会考查相对运动、速度关联、功能关系等知识。

例题 4　(2019 年北大博雅）四个完全相同的小球如图 5.3.7 所示放置在水平光滑桌面上，其中球 1 和 2、1 和 3 用相同的不可伸长的轻绳连接，绳子与球 1、4 连线成 30°，小球的质量为 m。球 4 以速度 v 与球 1 发生正碰，方向如图所示。

(1) 在什么情况下，碰撞过程中动能损失最大？并求出动能损失的最大值。

(2) 若碰撞是弹性的，求碰后瞬间各球速度大小及方向。

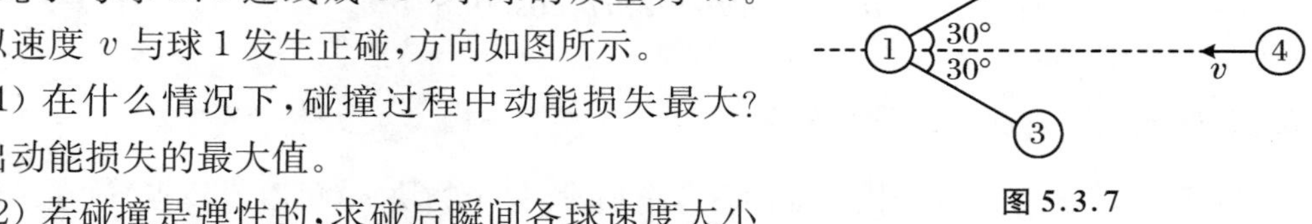

图 5.3.7

分析　本题涉及多个球的相互作用，存在速度关联关系，即绳两端的小球在沿绳方向的速度大小相等，球 2 和球 3 只受到沿绳方向的力，所以球 2 和球 3 的速度方向本身就是沿绳方向。碰撞小球和被碰小球碰撞后共速，则碰撞过程中动能损失最大，弹性碰撞则满足碰撞

前后系统动能不变。

解 (1) 球 1 和 4 碰后有共同的速度,即 $v_1=v_4$(向左),系统动能损失最大。根据动量守恒,得

$$mv = mv_1 + 2mv_2\cos30^\circ + mv_4$$

考虑绳子的关联,得

$$v_2 = v_1\cos30^\circ$$

联立以上三式,得

$$v_1 = v_4 = \frac{2}{7}v,\quad v_2 = \frac{\sqrt{3}}{7}v$$

动能损失为

$$\Delta E_{\mathrm{k}} = \frac{1}{2}mv^2 - \left(2\cdot\frac{1}{2}mv_1^2 + 2\cdot\frac{1}{2}mv_2^2\right) = \frac{5}{14}mv^2$$

(2) 如图 5.3.8 所示,碰撞后,球 1 的速度沿着球 1、4 连线方向,大小设为 v_1;球 2 和球 3 的速度沿着绳子方向,大小设为 v_2;球 4 的速度设为 v_4。

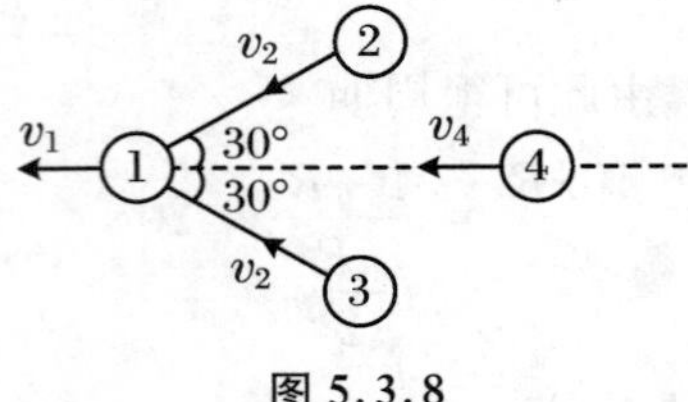

图 5.3.8

根据动量守恒和能量守恒,得

$$\begin{cases} mv = mv_1 + 2mv_2\cos30^\circ + mv_4 \\ \dfrac{1}{2}mv^2 = \dfrac{1}{2}mv_1^2 + 2\cdot\dfrac{1}{2}mv_2^2 + \dfrac{1}{2}mv_4^2 \end{cases}$$

考虑绳子的关联,得

$$v_2 = v_1\cos30^\circ$$

联立以上三式,得

$$v_1 = \frac{4}{7}v,\quad v_2 = \frac{2\sqrt{3}}{7}v,\quad v_4 = -\frac{3}{7}v$$

负号表示球 4 的速度水平向右。

点拨 本题(2)问中列出的动量守恒方程和能量守恒方程构成一个二次方程组,解起来比较麻烦。理论上可以证明,对于复杂体系的弹性碰撞,碰前接触点间的接近速度等于碰后接触点间的远离速度,于是可以利用下列一次方程组代替原方程组:

$$\begin{cases} mv = mv_1 + 2mv_2\cos30^\circ + mv_4 \\ v = v_1 - v_4 \end{cases}$$

这样运算量就大大减少了。

例题 5 (2011 年海淀一模) 如图 5.3.9 所示,一个物块 A(可看成质点)放在足够长的平板小车 B 的右端,A、B 一起以 v_0 的水平初速度沿光滑水平面向左滑行。左边有一固定的竖直墙壁,小车 B 与墙壁相碰,碰撞时间极短,且碰撞前后无动能损失。已知物块 A 与小车 B 的水平上表

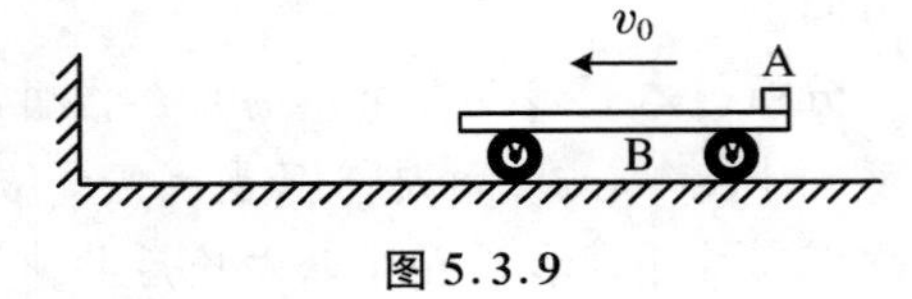

图 5.3.9

面间的动摩擦因数为 μ，重力加速度为 g。

(1) 若 A、B 的质量均为 m，求小车与墙壁碰撞后的运动过程中，物块 A 所受摩擦力的冲量大小和方向。

(2) 若 A、B 的质量比为 k，且 $k<1$，求物块 A 在小车 B 上发生相对运动的过程中物块 A 对地的位移大小。

(3) 若 A、B 的质量比为 k，且 $k=2$，求小车第一次与墙壁碰撞后的运动过程所经历的总时间。

分析 当 $k<1$ 时，B 第 1 次碰墙后向右的动量大于物块 A 向左的动量，所以 A 和 B 最终以共同的速度向右匀速运动；当 $k>1$ 时，B 第 1 次碰墙后向右的动量小于物块 A 向左的动量，所以 A 和 B 将向左再次达到共速，由于摩擦力的存在，B 与墙壁多次碰撞后最终 A、B 一起停在墙角。

解 (1) 设小车 B 与墙碰撞后物块 A 与小车 B 所达到的共同速度大小为 v，向右为正方向，则由动量守恒定律得

$$mv_0 - mv_0 = 2mv$$

解得 $v=0$。

对物块 A，由动量定理得摩擦力对物块 A 的冲量为

$$I = 0 - (-mv_0) = mv_0$$

方向水平向右。

(2) 设 A 和 B 的质量分别为 km 和 m，小车 B 与墙碰撞后物块 A 与小车 B 所达到的共同速度大小为 v'，物块 A 的位移大小为 s，向右为正方向，则由动量守恒定律得

$$mv_0 - kmv_0 = (m + km)v'$$

解得

$$v' = \frac{1-k}{1+k}v_0$$

对物块 A，由动能定理有

$$-\mu kmgs = \frac{1}{2}kmv'^2 - \frac{1}{2}kmv_0^2$$

代入 v' 的表达式，解得

$$s = \frac{2kv_0^2}{\mu g(1+k)^2}$$

(3) A 与 B 发生相对运动的时间 t_0 可等效为 A 一直做匀减速运动到速度为零的时间，在 A 与 B 发生相对滑动的整个过程中，对 A 应用动量定理，有

$$-2mg\mu t_0 = 0 - 2mv_0$$

解得

$$t_0 = \frac{v_0}{\mu g}$$

设第 1 次碰后 A、B 达到的共同速度为 v_1，B 碰墙后，由动量守恒定律得

$$mv_0 - 2mv_0 = (2m + m)v_1$$

得

$$v_1 = -\frac{1}{3}v_0$$

其中负号表示 v_1 的方向向左。

第 1 次碰后小车 B 向左匀速运动的位移等于向右匀减速运动到速度大小为 v_1 这段运动的位移 s_1。对小车 B,由动能定理得

$$-\mu \cdot 2mgs_1 = \frac{1}{2}mv_1^2 - \frac{1}{2}mv_0^2$$

解得

$$s_1 = \frac{2v_0^2}{9\mu g}$$

第 1 次碰后小车 B 向左匀速运动的时间为

$$t_1 = \frac{s_1}{v_1} = \frac{2v_0}{3\mu g}$$

设第 2 次碰后共同速度为 v_2,由动量守恒定律得

$$mv_1 - 2mv_1 = (2m + m)v_2$$

得

$$v_2 = \frac{1}{3}v_1 = -\frac{1}{3^2}v_0$$

第 2 次碰后小车 B 向左匀速运动的位移等于向右匀减速运动到速度大小为 v_2 这段运动的位移 s_2。对小车 B,由动能定理得

$$-\mu \cdot 2mgs_2 = \frac{1}{2}mv_2^2 - \frac{1}{2}mv_1^2$$

解得

$$s_2 = \frac{1}{9^2} \cdot \frac{2v_0^2}{\mu g}$$

第 2 次碰后小车 B 向左匀速运动的时间为

$$t_2 = \frac{s_2}{v_2} = \frac{2v_0}{3^2\mu g}$$

同理,设第 3 次碰后共同速度为 v_3,碰后小车 B 向左匀速运动的位移为 s_3,则由动量守恒定律和动量定理得

$$v_3 = \frac{1}{3}v_2 = -\frac{1}{3^3}v_0, \quad s_3 = \frac{1}{9^3} \cdot \frac{2v_0^2}{\mu g}$$

第 3 次碰后小车 B 向左匀速运动的时间为

$$t_3 = \frac{s_3}{v_3} = \frac{2v_0}{3^3\mu g}$$

以此类推,第 n 次碰墙后小车 B 向左匀速运动的时间为

$$t_n = \frac{2v_0}{3^n \mu g}$$

B从第1次撞墙后每次向左匀速运动的时间是首项为 t_1、公比为$\frac{1}{3}$的无穷等比数列，则B从第1次与墙壁碰撞后匀速运动的总时间为

$$t_{匀} = t_1 + t_2 + t_3 + \cdots + t_n + \cdots = \frac{v_0}{\mu g}$$

所以，B从第1次与墙壁碰撞后运动的总时间为

$$t_{总} = t_0 + t_{匀} = \frac{2v_0}{\mu g}$$

点拨　本题最后一问较难，需要通过递推归纳找出时间通项。本问也可以这样想，因为 $k>1$ 时，B第1次碰墙后向右的动量小于物块A向左的动量，所以A和B将向左再次达到共速后再与墙壁相碰，根据动量守恒，共同的速度为向左的 $v_0/3$。接下来，除了初速度变为原来的1/3，其他条件都一样，所以物理情景应该和刚才类似，直到最后A、B都静止为止。经过简单的计算可以得到，第1次撞墙和第2次撞墙的时间间隔为 $4v_0/3$，之后再撞墙的时间间隔都是上一次的1/3。

3．一般碰撞

对于一般的碰撞，除了动量守恒，不再满足碰撞前后动能不变，但能量还是守恒的，我们需要分析出减少的动能到底转化成什么能量了。如果减少的动能转化成热能，则常用到的方程为 $E_{k2} - E_{k1} = Q = fx_{相}$；如果减少的动能转化成重力势能，则常用到的方程为 $E_{k2} - E_{k1} = E_p = mgh$；如果减少的动能转化成弹簧的弹性势能，则常用到的方程为 $E_{k2} - E_{k1} = E_p = \frac{1}{2}kx^2$。当然，减少的动能还可能转化成电势能等其他形式的能量，具体问题需要具体分析。

例题6　(2011年全国卷)装甲车和战舰采用多层钢板比采用同样质量的单层钢板更能抵御穿甲弹的射击。通过对以下简化模型的计算可以粗略说明其原因。质量为 $2m$、厚度为 $2d$ 的钢板静止在水平光滑桌面上。质量为 m 的子弹以某一速度垂直射向该钢板，刚好能将钢板射穿。现把钢板分成厚度均为 d、质量均为 m 的相同两块，间隔一段距离水平放置，如图5.3.10所示。若子弹以相同的速度垂直射向第1块钢板，穿出后再射向第2块钢板，求子弹射入第2块钢板的深度。设子弹在钢板中受到的阻力为恒力，且两块钢板不会发生碰撞。不计重力影响。

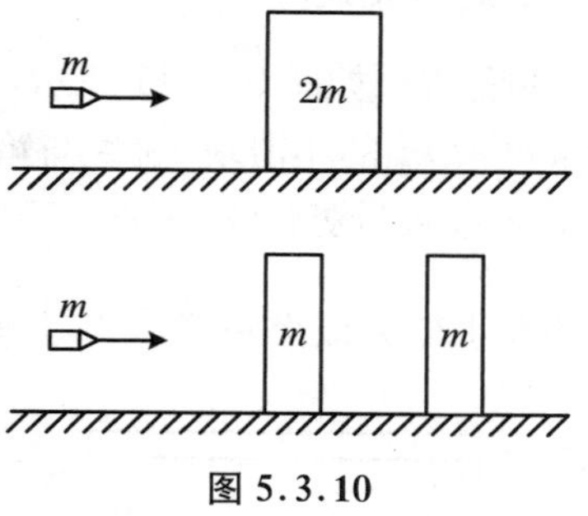

图5.3.10

分析　若设子弹的初始速度为已知量，子弹先与前面的钢板发生一般的碰撞，根据动量守恒和能量守恒，可以求出子弹从第1块钢板出来时的速度大小。然后，子弹再与后面的钢板发生完全非弹性碰撞，根据动量守恒和能量守恒，可求出入射深度。

解 设子弹的初始速度大小为 v_0，子弹与钢板相对静止时共同的速度大小为 v_0。第 1 次，根据系统动量守恒，有

$$mv_0 = 3mv$$

系统动能损失等于摩擦生热，则

$$f \cdot 2d = \frac{1}{2}mv_0^2 - \frac{1}{2} \cdot 3mv^2 = \frac{1}{3}mv_0^2$$

因此

$$fd = \frac{1}{6}mv_0^2$$

第 2 次，设射出第 1 块钢板后钢板和子弹的速度分别为 v_1、v_2，根据动量守恒，有

$$mv_0 = mv_1 + mv_2$$

根据能量守恒，有

$$\frac{1}{2}mv_0^2 - fd = \frac{1}{2}mv_1^2 + \frac{1}{2}mv_2^2$$

由于 $v_1 < v_2$，解得

$$v_2 = \frac{3 + \sqrt{3}}{6}v_0$$

设子弹射入第 2 块钢板的厚度为 d'，根据系统动能损失等于摩擦生热，有

$$fd' = \frac{1}{2} \cdot \frac{m^2}{2m} \cdot v_2^2 = \frac{2 + \sqrt{3}}{24}mv_0^2$$

代入 $fd = \frac{1}{6}mv_0^2$，解得

$$d' = \frac{1}{2}\left(1 + \frac{\sqrt{3}}{2}\right)d$$

点拨 对于这种类型的题目，找到减少的动能的去向并写出这种能量转化的表达式往往是解题的关键所在。

例题 7 如图 5.3.11 所示，质量为 m 的长方形箱子，放在光滑的水平地面上，箱内有一质量也为 m 的小滑块，滑块与箱底间无摩擦。开始时箱子静止不动，滑块以恒定的速度 v_0 从箱子的 A 壁处向 B 壁处运动，后与 B 壁碰撞。假定滑块与箱壁每碰撞一次，两者相对速度的大小变为该次碰撞前相对速度的 e 倍，$e = \sqrt[4]{\frac{1}{2}}$，求解下列问题。

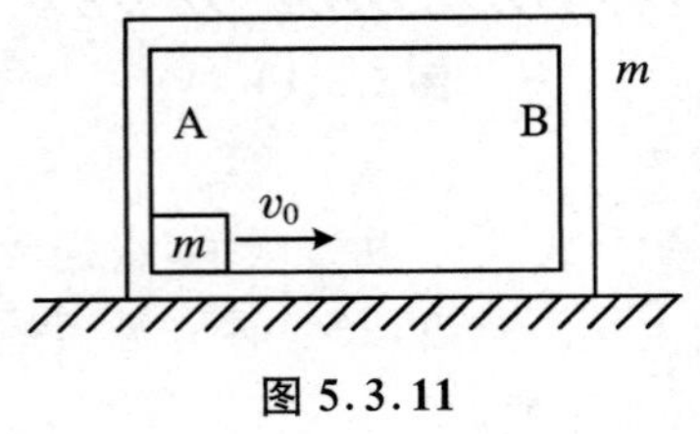

图 5.3.11

(1) 滑块与箱子第一次碰撞后，滑块与箱子的速度大小各为多少？

(2) 要使滑块与箱子这一系统损耗的总动能不超过其初始动能的 40%，滑块与箱壁最多可碰撞几次？

(3) 从滑块开始运动到刚完成上述(2)中次数碰撞的期间，箱子的平均速度是多少？

分析　知道了恢复系数 e，相当于有了一个方程，再补一个动量守恒的方程，就可以求出碰撞后两物体的速度了。每碰一次，动能损失一部分，可以采取递推归纳的方式求出 n 次碰撞后共损失了多少动能，从而解决(2)、(3)问。

解　(1) 滑块与箱壁第 1 次碰撞后，设滑块对地的速度为 v_1，箱子对地的速度为 u_1，根据动量守恒，得

$$mv_1 + mu_1 = mv_0 \tag{①}$$

由题意得

$$e = \frac{u_1 - v_1}{v_0} \tag{②}$$

由①、②两式得

$$v_1 = \frac{1-e}{2}v_0 = \frac{1-\sqrt[4]{\frac{1}{2}}}{2}v_0$$

$$u_1 = \frac{1+e}{2}v_0 = \frac{1+\sqrt[4]{\frac{1}{2}}}{2}v_0$$

(2) 滑块与箱壁第 i 次碰撞后，设滑块对地的速度为 v_i，箱子对地的速度为 u_i。由于题中每次碰撞的 e 是一样的，故有

$$e = \frac{u_1 - v_1}{v_0 - u_0} = \frac{u_2 - v_2}{v_1 - u_1} = \cdots = \frac{u_n - v_n}{v_{n-1} - u_{n-1}}$$

即

$$-e = \frac{v_1 - u_1}{v_0 - 0} = \frac{v_2 - u_2}{v_1 - u_1} = \cdots = \frac{v_n - u_n}{v_{n-1} - u_{n-1}}$$

所以

$$(-e)^n = \frac{v_1 - u_1}{v_0} \cdot \frac{v_2 - u_2}{v_1 - u_1} \cdot \cdots \cdot \frac{v_n - u_n}{v_{n-1} - u_{n-1}}$$

即碰撞 n 次后

$$v_n - u_n = (-e)^n v_0 \tag{③}$$

碰撞前 n 次(包括第 n 次)的动量守恒式是

$$mv_n + mu_n = mv_0 \tag{④}$$

将③、④两式联立，得

$$v_n = \frac{1}{2}[1 + (-e)^n]v_0$$

$$u_n = \frac{1}{2}[1 - (-e)^n]v_0$$

第 n 次碰撞后，系统损失的动能为

$$\Delta E_{kn} = E_k - E_{kn} = \frac{1}{2}mv_0^2 - \frac{1}{2}m(v_n^2 + u_n^2)$$

$$= \frac{1}{2}mv_0^2 - \frac{1}{4}mv_0^2(1 + e^{2n})$$

$$= \frac{1 - e^{2n}}{2} \times \frac{1}{2}mv_0^2$$

$$= \frac{1 - e^{2n}}{2}E_k$$

下面分别讨论：

当 $n = 1$ 时，有

$$\frac{\Delta E_{k1}}{E_k} = \frac{1 - e^2}{2} = \frac{1 - \sqrt{\frac{1}{2}}}{2} = 0.146$$

当 $n = 2$ 时，有

$$\frac{\Delta E_{k2}}{E_k} = \frac{1 - e^4}{2} = \frac{1 - \frac{1}{2}}{2} = 0.25$$

当 $n = 3$ 时，有

$$\frac{\Delta E_{k3}}{E_k} = \frac{1 - e^6}{2} = \frac{1 - \frac{1}{2}\sqrt{\frac{1}{2}}}{2} = 0.323$$

当 $n = 4$ 时，有

$$\frac{\Delta E_{k4}}{E_k} = \frac{1 - e^8}{2} = \frac{1 - \frac{1}{4}}{2} = 0.375$$

当 $n = 5$，有

$$\frac{\Delta E_{k5}}{E_k} = \frac{1 - e^{10}}{2} = \frac{1 - \frac{1}{4}\sqrt{\frac{1}{2}}}{2} = 0.412$$

因为要求的动能损失不超过 40%，所以 $n = 4$。

(3) 设 A、B 两侧壁的距离为 L，则滑块从开始运动到与箱壁发生第一次碰撞的时间为

$$t_0 = \frac{L}{v_0}$$

下一次发生碰撞的时间为

$$t_1 = \frac{L}{|u_1 - v_1|} = \frac{L}{ev_0}$$

共碰撞 4 次，另两次碰撞的时间分别为

$$t_2 = \frac{L}{e^2 v_0}, \quad t_3 = \frac{L}{e^3 v_0}$$

所以总时间为

$$t = t_0 + t_1 + t_2 + t_3 = \frac{L}{e^3 v_0}(1 + e + e^2 + e^3)$$

在这段时间中,箱子运动的距离是

$$\begin{aligned} s &= 0 + u_1 t_1 + u_2 t_2 + u_3 t_3 \\ &= \frac{1}{2}(1+e)v_0 \cdot \frac{L}{ev_0} + \frac{1}{2}(1-e^2)v_0 \cdot \frac{L}{e^2 v_0} + \frac{1}{2}(1+e^3)v_0 \cdot \frac{L}{e^3 v_0} \\ &= \frac{L}{2e} + \frac{L}{2} + \frac{L}{2e^2} - \frac{L}{2} + \frac{L}{2e^3} + \frac{L}{2} \\ &= \frac{L}{2e^3}(1+e+e^2+e^3) \end{aligned}$$

所以平均速度为

$$\bar{v} = \frac{s}{t} = \frac{\frac{L}{2e^3}(1+e+e^2+e^3)}{\frac{L}{e^3 v_0}(1+e+e^2+e^3)} = \frac{v_0}{2}$$

点拨　本题思维量和运算量都较大,其中最后一问也可以这样快速得到答案:因为碰撞了4次,4是偶数,即滑块刚好运动到箱子的A侧,所以箱子走过的距离就是系统质心走过的距离,即箱子的平均速度等于系统质心的平均速度。因为动量守恒,所以质心的速度始终都是$\frac{v_0}{2}$,故箱子的平均速度为$\frac{v_0}{2}$。而且我们可以得到,只要刚好碰撞偶数次,箱子的平均速度都为$\frac{v_0}{2}$。

基础练习

1. (2019年西城一模) 随着科幻电影《流浪地球》的热映,“引力弹弓效应”进入了公众的视野。“引力弹弓效应”是指在太空运动的探测器借助行星的引力来改变自己的速度。为了分析这个过程,可以提出以下两种模式:探测器分别从行星运动的反方向或同方向接近行星,分别因相互作用而改变了速度。如图5.3.12所示,以太阳为参考系,设行星运动的速度大小为u,探测器的初速度大小为v_0,在图示的两种情况下,探测器在远离行星后速度大小分别为v_1和v_2。

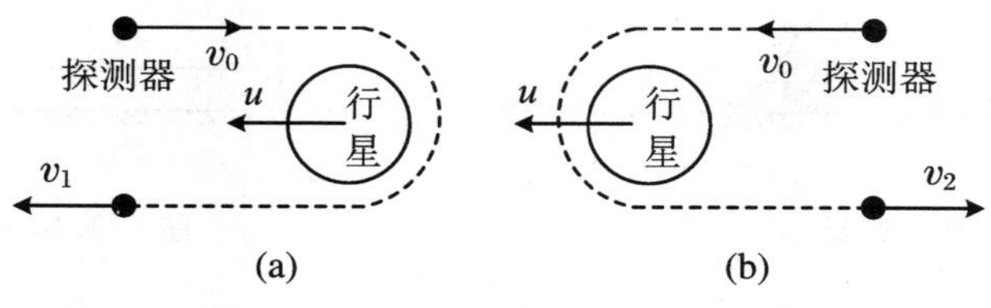

图 5.3.12

探测器和行星虽然没有发生直接的碰撞，但是在行星的运动方向上，其运动规律可以与两个质量不同的钢球在同一条直线上发生弹性碰撞的规律作类比。那么下列判断中正确的是 （　　）

A. $v_1 > v_0$　　B. $v_1 = v_0$　　C. $v_2 > v_0$　　D. $v_2 = v_0$

2. 如图5.3.13所示，两小球A、B均用细绳吊在天花板上，且 $m_A = 4m_B$，当小球A从高为 h 处由静止向下摆到最低点时，恰好与小球B正碰。关于碰后B球能升起的高度，以下数据中不可能的是 （　　）

A. $0.5h$　　B. $0.8h$　　C. h　　D. $2.5h$

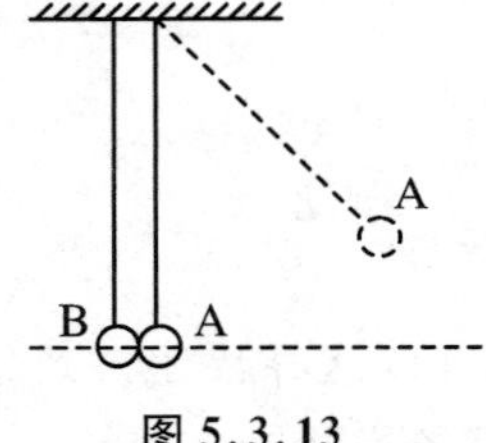

图 5.3.13

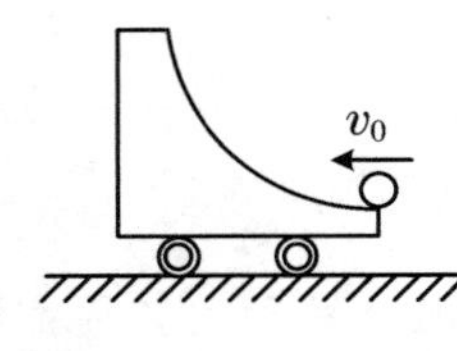

图 5.3.14

3. 如图5.3.14所示，在光滑水平面上停放质量为 m 的装有弧形槽的小车。现有一质量也为 m 的小球以 v_0 的水平速度沿切线水平的槽口向小车滑去(不计摩擦)，到达某一高度后，小球又返回小车右端，则 （　　）

A. 小球在小车上到达最高点时的速度大小为 $v_0/2$

B. 小球离车后，对地将向右做平抛运动

C. 小球离车后，对地将做自由落体运动

D. 此过程中小球对车做的功为 $mv_0^2/2$

4. 如图5.3.15所示，在光滑水平面上放有一小坡形光滑导轨B，现有一质量与导轨相同的光滑小球向右滑上导轨，并越过导轨最高点向右滑下，以后离开导轨B，则 （　　）

A. 导轨B将会停在原来的位置

B. 导轨B将会停在原来位置的右侧

C. 导轨B将会停在原来位置的左侧

D. 导轨B不会停止，最终将做匀速直线运动

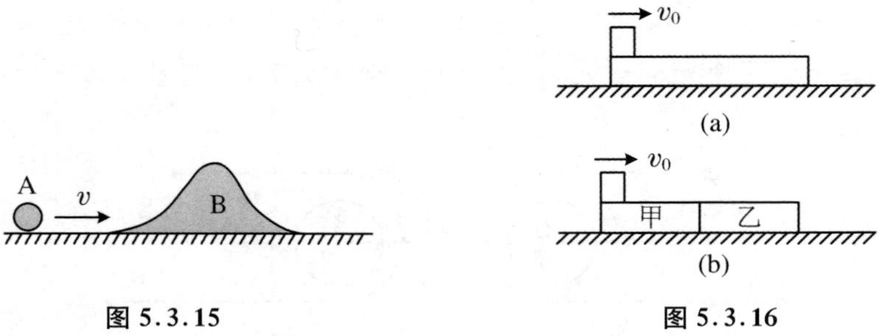

图 5.3.15　　图 5.3.16

5.(2013年朝阳一模) 如图5.3.16(a)所示，一长木板静止放在光滑水平面上，一滑块

(可视为质点)以水平初速度 v_0 由左端滑上木板,滑块滑至木板的右端时恰好与木板相对静止。已知滑块在滑动过程中所受摩擦力始终不变。若将木板分成长度和质量均相同的甲、乙两段后,紧挨着静止放在光滑水平面上,让滑块仍以相同的初速度 v_0 由甲的左端滑上木板,如图(b)所示,则滑块 (　　)

A. 滑到乙板的左端与乙板相对静止

B. 滑到乙板中间某一位置与乙板相对静止

C. 滑到乙板的右端与乙板相对静止

D. 将从乙板的右端滑离

6. 汽车拉着拖车在平直的公路上匀速行驶,突然拖车与汽车脱钩,而汽车的牵引力不变,各自受的阻力不变,则在拖车停止运动前 (　　)

A. 汽车和拖车的总动量不变　　B. 汽车和拖车的总动能不变

C. 汽车和拖车的总动量增加　　D. 汽车和拖车的总动能增加

7. (2019年清华领军) 如图5.3.17所示的小球都是可视为质点的弹性小球,并且大球的质量远大于小球的质量,即 $M\gg m$,大球和小球的半径均可忽略不计。图(a)中小球自由下落,落在地面上反弹,反弹的高度为 h_1;图(b)中小球放在大球上面,从与图(a)所示相同的高度处一起自由下落,然后小球反弹,反弹的高度为 h_2。不考虑空气阻力,则 (　　)

A. 若落在坚硬的地面上,则 $h_2\approx h_1$

B. 若落在坚硬的地面上,则 $h_2\approx 3h_1$

C. 若落在坚硬的地面上,则 $h_2\approx 9h_1$

D. 若落在柔软的地面上,则 $h_2\gg h_1$

E. 若落在柔软地面上,则 $h_2\approx h_1$

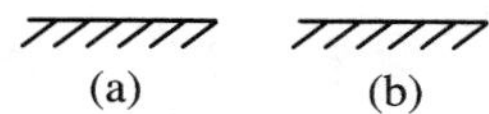

图5.3.17

8. (2010年北京卷理综) 雨滴在穿过云层的过程中,不断与浮在云层中的小水珠相遇并结合为一体,其质量逐渐增大。现将上述过程简化为沿竖直方向的一系列碰撞。已知雨滴的初始质量为 m_0,初速度为 v_0,下降距离 l 后与静止的小水珠碰撞且合并,质量变为 m_1。此后每经过同样的距离 l,雨滴均与静止的小水珠碰撞且合并,质量依次变为 m_2,m_3,…,m_n,…(设各质量为已知量)。不计空气阻力。

(1) 若不计重力,求第 n 次碰撞后雨滴的速度 v_n'。

(2) 若考虑重力的影响,求:

① 第1次碰撞前后雨滴的速度 v_1 和 v_1';

② 第 n 次碰撞后雨滴的动能 $\frac{1}{2}m_nv_n'^2$。

9. 如图5.3.18所示,两个小球1、2的质量分别是 $m_1=2.0\ \text{kg}$ 和 $m_2=1.6\ \text{kg}$,小球可视为质点。假设:当两球间距离 $L\leqslant 18\ \text{m}$ 时,两球间存在恒定的斥力 F;当两球间距离 $L>18\ \text{m}$ 时,两球间不存在这种斥力。现让球1静止在光滑水平面上的 A 点,球2在水平面上从右边很远处沿两球中心的连线向球1运动。已知当两球相距最近时,

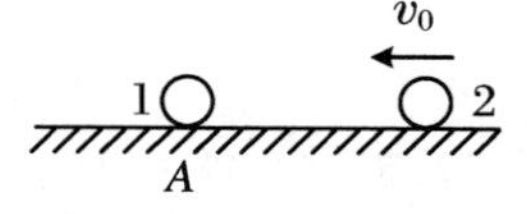

图5.3.18

球 2 的速度是 $v_0 = 4.0\ \text{m/s}$，它们球心间的距离为 $l_0 = 2.0\ \text{m}$。求：

(1) 球 2 的初速度大小；

(2) 两球间存在斥力作用时系统的相互作用能的最大值；

(3) 两球间存在斥力时恒定斥力的大小；

(4) 两球从开始相互作用到相距最近所经历的时间；

(5) 整个运动过程中球 1 的速度最大值；

(6) 球 1 的速度等于其最大速度时球 1 到 A 点的最小距离 s。

提 高 练 习

10. 质量为 m 的弹性滑块放在质量也为 m 的直角盒内，可以做无摩擦运动。盒子放在涂上一层薄油的桌子上，盒子与桌面间的动摩擦力仅取决于盒沿桌面运动的速度 v，大小为 $f = -\gamma v$。开始时刻盒静止，而滑块靠在盒的左壁上并且具有速度 v_0，方向向右。问：滑块与盒子发生多少次碰撞？(盒子的长度 L 比滑块大得多。)

11. (2011 年东城一模) 如图 5.3.19 所示，有一光滑轨道 ABC，AB 为竖直平面内半径为 R 的四分之一圆弧轨道，BC 部分为足够长的水平轨道。一个质量为 m_1 的小物体自 A 处由静止释放，m_1 沿圆弧轨道 AB 滑下，与在水平轨道 BC 上静止的质量为 m_2 的物体相碰。

(1) 如果 m_2 与水平轻弹簧相连，弹簧的另一端连在固定装置 P 上。m_1 滑到水平轨道与 m_2 发生碰撞但不粘连，碰撞后 m_1 与 m_2 一起将弹簧压缩后被弹回，m_1 与 m_2 重新分开。若弹簧压缩和伸长过程中无机械能损失，且 $m_1 = m_2$，求 m_1 反弹后能达到的最大高度。

(2) 如果去掉与 m_2 相连的弹簧及固定装置 P，m_1 仍从 A 处由静止释放。

① 若 $m_1 = \dfrac{1}{2} m_2$，且 m_1 与 m_2 碰撞的过程中无机械能损失，求碰撞后 m_1 能达到的最大高度。

② 若 m_1 与 m_2 碰撞的过程中无机械能损失，要使 m_1 与 m_2 只能发生两次碰撞，求 m_2 与 m_1 的比值范围。

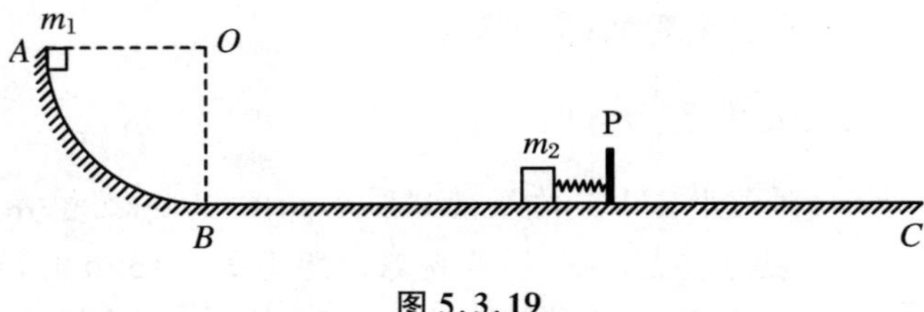

图 5.3.19

12. (2011 年“北约”) 平直铁轨上停着一节质量 $M = 2m$ 的小车厢，可以忽略车厢与水平铁轨之间的摩擦。有 N 名组员沿着铁轨方向列队前行，另有 1 名组长在最后，每名组员

的质量同为 m。

(1) 当组员和组长发现前面车厢时，都以相同的速度 v_0 跑步，每个组员在接近车厢时又以速度 $2v_0$ 跑着上车坐下，组长却因跑步速度没有改变而恰好未追上车，试求 N。

(2) 接(1)，组员们上车后，组长前进速度减为 $v_0/2$，车上的组员朝着车厢前行方向一个接一个水平跳下，组员离开车的瞬间相对于车厢的速度大小同为 u，结果又可使组长也能追上车。试问：跳车过程中组员们总共至少消耗掉人体中的多少化学能？

13. 如图5.3.20所示，一块足够长的木板放在光滑水平面上，在木板上自左向右放有序号是 $1,2,3,\cdots,n$ 的木块，所有木块的质量均为 m，与木板间的动摩擦因数均为 μ，木板的质量与所有木块的总质量相等。在 $t=0$ 时刻木板静止，第 $1,2,3,\cdots,n$ 号木块的初速度分别为 $v_0,2v_0,3v_0,\cdots,nv_0$，方向都向右。木块之间始终未发生碰撞，最终所有木块与木板以共同速度匀速运动。试求：

(1) 所有木块与木板一起匀速运动的速度 v_n；

(2) 从 $t=0$ 到所有木块与木板共同匀速运动经历的时间 t；

(3) 第 $n-1$ 号木块在整个运动过程中的最小速度 v_{n-1}。

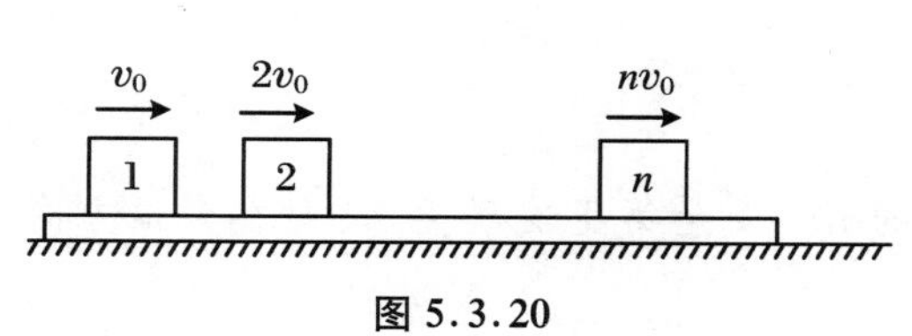

图5.3.20

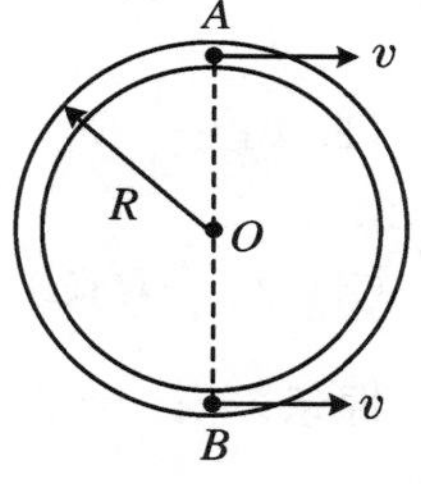

图5.3.21

14. 图5.3.21中，两个同心圆代表一个细面包圈形的刚性匀质环圈，它的质量为 m，内外半径几乎同为 R。环圈内 A 处与其对称点 B 处分别放有两个质量也同为 m 的小球，它们与环圈内侧无摩擦。现将系统置于光滑水平面上，设初始时刻环圈处于静止状态，两小球朝图中右侧正方向有相同的初速度 v，试求两小球第一次相距 R 时环圈中心速度的大小。

参考答案

1. A。
2. A。
3. ACD。
4. B。
5. B。
6. AD。
7. CD。

提示 设小球从 h_0 的高度下落,落地前瞬间的速度大小为 v_0。当落在坚硬的地面上时,小球与地面的碰撞是弹性碰撞,所以 $h_1=h_0$;大球与地面碰后以原速率反弹,再与小球发生弹性碰撞,考虑大球与小球碰撞前后,大球与小球的接近速度大小为 $2v_0$,碰后分离速度大小也应该为 $2v_0$,即碰后小球的速度变为 $3v_0$,所以 $h_2=9h_0$。当落在柔软的地面上时,小球与地面的碰撞是完全非弹性碰撞,碰后相对于地面的速度为零,所以 $h_1=0$;同理,大球与地面碰撞后相对于地面的速度也为零,但小球再与大球相碰却是弹性碰撞,所以 $h_2=h_0$。

8. (1) $v'_n=\dfrac{m_0}{m_n}v_0$。

(2) ① $v_1=\sqrt{v_0^2+2gl}$,$v'_1=\dfrac{m_0}{m_1}\sqrt{v_0^2+2gl}$;② $\dfrac{1}{2}m_n v'^2_n=\dfrac{1}{2m_n}\left(m_0^2v_0^2+2gl\sum\limits_{i=0}^{n-1}m_i^2\right)$。

9. (1) 9 m/s;(2) 36 J;(3) 2.25 N;(4) 3.56 s;(5) 8 m/s;(6) 28.4 m。

10. 每次碰撞后,滑块与盒子交换速度。只看盒子,有 $-\gamma\Delta s=m\Delta v$,则 $-\gamma s=mv_0$。所以$\dfrac{2s}{L}=\dfrac{2mv_0}{\gamma L}$。若$\dfrac{2mv_0}{\gamma L}$为正整数,则碰撞次数为$\dfrac{2mv_0}{\gamma L}-1$;若$\dfrac{2mv_0}{\gamma L}$为小数,则碰撞次数为$\dfrac{2mv_0}{\gamma L}$向下取整。

11. (1) $\dfrac{1}{4}R$。

(2) ① $\dfrac{1}{9}R$;② $3<\dfrac{m_2}{m_1}\leqslant 5+2\sqrt{5}$。

提示 m_1 滑到水平轨道以速度 v_1 与静止的 m_2 发生第 1 次碰撞,设向右为正方向,则有

$$m_1v_1=m_1v'_1+m_2v'_2,\quad \frac{1}{2}m_1v_1^2=\frac{1}{2}m_1v'^2_1+\frac{1}{2}m_2v'^2_2$$

解得

$$v'_1=\frac{(m_1-m_2)v_1}{m_1+m_2},\quad v'_2=\frac{2m_1v_1}{m_1+m_2}$$

能发生第 2 次碰撞的条件是 $v'_1<0$,即 $m_1<m_2$。又 $|v'_1|>v'_2$,可得 $m_2>3m_1$。

m_1 从圆弧轨道上滑下发生第 2 次碰撞,有

$$m_1|v'_1|+m_2v'_2=m_1v''_1+m_2v''_2,\quad \frac{1}{2}m_1v'^2_1+\frac{1}{2}m_2v'^2_2=\frac{1}{2}m_1v''^2_1+\frac{1}{2}m_2v''^2_2$$

解得

$$v''_1=\frac{4m_1m_2-(m_2-m_1)^2}{(m_1+m_2)^2}v_1,\quad v''_2=\frac{4m_1(m_2-m_1)}{(m_1+m_2)^2}v_1$$

不发生第 3 次碰撞的条件为 $|v''_1|\leqslant v''_2$,即 $-v''_2\leqslant v''_1\leqslant v''_2$,解得 $(5+2\sqrt{5})m_1\geqslant m_2\geqslant 3m_1$。

综上所述,m_1 与 m_2 只能发生两次碰撞的条件为 $3<\dfrac{m_2}{m_1}\leqslant 5+2\sqrt{5}$。

12. (1) $N=2$;(2) $\frac{51}{98}mv_0^2$。

提示　设第1名组员离开后车的速度为 v_1,则

$$(M+2m)v_0=(M+m)v_1+m(v_1+u)$$

可得

$$v_1=v_0-\frac{u}{4}$$

设第2名组员离开后车的速度为 v_2,则

$$(M+m)v_1=Mv_2+m(v_2+u)$$

可得

$$v_2=v_1-\frac{u}{3}$$

要使组长恰好追上车,则 $v_2=\frac{1}{2}v_0$,得 $u=\frac{6}{7}v_0$。于是可得

$$E_{化学}=\frac{1}{2}Mv_2^2+\frac{1}{2}m[(v_1+u)^2+(v_2+u)^2]-\frac{1}{2}(M+2m)v_0^2=\frac{51}{98}mv_0^2$$

13. (1) $(n+1)v_0/4$;(2) $(3n-1)v_0/(4\mu g)$;(3) $(n-1)(n+2)v_0/(4n)$。

提示　第 $n-1$ 号木块与木板相对静止时,它在整个运动过程中的速度最小,设此时第 n 号木块的速度为 v。

对系统,根据动量守恒,得

$$m(v_0+2v_0+3v_0+\cdots+nv_0)=(2n-1)mv_{n-1}+mv$$

对第 $n-1$ 号木块,由动量定理得

$$-\mu mgt'=mv_{n-1}-m(n-1)v_0$$

对第 n 号木块,由动量定理得

$$-\mu mgt'=mv-mnv_0$$

由以上三式解得

$$v_{n-1}=\frac{(n-1)(n+2)}{4n}v_0$$

14. $v_0=\frac{2}{3}\left(1-\frac{1}{\sqrt{10}}\right)v$。

提示　建立坐标轴,小球和圆环的速度如图5.3.22所示,其中 ωR 是小球相对于圆环的速度。所以,对小球,有

$$v_x=\omega R\sin\theta+v_0,\quad v_y=-\omega R\cos\theta$$

根据动量守恒和机械能守恒,有

$$mv_0+2mv_x=2mv$$

$$2\times\frac{1}{2}m(v_x^2+v_y^2)+\frac{1}{2}mv_0^2=2\times\frac{1}{2}mv^2$$

解得

$$v_0 = \frac{2}{3}\left(1 - \frac{\sin\theta}{\sqrt{3 - 2\sin^2\theta}}\right)v$$

当两球距离为 R 时，$\theta = 30°$，$v_0 = \frac{2}{3}\left(1 - \frac{1}{\sqrt{10}}\right)v$。

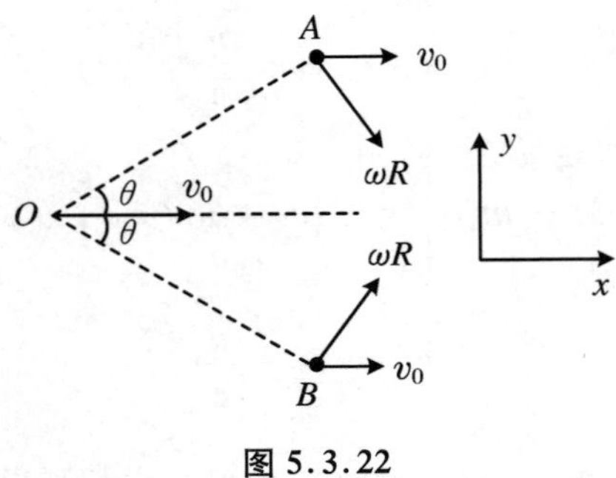

图 5.3.22

5.4 角 动 量

1. 质点的角动量

开普勒第二定律指出，行星绕太阳运动时，它与太阳的连线在单位时间内扫过的面积是个定值，这个规律的背后其实还隐藏着更加本质的物理原理。

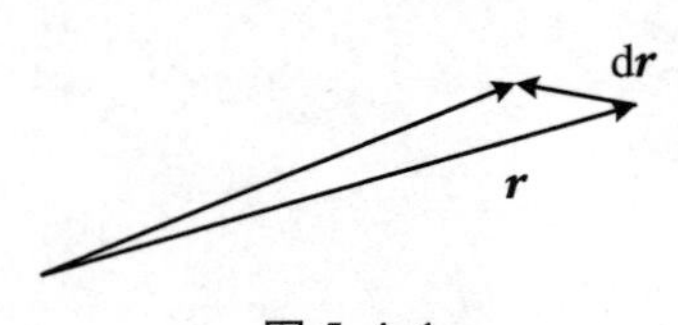

图 5.4.1

如图 5.4.1 所示，$\boldsymbol{r}$ 表示行星相对于太阳的位置矢量，经过 $\mathrm{d}t$ 时间后发生了 $\mathrm{d}\boldsymbol{r}$ 的位移，则行星与太阳连线扫过的面积为

$$\mathrm{d}\boldsymbol{s} = \frac{1}{2}\boldsymbol{r} \times \mathrm{d}\boldsymbol{r}$$

这里的面积被定义成了一个矢量，在图中的方向是垂直于纸面向外。这样规定是非常方便的，当用右手四指沿行星的转圈方向握住时，大拇指就可以代表面积的方向了。

根据开普勒第二定律，有

$$\text{面积速度} = \frac{\mathrm{d}\boldsymbol{s}}{\mathrm{d}t} = \frac{1}{2}\frac{\boldsymbol{r} \times \mathrm{d}\boldsymbol{r}}{\mathrm{d}t} = \frac{1}{2}\boldsymbol{r} \times \boldsymbol{v}$$

因此，$\boldsymbol{r} \times \boldsymbol{v}$ 就是个守恒量。事实上，我们还会将质量 m 乘进去，定义出一个描述物体绕定点转动情况的新物理量——角动量，用符号 $\boldsymbol{L}$ 表示，即

$$\boldsymbol{L} = \boldsymbol{r} \times (m\boldsymbol{v}) = \boldsymbol{r} \times \boldsymbol{p}$$

注意，描述一个质点的动量，只需要规定好参考系就可以了。比如，描述月亮的动量时，我们需要明确是在地球系里看还是在太阳系或者别的系里看。但是，若要描述一个质点的角动量，不但要规定好参考系，还需要明确是相对于哪个点的。比如，在太阳系里描述某个行星的角动量，一定要明确是相对于哪个点的，行星相对于太阳的角动量是守恒的，但相对于其他点就未必了。所以，开普勒第二定律也可等价描述为：行星绕太阳转动时相对于太阳的角动量守恒。

2. 质点的角动量定理

对于一个单独的质点，可以直接研究其角动量的变化率与什么有关，即

$$\frac{\mathrm{d}\boldsymbol{L}}{\mathrm{d}t}=\frac{\mathrm{d}(\boldsymbol{r}\times\boldsymbol{p})}{\mathrm{d}t}=\frac{\mathrm{d}\boldsymbol{r}}{\mathrm{d}t}\times\boldsymbol{p}+\boldsymbol{r}\times\frac{\mathrm{d}\boldsymbol{p}}{\mathrm{d}t}=\boldsymbol{v}\times\boldsymbol{p}+\boldsymbol{r}\times\boldsymbol{F}$$

因为 $\boldsymbol{v}$ 与 $\boldsymbol{p}$ 的方向相同，所以 $\boldsymbol{v}\times\boldsymbol{p}=\boldsymbol{0}$，则

$$\frac{\mathrm{d}\boldsymbol{L}}{\mathrm{d}t}=\boldsymbol{r}\times\boldsymbol{F}=\boldsymbol{M}$$

这就是质点的角动量定理。它和我们在第3章学过的质点的转动定律 $I\frac{\mathrm{d}\boldsymbol{\omega}}{\mathrm{d}t}=\boldsymbol{M}$ 是等价的。

3. 质点的角动量守恒

通过质点的角动量定理可以看出，当质点相对于某固定点所受的合力矩为零时，质点相对于该固定点的角动量 $\boldsymbol{L}$ 守恒。具体来说，常见的合力矩为零还可以分为以下两种情况：

情况一：$\boldsymbol{F}=\boldsymbol{0}$，即质点所受合外力为零。此时质点做匀速直线运动，其相对于任何点的角动量都守恒。如图5.4.2所示，质点的动量保持不变，则一定有 $\boldsymbol{r}_1\times\boldsymbol{p}=\boldsymbol{r}_2\times\boldsymbol{p}$，即角动量守恒。

情况二：$\boldsymbol{F}\neq\boldsymbol{0}$，但 $\boldsymbol{F}$ 与 $\boldsymbol{r}$ 方向平行，即合外力总是指向固定点或背离固定点。这种力形象地称为有心力。比如，太阳对行星的引力就是始终指向太阳的。如图5.4.3所示，质点受力始终指向固定点，则一定有 $\boldsymbol{r}_1\times\boldsymbol{p}=\boldsymbol{r}_2\times\boldsymbol{p}$，即角动量守恒。

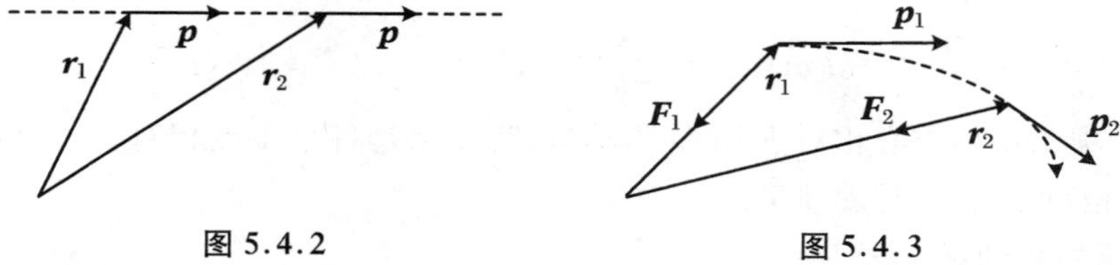

图5.4.2　　　　图5.4.3

4. 质点组的角动量

对于由多个质点组成的系统，其相对于某个固定点的总角动量应当是各个质点的角动量之和，即

$$\boldsymbol{L}=\sum_{i=1}^{n}\boldsymbol{L}_i$$

角标 i 代表了不同的质点，n 是系统的质点总数。如果用 $\boldsymbol{r}_C$ 表示质心相对于固定点的位置，用 $\boldsymbol{v}_C$ 表示质心的速度，用 $\boldsymbol{r}_{Ci}$ 表示第 i 个质点相对于质心的位置，用 $\boldsymbol{v}_{Ci}$ 表示第 i 个质点

相对于质心的速度，则有 $\boldsymbol{r}_i=\boldsymbol{r}_C+\boldsymbol{r}_{Ci}$，$\boldsymbol{v}_i=\boldsymbol{v}_C+\boldsymbol{v}_{Ci}$。于是

$$\begin{aligned}\boldsymbol{L}&=\sum_{i=1}^{n}\boldsymbol{L}_i=\sum_{i=1}^{n}\boldsymbol{r}_i\times\boldsymbol{p}_i=\sum_{i=1}^{n}(\boldsymbol{r}_C+\boldsymbol{r}_{Ci})\times\boldsymbol{p}_i\\&=\boldsymbol{r}_C\times\sum_{i=1}^{n}\boldsymbol{p}_i+\sum_{i=1}^{n}m_i\boldsymbol{r}_{Ci}\times\boldsymbol{v}_i=\boldsymbol{r}_C\times\boldsymbol{p}_C+\sum_{i=1}^{n}m_i\boldsymbol{r}_{Ci}\times(\boldsymbol{v}_C+\boldsymbol{v}_{Ci})\\&=\boldsymbol{r}_C\times\boldsymbol{p}_C+\Big(\sum_{i=1}^{n}m_i\boldsymbol{r}_{Ci}\Big)\times\boldsymbol{v}_C+\sum_{i=1}^{n}m_i\boldsymbol{r}_{Ci}\times\boldsymbol{v}_{Ci}\end{aligned}$$

其中 $\sum\limits_{i=1}^{n}\dfrac{m_i\boldsymbol{r}_{Ci}}{m}$ 表示在质心系中看质心的坐标，当然为 $\mathbf{0}$，所以

$$\boldsymbol{L}=\boldsymbol{r}_C\times\boldsymbol{p}_C+\sum_{i=1}^{n}m_i\boldsymbol{r}_{Ci}\times\boldsymbol{v}_{Ci}$$

上式表示：系统相对于某固定点的角动量等于质心相对于该固定点的角动量加上各个质点相对于质心的角动量。比如，地球绕太阳的总角动量就应当等于地球质心绕太阳公转的角动量再叠加上地球上各个质点绕地球质心自转的角动量。

5. 平面平行运动的刚体绕轴的角动量

对于刚体，如果其上所有质点的运动轨迹都平行于某平面，则这样的运动称为平面平行运动。比如，一个旋转着在冰面上前进的冰壶，其上所有点的轨迹都平行于地面。

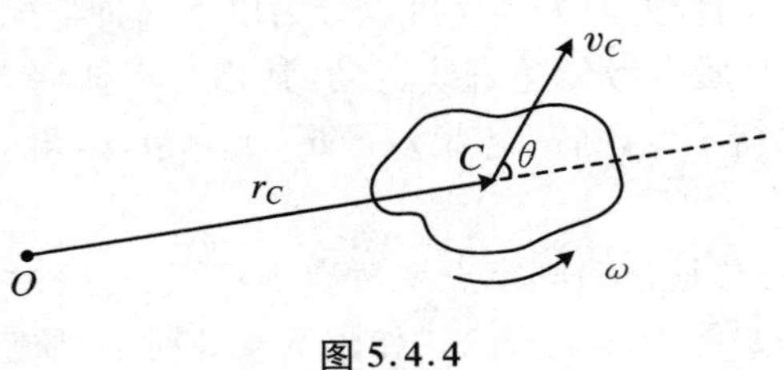

图 5.4.4

对于做平面平行运动的刚体，我们遇到最多的情况是计算刚体绕某根垂直于轨迹平面的固定轴的角动量，这时的角动量可认为退化成了标量。如图 5.4.4 所示，过 O 的固定轴记为 l_O，质心到 l_O 的距离为 r_C，质心速度为 v_C，r_C 与 v_C 的夹角为 θ。又记经过质心且平行于 l_O 的轴为 l_C，刚体上某质点 i 到 l_C 的距离为 r_{Ci}，则刚体绕 l_O 的角动量大小为

$$L_O=r_Cp_C\sin\theta+\sum_{i=1}^{n}m_ir_{Ci}(\omega r_{Ci})=L_{OC}+I_C\omega$$

上式右端第 1 项 L_{OC} 是质心相对于 l_O 的角动量，第 2 项是各个质点相对于 l_C 的角动量，其中 I_C 是刚体相对于 l_C 的转动惯量。

6. 质点组的角动量守恒

对于由多个质点组成的系统，其相对于某个固定点的总角动量应当是各个质点的角动量之和，即

$$\boldsymbol{L}=\sum_{i=1}^{n}\boldsymbol{L}_i$$

角标 i 代表了不同的质点，n 是系统的质点总数。继而再用 $\boldsymbol{F}_i$ 表示第 i 个质点所受的系统外的作用力，用 $\boldsymbol{f}_{ij}$ 表示系统内第 i 个质点对第 j 个质点的作用力，则

$$\frac{\mathrm{d}\boldsymbol{L}}{\mathrm{d}t}=\frac{\mathrm{d}\left(\sum\limits_{i=1}^{n}\boldsymbol{L}_i\right)}{\mathrm{d}t}=\sum_{i=1}^{n}\frac{\mathrm{d}\boldsymbol{L}_i}{\mathrm{d}t}=\sum_{i=1}^{n}\boldsymbol{r}_i\times\left(\boldsymbol{F}_i+\sum_{j\neq i}\boldsymbol{f}_{ji}\right)$$

$$=\sum_{i=1}^{n}\boldsymbol{r}_i\times\boldsymbol{F}_i+\sum_{i=1}^{n}\left(\sum_{j\neq i}\boldsymbol{r}_i\times\boldsymbol{f}_{ji}\right)$$

上式右端第 1 项代表的正是系统所受的合外力矩 $\sum \boldsymbol{M}_{外}$；第 2 项则代表的是系统所有内力相对于固定点的力矩之和。下面我们详细研究第 2 项。

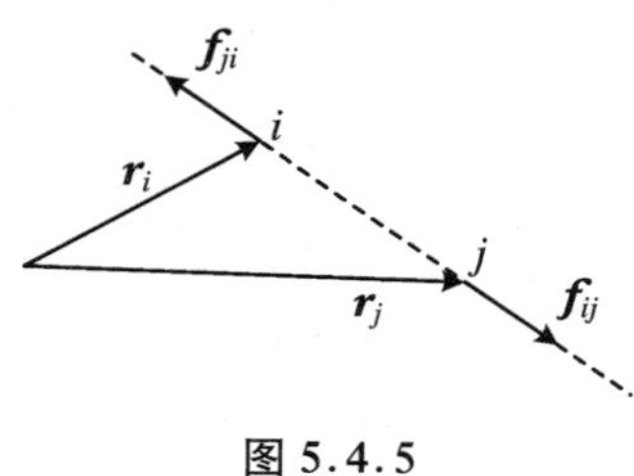

图 5.4.5

请看图 5.4.5，i、j 两个质点相对于固定点的位置分别为 $\boldsymbol{r}_i$、$\boldsymbol{r}_j$，我们设想两质点间的作用力是沿它们的连线的，且由牛顿第三定律有 $\boldsymbol{f}_{ij}=-\boldsymbol{f}_{ji}$，则

$$\boldsymbol{r}_i\times\boldsymbol{f}_{ji}+\boldsymbol{r}_j\times\boldsymbol{f}_{ij}=(\boldsymbol{r}_i-\boldsymbol{r}_j)\times\boldsymbol{f}_{ij}$$

考虑到$(\boldsymbol{r}_i-\boldsymbol{r}_j)/\!/\boldsymbol{f}_{ij}$，$(\boldsymbol{r}_i-\boldsymbol{r}_j)\times\boldsymbol{f}_{ij}=\boldsymbol{0}$。既然任意一对内力的力矩之和为零，那么所有内力矩之和一定为零。综上所述，可得

$$\frac{\mathrm{d}\boldsymbol{L}}{\mathrm{d}t}=\sum\boldsymbol{M}_{外}$$

所以系统角动量守恒的条件就是合外力矩为零。

比如，一个在冰面上旋转的花样滑冰运动员，可以认为其相对于地面接触点的合外力矩为零，当运动员将伸展的手臂和腿收回时，其绕通过质心的竖直转轴的转动惯量会变小，而其角动量等于 $I_C\omega$，所以其自转角速度会变大。这就是花滑运动员控制自身旋转速度的秘诀。

核心问题讨论

1. 如何理解质点的角动量与所选取的固定点相关?

角动量的定义 $\boldsymbol{L}=\boldsymbol{r}\times\boldsymbol{p}$ 中，$\boldsymbol{p}$ 是与固定点无关的，而 $\boldsymbol{r}$ 是质点相对于固定点的位置矢量，所以选取不同的固定点，角动量的大小、方向均可能不同。因此，每次在写角动量时都首先要明确是相对于哪个固定点的，这样才能明确 $\boldsymbol{r}$ 的值，然后再根据定义写出角动量。当然，这里还需要对矢量的叉乘很熟悉。

例题 1　图 5.4.6 所示是个圆锥摆，质量为 m 的小球系在长为 l 的轻绳一端，轻绳另一端固定在 O 点，小球在水平面内做逆时针方向(俯视)的匀速圆周运动，轻绳与竖直方向的夹角为 θ，当小球经过图中 A 点时，分别求其相对于 O 点和圆心 C 点的角动量。

分析　本题需要先由牛顿定律求解出小球的动量，再针对不同的固定点，确定出相应的 $\boldsymbol{r}$，便可求解相应的角动量。

解　根据牛顿定律，重力和轻绳拉力的合力提供了小球的向心力，由此可以算出小球的速度大小为

$$v = \sqrt{gl\sin^2\theta/\cos\theta}$$

方向如图 5.4.7 所示。

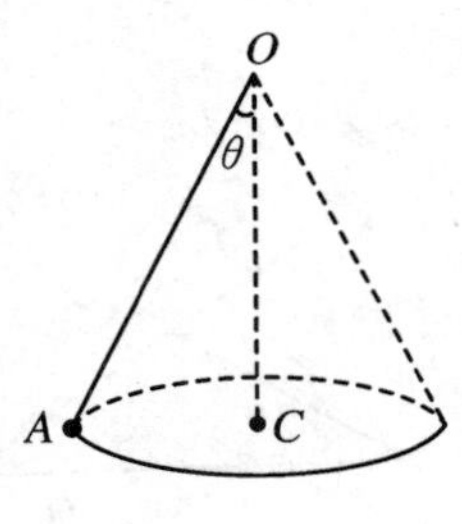

图 5.4.6

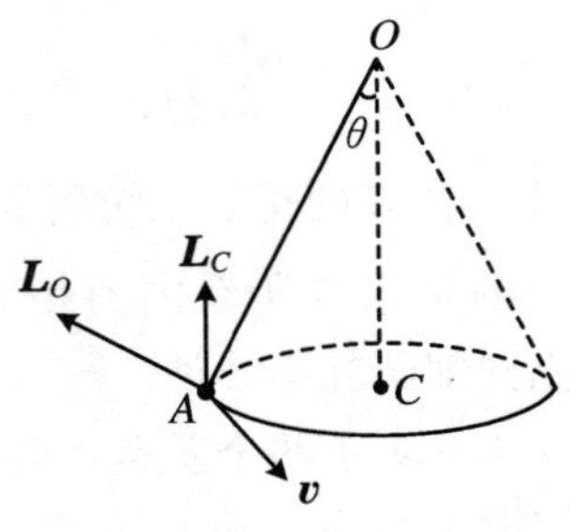

图 5.4.7

相对于 O 点，$\boldsymbol{r}_O = \overrightarrow{OA}$，所以

$$L_O = lmv = ml\sin\theta\sqrt{gl/\cos\theta}$$

方向如图 5.4.7 所示，是斜向左上的。

相对于 C 点，$\boldsymbol{r}_C = \overrightarrow{CA}$，所以

$$L_C = l\sin\theta \cdot mv = ml\sin^2\theta\sqrt{gl/\cos\theta}$$

方向竖直向上。

点拨 可见，相对于不同的点，同一质点在某一瞬间的角动量不仅大小可以不一样，方向也可以不一样。

2. 如何理解质点角动量的矢量性?

质点角动量的方向定义的是位置叉乘动量的方向，但同样可以等效为下面更加形象的说法：用右手四指握住的方向表示质点绕行固定点的方向，则右手伸直的大拇指方向就是角动量的方向。可以看到，这和我们定义角速度、力矩的方向时有相同之处，可以利用右手定则将质点绕行固定点的方向和角动量的方向迅速地联系起来。而且角动量在某方向上的分量的含义就是绕该方向上的轴旋转的角动量。

例题 2 在刚才的例题 1 中，质点绕 O 的角动量守恒吗？绕 C 的角动量守恒吗？

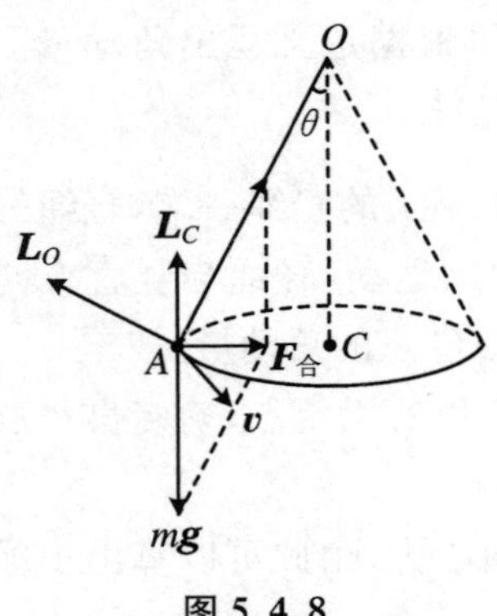

图 5.4.8

分析 判断角动量是否守恒，既可以看质点所受的力矩是否为零，也可以直接看角动量是否随时间变化。

解 对质点进行受力分析，如图 5.4.8 所示，重力和绳拉力的合力 $\boldsymbol{F}_合$ 应当始终指向 C 点，大小为 $mg\tan\theta$。

所以，$\boldsymbol{F}_合$ 相对于 O 点的力矩为 $\boldsymbol{M}_O = \overrightarrow{OA} \times \boldsymbol{F}_合 \neq \boldsymbol{0}$，大小为 $mgl\sin\theta$，方向与动量方向一致，所以 $\boldsymbol{L}_O$ 不守恒。

其实，我们直接观察 $\boldsymbol{L}_O$ 也可以发现，随着质点的旋转，$\boldsymbol{L}_O$ 的大小虽然不变，但方向一直在变。

而 $\boldsymbol{F}_合$ 相对于 C 点的力矩为 $\boldsymbol{M}_C = \overrightarrow{CA} \times \boldsymbol{F}_合 = \boldsymbol{0}$，所以 $\boldsymbol{L}_C$ 守恒。同样，直接观察 $\boldsymbol{L}_C$ 也可以发现，$\boldsymbol{L}_C$ 的大小和方向

都保持不变。

点拨　实际上，L_C 正是 L_O 在竖直方向上的分量，更好地理解 L_C 不变的方式其实是质点绕 OC 轴的角动量守恒。

3. 如何求解卫星绕中心天体的轨道问题？

卫星绕中心天体运动时，若只受万有引力（有心力）的作用，我们可以根据角动量守恒和机械能守恒列出方程，对轨道问题进行充分讨论。

例题 3　两个人造卫星绕地球沿同一椭圆轨道同向运动，它们通过轨道上同一点的时间相差半个周期。已知轨道近地点与地心的距离是地球半径 R 的 2 倍，卫星通过近地点的速度 $v_A=\sqrt{3GM/(4R)}$，式中 M 为地球的质量，G 为引力常量。卫星上装有相同的角度测量仪，可测出卫星与任意两点的两条连线之间的夹角。试设计一种测量方案，利用这两个测量仪测定太空中某星体与地心在某时刻的距离。（结果用测得量和地球的半径 R 表示。）

分析　如图 5.4.9 所示，地心位于卫星椭圆轨道的一个焦点 O 处，设待测量星体位于 C 处。据题意，当一个卫星运动到近地点 A 时，另一个卫星恰好到达远地点 B 处，只要位于 A 点的卫星用角度测量仪测出 AO 和 AC 的夹角 α_1，位于 B 点的卫星用角度测量仪测出 BO 和 BC 的夹角 α_2，并根据角动量守恒和机械能守恒求出 OB 的长度，就可以计算出此时星体 C 与地心的距离 OC。

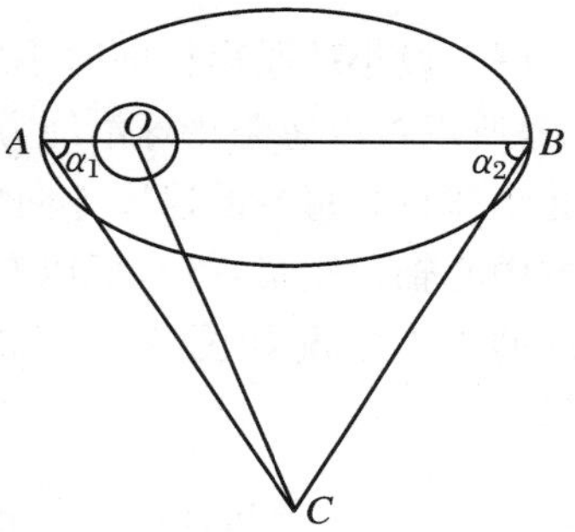

解　如图 5.4.9 所示，在 A、B 两处卫星的运行速度方向正好垂直于 AB，设卫星的质量均为 m，则根据角动量守恒，可以写出

$$mv_A\cdot OA=mv_B\cdot OB$$

又根据机械能守恒，可以写出

$$\frac{1}{2}mv_A^2-\frac{GMm}{OA}=\frac{1}{2}mv_B^2-\frac{GMm}{OB}$$

由以上两式可以解得 $OB=6R$。

图 5.4.9

在△ABC 中用正弦定理易得

$$BC=\frac{\sin\alpha_1}{\sin(\alpha_1+\alpha_2)}\cdot AB$$

又在△BOC 中用余弦定理得

$$OC^2=OB^2+BC^2-2OB\cdot BC\cos\alpha_2$$

所以

$$OC=2R\sqrt{9+16\times\frac{\sin^2\alpha_1}{\sin^2(\alpha_1+\alpha_2)}-24\times\frac{\sin\alpha_1\cos\alpha_2}{\sin(\alpha_1+\alpha_2)}}$$

点拨　在天体运动问题中，将角动量守恒定律和机械能守恒定律结合可以求出卫星运动的位置和速度相关信息。同学们可以利用这两个守恒定律验证一个非常有用的结论：卫星绕中心天体做椭圆运动时的总机械能为

$$E = -\frac{GMm}{2a}$$

其中分母 $2a$ 表示椭圆长轴的长度。因此,椭圆轨道越“宽”,卫星的总能量越大。卫星椭圆轨道长轴的长度 $AB = r_{近} + r$。本题若使用该结论,可以直接求得 $AB = 8R$。

4. 如何分析绕轴的角动量守恒问题?

与上面的例题3类似,如果质点只是绕某条轴的角动量守恒(角动量某一个方向上的分量守恒),则也同样可以结合能量方程对问题进行分析。

例题4 如图5.4.10所示,在半顶角 $\theta = 60°$ 的光滑圆锥面上,一质量 $m = 1.0\ \text{kg}$ 的小球由一根穿过锥顶小孔的绳连接,以速率 $v_0 = \sqrt{15}/4\ \text{m/s}$ 做匀速圆周运动,小球到孔的绳长 $r_0 = 0.50\ \text{m}$。现将绳的另一端缓慢向下拉,直至小球与锥面脱离,试求此过程中拉绳的力所做的功。重力加速度为 $g = 9.8\ \text{m/s}^2$。

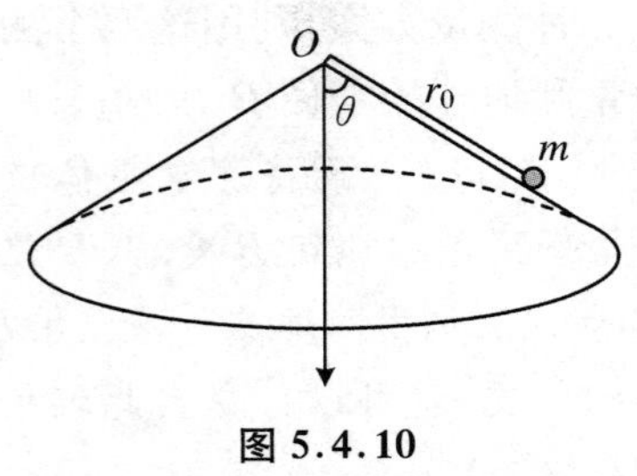

图5.4.10

分析 因为重力、绳的拉力和圆锥面的支持力始终与圆锥的中心轴共面,所以绕中心轴的力矩为零,故小球的运动相对于圆锥的中心轴线角动量守恒。再结合能量关系,即可求解。

解 设小球脱离锥面时小球到孔的绳长为 r,小球的运动速率为 v。因为绳端是缓慢下拉的,所以可以忽略小球沿绳方向的速度,认为小球每时每刻的速度方向都是垂直于绳的,因此小球每时每刻的速度方向也都是垂直于圆锥的中心轴的。又已经分析出小球相对于圆锥的中心轴角动量守恒,所以有 $mv_0 r_0 \sin\theta = mvr\sin\theta$,即 $v = r_0 v_0 / r$。当小球脱离锥面时,小球的受力情况如图5.4.11所示(支持力为零),由此易得

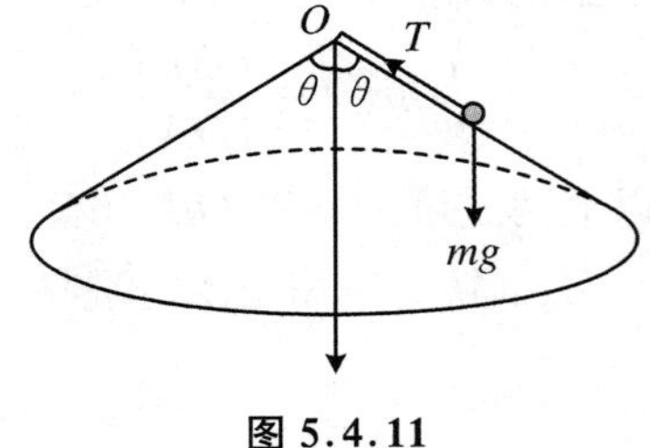

图5.4.11

$$mg\tan\theta = m\frac{v^2}{r\sin\theta}$$

解得

$$v = \sin\theta\sqrt{\frac{gr}{\cos\theta}}$$

结合 $v = \frac{r_0 v_0}{r}$,解得

$$v = \sqrt[3]{\frac{gr_0 v_0 \sin^2\theta}{\cos\theta}} = 1.92\ \text{m/s},\quad r = 0.25\ \text{m}$$

由功能原理即可求得拉绳的力在此过程中所做的功为

$$W = \frac{1}{2}mv^2 - \frac{1}{2}mv_0^2 + mg(r_0 - r)\cos\theta = 2.60\ \text{J}$$

点拨 判断质点绕轴的角动量是否守恒可根据质点所受合外力是否和轴线共面,如果合外力与轴共面,则角动量绕轴方向的分量是守恒的,然后结合能量关系,即可求解。

5．如何计算质点组的角动量?

求解质点组的角动量时，既可以直接计算所有质点的角动量，然后再求和，也可以计算质心角动量与各部分相对于质心的角动量之和。

例题 5　(1) 一根长为 L、质量为 m 的均匀直杆绕其一端以角速度 ω 旋转，求其绕固定端点 O 的角动量。

(2) 如图 5.4.12 所示，固定的大圆柱半径为 R，小圆柱半径为 r、质量为 m。小圆柱绕着大圆柱的边缘做纯滚动，其公转角速度为 Ω，求小圆柱相对于大圆柱圆心 O 的角动量。

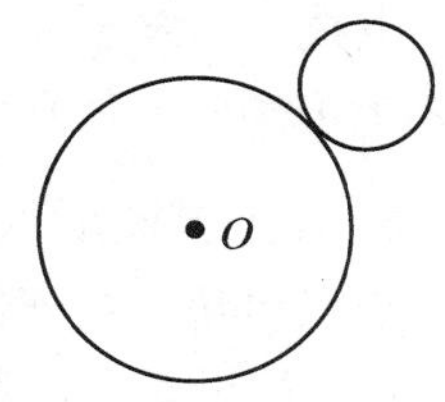

图 5.4.12

分析　本题的刚体是质点组，(1)问可以直接求解，也可以借助质心角动量来求解，而(2)问中小圆柱上每个质点相对于大圆心 O 的运动不便于直接积分求解，所以最好借助质心角动量来求解。

解　(1) 解法一

由转动惯量知识可知，均匀直杆绕其端点的转动惯量为

$$I_O = \frac{1}{3}mL^2$$

直接计算可得直杆绕端点的角动量为

$$L_O = I_O\omega = \frac{1}{3}\omega mL^2$$

解法二

均匀直杆绕其质心的转动惯量为

$$I_C = \frac{1}{12}mL^2$$

直杆绕端点的角动量等于质心绕端点的角动量加上直杆相对于质心的角动量，即

$$L_0 = \left(\frac{L}{2}\right)^2 m\omega + I_C\omega = \frac{1}{3}\omega mL^2$$

可见两种解法的结果是一样的。

(2) 小圆柱相对于 O 的角动量等于小圆柱质心 C 相对于 O 的“公转角动量”加上小圆柱自身相对于 C 的“自转角动量”，所以我们首先要求解小圆柱的自转角速度 ω。

根据接触点的速度为零，有

$$\Omega(R+r) - \omega r = 0$$

可得

$$\omega = \frac{\Omega(R+r)}{r}$$

小圆柱质心 C 相对于 O 的角动量为

$$L_{OC} = m\Omega(R+r)^2$$

小圆柱绕其质心的角动量为

$$L_C = \frac{1}{2}mr^2\omega = \frac{1}{2}m\Omega(R + r)r$$

所以小圆柱绕 O 的角动量为

$$L_O = L_{OC} + L_C = m\Omega(R + r)\left(R + \frac{3}{2}r\right)$$

点拨 求解质点组的角动量时，这两种解法没有优劣之分，需要根据具体情况分析选择到底是用哪种方法更方便，这就需要通过做一定量的习题来积累经验了。

6. 如何判断质点组的角动量是否守恒?

质点组角动量守恒的严格条件是合外力矩为零，但我们仍需注意两种情况：

(1) 如果某个过程中系统内部的力矩对角动量的影响远大于外力矩的影响，那么我们也可以近似地认为系统的角动量守恒。

(2) 和动量守恒一样，系统的角动量守恒也是可以分方向使用的。比如，虽然质点组的角动量可能不守恒，但其绕某根轴的角动量是守恒的。

例题 6 在人造卫星绕星球运行的过程中，为了保持其对称转轴稳定在规定指向，一种简单的办法就是让卫星在其运行过程中同时绕自身的对称轴转，但有时为了改变卫星的指向，又要求减慢或者消除卫星的旋转，减慢或者消除卫星旋转的一种方法就是消旋法，其原理如图 5.4.13 所示。

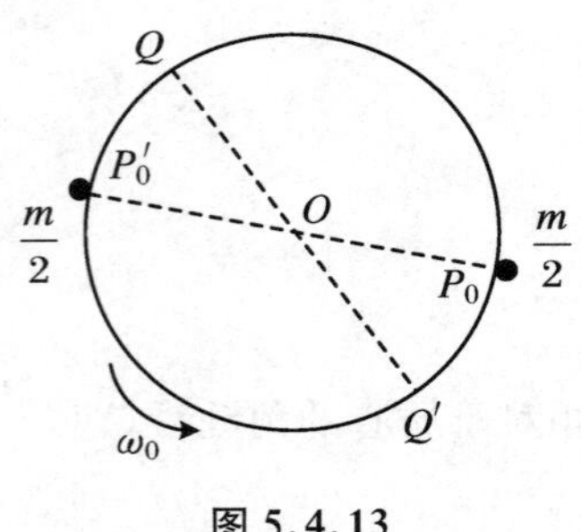

图 5.4.13

一半径为 R、质量为 M 的薄壁圆筒，其横截面如图 5.4.13 所示，图中 O 是圆筒的对称轴，两条足够长且长度相等的不可伸长的结实轻绳的一端分别固定在圆筒表面上的 Q、Q'处（位于圆筒直径两端），另一端各拴有一个质量为 $m/2$ 的小球，正常情况下，绳绕在圆筒外表面上，两小球用插销分别锁定在圆筒表面上的 P_0、P_0'处，与卫星形成一体，绕卫星的对称轴旋转，卫星自转的角速度为 ω_0。若要使卫星减慢或者停止旋转（消旋），可瞬间撤去插销释放小球，让小球从圆筒表面甩开，在甩开的整个过程中，从绳与圆筒表面相切点到小球的那段绳都是拉直的。当卫星转速逐渐减小到零时，立即使绳与卫星脱离，解除小球与卫星的联系，于是卫星转动停止。已知此时绳与圆筒的相切点刚好在 Q、Q'处。求：

(1) 当卫星角速度减至 ω 时绳拉直部分的长度 l；

(2) 绳的总长度 L；

(3) 卫星从 ω_0 到停转所经历的时间 t。

分析 该系统所受合外力为零，可以联立角动量守恒方程和能量守恒方程来求解，而真正的难点在于如何正确地写出角动量。

解 (1) 设在时刻 t，小球和圆筒的运动状态如图 5.4.14 所示，小球位于 P 点，绳与圆筒的切点为 T，P 到 T 的距离即绳的拉直部分的长度 l，圆筒的角速度为 ω，小球的速度为 v。小球的速度可以分解成沿着绳子方向的速度 v_1 和垂直于绳子方向的速度 v_2 两个分量。

根据机械能守恒定律,有

$$\frac{1}{2}(M+m)(\omega_0 R)^2=\frac{1}{2}M(\omega R)^2+\frac{1}{2}m(v_1^2+v_2^2)$$

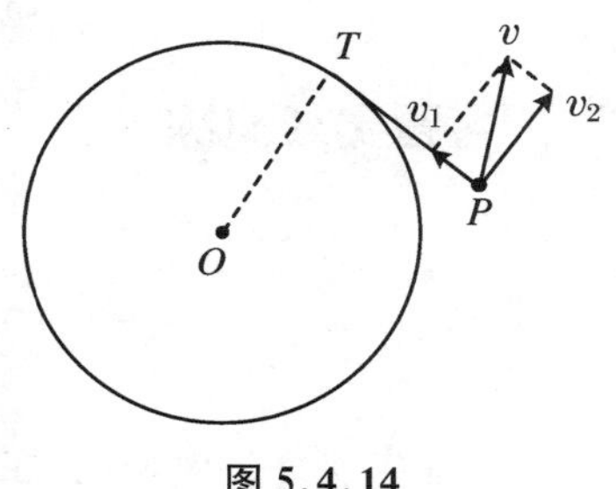

图 5.4.14

再由角动量守恒定律有

$$(M+m)\omega_0 R^2=M\omega R^2+mv_1 R+mv_2 l$$

因为绳子不可伸长,所以 v_1 与切点 T 的速度相等,即 $v_1=\omega R$。

由以上各式解得

$$\omega=\frac{(M+m)R^2-ml^2}{(M+m)R^2+ml^2}\omega_0,\quad \frac{v_2}{l}=\frac{2(M+m)R^2}{(M+m)R^2+ml^2}\omega_0$$

所以

$$l=R\sqrt{\frac{(M+m)(\omega_0-\omega)}{m(\omega_0+\omega)}}$$

这便是卫星角速度减至 ω 时绳的拉直部分的长度 l。

(2) 当 $\omega=0$ 时,得绳的总长度

$$L=R\sqrt{\frac{M+m}{m}}$$

(3) 如图 5.4.15 所示,从时刻 t 到 $t+\Delta t$,切点 T 跟随圆筒转过一角度 $\Delta\theta_1=\omega\Delta t$,而绳子的拉直部分相对于圆筒变长了 Δl,由此造成的绳子又多转过了一个角度

$$\Delta\theta_2=\frac{\Delta l}{R}$$

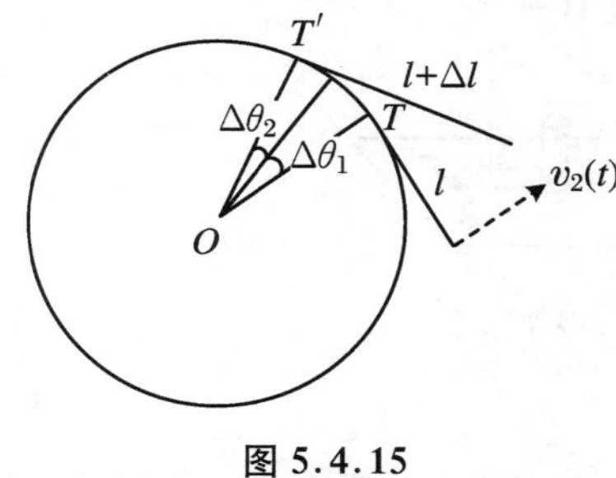

图 5.4.15

于是在 Δt 时间内,小球速度方向转过的角度(绳子拉直部分转过角度)为

$$\Delta\theta=\Delta\theta_1+\Delta\theta_2=\omega\Delta t+\frac{\Delta l}{R}=\frac{v_2\Delta t}{l}$$

$$=\frac{2(M+m)R^2}{(M+m)R^2+ml^2}\omega_0\Delta t$$

再将(1)问中求得的 ω 代入,可得

$$\frac{\Delta l}{\Delta t}=R\left[\frac{2(M+m)R^2}{(M+m)R^2+ml^2}\omega_0-\frac{(M+m)R^2-ml^2}{(M+m)R^2+ml^2}\omega_0\right]=\omega_0 R$$

这说明 l 随 t 均匀增加,故 l 由 0 增加到 L 所需的时间为

$$t=\frac{L}{\omega_0 R}=\frac{1}{\omega_0}\sqrt{\frac{M+m}{m}}$$

点拨　将质点组的角动量守恒与能量守恒结合可以解决很多转动问题,但还得注意运动学关系。

基础练习

1. 恒星在演化的晚期,会在强大的引力作用下剧烈收缩,在半径减小的过程中,恒星的角速度会 ( )

A. 不变　　B. 变大　　C. 变小　　D. 无法确定

2. 花样滑冰运动员绕自身的竖直轴转动,开始时两臂伸开,转动惯量为 I_0,角速度为 ω_0,然后她将两臂收回,使转动惯量减少为 $I=\dfrac{1}{3}I_0$。这时她转动的角速度变为 ( )

A. $\dfrac{1}{3}\omega_0$　　B. $\dfrac{1}{\sqrt{3}}\omega_0$　　C. $3\omega_0$　　D. $\sqrt{3}\omega_0$

3. (2019 年清华领军) 如图 5.4.16(a)所示,一不可伸长的细绳穿过光滑的小孔,绳的另一端和小球 A 连接,给小球 A 一初速度 v_0,同时在细绳的下端施加一力 F,使小球在光滑桌面上做匀速圆周运动,现使 F 持续增大;在图(b)中,小球 B 并未穿过小孔,而是系在柱子上,小球 B 转动时绳子不断缠在柱子上。下列说法中正确的是 ( )

A. 小球 A 速率不变　　B. 小球 B 速率不变

C. 小球 A 速率与半径成反比　　D. 小球 B 速率与半径成反比

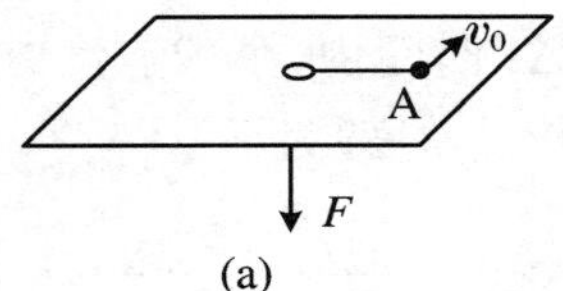

(a)

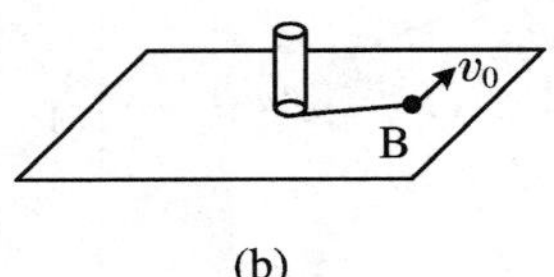

(b)

图 5.4.16

4. 海尔-波普彗星轨道是长轴非常大的椭圆,近日点到太阳中心的距离为 0.914 天文单位(1 天文单位等于地、日间的平均距离),则其近日点速率的上限与地球公转(轨道可视为圆周)速率之比约为多少?(保留 2 位有效数字。)

5. 如图 5.4.17 所示,给静止在水平粗糙地面上的木块一初速度,使之开始运动。一学生利用角动量定理来考察此木块以后的运动过程:"把参考点设于如图所示的地面上一点 O,此时摩擦力 f 的力矩为零,从而木块的角动量将守恒,这样木块将不减速而做匀速运动。"请指出上述推理的错误,并给出正确的解释。

6. 如图 5.4.18 所示,有一圆板状水平转台,质量 $M=200$ kg,半径 $R=3$ m,台上有一人,质量 $m=50$ kg,当他站在离转轴 $r=1$ m 处时,转台和人一起以 $\omega_1=1.35$ rad/s 的角速度转动。若轴处摩擦可以忽略不计,问:当人走到台边时,转台和人一起转动的角速度 ω 为多少?

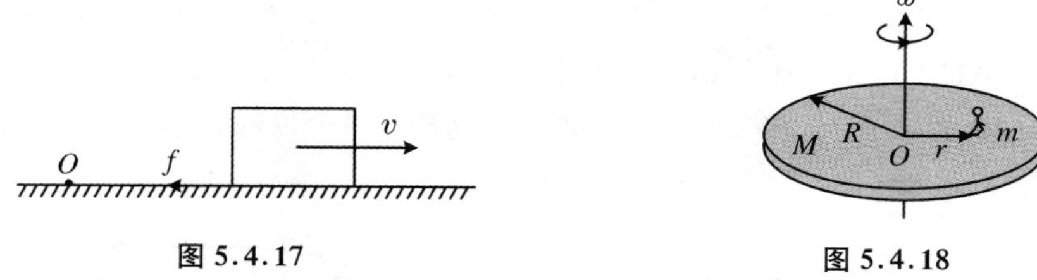

图 5.4.17　　图 5.4.18

提 高 练 习

7. 如图 5.4.19 所示，理想滑轮(轻质，无摩擦)两端悬挂两个质量均为 m 的砝码盘。用轻线拴住劲度系数很大的轻弹簧(弹簧劲度系数为 k)两端使它压缩的长度为 l，将此弹簧竖直放在左侧砝码盘上，弹簧上放一质量为 m 的砝码。右侧砝码盘上也放置质量为 m 的砝码，使两盘静止。烧断轻线，轻弹簧达到自由伸展状态即与砝码脱离。求砝码脱离弹簧后升起的高度。

8. 一个质量为 m_1 的废弃人造地球卫星在离地面 $h=800$ km 高空做圆周运动，在某处和一个质量为 $m_2=m_1/9$ 的太空碎片发生迎头正碰，碰撞时间极短，碰后二者结合成一个物体并做椭圆运动。碰撞前太空碎片做椭圆运动，椭圆轨道的半长轴为 7500 km，其轨道和卫星轨道在同一平面内。设地球是半径为 $R=6371$ km、质量均匀分布的球体，不计空气阻力。

(1) 试定量论证碰后二者结合成的物体会不会落在地球上。

(2) 如果此事件发生在北极上空(地心和北极的连线方向上)，碰后二者结合成的物体与地球相碰处的纬度是多少？

图 5.4.19　　图 5.4.20

9. 如图 5.4.20 所示，星际飞船在距离 Pandora 星表面高度 h 处做匀速圆周运动，现在飞船拟采用两种方式登陆 Pandora 星：(a) 在某点 A 向前短时间喷气，飞船速度改变量为 Δv_a，最终飞船与 Pandora 相切到达 B 点；(b) 在 A 点向外侧沿 Pandora 半径短时间喷气，飞船速度改变量为 Δv_b，使飞船与 Pandora 相切到达 C 点，设喷气相对于原飞船的速度为 u(u 远大于 Δv_a、Δv_b)，则两种方式降落的燃料损耗比大致为多少？

10. 如图 5.4.21 所示，哈雷彗星绕太阳 S 沿椭圆轨道逆时针方向运动，其周期 T 为

76.1年,1986年它过近日点 P_0 时与太阳 S 的距离 $r_0=0.590$ AU(AU是天文单位,它等于地球与太阳的平均距离),经过一段时间,彗星到达轨道上的 P 点,SP 与 SP_0 的夹角 $\theta_P=72.0°$。已知:1 AU$=1.50\times10^{11}$ m,引力常量 $G=6.67\times10^{-11}$ N·m^2/kg^2,太阳质量 $m_S=1.99\times10^{30}$ kg,试求 P 到太阳 S 的距离 r_P 和彗星过 P 点时速度的大小、方向(用速度方向与 SP_0 的夹角表示)。

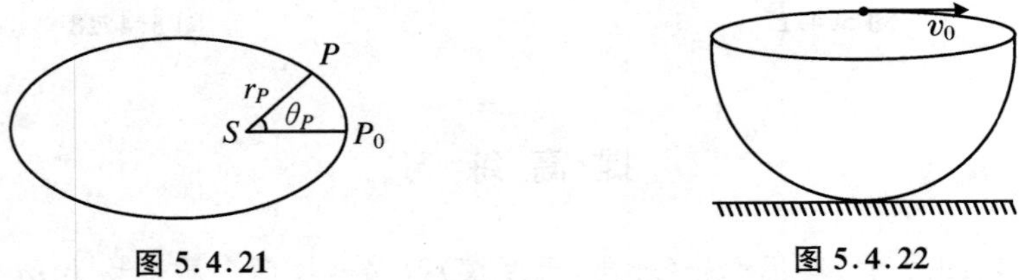

图 5.4.21　　图 5.4.22

11. 如图5.4.22所示,一半径为 R、内侧光滑的半球面固定在地面上,开口水平且朝上。一小滑块在半球面内侧最高点处获得沿球面的水平速度,其大小为 v_0($v_0\neq0$)。求滑块在整个运动过程中可能达到的最大速率。重力加速度大小为 g。

《参考答案》

1. B。

2. C。

3. B。

提示　拉力 F 对小球做功,所以小球A速率变大,故A错误;小球A受到有心力作用,所以角动量守恒,则满足关系 $mv_0r_0=mv_\perp r$,$v_\perp$ 与 r 成反比,故C错误;绳对B球不做功,所以B球速率不变,故B正确。

4. 1.5。

5. 该学生未考虑在竖直方向木块所受的支持力和重力的力矩,仅根据摩擦力的力矩为零便推出木块的角动量应守恒,这样推理本身就不正确。事实上,此时支持力的等效作用线在重力作用线的右侧,支持力与重力的合力矩不为零,木块的角动量不守恒,与木块做减速运动不矛盾。

6. $\omega=0.95$ rad/s。

提示　研究系统为人和转台,系统所受外力对转轴的力矩为零,故系统角动量守恒,则

$$\frac{1}{2}MR^2\omega_1+mr^2\omega_1=\frac{1}{2}MR^2\omega+mR^2\omega$$

当人走到台边时,转台和人一起转动的角速度为

$$\omega=\frac{MR^2+2mr^2}{MR^2+2mR^2}\omega_1=0.95\ \text{rad/s}$$

7. $h=\dfrac{3k}{8mg}l$。

提示　设弹簧刚恢复原长时，左侧物体的速度大小为 v_1，左侧盘和右侧物体的速度大小为 v_2。因为劲度系数很大，所以弹簧恢复原长的过程中重力的作用可以忽略。系统绕滑轮转轴的角动量守恒，则有

$$mv_1r = 3mv_2r$$

又根据机械能守恒，有

$$\frac{1}{2}mv_1^2 + \frac{1}{2}\cdot 3mv_2^2 = \frac{1}{2}kl^2$$

脱离后左侧物体机械能守恒，则有

$$\frac{1}{2}mv_1^2 = mgh$$

由以上各式可得

$$h = \frac{3k}{8mg}l^2$$

8. (1) 会落地；(2) 北纬 51.32°。

提示　(1) 碰撞点到地心的距离 $r=R+h$，卫星的速度为 $v_1=\sqrt{\frac{GM}{r}}$，其中 M 为地球质量。

再根据机械能守恒，碰撞前碎片的速度 v_2 满足

$$\frac{1}{2}m_2v_2^2 - \frac{GMm_2}{r} = -\frac{GMm_2}{2A}$$

其中 A 为碎片所在椭圆的半长轴。

碰撞前后动量守恒，碰后的速度设为 v，则

$$m_1v_1 - m_2v_2 = (m_1+m_2)v$$

碰后机械能守恒，设碰后轨道近地点到地心的距离为 l，则有

$$\frac{1}{2}(m_1+m_2)v^2 - \frac{GM(m_1+m_2)}{r} = -\frac{GM(m_1+m_2)}{r+l}$$

由以上各式解得 $l=3347\ \text{km}<R$，所以会落地。

(2) 对于碰撞后的椭圆轨道，以地心为坐标原点、地心与碰撞点的连线为极轴建立极坐标系来研究。对该椭圆，有 $a+c=r, a-c=l, a-c=l$，偏心率 $e=\frac{c}{a}$，焦准距 $p=\frac{a^2-c^2}{c}$，椭圆方程可以写成 $\rho=\frac{ep}{1-e\cos\theta}$。将 $\rho=R$ 代入，可解得 $\theta=38.68°$，故落地点为北纬 51.32°。

9. 1∶4。

提示　变轨点到地心的距离为 $r=R+h$，卫星的速度为 $v_0=\sqrt{\frac{GM}{r}}$，其中 M 为地球质量。

对于第一种方式,喷射燃料后瞬间速度大小 v_1 满足

$$\frac{1}{2}mv_1^2-\frac{GMm}{r}=-\frac{GMm}{2R+h}$$

对于第二种方式,喷射燃料后瞬间速度大小 v_2 满足

$$\frac{1}{2}mv_2^2-\frac{GMm}{r}=\frac{1}{2}mv_3^2-\frac{GMm}{R},\quad mv_0r=mv_3R$$

其中 v_3 为到达 C 点的速度大小。

两种方式消耗燃料之比为

$$\frac{\Delta m_1}{\Delta m_2}=\frac{v_1-v_0}{v_2-v_0}=\frac{1}{4}$$

其中用到了喷出质量极小、喷出速度极大的近似。

10. $r_P=0.895$ AU,$v_P=4.39\times10^4$ m/s,$\varphi=127°$。

提示 以太阳 S 为焦点、由 S 引向近日点的射线为极轴建立极坐标系,则椭圆轨道方程为

$$r=\frac{p}{1+e\cos\theta}=\frac{a(1-e^2)}{1+e\cos\theta} \qquad ①$$

地球绕太阳运动的周期 $T_e=1.00$ 年,地球到太阳的距离 $a_e=1.00$ AU,根据开普勒第三定律,有

$$\frac{a^3}{a_e^3}=\frac{T^2}{T_e^2} \qquad ②$$

在近日点 $\theta=0$,可得

$$e=1-\frac{r_0}{a} \qquad ③$$

由②、③式解得 a、e,并将 θ_P、a、e 的数据代入①式,即得 $r_P=0.895$ AU。

根据机械能守恒,有

$$\frac{1}{2}mv_P^2+\left(-\frac{Gmm_S}{r_P}\right)=-\frac{Gmm_S}{2a}$$

解得 $v_P=4.39\times10^4$ m/s。

设 P 点的速度方向与极轴的夹角为φ,彗星在近日点的速度为 v_0,由角动量守恒定律有

$$r_Pv_P\sin(\varphi-\theta_P)=r_0v_0$$

代入数据,解得 $\varphi=127°$,$v_P=4.39\times10^4$ m/s。

11. $\sqrt{\frac{1}{2}\left(v_0^2+\sqrt{v_0^4+16g^2R^2}\right)}$。

提示 将滑块的速度 v 分解成纬线切向(水平方向)分量 v_φ 和经线切向分量 v_θ,设滑块和球心 O 的连线与水平方向的夹角为θ。根据机械能守恒,有

$$\frac{1}{2}mv_0^2=-mgR\sin\theta+\frac{1}{2}mv_\varphi^2+\frac{1}{2}mv_\theta^2$$

再根据滑块相对于过球心的竖直轴角动量守恒,有

$$mv_0R = mv_{\varphi}R\cos\theta$$

速度最大时有

$$v_{\theta} = 0,\quad v_{\max} = v(\theta_{\max})$$

联立各式，解得

$$2gR\sin^2\theta_{\max} + v_0^2\sin\theta_{\max} - 2gR = 0$$

其中 $\sin\theta_{\max}\neq 0$，于是有

$$\sin\theta_{\max} = \frac{v_0^2}{4gR}\left(\sqrt{1+16\frac{g^2R^2}{v_0^4}}-1\right)$$

代入前面方程，得

$$v_{\max} = \sqrt{\frac{1}{2}\left(v_0^2+\sqrt{v_0^4+16g^2R^2}\right)}$$

5.5　刚 体 碰 撞

1. 刚体碰撞与质点碰撞的联系与区别

将物体简化成质点模型，就不需要考虑物体的大小了，当然也就不需要考虑物体的转动了，物体间的碰撞常常发生在两物体的连线上，通常情况下是一维碰撞，可以根据动量关系和能量关系列出方程。对于刚体间的碰撞问题，我们常常也需要利用碰撞系统的动量关系来列方程。另外，刚体的碰撞还常常需要考虑刚体的转动，我们还可以根据角动量守恒或者角动量定理来列方程。

在运动学的关联上，刚体的碰撞问题往往还需要用到刚体的运动学关系，即刚体上的任意两质点间的距离保持不变，且所有质点相对于地面具有相同的角速度。

2. 有定轴转动的刚体的弹性碰撞

有时我们会遇到有大小不可忽略的外力参与的碰撞问题，例如图 5.5.1 所示，将一根杆的一端固定在水平面上，杆可绕过端点的竖直轴在水平面上转动，杆受到一质点碰撞，这时系统的动量不再守恒，但角动量却是守恒的，若碰撞是弹性的，动能也是守恒的，这时可以列出对 O 点的角动量守恒方程和动能守恒方程，即

$$\begin{cases} I_1\omega = I_1\omega_1 + I_2\omega_2 \\ \dfrac{1}{2}I_1\omega^2 = \dfrac{1}{2}I_1\omega_1^2 + \dfrac{1}{2}I_2\omega_2^2 \end{cases}$$

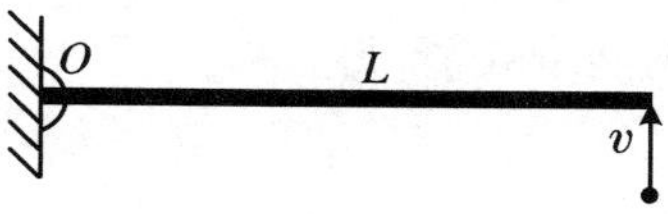

图 5.5.1

其中，I_1 和 I_2 分别是质点和杆对 O 点的转动惯量，ω 是质点相对于 O 点碰前的角速度，其大小为 $\omega = v/L$。用类似于解质点间的弹性碰撞方程组的方法，解上述方程组，得

$$\begin{cases}\omega_1 = \dfrac{I_1 - I_2}{I_1 + I_2}\omega \\ \omega_2 = \dfrac{2I_1}{I_1 + I_2}\omega\end{cases}$$

可见,当 $I_1 > I_2$ 时,$\omega_1 > 0$,即碰后同向;当 $I_1 < I_2$ 时,$\omega_1 < 0$,即碰后反向;当 $I_1 = I_2$ 时,$\omega_1 = 0$,$\omega_2 = \omega$,即碰后交换角速度。

核心问题讨论

1. 如何分析有一定大小的两小球间的斜碰?

在高考范围内,通常将小球简化成质点,小球间的碰撞就是质点间的碰撞,即小球间的碰撞简化成对心碰撞,碰撞前后小球的速度方向都在同一条直线上。在强基计划的考试题目中,我们还会常常遇到小球的斜碰,这时就不能将小球简化成质点了。这时,定义小球碰撞过程中的恢复系数都是针对法向(两球心连线方向)的速度而言的。若小球不光滑,则两小球在碰撞过程中切向速度还会引起改变,特别是小球本身就有初始角速度的情况,还可能会引起两小球角速度的改变。总之,对于有一定大小的两小球间的斜碰问题,需要考虑碰撞过程中动量、能量和角动量的守恒问题,同时还要注意分析接触面之间的受力情况。

例题 1 质量为 m、速度为 v_0 的光滑小球 A 与原来静止的质量为 M 的光滑小球 B 发生弹性斜碰,如图 5.5.2 所示。

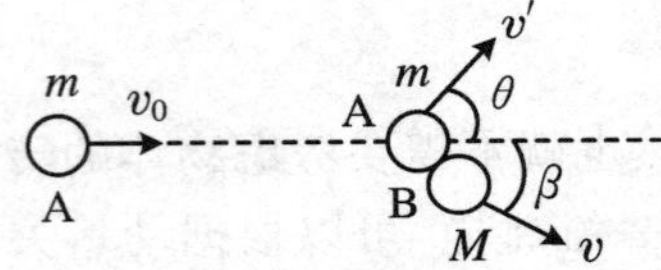

图 5.5.2

(1) 求碰撞后小球 B 的速度 v 与 v_0 的夹角 β 的最大可能值。

(2) 若 $m = M$,求证:A、B 发生碰撞后的运动方向必互相垂直。

分析 这是一个二维非对心弹性碰撞问题,动量守恒方程实际上可以分解成两个互相垂直方向的动量守恒方程,即沿初速度方向和垂直于初速度方向动量守恒,另外还满足动能守恒方程,根据这几个方程就可以进行分析求解了。

解 (1) 分别在沿初速度方向和垂直于初速度方向应用动量守恒定律,得

$$mv_0 = mv'\cos\theta + Mv\cos\beta$$

$$0 = mv'\sin\theta - Mv\sin\beta$$

联立两式,利用 $(mv'\sin\theta)^2 + (mv'\cos\theta)^2 = m^2v'^2$,消去 θ,得

$$M^2v^2 + m^2v_0^2 - 2mMv_0v\cos\beta = m^2v'^2$$

根据能量守恒,得

$$\frac{1}{2}mv_0^2 = \frac{1}{2}mv'^2 + \frac{1}{2}Mv^2$$

再消去 mv'^2,得

$$\cos\beta = \frac{(M+m)v}{2mv_0}$$

显然，当 $v \to 0$ 时，$\beta_{max} = \pi/2$。

(2) 若 $m = M$，根据动量守恒，得

$$m\boldsymbol{v}_0 = m\boldsymbol{v}' + m\boldsymbol{v}$$

设碰后两物体速度方向的夹角为 α，将上式两边平方，得

$$m^2 v_0^2 = m^2 v'^2 + m^2 v^2 + 2m^2 v' v \cos\alpha$$

又因为是弹性碰撞，所以

$$\frac{1}{2}mv_0^2 = \frac{1}{2}mv'^2 + \frac{1}{2}mv^2$$

由以上两式可以推出

$$\cos\alpha = 0$$

可见，A、B 发生完全弹性的非对心碰撞后的运动方向必互相垂直。

点拨　本题(2)的结论也可以这样快速得到：因为质量相等且为弹性碰撞，所以沿球心连线方向两球交换速度，即球 m 把在两球心连线方向上的速度 $v_{0/\!/}$ 给了球 M；又因为两球光滑，所以球 m 保留了垂直于两球心连线方向上的速度 $v_{0\perp}$。$v_{0/\!/}$ 和 $v_{0\perp}$ 原本就垂直，当然碰后 $v_{0/\!/}$ 和 $v_{0\perp}$ 还是垂直的。

例题 2　如图 5.5.3 所示，小球 1、2 的质量和半径分别为 $m_1 = m$，$r_1 = 2r$，$m_2 = 2m$，$r_2 = 3r$，它们位于远离一切其他物体的太空中。建立右手三维坐标系 O-xyz，图中 z 轴未画出，方向为垂直于纸面向外。小球 2 原本静止不动，也不转动；小球 1 具有初速度 $\boldsymbol{v} = v_{x0}\boldsymbol{i} + v_{y0}\boldsymbol{j} = 5v\boldsymbol{i} + 6v\boldsymbol{j}$ 和初角速度 $\boldsymbol{\omega} = \omega_0\boldsymbol{k} = \frac{v}{r}\boldsymbol{k}$。小球 1 从远处朝小球 2 运动过来，直到发生碰撞，已知碰撞时两球心连线正好与 x 轴平行，碰撞的恢复系数为 $e = 0.8$（x 轴方向），并且碰撞时间极短，以至于碰撞过程中两小球还来不及有位移和角位移。设两球之间的滑动摩擦因数为 μ。

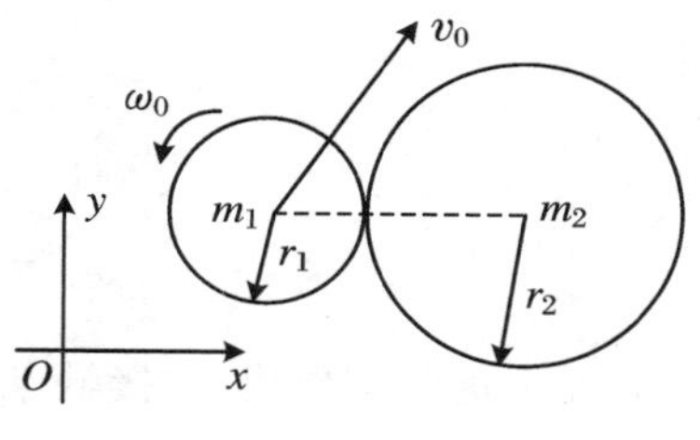

图 5.5.3

(1) 假设两球在碰撞过程中的接触点始终未达到共速，求 v_{x1}、v_{y1}、ω_1、v_{x2}、v_{y2}、ω_2 的大小，以及 μ 应该满足的条件。

(2) 假设两球在碰撞结束前接触点已经达到了共速，求 v_{x1}、v_{y1}、ω_1、v_{x2}、v_{y2}、ω_2 的大小。

分析　两小球所组成的系统动量和角动量都守恒，但机械能却不守恒，可以通过恢复系数列出碰撞后小球球心的速度关系方程。另外，由于弹力和滑动摩擦力的存在，碰撞点可能存在两种情况：其一，碰撞过程中接触点还没有达到共速；其二，碰撞过程中接触点已经达到了共速。因为 $f = \mu N$，N 是法向的力，f 是切向的力，由此可以分别建立小球 1、2 的法向冲量和切向冲量间的关系。

解　(1) 根据 x 轴方向动量守恒以及恢复系数的定义，有

$$\begin{cases} m_1 v_{x0} = m_1 v_{x1} + m_2 v_{x2} \\ e v_{x0} = v_{x2} - v_{x1} \end{cases}$$

联立以上两式，解得

$$\begin{cases} v_{x1} = \dfrac{m_1 - em_2}{m_1 + m_2} v_{x0} = -v \\ v_{x2} = \dfrac{m_1(1+e)}{m_1 + m_2} v_{x0} = 3v \end{cases}$$

所以在碰撞过程中弹力的冲量大小为

$$I_N = m_2 v_{x2} = \frac{m_1 m_2 (1+e)}{m_1 + m_2} v_{x0} = 6mv$$

而碰撞时滑动摩擦力的冲量大小为

$$I_f = \mu I_N = \mu \frac{m_1 m_2 (1+e)}{m_1 + m_2} v_{x0} = 6\mu mv$$

再分别对两个小球列 y 轴方向的动量定理方程，并以各自的球心为参考点列角动量定理方程：

$$\begin{cases} -I_f = m_1(v_{y1} - v_{y0}) \\ I_f = m_2 v_{y2} \\ -I_f r_1 = \dfrac{2}{5} m_1 r_1^2 (\omega_1 - \omega_0) \\ -I_f r_2 = \dfrac{2}{5} m_2 r_2^2 \omega_2 \end{cases}$$

解得

$$\begin{cases} v_{y1} = (6 - 6\mu)v, v_{y2} = 3\mu v \\ \omega_1 = \left(1 - \dfrac{15}{2}\mu\right)\dfrac{v}{r}, \omega_2 = -\dfrac{5}{2}\mu \dfrac{v}{r} \end{cases}$$

若要上面的结果成立(接触点始终有滑动)，则需要满足

$$v_{y1} + \omega_1 r_1 \geqslant v_{y2} - \omega_2 r_2$$

解得

$$\mu \leqslant \frac{16}{63} = 0.254$$

(2) 若 $\mu \geqslant \dfrac{16}{63} = 0.254$，则碰撞过程中接触点将达到共速，但 x 轴方向动量守恒以及恢复系数 e 不变，所以 v_{x1}、v_{x2} 及 I_N 的表达式都不变，即

$$\begin{cases} v_{x1} = \dfrac{m_1 - em_2}{m_1 + m_2} v_{x0} = -v \\ v_{x2} = \dfrac{m_1(1+e)}{m_1 + m_2} v_{x0} = 3v \end{cases}$$

和

$$I_N = m_2 v_{x2} = \frac{m_1 m_2 (1+e)}{m_1 + m_2} v_{x0} = 6mv$$

而 $I_f \neq \mu I_N$，由于碰撞过程中接触点将达到共速，有

$$v_{y1}+\omega_1 r_1=v_{y2}-\omega_2 r_2$$

根据动量定理和角动量定理，得

$$\begin{cases}-I_f=m_1(v_{y1}-v_{y0})\\ I_f=m_2 v_{y2}\\ -I_f r_1=\dfrac{2}{5}m_1 r_1^2(\omega_1-\omega_0)\\ -I_f r_2=\dfrac{2}{5}m_2 r_2^2\omega_2\end{cases}$$

解出

$$I_f=\frac{32}{21}mv$$

进而解得

$$\begin{cases}v_{y1}=\dfrac{94}{21}v=4.476v,\ v_{y2}=\dfrac{16}{21}v=0.762v\\ \omega_1=-\dfrac{19v}{21r}=-0.905\dfrac{v}{r},\ \omega_2=-\dfrac{40v}{63r}=-0.635\dfrac{v}{r}\end{cases}$$

点拨　刚体的碰撞可以用动量定理和角动量定理来解决，同时也要注意几何形状导致的运动学约束。碰撞点的摩擦力冲量的讨论是一个容易被忽视的地方。注意，只有在滑动摩擦力始终存在的前提下，才有 $I_f=\mu I_N$ 成立。

2. 如何分析质点与刚体间的碰撞？

对于质点与刚体的斜碰，动量守恒的方程一般要考虑两个方向，而角动量守恒在平面平行运动中只需考虑一个。并且，合理利用刚体上质点间的运动学关系、质心速度等也是解决问题的关键所在。

例题 3　(2018 年清华领军) 如图 5.5.4 所示，手持球棒一端击打放置在底座上的球，击打点是球棒另一端，击打过程中人的手可近似认为不动。假设球棒的质量 $m_1=1$ kg 且分布均匀，球棒长 $L=1.2$ m，球棒角速度 $\omega=10$ rad/s，球的质量 $m_2=0.75$ kg，则打出后球的速度可能为　(　　)

A. 7.0 m/s

B. 6.5 m/s

C. 5.7 m/s

D. 5.3 m/s

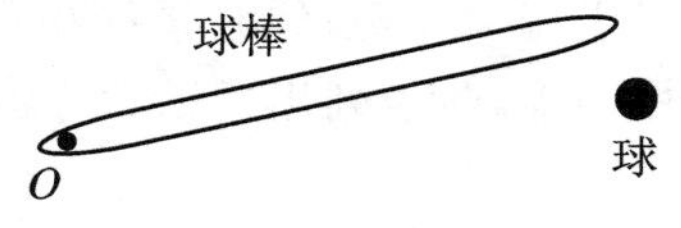

图 5.5.4

分析　该过程满足角动量守恒定律，弹性碰撞和完全非弹性碰撞分别对应该过程角速度的上限和下限，根据角速度就可以求出对应的速度的上限和下限了。

解　(1) 当碰撞为弹性碰撞时，有

$$\begin{cases}I_1\omega=I_1\omega_1+I_2\omega_2\\ \dfrac{1}{2}I_1\omega^2=\dfrac{1}{2}I_1\omega_1^2+\dfrac{1}{2}I_2\omega_2^2\end{cases}$$

解得

$$\omega_2 = \frac{2I_1\omega}{I_1 + I_2}$$

所以

$$v_2 = \omega_2 L = \frac{2I_1\omega}{I_1 + I_2}L = 7.38\ \mathrm{m/s}$$

(2) 当碰撞为完全非弹性碰撞时,有

$$I_1\omega = (I_1 + I_2)\omega_2'$$

解得

$$\omega_2' = \frac{I_1\omega}{I_1 + I_2}$$

所以

$$v_2' = \omega_2' L = 3.69\ \mathrm{m/s}$$

打出后,球的速度上限为7.38 m/s,下限为3.69 m/s,所以本题选A、B、C、D。

点拨 击打后球的速度的上限对应弹性碰撞的情形,也可以利用弹性碰撞的性质进行求解,即碰撞接触点的接近速度和分离速度相等,即可以应用 $\omega L = (\omega_2' - \omega_1')L$ 来代替方程组中的能量守恒方程。

例题4 如图5.5.5所示,质量为 m_1 和 m_2 的两个小球用长为 L 的轻杆连接,静止放在光滑水平面上,一个质量为 m_3 的小球以初速度 v_0 撞向 m_2,且 v_0 的方向与轻杆垂直,m_3 与 m_2 发生完全非弹性正碰,求碰撞后瞬间三个小球的速度。

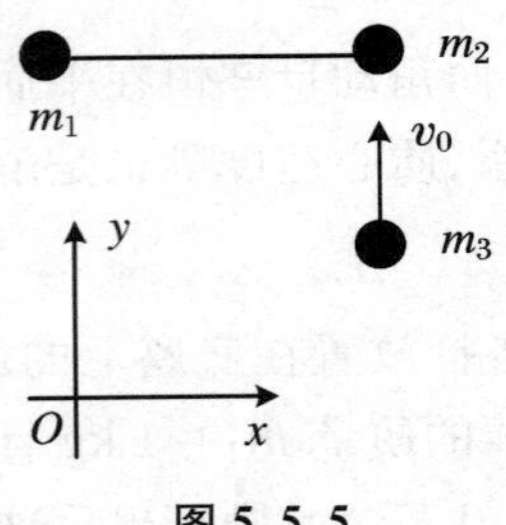

图5.5.5

分析 需要注意的是,本题应该有6个未知量,碰后三小球的速度大小、方向均未知,所以我们需要找到6个独立的方程。然而,m_3 与 m_2 发生完全非弹性正碰说明 m_3 只有 y 轴方向受力,且碰后 m_2 与 m_3 共速,所以碰后 m_2 与 m_3 都只有 y 轴方向的速度。再根据 x 轴方向动量守恒可知碰后三个小球的速度都只能沿 y 轴方向,这样就只有2个未知数了。

解 设碰后 m_1 的速度为 v_1,m_2 和 m_3 的速度为 v_2。系统所受合外力为零,因此无论相对于哪个点,系统所受合外力矩都为零,而为了计算方便,我们不妨选取 m_2 和 m_3 的撞击点作为固定点,列出角动量守恒的方程:

$$0 = Lm_1 v_1$$

可见,$v_1 = 0$。根据系统在 y 轴方向的动量守恒,有

$$m_3 v_0 = m_1 v_1 + (m_2 + m_3) v_2$$

解得

$$v_2 = \frac{m_3 v_0}{m_2 + m_3}$$

点拨 解决问题时应当注意系统满足哪些规律,比如能量守恒、动量守恒、角动量守恒等。千万不要直接"记住"模型,而要尽力去弄清楚约束系统的条件和规律。比如本题中,如

果不是正碰，就得在两个方向分别列动量守恒方程，而且还得根据杆是否能伸长来确定速度之间的关系。

例题 5　如果例题 4 中三个光滑小球的质量都是 m，且碰撞是弹性斜碰，碰撞后小球 3 的水平速度为 $\boldsymbol{v}_{3x}=-v_x\boldsymbol{i}$，求碰撞后各个小球的速度。

分析　三个小球都会获得 x 轴方向的速度，我们可以在 x 轴和 y 轴方向分别列动量守恒的方程，再加上能量守恒和角动量守恒的方程，总共只有 4 个方程。但是，除了 v_{3x}，碰撞后三个小球在两个方向上的速度还有 5 个未知数，所以我们还需要根据刚性轻杆的性质再找出方程。

解　因为刚性轻杆不可伸长，所以碰撞后瞬间小球 1、2 在 x 轴方向具有相同的速度，设为 v_{1x}。这样我们就只有 4 个未知数：v_{1x}、v_{2y}、v_{3y}、v_{1y}。先研究角动量守恒，以碰撞点为参考点，则有

$$0=mLv_{1y}$$

可见，$v_{1y}=0$。再根据动量守恒和机械能守恒，有

$$2mv_{1x}=mv_x$$

$$mv_0=mv_{2y}+mv_{3y}$$

$$\frac{1}{2}mv_0^2=\frac{1}{2}m(v_{1x}^2+v_{2y}^2)+\frac{1}{2}mv_{1x}^2+\frac{1}{2}m(v_{3y}^2+v_x^2)$$

解得

$$v_{1x}=\frac{v_x}{2},\quad v_{2y}=\frac{v_0+\sqrt{v_0^2-3v_x^2}}{2},\quad v_{3y}=\frac{v_0-\sqrt{v_0^2-3v_x^2}}{2}$$

点拨　对于 $v_{1y}=0$ 这个结论，也可以对轻杆进行研究而得到：因为轻杆所受的合外力和合外力矩必须都为零，且轻杆只在两端受力，所以轻杆两端不会受到垂直于轻杆的作用力。故轻杆也不会对 1 和 2 有 y 轴方向的冲击力，所以碰撞后瞬间一定有 $v_{1y}=0$。

例题 6　（第 26 届北京市高中力学竞赛决赛）如图 5.5.6 所示，一根质量可以忽略的细杆，长为 $2l$，两端和中心处分别固连着质量均为 m 的小球 B、D 和 C，开始时静止在光滑的水平桌面上。桌面上另有一质量为 M 的小球 A，以一给定速度 v_0 沿垂直于杆 DB 的方向与右端小球 B 作弹性正撞。

(1) 求刚碰后小球 A、B、C、D 的速度。

(2) 详细讨论以后可能发生的运动情况。

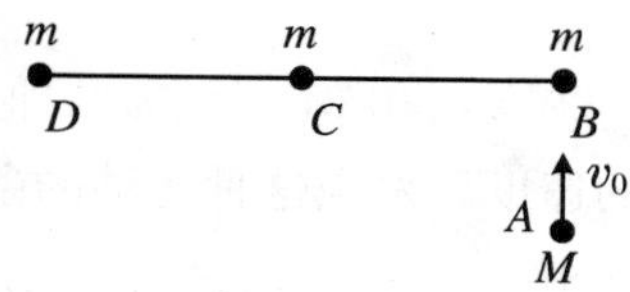

图 5.5.6

分析　本题由于是正碰，碰撞瞬间轻杆没有沿杆方向的应力，并且碰撞后瞬间四个小球的速度也都应当沿竖直方向，因此只有 4 个未知数。我们可以根据动量守恒、角动量守恒和机械能守恒来列方程，再加上刚体的运动学约束，就有 4 个独立的方程可以用来解决该问题了。

解　(1) 设刚碰撞后，小球 A、B、C、D 的速度分别为 $\boldsymbol{v}_A$、$\boldsymbol{v}_B$、$\boldsymbol{v}_C$、$\boldsymbol{v}_D$，并设它们的方向都与 $\boldsymbol{v}_0$ 的方向相同。因为小球 C 位于由 B、C、D 三球组成的系统的质心处，所以小球 C

的速度也就是这系统的质心的速度。因碰撞前后四个小球所组成的质点组的动量守恒，故有

$$Mv_0 = Mv_A + 3mv_C$$

碰撞前后质点组的角动量守恒，以碰撞点为参考点，有

$$0 = mlv_C + 2mlv_D$$

这里规定顺时针方向为角动量的正方向。根据机械能守恒，有

$$\frac{1}{2}Mv_0^2 = \frac{1}{2}Mv_A^2 + \frac{1}{2}mv_B^2 + \frac{1}{2}mv_C^2 + \frac{1}{2}mv_D^2$$

因为杆是刚性杆，小球 B 和 D 相对于小球 C 的速度大小必相等，方向应相反，所以有

$$v_B - v_C = v_C - v_D$$

由以上各式以及碰撞后 B、C、D 的速度不可能为零，解得

$$v_C = \frac{4M}{5M + 6m}v_0, \quad v_A = \frac{5M - 6m}{5M + 6m}v_0, \quad v_B = \frac{10M}{5M + 6m}v_0, \quad v_D = -\frac{2M}{5M + 6m}v_0$$

(2) 碰撞后，由于 B、C、D 三小球所组成的系统不受外力作用，其质心的速度不变，故小球 C 将以 $v_C = \dfrac{4M}{5M+6m}v_0$ 沿 $\boldsymbol{v}_0$ 方向做匀速运动。

同时，轻杆绕质心逆时针匀速转动，角速度的大小为

$$\omega = \frac{v_B - v_C}{l} = \frac{6M}{5M + 6m}\frac{v_0}{l}$$

碰后小球 A 的速度的大小和方向与 M、m 的大小有关，下面就 M、m 取值不同导致运动情形不同进行讨论：

① $v_A = 0$，即碰撞后小球 A 停住。发生这种运动的条件是

$$5M - 6m = 0 \Rightarrow \frac{M}{m} = \frac{6}{5}$$

② $v_A < 0$，即碰撞后小球 A 反方向运动。发生这种运动的条件是

$$\frac{M}{m} < \frac{6}{5}$$

③ $v_A > 0$ 但 $v_A < v_C$，即碰撞后小球 A 沿 $\boldsymbol{v}_0$ 方向做匀速直线运动，但其速度小于小球 C 的速度。发生这种运动的条件是

$$5M - 6m > 0, \quad 4M > 5M - 6m \Rightarrow \frac{6}{5}m < M < 6m$$

④ $v_A > v_C$，即碰撞后小球 A 仍沿 $\boldsymbol{v}_0$ 方向运动，且其速度大于小球 C 的速度。发生这种运动的条件是

$$M > 6m$$

⑤ $v_A = v_C$，即碰撞后小球 A 和小球 C 以相同的速度一起沿 $\boldsymbol{v}_0$ 方向运动。发生这种运动的条件是

$$M = 6m$$

在这种情形下，由于小球 B、D 绕小球 C 做圆周运动，当细杆转过 $180°$ 时，小球 D 将从

小球A的后面与小球A相遇而发生第二次碰撞，碰后小球A继续沿$\boldsymbol{v}_0$方向运动。根据质心运动定理，小球C的速度要减小，碰后再也不可能发生第三次碰撞。这两次碰撞的时间间隔是

$$t=\frac{\pi}{\omega}=\frac{5M+6m}{6M}\frac{\pi l}{v_0}=\frac{\pi l}{v_0}$$

从第一次碰撞到第二次碰撞，小球C走过的路程为

$$d=v_C t=\frac{2\pi l}{3}$$

刚要发生第二次碰撞时，细杆已转过180°，这时小球B的速度为v_D，小球D的速度为v_B。在第二次碰撞的过程中，质点组的动量守恒、角动量守恒和能量守恒。设第二次碰撞后小球A、B、C、D的速度分别为v'_A、v'_B、v'_C和v'_D，并假定它们的方向都与$\boldsymbol{v}_0$的方向相同，则根据动量守恒、角动量守恒、机械能守恒以及刚体运动关系，有

$$Mv_0=Mv'_A+3mv'_C$$

$$0=mlv'_C+2mlv'_B$$

$$\frac{1}{2}Mv_0^2=\frac{1}{2}Mv'^2_A+\frac{1}{2}mv'^2_B+\frac{1}{2}mv'^2_C+\frac{1}{2}mv'^2_D$$

$$v'_D-v'_C=v'_C-v'_B$$

又考虑到$v'_C\neq v_C$，可得

$$v'_C=0,\quad v'_A=v_0,\quad v'_B=0,\quad v'_D=0$$

所以，第二次碰撞后，小球A以速度v_0做匀速直线运动，即恢复到第一次碰撞前的运动，但已位于杆的前方；细杆和小球B、C、D则处于静止状态，即恢复到第一次碰撞前的运动状态，但都向前移动了一段距离$d=\dfrac{2\pi l}{3}$，而且小球D和B换了位置。

点拨　不同于二力杆的情形，本题在碰撞时，轻杆是可以有垂直于杆的冲量的，因此小球C、D才会在碰撞时获得垂直于杆的速度。

3．如何分析刚体和刚体间的碰撞？

不受外力的刚体间的碰撞一定满足动量守恒、角动量守恒，另外若碰撞是弹性的，则还满足能量守恒，这三大守恒是解决刚体间弹性碰撞的最基本的工具。另外，还常常将某一刚体独立出来分析，这时常用到动量定理和角动量定理。对于刚体间的弹性碰撞，为了解方程方便，通常情况下，用“碰撞接触点的接近速度和分离速度相等”列方程，来代替能量方程。

例题7　两均匀细棒A、B的长度均为l，质量分别为m_A和m_B，且满足$m_\text{B}=2m_\text{A}$。两者都在同一光滑水平面上，开始时棒B静止，棒A以速度v_0沿垂直于棒的方向平动，如图5.5.7(a)所示。某瞬间棒A的下端与棒B的上端恰好相碰，如图(b)所示。已知碰撞是弹性碰撞且两棒均光滑。

(1) 设碰撞后棒A、B的质心速度分别为v_A和v_B，求v_A和v_B间应该满足的关系。

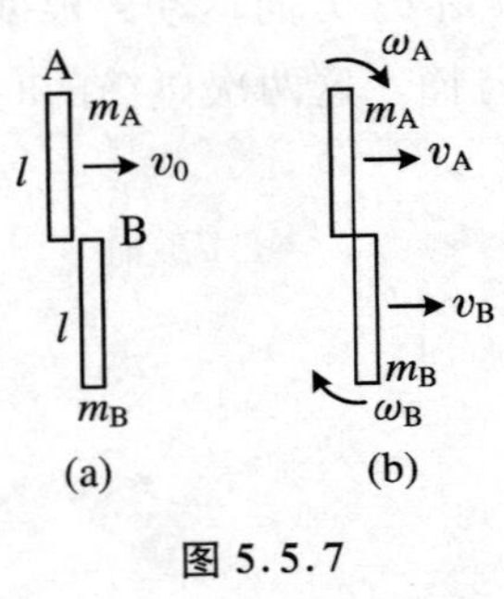

图 5.5.7

(2) 设碰撞后棒 A、B 绕自身质心转动的角速度分别为 ω_A 和 ω_B，求 ω_A 和 ω_B 间应该满足的关系。

(3) 求 v_A、v_B、ω_A 和 ω_B。

(4) 求棒 A、B 各自的动能。

分析 碰撞后的物理情景应该是：两棒既以各自的质心速度做平动，同时又各自绕其质心轴转动。系统不受外力，且碰撞为弹性碰撞，所以满足动量守恒、角动量守恒和能量守恒定律，若对棒 A 和 B 单独分析，则也可以采用动量定理和角动量定理进行求解。

解 (1) 根据系统动量守恒，得

$$m_A v_0 = m_A v_A + m_B v_B$$

代入 $m_B = 2m_A$，有

$$v_A = v_0 - 2v_B \tag{①}$$

(2) 长为 L、质量为 m 的均匀杆绕其中心的转动惯量 $I = \dfrac{1}{12}ml^2$。对棒 A、B 分别应用对质心的角动量定理，有

$$\begin{cases} f\dfrac{l}{2}\Delta t = \dfrac{1}{12}m_A l^2 \omega_A \\ f\dfrac{l}{2}\Delta t = \dfrac{1}{12}m_B l^2 \omega_B \end{cases}$$

代入 $m_B = 2m_A$，有

$$\omega_A = 2\omega_B \tag{②}$$

(3) 考虑到 $f\Delta t = m_B v_B$，可将 $f\dfrac{l}{2}\Delta t = \dfrac{1}{12}m_B l^2 \omega_B$ 化为

$$l\omega_B = 6v_B \tag{③}$$

由于碰撞是弹性的，系统动能守恒，有

$$\frac{1}{2}m_A v_0^2 = \frac{1}{2}m_A v_A^2 + \frac{1}{2}\cdot\frac{1}{12}m_A l^2 \omega_A^2 + \frac{1}{2}m_B v_B^2 + \frac{1}{2}\cdot\frac{1}{12}m_B l^2 \omega_B^2$$

将 $m_B = 2m_A$ 代入上式，整理得

$$v_0^2 = v_A^2 + \frac{1}{12}l^2\omega_A^2 + 2v_B^2 + \frac{1}{6}l^2\omega_B^2 \tag{④}$$

联立①、②、③和④求解，得

$$v_A = \frac{2}{3}v_0, \quad v_B = \frac{1}{6}v_0, \quad \omega_A = \frac{2v_0}{l}, \quad \omega_B = \frac{v_0}{l}$$

(4) 碰撞后棒 A、B 的动能分别为

$$E_{kA} = \frac{1}{2}m_A v_A^2 + \frac{1}{2}I_A\omega_A^2 = \frac{7}{18}m_A v_0^2$$

$$E_{kB}=\frac{1}{2}m_Bv_B^2+\frac{1}{2}I_B\omega_B^2=\frac{1}{9}m_Av_0^2$$

点拨　(1) 本题综合性较强，难度较大，技巧性很高，特别是应用 $f\Delta t=m_Bv_B$ 将 $f\frac{l}{2}\Delta t=\frac{1}{12}m_Bl^2\omega_B$ 化简，这样就打通了角速度和质心速度之间的联系。

(2) 求解(3)问过程中所列的能量方程是一个二次方程，也可以利用弹性碰撞的性质进行求解，即碰撞接触点的接近速度和分离速度相等，即用方程 $v_0=v_B+\omega_B\frac{l}{2}-\left(v_A-\omega_A\frac{l}{2}\right)$ 来代替能量方程。

习题实战演练

基础练习

1．光滑的水平桌面上有长为 $2l$、质量为 m 的匀质细杆，可绕通过其中点 O 且垂直于桌面的竖直固定轴自由转动，转动惯量为 $\frac{1}{3}ml^2$，起初杆静止。有一质量为 m 的小球在桌面上正对着杆的一端，在垂直于杆的方向上以速率 v 运动，如图 5.5.8 所示。当小球与杆端发生碰撞后，就与杆粘在一起随杆转动。这一系统碰撞后的转动角速度是　（　　）

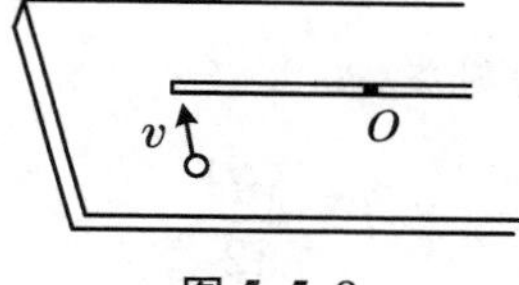

图 5.5.8

A. $\frac{4v}{3l}$　　B. $\frac{12v}{13l}$　　C. $\frac{3v}{4l}$　　D. $\frac{v}{2l}$

2．一个弹性皮球以不垂直于墙的角度撞向粗糙的墙壁，撞墙之前皮球的运动是平动，则撞墙之后的皮球　（　　）

A. 一定会转动，反射角一定小于入射角

B. 不一定会转动，反射角一定小于入射角

C. 一定会转动，反射角不一定小于入射角

D. 不一定会转动，反射角不一定小于入射角

3．如图 5.5.9 所示，长为 L、质量为 M 的均匀直杆静止放在光滑水平地面上，质量为 m 的小球以垂直于杆的速度 v_0 撞向杆的右端点，则　（　　）

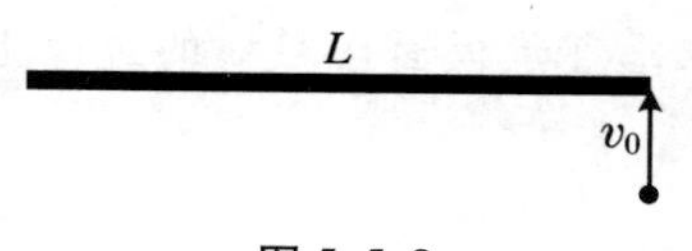

图 5.5.9

A. 碰撞后瞬间杆的左端速度为零

B. 碰撞后瞬间杆的左端速度向上

C. 碰撞后瞬间杆的左端速度向下

D. 无法确定碰撞后瞬间杆左端的速度方向

4.（2019 年清华领军）如图 5.5.10 所示，两块相同的质量分布均匀的木板放在水平台面上，相同的子弹以相同的速度 v_0 射入木板并停留在木板中。在图(a)中，子弹射入木板的正中央；在图(b)中，子弹射入木板的边缘。已知子弹射入木板的时间非常短，子弹的质量 m 远小于木板的质量 M，则下列说法中正确的是（　　）

A. 两图中木板质心上升相同的高度

B. 图(a)中木板质心上升的高度更高

C. 图(b)中木板质心上升的高度更高

D. 子弹入射到木板后图(b)中木板将绕质心转动

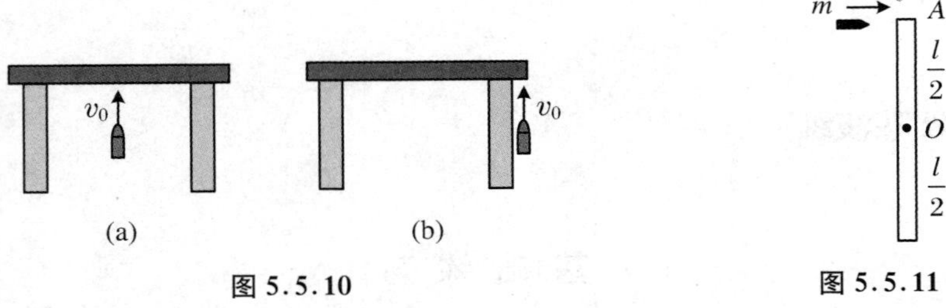

图 5.5.10　　图 5.5.11

5. 如图 5.5.11 所示，质量为 M、长为 l 的均匀细杆静置于光滑的水平面上，可绕过杆中心 O 的固定铅垂轴自由转动。一质量为 m 的子弹以 v_0 的速度自杆的左方沿垂直于杆的方向射来，嵌入杆的上端 A 点，求子弹嵌入杆后杆的角速度。$\left(\text{图中细杆绕 } O \text{ 点转动的转动惯量为 } I=\frac{Ml^2}{12}\text{。}\right)$

6. 如图 5.5.12 所示，轮 A 的质量为 m，半径为 r，以角速度 ω_1 转动；轮 B 的质量为 $4m$，半径为 $2r$，可套在轮 A 的轴上。两轮都可视均匀圆板。将轮 B 移动，使其与轮 A 接触。轮轴间摩擦力不计。求两轮转动的角速度及结合过程中的能量损失。

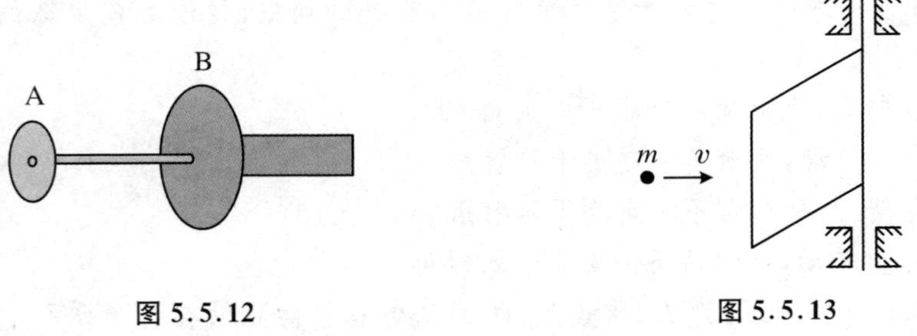

图 5.5.12　　图 5.5.13

7. 如图 5.5.13 所示，一铅直放置的质量为 M 的匀质正方形薄板的边长为 L，它可以自由地绕其一固定边转动。若有一质量为 m、速度为 v 的小球垂直于板面碰在板的边缘上，设碰撞是弹性的，试分析碰撞后板和小球的运动情况。

提高练习

8．如图 5.5.14 所示，两只完全相同的台球中有一只原来是静止的，两球经历弹性"斜碰"，碰撞时通过两球心的直线与飞来球原来运动方向成 60°角。碰撞时两球发生形变，飞来球的部分动能转换成两球的弹性形变势能，后者在两球分离时又转换成动能。求两球在碰撞过程中动能转换成的最大部分弹性势能与小球原来具有的动能的比值。（可以认为两球十分光滑。）

9．如图 5.5.15 所示，质量为 m、半径为 R 的台球静止在台面上，人执轻杆一端沿水平方向击打台球正中线下方距离为 d 处。假设击打瞬间杆没有打滑。

(1) 球杆与球之间的静摩擦因数的最小值为多大？

(2) 若击打后瞬间台球的质心速度为 v_0，则击打后瞬间台球的角速度大小为多大？

10．如图 5.5.16 所示，将单摆和一等长的匀质直杆悬挂在同一点，杆与单摆摆锤的质量均为 m，杆可绕过悬挂点且垂直于纸面的轴自由摆动。开始时直杆自然下垂，将单摆摆锤拉到高度 h_0，令它自静止状态下摆，到铅垂位置和直杆作弹性碰撞。试求碰撞后直杆下端达到的高度 h。

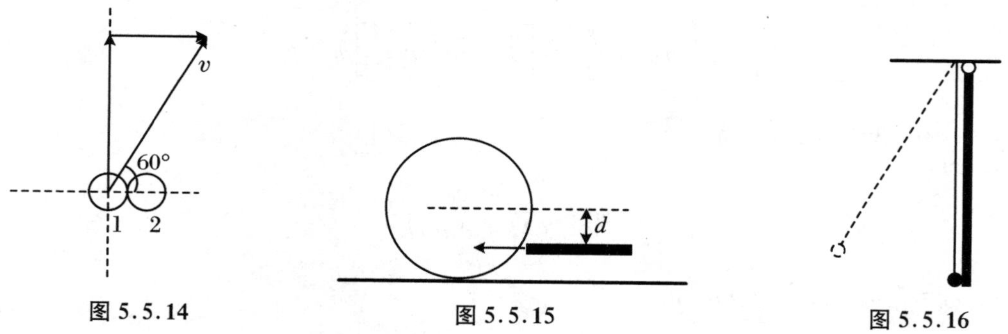

图 5.5.14　　图 5.5.15　　图 5.5.16

11．如图 5.5.17 所示，长为 L、质量为 M 的均匀直杆静止放在光滑水平地面上，质量为 m 的小球以垂直于杆的速度 v_0 撞向杆的右端点，在以下两种情况下分别求碰撞后瞬间杆的质心速度和角速度大小：

(1) 完全非弹性碰撞；

(2) 完全弹性碰撞。

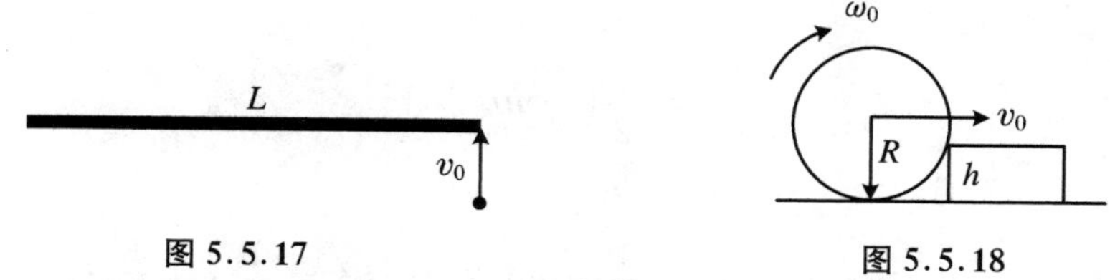

图 5.5.17　　图 5.5.18

12．如图 5.5.18 所示，一半径为 R 的圆木以角速度 ω_0 在水平面上做纯滚动，在前进的

路上撞在高度为 h 的台阶上。设碰撞是完全非弹性的,即碰撞后圆木不弹回。圆木能够翻上台阶而又始终不跳离台阶,则对 h 有什么要求?

参考答案

1. C。
2. A。
3. C。
4. C。

提示 子弹给木板的冲量相同,都是 mv_0,但是图(a)中木板离开了台面,图(b)中木板的另一端还未离开台面,所以台面给木板的支持力还会继续给木板施加冲量,故图(b)中木板质心的速度更大,因而质心上升得更高。

5. $\omega=\dfrac{6mv_0}{(M+3m)l}$。

提示 因为子弹和杆在运动过程中只受轴承上的外力作用,所以体系对 O 点的角动量守恒,于是有

$$mv_0\cdot\frac{l}{2}=\left[I+m\left(\frac{l}{2}\right)^2\right]\omega$$

将 $I=\dfrac{1}{12}Ml^2$ 代入上式,解得

$$\omega=\frac{6mv_0}{(M+3m)l}$$

6. $\omega=\dfrac{1}{17}\omega_1$,$\Delta E=\dfrac{4}{17}mr^2\omega_1^2$。

提示 研究系统为两个滑轮,结合过程中角动量守恒,有

$$\frac{1}{2}mr^2\omega_1+0=\left[\frac{1}{2}mr^2+\frac{1}{2}(4m)(2r)^2\right]\omega$$

得

$$\omega=\frac{1}{17}\omega_1$$

结合前系统的动能为

$$E_1=\frac{1}{2}\left(\frac{1}{2}mr^2\right)\omega_1^2$$

结合后系统的动能为

$$E_2=\frac{1}{2}\left(\frac{1}{2}mr^2\right)\omega^2+\frac{1}{2}\left[\frac{1}{2}(4m)(2r)^2\right]\omega^2=\frac{1}{4}\cdot\frac{1}{17}mr^2\omega_1^2$$

所以

$$\Delta E = E_1 - E_2 = \frac{4}{17}mr^2\omega_1^2$$

7. 若 $m>\frac{M}{3}$,则小球按原来方向运动;若 $m<\frac{M}{3}$,则小球碰后返回。

提示　根据角动量守恒和能量守恒,得

$$mvL = mv_1L + I\omega,\quad \frac{1}{2}mv^2 = \frac{1}{2}mv_1^2 + \frac{1}{2}I\omega^2$$

其中转动惯量 $I=ML^2/3$。

这样可得

$$v_1 = \frac{3m - M}{3m + M}v,\quad \omega = \frac{6mv}{(3m + M)L}$$

通过分析结果可知:若 $m>\frac{M}{3}$,则小球按原来方向运动;若 $m<\frac{M}{3}$,则小球碰后返回。

8. 1/8。

提示　由于两球十分光滑,球 1 在垂直于两球心连线方向上的速度不变;沿两球心连线方向与球 2 发生弹性碰撞,速度互换。当两者在这个方向有相同的速度时,动能转换成的弹性势能的部分最大。根据动量守恒定律,有

$$mv\cos60^\circ = 2mv_{共}$$

得

$$v_{共} = \frac{v}{4}$$

根据能量守恒,有

$$E_{\mathrm{pmax}} = \frac{1}{2}m(v\cos60^\circ)^2 - \frac{1}{2}\times 2mv_{共}^2 = \frac{1}{16}mv^2 = \frac{1}{8}E_{\mathrm{k}}$$

即两球在碰撞过程中最多有初动能的 1/8 转换成弹性势能。

9. (1) $\mu\geqslant\frac{d}{\sqrt{R^2-d^2}}$;(2) $\omega=\frac{5v_0d}{2R^2}$。

提示　(1) 击打瞬间摩擦力 f 和正压力 N 必须满足 $f\leqslant\mu N$,且 f 与 N 的合力正好沿水平方向,设击打点和球心的连线与水平方向的夹角为 θ,则

$$\tan\theta = \frac{f}{N} = \frac{d}{\sqrt{R^2 - d^2}}$$

解得

$$\mu \geqslant \frac{d}{\sqrt{R^2 - d^2}}$$

(2) 设杆对球的冲量大小为 I,根据动量定理,有

$$I = mv_0$$

又根据转动定律,有

$$Id = \frac{2}{5}mR^2\omega$$

联立两式,解得

$$\omega = \frac{5v_0 d}{2R^2}$$

10. $h = \frac{3h_0}{2}$。

提示　碰前小球的速度为 $v_0 = \sqrt{2gh_0}$,设摆长为 l,碰后瞬间小球的速度为 v,杆的角速度为 ω。根据角动量守恒,有

$$mv_0 l = mvl + \frac{1}{3}ml^2\omega$$

再根据能量守恒,有

$$\frac{1}{2}mv_0^2 = \frac{1}{2}mv^2 + \frac{1}{2} \times \frac{1}{3}ml^2\omega^2$$

碰后杆的机械能守恒,则有

$$\frac{1}{2} \times \frac{1}{3}ml^2\omega^2 = mg\frac{h}{2}$$

联立以上各式,可解得 $h = \frac{3h_0}{2}$。

11. (1) $\omega_1 = \frac{6mv_0}{(M+4m)L}$, $v_{C1} = \frac{mv_0}{M+4m}$;(2) $\omega_2 = \frac{12mv_0}{(M+4m)L}$, $v_{C2} = \frac{2mv_0}{M+4m}$。

提示　(1) 根据动量守恒,有

$$mv_0 = Mv_{C1} + m\left(v_{C1} + \omega_1\frac{L}{2}\right)$$

再以撞击点为参考点,列角动量守恒方程:

$$Mv_{C1}\frac{L}{2} = \frac{1}{12}ML^2\omega_1$$

联立两式,可以解得

$$\omega_1 = \frac{6mv_0}{(M+4m)L},\quad v_{C1} = \frac{mv_0}{M+4m}$$

(2) 设碰后小球的速度为 v,则根据动量守恒,有

$$mv_0 = Mv_{C2} + mv$$

再以撞击点为参考点,列角动量守恒方程:

$$Mv_{C2}\frac{L}{2} = \frac{1}{12}ML^2\omega_2$$

完全弹性碰撞还要求机械能守恒,则有

$$\frac{1}{2}mv_0^2 = \frac{1}{2}mv^2 + \frac{1}{2} \times \frac{1}{12}ML^2\omega_2^2 + \frac{1}{2}Mv_{C2}^2$$

联立以上各式，解得

$$\omega_2 = \frac{12mv_0}{(M+4m)L},\quad v_{C2} = \frac{2mv_0}{M+4m}$$

12. $h \leqslant \frac{3R}{7}$。

提示　由于撞击力远大于重力，撞击过程可认为圆柱绕撞击点的角动量守恒。设撞后圆柱转动的角速度为 ω_1，则

$$mR\omega_0(R-h) + \frac{1}{2}mR^2\omega_0 = \frac{3}{2}mR^2\omega_1 \quad ①$$

如果要求圆柱可以滚上台阶，则

$$\frac{1}{2}\times\frac{3}{2}mR^2\omega_1^2 \geqslant mgh \quad ②$$

由①、②式可以推出

$$\omega_0 \geqslant \frac{\sqrt{12gh}}{3R-2h}$$

通过受力分析易知，刚碰完瞬间圆柱是最容易跳起的，若要求圆柱不跳起，则

$$m\omega_1^2 R \leqslant mg\frac{R-h}{R}$$

可得

$$\omega_0 \leqslant \frac{\sqrt{9g(R-h)}}{3R-2h}$$

综上所述，有

$$\frac{\sqrt{9g(R-h)}}{3R-2h} \geqslant \omega_0 \geqslant \frac{\sqrt{12gh}}{3R-2h}$$

要想 ω_0 有解，则要求

$$\frac{\sqrt{9g(R-h)}}{3R-2h} \geqslant \frac{\sqrt{12gh}}{3R-2h}$$

解得 $h \leqslant \frac{3R}{7}$。

5.6　动力学综合

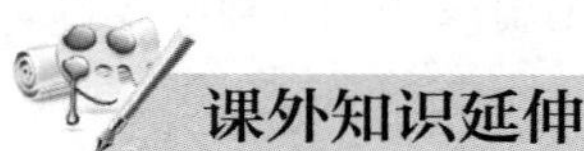

课外知识延伸

1. 分析一般物体的动力学问题的常用工具

不同于质点动力学，一般物体的动力学问题还涉及物体的转动问题。研究一般物体的

动力学时，我们首先还是要对物体进行受力分析；然后根据动量定理（或牛顿第二定律）列物体质心的平动方程；再利用角动量守恒定律或角动量定理（或刚体转动定理）列刚体转动方程；最后加上几何约束或能量约束，就可以解决问题了。当然，一般情况下，我们都只研究平面平行运动，根据动量定理（或牛顿第二定律）只需列两个垂直方向的方程即可，而根据角动量守恒定律或角动量定理（或刚体转动定理）只需要列一个方向的方程即可。

2. 质心和质心系简介

质心系在力学中有着广泛的应用，选择质心系后，许多问题或物理情景都可以得到简化。在本书前面两章中，我们已经初步接触到了质心系，在此作简单的总结。

若选择了非惯性系研究力学问题，要使牛顿第二定律相关的定理都成立，则需要加一个惯性力，惯性力的作用点就在被研究物体的质心上。正是因为惯性力的作用点在质心上，所以对于平面平行运动常常选择质心系，这样惯性力的力矩就为零了。

刚体做定轴转动时，相对于定轴的转动惯量 I 等于相对于过质心且平行于定轴的轴的转动惯量 I' 加上总质量乘过质心的轴与定轴间距离 d 的平方，即平行轴定理 $I=I'+md^2$。

质点系的总动能 E_k 可以写成质点系的质心的动能 E_{kC} 加上每个质点相对于质心的动能 E_k'，即柯尼西定理 $E_k=E_{kC}+E_k'$。

质点系的总动量等于质心的动量，根据相对运动，我们还可以这样说，质点系的总动量等于质心的动量加每一个质点相对于质心的动量，从而可以得出质点系相对于质心的总动量为零。另外，在质心系中看弹性碰撞，物理过程非常简单，即物体以某速率靠近另一物体，碰后两物体以原速率反弹。

质点系相对于某固定点的角动量 L 等于质心相对于该固定点的角动量 L_C 加上各个质点相对于质心的角动量 L'，即 $L=L_C+L'$。

3. 天体运动的能量和角动量的关系

参量 e 是天体绕中心天体运动的圆锥曲线的偏心率，是圆锥曲线的重要参量，该值与中心天体质量 M、星体运动的角动量 L、星体的质量 m、星体运动的总能量 E（包含动能和引力势能）之间有如下关系：

$$e=\sqrt{1+\frac{2EL^2}{G^2M^2m^3}}$$

值得一提的是，极坐标系中的运动方程不仅适用于星体做椭圆运动，还适用于星体做抛物线或者双曲线运动。这三者的区别仅仅在于偏心率 e 的取值范围：总能量 $E>0$ 时，$e>1$，星体沿双曲线的一支运动，中心天体在这一支的内焦点上；$E=0$ 时，$e=1$，星体沿抛物线运动，中心天体在抛物线的焦点上；$E<0$ 时，$e<1$，星体沿椭圆运动，中心天体位于椭圆的一个焦点上。由于绝大多数星体的总能量都为负的，因此研究椭圆轨道的星体运动是最重要的内容。就 $e<1$ 而言，e 的大小决定了椭圆的形状，e 越大，椭圆越扁；e 越小，椭圆越圆；当 $e=0$ 时，椭圆退化成了圆。

由此可见，在极坐标系中，星体的运动轨道形状完全取决于其角动量与总能量，这样就将轨道方程中的参量与物理量对应起来了。在天文观测中，我们能看到的是星体运动的轨道，如果能根据轨道参量反推出星体运动的总能量、总角动量，那么我们将得到该星体运动的更多信息，甚至可以得到中心天体的信息。

核心问题讨论

1. 如何分析无外力或外力恒定的连续碰撞问题?

对于无外力的连续碰撞问题：一方面，可以应用动量守恒定律和能量关系，逐次分析每次碰撞前后物理量的变化，再通过递推归纳的方式找到相应物理量的变化规律；另一方面，注意到外力恒定在碰撞中意味着质心加速度不变，所以可以应用针对质心的牛顿第二定律、动能定理或动量定理进行分析。

例题 1　(2011 年西城一模) 火车车厢之间由车钩连接，火车启动前车钩间都有间隙。不妨将火车的启动简化成图 5.6.1 所示的情景：在光滑水平面上有 19 个静止的质量均为 m 的木箱，自右向左编号依次为 0,1,2,3,…,18，相邻木箱之间由完全非弹性的钩子连接，当钩子前后两部分相碰时，与钩子相连的两木箱速度立即变为相等。所有木箱均静止时，每一个车钩前后两部分间的距离都为 L。

(1) 若只给第 0 号木箱一个水平向右的初速度 v_0，求第 18 号木箱刚运动时速度的大小。

(2) 若从某时刻开始，持续对第 0 号木箱施加向右的水平恒力 F，使木箱从静止开始运动，求：

① 第 1 号木箱刚运动时速度的大小；

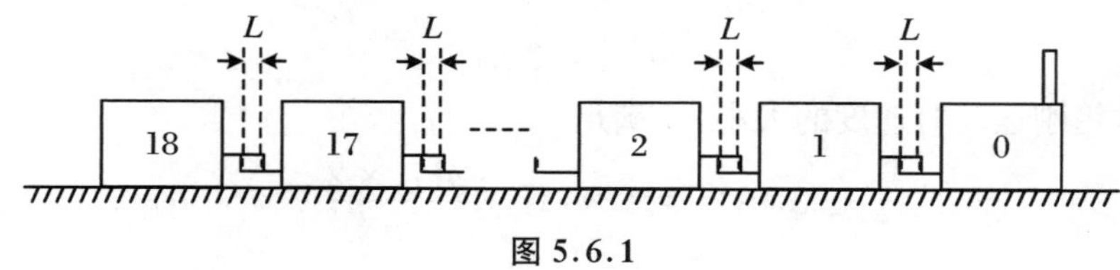

图 5.6.1

② 从施加恒力 F 到第 18 号木箱开始运动经历的时间。

分析　对于最后一问，若持续对第 0 号木箱施加向右的水平恒力 F，则在第 0 号木箱与第 1 号木箱碰撞前，第 0 号木箱做匀加速直线运动；接下来第 0 号木箱与第 1 号木箱发生完全非弹性碰撞，这是一个动量守恒的过程；接下来第 0 号木箱和第 1 号木箱可以被看作一个整体，这个整体做匀加速直线运动；接下来第 0 号木箱和第 1 号木箱这个整体与第 2 号木箱发生完全非弹性碰撞，这是一个动量守恒的过程……接下来的物理情景是类似的，每个过程可以独立出来分析，然后通过递推归纳的方式找到通项的规律。另外，若将所有的木箱作为研究对象，则这些木箱受到恒力，质心应该做匀变速直线运动，这时可以用质心的牛顿第二定律或质心的动能定理进行处理。

解　(1) 19 个木箱相互作用的过程满足动量守恒定律，则

$$mv_0 = 19mv_{18}$$

得第 18 号木箱刚运动时速度的大小

$$v_{18}=\frac{1}{19}v_0$$

（2）① 若给第 0 号木箱施加恒定的水平拉力 F，则第 0、1 号木箱相互作用前，第 0 号木箱做匀加速直线运动，加速度大小为 $a_0=\frac{F}{m}$，因为 $v_0'^2=2a_0L$，所以第 0、1 号木箱相互作用前瞬间第 0 号木箱的速度

$$v_0'=\sqrt{\frac{2FL}{m}}$$

第 0、1 号木箱相互作用的过程满足动量守恒定律，即

$$mv_0'=2mv_1$$

得第 1 号木箱刚运动时速度的大小

$$v_1=\sqrt{\frac{FL}{2m}}$$

② 解法一

第 1 号木箱刚运动时速度的大小 v_1 满足

$$(2v_1)^2=\frac{2FL}{m}$$

第 1 号木箱与第 2 号木箱作用前的速度 v_1' 满足

$$v_1'^2-v_1^2=2a_1L$$

又第 1 号木箱的加速度大小 $a_1=\frac{F}{2m}$，第 1、2 号木箱相互作用的过程满足动量守恒定律，则

$$2mv_1'=3mv_2$$

所以第 2 号木箱刚运动时速度的大小 v_2 满足

$$(3v_2)^2=(2v_1)^2+\frac{2FL\times 2}{m}$$

同理，第 3 号木箱刚运动时速度的大小 v_3 满足

$$(4v_3)^2=(3v_2)^2+\frac{2FL\times 3}{m}$$

……

第 18 号木箱刚运动时速度的大小 v_{18} 满足

$$(19v_{18})^2=(18v_{17})^2+\frac{2FL\times 18}{m}$$

累加可得第 18 号木箱刚运动时速度的大小

$$v_{18}=\sqrt{\frac{18FL}{19m}}$$

对所有木箱，根据动量定理有 $Ft=19mv_{18}$，得所求时间

$$t=3\sqrt{\frac{38Lm}{F}}$$

解法二

将 19 个木箱一起作为研究对象，尽管木箱之间在发生不断的碰撞，但这 19 个木箱受到恒定的外力，质心却做匀加速直线运动，加速度为

$$a_C = \frac{F}{19m}$$

当第 18 号木箱刚运动时，这 19 个木箱质心的位移为 $x_C = 9L$，根据匀变速直线运动的规律得

$$2a_C x_C = v_{18}^2$$

联立以上三式，解得

$$v_{18} = \sqrt{2\frac{F}{19m}9L} = \sqrt{\frac{18FL}{19m}}$$

对所有木箱，根据动量定理有 $Ft = 19mv_{18}$，得所求时间

$$t = 3\sqrt{\frac{38Lm}{F}}$$

点拨　(1) 对于本题最后一问，也可以对质心应用动能定理，有 $\frac{1}{2}\cdot 19mv_{18}^2 = F\cdot 9L$，即可快速解出 v_{18}。

(2) 研究两个物体之间的碰撞，基本方法是利用动量守恒定律列出一个方程，然后再利用能量关系或者速度关系（比如碰后共速）得到其他方程，最后联立各方程解出结果，或者反复多次进行上述过程，最后递推归纳得出结果。如果能意识到动量守恒在碰撞中意味着质心速度不变，则在解决问题上可以更加灵活方便，如本题的解法二。

2. 如何利用质心参考系解决平面平行运动问题?

一般来说，列转动的动力学方程时，参考系既可以选择地面系，也可以选择物体的质心系。但是，如果质心有加速度，则需要考虑惯性力的影响。对参考轴，一般也可以任意选取，但繁简程度会不一样。例如，对于平面平行运动，通常情况下，选择质心系列转动的动力学方程往往比较简单。

例题 2　如图 5.6.2 所示，半径为 R、质量 m 分布均匀的小球从倾角为 θ 的固定斜面上由静止释放，小球做纯滚动从斜面上滚下。已知重力加速度大小为 g。

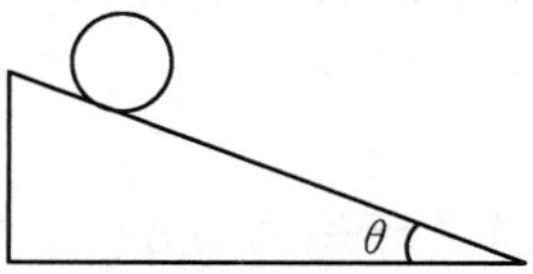

(1) 分别在地面系和小球的质心系求解小球转动的角加速度 β。

(2) 斜面的静摩擦因数 μ 应该满足什么条件?

图 5.6.2

分析　先对小球进行受力分析，再利用牛顿定律和角动量定理（或转动定理）列出动力学方程求出摩擦力，从而就可以求加速度和摩擦因数了。

解　(1) 解法一

在地面系中进行求解，如图 5.6.3 所示，对小球进行受力分析，根据平行轴定理，小球相

对于过它和斜面的接触点(瞬心)A 的转轴的转动惯量为

$$I_A = \frac{2}{5}mR^2 + mR^2 = \frac{7}{5}mR^2$$

于是相对于过 A 点的转轴,对小球列转动定理方程

$$mgR\sin\theta = \frac{7}{5}mR^2\beta$$

由此解得

$$\beta = \frac{5}{7}\frac{g\sin\theta}{R}$$

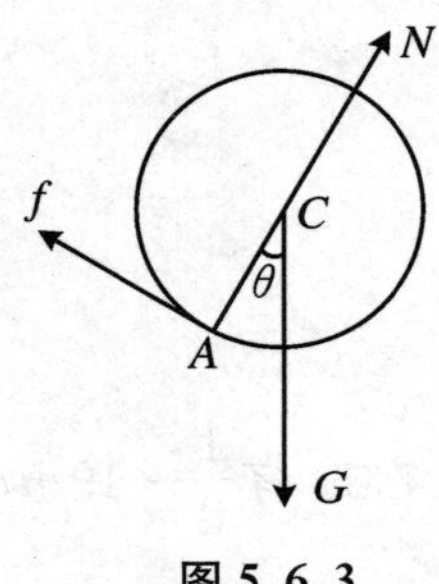

图 5.6.3

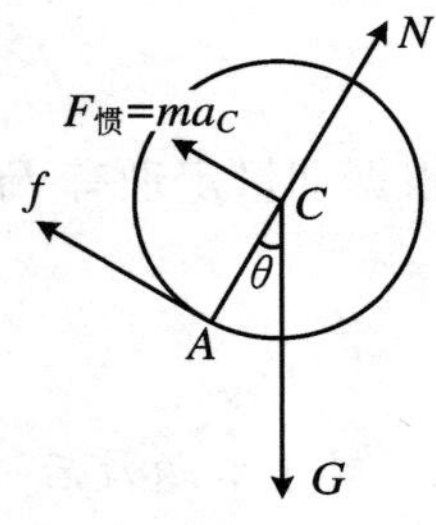

图 5.6.4

解法二

在质心系中进行求解,如图 5.6.4 所示,在质心系中小球的受力要多一个沿斜面向上的惯性力 $F_{惯} = ma_C$。这时,很明显选择相对于过质心的转轴来列转动定律的方程会更方便,于是有

$$fR = \frac{2}{5}mR^2\beta$$

此时还必须借助在地面系中的牛顿第二定律方程 $mg\sin\theta - f = ma_C$ 和纯滚动的约束条件 $a_C = R\beta$。于是解出

$$\beta = \frac{5}{7}\frac{g\sin\theta}{R}$$

(2) 由(1)问解法二中的方程很容易解出

$$f = \frac{2}{7}mg\sin\theta$$

在垂直于斜面的方向上小球平衡,可得

$$N = mg\cos\theta$$

可见

$$\mu \geqslant \frac{f}{N} = \frac{2}{7}\tan\theta$$

点拨 无论在什么参考系中列方程,首先都要把该参考系下正确的受力分析图画出来,然后再利用牛顿定律和转动定理解决问题。

例题 3　如图 5.6.5 所示，质量为 m 的小球在水平面上运动，$t=0$ 时刻，小球质心具有水平向左的速度 v_0，并且小球具有顺时针方向的自转角速度 ω_0。设小球与水平地面之间的滑动摩擦因数为 μ，试讨论小球之后的运动情况。

分析　本题利用动量定理(牛顿第二定律)分析小球的质心运动，用角动量定理分析小球的转动状态变化。需要注意的是，列角动量定理(或转动定理)方程时，为了计算简捷，最好以质心为参考点。

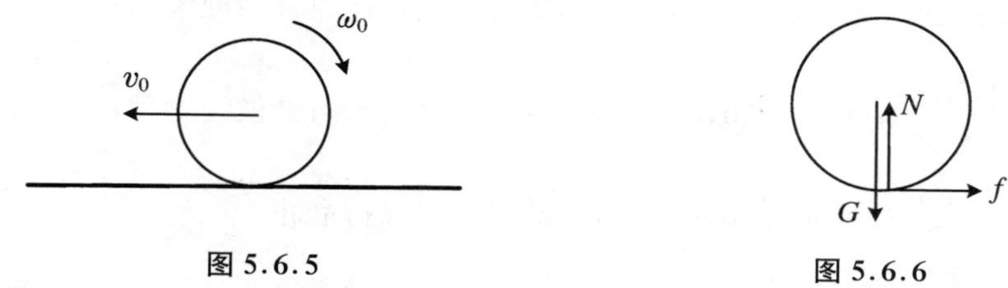

图 5.6.5　　图 5.6.6

解　如图 5.6.6 所示，画出小球的受力分析图，设质心速度为 v_C(向左为正)，由牛顿定理易知

$$\mu mg\mathrm{d}t = -m\mathrm{d}v_C$$

角动量和角速度的正方向都设为顺时针方向，设小球的半径为 R，则相对于质心有

$$\mu mgR\mathrm{d}t = -\frac{2}{5}mR^2\mathrm{d}\omega$$

以上两式相比，可得

$$\mathrm{d}v_C = \frac{2}{5}R\mathrm{d}\omega$$

将上式积分，可得

$$\Delta v_C = \frac{2}{5}R\Delta\omega = \mu gt$$

$$R\Delta\omega = \frac{5}{2}\mu gt$$

以向左为正方向，任一瞬间小球与地面的接触点的速度为

$$v_{接触} = v_C + \omega R = (v_{C0} - \mu gt) + \left(R\omega_0 - \frac{5}{2}\mu gt\right) = v_{C0} + R\omega_0 - \frac{7}{2}\mu gt$$

所以，小球的质心一直做匀减速运动，而小球的自转角速度也随时间均匀变小。有趣的是，小球和地面的接触点的速度随时间也是均匀变化的，当这个速度变为零时，滑动摩擦力将突变为零，之后小球在地面上做匀速纯滚动。设

$$v_{接触} = v_{C0} + R\omega_0 - \frac{7}{2}\mu gt_1 = 0$$

解得

$$t_1 = \frac{2(v_{C0} + R\omega_0)}{7\mu g}$$

这就是小球开始做匀速纯滚动的时刻。

进一步讨论,此时小球的质心速度 v_{C1} 和自转角速度 ω_1 分别为

$$v_{C1} = v_{C0} - \mu g t_1 = v_{C0} - \frac{2(v_{C0} + R\omega_0)}{7} = \frac{5v_{C0} - 2R\omega_0}{7}$$

$$\omega_1 = \omega_0 - \frac{5\mu g}{2R}t_1 = \omega_0 - \frac{5(v_{C0} + R\omega_0)}{7R} = \frac{-5v_{C0} + 2R\omega_0}{7R}$$

如果 $v_{C0} > \frac{2R\omega_0}{5}$,则 $v_{C1} > 0$,$\omega_1 < 0$,小球最终朝左逆时针做纯滚动;

如果 $v_{C0} < \frac{2R\omega_0}{5}$,则 $v_{C1} < 0$,$\omega_1 > 0$,小球最终朝右顺时针做纯滚动;

如果 $v_{C0} = \frac{2R\omega_0}{5}$,则 $v_{C1} = 0$,$\omega_1 = 0$,小球最终将保持静止。

点拨 在有滑动摩擦力参与的时候,要注意讨论接触点的共速问题,在相对运动消失的瞬间,摩擦力一般会发生突变。另外,读者可以试试,如果不选质心为参考点(比如选小球与地面的接触点为参考点)列角动量定理方程,看能否得出正确的答案。

3. 如何判断天体的运动轨迹类型?

天体绕中心天体运动的轨迹类型取决于天体初始速度和初始能量:当天体初始速度为零时,系统总能量 $E < 0$,天体将做初速度为零的变加速直线运动,此时可将该运动轨迹看成偏心率 e 无限趋近于 1 的椭圆的一部分;当天体有初始速度,且 $E = 0$ 时,天体的运动轨迹将是抛物线,此时 $e = 1$,中心天体在抛物线的焦点上;当天体有初始速度,且 $E > 0$ 时,星体沿双曲线的一支运动,此时 $e > 1$,中心天体在这一支的内焦点上。

例题 4 太阳系中小星体 A 做半径为 R_1 的圆运动,小星体 B 做抛物线运动,B 在近日点处与太阳相距 $R_2 = 2R_1$,且两轨道在同一平面上,运动方向相同。设 B 运动至近日点时,A 恰好在 B 与太阳连线的位置上,A、B 随即发生某种强烈的相互作用而迅速合为一个新星体,其间质量损失可忽略。设太阳质量为 M,行星 A 和 B 的质量分别为 m_1 和 m_2,引力常量为 G。

(1) 求合并后系统的速度大小和方向。

(2) 判断新星体绕太阳运动的轨道为何种曲线。

分析 在 A、B 相互作用的过程中,这一短时间内 A、B 都朝其质心位置运动,合为一体,可认为整体动量守恒,据此可求得新星体的速度,从而进一步确定新星体总能量 E,再判断其运动轨迹。

解 (1) 合并过程中,A、B 系统动量守恒,则

$$(m_1 + m_2)v = m_1 v_1 + m_2 v_2$$

其中 v 为新星体的切向速度,v_1、v_2 为合并前 A、B 的速度,显然有

$$v_1 = \sqrt{\frac{GM}{R_1}}$$

其中 M 为太阳质量。B 做抛物线运动，其机械能为零，则有

$$\frac{1}{2}m_2 v_2^2 - \frac{GMm_2}{R_2} = 0$$

因此

$$v_2 = \sqrt{\frac{2GM}{R_2}}$$

因为 $R_2 = 2R_1$，所以有 $v_2 = v_1$，由动量守恒关系得

$$v = v_1 = v_2 = \sqrt{\frac{GM}{R_1}}$$

方向与 $\boldsymbol{v}_1$ 的方向相同。

(2) 合体位置在 A、B 质心位置，根据质心的定义得

$$R = \frac{m_1 R_1 + m_2 R_2}{m_1 + m_2}$$

新星体运动的径向速度为零，机械能为

$$E_1 = \frac{1}{2}(m_1 + m_2)v^2 - \frac{GM(m_1 + m_2)}{R} = -\frac{GMm_1(m_1 + m_2)}{2(m_1 + 2m_2)R_1} < 0$$

故新星体的运动轨道必为椭圆。

点拨　判断行星的运动轨道类型，关键是计算总的机械能，而在此过程中可能会综合应用万有引力、牛顿运动定律、能量守恒、动量守恒甚至角动量守恒等知识。

4. 如何分析动力学综合问题?

对于复杂的动力学综合问题，我们首先还是要对物体进行受力分析，利用动量定理（或牛顿第二定律）列物体质心的平动方程，再考虑列转动应该满足的方程和其他约束方程。若满足能量守恒、动量守恒、角动量守恒，则优先考虑列守恒方程。

例题 5　如图 5.6.7 所示，一根长为 L、质量为 M 的均匀直杆静止在光滑的水平地面上，一个质量为 m 的小球（光滑）以速度 v_0 与杆发生碰撞，碰撞前小球的速度与杆的夹角为 θ，碰撞点到杆的左端距离为 x。

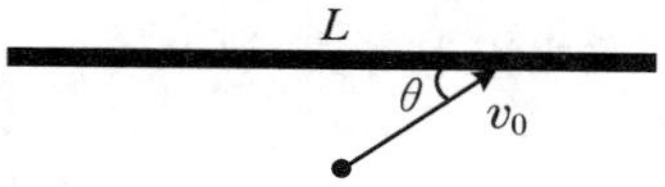

L θ v_0

图 5.6.7

(1) 如果给小球涂上强力胶水，让碰撞后的小球和杆粘在一起，求碰撞后杆和小球的运动情况。

(2) 洗掉小球上的胶水，保持其表面光滑。如果小球和杆是完全弹性碰撞，求碰撞后小球和杆的运动情况。

(3) 依然保持小球表面光滑，但并不知晓小球和杆之间发生碰撞时的机械能损失情况。请问：x 为多大，可以使得碰撞后瞬间杆的左端速度仍为零?

分析　本题与前面两道例题的区别在于刚体是一个连续体，我们需要借助转动惯量来描述角动量和转动动能。解决问题的基本思路依然是利用动量守恒定律、角动量守恒定律、能量关系和刚体的运动学约束。

解 (1) 碰撞后,小球和杆所组成系统的质心与杆左端的距离为

$$x_C = \frac{M\frac{L}{2} + mx}{M + m}$$

以图 5.6.7 中的水平向右方向为 x 正方向,竖直向上为 y 正方向,则碰撞后系统质心在 x 和 y 方向的速度分别为

$$v_{总x} = \frac{mv_0\cos\theta}{M + m},\quad v_{总y} = \frac{mv_0\sin\theta}{M + m}$$

碰撞后的角速度设为 ω,以杆的中心为参考点,列出角动量守恒的方程

$$mv_0\sin\theta\left(x - \frac{L}{2}\right) = m[v_{总y} + \omega(x - x_C)]\left(x - \frac{L}{2}\right) + \frac{ML^2}{12}\omega$$

联立以上各式,解得

$$\omega = \frac{12mv_0\left(x - \frac{L}{2}\right)\sin\theta}{12m\left(x - \frac{L}{2}\right)^2 + (M + m)L^2}$$

(2) 因为小球光滑,所以碰后杆的质心速度只有 y 方向分量,设为 v_{Cy},而小球在 x 方向的速度不变,即

$$v_x = v_0\cos\theta$$

设小球碰后 y 方向的速度为 v_y,根据动量守恒和机械能守恒,有

$$mv_0\sin\theta = Mv_{Cy} + mv_y$$

$$\frac{1}{2}mv_0^2 = \frac{1}{2}m(v_x^2 + v_y^2) + \frac{1}{2}Mv_{Cy}^2 + \frac{1}{2}\frac{ML^2}{12}\omega^2$$

再以撞击点为参考点,列出角动量守恒的方程

$$0 = -Mv_{Cy}\left(x - \frac{L}{2}\right) + \frac{ML^2}{12}\omega$$

联立以上各式,解得

$$v_{Cy} = \frac{2v_0\sin\theta}{1 + \frac{M}{m} + 3\left(\frac{2x - L}{L}\right)^2}$$

$$\omega = \frac{24v_0\sin\theta}{1 + \frac{M}{m} + 3\left(\frac{2x - L}{L}\right)^2}\frac{x - \frac{L}{2}}{L^2}$$

$$v_y = v_0\sin\theta\left[1 - \frac{M}{m}\frac{2}{1 + \frac{M}{m} + 3\left(\frac{2x - L}{L}\right)^2}\right]$$

(3) 此时,无论小球和杆之间发生什么性质的碰撞,由于小球光滑,杆在碰撞时都只是

在撞击点受到了一个沿 y 正方向的冲量 I。设碰撞后瞬间杆的质心速度为 v'_{Cy}，角速度为 ω'，以撞击点为参考点，列出角动量守恒的方程

$$0 = \frac{ML^2}{12}\omega' - Mv'_{Cy}\left(x - \frac{L}{2}\right)$$

又因为碰后瞬间左端点的速度为零，所以

$$0 = v'_{Cy} - \omega'\frac{L}{2}$$

由以上两式解得

$$x = \frac{2L}{3}$$

点拨　对连续刚体的碰撞，一般在计算角动量和转动动能时，都需要用到转动惯量。对于(3)问得到的结论可以进行讨论：解得的这个位置称为杆的打击中心，如果人用手握着一根均匀杆的一端去击打外界，当打在打击中心上时，人手所受到的冲击是最小的。作为验算，可以将该结果代入(2)问解得的结果中，发现在弹性碰撞的特例下，确实有 $0 = v_{Cy} - \omega\frac{L}{2}$，即打击中心在 $x = \frac{2L}{3}$ 处。

习题实战演练

基础练习

1. 如图 5.6.8 所示，一匀质细杆可绕通过其上端且与它垂直的水平光滑固定轴 O 旋转，初始状态为静止悬挂。现有一个小球自左方水平打击细杆，设小球与细杆之间的碰撞为非弹性碰撞，则在碰撞过程中对细杆与小球这一系统　　(　　)

A. 只有机械能守恒　　B. 只有动量守恒

C. 只有对轴 O 的角动量守恒　　D. 机械能、动量和角动量均守恒

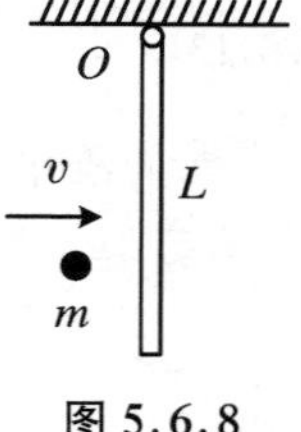

图 5.6.8

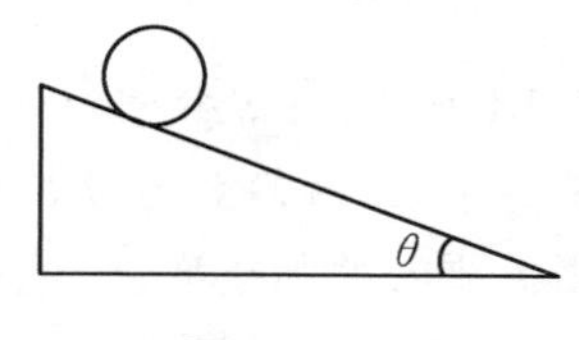

图 5.6.9

2. 如图 5.6.9 所示，一个匀质圆环放在倾角为 θ 的固定斜面上，由静止释放后，圆环能不打滑地滚下，则圆环与斜面之间的静摩擦因数 μ 满足的条件是　　(　　)

A. $\mu \leqslant \frac{1}{2}\tan\theta$　　　　B. $\tan\theta \geqslant \mu \geqslant \frac{1}{2}\tan\theta$

C. $\mu \geqslant \frac{1}{2}\tan\theta$　　　　D. $\mu \geqslant \tan\theta$

3. 如图 5.6.10 所示,质量为 M 的均匀定滑轮被轻绳挂在天花板上,质量分别为 m_1 和 m_2($m_1 < m_2$)的两个物块通过不可伸长的轻绳悬挂在定滑轮上,轻绳和滑轮之间的摩擦因数足够大。放手后 m_2 将匀加速下落,求 m_2 下落时上方轻绳对天花板的拉力大小。

图 5.6.10　　　　图 5.6.11

4. 如图 5.6.11 所示,将一根质量为 m 的均匀长杆用不可伸长的细绳从两端水平地挂起来,并保持静止。

(1) 若右侧绳子突然断了,则右侧绳子断后瞬间左侧绳子的张力、杆的质心加速度和杆的角加速度分别是多大?

(2) 如果将两根绳子都换成轻弹簧,则右侧弹簧断后瞬间左侧弹簧的张力、杆的质心加速度和杆的角加速度分别是多大?

5. 如图 5.6.12 所示,质量为 m、长为 L 的均匀杆一端与地面接触,用手托住保持与地面的夹角为 θ。突然放手,请解答下列问题:

(1) 若放手瞬间杆与地面的接触点没有打滑,则地面对杆的支持力是多大?

(2) 若要放手瞬间接触点不打滑,则地面与杆的静摩擦因数 μ 应当满足什么条件?

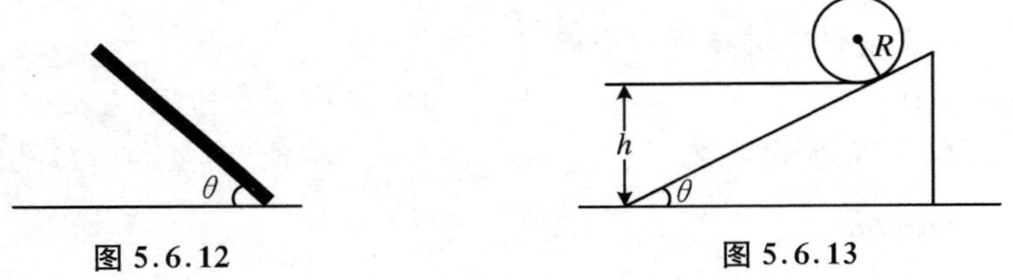

图 5.6.12　　　　图 5.6.13

6. 如图 5.6.13 所示,一薄壁圆筒的半径为 R、质量为 m(其质量集中在圆柱面上),筒中盛满质量为 M 的水,沿着倾角为 θ 的固定楔形木块的斜面无滑动地滚下,设水与筒壁间无摩擦,求盛水圆筒质心的加速度。

提 高 练 习

7. (2006 年第 23 届全国中学生物理竞赛预赛) 如图 5.6.14 所示,从赤道上的 C 点发射洲际导弹,使之精确地击中北极点 N,要求发射所用的能量最少。假定地球是一质量均匀

分布的半径为 R 的球体，$R=6400\ \text{km}$。已知质量为 m 的物体在地球引力作用下做椭圆运动时，其能量 E 与椭圆半长轴 a 的关系为 $E=-G\dfrac{Mm}{2a}$，式中 M 为地球质量，G 为引力常量。

(1) 假定地球没有自转，求最小发射速度的大小和方向(用速度方向与地心 O 和发射点 C 的连线之间的夹角表示)。

(2) 若考虑地球的自转，则最小发射速度的大小为多少？

图 5.6.14　　图 5.6.15

8. 如图 5.6.15 所示，质量为 m 的不可伸长的均匀直杆靠在墙角，如果地面与墙均光滑，先用手握住杆，保持其与地面的夹角为 θ，然后突然放手。求放手后瞬间墙和地面的支持力大小。

9. 质量为 m、长为 L 的匀质细杆可绕过其一端的光滑水平轴 O 在竖直平面内自由转动。杆在水平状态由静止开始下摆，试求当杆摆至与水平方向成 θ 角时在杆上距 O 点 r 处的横截面两侧部分的相互作用力的切向分量 T 和法向分量 N 的大小。设重力加速度大小为 g。

10. 有一颗恒星，其质量为 M，现有一质量为 m 的行星绕它做半径为 r_0 的匀速圆周运动。假设恒星质量突然减少，设恒星质量突变瞬间行星动能未变。

(1) 当恒星的质量减为多少时，行星恰好做抛物线运动？

(2) 假设恒星质量突然减少到原来的 2/3，行星的运动轨道为何种曲线？并求出运动轨道的参数。

11. (2010年清华等自主招生联考物理) 卫星携带一探测器在半径为 $3R$(R 为地球半径)的圆轨道上绕地球飞行。在 a 点，卫星上的辅助动力装置短暂工作，将探测器沿运动方向射出(设辅助动力装置喷出的气体质量可忽略)。若探测器恰能完全脱离地球的引力，而卫星沿新的椭圆轨道运动，其近地点 b 与地心的距离为 nR($n<3$)，如图 5.6.16 所示。求卫星与探测器的质量比。(质量分别为 M、m 的两个质点相距 r 时的引力势能为 $-GMm/r$，式中 G 为引力常量。)

12. 如图 5.6.17 所示，实心圆柱从高度为 h 的斜坡上纯滚动到达水平地面上，继续纯滚动，与光滑竖直墙做完全弹性碰撞后返回，经足够长的水平距离重新做纯滚动，并纯滚动爬上坡。设地面与圆柱之间的动摩擦因数为 μ，试求圆柱爬坡所能达到的高度 h'。

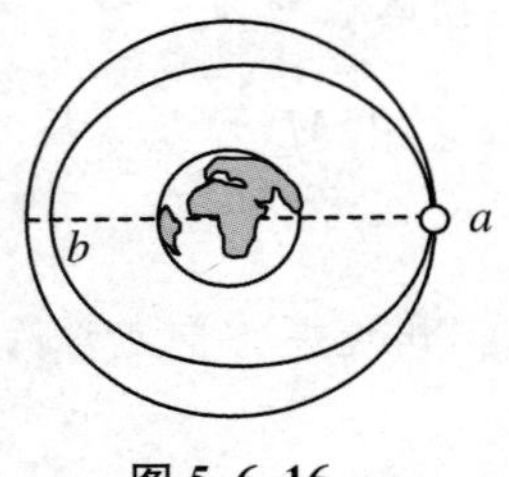

图 5.6.16

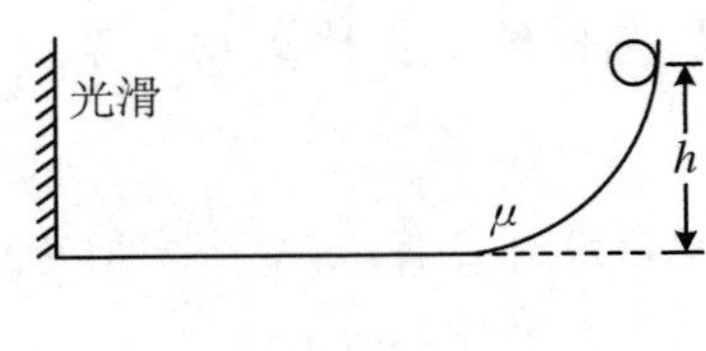

图 5.6.17

参考答案

1. C。
2. C。
3. $(m_1+m_2+M)g-\dfrac{2(m_2-m_1)^2}{2(m_1+m_2)+M}g$。
4. (1) $T_1=\dfrac{mg}{4}, a_{C1}=\dfrac{3}{4}g, \beta_1=\dfrac{3g}{2L}$;(2) $T_2=\dfrac{mg}{2}, a_{C2}=\dfrac{1}{2}g, \beta_2=\dfrac{3g}{L}$。

提示 (1) 应当注意,这时左侧的拉力必然不等于 $mg/2$,即在右侧绳子断掉的瞬间左侧绳子的拉力发生了突变,这是因为绳子的形变是微观层面的,可以允许力的突变。这时的约束条件应当是:杆的左端在右侧绳子刚断瞬间的加速度为零。设质心的加速度为 a_{C1},杆的角加速度为 β_1,并设杆长为 L。根据牛顿第二定律,有

$$mg-T_1=ma_{C1}$$

再以杆的左端点为参考点列出角动量定理方程

$$mg\frac{L}{2}=\frac{1}{3}mL^2\beta_1$$

根据运动学关系,有

$$a_{C1}=\frac{L}{2}\beta_1$$

由以上各式可以得到

$$T_1=\frac{mg}{4},\quad a_{C1}=\frac{3}{4}g,\quad \beta_1=\frac{3g}{2L}$$

(2) 如果两端是轻弹簧的话,由于弹簧的形变是宏观的,只要弹簧长度不发生变化,其拉力就不会突变,因此这时左侧弹簧的拉力应当为 $T_2=\dfrac{mg}{2}$。

根据牛顿第二定律,有

$$mg-T_2=ma_{C2}$$

再以杆的质心为参考点列出角动量定理方程

$$T_2\frac{L}{2}=\frac{1}{12}mL^2\beta_2$$

由以上各式可以得到

$$a_{C2} = \frac{1}{2}g,\quad \beta_2 = \frac{3g}{L}$$

需要注意的是,此时杆的左端点加速度实际上是向上的,大小为

$$a_{左端} = \beta_2 \frac{L}{2} - a_{C2} = g$$

5. (1) $N = mg\left(1 - \frac{3}{4}\cos^2\theta\right)$;(2) $\mu \geqslant \frac{3\cos\theta\sin\theta}{4 - 3\cos^2\theta}$。

提示　根据牛顿第二定律,在竖直方向和水平方向分别有

$$mg - N = ma\cos\theta,\quad f = ma\sin\theta$$

相对于地面接触点列转动方程

$$mg\cos\theta\frac{L}{2} = \frac{1}{3}mL^2\frac{a}{L/2}$$

综上,可以解得

$$a = \frac{3}{4}g\cos\theta,\quad N = mg\left(1 - \frac{3}{4}\cos^2\theta\right),\quad f = \frac{3}{4}mg\sin\theta\cos\theta$$

所以

$$\mu \geqslant \frac{f}{N} = \frac{3\cos\theta\sin\theta}{4 - 3\cos^2\theta}$$

6. $a = \frac{m + M}{2m + M}g\sin\theta$。

提示　相对于圆筒与斜面的接触点,因为水没有绕质心的自转,只有筒壁会自转,所以系统的转动惯量为

$$I = mR^2 + mR^2 + MR^2 = (2m + M)R^2$$

根据角动量定理,有

$$(m + M)gR\sin\theta = I\frac{a}{R}$$

综上,可得

$$a = \frac{m + M}{2m + M}g\sin\theta$$

7. (1) $v = 7.2\ \mathrm{km/s}$, $\theta = 67.5°$;(2) $v' = 7.4\ \mathrm{km/s}$。

提示　(1) 因为导弹做椭圆运动,所以能量

$$E = -G\frac{Mm}{2a}$$

由几何关系可知

$$2a = R + \frac{\sqrt{2}}{2}R$$

设发射时导弹的速度为 v,则有

$$E = \frac{1}{2}mv^2 - G\frac{Mm}{R}$$

联立以上三式,得

$$v = \sqrt{\frac{2GM}{R}(\sqrt{2}-1)}$$

因为 $G\frac{Mm}{R^2} = mg$,所以

$$v = \sqrt{2Rg(\sqrt{2}-1)}$$

代入有关数据,得 $v = 7.2\ \mathrm{km/s}$。

速度的方向在 C 点与椭圆轨道相切,根据解析几何知识,过椭圆上 C 点的切线的垂线平分两焦点到该点连线的夹角 $\angle OCP$,从图 5.6.18 中可看出,速度方向与 OC 的夹角为

$$\theta = 90° - \frac{1}{2} \times 45° = 67.5°$$

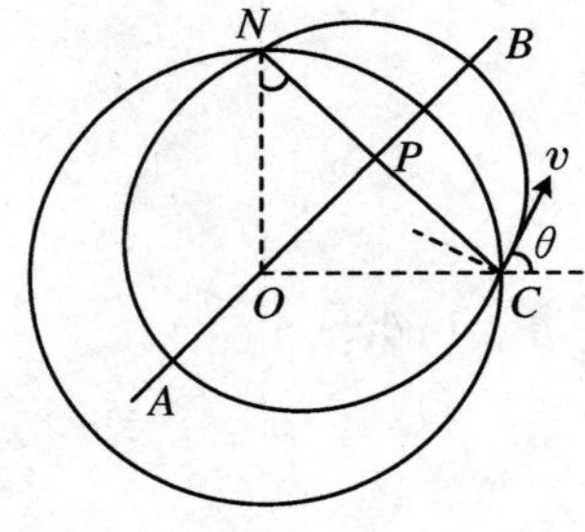

图 5.6.18

(2) 由于地球绕通过 ON 的轴自转,在赤道上 C 点相对于地心的速度为

$$v_C = \frac{2\pi R}{T}$$

式中 R 是地球的半径,T 为地球自转的周期,$T = 24 \times 3600\ \mathrm{s} = 86400\ \mathrm{s}$,故 $v_C = 0.46\ \mathrm{km/s}$。$C$ 点的速度方向垂直于子午面(图中纸面)。

导弹的速度大小为

$$v' = \sqrt{v^2 + v_C^2}$$

代入有关数据,得 $v' = 7.4\ \mathrm{km/s}$。

8. $N_{墙} = \frac{3}{4}mg\cos\theta\sin\theta, N_{地} = mg - \frac{3}{4}mg\cos^2\theta$。

提示 根据牛顿第二定律,有

$$N_{墙} = ma_x, \quad mg - N_{地} = ma_y$$

再以质心为参考点列出转动方程(逆时针方向为正方向)

$$N_{地}\frac{L}{2}\cos\theta - N_{墙}\frac{L}{2}\sin\theta = \frac{1}{12}mL^2\beta$$

杆与墙的接触点没有水平方向的加速度,所以有

$$a_x = \beta\frac{L}{2}\sin\theta$$

杆与地面的接触点没有竖直方向的加速度,所以有

$$a_y = \beta\frac{L}{2}\cos\theta$$

解得

$$\beta = \frac{3g}{2L}\cos\theta$$

所以

$$N_{墙} = \frac{3}{4}mg\cos\theta\sin\theta,\quad N_{地} = mg - \frac{3}{4}mg\cos^2\theta$$

9．$T=\dfrac{(L-r)(3r-L)}{4L^2}mg\cos\theta, N=\dfrac{(L-r)(5L+3r)}{2L^2}mg\sin\theta$。

提示　根据机械能守恒，有

$$\frac{1}{2}\times\frac{1}{3}mL^2\omega^2 = mg\left(\frac{L}{2}\sin\theta\right)$$

解得

$$\omega = \sqrt{\frac{3g\sin\theta}{L}}$$

对杆上距 O 点 r 处的横截面外侧长为 $L-r$ 的那一段进行研究，该段的质量为 $\lambda(L-r)$，其质心速度为

$$v'_C = \omega\left(r + \frac{L-r}{2}\right) = \omega\frac{L+r}{2}$$

进一步求导可得质心的切向加速度为

$$a_\tau = \frac{dv'_C}{dt} = \frac{L+r}{2}\frac{d\omega}{dt} = \frac{L+r}{2}\frac{d\omega}{d\theta}\frac{d\theta}{dt} = \frac{3(L+r)g\cos\theta}{4L}$$

于是可以对这段杆列出切向和法向的牛顿定律方程：

$$T + \lambda(L-r)g\cos\theta = \lambda(L-r)a_\tau$$

$$N - \lambda(L-r)g\sin\theta = \lambda(L-r)a_n = \lambda(L-r)\omega^2\frac{L+r}{2}$$

联立以上各式，可以解得

$$T = \frac{(L-r)(3r-L)}{4L^2}mg\cos\theta,\quad N = \frac{(L-r)(5L+3r)}{2L^2}mg\sin\theta$$

10．(1) $M'=\dfrac{1}{2}M$；(2) 轨迹为椭圆，半长轴 $a=2r_0$，半短轴 $b=\sqrt{3}r_0$。

提示　(1) 行星恰好做抛物线运动时，行星的机械能为零，即

$$E = E_k + E_p = \frac{GMm}{2r_0} - \frac{GM'm}{r_0} = 0$$

此时恒星的质量 $M'=\dfrac{1}{2}M$。

(2) 本题中原行星的能量为 $E=-\dfrac{GMm}{2r_0}$，现恒星质量突然减少 1/3，行星的总能量变为 $E'=-\dfrac{GMm}{6r_0}<0$，行星运动轨迹变为椭圆。对照椭圆运动卫星的能量公式 $E=-\dfrac{GM''m}{2a}$，

易知椭圆的半长轴 $a=2r_0$，而 $c=r_0$，相应半短轴 $b=\sqrt{a^2-c^2}=\sqrt{3}r_0$。

11. $\dfrac{m}{m'}=\dfrac{\sqrt{2}-1}{1-\sqrt{\dfrac{2n}{3+n}}}$。

提示 设地球质量为 M，卫星质量为 m，探测器质量为 m'，当卫星与探测器一起绕地球做圆周运动时，由万有引力定律和牛顿第二定律得

$$\frac{GM(m+m')}{(3R)^2}=(m+m')\frac{v^2}{3R},\quad v^2=\frac{GM}{3R}$$

设分离后探测器速度为 v'，探测器刚好脱离地球引力应满足

$$\frac{1}{2}m'v'^2-\frac{GMm'}{3R}=0$$

得

$$v'=\sqrt{\frac{2GM}{3R}}=\sqrt{2}v$$

设分离后卫星速度为 u，由机械能守恒定律可得

$$\frac{1}{2}mv_{近}^2-\frac{GMm}{nR}=\frac{1}{2}mu^2-\frac{GMm}{3R}$$

由开普勒第二定律有

$$nRv_{近}=3Ru$$

所以

$$u=\sqrt{\frac{2n}{3+n}}v$$

根据分离前后动量守恒，可得

$$(m+m')v=mu+m'v'$$

所以

$$\frac{m}{m'}=\frac{\sqrt{2}-1}{1-\sqrt{\dfrac{2n}{3+n}}}$$

12. $h'=\dfrac{1}{9}h$。

提示 碰撞前机械能守恒，则有

$$mgh=\frac{1}{2}mv_{C0}^2+\frac{1}{2}I\omega_0^2,\quad v_{C0}=\omega_0R$$

式中 $I=\dfrac{1}{2}mR^2$ 是圆柱绕中心轴的转动惯量。由以上两式解得

$$v_{C0}=2\sqrt{\frac{gh}{3}},\quad \omega_0=\frac{2}{R}\sqrt{\frac{gh}{3}}$$

碰撞过程：由于墙光滑，碰后角速度 ω_0 的大小、方向不变；由于圆柱与墙的碰撞是完全弹性碰撞，碰后质心速度仍为 v_{C0}，但方向与碰前相反。

碰后圆柱又滚又滑，设从碰后经时间 t 圆柱又做纯滚动，其相应的质心速度和角速度分别为 v_{C1} 和 ω_1，根据角动量定理和动量定理分别有

$$\mu mgRt = I(\omega_1 + \omega_0), \quad -\mu mgt = m(v_{C1} - v_{C0})$$

而 $I=\frac{1}{2}mR^2$，$v_{C1}=\omega_1 R$，联立方程，解得

$$\omega_1 = \frac{1}{3}\omega_0 = \frac{v_{C0}}{3R}, \quad v_{C1} = \frac{1}{3}v_{C0}$$

t 时刻后，圆柱做纯滚动并爬坡，机械能守恒，即

$$mgh' = \frac{1}{2}mv_{C1}^2 + \frac{1}{2}\left(\frac{1}{2}mR^2\right)\omega_1^2 = \frac{3}{4}mv_{C1}^2 = \frac{1}{12}mv_{C0}^2 = \frac{1}{9}mgh$$

故 $\frac{h'}{h}=\frac{1}{9}$。

综上可知，圆柱爬坡所能达到的高度为 $h'=\frac{1}{9}h$。

第6章 振动和波动

人们习惯于按照物质运动的形态，把经典物理学分成力、热、声、光、电、磁等子学科。然而某些形式的运动横跨所有这些学科，其中最典型的要算是振动和波动了。

在力学中有机械振动和机械波，在电磁学中有电磁振荡和电磁波，声是一种机械波，光则是一种电磁波。在近代物理中更是处处离不开振动和波，仅从微观理论的基石——“量子力学又称波动力学”这一观点就可看出振动和波的概念在近代物理中的重要性。

这种运动形态在单个质点或刚体上表现为振动，而在连续介质中则往往表现为波。振动与波的基本特征之一是具有周期性。波是振动在介质中的传播，发生波动的介质中，每个质元仍在作振动，但各质元的振动以一定的次序联系着，因而波动也就是各质元相互关联的集体振动。

最简单的振动和波动是简谐振动和简谐波。一方面是因为现实生活中的许多振动和波动都可以简化成对应的简谐振动和简谐波，例如弹簧振子和单摆的振动就是常见的简化了的简谐运动，绳波和电磁波可以简化成简谐波；另一方面是因为许多复杂的振动和波动可以用多个振动和波动来近似地替代，例如大学信息学相关专业开设的“信号与系统”这门课程中，处理信号的基本方法就是对信号进行傅里叶变换，其实就是将要处理的信号用多个简谐波来近似地替代。

本章限于讨论机械振动和机械波中的最简单的形式，即简谐振动和简谐波，主要内容包括：简谐运动的动力学、简谐运动的能量、简谐波的产生和描述、波动的特性等。本章在力学中讨论这种运动形态，有助于在其他领域中对类似运动形态的学习和理解。

6.1 简谐运动的动力学

1. 简谐运动的运动学和动力学定义

(1) 简谐运动的运动学定义

若一质点的位移 x 随时间 t 的变化关系可表示成余弦或正弦的关系，即可表示为 $x = A\cos(\omega t+\varphi_0)$ 或 $x = A\sin(\omega t+\varphi_0)$，则该质点的运动称为简谐运动。这就是简谐运动的运动学定义。其中 A 的大小称为振幅，ω 称为角频率或圆频率，$\omega t+\varphi_0$ 称为相位（简称相），φ_0 称为初相位。

当然，若质点的位移 x 随时间 t 的变化关系可表示成余弦或正弦的关系，则其速度和加速度也可表示成余弦或正弦的关系，即

$$v=\dot{x}=-A\omega\sin(\omega t+\varphi_0),\quad a=\dot{v}=\ddot{x}=-A\omega^2\cos(\omega t+\varphi_0)$$

（2）简谐运动的动力学定义

质点在某位置所受的力等于零，则此位置称为平衡位置。若作用于质点的力总是与质点相对于平衡位置的位移成正比，且指向平衡位置，则此作用力称为线性回复力。以平衡位置为原点，以 x 表示质点相对于原点的位移，线性回复力 $F=-kx$，k 是正的常数，负号表明线性回复力总是与位移 x 反向，即促使质点返回平衡位置。质点在线性回复力作用下围绕平衡位置的运动称为简谐运动。这就是简谐运动的动力学定义。

凡是所受回复力和位移满足 $F=-kx$ 的质点均可称为谐振子，如弹簧振子、小角度单摆等。谐振子的运动称为简谐运动。谐振子的加速度 $a=-\dfrac{k}{m}x$。简谐运动是一种最简单、最常见的机械振动。

（3）两种定义的等价性

我们可以从运动学定义出发推出动力学定义：对 $x=A\cos(\omega t+\varphi_0)$ 求二阶导数得 $a=-A\omega^2\cos(\omega t+\varphi_0)$，由牛顿第二定律得 $F_{合}=ma=-\omega^2 mA\cos(\omega t+\varphi_0)$，令 $\omega^2 m=k$，即得 $F_{合}=-kx$，这正是简谐运动的动力学定义。

我们也可以从动力学定义出发推出运动学定义：由 $F_{合}=-kx$，根据牛顿第二定律得 $F_{合}=-kx=ma=m\dfrac{\mathrm{d}^2x}{\mathrm{d}t^2}$，上述方程的通解可表示为

$$x=A_1\cos(\omega t+\varphi_{01})+A_2\sin(\omega t+\varphi_{02})+C$$

选取合适的计时起点和坐标原点，上述解总可以化简成 $x=A\cos(\omega t+\varphi_0)$ 形式，这正是简谐运动的运动学定义。

可见，简谐运动的运动学定义和动力学定义是等价的。通过上面的推导，我们还可以得出简谐运动的周期的表达式为 $T=\dfrac{2\pi}{\omega}=2\pi\sqrt{\dfrac{m}{k}}$。

2．简谐运动与匀速圆周运动的联系

我们可以将简谐运动看成匀速圆周运动在某一条直线上的投影（以下均看成在 x 轴方向的投影）运动，圆周运动的半径即为简谐运动的振幅 A。

从运动学和动力学两个角度都很容易推证上述结论，现在我们从动力学角度推证上述结论。因为质点做匀速圆周运动，所以合外力为向心力，向心力大小为 $F=m\omega^2A$，如图 6.1.1 所示。可见，$F_x=-m\omega^2A\cos\theta=-m\omega^2x$。对于一个给定的匀速圆周运动，$m$、$\omega$ 是恒定不变的，可以令 $m\omega^2=k$，这样，上式就符合了简谐运动的动力学定义。所以，x 轴方向的位移、

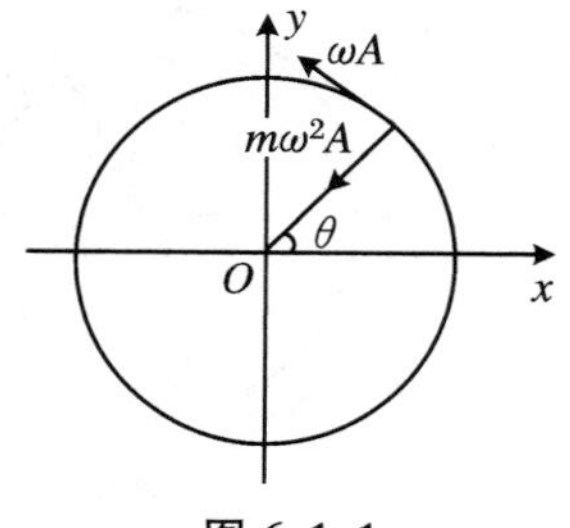

图 6.1.1

速度、加速度就是简谐运动的相关规律。

从图 6.1.1 也不难得出简谐运动的位移方程 $x = A\cos(\omega t + \varphi_0)$，速度方程 $v = -\omega A\sin(\omega t + \varphi_0)$，加速度方程 $a = -\omega^2 A\cos(\omega t + \varphi_0)$，其中 $\omega t + \varphi_0$ 是相位，φ_0 是初相位，$\tan\varphi_0 = -\dfrac{v_0}{\omega x_0}$。运动学参量的相互关系：$a = -\omega^2 x$，振幅 $A = \sqrt{x_0^2 + \left(\dfrac{v_0}{\omega}\right)^2}$。

3. 简谐运动与旋转矢量

显然，每个简谐运动都和一个圆周运动对应，也和一个大小固定、端点固定的位置矢量(振动矢量)A 对应。设有简谐运动 $x = A\cos(\omega t + \varphi_0)$，我们作一旋转运动矢量，其始点位于 x 轴坐标原点，模为 A，绕原点以角速度 ω 转动，如图 6.1.2 所示，设初始时刻($t = 0$)矢量与 x 轴夹角为 φ_0，则任一时刻 t，矢量在 x 轴上的投影为 $x = A\cos(\omega t + \varphi_0)$。

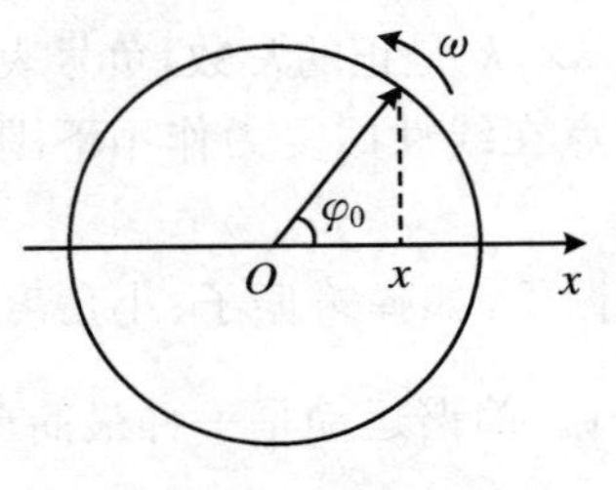

图 6.1.2

可见，这一旋转矢量正是简谐运动的一种表示，此图像通常称为简谐运动矢量图。以下我们借助于矢量图来进行振动合成。

4. 简谐运动的叠加

既然简谐运动可用矢量表示，那么简谐运动的合成亦即矢量的合成。

(1) 同方向、同频率的振动叠加

作原点重合的两个旋转矢量分别表示 $x_1 = A_1\cos(\omega t + \varphi_1)$ 和 $x_2 = A_2\cos(\omega t + \varphi_2)$ 两个简谐运动，如图 6.1.3 所示，则旋转合矢量 $\boldsymbol{A} = \boldsymbol{A}_1 + \boldsymbol{A}_2$ 便可表示合运动 $x = x_1 + x_2$。

由于 $\boldsymbol{A}_1$、$\boldsymbol{A}_2$ 以相同的角频率 ω 绕共同的原点旋转，且模不变，故合运动必定也是同方向、同频率的简谐运动，由图 6.1.4 所示的旋转矢量图易得

$$\begin{cases} A = \sqrt{A_1^2 + A_2^2 + 2A_1A_2\cos(\varphi_2 - \varphi_1)} \\ \tan\varphi = \dfrac{A_1\sin\varphi_1 + A_2\sin\varphi_2}{A_1\cos\varphi_1 + A_2\cos\varphi_2} \end{cases}$$

显然，当 $\varphi_2 - \varphi_1 = 2k\pi(k = 0, \pm1, \pm2, \cdots)$ 时，合振幅 A 最大；当 $\varphi_2 - \varphi_1 = (2k+1)\pi$ $(k = 0, \pm1, \pm2, \cdots)$ 时，合振幅 A 最小。

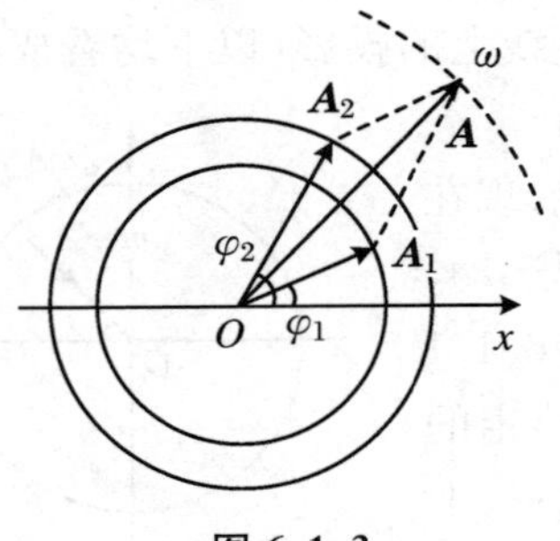

图 6.1.3

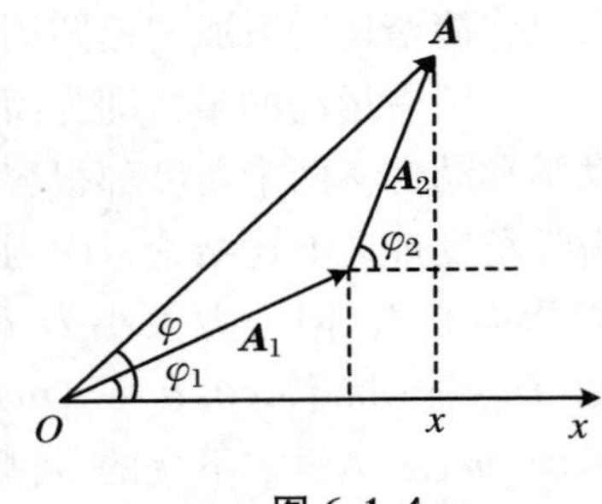

图 6.1.4

(2) 方向垂直、同频率的振动叠加

当质点同时参与两个垂直的振动 $x = A_1\cos(\omega t + \varphi_1)$ 和 $y = A_2\cos(\omega t + \varphi_2)$ 时，这两个振动方程事实上已经构成了质点在二维空间运动的轨迹参数方程，消去参数 t 后，得一般形式的轨迹方程为

$$\frac{x^2}{A_1^2} + \frac{y^2}{A_2^2} - 2\frac{xy}{A_1 A_2}\cos(\varphi_2 - \varphi_1) = \sin^2(\varphi_2 - \varphi_1)$$

显然，当 $\varphi_2 - \varphi_1 = 2k\pi(k = 0, \pm 1, \pm 2, \cdots)$ 时，有 $y = \frac{A_2}{A_1}x$，轨迹为直线，合运动仍为简谐运动；当 $\varphi_2 - \varphi_1 = (2k+1)\pi(k = 0, \pm 1, \pm 2, \cdots)$ 时，有 $\frac{x^2}{A_1^2} + \frac{y^2}{A_2^2} = 1$，轨迹为椭圆，合运动不再是简谐运动；当 $\varphi_2 - \varphi_1$ 取其他值时，轨迹将更为复杂，称为“李萨如图形”，不是简谐运动。

(3) 同方向、同振幅、频率相近的振动叠加

令 $x_1 = A\cos(\omega_1 t + \varphi)$ 和 $x_2 = A\cos(\omega_2 t + \varphi)$，由于合运动 $x = x_1 + x_2$，得

$$x = 2A\cos\frac{\omega_2 - \omega_1}{2}t\cos\left(\frac{\omega_2 + \omega_1}{2}t + \varphi\right)$$

可见，合运动是振动，但不是简谐运动，称为角频率为 $\frac{\omega_2 + \omega_1}{2}$ 的“拍”现象。

核心问题讨论

1. 如何根据质点的运动情况求振动方程的表达式？

要确定振动方程的表达式 $x = A\cos(\omega t + \varphi)$ 的具体形式，关键在于确定 A、ω 和 φ，这就需要列出三个方程，求解过程中可能会涉及简单的三角函数运算，当然，也可以借助于旋转矢量或单位圆，尤其在涉及速度方向的判定的时候特别方便。

例题1　一个质点沿 x 轴做简谐运动，振幅 $A = 0.06$ m，周期 $T = 2$ s，初始时刻质点位于 $x_0 = 0.03$ m 处且向 x 轴正方向运动。取平衡位置为坐标原点，质点的振动方程可表示为 $x = A\cos(\omega t + \varphi)$。求：

(1) 质点振动方程的具体表达式；

(2) 在 $x_1 = -0.03$ m 处且向 x 轴负方向运动时，质点的速度、加速度以及质点从这一位置回到平衡位置所需要的最短时间。

分析　根据题中所给的振幅、周期、简谐运动方程及初始条件等信息可求出初相位、速度和加速度，再根据题目所问的过程和运动方程，运用旋转矢量法综合求解谐振子运动时间比较方便。

解　(1) 解法一

依题意有 $A = 0.06$ m，$T = 2$ s，则

$$\omega = \frac{2\pi}{T} = \frac{2\pi}{2} = \pi \text{ rad/s}$$

在 $t=0$ 时，$x_0 = A\cos\varphi = 0.06\cos\varphi = 0.03$ m，且 $v_0 = -A\omega\sin\varphi > 0$，可解得 $\varphi = -\frac{\pi}{3}$，故振动方程为

$$x = 0.06\cos\left(\pi t - \frac{\pi}{3}\right)$$

解法二

因为振幅 $A = 0.06$ m，初始时刻质点位于 $x_0 = 0.03$ m 处且向 x 轴正方向运动，运用旋转矢量法，对应图 6.1.5 中的 M_0 点，故 $\varphi = -\frac{\pi}{3}$，进而得出振动方程为

$$x = 0.06\cos\left(\pi t - \frac{\pi}{3}\right)$$

(2) 借助于旋转矢量求解，当 $t = t_1$ 时，$x_1 = 0.06\cos\left(\pi t_1 - \frac{\pi}{3}\right) = -0.03$ m 且向 x 轴负方向运动，所以对应图 6.1.5 中的 M_1 点，故 $\pi t_1 - \frac{\pi}{3} = \frac{2\pi}{3}$，得 $t_1 = 1$ s，因此速度和加速度分别为

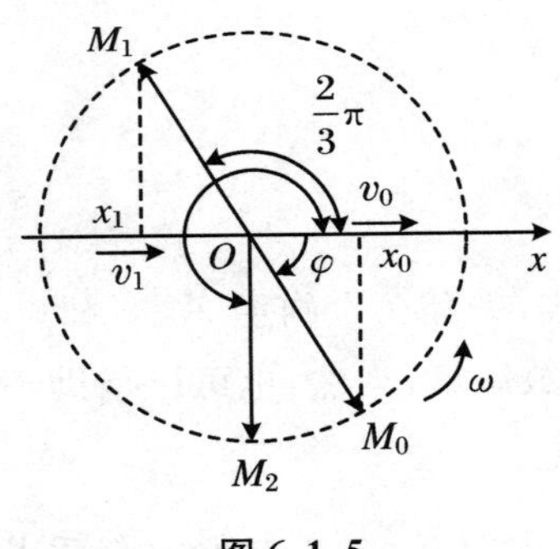

图 6.1.5

$$v = -0.06\pi\sin\left(\pi t_1 - \frac{\pi}{3}\right) = -0.16 \text{ m/s}$$

$$a = -0.06\pi^2\cos\left(\omega t_1 - \frac{\pi}{3}\right) = 0.30 \text{ m/s}^2$$

从 $x_1 = -0.03$ m 处向 x 轴负方向运动到平衡位置，意味着旋转矢量从图 6.1.5 中的 M_1 点转到 M_2 点，因而所需要的最短时间 Δt 满足

$$\omega\Delta t = \frac{3}{2}\pi - \frac{2}{3}\pi = \frac{5}{6}\pi$$

解得

$$\Delta t = \frac{\frac{5}{6}\pi}{\pi} = \frac{5}{6} = 0.83 \text{ s}$$

点拨 本题对三角函数运算的要求较高。在解题的时候注意角度的象限和物理量的正负号，这是此类题目的易错点。用好旋转矢量法往往可以快捷地得到描述简谐运动的相关量。

例题 2 某振动质点的 x-t 曲线如图 6.1.6 所示，若振动图像表示为 $x = A\cos(\omega t + \varphi_0)$，试求：

(1) 运动方程；

（2）P 点对应的相位；

（3）到达 P 点相应位置所需要的时间。

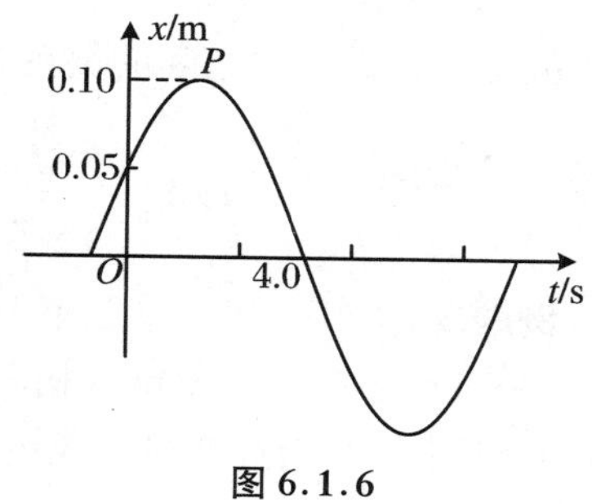

图 6.1.6

分析　由已知运动方程画振动曲线和由振动曲线求运动方程是常见的两类振动问题。本题就是要通过 x-t 曲线确定振动的三个特征量 A、ω 和 φ_0，从而写出运动方程。曲线最大幅值即为振幅 A，而 ω、φ_0 通常可通过旋转矢量法或解析法解出，一般采用旋转矢量法比较方便。

解　（1）质点振幅 $A=0.10\ \text{m}$。由振动曲线可画出 $t=0$ 和 $t=4\ \text{s}$ 时的旋转矢量，如图 6.1.7 所示。由图可见初相

$$\varphi_0=-\frac{\pi}{3}\quad\left(\text{或 }\varphi_0=\frac{5\pi}{3}\right)$$

而由 $\omega(t_1-t_0)=\pi/2+\pi/3$ 得

$$\omega=\frac{5\pi}{24}\ \text{rad/s}$$

则运动方程为

$$x=0.10\cos\left(\frac{5\pi}{24}t-\frac{\pi}{3}\right)\ \text{m}$$

（2）P 的位置是质点从 $A/2$ 处运动到正向的端点处，对应的旋转矢量图如图 6.1.8 所示。当初相 $\varphi_0=-\pi/3$ 时，P 点的相位为 $\varphi_P=\varphi_0+\omega(t_P-0)=0$（如果初相 $\varphi_0=5\pi/3$，则 P 点相应的相位应表示为 $\varphi_P=\varphi_0+\omega(t_P-0)=2\pi$）。

（3）由图 6.1.8 所示的旋转矢量图可得 $\omega(t_P-0)=\pi/3$，则 $t_P=1.6\ \text{s}$。

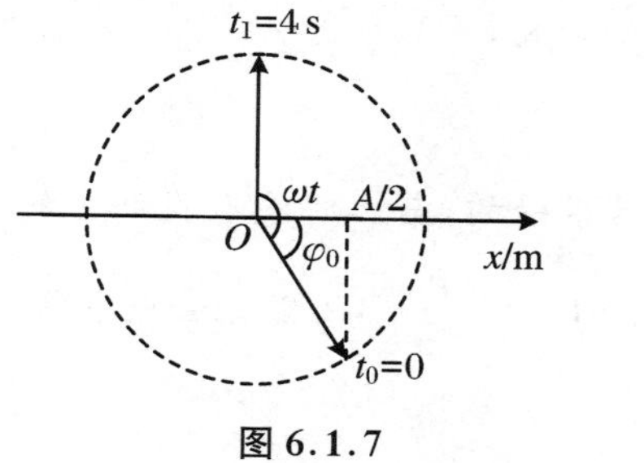

图 6.1.7

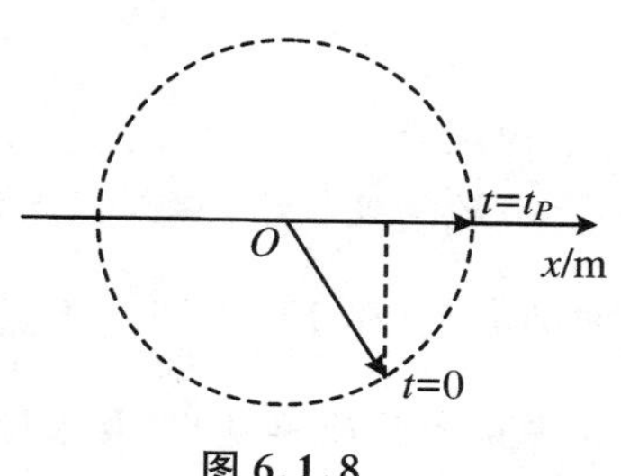

图 6.1.8

点拨　本题解题的关键就是通过 x-t 曲线确定振动方程。采用旋转矢量法来处理类似问题还是比较方便的。

2. 简谐运动各物理量间有何关系？

在求解简谐运动相关的问题时，需要我们能熟练掌握各物理量间的关系，常用到的关系如下：角频率 ω 和 k 之间的关系为 $\omega=\sqrt{\dfrac{k}{m}}$，最大速度 $v_{\max}$ 和振幅 A 之间的关系为 $v_{\max}=$

ωA，振幅和初始条件之间的关系为 $A=\sqrt{x_0^2+\left(\frac{v_0}{\omega}\right)^2}$，力的平均值和最大值之间的关系为

$\overline{F}=\frac{2}{T}\int_0^{T/2}F_{\max}\sin(\omega t)\mathrm{d}t=\frac{2F_{\max}}{\pi}$。

例题 3 （2018 年清华领军）如图 6.1.9 所示，两个质量均为 $m=2\ \mathrm{kg}$ 的相同小球分别以 $v_1=10\ \mathrm{m/s}$ 与 $v_2=6\ \mathrm{m/s}$ 相向而行，并发生弹性碰撞，碰撞时间为 $t=0.01\ \mathrm{s}$。假设两小球接触时弹力 F 与形变量 x 成正比，则 （　　）

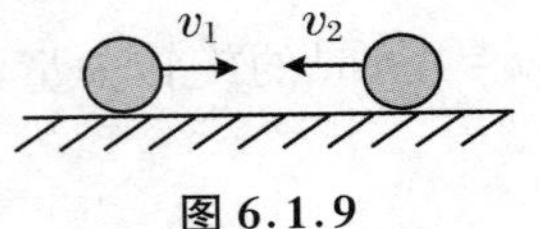

图 6.1.9

A. 碰撞时平均作用力为 3.2 kN

B. 碰撞时平均作用力为 0.64 kN

C. 最大弹力约为 2.5 kN

D. 最大弹力约为 5.0 kN

分析 质量相同的两小球发生弹性碰撞后会交换速度，题目提供了碰撞时间，则可根据动量定理求出平均力，然后根据力的平均值和最大值之间的关系就可以求解弹力的最大值了。

解 碰后两小球交换速度，应用动量定理求平均作用力，则

$$\overline{F}=m(v_1+v_2)/t=3.2\ \mathrm{kN}$$

在质心系中观察，两小球做简谐运动，则

$$F=kx=kA\sin(\omega t+\varphi_0)=F_{\max}\sin(\omega t+\varphi_0)$$

其中 x 为形变量，所以弹力 F 的平均值为

$$\overline{F}=\frac{2}{T}\int_0^{T/2}F_{\max}\sin(\omega t)\mathrm{d}t=\frac{2F_{\max}}{\pi}$$

代入数据，得

$$F_{\max}=\frac{\pi\overline{F}}{2}=5.0\ \mathrm{kN}$$

所以，本题选 A、D。

点拨 本题难度较小，但知识点的综合性还是很强的，若一时没有找到力的平均值和最大值之间的关系，即 $\overline{F}=\frac{2}{T}\int_0^{T/2}F_{\max}\sin(\omega t+\varphi_0)\mathrm{d}t=\frac{2F_{\max}}{\pi}$，可能还会被卡住。所以，对于强基计划考试中的简单题目，要求做得非常熟练。

例题 4 （2018 年清华领军）如图 6.1.10 所示，一个劲度系数为 k 的轻弹簧一端固定在天花板，另一端拴一个质量为 m_1 的小木块，该木块下面再用细绳连接一个质量为 m_2 的小木块，系统处于平衡状态，弹簧一直处于弹性限度内，下列说法正确的是 （　　）

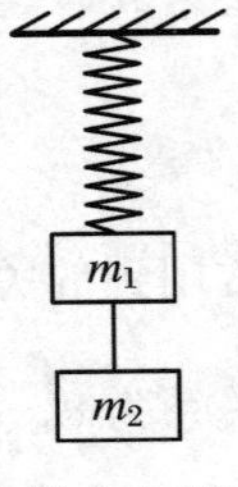

图 6.1.10

A. 下拉后放手，m_1 一定做简谐振动

B. 下拉后放手，m_2 一定做简谐振动

C. 剪断细绳后，m_1 的振幅为 m_2g/k

D. 剪断细绳后，m_1 的最大速度为 $m_2g/\sqrt{m_1k}$

分析　对于“下拉后放手”，要分情况讨论：若下拉的幅度较小，则两木块可以看成一个整体，始终做简谐运动；若下拉的幅度过大，则两木块间的绳子可能松软，甚至 m_2 还能撞上 m_1。

解　当下拉距离较小$\left(小于\dfrac{m_1+m_2}{k}g\right)$时，$m_1$ 和 m_2 可以看成一个整体，它们一起做简谐运动。

当下拉距离过大时，在过平衡位置之前$\left(也就是拉伸量大于\dfrac{m_1+m_2}{k}g 之前\right)$，$m_1$ 和 m_2 可以看成一个整体，它们一起做简谐运动(加速过程)；从平衡位置到原长这段时间内，m_1 和 m_2 仍然可以看成一个整体，它们一起做简谐运动(减速过程)；过了原长之后，m_1 减速的加速度将大于 g，如果此时 m_2 还有速度，将做竖直上抛运动，还有可能与 m_1 相碰，所以 A 和 B 选项都错误。

剪断细绳后，m_1 显然做振幅为 $A=m_2g/k$ 的简谐运动，简谐运动的角频率为 $\omega=\sqrt{\dfrac{k}{m_1}}$，所以 m_1 的最大速度为 $v_{\max}=\omega A=\dfrac{m_2g}{\sqrt{m_1k}}$，可见 D 选项正确。

所以，本题的答案是 C、D。

点拨　本题涉及物理过程的分析，需要考虑到各种可能的情况。需要注意的是，当下拉距离过大时，从平衡位置到原长这段时间内，m_1 和 m_2 仍然可以看成一个整体，它们一起做简谐运动(减速过程)。对于大部分同学来说，分析出这个结论是很难的。

3. 如何分析单摆的振动周期?

单摆的周期公式 $T=2\pi\sqrt{\dfrac{l}{g}}$ 较简单，但是得理解每个字母的含义。l 是摆长，即悬挂点到摆球球心的距离，更为复杂的情景是计算等效摆长 l'。g 是重力加速度，等于摆球受到的重力除以质量；更为复杂的情景是计算等效重力加速度 g'，等于摆球处于静止状态时受到的恒定的“场力”除以摆球的质量。

例题 5　(2019 年清华领军)如图 6.1.11 所示，光滑斜面的倾角为 θ，小车从斜面顶端自由滑下，车上用一细线吊一小球，小球质量远小于小车质量，细线长为 R。已知重力加速度为 g，则小球做微小振动的周期为　(　　)

A. $2\pi\sqrt{\dfrac{R}{g}}$　　B. $2\pi\sqrt{\dfrac{2R}{g}}$

C. $2\pi\sqrt{\dfrac{R}{g\cos\theta}}$　　D. $2\pi\sqrt{\dfrac{2R}{g\cos\theta}}$

分析　显然本题以小车为参考系时物理情景更简单。以小车为参考系，要使牛顿第二定律成立，小球还受到沿斜面向上的惯性力，该惯性力和重力合成一个大小和方向都恒定的

“等效重力”G'，如图 6.1.12 所示。单摆周期公式要成立也需将公式中的 g 相应地替换成 g'。

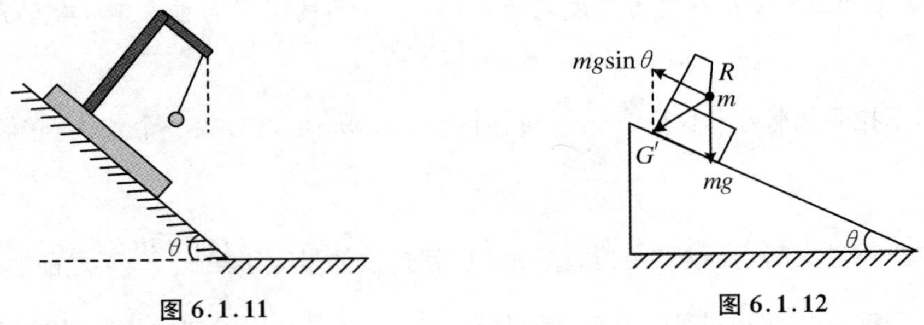

图 6.1.11　　　　图 6.1.12

解　小球受到的等效重力为

$$G' = \sqrt{(mg\sin\theta)^2 + (mg)^2 - 2mg\sin\theta \cdot mg\cos\left(\frac{\pi}{2} - \theta\right)} = mg\cos\theta$$

等效重力加速度为

$$g' = \frac{G'}{m} = g\cos\theta$$

代入单摆周期公式 $T = 2\pi\sqrt{\dfrac{l}{g'}}$，得

$$T = 2\pi\sqrt{\frac{R}{g\cos\theta}}$$

所以本题选 C。

点拨　本题的难点是计算等效重力加速度，与之类似的涉及单摆周期公式的难题就是计算等效摆长，这些都需要根据具体问题具体分析，多练习积累经验，才能达到熟能生巧的地步。

4. 简谐运动和匀速圆周运动之间有何关系？

一方面，简谐运动可以看成匀速圆周运动在某一条直线上的投影（通常看成在 x 轴方向的投影）运动，圆周运动的半径即为简谐运动的振幅 A；另一方面，匀速圆周运动可以看成两个振动方向垂直、振幅大小相等、频率相同的简谐运动的合成，可以通过计算匀速圆周运动的周期得到简谐运动的周期。

例题 6　（2018 年西城二模）如图 6.1.13 所示，把一个有孔的小球 A 装在轻质弹簧的一端，弹簧的另一端固定，小球穿在沿水平 x 轴的光滑杆上，能够在杆上自由滑动。把小球沿 x 轴拉开一段距离，小球将做振幅为 R 的振动，O 为振动的平衡位置。另一小球 B 在电动机的带动下，在竖直平面内以 O' 为圆心，沿顺时针方向做半径为 R 的匀速圆周运动。O 与 O' 在同一竖直线上。用竖直向下的平行光照射小球 B，适当调整 B 的转速，可以观察到，小球 B 在 x 轴方向上的影子和小球 A 在任何瞬间都重合。已知弹簧劲度系数为 k，小球 A 的质量为 m，弹簧的弹性势能表达式为 $\frac{1}{2}kx^2$，其中 x 是弹簧的形变量。

（1）请结合以上实验证明：小球 A 振动的周期 $T=2\pi\sqrt{\dfrac{m}{k}}$。

（2）简谐运动的一种定义是：如果质点的位移 x 与时间 t 的关系遵从正弦函数的规律，即它的振动图像（x-t 图像）是一条正弦曲线，这样的振动称为简谐运动。请根据这个定义并结合以上实验证明：小球 A 在弹簧作用下的振动是简谐运动，并用已知量表示位移 x 与时间 t 的关系。

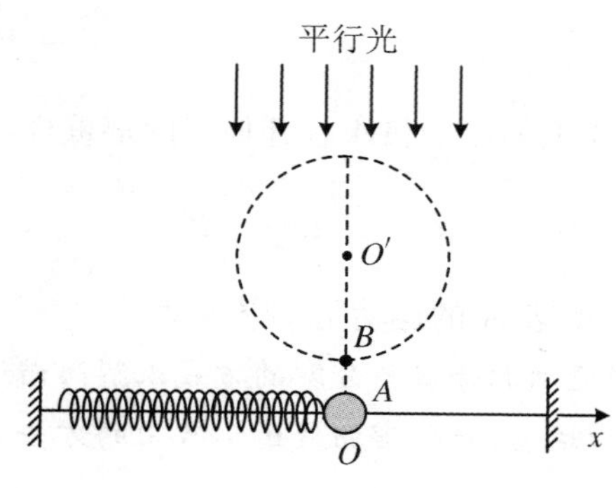

图 6.1.13

分析　由题中实验可知，小球 B 在 x 轴方向上的影子的速度时刻与小球 A 的相等，A 经过 O 点的速度 v 与 B 经过最低点的速度相等，即小球 B 做匀速圆周运动的线速度也为 v，小球 A 振动的周期与小球 B 做圆周运动的周期相等。所以可以先求小球 A 在 O 点的速度，该速度大小就是小球 B 做匀速圆周运动的速度大小，并由此求出小球 B 做匀速圆周运动的周期，从而求出小球 A 的振动周期。

解　（1）以小球 A 为研究对象，设它经过平衡位置 O 时的速度为 v，当它从 O 运动到最大位移处时，根据机械能守恒，有

$$\frac{1}{2}mv^2=\frac{1}{2}kR^2$$

由此得

$$v=R\sqrt{\frac{k}{m}} \tag{①}$$

根据圆周运动的周期公式，小球 B 的运动周期为

$$T=\frac{2\pi R}{v} \tag{②}$$

联立①、②两式，得小球 B 的运动周期

$$T=2\pi\sqrt{\frac{m}{k}}$$

所以小球 A 的振动周期也为 $T=2\pi\sqrt{\dfrac{m}{k}}$。

（2）设小球 B 做圆周运动的角速度为 ω。再设小球 A 从 O 向右运动、小球 B 从最高点

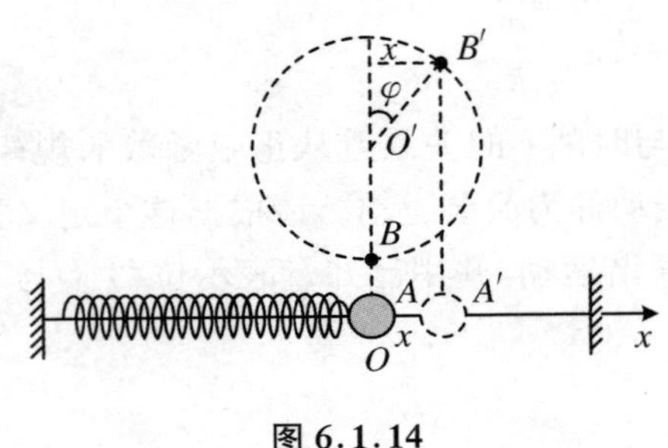

图 6.1.14

向右运动开始计时，经过时间 t，小球 B 与 O' 的连线与竖直方向成 φ 角，如图 6.1.14 所示，则小球 B 在 x 轴方向上的位移为

$$x = R\sin\varphi = R\sin\omega t$$

结合 $\omega=\dfrac{2\pi}{T}$，联立以上各式，得

$$x = R\sin\sqrt{\frac{k}{m}}t$$

由题中实验可知 B 在 x 轴方向上的影子和 A 在任何瞬间都重合，即小球 A 的位移规律也为

$$x = R\sin\sqrt{\frac{k}{m}}t$$

其中 R、k、m 为常量。所以，小球 A 的运动是简谐运动。

点拨　本题的(2)问采用运动的合成与分解的方式求解简谐运动的振动规律，将相对复杂的曲线运动分解成两个直线运动，是处理曲线运动常用的方法。

5. 如何从受力的角度判定简谐运动?

要判断一个运动是否为简谐运动，可以从简谐运动的运动学定义出发，也可以从简谐运动的动力学定义出发，当然用得较多的还是从简谐运动的动力学定义出发。先对物体进行受力分析，求出回复力 $F_回$，看 $F_回$ 是否满足 $F_回 = -kx$，若满足则为简谐运动，若不满足则不是简谐运动。

例题 7　如图 6.1.15 所示，在两个向相反方向转动的小轴上水平放一块均匀薄木板，木板的质量为 m，两个小轴的轴心之间的距离为 $2l$，木板与两轴的动摩擦因数都为 μ。木板最初的位置是它的重心偏离中线 OO' x 的位置。试证明木板在轴所产生的摩擦力的作用下的运动是简谐运动，并求出它的周期。

分析　木板的重心偏离中线 OO'，则轴对木板的两个支持力大小将不相等，两个摩擦力大小也不相等，两个摩擦力的合力是提供木板的回复力，所以本题的关键是根据力的平衡和力矩的平衡求出摩擦力的合力的表达式。

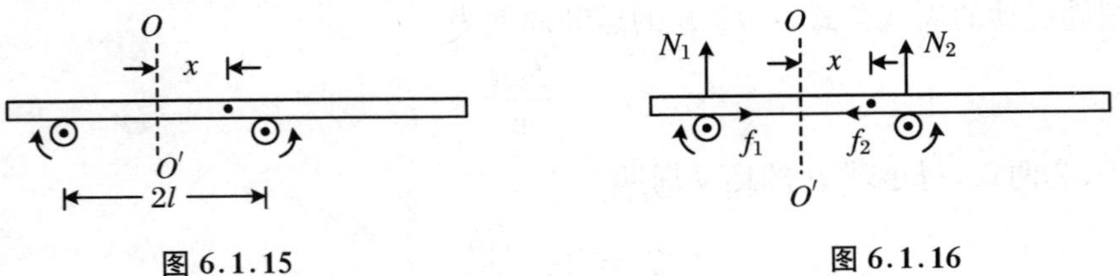

图 6.1.15　　图 6.1.16

解　受力分析如图 6.1.16 所示，竖直方向合外力为零，则

$$N_1 + N_2 = mg$$

木板没有转动，力矩平衡，以质心为轴，得

$$N_1(l+x)=N_2(l-x)$$

所以

$$N_1=\frac{mg(l-x)}{2l},\quad f_1=\frac{\mu mg(l-x)}{2l}$$

$$N_2=\frac{mg(l+x)}{2l},\quad f_2=\frac{\mu mg(l+x)}{2l}$$

木板所受合力为

$$F_{合}=f_1-f_2=-\frac{\mu mgx}{l}=-kx$$

所以

$$T=2\pi\sqrt{\frac{m}{k}}=2\pi\sqrt{\frac{l}{\mu g}}$$

点拨　本题难度不大，但综合性强，需要根据竖直方向受力平衡、力矩平衡、摩擦力公式、简谐运动的动力学定义及周期公式进行综合分析。

例题 8　如图 6.1.17 所示，轻质弹簧的一端固定，另一端系一轻绳，轻绳绕过滑轮连接一质量为 m 的物体，绳在轮上不打滑，使物体上下自由振动。已知弹簧的劲度系数为 k，滑轮的半径为 R，转动惯量为 I，滑轮可绕轴自由转动。

(1) 证明物体做简谐运动。

(2) 求物体的振动周期。

(3) 设 $t=0$ 时，弹簧无伸缩，物体也无初速，写出物体的振动表达式。

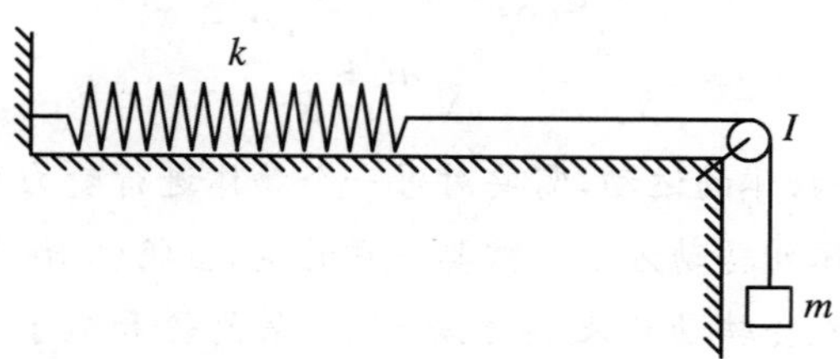

图 6.1.17

分析　当物体 m 静止时，绳和弹簧受到的拉力都是 mg；当物体 m 运动起来后，跨过滑轮两端的拉力将不再相等。对弹簧、物体和滑轮分别进行受力分析并列出相关动力学方程是解答本题的关键。

解　(1) 取平衡位置为坐标原点，竖直向下为 x 轴的正方向，设系统处于平衡位置时弹簧的伸长量为 l_0，则

$$mg=kl_0$$

物体处于任意位置 x 时，加速度为 a，则弹簧、物体和滑轮的动力学方程分别为

$$T_1-k(x+l_0)=0,\quad mg-T_2=ma,\quad (T_2-T_1)R=I\frac{a}{R}$$

由以上四式解得

$$\left(m+\frac{I}{R^2}\right)a+kx=0$$

所以,回复力可表示为

$$F_{回}=ma=-\frac{mk}{m+\dfrac{I}{R^2}}\cdot x$$

可见,物体做简谐运动。

(2) 物体振动的角频率为

$$\omega=\sqrt{\frac{k}{m+\dfrac{I}{R^2}}}$$

所以振动周期为

$$T=2\pi\sqrt{\frac{m+\dfrac{I}{R^2}}{k}}$$

(3) 由初始条件 $x_0=A\cos\varphi_0=-l_0$ 和 $v_0=-A\omega\sin\varphi_0=0$ 得

$$\varphi_0=\pm\pi,\quad A=l_0=\frac{mg}{k}$$

所以,简谐振动的表达式为

$$x=\frac{mg}{k}\cos\left(\sqrt{\frac{k}{m+\dfrac{I}{R^2}}}t\pm\pi\right)$$

点拨 本题涉及多个物体的运动,需要对每一个物体进行受力分析,对平动的物体列质心平动方程,对转动的物体列转动方程。需要注意的是,当物体 m 静止时,跨过滑轮两端的拉力大小相等,否则滑轮就会转动起来,也就是说,尽管滑轮和绳子之间粗糙且有压力,但是绳子和滑轮间不存在摩擦力的作用。

例题9 如图6.1.18所示,一个立方形木块浮于静水中,其浸入部分的高度为 a,用手指沿竖直方向将其慢慢压下,使其浸入部分的高度为 b(此时木块并未全部没入水中),然后放手让其运动。试证明,若不计水对木块的黏滞阻力,则木块的运动是简谐运动,并求出简谐运动的周期和振幅。

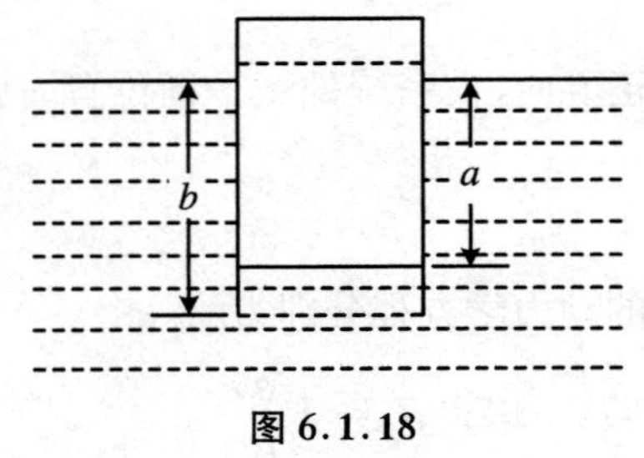

图6.1.18

分析 从木块所受重力与浮力之差入手分析,根据简谐运动的条件和周期公式推理、计算。

解 设木块的横截面积为 S,木块以 O 为中心上下振动,某时刻向下位移为 x,则木块所受合力(重力与

浮力之差)为

$$F = -xS\rho g$$

负号表示合力与位移方向相反，可知木块的运动是简谐运动。

由牛顿第二定律得

$$F = m\frac{d^2x}{dt^2} = -xS\rho g \quad ①$$

由题意知

$$m = aS\rho \quad ②$$

则

$$aS\rho\frac{d^2x}{dt^2} = -xS\rho g \quad ③$$

联立①～③式，得

$$\frac{d^2x}{dt^2} = -\frac{g}{a}x \quad ④$$

因此，由④式可得木块的运动为简谐运动，其周期为

$$T = 2\pi\sqrt{\frac{a}{g}}$$

振幅为

$$A = b - a$$

点拨　本题通过简单的定性分析也可证明木块为简谐运动：木块受到的重力为恒力，木块受到的浮力与排开液体的体积成正比，即与浸入液体的高度成正比，所以合外力与位移一定存在线性关系。只要坐标原点选取合适，再考虑方向问题，合外力就一定可以写成 $F=-kx$ 的形式，即木块的运动为简谐运动。

基础练习

1. 一质点沿 x 轴做简谐振动，振幅为 12 cm，周期为 2 s。当 $t=0$ 时，位移为 6 cm，且向 x 轴正方向运动，则振动表达式为　(　　)

A. $x=0.12\cos\left(\pi t-\frac{\pi}{3}\right)$　　B. $x=0.12\cos\left(\pi t+\frac{\pi}{3}\right)$

C. $x=0.12\cos\left(2\pi t-\frac{\pi}{3}\right)$　　D. $x=0.12\cos\left(2\pi t+\frac{\pi}{3}\right)$

2. 两个同周期简谐运动曲线如图 6.1.19(a)所示，图(b)是其相应的旋转矢量图，则 x_1

的相位比 x_2 的相位 ( )

A. 落后 $\pi/2$　　B. 超前 $\pi/2$　　C. 落后 π　　D. 超前 π

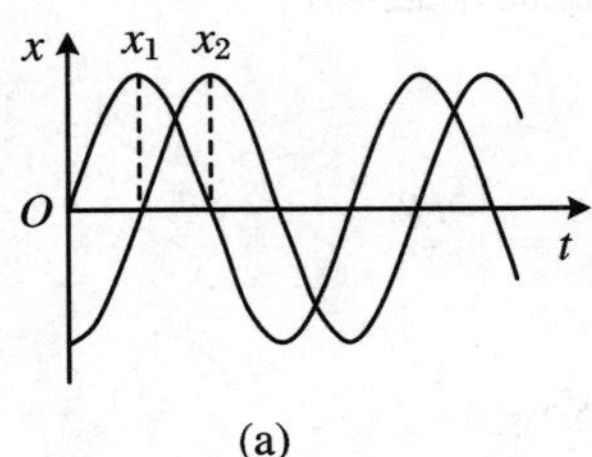

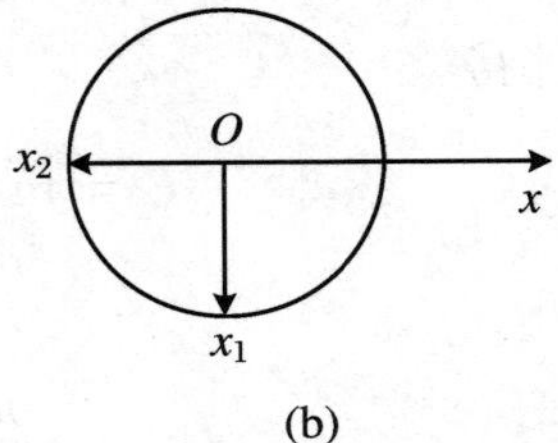

图 6.1.19

3. 如图 6.1.20 所示，将小球甲、乙、丙(都可视为质点)分别从 A、B、C 三点由静止同时释放，最后都到达竖直面内圆弧的最低点 D。其中，甲从圆心 A 出发做自由落体运动，乙沿弦轨道从一端 B 到达另一端 D，丙沿圆弧轨道从 C 点运动到 D 点，且 C 点很靠近 D 点。如果忽略一切摩擦阻力，那么下列判断正确的是 ( )

A. 甲球最先到达 D 点，乙球最后到达 D 点

B. 甲球最先到达 D 点，丙球最后到达 D 点

C. 丙球最先到达 D 点，乙球最后到达 D 点

D. 甲球最先到达 D 点，无法判断哪个球最后到达 D 点

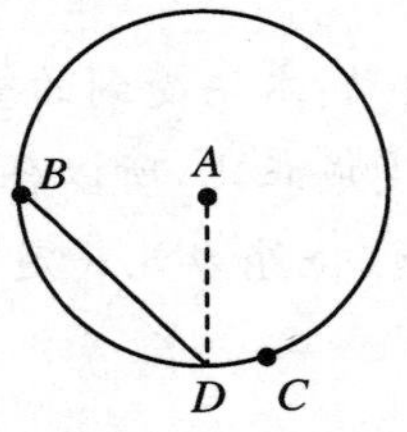

图 6.1.20

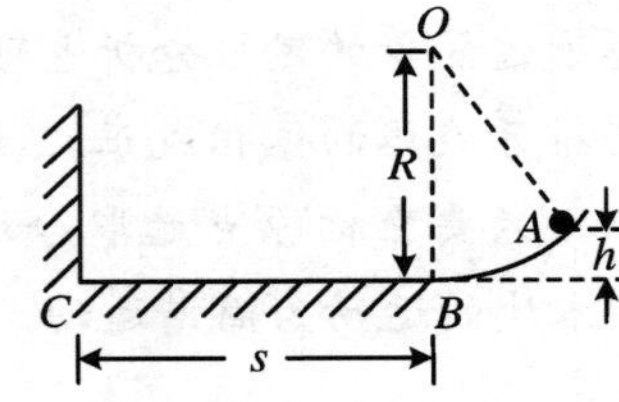

图 6.1.21

4. (2011 年丰台一模) 如图 6.1.21 所示，长为 s 的光滑水平面左端为竖直墙壁，右端与半径为 R 的光滑圆弧轨道相切于 B 点。一质量为 m 的小球从圆弧轨道上离水平面高为 $h(h\ll R)$ 的 A 点由静止下滑，运动到 C 点与墙壁发生碰撞，碰撞过程无机械能损失，最终小球又返回 A 点。之后这一过程循环往复地进行下去，则小球运动的周期为 ( )

A. $\pi\sqrt{\dfrac{R}{g}}+s\sqrt{\dfrac{2}{gh}}$　　B. $2\pi\sqrt{\dfrac{R}{g}}+s\sqrt{\dfrac{2}{gh}}$

C. $\pi\sqrt{\dfrac{R}{g}}+\dfrac{s}{\sqrt{2gh}}$　　D. $2\pi\sqrt{\dfrac{R}{g}}+\dfrac{s}{\sqrt{2gh}}$

5. (2020 年北大强基) 单摆在摆动的过程中，其摆动平面会逐渐发生转动(进动)，这是因为 ( )

A. 地心引力不均匀　　　　　　B. 月球对地球的潮汐力

C. 地球在自转造成地转偏向力　　　　　　D. 以上都不对

6. 原长为 0.5 m 的轻弹簧，上端固定，下端挂一质量为 0.1 kg 的物体，当物体静止时，弹簧长为 0.6 m。现将物体上推，使弹簧缩回到原长，然后放手，以放手时开始计时，取 $g=10\ \mathrm{m/s^2}$，以竖直向下为 x 轴正方向，平衡位置为坐标原点，请写出振动方程。

7. 一物体沿 x 轴做简谐振动，振幅为 0.06 m，周期为 1 s，当 $t=0$ 时位移为 0.03 m，且向 x 轴正方向运动。

(1) 求 $t=0.5$ s 时物体的位移、速度和加速度。

(2) 物体从 $x=-0.03$ m 处向 x 轴负方向运动开始，到达平衡位置至少需要多少时间？

8. 如图 6.1.22 所示，一个光滑的圆弧形槽的半径为 R，放在水平地面上，圆弧所对的圆心角小于 5°。AD 的长为 x，今有一小球 m_1 以沿 AD 方向的初速度 v 从 A 点开始运动，要使小球 m_1 可以与固定在 D 点的小球 m_2 相碰撞，那么小球 m_1 的速度 v 应满足什么条件？

图 6.1.22　　　　图 6.1.23

9. 图 6.1.23 所示是某同学设计的测量物体质量的装置。其中，P 是光滑水平面；N 是质量为 M 的带夹子的金属盒，金属盒两端分别连接轻质弹簧；Q 是固定于盒子上的遮光片，利用它和光电计时器能测量金属盒振动时的频率。当空盒振动时，测得振动频率为 f_1；把一物体夹在盒中并使其振动时，测得振动频率为 f_2。你认为这套装置能测量物体的质量吗？若不能，请说明理由；若能，请求出被测物体的质量。

提 高 练 习

10. 如图 6.1.24 所示，将一粗细均匀、两边开口的 U 形管固定，其中装有一定量的汞，汞柱总长为 L。当汞受到一个扰动后，开始在管中振动。忽略管壁对汞的阻力，试证明汞柱做简谐运动，并求其周期。

11. 如图 6.1.25 所示，三根长度均为 $L=2.00$ m 的匀质直杆构成一正三角形框架 ABC，C 点悬挂在一光滑水平轴上，整个框架可绕转轴转动。杆 AB 是一导轨，一电动松鼠可在导轨上运动。现观察到松鼠正在导轨上运动，而框架却静止不动，试论证松鼠的运动是简谐运动并求其周期。

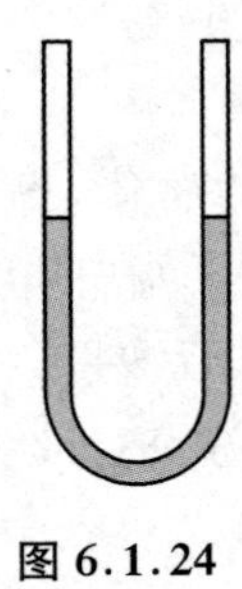

图 6.1.24

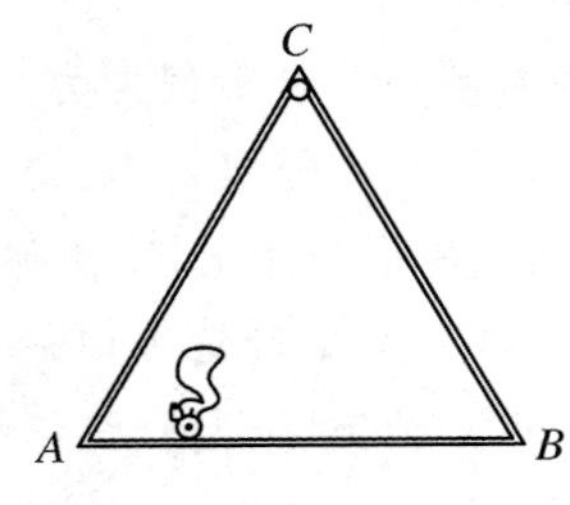

图 6.1.25

12. 小朋友明明做了一个梦,梦见孙悟空用金箍棒在地球上戳了一个通过地心的绝热洞,直通地球另一方的美国,如图 6.1.26 所示。他想到苹果熟了会从树上掉下来,他就把一个大苹果放入洞中,苹果在洞里飞快下落,不一会儿美国小朋友在洞的那一头拿到了明明送给他们的大苹果。如果真有这样的地下隧道,求苹果送到的时间。已知地球的质量为 M,地球的半径为 R,引力常量为 G。忽略空气的阻力。

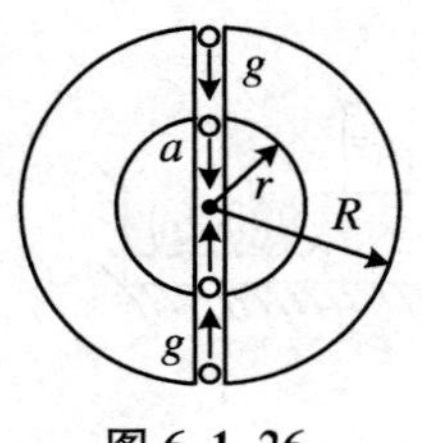

图 6.1.26

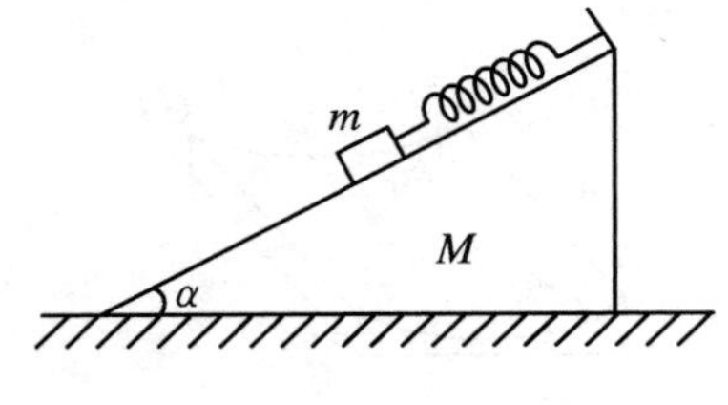

图 6.1.27

13. (2013 年安徽卷理综) 如图 6.1.27 所示,质量为 M、倾角为 α 的斜面体(斜面光滑且足够长)放在粗糙的水平地面上,底部与地面的动摩擦因数为 μ,斜面顶端与劲度系数为 k、自然长度为 L 的轻质弹簧相连,弹簧的另一端连接着质量为 m 的物块。压缩弹簧使其长度为$\dfrac{3}{4}L$ 时将物块由静止开始释放,且物块在以后的运动中,斜面体始终处于静止状态。重力加速度为 g。

(1) 求物块处于平衡位置时弹簧的长度。

(2) 选物块的平衡位置为坐标原点,沿斜面向下为正方向建立坐标轴,用 x 表示物块相对于平衡位置的位移,证明物块做简谐运动。

(3) 求弹簧的最大伸长量。

(4) 为使斜面体始终处于静止状态,动摩擦因数 μ 应满足什么条件(假设滑动摩擦力等于最大静摩擦力)?

14. 简谐运动是我们研究过的一种典型运动形式。

(1) 一个质点做机械振动,如果它的回复力与偏离平衡位置的位移大小成正比,而且方向与位移方向相反,就能判定它做简谐运动。如图 6.1.28 所示,将两个劲度系数分别为 k_1 和 k_2 的轻质弹簧套在光滑的水平杆上,弹簧的两端固定,中间接一质量为 m 的小球,此时两弹簧均处于原长。现将小球沿杆拉开一段距离后松开,小球以 O 为平衡位置往复运动。

请你据此证明，小球所做的运动是简谐运动。

(2) 以上我们根据回复力与偏离平衡位置的位移关系来判断一个运动是否为简谐运动。但其实简谐运动也具有一些其他特征，如做简谐运动的质点速度 v 与其偏离平衡位置的位移 x 之间的关系可以表示为 $v^2 = v_0^2 - ax^2$，其中 v_0 为振动质点通过平衡位置时的瞬时速度，a 为由系统本身和初始条件决定的不变的常数。请你证明，图 6.1.28 中小球的运动也满足上述关系，并说明其关系式中的 a 与哪些物理量有关。

(3) 一质点以速度 v_0 做半径为 R 的匀速圆周运动，如图 6.1.29 所示。请结合(2)问中的信息，分析论证质点在 x 轴方向上的分运动是否符合简谐运动这一特征。

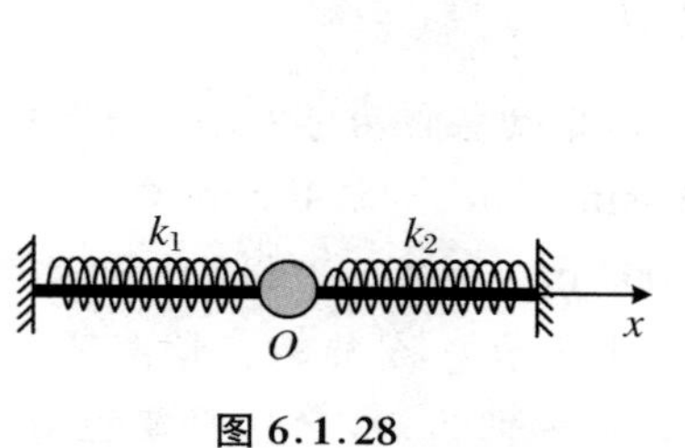

图 6.1.28

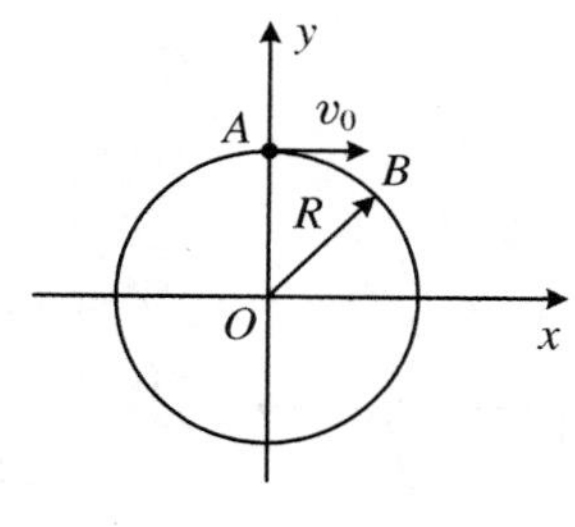

图 6.1.29

15. (1) 如图 6.1.30(a)所示，A 和 B 两个小球可以视作质点，A、B 间距为 l_0，质量分别为 M_A 和 M_B，用轻杆连接，求连接体的质心位置。

(2) 如图 6.1.30(b)所示，一个轻弹簧的劲度系数为 k，长度为 L，则其 L/N 段的劲度系数是多少？

(3) 用一轻弹簧连接两个小球 A、B，A 固定时 B 的振动频率为 f_B，B 固定时 A 的振动频率为 f_A。将系统置于光滑水平面上，在两端都不固定的情形下其振动频率为多少？

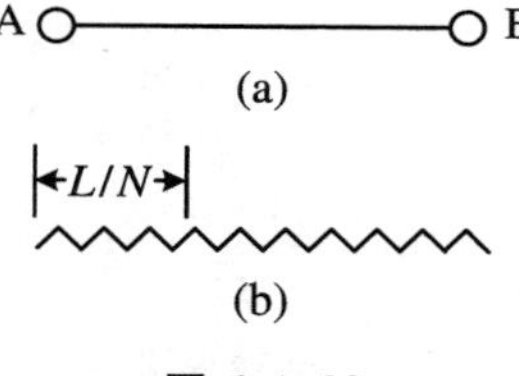

图 6.1.30

参考答案

1. A。
2. B。
3. A。
4. A。
5. C。

提示　单摆振动时，振动平面依理应保持不变，但是由于地球在自转，在地面上的观察者不能发觉地球在转，在相当长的时期内却能发现摆的振动面不断偏转。从力学的观点来看，这也是受到科里奥利力影响的缘故。这项显示地球自转的装置是 1851 年傅科在巴黎首先制成的。在傅科摆试验中，人们看到，摆动过程中摆动平面沿顺时针方向缓缓转动，摆动方向不断变化。分析这种现象，摆在摆动平面方向上并没有受到外力作用，摆动的空间方向不会改变,因而可知这种摆动方向的变化是观察者所在的地球沿逆时针方向转动的结果,地球上的观察者看到相对运动现象,从而有力地证明了地球在自转。傅科摆放置的位置不同,摆动情况也不同。在北半球时,摆动平面顺时针转动;在南半球时,摆动平面逆时针转动。而且纬度越高,转动速度越快,在赤道上的摆几乎不转动。故本题选C。

6. $x=0.1\cos(10t+\pi)$。

7. (1) $x=0.052\ \mathrm{m}$, $v=-0.094\ \mathrm{m/s}$, $a=-0.512\ \mathrm{m/s^2}$;(2) $\Delta t=0.833\ \mathrm{s}$。

提示 设该物体的振动方程为 $x=A\cos(\omega t+\varphi)$。依题意知 $\omega=2\pi/T=\pi\ \mathrm{rad/s}$, $A=0.06\ \mathrm{m}$。根据 $\varphi=\pm\arccos\dfrac{x_0}{A}$,得 $\varphi=\pm\dfrac{\pi}{3}$,由于 $v_0>0$,应取 $\varphi=-\dfrac{\pi}{3}$。所以

$$x=0.06\cos\left(\pi t-\frac{\pi}{3}\right)$$

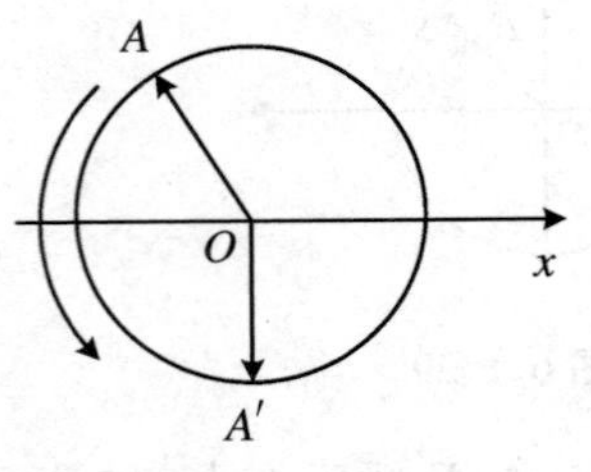

图 6.1.31

(1) $t=0.5\ \mathrm{s}$ 时,振动相位为 $\varphi=\pi t-\pi/3=\pi/6$。据 $x=A\cos\varphi$, $v=-A\omega\sin\varphi$, $a=-A\omega^2\cos\varphi=-\omega^2x$,得 $x=0.052\ \mathrm{m}$, $v=-0.094\ \mathrm{m/s}$, $a=-0.512\ \mathrm{m/s^2}$。

(2) 由图 6.1.31 所示的 $\boldsymbol{A}$ 旋转矢量图可知,物体从 $x=-0.03\ \mathrm{m}$ 处向 x 轴负方向运动,到达平衡位置时,$\boldsymbol{A}$ 矢量转过的角度为 $\Delta\varphi=5\pi/6$,该过程所需时间为 $\Delta t=\Delta\varphi/\omega=0.833\ \mathrm{s}$。

8. $v=\dfrac{x}{t}=\dfrac{x}{2n\pi}\sqrt{\dfrac{g}{R}}\ (n=1,2,3,\cdots)$。

9. $m=\dfrac{f_1^2-f_2^2}{f_2^2}M$。

提示 由弹簧振子的周期公式可知,其周期是振子质量的函数,只要知道夹入物体前后振子的周期,就可求出物体的质量。空盒时,$\dfrac{1}{f_1}=T_1=2\pi\sqrt{\dfrac{M}{k}}$;设物体的质量为 m,盒内装入物体后 $\dfrac{1}{f_2}=T_2=2\pi\sqrt{\dfrac{M+m}{k}}$。联立二式,解得 $m=\dfrac{f_1^2-f_2^2}{f_2^2}M$。

10. $T=2\pi\sqrt{\dfrac{L}{2g}}$。

提示 如图 6.1.32 所示,设汞柱两端偏离平衡位置的瞬时位移为 x,汞密度为 ρ,U 形管横截面积为 S,则此时的回复力为

$$\sum F=\rho g\cdot 2xS=\frac{2mg}{L}x$$

由于 L、m 为固定值,可令 $\dfrac{2mg}{L}=k$,而且 $\sum \boldsymbol{F}$ 与 x 的方向相反,故汞柱做简谐运动,周期为

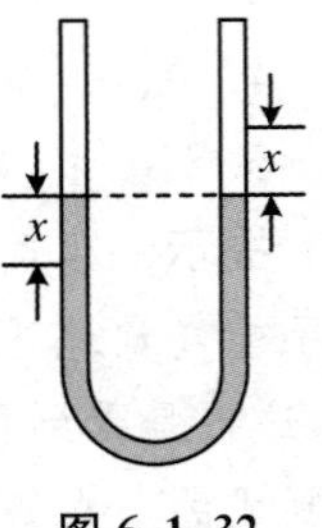

图 6.1.32

$$T = 2\pi\sqrt{\frac{m}{k}} = 2\pi\sqrt{\frac{L}{2g}}$$

11．$T \approx 2.64\ \text{s}$。

提示 由于框架静止不动，松鼠在竖直方向必平衡，即松鼠所受框架支持力等于松鼠重力。设松鼠的质量为 m，则

$$N = mg \qquad ①$$

再回到框架，其静止平衡必满足框架所受合力矩为零。以 C 点为转轴，形成力矩的只有松鼠的压力 N 和松鼠可能加速的静摩擦力 f，它们的合力矩为零，即 $M_N = M_f$。现研究松鼠在框架上的某个一般位置，如图6.1.33所示，上式即写成

$$N \cdot x = f \cdot L\sin 60^\circ \qquad ②$$

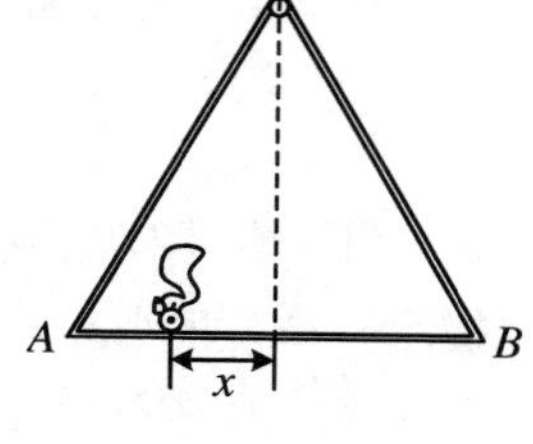

图 6.1.33

由①、②两式可得

$$f = \frac{2mg}{\sqrt{3}L}x$$

且 f 的方向水平向左。显然这就是简谐运动的定义式，所以松鼠做简谐运动。松鼠的运动周期为

$$T = 2\pi\sqrt{\frac{m}{k}} = 2\pi\sqrt{\frac{\sqrt{3}L}{2g}} \approx 2.64\ \text{s}$$

12．$t = \pi\sqrt{\dfrac{R^3}{GM}}$。

提示 因为

$$M' = \frac{\frac{4}{3}\pi r^3}{\frac{4}{3}\pi R^3}M = \frac{r^3}{R^3}M$$

所以

$$F = G\frac{mM'}{r^2} = G\frac{mM}{R^3}r = kx$$

可见，苹果在地下隧道的往复运动是一个简谐振动。

13．(1) $L + \dfrac{mg\sin\alpha}{k}$；(2) 略；(3) $\dfrac{L}{4} + \dfrac{2mg\sin\alpha}{k}$；(4) $\mu \geqslant \dfrac{(kL + 4mg\sin\alpha)\cos\alpha}{4Mg + 4mg\cos^2\alpha - kL\sin\alpha}$。

提示 (4) 设物块位移 x 为正的，则斜面体受力情况如图6.1.34所示，因为斜面体平衡，所以在水平方向和竖直方向分别有

$$f + F_{N_1}\sin\alpha - F\cos\alpha = 0$$

$$F_{N_2} - Mg - F_{N_1}\cos\alpha - F\sin\alpha = 0$$

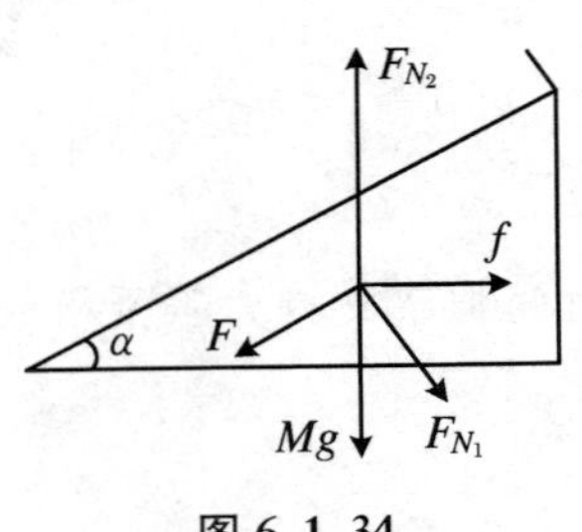

图 6.1.34

又

$$F = k(x + \Delta L), \quad F_{N_1} = mg\cos\alpha$$

联立以上各式,可得

$$f = kx\cos\alpha, \quad F_{N_2} = Mg + mg + kx\sin\alpha$$

为使斜面体始终处于静止状态,结合牛顿第三定律,应有$f \leqslant \mu F_{N_2}$,所以

$$\mu \geqslant \frac{|f|}{F_{N_2}} = \frac{k|x|\cos\alpha}{Mg + mg + kx\sin\alpha}$$

当 $x = -A$ 时,上式右端达到最大值,于是有

$$\mu \geqslant \frac{(kL + 4mg\sin\alpha)\cos\alpha}{4Mg + 4mg\cos^2\alpha - kL\sin\alpha}$$

14. (1) 略;(2) 与两个弹簧的劲度系数和小球的质量有关;(3) 见提示。

提示 (2) 当小球从平衡位置 O 运动到任意位置 C 时,如图 6.1.35 所示,设此时小球的速度为 v。根据能量守恒定律,有

$$\frac{1}{2}mv_0^2 = \frac{1}{2}mv^2 + \frac{1}{2}k_1x^2 + \frac{1}{2}k_2x^2$$

整理后得

$$v^2 = v_0^2 - \frac{k_1 + k_2}{m}x^2$$

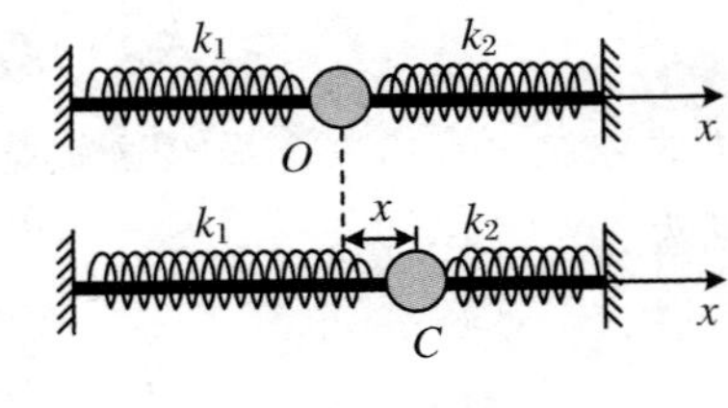

图 6.1.35

其中常数 $a = \dfrac{k_1 + k_2}{m}$,与两个弹簧的劲度系数和小球的质量有关。

(3) 质点从 A 点运动到 B 点,在 B 点将速度分解,如图 6.1.36 所示,$v_x = v_0\sin\theta$。A 点的速度 v_0 沿 x 轴正方向,B 点在 x 轴方向的投影 $x = R\cos\theta$。

由以上两式可得

$$1 = \sin^2\theta + \cos^2\theta = \frac{v_x^2}{v_0^2} + \frac{x^2}{R^2}$$

整理后得

$$v_x^2 = v_0^2 - \frac{v_0^2}{R^2}x^2$$

因为 v_0 和 R 均不变,所以式中$\dfrac{v_0^2}{R^2}$为一常数,该常数与质点做匀速圆周运动的速度和半径有关。所以,质点在 x 轴方向上的分运动符合简谐运动这一特征。

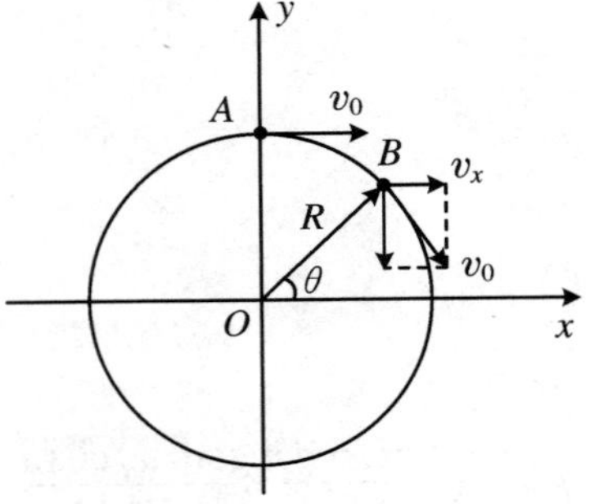

图 6.1.36

15. (1) $r_A = \dfrac{M_B}{M_A + M_B}l_0, r_B = \dfrac{M_A}{M_A + M_B}l_0$;(2) $k' = Nk$;(3) $f = \sqrt{f_A^2 + f_B^2}$。

提示　(3) A 固定时，$f_B=\frac{1}{2\pi}\sqrt{\frac{k}{m_B}}$，可得 $m_B=\frac{k}{4\pi^2 f_B^2}$。

同理，B 固定时可得 $m_A=\frac{k}{4\pi^2 f_A^2}$。

当 A、B 球都不固定时，振子的折合质量(或称约化质量)为

$$M=\frac{M_A M_B}{M_A+M_B}=\frac{k}{4\pi^2(f_A^2+f_B^2)}$$

则振动频率为

$$f=\frac{1}{2\pi}\sqrt{\frac{k}{M}}=\sqrt{f_A^2+f_B^2}$$

6.2　简谐运动的能量

课外知识延伸

1. 简谐运动的能量

下面以弹簧振子为例，讨论简谐振动的能量问题。如图 6.2.1 所示，弹簧振子在 B、C 之间以 O 为平衡位置做简谐振动，振幅为 A，当振子的位移为 x，速度为 v 时，弹簧振子的总机械能为

$$E=E_k+E_p=\frac{1}{2}mv^2+\frac{1}{2}kx^2$$

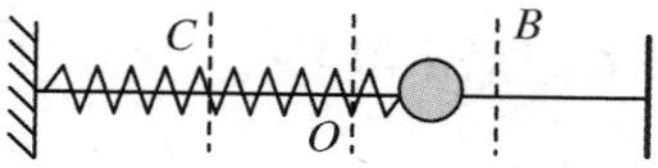

图 6.2.1

设 $x=A\cos(\omega t+\varphi_0)$，则

$$v=\frac{dx}{dt}=-\omega A\sin(\omega t+\varphi_0)$$

从而有

$$E_p=\frac{1}{2}kx^2=\frac{1}{2}kA^2\cos^2(\omega t+\varphi_0)$$

$$E_k=\frac{1}{2}mv^2=\frac{1}{2}m\omega^2A^2\sin^2(\omega t+\varphi_0)$$

又因为 $\omega^2=\frac{k}{m}$，所以

$$E_k=\frac{1}{2}kA^2\sin^2(\omega t+\varphi_0)$$

因此

$$E=E_{\mathrm{k}}+E_{\mathrm{p}}=\frac{1}{2}mv^2+\frac{1}{2}kx^2=\frac{1}{2}kA^2=C$$

由此可见,弹簧振子的总机械能是守恒的,并且总能量与振幅的平方成正比。振幅 A 不仅给出了简谐运动的运动范围,还反映了总能量的大小,或者说反映了振动的强度。

当然,我们也可以从能量出发,讨论简谐运动的受力情况,还是以图 6.2.1 所示的弹簧振子为例。因为弹簧振子总的机械能守恒,所以

$$\frac{1}{2}mv^2+\frac{1}{2}kx^2=C$$

两边对时间求导,得

$$\frac{1}{2}\cdot 2mv\cdot\dot{v}+\frac{1}{2}\cdot 2kx\cdot\dot{x}=0$$

注意到 $\dot{v}=a$ 和 $\dot{x}=v$,则上式可化简为

$$F_{合}=ma=-kx$$

可见,若一个系统的能量可写成 $\frac{1}{2}mv^2+\frac{1}{2}kx^2=C$ 形式,通过等式两边对时间求导的操作,其所受合外力一定可以表示成 $F_{合}=ma=-kx$,即 $\frac{1}{2}mv^2+\frac{1}{2}kx^2=C$ 可以看成简谐运动的能量定义,其中 m 和 k 不仅可以表示质量和劲度系数,在具体的题目中还具有更广泛的物理意义。

上面的推导仅仅是以弹簧振子为例,对于其他的简谐运动也可以采取类似的操作,得到相似的结论。

2. 阻尼振动

在阻尼作用下振幅逐渐减少的振动称为阻尼振动,当质点所受阻力为 $f=-\gamma v$ 且 $\beta=\frac{\gamma}{2m}$ 较小时其振动方程为

$$x=A_0\mathrm{e}^{-\beta t}\cos(\omega t+\varphi_0)$$

式中,β 为阻尼因子;ω 为振动的圆频率,它与固有圆频率 ω_0 和阻尼因子 β 的关系为 $\omega=\sqrt{\omega_0^2-\beta^2}$,具体的推导过程略。

3. 受迫振动

在周期性外力作用下的振动称为受迫振动。在稳定情况下,受迫振动是简谐振动,振动频率等于外力的频率,与振动系统的固有频率无关,其振幅为

$$A^2=\frac{h^2}{(2\beta\omega')^2+(\omega_0^2-\omega'^2)^2}$$

具体的推导过程略。当强迫力的圆频率 ω' 等于系统的固有频率 ω_0 时,系统将有最大的振动振幅 A,这种现象称为共振。强迫力的圆频率偏离系统的固有频率越大,振幅越小。

1. 如何从能量角度分析弹簧振子的振动周期?

对于一个能量可写成$\frac{1}{2}mv^2+\frac{1}{2}kx^2=C$形式的系统,其所受合外力一定可以表示成$F_{合}=ma=-kx$,所以$\frac{1}{2}mv^2+\frac{1}{2}kx^2=C$可以看成简谐运动的能量判据。因为能量是标量,所以在计算总能量时不涉及矢量叠加,因而在许多情况下应用简谐运动的能量判据更方便。

例题 1 (2017 年清华领军)如图 6.2.2 所示,水平面上有一个劲度系数为 k 的轻质弹簧,连接着质量为 m 的匀质圆柱体的中轴,圆柱体可以绕中轴自由转动。开始弹簧处于原长,现在将其向右拉出一段距离后释放,圆柱体一直做纯滚动,系统开始振动,振动周期为　　(　　)

A. $2\pi\sqrt{\frac{m}{2k}}$　　B. $2\pi\sqrt{\frac{m}{k}}$

C. $2\pi\sqrt{\frac{3m}{2k}}$　　D. $2\pi\sqrt{\frac{2m}{k}}$

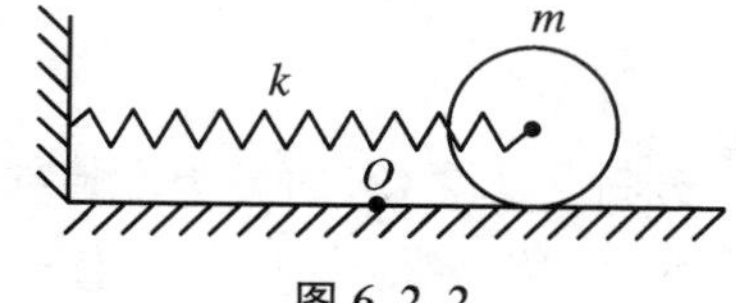

图 6.2.2

分析　系统受到滚动摩擦力,滚动摩擦力是静摩擦力,没有热量的产生,所以机械能守恒,可以先写出系统的机械能表达式,然后对等式两边求导,从而求出振动周期。

解　设圆柱体偏离平衡位置的位移为 x,角速度为 ω,则圆柱体的动能为

$$E_k=\frac{1}{2}mv^2+\frac{1}{2}I\omega^2$$

圆柱体对中心轴的转动惯量 $I=\frac{1}{2}mR^2$,对于纯滚动,有 $\omega R=v$,则有

$$E_k=\frac{1}{2}mv^2+\frac{1}{4}mv^2=\frac{3}{4}mv^2$$

弹簧的弹性势能为

$$E_p=\frac{1}{2}kx^2$$

系统总的机械能守恒,则

$$E=\frac{3}{4}mv^2+\frac{1}{2}kx^2=C$$

两边对时间求导,并注意到 $\dot{v}=a$ 和 $\dot{x}=v$,则上式可化简为

$$ma+\frac{2}{3}kx=0$$

可见,圆柱体做简谐运动,振动周期为

$$T=\frac{2\pi}{\omega}=2\pi\sqrt{\frac{3m}{2k}}$$

点拨 在应用物理公式解题的过程中,一定要注意公式的适用条件,本题中的圆柱体不能看成弹簧振子,因而不能用弹簧振子的周期公式 $T=2\pi\sqrt{\frac{m}{k}}$,而要从简谐运动的定义出发求振动周期。

例题 2 (2018 年北大博雅) 如图 6.2.3(a)所示,一物块的左右两端分别连接相同的弹簧,弹簧的另一端固定在水平光滑槽中。物块的质量为 M,弹簧的弹性系数为 k,则系统的振动周期 $T_1=$________。如图(b)所示,若在物块下方放两个质量均为 m 的圆柱,圆柱做纯滚动,则系统的振动周期 T_2 ________ T_1(填"大于"、"等于"或"小于")。

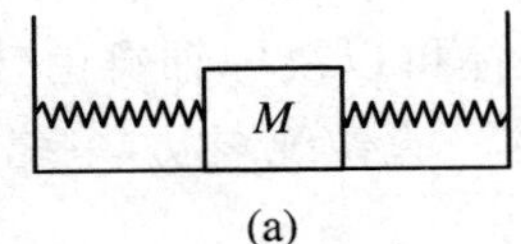

(a)

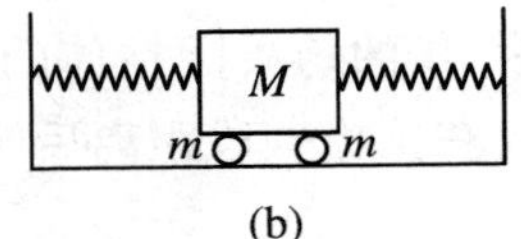

(b)

图 6.2.3

分析 本题(2)问属于定性判定,所以难度不大。我们可以想象,当 m 很大时 m 会运动得非常慢,所以 T_2 大于 T_1。但是,要定量计算并不容易,应用能量求导则相对简单一些。

解 (1) 当 M 从平衡位置发生位移 x 时,M 受到的合外力为

$$F=-2kx$$

所以,M 的振动周期为

$$T_1=2\pi\sqrt{\frac{M}{2k}}$$

(2) 显然,当 m 很大时 m 会运动得非常慢,所以 T_2 大于 T_1。

现在定量计算一下 T_2。

系统的动能为

$$E_k=2\times\frac{1}{2}I\omega^2+2\times\frac{1}{2}mv_m^2+\frac{1}{2}Mv_M^2$$

考虑到 $I=\frac{1}{2}mR^2$, $v_m=\omega R$, $v_M=2\omega R$,得

$$E_k=\frac{3m+4M}{8}v_M^2$$

势能为

$$E_p=2\times\frac{1}{2}kx^2$$

总能量为

$$E=E_k+E_p=\frac{3m+4M}{8}v_M^2+kx^2$$

等式两边对时间 t 求导并整理，得

$$\frac{\mathrm{d}^2 x}{\mathrm{d}t^2} = -\frac{8k}{3m + 4M}x = -\omega^2 x$$

所以，振动周期为

$$T_2 = \frac{2\pi}{\omega} = 2\pi\sqrt{\frac{3m + 4M}{8k}}$$

点拨　本题若要从“简谐运动的动力学定义”的角度求解将会非常麻烦，因为能量是标量，所以采用“能量求导”的方法将会非常方便。

2. 如何分析复摆的振动周期?

若摆动的物体不能被看成一个质点，则构成了一个复摆，复摆的小角度振动也是简谐运动。在求简谐运动的周期的过程中，可以从转动定理、能量等角度综合考虑，由于能量求导不涉及方向，应该优先考虑能量求导的方法。

例题3　把一根长度为 l、质量分布均匀的细棒一端挂在天花板下，另一端拉起一小角度，细棒就开始在平衡位置附近振动，这个就是“复摆”。已知重力加速度大小为 g，计算复摆的振动周期。

分析　本题从能量或转动定理的角度都比较好求解，由于能量计算不涉及方向，优先考虑从能量的角度求解。

解　设均匀细棒的质量为 m，当它以角速度 ω 绕棒的一端转动时，动能为

$$E_{\mathrm{k}} = \frac{ml^2\omega^2}{6}$$

由能量守恒定律得

$$\frac{ml^2\omega^2}{6} + \frac{mgl(1 - \cos\theta)}{2} = C$$

其中 θ 为细棒与竖直方向的夹角，因为是小角度振动，所以应用小量近似$\frac{1-\cos\theta}{2} = \frac{\theta^2}{4}$，得

$$\frac{ml^2\omega^2}{6} + \frac{mgl\theta^2}{4} = C$$

类比$\frac{mv^2}{2} + \frac{kx^2}{2} = C$，可知周期为

$$T = 2\pi\sqrt{\frac{2l}{3g}}$$

点拨　其实，像本题一样，在从能量的角度求解简谐运动的周期时，甚至没有必要真的去对能量表达式求导，只需写出$\frac{mv^2}{2} + \frac{kx^2}{2} = C$ 形式，就可类比弹簧振子的能量表达式，寻求周期公式中的参数 m 和 k。

例题4　如图 6.2.4 所示，设圆面半径为 R，小球半径为 r，小球纯滚动于圆面，小球在小角度范围内运动。已知重力加速度大小为 g。

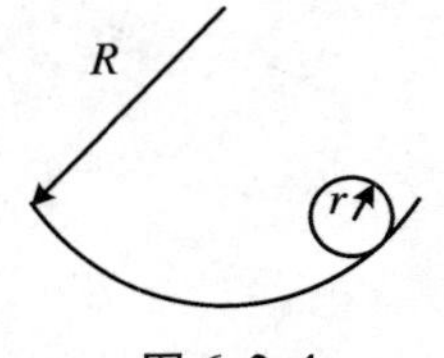

图 6.2.4

(1) 证明小球做简谐运动。

(2) 求小球简谐运动的周期。

分析 本题可以从力矩的角度分析,也可以从能量的角度分析。若从力矩的角度分析,则需要注意力矩的效果是使小球回到平衡位置;若从能量的角度分析,则需注意角度关联的应用。

解 (1) 解法一

以两圆接触点为参考点,对应大圆的圆心,小球质心转过了 θ,小球的自转角速度为 ω,根据转动定理得

$$-mgr\sin\theta = I\frac{d\omega}{dt}$$

纯滚动的条件为 $v_C=\omega r$,即

$$\frac{dv_C}{dt} = r\frac{d\omega}{dt}$$

质心线速度与公转角速度的关系为

$$v_C = (R-r)\frac{d\theta}{dt} \quad 即 \quad \frac{dv_C}{dt} = (R-r)\frac{d^2\theta}{dt^2}$$

注意到自转角速度 ω 与公转角速度$\frac{d\theta}{dt}$方向相反,于是有微分方程

$$\frac{d^2\theta}{dt^2} = -\frac{mgr^2}{(R-r)I}\sin\theta$$

应用小量近似 $\sin\theta\approx\theta$,得

$$\frac{d^2\theta}{dt^2} = -\frac{mgr^2}{(R-r)I}\theta$$

所以,小球做简谐运动。

解法二

设小球自转的角度为 φ,以大圆的圆心为重力势能零点,则小球的机械能为

$$E = \frac{1}{2}I\dot{\varphi}^2 - mg(R-r)\cos\theta = C$$

应用小量近似 $\cos\theta=1-\frac{1}{2}\theta^2$,得

$$E = \frac{1}{2}I\dot{\varphi}^2 - mg(R-r)\left(1-\frac{1}{2}\theta^2\right) = C$$

将角度关联 $\theta R=(\theta+\varphi)r$ 代入,得

$$E = \frac{1}{2}I\dot{\varphi}^2 - mg(R-r)\left[1-\frac{1}{2}\left(\frac{\varphi r}{R-r}\right)^2\right] = C$$

两边对能量求导并整理,得

$$\frac{d^2\theta}{dt^2} = -\frac{mgr^2}{(R-r)I}\theta$$

所以,小球做简谐运动。

(2) 小球做简谐运动的周期为

$$T = 2\pi\sqrt{\frac{(R-r)I}{mgr^2}}$$

将 $I=7mr^2/5$ 代入,得

$$T = 2\pi\sqrt{\frac{7(R-r)}{5g}}$$

点拨 通过以上两种方法的对比,我们可以看到,采用能量求导的方式要简单许多,所以我们应该优先考虑采用能量求导的方法求解。

3. 如何分析一般微幅振动的周期?

对于一个稳定平衡的系统,受到一个微小扰动后,物体在平衡位置附近做的微小振幅运动(简称微幅振动)基本上都是简谐运动。因为对于一个稳定平衡的系统,其势能函数 $V(x)$ 应该在平衡位置 $x=x_0$ 处取极小值,即应该满足 $V(x)'|_{x=x_0}=0$ 和 $V(x)''|_{x=x_0}>0$。因为是微幅振动,所以势能函数常常取到泰勒展开式的二阶近似,这样的话势能函数再求导两次就变成了常数,即 $V(x)''|_{x=x_0}=k$,据此常常可以利用 $T=2\pi\sqrt{\frac{m}{k}}$ 求出相应的振动周期。

例题5 一质点在光滑的 x 轴上 $x=x_0(x_0>0)$ 处平衡,其势能解析式为 $E_p=ax^2+bx+c$,其中 a、b、c 为常数,且 a、c 已知。

(1) 求 b 的表达式。

(2) 讨论其为稳定平衡的条件。

(3) 在上问前提下,使质点在平衡点附近离开一个很小的位移 Δx,证明质点做简谐运动并求周期。

分析 求解势能解析式的一阶导数和二阶导数可以得到前两问的结果,(3)问可以由能量守恒定律求解,也可以用势能解析式的一阶导数推出振子的回复力再去分析。

解 (1) 根据平衡条件,可有

$$\left.\frac{\mathrm{d}E_p}{\mathrm{d}x}\right|_{x=x_0} = 0$$

可得 $2ax_0+b=0$,即 $b=-2ax_0$。

(2) 根据稳定平衡条件,可有

$$\left.\frac{\mathrm{d}^2E_p}{\mathrm{d}x^2}\right|_{x=x_0} > 0$$

可得 $2a>0$,即 $a>0$。

(3) 能量守恒方程为

$$\frac{mv^2}{2} + a(x_0+\Delta x)^2 + b(x_0+\Delta x) + c = C$$

代入 $b=-2ax_0$,得到

$$\frac{mv^2}{2}+a(\Delta x)^2=C-ax_0^2-c-bx_0$$

可知质点做简谐运动,类比$\frac{mv^2}{2}+\frac{kx^2}{2}=C$,得周期为

$$T=2\pi\sqrt{\frac{m}{2a}}$$

点拨 本题也可以先用势能解析式的一阶导数推导出回复力,即$\frac{\mathrm{d}E_\mathrm{p}}{\mathrm{d}x}=2ax+b=2ax-2ax_0$,可知质点做简谐运动,比例系数$k=2a$,根据$T=2\pi\sqrt{\frac{m}{k}}$,可得$T=2\pi\sqrt{\frac{m}{2a}}$。通过对势能解析式求导判断回复力和平衡类型是物理学中常用的方法,而根据能量守恒方程采取类比法求解简谐运动周期也是较为常用且比较简捷的方法。

例题6 如图6.2.5所示,在相距$2L$的两个固定端点A、B点上连接两根劲度系数为k、原长为L_0($L_0<L$)的弹簧,两根弹簧的另一端共同与一个质量为m的质点P连接,质点被限制在垂直于A、B连线方向的轨道MN上运动,整个系统位于一个光滑水平面上。

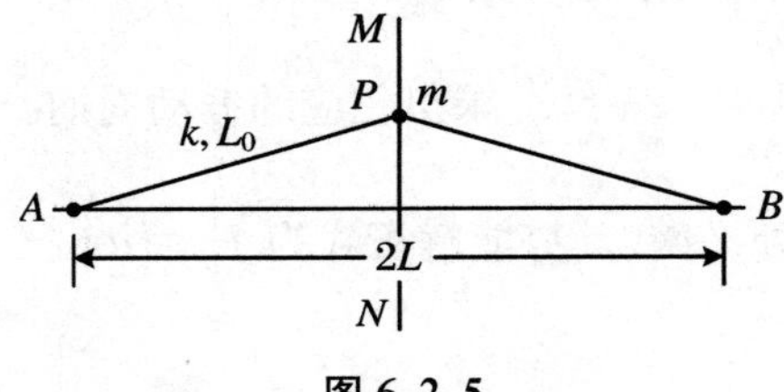

图6.2.5

(1) 从受力的角度求它在平衡位置附近做微幅振动的周期。

(2) 从势能的角度求它在平衡位置附近做微幅振动的周期。

分析 从受力的角度求简谐运动的周期,常常先写出质点受力的精确表达式,然后再应用近似法,最终需要得出$F=-kx$的形式;从势能的角度求简谐运动的周期,常常先写出系统势能的精确表达式,然后再应用近似法,最终需要得出$V(x)''|_{x=x_0}=k$,从而求出周期。

解 (1) 质点受到的合力为

$$F=-2k(\sqrt{L^2+x^2}-L_0)\cdot\frac{x}{\sqrt{L^2+x^2}}$$

$$=-2kx\left[1-\frac{L_0}{L}\left(1+\frac{x^2}{L^2}\right)^{-\frac{1}{2}}\right]$$

应用近似$(1+x)^n=1+nx$,得

$$F=-2kx\left(1-\frac{L_0}{L}+\frac{1}{2}\cdot\frac{L_0}{L}\cdot\frac{x^2}{L^2}\right)$$

整理得

$$F=-2k\left(1-\frac{L_0}{L}\right)x-k\cdot\frac{L_0}{L^3}\cdot x^3$$

略去高阶项,仅保留一阶项,则

$$F=-2k\left(1-\frac{L_0}{L}\right)x$$

质点 P 的振动周期为

$$T=2\pi\sqrt{\frac{m}{2k\frac{L-L_0}{L}}}=2\pi\sqrt{\frac{mL}{2k(L-L_0)}}\quad(L\neq L_0)$$

（2）系统势能的表达式为

$$V(x)=2\cdot\frac{1}{2}k\left(\sqrt{L^2+x^2}-L_0\right)^2$$

对上式求一阶导数，得

$$\frac{\mathrm{d}V(x)}{\mathrm{d}x}=2k\left(\sqrt{L^2+x^2}-L_0\right)\cdot\frac{1}{2}\cdot\frac{2x}{\sqrt{L^2+x^2}}$$

所以

$$\left.\frac{\mathrm{d}V(x)}{\mathrm{d}x}\right|_{x=0}=0$$

又因为

$$\frac{\mathrm{d}^2V(x)}{\mathrm{d}x^2}=2k-2kL_0\cdot\frac{\sqrt{L^2+x^2}-x\cdot\frac{2x}{2\sqrt{L^2+x^2}}}{L^2+x^2}$$

所以

$$\left.\frac{\mathrm{d}^2V(x)}{\mathrm{d}x^2}\right|_{x=0}=2k\frac{L-L_0}{L}$$

则

$$T=2\pi\sqrt{\frac{m}{2k\frac{L-L_0}{L}}}=2\pi\sqrt{\frac{mL}{2k(L-L_0)}}\quad(L\neq L_0)$$

点拨　对于一个稳定平衡的系统，其势能函数 $V(x)$ 应该在平衡位置 $x=x_0$ 处取极小值，即一阶导数等于 0，二阶导数大于 0；反过来，若一个系统受到微扰后做简谐运动，我们也可以推断，此系统受到微扰前一定处于稳定平衡状态。

4. 如何分析阻尼振动？

对于一般的阻尼振动和受迫振动的定量计算，需要用到较复杂的微积分的知识，这远远超出了中学生的知识范畴，所以在强基计划考试中不常涉及。在强基计划考试中常涉及的是一些阻力或驱动力都很特殊的情况，如在恒定的摩擦阻力作用下弹簧振子的运动。

例题 7　（2019 年北大博雅）质量为 m 的小滑块与水平面之间的动摩擦因数为 μ，以弹簧处于原长时小滑块的位置 O 为坐标原点，建立水平向右的坐标轴 Ox，将小滑块沿水平面向右拉到与 O 点相距 A_0 的 P 点并按住（$A_0>\mu mg/k$），如图 6.2.6 所示。计算中可以认为滑动摩擦力与最大静摩擦力大小相等，已知重力加速

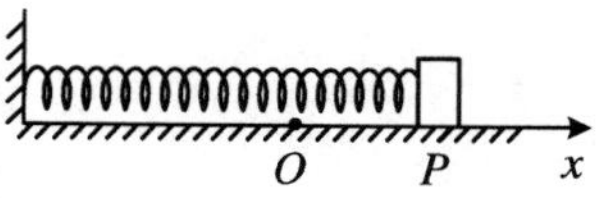

O　P　x

图 6.2.6

度为 g,弹簧的劲度系数为 k。

(1) 若放手后小滑块能第 2 次经过 O 点而不能第 3 次经过 O 点,求 μ 应满足的条件。

(2) 若放手后小滑块能第 3 次经过 O 点而不能第 4 次经过 O 点,求 μ 应满足的条件。

分析 当放手后,小滑块第 1 次从右向左滑动的过程中,受到的摩擦力为恒力,所以小滑块做了半个周期的简谐运动,周期为 $T=2\pi\sqrt{\dfrac{m}{k}}$;接下来,小滑块第 1 次从左向右滑动的过程中,受到的摩擦力也为恒力,所以小滑块也做了半个周期的简谐运动,周期还为 $T=2\pi\sqrt{\dfrac{m}{k}}$。后面的物理情景就类似了,所以小滑块做平衡位置不断互换、振幅逐渐减小的简谐运动。

解 (1) 第 1 次向左运动的过程中小滑块的平衡位置在 $+x_0=\mu mg/k$ 处,振幅为

$$A_1=A_0-x_0$$

第 1 次向右运动的过程中小滑块的平衡位置在 $-x_0=-\mu mg/k$ 处,振幅为

$$A_2=A_0-3x_0$$

第 2 次向左运动的过程中小滑块的平衡位置在 $+x_0=\mu mg/k$ 处,振幅为

$$A_3=A_0-5x_0$$

第 2 次向右运动的过程中小滑块的平衡位置在 $-x_0=-\mu mg/k$ 处,振幅为

$$A_4=A_0-7x_0$$

所以小滑块能第 2 次经过 O 点而不能第 3 次经过 O 点的条件为

$$\begin{cases}A_2>x_0\\A_3<x_0\end{cases}$$

解得

$$\frac{A_0k}{6mg}<\mu<\frac{A_0k}{4mg}$$

(2) 同理,可得小滑块能第 3 次经过 O 点而不能第 4 次经过 O 点的条件为

$$\begin{cases}A_3>x_0\\A_4<x_0\end{cases}$$

解得

$$\frac{A_0k}{8mg}<\mu<\frac{A_0k}{6mg}$$

点拨 若从整个过程来看,小滑块受到的摩擦力方向在不断变化,振幅也在不断变小,小滑块的运动和简谐运动毫无关系,这样就很难分析出小滑块的运动规律了,所以需要分段分析求解。

习题实战演练

基础练习

1. 如图6.2.7所示，一个弹簧振子在光滑水平面上的A、B两点之间做简谐运动。当振子经过最大位移处(B点)时，有块胶泥落在它的上面，并随其一起振动，那么后来的振动与原来相比较　　(　　)

A. 振幅的大小不变

B. 加速度的最大值不变

C. 速度的最大值变小

D. 弹性势能的最大值不变

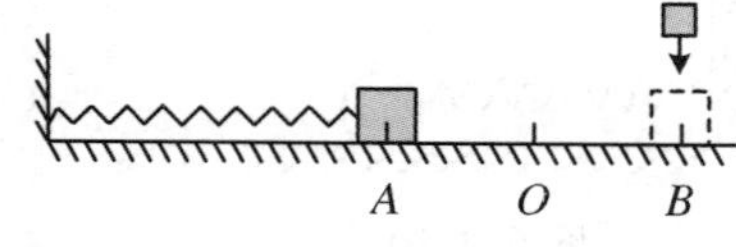

图6.2.7

2. 将一个力电传感器接到计算机上，可以测量快速变化的力。用这种方法测得的某单摆摆动过程中悬线上拉力大小随时间变化的曲线如图6.2.8所示。根据此图像提供的信息作出下列判断，其中正确的是　　(　　)

A. $t=0.5\ \mathrm{s}$时刻，摆球正经过最低点

B. $t=1.3\ \mathrm{s}$时刻，摆球正处于最低点

C. 摆球摆动的周期约为$T=1.2\ \mathrm{s}$

D. 摆球摆动的过程中机械能时而增加时而减少

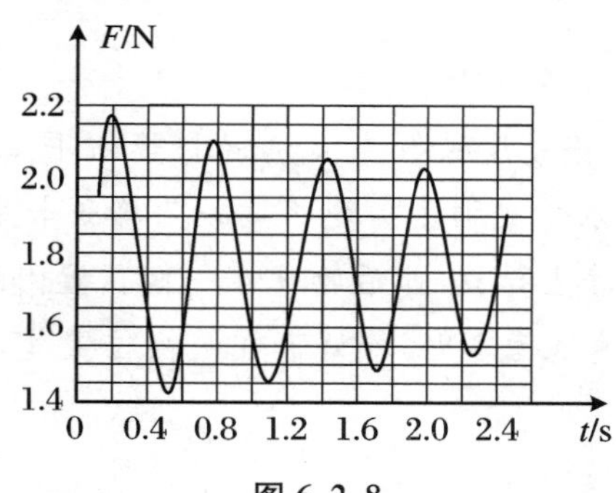

图6.2.8

3. (2007年北京卷) 如图6.2.9所示，单摆的摆球a向右摆动到最低点时，恰好与沿水平方向向左运动的黏性小球b发生碰撞，并粘在一起，且摆动平面不变。已知碰撞前a球摆动的最高点与最低点的高度差为h，摆动的周期为T，a球质量是b球质量的5倍，碰撞前a球在最低点的速度是b球速度的一半，则碰撞后　　(　　)

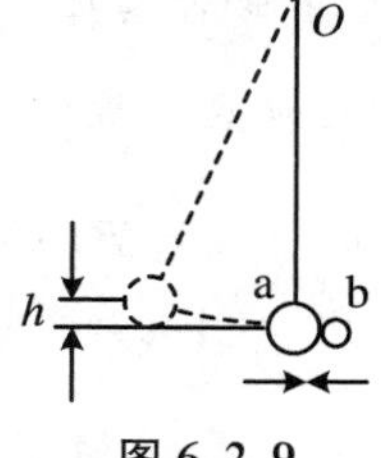

图6.2.9

A. 摆动的周期为$\sqrt{\dfrac{5}{6}}T$

B. 摆动的周期为$\sqrt{\dfrac{6}{5}}T$

C. 摆球最高点与最低点的高度差为$0.3h$

D. 摆球最高点与最低点的高度差为$0.25h$

4. 如图 6.2.10 所示，一质量为 2.5 kg 的物体受到劲度系数为 $k=250\ \mathrm{N/m}$ 的弹簧的作用而做简谐振动。设开始计时时，振动系统所具有的动能为 $E_k=0.2\ \mathrm{J}$，势能为 $E_p=0.6\ \mathrm{J}$。

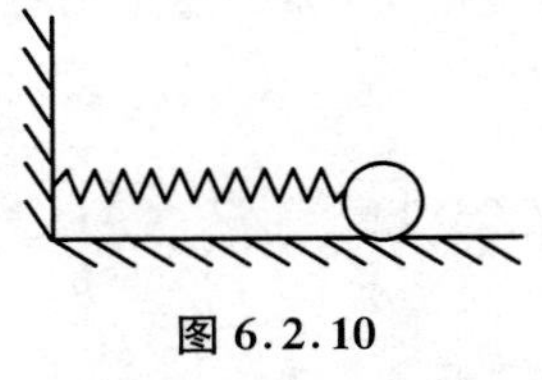

图 6.2.10

(1) 振动的振幅 A 为多少？

(2) 振动的周期 T、圆频率 ω 和频率 f 分别为多少？

(3) 当 $t=0$ 时，位移的大小为多少？

(4) 如果已知初相 φ_0 在第一象限，求出 φ_0。

(5) 写出振动方程。

5. 如图 6.2.11 所示，粗糙水平面上有一弹簧振子，弹簧的弹性系数为 k，振子的质量为 m，平面的摩擦因数为 μ，设弹性系数 $k=1\ \mathrm{N/m}$，$m=1\ \mathrm{kg}$，$\mu=0.01$。开始时将弹簧向右侧拉开 1 m。为简单起见，设 $g=10\ \mathrm{m/s^2}$。以弹簧处于原长时振子的位置 O 为坐标原点，建立水平向右的坐标轴 Ox，试求振子最终停止的位置。

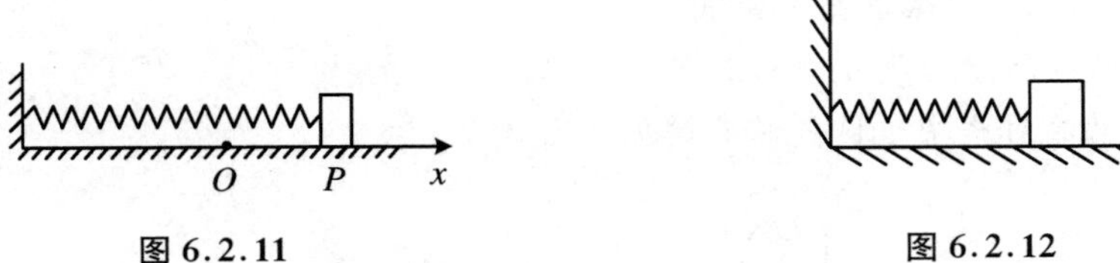

图 6.2.11　　　　图 6.2.12

6. 如图 6.2.12 所示，一根劲度系数为 k 的轻弹簧水平放置，一端固定，另一端连接一个质量为 m 的物块，放在水平桌面上。现将物块沿弹簧长度方向拉离平衡位置 O，使它到 O 点的距离为 x_0 时由静止释放，此后物体在平衡位置附近来回运动。由于摩擦，振动不断衰减，当物块第 n 次速度为零时，恰好停在平衡位置处，求物体与桌面间的动摩擦因数。

提 高 练 习

7. 一个均匀的薄方板的质量为 M，边长为 a，现固定它的一个角点，使板竖直悬挂。板在自身重力的作用下，在方板所在的竖直平面内摆动。已知对穿过板中心且垂直于板的轴，方板的转动惯量为 $I=\dfrac{1}{6}Ma^2$，则在通过板的固定点的对角线上距固定点的什么位置（除去转动轴处）粘上一个质量为 m 的质点，板的运动不会发生变化？

8. 悬挂在同一高度的两根不可伸长的轻质绳，其长度均为 l，下面挂一质量为 M 的光滑匀质薄平板。平板中央有一质量为 m 的光滑小木块。开始系统处于静止悬挂状态，两绳互相平行，如图 6.2.13 所示，而后在两绳平面内给平板一个小的水平速度 v_0，平板即做小角摆动。求小摆动的周期。$\left(提示：当 \theta 很小时，有近似式 \sin\theta\approx\theta,\cos\theta\approx1-\frac{1}{2}\theta^2。\right)$

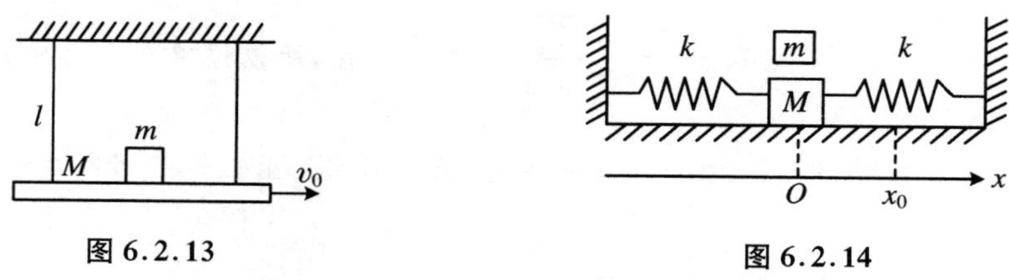

图 6.2.13　　图 6.2.14

9．如图 6.2.14 所示，弹簧振子系统中 $M=2\ \text{kg}$，$k=100\ \text{N/m}$，$t=0$ 时，$x_0=10\ \text{cm}$，$v_0=0$，在 $h=1\ \text{cm}$ 高处有一质量为 $m=0.4\ \text{kg}$ 的小物体下落，当 M 沿 x 轴负方向通过平衡位置时，小物体刚好落在 M 上且无反弹，试求此后两物体一起运动的规律。

10．如图 6.2.15 所示，在水平桌面上的中心有一光滑小孔 O，一根劲度系数为 k 的轻而细的弹性绳穿过小孔 O，绳的一端系一质量为 m 的质点，另一端固定于小孔 O 正下方的 A 点，弹性绳自然长度等于 OA。现将质点沿桌面拉至 B 处（设 $OB=l$），并将质点沿垂直于 OB 的方向以速度 v_0 沿桌面抛出，试求：

（1）质点绕 O 点转过 90°至 C 点所需的时间；

（2）质点到达 C 点时的速度及 C 点至 O 点的距离。

图 6.2.15　　图 6.2.16

11．如图 6.2.16 所示，质量为 m 的圆盘悬于劲度系数为 k 的弹簧下端，在盘上方高 $h=mg/k$ 处有一质量也为 m 的圆环，由静止开始自由下落，并与盘发生完全非弹性碰撞，碰撞时间很短。问：圆环开始下落到圆盘向下运动至最低点共经历多少时间？

参考答案

1．ACD。

2．C。

3．D。

4.(1) $E=\frac{1}{2}kA^2=E_k+E_p=0.8\,\mathrm{J}$，$A=\sqrt{\frac{2E}{k}}=0.08\,\mathrm{m}$。

(2) $T=2\pi\sqrt{\frac{m}{k}}=0.63\,\mathrm{s}$，$f=\frac{1}{T}=1.6\,\mathrm{Hz}$，$\omega=2\pi f=10\,\mathrm{rad/s}$。

(3) 当 $t=0$ 时，$E_p=0.6\,\mathrm{J}$，$x=\pm\sqrt{\frac{2E_p}{k}}=\pm 0.069\,\mathrm{m}$，所以位移大小为 $0.069\,\mathrm{m}$。

(4) φ_0 在第一象限，所以 $x=+0.069\,\mathrm{m}$，$0.069=0.08\cos\varphi_0$，$\varphi_0\approx 30^\circ=\frac{\pi}{6}$。

(5) 振动方程为 $x=0.08\cos\left(10t+\frac{\pi}{6}\right)\,\mathrm{m}$。

5. $x=0$。

提示 振子做振幅不断减小、平衡位置不断移动的简谐运动，根据简谐运动的对称性，小滑块第1次向左运动到位置 $x=-0.8\,\mathrm{m}$ 后折返，第2次到达 $x=0.6\,\mathrm{m}$ 位置开始折返，第2次向左运动到位置 $x=-0.4\,\mathrm{m}$ 后折返，第3次到达 $x=0.2\,\mathrm{m}$ 位置开始折返，最后运动到 $x=0$ 处停止。

6. $\mu=\frac{kx_0}{2nmg}$。

提示 逐次应用动能定理，有

$$\frac{1}{2}kx_0^2-\frac{1}{2}kx_1^2=\mu mg(x_0+x_1)$$

$$\frac{1}{2}kx_1^2-\frac{1}{2}kx_2^2=\mu mg(x_1+x_2)$$

$$\cdots$$

$$\frac{1}{2}kx_{n-2}^2-\frac{1}{2}kx_{n-1}^2=\mu mg(x_{n-2}+x_{n-1})$$

$$\frac{1}{2}kx_{n-1}^2=\mu mgx_{n-1}$$

由以上方程可得

$$x_0=x_1+\frac{2\mu mg}{k},\quad x_1=x_2+\frac{2\mu mg}{k},\quad \cdots$$

$$x_{n-2}=x_{n-1}+\frac{2\mu mg}{k},\quad x_{n-1}=\frac{2\mu mg}{k}$$

各项相加得

$$x_0=x_{n-1}+(n-1)\cdot\frac{2\mu mg}{k}=\frac{2n\mu mg}{k}$$

从而得

$$\mu = \frac{kx_0}{2nmg}$$

7. $x = \dfrac{2\sqrt{2}}{3}a$。

提示　原薄方板对悬点的转动惯量 $I_0 = I + M\left(\dfrac{\sqrt{2}}{2}a\right)^2 = \dfrac{2}{3}Ma^2$，粘上质量为 m 的质点后有 $I' = \dfrac{2}{3}Ma^2 + mx^2$，题中要求板的运动不发生变化，即板的振动周期在粘上质点前后不发生变化，则应有

$$\frac{I_0}{Mgl} = \frac{I'}{(M+m)gl'}, \quad l' = \frac{mx + Ml}{M+m}, \quad l = \frac{\sqrt{2}}{2}a$$

解得

$$x = \frac{2\sqrt{2}}{3}a$$

8. $T = 2\pi\sqrt{\dfrac{Ml}{(M+m)g}}$。

提示　利用图6.2.17写出系统在运动中的动能和势能。

系统动能为

$$E_k = \frac{1}{2}Mv^2 + \frac{1}{2}m(v\sin\theta)^2 \approx \frac{1}{2}Mv^2 + \frac{1}{2}mv^2 \cdot \theta^2$$

$$\approx \frac{1}{2}Mv^2 = \frac{1}{2}Ml^2\left(\frac{\Delta\theta}{\Delta t}\right)^2$$

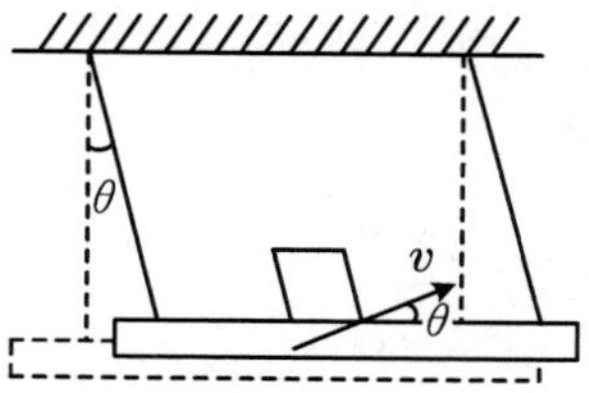

图6.2.17

此处，由于摆动的角 θ 为小角度，故略去了 θ^2 项。

系统势能为

$$E_p = (M+m)gl(1-\cos\theta) \approx \frac{1}{2}(M+m)gl\theta^2$$

系统的机械能守恒，其表达式为

$$E = \frac{1}{2}Ml^2\left(\frac{\Delta\theta}{\Delta t}\right)^2 + \frac{1}{2}(M+m)gl\theta^2$$

这个表达式与简谐振子的能量表达式相同，因此系统的小角度摆动是一个简谐振动。而且振动角频率 ω 满足

$$\omega^2 = \frac{(M+m)gl}{Ml^2} = \frac{M+m}{M} \cdot \frac{g}{l}$$

系统的振动周期为

$$T = 2\pi\sqrt{\frac{Ml}{(M+m)g}}$$

9．$x=\dfrac{\sqrt{30}}{60}\cos\left(\dfrac{5\sqrt{30}}{3}t+\dfrac{\pi}{2}\right)$ m。

提示 两物体黏合后仍做简谐运动，从此时开始计时，设其运动方程为 $x=A\cos(\omega t+\varphi)$，其中简谐运动的角频率为

$$\omega=\sqrt{\frac{2k}{M+m}}=\frac{5\sqrt{30}}{3}\ \text{rad/s}$$

设黏合前瞬间，M 至平衡位置的速度为 v_{m}，则

$$\frac{1}{2}(2k)x_0^2=\frac{1}{2}Mv_{\mathrm{m}}^2$$

解得

$$v_{\mathrm{m}}=\sqrt{\frac{2kx_0^2}{M}}=1\ \text{m/s}$$

设两物体黏合后的共同速度为 v_0'，则由动量守恒定律有

$$Mv_{\mathrm{m}}=(M+m)v_0'$$

解得 $v_0'=\dfrac{5}{6}$ m/s。又因为

$$\frac{1}{2}(2k)A^2=\frac{1}{2}(M+m)v_0'^2$$

所以

$$A=\sqrt{\frac{M+m}{2k}}v_0'=\frac{\sqrt{30}}{60}\ \text{m}$$

由题意可知初始位移和初相，所以黏合后两物体一起运动的规律为

$$x=\frac{\sqrt{30}}{60}\cos\left(\frac{5\sqrt{30}}{3}t+\frac{\pi}{2}\right)\ \text{m}$$

10．(1) $t=\dfrac{T}{4}=\dfrac{\pi}{2}\sqrt{\dfrac{m}{k}}$；(2) $v_C=l\sqrt{\dfrac{k}{m}}$，$y=v_0\sqrt{\dfrac{m}{k}}$。

提示 (1) 沿 OB、OC 方向建立直角坐标系，设质点运动至任意位置 (r,θ) 时，加速度和受力如图 6.2.18 所示。由牛顿定律有

$$ma_x=-f\cos\theta=-kx,\quad ma_y=-f\sin\theta=-ky$$

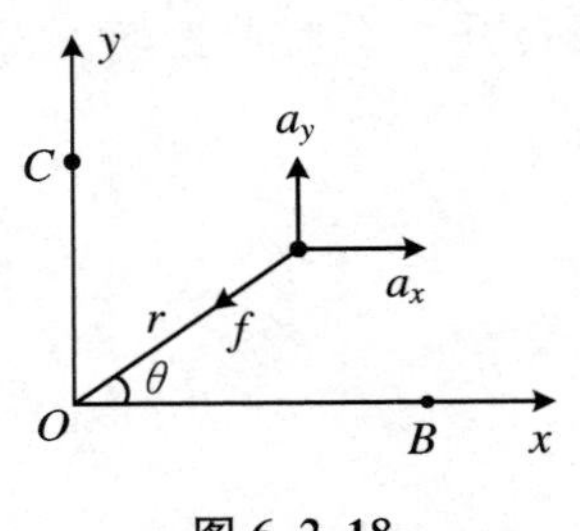

图 6.2.18

可见，质点在 x 轴和 y 轴两个方向均做简谐运动，平衡位置均为 O，两者的周期均为 $T=2\pi\sqrt{\dfrac{m}{k}}$。

从 B 点到 C 点，质点在 x 轴方向运动的时间为

$$t=\frac{T}{4}=\frac{\pi}{2}\sqrt{\frac{m}{k}}$$

(2) 由于质点到达 C 点时在 y 轴方向的速度为零，因此 C

点的速度就是它在x轴方向做简谐运动的最大速度，即

$$v_C = v_{\max} = l\omega = l\sqrt{\frac{k}{m}}$$

因为B、C两处机械能守恒，设$OC=y$，所以有

$$\frac{1}{2}mv_C^2 + \frac{1}{2}ky^2 = \frac{1}{2}mv_0^2 + \frac{1}{2}kl^2$$

解得

$$y = v_0\sqrt{\frac{m}{k}}$$

11. $t=\left(1+\frac{3\pi}{4}\right)\sqrt{\frac{2m}{k}}$。

提示　环自由下落至盘面时的速度为

$$v_1 = \sqrt{2gh} = g\sqrt{\frac{2m}{k}}$$

环与盘碰撞，动量守恒，有$mv_1=2mv_2$，得环与盘共同的初速为

$$v_2 = \frac{m}{2m}v_1 = \frac{1}{2}v_1 = g\sqrt{\frac{m}{2k}}$$

环与盘一起做简谐振动的周期为

$$T = 2\pi\sqrt{\frac{2m}{k}}$$

碰前，弹簧的形变量为$x_1=\frac{mg}{k}$，碰后振动系统处于平衡位置的形变量为$x_2=\frac{2mg}{k}$，可见初始位置与平衡位置的距离为$x_2-x_1=\frac{mg}{k}$。

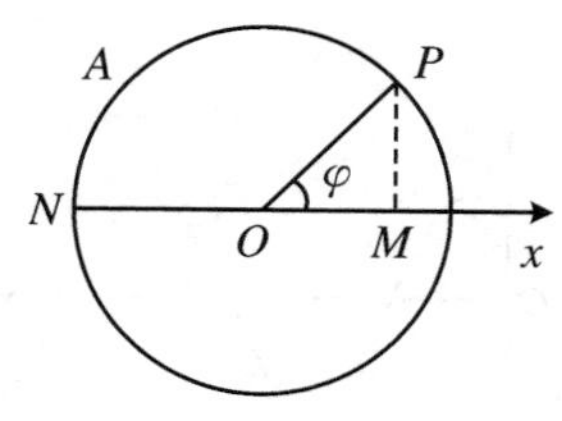

图 6.2.19

图6.2.19是简谐振动过程的参考图，环与盘的运动可以看作从图中M点到N点的过程，N点对应最低点，$OM=mg/k$，它对应的圆运动是质点从P沿$\overset{\frown}{PAN}$运动到N点，对应半径转过$\pi-\varphi$。

根据机械能守恒，得

$$\frac{1}{2}\cdot 2mv_2^2 + 2mg\left(\frac{mg}{k}+A\right) + \frac{1}{2}k\left(\frac{mg}{k}\right)^2 = \frac{1}{2}k\left(\frac{2mg}{k}+A\right)^2$$

求得振幅

$$A = \sqrt{2}\,\frac{mg}{k}$$

由图中几何关系有

$$\cos\varphi=\frac{OM}{OP}=\frac{mg/k}{\sqrt{2}mg/k}=\frac{\sqrt{2}}{2}$$

所以初相 $\varphi=\frac{\pi}{4}$，则 $\pi-\varphi=\frac{3}{4}\pi$，于是从振动开始到最低点的时间为

$$t_1=\frac{\pi-\varphi}{2\pi}T=\frac{3}{8}T=\frac{3\pi}{4}\sqrt{\frac{2m}{k}}$$

又自由落体时间为

$$t_2=\sqrt{\frac{2h}{g}}=\sqrt{\frac{2m}{k}}$$

所以总运动时间为

$$t=t_1+t_2=\left(1+\frac{3\pi}{4}\right)\sqrt{\frac{2m}{k}}$$

6.3 机械波的产生和描述

1. 简谐横波的波函数

设有一平面简谐横波，在无吸收的均匀无限大介质中沿 x 轴正方向传播，波速为 u。取 x 轴为其一条波线，并任选波线上一点 O 为坐标原点(注意：O 不一定是波源)，如图 6.3.1 所示。

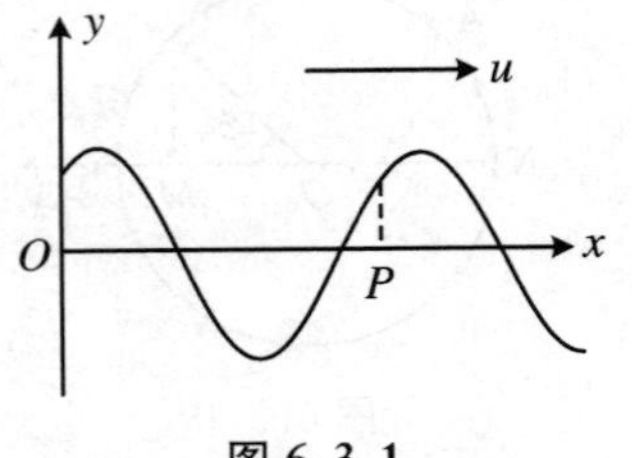

图 6.3.1

设原点处($x=0$)质点的振动方程为 $y_0=A\cos(\omega t+\varphi_0)$，式中 A 是振幅，ω 是圆频率，φ_0 是 O 点处质点振动的初相位，y_0 就是 O 点处质点任意时刻 t 离开其平衡位置的位移。

当振动沿波线传播到坐标为 x 的 P 点时，P 处质点将以相同的振幅和频率重复 O 处质点的振动，但振动从 O 点传到 P 点需经历 $\Delta t=\frac{x}{u}$ 的时间，即在波向 x 轴正方向传播时 P 点的振动比 O 点的振动在时间上落后 $\Delta t=\frac{x}{u}$。所以，P 处质点任意时刻 t 离开自己平衡位置的位移等于原点处质点在 $t-\Delta t$ 时刻的位移，即 $y(x,t)=y_0(t-\Delta t)$。

所以，沿 x 轴正方向传播的平面简谐横波的波函数是 $y=A\cos\left[\omega\left(t-\frac{x}{u}\right)+\varphi_0\right]$。因

为 $\omega=\frac{2\pi}{T}=2\pi f,\lambda=\frac{u}{f}$，所以上面的波动方程也可写成以下几种常见的形式：

$$y = A\cos\left[2\pi\left(ft-\frac{x}{\lambda}\right)+\varphi_0\right]$$

$$y = A\cos\left[2\pi\left(\frac{t}{T}-\frac{x}{\lambda}\right)+\varphi_0\right]$$

$$y = A\cos\left[\frac{2\pi}{\lambda}(ut-x)+\varphi_0\right]$$

2．波函数的物理意义

如果 $x=x_0$ 为给定值，$y(t)=A\cos\left(\omega t-\frac{\omega x_0}{u}+\varphi_0\right)=A\cos\left(\omega t-2\pi\frac{x_0}{\lambda}+\varphi_0\right)$，这就是波线上 x_0 处质点在任意时刻 t 离开自己平衡位置的位移，即 x_0 处质点的振动方程。它在 $t=0$ 时的相位为 $\varphi'=-2\pi\frac{x_0}{\lambda}+\varphi_0$，表示 x_0 处质点的振动比原点处质点的振动始终落后一个相位 $|\varphi'-\varphi_0|=\left|-2\pi\frac{x_0}{\lambda}\right|=\left|2\pi\frac{x_0}{\lambda}\right|$。

如果 $t=t_0$ 为给定值，则 $y(x)=A\cos\left[\omega\left(t_0-\frac{x}{u}\right)+\varphi_0\right]$只是关于 x 的函数，表示 $t=t_0$ 时刻各质点离开各自平衡位置的位移分布情况，称为 t_0 时刻的波形方程。

如果 t、x 都在变化，则 t 时刻波动方程为 $y(x,t)=A\cos\left[\omega\left(t-\frac{x}{u}\right)+\varphi_0\right]$，$t+\Delta t$ 时刻波动方程为 $y(x,t+\Delta t)=A\cos\left[\omega\left(t+\Delta t-\frac{x}{u}\right)+\varphi_0\right]$。画出 t 和 $t+\Delta t$ 时刻的波形，便可形象地看出波形向前传播的图像如图 6.3.2 所示，其中波形向前传播的速度等于波速 u。

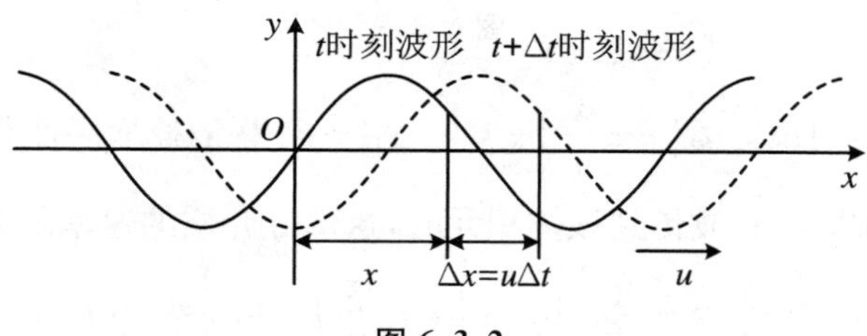

图 6.3.2

由于波形向前传播，x 处质点在不同时刻 t 和 $t+\Delta t$ 的位移是不同的。但从上面的 t 时刻波形和 $t+\Delta t$ 时刻波形可以看出

$$A\cos\left[\omega\left(t+\Delta t-\frac{x+u\Delta t}{u}\right)+\varphi_0\right]=A\cos\left[\omega\left(t-\frac{x}{u}\right)+\varphi_0\right]$$

即 $y(t+\Delta t,x+\Delta x)=y(t,x)$，或直接用相位表示为

$$\omega\left(t+\Delta t-\frac{x+u\Delta t}{u}\right)+\varphi_0=\omega\left(t-\frac{x}{u}\right)+\varphi_0$$

上式表明：x 处质点在 t 时刻的振动状态（或相位）经过时间 Δt 正好传播到 $x+\Delta x=x+u\Delta t$ 处，故波速就是相位的传播速度。

3. 波的动力学规律

振动质点的速度：

$$v=\frac{\partial y}{\partial t}=-A\omega\sin\left[\omega\left(t-\frac{x}{u}\right)+\varphi_0\right]=v(t,x)$$

振动质点的加速度：

$$a=\frac{\partial v}{\partial t}=-A\omega^2\cos\left[\omega\left(t-\frac{x}{u}\right)+\varphi_0\right]=a(t,x)$$

振动质点的回复力：

$$F_{回}=-m\omega^2x=-kx$$

可见，各质点的振动速度也是随坐标 x 和时间 t 作简谐规律变化的，它与波速是两个完全不同的概念，应严格区别开来。

4. 波的能量和能量密度

下面以平面简谐纵波在弹性细长棒中传播为例介绍波的能量和能量密度。如图 6.3.3 所示，有一密度为 ρ 的细长棒沿 Ox 轴放置，一列平面简谐纵波以波速 u 沿着棒长方向传播时，棒中每一小段都受到压缩和拉伸。

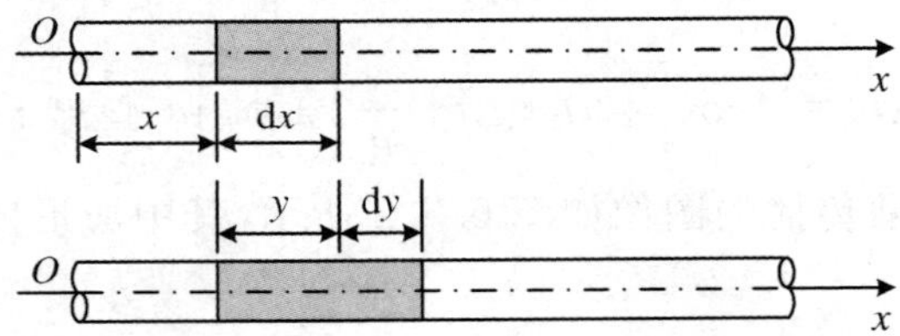

图 6.3.3

设波动方程为 $y=A\cos\left[\omega\left(t-\frac{x}{u}\right)+\varphi_0\right]$，在坐标为 x 处取一小体积元 $\mathrm{d}V=S\mathrm{d}x$，其质量为 $\mathrm{d}m=\rho\mathrm{d}V=\rho S\mathrm{d}x$，当波传到该体积元时，这部分介质的速率随时间变化的关系式为

$$v=\frac{\partial y}{\partial t}=-A\omega\sin\left[\omega\left(t-\frac{x}{u}\right)+\varphi_0\right]=v(t,x)$$

其振动动能为

$$\mathrm{d}E_{\mathrm{k}}=\frac{1}{2}(\mathrm{d}m)v^2=\frac{1}{2}(\rho\mathrm{d}V)A^2\omega^2\sin^2\left[\omega\left(t-\frac{x}{u}\right)+\varphi_0\right]$$

同时，体积元因形变而具有弹性势能，可以证明体积元的弹性势能为

$$\mathrm{d}E_{\mathrm{p}}=\frac{1}{2}(\rho\mathrm{d}V)A^2\omega^2\sin^2\left[\omega\left(t-\frac{x}{u}\right)+\varphi_0\right]$$

体积元的总能量 为

$$dE = dE_k + dE_p = (\rho dV)A^2\omega^2\sin^2\left[\omega\left(t - \frac{x}{u}\right) + \varphi_0\right]$$

上述结果表明以下几点：

(1) 波动传播过程中，任一时刻任一体积元的动能和势能不仅大小相等，而且相位相同，即两者总是随时间同步变化。

(2) 波动能量和振动能量有根本区别，振动过程中系统的机械能守恒；对于波动来说，任一体积元都与周围质点交换能量，能量不守恒，即能量随着波的传播而传播。

(3) 对于振动质点来说，位移最大时，速度为零，振动势能最大，动能为零；通过平衡位置时，位移为零，速度最大，振动势能为零，动能最大。而对于波动中的任一体积元来说，位移最大时，相对形变量为零，速度为零，所以动能和势能均为零；位移为零(在平衡位置)时，相对形变量和速度都最大，所以势能和动能均最大。

另外，介质中单位体积内的能量称为能量密度，用 w 表示，即

$$w = \frac{dE}{dV} = \rho A^2\omega^2\sin^2\left[\omega\left(t - \frac{x}{u}\right) + \varphi_0\right]$$

它在一个周期内的平均值称为平均能量密度，即

$$\bar{w} = \frac{1}{T}\int_0^T \omega dt = \frac{1}{2}\rho A^2\omega^2$$

5. 波的能流和能流密度

单位时间内通过介质中某一面积的能量称为通过该面积的能流。

如图 6.3.4 所示，S 为垂直于波速 u 的平面面积，则单位时间内通过 S 的能量平均来说等于以 S 为底、u 为高的体积内的能量，即 $\bar{P} = \bar{w}uS$，$\bar{P}$ 称为通过 S 的平均能流。式中 $\bar{w}$ 为平均能量密度，对简谐波 $\bar{w} = \frac{1}{2}\rho A^2\omega^2$，所以 $\bar{P} = \frac{1}{2}\rho A^2\omega^2 uS$。

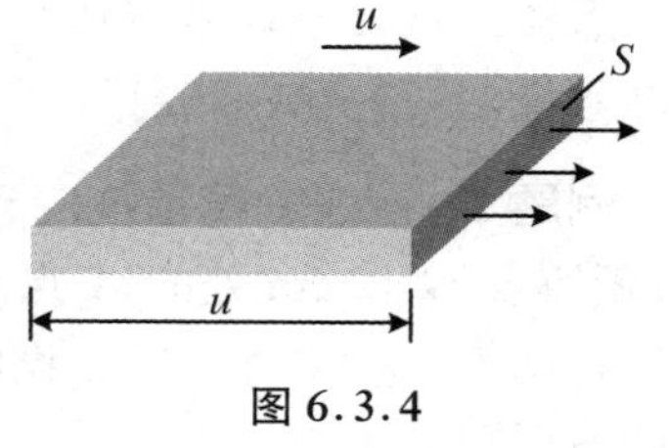

图 6.3.4

单位时间内通过垂直于波的传播方向的单位面积的平均能量称为平均能流密度，一般用 I 表示，即 $I = \frac{\bar{P}}{S} = \bar{w}u = \frac{1}{2}\rho A^2\omega^2 u$。由此可见，平均能流密度 I 与振幅的平方成正比，是波的强弱的一种量度，因而也称波的强度。

核心问题讨论

1. 如何求解简谐横波的波动方程?

解决此类问题一般由波动方程或介质中某点振动方程的通项式入手，代入某点平衡位置和速度参量，常可求出波动方程中的初相位和波动方程。

例题1 沿 $+x$ 方向传播的简谐波在 $t=0$ 时刻的波形如图6.3.5所示，已知该波的振幅为 A，波速为 u，波长为 λ。试写出该波的波动方程。

分析 先由 O 点的振动方程入手，求出初相位，再在 x 轴上任取一点 P，其坐标为 x，则 P 点的振动方程即为波动方程。

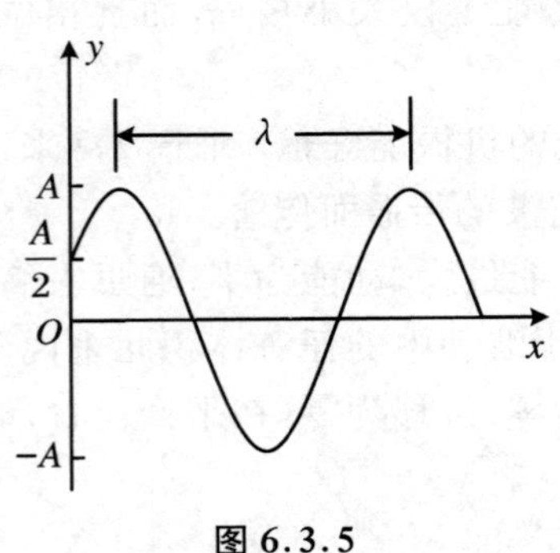

图6.3.5

解 原点 O 的振动表达式为

$$y(0,t)=A\cos(\omega t+\varphi_0)$$

原点 O 处质点振动的初始条件为 $t=0$ 时 $y_0=A/2$，$v_0<0$，故有

$$y_0=A\cos\varphi_0=\frac{A}{2}$$

得

$$\varphi_0=\frac{\pi}{3}$$

于是，原点 O 的振动表达式为

$$y(0,t)=A\cos\left(\omega t+\frac{\pi}{3}\right)$$

在 x 轴上任取一点 P，其坐标为 x，则 P 点处的振动表达式为

$$y(x,t)=A\cos\left(\omega t+\frac{\pi}{3}-\frac{2\pi x}{\lambda}\right)=A\cos\left[\frac{2\pi}{\lambda}(ut-x)+\frac{\pi}{3}\right]$$

其中用到

$$\omega=2\pi f=2\pi\frac{u}{\lambda}$$

点拨 这是一道求解机械波波动方程的常规基础题，需要读者对振动方程和波动方程熟练掌握，方可准确求解。

例题2 一平面简谐波向 $-y$ 方向传播，振幅为6 cm，圆频率 $\omega=6\pi$ rad/s。当 $t=2$ s 时，距原点 O 12 cm 处的 A 点的振动状态为 $x_A=3$ cm，$v_A>0$；而距原点22 cm 处的 B 点的振动状态为 $x_B=0$，$v_B<0$。设波长 $\lambda>10$ cm。求波动方程(用余弦函数表示)，并画出 $t=0$ 时的波形图。

分析 由波动方程的通项式入手，代入 A、B 点平衡位置和速度参量，求出波动方程中的初相位，便可求出波动方程。

解 设波动方程为

$$x=6\cos\left[\omega\left(t+\frac{y}{v}\right)+\varphi\right]$$

B 点在 $t=2$ s 时的状态为

$$x_B=6\cos\left[6\pi\left(2+\frac{22}{v}\right)+\varphi\right]=0$$

$$v_B=-36\pi\sin\left[6\pi\left(2+\frac{22}{v}\right)+\varphi\right]<0$$

故

$$6\pi\left(2+\frac{22}{v}\right)+\varphi = 2n_1\pi+\frac{\pi}{2} \qquad ①$$

A 点在 $t=2$ s 时的状态为

$$x_A = 6\cos\left[6\pi\left(2+\frac{12}{v}\right)+\varphi\right] = 3$$

$$v_A = -36\pi\sin\left[6\pi\left(2+\frac{12}{v}\right)+\varphi\right] > 0$$

故

$$6\pi\left(2+\frac{12}{v}\right)+\varphi = 2n_2\pi-\frac{\pi}{3} \qquad ②$$

因为 A、B 间的距离小于波长 λ，所以①和②式中的 n_1 和 n_2 应相等，由①－②得

$$v = 72\ \text{cm/s}$$

将 v 值代入①式，φ 应在 0 到 2π 内取值，得

$$\varphi = -\frac{4\pi}{3} \text{ 或 } \varphi = \frac{2\pi}{3}$$

故所求的波动方程为

$$x = 6\cos\left[6\pi\left(t+\frac{y}{72}\right)-\frac{4\pi}{3}\right]$$

波长为

$$\lambda = vT = v\frac{2\pi}{\omega} = 24\ \text{cm}$$

当 $t=0$ 时，波形图如图 6.3.6 所示。

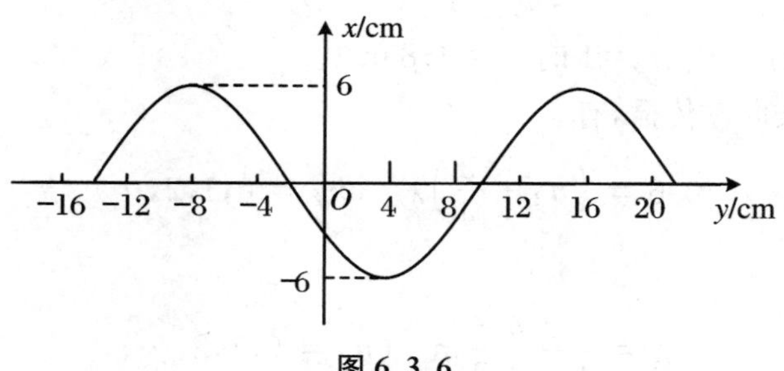

图 6.3.6

点拨　因为 A、B 间的距离小于波长 λ，所以①和②两式中的 n 应相等，以及将 v 值代入①式，φ 应在 $0\sim2\pi$ 范围内取值，这是解决本题的难点。

2. 如何处理波的多解的问题?

波动问题中的多解性主要考虑：波动的空间周期性；波动的时间周期性；波动的双向性；介质中质点的振动方向未定。

例题 3　有一列沿水平绳传播的简谐横波，频率为 10 Hz，振动方向沿竖直方向，当绳上

的质点 P 到达平衡位置且向下运动时，在其右边相距 0.6 m 处的质点 Q 刚好到达最高点，由此可知波速和传播方向可能是 （　　）

A. 8 m/s，向右传播　　B. 8 m/s，向左传播

C. 24 m/s，向右传播　　D. 24 m/s，向左传播

分析　题目没有交代波的传播方向，需要对两个传播方向加以讨论，还要注意时空周期性。

解　先考虑波动的双向性，如图 6.3.7 所示，再考虑周期性。

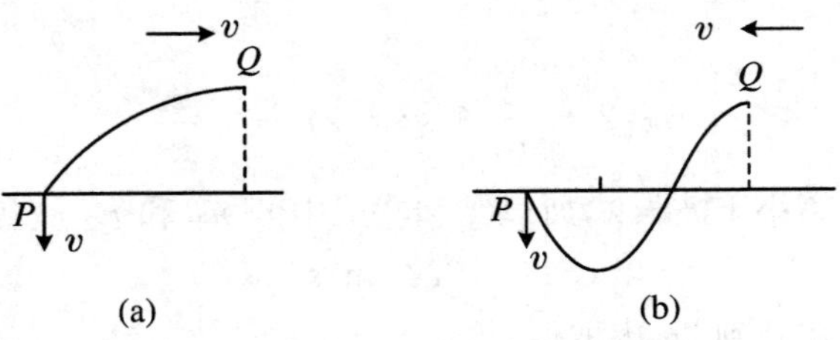

图 6.3.7

图 6.3.7(a)中波向右传播，有

$$0.6 = \left(n_1 + \frac{1}{4}\right)\lambda \quad (n_1 = 0,1,2,\cdots)$$

得

$$\lambda = \frac{2.4}{4n_1 + 1}\ \text{m} \quad (n_1 = 0,1,2,\cdots)$$

波速为

$$v = \lambda f = \frac{24}{4n_1 + 1}\ \text{m/s} \quad (n_1 = 0,1,2,\cdots)$$

当 $n_1 = 0$ 时，$v = 24$ m/s；当 $n_1 = 1$ 时，$v = 4.8$ m/s。

图 6.3.7(b)中波向左传播，有

$$0.6 = \left(n_2 + \frac{3}{4}\right)\lambda \quad (n_2 = 0,1,2,\cdots)$$

得

$$\lambda = \frac{2.4}{4n_2 + 3}\ \text{m} \quad (n_2 = 0,1,2,\cdots)$$

波速为

$$v = \lambda f = \frac{24}{4n_2 + 3}\ \text{m/s} \quad (n_2 = 0,1,2,\cdots)$$

当 $n_2 = 0$ 时，$v = 8$ m/s；当 $n_2 = 1$ 时，$v = \frac{24}{7}$ m/s。

故本题选 B、C。

点拨　本题在注意到多解性的同时，还要关注是否有时空限定条件，如果有，则多解变

为有限解。

例题 4　如图 6.3.8 所示，一列简谐横波沿 x 轴方向传播。图中实线是 $t_1=0$ 时刻的波形，虚线是 $t_2=0.5\ \text{s}$ 时刻的波形。

(1) 求这列波的可能传播速度。

(2) 若波向左传播，求最大周期。

(3) 若周期 $T>0.2\ \text{s}$ 且波向右传播，求波速 v。

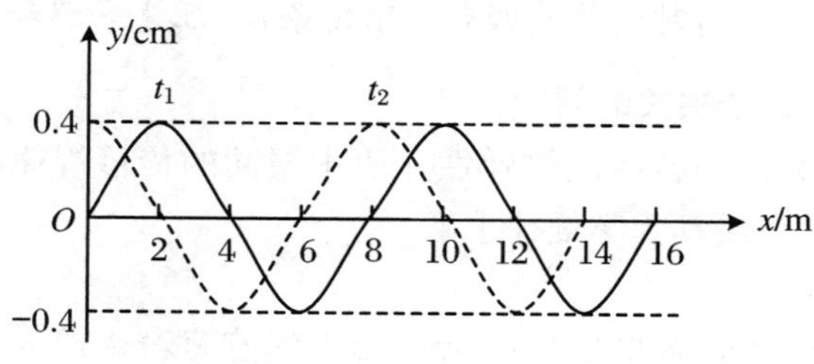

图 6.3.8

分析　关注波动的双向性、时空周期性是解决此题的关键。

解　(1) 假设波向右传播，则 Δt 时间内波在介质中行进的距离为

$$\Delta x = n\lambda + \frac{3}{4}\lambda = 8\left(n + \frac{3}{4}\right)\ \text{m} \quad (n = 0,1,2,\cdots)$$

因为时间间隔为 $\Delta t = 0.5\ \text{s}$，所以波速为

$$v = \frac{\lambda}{T} = \frac{\Delta x}{\Delta t} = 16\left(n + \frac{3}{4}\right)\ \text{m/s} \quad (n = 0,1,2,\cdots)$$

若波向左传播，则

$$\Delta x' = n'\lambda + \frac{1}{4}\lambda = 8\left(n' + \frac{1}{4}\right)\ \text{m} \quad (n' = 0,1,2,\cdots)$$

所以波速为

$$v' = \frac{\Delta x'}{\Delta t} = 16\left(n' + \frac{1}{4}\right)\ \text{m/s} \quad (n' = 0,1,2,\cdots)$$

(2) 若波向左传播，且求波动的最大周期，则波向左传播$\frac{1}{4}\lambda$，即 $\Delta t = \frac{1}{4}T_{\max}$，由此可得 $T_{\max} = 2\ \text{s}$。

(3) 若波向右传播，则波在介质中传播的时间为

$$\Delta t = \frac{3}{4}T + nT = T\left(n + \frac{3}{4}\right) \quad (n = 0,1,2,\cdots)$$

即

$$T = \frac{\Delta t}{n + \frac{3}{4}} = \frac{0.5}{n + \frac{3}{4}}\ \text{s} \quad (n = 0,1,2,\cdots)$$

若 $T>0.2\ \text{s}$，则需

$$\frac{0.5}{n+\frac{3}{4}} > 0.2$$

即 $n=0,1$。

因此，波速为

$$v_0 = \frac{\lambda}{T_0} = 12\ \text{m/s}, \quad v_1 = \frac{\lambda}{T_1} = 28\ \text{m/s}$$

点拨 考虑到多解性的同时还要兼顾时空限定条件，注意多解和有限解的区别。

3. 如何处理波的动力学相关的问题？

从动力学的角度研究均匀各向同性弹性介质中振动的传播规律，常用方法是在介质中取出质元，分析其受力并应用动力学规律求解。

例题 5 试以弦上传播的脉冲波为例，导出弦上的波速表达式 $u=\sqrt{\dfrac{T}{\eta}}$，其中 T 为弦中张力，η 为弦的线密度。

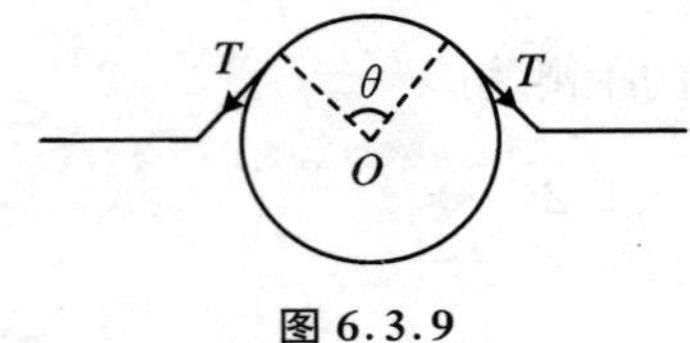

图 6.3.9

分析 当弦上脉冲波以速度 u 向右传播时，在以 u 向右运动的参考系中看来，波形不动，但弦上的每个质元均以 u 沿弦向左运动，如图 6.3.9 所示。取脉冲顶部一小段质元，对其进行动力学分析，根据牛顿定律进行定量计算。

解 取脉冲顶部长为 Δl 的一小段弦（质元）作为研究对象，此质元近似做匀速率圆周运动。设圆心为 O，曲率半径为 R，Δl 所对应圆心角为 θ，弦上 Δl 两边拉力为 T，则 Δl 质元的质量为 $\eta\Delta l$，所受的向心力为

$$f = 2T\cdot\sin\frac{\theta}{2}$$

当 θ 很小时，$\sin\dfrac{\theta}{2}\approx\dfrac{\theta}{2}$，故

$$f \approx T\theta$$

根据牛顿运动定律，得

$$T\theta = \eta\Delta l\,\frac{u^2}{R}$$

但 $\dfrac{\Delta l}{R}=\theta$，由上式得

$$u = \sqrt{\frac{T}{\eta}}$$

点拨 因为取的是微小质元，所以会用到小量近似的数学规律，这是求解本题的要点。

4. 如何处理波的能量相关的问题？

注意体会，在波动过程中质元的动能和势能总是相等且同步变化，即两者同时达到最大

值，又同时变为零。质元的总能量随时间作周期性的变化，是不守恒的。这与孤立的做简谐运动的弹簧振子的能量情况是截然不同的。因此，波动过程就是能量传播的过程，即波是能量传播的一种方式。通常运用质元能量公式、能量密度和能流密度公式综合分析。

例题 6　一球面简谐波以波速 u 在无吸收的均匀介质中传播。在距离波源 $r_1=1\text{ m}$ 处质元的振幅为 A。设波源振动的角频率为 ω，初相为零。试求该球面简谐波的波函数。

分析　因为介质不吸收波的能量，所以通过以点波源为球心、半径不同的两个球面的平均能流应相等，从而找到介质中各处波的振幅与该处到波源的距离的关系和初相位，便可求得球面简谐波的波函数。

解　如图 6.3.10 所示，设球面简谐波的点波源在 O 处，以 O 为圆心作半径为 r_1 和 r_2 的两个球形波面。在介质不吸收波的能量的条件下，通过这两个球面的平均能流 $\bar{P}_1$ 和 $\bar{P}_2$ 应相等。设 A_1 和 A_2 分别表示在这两个球形波面处波的振幅，则

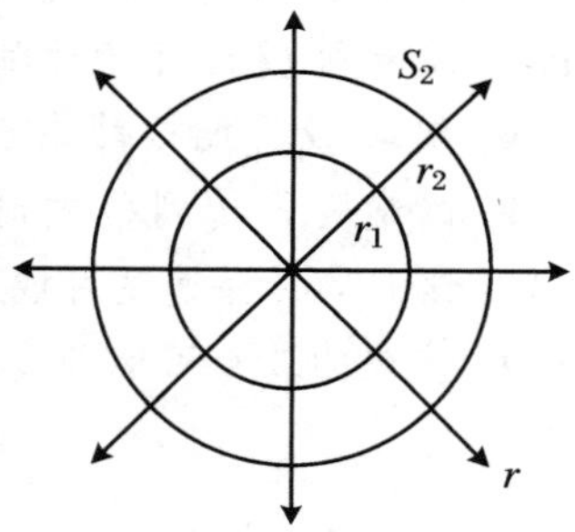

$$4\pi r_1^2A_1^2 = 4\pi r_2^2A_2^2$$

因而有

$$\frac{A_1}{A_2}=\frac{r_2}{r_1}$$

图 6.3.10

可见，在球面波传播的过程中，介质中各处波的振幅与该处到波源的距离成反比。已知在距离波源 $r_1=1\text{ m}$ 处质元的振幅为 A，因而由上式可知在距波源 r 处质元的振幅为 A/r，且其相位比波源落后 $\omega r/u$，所以该球面简谐波的波函数为

$$y=\frac{A}{r}\cos\omega\left(t-\frac{r}{u}\right)$$

其中，由于 r 是变量，故球面简谐波的振幅不是恒量。由于波的强度和振幅的平方成正比，因而对球面波还可得出

$$\frac{I_1}{I_2}=\frac{r_2^2}{r_1^2}$$

点拨　实际上，波在介质中传播时，沿途的介质总是要吸收波的一部分能量，将其转化为其他形式的能量(例如介质的内能)，因此波的振幅和强度都会沿波的传播方向衰减，这种能量的损耗现象称为波的吸收。例如，通常声波由某处发出后，随传播距离的增大而减弱，原因除了声强与距离平方成反比，还有介质对声能的吸收等。

习题实战演练

基础练习

1. 一列简谐横波沿 x 轴传播，波长为 1.2 m，振幅为 A。当坐标为 $x=0$ 处质元的位移

为$-\frac{\sqrt{3}}{2}A$且向y轴负方向运动时，坐标为$x=0.4$ m处质元的位移为$\frac{\sqrt{3}}{2}A$。当坐标为$x=0.2$ m处的质元位于平衡位置且向y轴正方向运动时，$x=0.4$ m处质元的位移和运动方向分别为（　　）

A. $-\frac{1}{2}A$，沿y轴正方向　　B. $-\frac{1}{2}A$，沿y轴负方向

C. $-\frac{\sqrt{3}}{2}A$，沿y轴正方向　　D. $-\frac{\sqrt{3}}{2}A$，沿y轴负方向

2. 简谐横波在均匀介质中沿直线传播，P、Q是传播方向上相距10 m的两质点，波先传到P，当波传到Q时开始计时，P、Q两质点的振动图像如图6.3.11所示，则（　　）

A. 质点Q开始振动的方向沿y轴正方向

B. 该波从P传到Q的时间可能为7 s

C. 该波的传播速度可能为2 m/s

D. 该波的波长可能为6 m

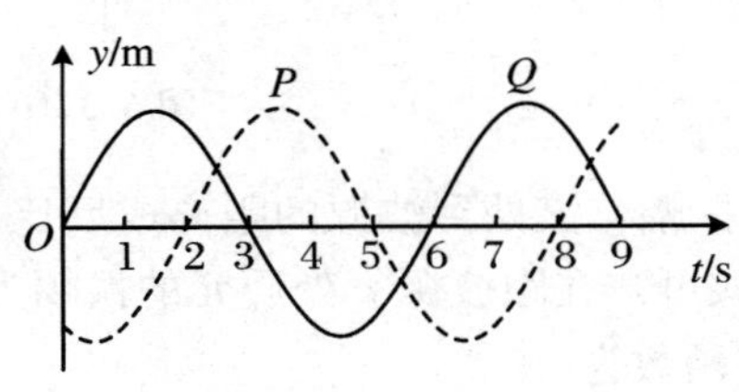

图6.3.11

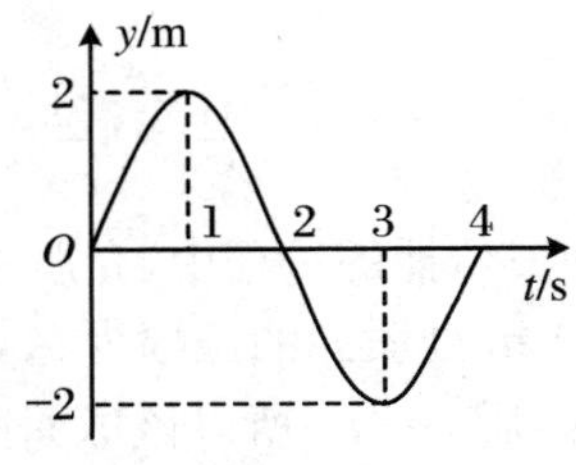

图6.3.12

3. 一个平面简谐波沿x轴负方向传播，波速$u=10$ m/s。$x=0$处，质点振动曲线如图6.3.12所示，则该波的表达式为（　　）

A. $y=2\cos\left(\frac{\pi}{2}t+\frac{\pi}{20}x+\frac{\pi}{2}\right)$ m　　B. $y=2\cos\left(\frac{\pi}{2}t+\frac{\pi}{20}x-\frac{\pi}{2}\right)$ m

C. $y=2\sin\left(\frac{\pi}{2}t+\frac{\pi}{20}x+\frac{\pi}{2}\right)$ m　　D. $y=2\sin\left(\frac{\pi}{2}t+\frac{\pi}{20}x-\frac{\pi}{2}\right)$ m

4.（2012年东城二模）一列沿x轴正方向传播的简谐横波，每个质点的振幅都为2 cm，已知在$t=0$时刻相距4 cm的两个质点a、b的位移都是1 cm，但速度方向相反，其中a质点的速度沿y轴负方向，如图6.3.13所示，则（　　）

A. $t=0$时刻，a、b两质点的加速度相同

B. a、b两质点的平衡位置间的距离为半波长的奇数倍

C. a质点的速度最大时，b质点的速度为零

D. 当b质点的位移为+2 cm时，a质点的位移为正的

5.（2012年“华约”）如图6.3.14所示，一简谐横波沿x轴正方向传播，图中实线为$t=0$时刻的波形图，虚线为$t=0.286$ s时刻的波形图。该波的周期T和波长λ可能正确的

是　　（　　）

A. 0.528 s,2 m　　B. 0.528 s,4 m　　C. 0.624 s,2 m　　D. 0.624 s,4 m

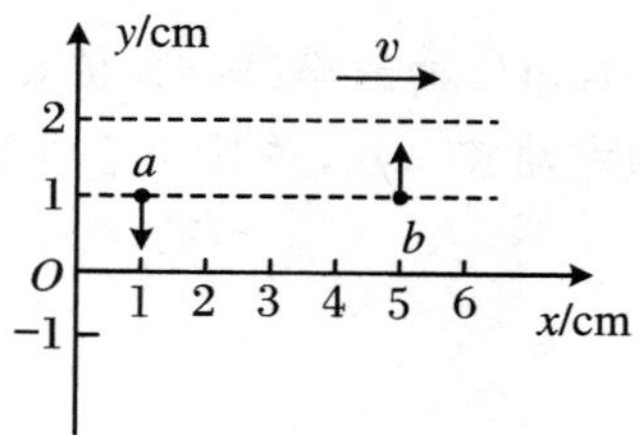

图 6.3.13

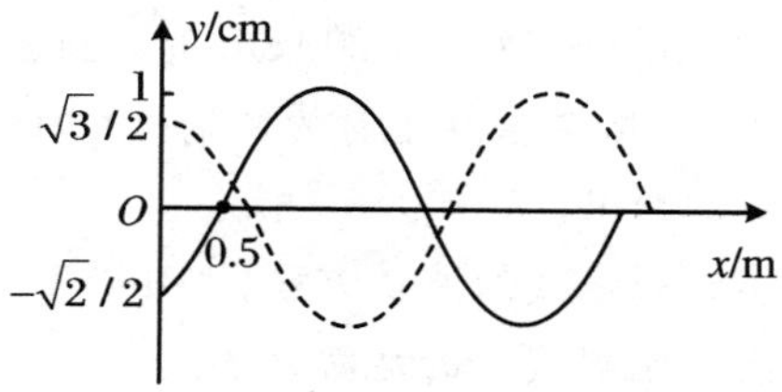

图 6.3.14

6.（2011 年“华约”）一质点沿直线做简谐振动，相继通过距离为 16 cm 的两点 A 和 B，历时 1 s，并且在 A、B 两点处具有相同的速率，再经过 1 s，质点第 2 次通过 B 点，该质点运动的周期和振幅分别为　　（　　）

A. 3 s，$8\sqrt{3}$ cm　　B. 3 s，$8\sqrt{2}$ cm　　C. 4 s，$8\sqrt{3}$ cm　　D. 4 s，$8\sqrt{2}$ cm

7. 一列简谐横波沿 x 轴正方向传播，t 时刻波形如图 6.3.15 中的实线所示，此时波刚好传到 P 点，$t+0.7$ s 时刻的波形如图中的虚线所示，a、b、c、P、Q 是介质中的质点，则以下说法正确的是　　（　　）

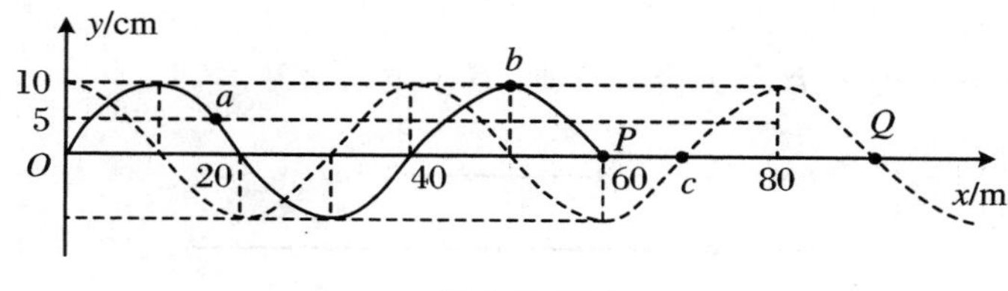

图 6.3.15

A. 这列波的波速可能为 100 m/s

B. 质点 c 在这段时间内通过的路程一定小于 30 cm

C. $t+0.7$ s 时刻 a 点的振动方向为 y 轴负方向

D. 如果波的周期 $T=0.4$ s，则 $t+0.5$ s 时刻质点 b、P 的位移相同

8. 如图 6.3.16 所示，简谐横波在 t 时刻的波形如实线所示，经过 $\Delta t=3$ s，其波形如虚线所示。已知 x_1 与 x_2 相距 1 m，波的周期为 T，且 $2T<\Delta t<4T$，则可能的最小波速为________ m/s，最小周期为________ s。

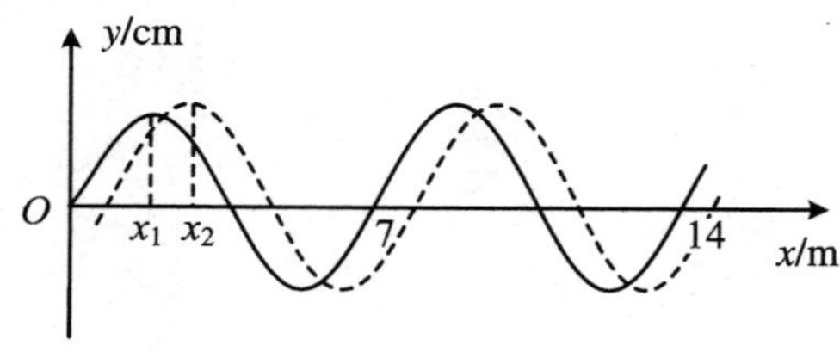

图 6.3.16

提 高 练 习

9. 振幅为 10 cm、波长为 200 cm 的一正弦波以 100 cm/s 的速率沿一条绷紧的弦从左向右传播,坐标原点取在弦静止时的左端。$t=0$ 时,弦的左端在原点,并且开始向下运动。

(1) 求波的频率。

(2) 写出这列横波的波动方程。

(3) 写出弦左端质点的运动方程。

(4) 写出在原点右边相距 150 cm 处质点 P 的运动方程。

(5) 求弦上任意一点的最大速率。

(6) 当 $t=3.25$ s 时,求 P 点的位移和速度。

10. 一横波沿绳子传播时的波动表达式为 $y=0.05\cos(10\pi t-4\pi x)$(SI 制)。

(1) 求此波的振幅、波速、频率和波长。

(2) 求绳子上各质点振动的最大速度和最大加速度。

(3) 求 $x=0.2$ m 处的质点在 $t=1$ s 时的相位。它是原点处的质点在哪一时刻的相位?

11. 如图 6.3.17 所示,一平面简谐波在介质中以速度 $u=20$ m/s 沿 x 轴负方向传播,已知 a 点的振动表达式为 $y_a=3\cos 4\pi t$(SI 制)。

(1) 以 a 为坐标原点写出波动表达式。

(2) 以距 a 点 5 m 处的 b 点为坐标原点,写出波动表达式。

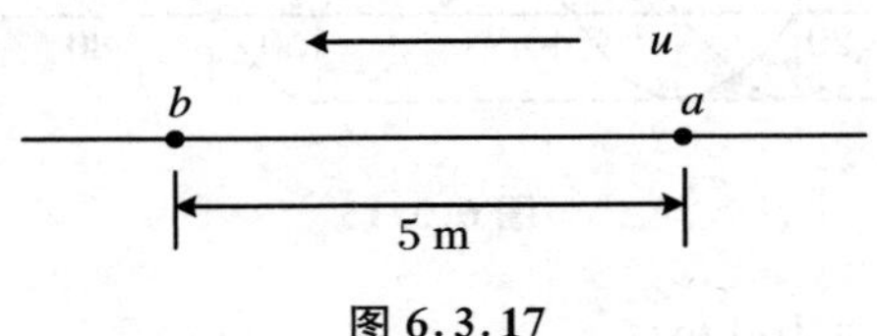

图 6.3.17

12. 一扬声器向各个方向均匀地发射频率为 2000 Hz 的声波,在 6 m 远处的声强为 1.0×10^{-3} W/m^2。不计波的反射。(空气密度 $\rho=1.29$ kg/m^3,声速 $u=344$ m/s。)求:

(1) 在 30 m 远处的声强;

(2) 在 6 m 远处质点的振幅。

参 考 答 案

1. C。
2. AD。
3. B。
4. A。
5. B。

6．D。

7．A。

8．5，7/9。

9．（1）由 $v=\lambda f$ 得 $f=v/\lambda=0.5\ \text{Hz}$。

（2）波源的振动方程为 $y=10\sin(\pi t+\varphi_0)\ \text{cm}$。当 $t=0$ 时 $y=0$，且 v 为负值，易得 $\varphi_0=\pi$，即 $y=10\sin(\pi t+\pi)$。故波动方程表示为 $y=10\sin\left[\pi\left(t-\frac{x}{100}\right)+\pi\right]\ \text{cm}=10\sin\left(\frac{\pi}{100}x-\pi t\right)\ \text{cm}$。

（3）将 $x=0$ 代入波动方程，即得弦左端质点的运动方程为 $y=-10\sin\pi t\ \text{cm}$。

（4）在原点右边相距 150 cm 处质点 P 的运动方程为 $y=10\sin(1.5\pi-\pi t)\ \text{cm}=-10\cos\pi t\ \text{cm}$。

（5）弦上任意一点的最大速率 $v_m=\omega A=10\pi\ \text{cm/s}$。

（6）$t=3.25\ \text{s}$ 时，P 点的位移和速度分别为 $y_P=10\cos\frac{\pi}{4}=5\sqrt{2}\ \text{cm}$，$v_P=10\pi\sin(3.25\pi)=-5\pi\sqrt{2}\ \text{cm/s}$（向下）。

10．（1）$A=0.05\ \text{m}$，$\omega=10\pi\ \text{rad/s}=31.4\ \text{rad/s}$，$f=\frac{\omega}{2\pi}=5.0\ \text{Hz}$，$T=\frac{1}{f}=0.2\ \text{s}$，$u=\frac{\omega}{k}=\frac{10\pi}{4\pi}=2.5\ \text{m/s}$，$\lambda=\frac{u}{f}=0.5\ \text{m}$。

（2）$v_m=A\omega\approx1.57\ \text{m/s}$，$a_m=A\omega^2\approx49.3\ \text{m/s}^2$。

（3）$\varphi=10\pi\times1-4\pi\times0.2=9.2\pi$（或 -0.8π），由 $\varphi=10\pi\times t-4\pi\times0$ 得 $t=\frac{\varphi}{10\pi}=0.92\ \text{s}$。

11．（1）$y=A\cos\left[\omega\left(t+\frac{x}{u}\right)+\varphi_0\right]=3\cos\left[4\pi\left(t+\frac{x}{20}\right)\right]$。

（2）$y=A\cos\left[\omega\left(t+\frac{x-x_a}{u}\right)+\varphi_0\right]=3\cos\left[4\pi\left(t+\frac{x-5}{20}\right)\right]=3\cos\left[4\pi\left(t+\frac{x}{20}\right)-\pi\right]$。

12．（1）$\frac{I}{I'}=\frac{\left(\frac{A}{6}\right)^2}{\left(\frac{A}{30}\right)^2}$，$I'=I\left(\frac{6}{30}\right)^2=4.0\times10^{-5}\ \text{W/m}^2$。

（2）由 $I=\frac{1}{2}\rho A^2\omega^2u$ 得

$$A=\sqrt{\frac{2I}{\rho\omega^2u}}=\sqrt{\frac{2\times1.0\times10^{-3}}{1.29\times(2\pi\times2000)^2\times344}}\ \text{m}=1.69\times10^{-7}\ \text{m}$$

6.4　机械波的特性

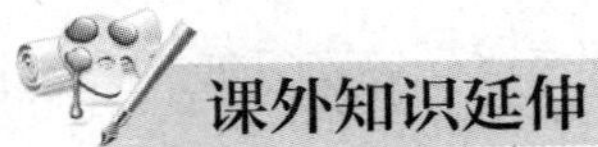

1. 惠更斯原理

介质中波动传播到的各点都可以看作发射子波的波源，其后任一时刻，这些子波的包络面就是新的波阵面，这就是惠更斯原理。

图 6.4.1(a)、(b)所示分别是球面波和平面波在均匀无吸收介质中的波阵面。从图中可看出：当波在均匀各向同性介质中传播时，波阵面的几何形状总保持不变，波的传播方向也保持不变。

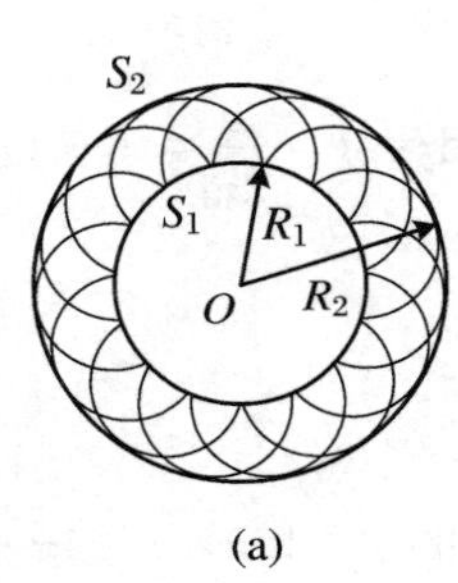

(a)

S_1　S_2

(b)

图 6.4.1

2. 波的衍射

(1) 衍射的概念

波动在传播过程中遇到障碍物时，其传播方向发生变化，能绕过障碍物边缘继续前进的现象，称为波的衍射，也称波的绕射。

(2) 产生衍射的条件

障碍物的线度 d 与波长 λ 之比 d/λ 越小，衍射现象越显著；比值 d/λ 越大，衍射现象越不显著。

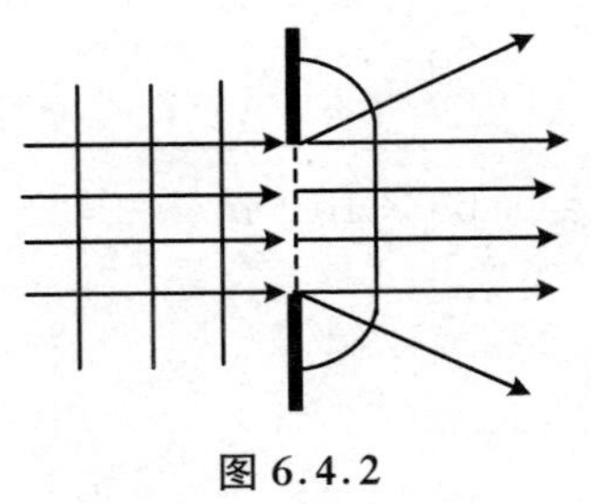

图 6.4.2

图 6.4.2 表示波在狭缝处的衍射，在靠近缝边缘处，波阵面发生了弯曲，即波的传播方向改变了，表明波动能绕过障碍物边缘传播，也就是产生了衍射现象。

实际上，波的衍射现象不仅仅是绕弯现象，而且还涉及波场中能量的重新分布。关于能量分布的问题本书不再详细讨论。

3. 波的独立性和叠加原理

(1) 独立性

当几列波在介质中相遇重叠时，它们各自的频率、波长、振幅均不会相互影响，都各自独立地进行传播，就好像传播过程中没有彼此相遇一样，这就称为波的独立性。

(2) 波的叠加原理

当几列波在介质中相遇时，每一列波都将引起相遇处质点的振动，因此相遇处质点的振动将是每列波在该点引起的分振动的叠加，即任一时刻相遇处质点振动的位移等于每列波在该点引起的分位移的矢量和。

波的叠加原理和波动方程为线性微分方程是一致的。

4. 波的干涉

(1) 干涉现象

频率相同、振动方向相同、相位相同或相位差恒定的两个波源发出的两列波在空间相遇时，使空间某些点的振动始终加强，而另一些点的振动始终减弱或完全抵消的现象，称为波的干涉现象。满足频率相同、振动方向相同、相位相同或相位差恒定三个条件的波源称为相干波源；这样两个波源发出的两列波称为相干波。

(2) 干涉加强或减弱的条件

设相干波源 S_1、S_2 的振动方程分别为

$$y_{10} = A_{10}\cos(\omega t + \varphi_{10})$$

$$y_{20} = A_{20}\cos(\omega t + \varphi_{20})$$

图 6.4.3 中 P 为相遇区域中任意一点，r_1、r_2 分别为 P 到 S_1、S_2 的距离，则两列波在 P 点引起的分振动分别为

$$y_1 = A_1\cos\left(\omega t - \frac{2\pi r_1}{\lambda} + \varphi_{10}\right)$$

$$y_2 = A_2\cos\left(\omega t - \frac{2\pi r_2}{\lambda} + \varphi_{20}\right)$$

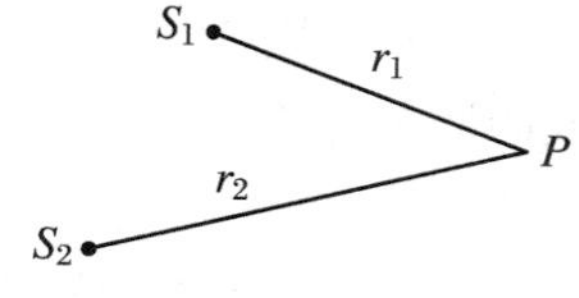

图 6.4.3

P 点的合振动为

$$y = y_1 + y_2 = A\cos(\omega t + \varphi_0)$$

合振动的振幅 A 由下式决定：

$$A^2 = A_1^2 + A_2^2 + 2A_1A_2\cos\Delta\varphi$$

因为波的强度正比于振幅的平方，所以

$$I = I_1 + I_2 + 2\sqrt{I_1I_2}\cos\Delta\varphi$$

式中 $\Delta\varphi$ 是 P 点处两个分振动的相位差，即

$$\Delta\varphi = \left(-\frac{2\pi r_2}{\lambda} + \varphi_{20}\right) - \left(-\frac{2\pi r_1}{\lambda} + \varphi_{10}\right) = \varphi_{20} - \varphi_{10} - 2\pi\frac{r_2 - r_1}{\lambda}$$

$\varphi_{20} - \varphi_{10}$ 是两个相干波源的相位差，为一常量；$r_2 - r_1$ 为两波源发出的波传播到 P 的几何路程之差，称为波程差，$2\pi\frac{r_2 - r_1}{\lambda}$ 是因传播路程不同而产生的相位差，对于空间任一给定的 P

点，它也是常量。

因此，空间任一给定的 P 点处的两个分振动的相位差 $\Delta\varphi$ 也是恒定的，该点的合振幅 A 或强度 I 也是一定的。所以，在两列相干波相遇的区域会出现振幅 A 或强度 I 不均匀的稳定的干涉图样。

在满足 $\Delta\varphi=\varphi_{20}-\varphi_{10}-2\pi\dfrac{r_2-r_1}{\lambda}=\pm 2k\pi(k=0,1,2,\cdots)$ 的空间各点处，$A=A_1+A_2=A_{\max}$，$I=I_1+I_2+2\sqrt{I_1I_2}=I_{\max}$，干涉加强或干涉相长。

在满足 $\Delta\varphi=\varphi_{20}-\varphi_{10}-2\pi\dfrac{r_2-r_1}{\lambda}=\pm(2k+1)\pi(k=0,1,2,\cdots)$ 的空间各点处，$A=A_1-A_2=A_{\min}$，$I=I_1+I_2-2\sqrt{I_1I_2}=I_{\min}$，干涉减弱或干涉相消。

如果 $\varphi_{10}=\varphi_{20}$，则上述干涉加强和干涉减弱的条件可简化为

$$\begin{cases}\delta=r_2-r_1=\pm 2k\dfrac{\lambda}{2}(k=0,1,2,\cdots) & \text{干涉加强或干涉相长}\\ \delta=r_2-r_1=\pm(2k+1)\dfrac{\lambda}{2}(k=0,1,2,\cdots) & \text{干涉减弱或干涉相消}\end{cases}$$

以上表明，当两波源同相位时，在两列波的叠加区域内，波程差 δ 等于零或半波长的偶数倍的各点，振幅和强度最大；波程差 δ 等于半波长的奇数倍的各点，振幅和强度最小。

以上讨论的是满足相干条件的两列波的相干叠加，而不满足相干条件的两列波相遇时产生的叠加是非相干叠加，此时空间任一点的合成波的强度就等于两列波强度的代数和。

5. 驻波

(1) 概念

在同一介质中，两列振幅相同的相干平面简谐波在同一直线上沿相反方向传播时叠加形成的波称为驻波。

(2) 驻波方程

两波的波动方程分别为

$$y_1=A\cos 2\pi\left(\frac{t}{T}-\frac{x}{\lambda}\right)$$

$$y_2=A\cos 2\pi\left(\frac{t}{T}+\frac{x}{\lambda}\right)$$

可见，这两列波在 $t=0$ 时刻，$x=0$ 处的初相位均为零。合成波的波动方程为

$$y=y_1+y_2=A\cos 2\pi\left(\frac{t}{T}-\frac{x}{\lambda}\right)+A\cos 2\pi\left(\frac{t}{T}+\frac{x}{\lambda}\right)=2A\cos 2\pi\frac{x}{\lambda}\cos 2\pi\frac{t}{T}$$

波线上各点有不同的振幅，在上述的驻波方程 $y=y_1+y_2=2A\cos 2\pi\dfrac{x}{\lambda}\cos 2\pi\dfrac{t}{T}$ 中，位于 x 处的质点振幅为 $\left|2A\cos 2\pi\dfrac{x}{\lambda}\right|$。波线上始终不动（振幅为零）的点称为波节；波线上振幅最大的点称为波腹；两个相邻的波节（或波腹）之间的距离为 $\lambda/2$。波线上各点分段振动，

同一分段各点相位相同，相邻两分段相位相反。

6．波在两种界面上的反射

（1）半波损失

当波从波疏介质（介质密度 ρ 与波速 u 的乘积较小的介质）垂直入射到波密介质（介质密度 ρ 与波速 u 的乘积较大的介质）时，在界面上反射波与入射波的相位相反，称为有半波损失；当波从波密介质入射到波疏介质时，在界面上反射波与入射波的相位相同，没有半波损失。

（2）入射波和反射波在两种界面上的合成

当存在半波损失时，界面上是波节；当没有半波损失时，界面上是波腹。

7．多普勒效应

当波源或观察者或者两者同时相对于介质有相对运动时，观察者接收到的波的频率与波源的振动频率不同的现象称为多普勒效应。

（1）波源不动，观察者以 v_B 相对于介质运动

如图 6.4.4 所示，设观察者向着波源运动，即 $v_B>0$，则在单位时间内观察者接收到的完整波的数目，即观察者实际接收到的波的频率为

$$\nu' = \frac{u'}{\lambda} = \frac{u+v_B}{\lambda} = \frac{u+v_B}{uT} = \frac{u+v_B}{u}\nu = \left(1+\frac{v_B}{u}\right)\nu > \nu$$

当观察者向着波源运动时，接收到的频率为波源振动频率的 $1+\dfrac{v_B}{u}$ 倍；当观察者远离波源运动时，$v_B<0$，接收到的频率比波源振动频率小。

（2）观察者不动，波源以速度 v_S 相对于介质运动

假设波源以速度 v_S 向着观察者运动。因为波速与波源运动无关，所以在波源振动的一个周期内，波向前传播的距离等于一个波长 λ，但波源 S 在一个周期内在波的传播方向上移动了 $v_S T$ 的距离到达 S' 点，使得一个完整波被挤压在 S'、O 之间，相当于波长减少为 $\lambda' = \lambda - v_S T$，如图 6.4.5 所示。

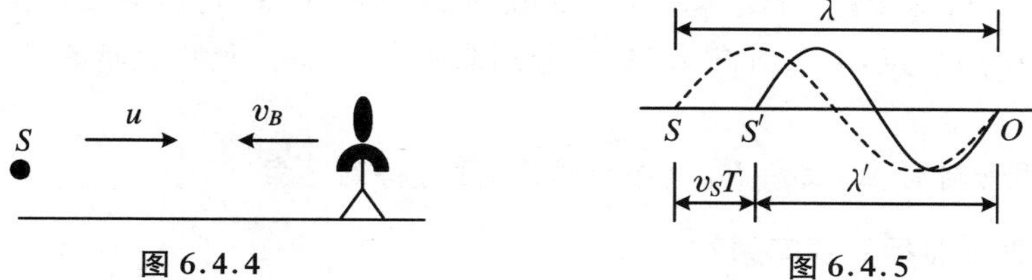

图 6.4.4　　图 6.4.5

因此，观察者单位时间内接收到的完整波的数目，即观察者接收到的频率为

$$\nu' = \frac{u}{\lambda'} = \frac{u}{\lambda - v_S T} = \frac{u}{uT - v_S T} = \frac{u}{u-v_S}\nu > \nu$$

当波源向着观察者运动时，$v_S>0$，观察者接收到的频率为波源振动频率的 $\dfrac{u}{u-v_S}$ 倍，比波源振动频率大；当波源远离观察者运动时 $v_S<0$，观察者接收到的频率比波源振动频

率小。

(3) 波源和观察者同时相对于介质运动

这时，相对于观察者来说，波的速率变为 $u' = u + v_B$，波长变为 $\lambda' = \lambda - v_S T$。综合两个结果，当波源和观察者同时运动时，观察者接收到波的频率为

$$\nu' = \frac{u'}{\lambda'} = \frac{u + v_B}{uT - v_S T} = \frac{u + v_B}{u - v_S}\nu$$

式中，当波源与观察者相互接近时 v_B、v_S 取正值，相互远离时 v_B、v_S 取负值。

总之，在多普勒效应中，不论是波源运动还是观察者运动，或者两者都运动，当波源和观察者相互接近时，观察者接收到的频率 ν' 总是大于波源振动频率 ν；当波源和观察者相互远离时，观察者接收到的频率 ν' 总是小于波源振动频率 ν。

核心问题讨论

1. 如何处理干涉相关的问题?

对于此类问题，往往根据振动叠加原理、波动方程、相位关系和波干涉加强与减弱的条件综合判断分析方可求解。

例题 1 如图 6.4.6 所示，MN 是水池的边缘，S_1、S_2 是池中水面上两个振动情况完全相同的波源，它们激起的水波波长为 2 m。S_1、S_2 连线垂直于 MN，且与 MN 分别相距 8 m 和 3 m，设 MN 足够长，则在 MN 上水面是平静的有 ( )

A. 1 处 B. 3 处

C. 5 处 D. 无数多处

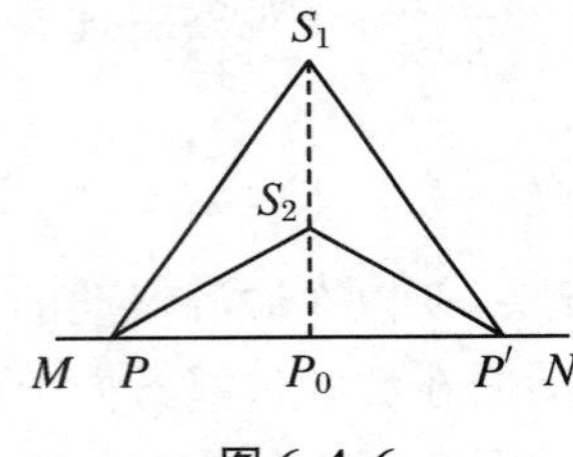

图 6.4.6

分析 根据题意、几何关系和波干涉加强与减弱的条件进行逻辑推理。

解 水面上平静处的波程差应为半波长的奇数倍。在 MN 上任取一点 P，连接 P、S_1 与 P、S_2，由几何知识可知 $PS_1 - PS_2 \leqslant S_1S_2 = 5$ m，所以 $PS_1 - PS_2$ 可以取 1 m、3 m 或 5 m，取 5 m 时对应图中的 P_0 点，取 1 m、3 m 时，可分别取两个对称点，所以共计有 5 处水面是平静的。答案是 C。

点拨 利用好对称性，注意 P_0 这个特殊点，方可得到答案。

2. 如何处理驻波相关的问题?

对两列相干波进行位移矢量合成运算得到驻波方程，再由驻波方程进行相关问题的求解。

例题 2 一列振幅为 A、频率为 ν、波长为 λ 的横波沿一拉紧的水平细绳传播。任一点位移的表达式为 $y = A\sin 2\pi\left(\nu t - \frac{x}{\lambda}\right)$。另一列具有相同的振幅、频率、波长的波同时在细绳中沿相反的方向传播。$t = 0$ 时两列波在 $x = 0$ 处的相位差为 φ。现在 $x = 0$ 和 $x = L$ 两处

将细绳固定。试求出细绳中的驻波方程和所有可能存在的波长。

分析　由两列同振幅、相向传播的相干波叠加而成的波为驻波，本题的解决方法便是对这两列相干波进行位移矢量合成运算得到驻波方程，再由驻波方程求解可能存在的波长。

解　两列反向传播的行波方程为

$$y_1 = A\sin 2\pi\left(\nu t - \frac{x}{\lambda}\right),\quad y_2 = A\sin 2\pi\left[\left(\nu t + \frac{x}{\lambda}\right) + \varphi\right]$$

叠加后的总位移为

$$\begin{aligned} y = y_1 + y_2 &= A\sin 2\pi\left(\nu t - \frac{x}{\lambda}\right) + A\sin 2\pi\left[\left(\nu t + \frac{x}{\lambda}\right) + \varphi\right] \\ &= 2A\cos\left(\frac{2\pi}{\lambda}x + \frac{\varphi}{2}\right)\sin\left(2\pi\nu t + \frac{\varphi}{2}\right) \end{aligned}$$

这就是驻波方程，各点按 $\sin\left(2\pi\nu t + \frac{\varphi}{2}\right)$ 振动，振幅 $2A\cos\left(\frac{2\pi}{\lambda}x + \frac{\varphi}{2}\right)$ 与 x 有关。最大振幅为 $2A$。因为在 $x=0$ 处振幅为零，所以 $\cos\frac{\varphi}{2}=0$，即

$$\frac{\varphi}{2} = \pm\frac{\pi}{2},\ \pm\frac{3\pi}{2},\cdots,\ \pm\frac{(2n+1)\pi}{2},\cdots$$

因为在 $x=L$ 处振幅为零，所以 $\cos\left(\frac{2\pi L}{\lambda} + \frac{\varphi}{2}\right)=0$，即

$$\frac{2\pi L}{\lambda} + \frac{\varphi}{2} = \pm\frac{\pi}{2},\ \pm\frac{3\pi}{2},\cdots,\ \pm\frac{(2n+1)\pi}{2},\cdots$$

得

$$\frac{2\pi L}{\lambda} = 0,\ \pm\pi,\ \pm 2\pi,\cdots,\ \pm n\pi,\cdots$$

故允许的波长为

$$\lambda = \frac{2L}{n}\quad (n = 1,2,3,\cdots)$$

此外，因 $\frac{\varphi}{2} = \frac{(2n+1)\pi}{2}$，故驻波方程简化为

$$y = -2A\sin\left(\frac{2\pi}{\lambda}x\right)\cos(2\pi\nu t)$$

点拨　本题对于三角函数的理解、应用(诸如和差化积等)有一定的要求，主要是在三角函数的分析和处理上。

例题3　一平面简谐波沿 x 轴正方向向一反射面入射，如图 6.4.7 所示。入射波的振幅为 A，周期为 T，波长为 λ。$t=0$ 时刻，在原点 O 处$\left(离界面\frac{3\lambda}{4}\right)$的质元由平衡位置向位移为正的方向运动。入射波在界面处发生全反射，反射波的振幅等于入射波的振幅，而且反射点为波节。试求：

(1) 入射波的波函数;

(2) 反射波的波函数;

(3) 入射波与反射波叠加而形成的合成波的波函数,并标出因叠加而静止的各点的坐标。

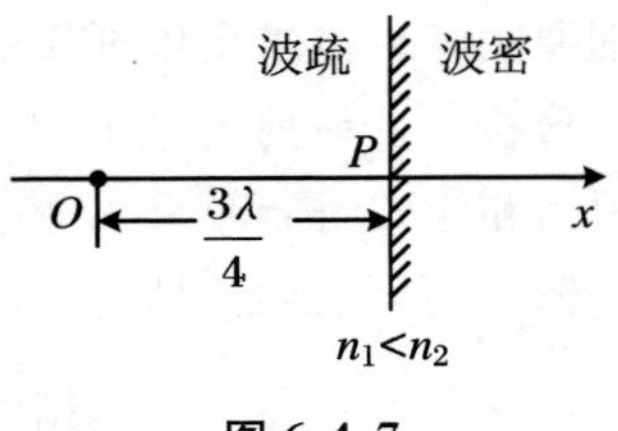

图 6.4.7

分析 由入射波和反射波在原点 O 和 P 处引起的振动入手,寻求质元振动方程,并由此得到入射波和反射波的波函数。入射波与反射波叠加,合成波的波函数为驻波的波函数,根据合振幅为零求得因叠加而静止的各点的坐标。

解 (1) 入射波在原点 O 处引起的振动方程为

$$y_0 = A\cos\left(2\pi\frac{t}{T}-\frac{\pi}{2}\right)$$

入射波沿 x 轴正方向传播,其波函数为

$$y_{入} = A\cos\left[2\pi\left(\frac{t}{T}-\frac{x}{\lambda}\right)-\frac{\pi}{2}\right]$$

(2) 入射波在 P 点引起的振动方程为

$$y_{入P} = A\cos\left[2\pi\left(\frac{t}{T}-\frac{x_P}{\lambda}\right)-\frac{\pi}{2}\right]$$

考虑反射波的半波损失,反射波在 P 点的振动方程为

$$y_{反P} = A\cos\left[2\pi\left(\frac{t}{T}-\frac{x_P}{\lambda}\right)+\frac{\pi}{2}\right] = A\cos\left(2\pi\frac{t}{T}-2\pi\frac{x_P}{\lambda}+\frac{\pi}{2}\right)$$

反射波沿 x 轴负方向传播,其波函数为

$$y_{反} = A\cos\left[2\pi\left(\frac{t}{T}+\frac{x-x_P}{\lambda}\right)-2\pi\frac{x_P}{\lambda}+\frac{\pi}{2}\right] = A\cos\left[2\pi\left(\frac{t}{T}+\frac{x-2x_P}{\lambda}\right)+\frac{\pi}{2}\right]$$

$$= A\cos\left[2\pi\left(\frac{t}{T}+\frac{x}{\lambda}\right)-\frac{\pi}{2}\right]$$

(3) 入射波与反射波叠加,合成波的波函数为

$$y = y_{入} + y_{反} = A\cos\left[2\pi\left(\frac{t}{T}-\frac{x}{\lambda}\right)-\frac{\pi}{2}\right]+A\cos\left[2\pi\left(\frac{t}{T}+\frac{x}{\lambda}\right)-\frac{\pi}{2}\right]$$

$$= 2A\cos\left(2\pi\frac{x}{\lambda}\right)\cos\left(2\pi\frac{t}{T}-\frac{\pi}{2}\right)$$

即合成波为驻波。各点的振幅为 $A(x) = \left|2A\cos\left(2\pi\frac{x}{\lambda}\right)\right|$,当 $\cos\left(2\pi\frac{x}{\lambda}\right)=0$,即 $2\pi\frac{x}{\lambda} = (2k+1)\frac{\pi}{2}$($k$ 为整数)时,振幅为零,对应的各点静止。由于驻波所在区域为 $x\leqslant\frac{3}{4}\lambda$,因此所有因叠加而静止的点的位置坐标为

$$x = (2k+1)\frac{1}{4}\lambda \quad (k = 1,0,-1,-2,\cdots)$$

点拨　这是一个综合型题目，解本题的关键是掌握各种情况下波函数的求法。写反射波在反射点处的振动方程时，注意半波损失问题。通过驻波方程分析可确定波节（静止点）的位置。

3. 如何处理多普勒效应相关的问题?

首先要甄别是波源还是观察者或是两者同时相对于介质运动，再由相应的多普勒效应公式计算观察者接收到的波的频率。

例题 4　蝙蝠在洞穴中飞来飞去，能非常有效地用超声波脉冲导航。假如蝙蝠发出的超声波频率为 39 kHz，当它以 1/40 声速的速度朝着表面平直的岩壁飞去时，试求它听到的从岩壁反射回来的超声波频率。

分析　本题研究的是波源和观测者同时相对于介质运动的情况，根据此类多普勒效应公式求解即可。

解　这相当于波源和观测者同时相对于介质运动的情况，根据多普勒效应公式，有

$$\nu' = \frac{1+\dfrac{v_S}{u}}{1-\dfrac{v_S}{u}}\nu_0 = \frac{1+\dfrac{1}{40}}{1-\dfrac{1}{40}} \times 39\ \text{kHz} = 41\ \text{kHz}$$

点拨　这是一道比较常规的多普勒效应基础题，只要熟悉公式即可顺利求解。

4. 如何处理拍频相关的问题?

合振动振幅变化的频率即合振动振幅在单位时间内加强或减弱的次数称为拍频，而拍频为两个分振动的频率之差，找到两个分振动的频率即可求解拍频。

例题 5　（2019 年清华领军）如图 6.4.8 所示，一观测者位于发射器和反射屏之间，观测者的速度大小为 v_R，方向向右；发射器和反射屏的速度大小均为 v_S，方向分别向左和向右；发射器发出频率为 f、速度为 u 的波。已知介质静止，v_S 和 v_R 都远小于 u，则观测者测出的拍频 Δf 为　（　　）

A. $\dfrac{2u|v_R - v_S|}{(u-v_S)^2}f$

B. $\dfrac{2u(v_R + v_S)}{(u-v_S)^2}f$

C. $\dfrac{2u|v_R - v_S|}{(u+v_S)^2}f$

D. $\dfrac{2u(v_R + v_S)}{(u+v_S)^2}f$

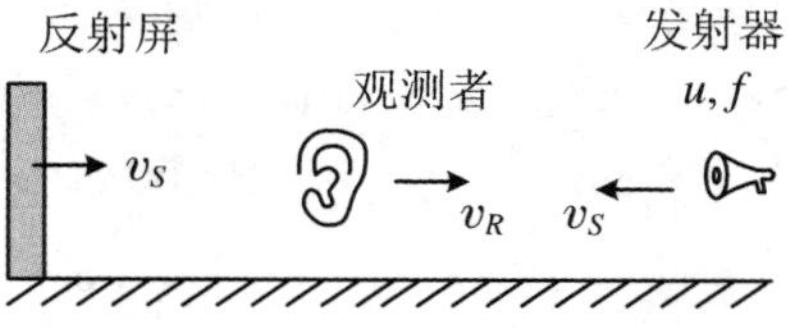

图 6.4.8

分析　分别求出从发射器发出的波直接被观测者接收到的频率、从发射器发出的波被反射屏接收到的频率和观测者接收到的由反射屏反射回的波的频率。发射器直接发出的波和反射屏反射的波叠加形成拍，拍频为从发射器发出的波直接被观测者接收到的频率与观测者接收到的由反射屏反射回的波的频率的差，由此展开计算。

解 从发射器发出的波直接被观测者接收到的频率为

$$f_1=\frac{u+v_R}{u-v_S}f$$

从发射器发出的波被反射屏接收到的频率为

$$f_2=\frac{u+v_S}{u-v_S}f$$

观测者接收到的由反射屏反射回的波的频率为

$$f_2'=\frac{u-v_R}{u-v_S}f_2=\frac{u-v_R}{u-v_S}\cdot\frac{u+v_S}{u-v_S}f$$

发射器直接发出的波和反射屏反射的波叠加形成拍，拍频为

$$\Delta f=|f_1-f_2'|=\frac{2u|v_R-v_S|}{(u-v_S)^2}f$$

故答案是A。

点拨 理解并运用好多普勒效应计算公式和理解拍频的概念及其计算公式是求解本题的关键。

基础练习

1. 在学校运动场上50 m直跑道的两端分别安装由同一信号发生器带动的两个相同的扬声器。两个扬声器连续发出波长为5 m的声波。一同学从该跑道的中点出发，向某一端点缓慢行进10 m。在此过程中，他听到的扬声器声音由强变弱的次数为 ( )

A. 2 B. 4 C. 6 D. 8

2. 如图6.4.9(a)所示，横波1沿BP方向传播，B点的振动图像如图(b)所示；横波2沿CP方向传播，C点的振动图像如图(c)所示。两列波的波速都为20 cm/s。P与B相距40 cm，P与C相距50 cm，两列波在P点相遇，则P点的振幅为 ( )

A. 70 cm B. 50 cm C. 35 cm D. 10 cm

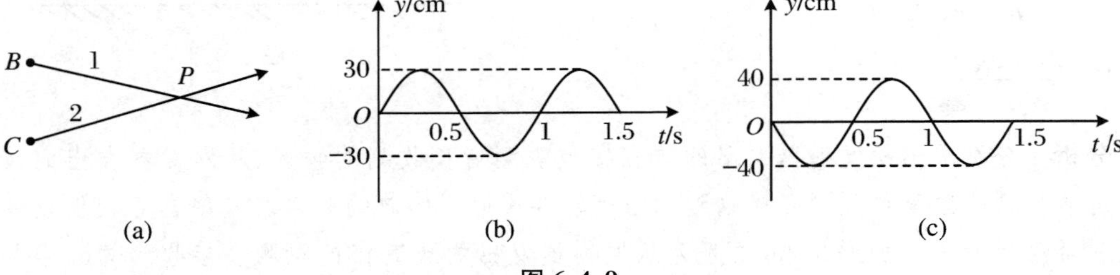

图6.4.9

3.（2006年江苏卷）两个不等幅的脉冲波在均匀介质中均以1.0 m/s的速率沿同一直线相向传播，$t=0$时刻的波形如图6.4.10所示，图中小方格的边长为0.1 m。以下不同时刻，波形正确的是（　　）

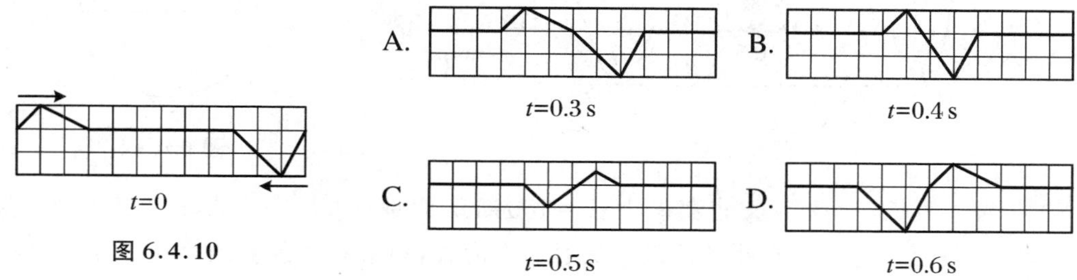

图6.4.10

4. 如图6.4.11所示，在一条足够长的水平张紧的弹性绳上，有两列小振幅的简谐横波a（实线）和b（虚线），分别沿相反方向传播，a波向右，b波向左，两列波的波长关系为$\lambda_a=1.5\lambda_b$，振幅均为A。图为在t_0时刻两列波相遇时的情况，在此时刻，绳上P点的合位移刚好为零。若在以后的t_1时刻P点的合位移为$2A$，且位于平衡位置上方，则这两列波在t_0至t_1的时间内沿水平方向各自传播的距离可能是（　　）

A. λ_a和$1.5\lambda_b$　　　　B. $2\lambda_a$和$3\lambda_b$

C. $2\lambda_a$和$4.5\lambda_b$　　　　D. $4\lambda_a$和$6\lambda_b$

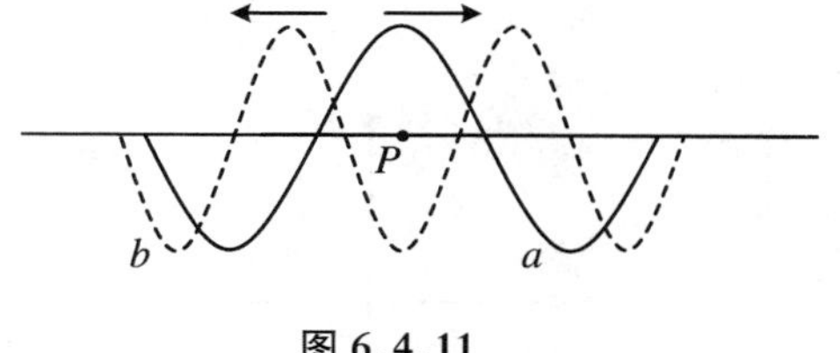

图6.4.11

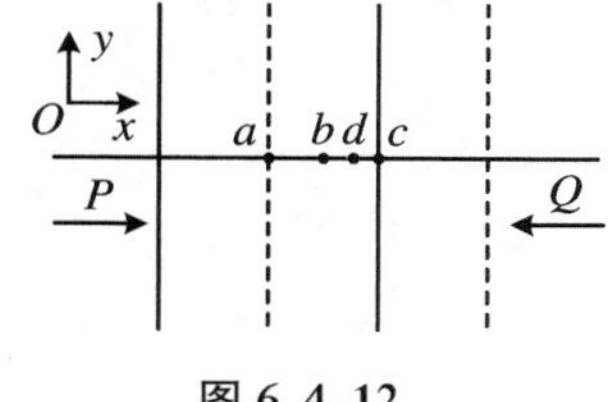

图6.4.12

5. 如图6.4.12所示，两列频率相同、振幅均为A的简谐横波P、Q分别沿$+x$和$-x$方向在同一介质中传播，两列波的振动方向均沿y轴。某时刻两波的波面如图所示，实线表示P波的波峰、Q波的波谷；虚线表示P波的波谷、Q波的波峰。a、b、c为三个等间距的质点，d为b、c中间的质点。下列判断正确的是（　　）

A. 质点a的振幅为$2A$

B. 质点b始终静止不动

C. 图示时刻质点c的位移为零

D. 图示时刻质点d的振动方向沿$-y$方向

6. 如图6.4.13所示，两列简谐波沿x轴相向而行，波速均为$v=0.4$ m/s，两波源分别位于A、B处，$t=0$时的波形如图所示。当$t=2.5$ s时，M点的位移为______ cm，N点的位移为______ cm。

7. 如图6.4.14所示，广场上有一个半径为45 m的圆，AB是直径，在圆心O点和A点处分别安装两个有相同声源的扬声器，它们发出的声波波长是10 m。有一人站在B处几乎听不到声音,他沿着圆周逆时针向 A 走,在走到 A 之前,他还有几次几乎听不到声音?

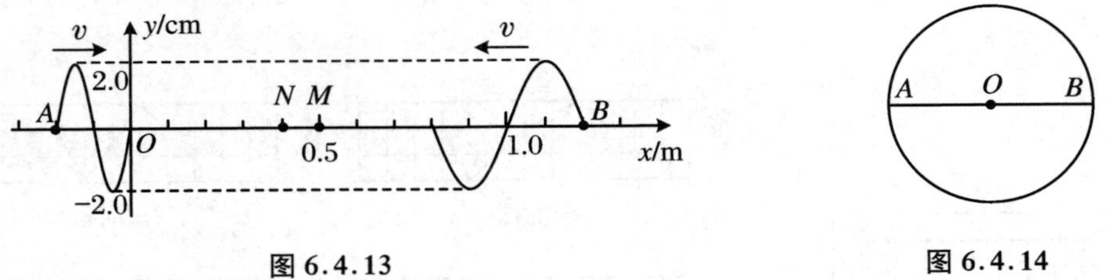

图 6.4.13　　图 6.4.14

8. 一固定的超声波波源发出频率为 $\nu_0=100\,\text{kHz}$ 的超声波。当一汽车向超声波波源迎面驶来时,在超声波所在处接收到从汽车反射回来的波,利用拍频装置测得反射波的频率为 110 kHz。设声波在空气中的传播速度为 $u=330\,\text{m/s}$。试求汽车的行驶速度。

提 高 练 习

9. 两个扬声器 X、Y 相距 3.0 m,如图 6.4.15 所示,让它们同相位地发出频率为660 Hz 的相同音调,取声速为 330 m/s,计算能产生多少个干涉极大:

(1) 沿 X、Y 连线;

(2) 沿 X'、Y'连线,$X'Y'$平行于 XY,XY 与 $X'Y'$ 相距 4.0 m。

(计算时应包括线段两端可能有的极大值。)

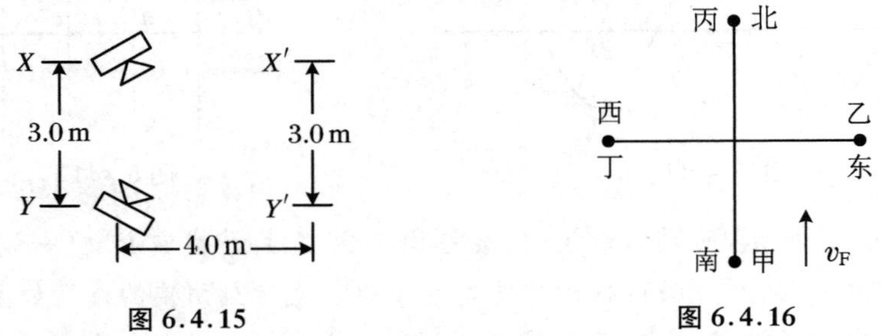

图 6.4.15　　图 6.4.16

10. 一个人站在广场中央,对着甲、乙、丙三个伙伴吹哨子(频率 $\nu=1200\,\text{Hz}$)。甲、乙、丙距广场中央都是 100 m 远,且分别在广场中央的南、东、北面。第四个伙伴丁则从西面乘车以 40 m/s 的速度赶来。忽然有一阵稳定的风由南向北吹过来,速度为 10 m/s,如图 6.4.16 所示。求甲、乙、丙、丁四个人听到的哨声的频率。已知当时声速为 320 m/s。

11. 如图 6.4.17 所示,地面上波源 S 与高频率波探测器 D 之间的距离为 d,从 S 直接发出的波与从 S 发出经高度为 H 的水平层反射后的波在 D 处极大,反射波、入射波的传播方向与水平层所成的角度相同。当水平层逐渐升高 h 距离时,在 D 处测不到信号,不考虑大气的吸收,求此波源 S 发出波的波长。

12. 飞机在上空以速度 $v=200\,\text{m/s}$ 水平飞行,发出频率为 $f_0=2000\,\text{Hz}$ 的声波。静止在地面上的观察者测定,当飞机越过观察者上空时,观察者 4 s 内测出的频率从 $f_1=2400\,\text{Hz}$

降为 $f_2 = 1600$ Hz。已知声波在空气中传播的速度为 $v_{声} = 330$ m/s，试求飞机的飞行高度。

13. 如图 6.4.18 所示，试解答下列问题：

(1) 波源 S 的频率为 2040 Hz，以速度 v_S 向一反射面接近，观察者在 A 点听得的拍音频率为 $\Delta\gamma = 3$ Hz，求波源移动的速度大小 v_S。设声速为 340 m/s。

(2) 若(1)中波源没有运动，而反射面以速度 $v = 0.20$ m/s 向观察者 A 接近。观察者在 A 点所听得的拍音频率为 $\Delta\gamma = 4$ Hz，求波源的频率。

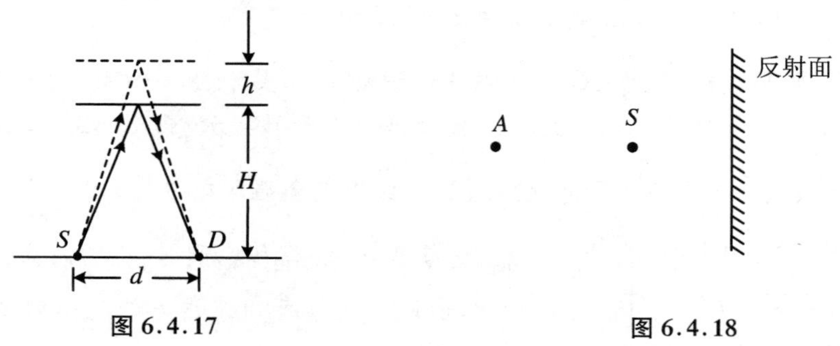

图 6.4.17　　　　图 6.4.18

参 考 答 案

1. B。
2. A。
3. ABD。
4. A。
5. CD。

提示　质点 a 和 c 在波峰与波谷相遇处，振动减弱，振幅相等则两波振幅差为零，故 a 和 c 此时位移为零，选项 A 错误，选项 C 正确；经过 1/4 周期，两列波各自向前传播 1/4 波长，P 波在 a 处的波谷和 Q 波在 c 处的波谷刚好传播到 b 点，所以在 b 处波谷与波谷相遇，振幅为 $2A$，b 点为振动加强点，故选项 B 错误；图示时刻，d 点在 P 波的平衡位置与波峰之间，振动方向沿 y 轴的负方向，同时 d 点在 Q 波的波谷与平衡位置之间，振动方向沿 y 轴的负方向，所以 d 点的合振动方向沿 $-y$ 方向，选项 D 正确。

6. 2，0。
7. 有 8 次。

提示　放在 A、O 处的两个声源产生两列完全相同的声波，在周围空间发生干涉，其中到 A、O 两点的距离差为半波长奇数倍的点振动减弱，几乎听不到声音，A 点到 O、A 两点的距离差为 4.5λ，B 点到 O、A 两点的距离差为 -4.5λ，在 4.5λ 到 -4.5λ 之间有 8 个半波长的奇数倍，所以他还有 8 次几乎听不到声音。

8. $v = 56.6$ km/h。

提示　设汽车的行驶速度为 v，汽车作为观测者接收到的超声波的频率为 $\nu' =$

$\dfrac{u+v}{u}\nu_0$，同时汽车又作为运动的波源反射超声波，静止的观测者（波源处）接收到反射回来的超声波频率为 $\nu''=\dfrac{u}{u-v}\nu'=\dfrac{u+v}{u-v}\nu_0$，所以汽车的速度为 $v=\dfrac{\nu''-\nu_0}{\nu''+\nu_0}u=15.7\ \mathrm{m/s}=56.6\ \mathrm{km/h}$。

9. (1) 15；(2) 5。

提示 依题意，设波长为 λ，则有 $\lambda=\dfrac{c}{f}=0.5\ \mathrm{m}$。

(1) 沿 X、Y 连线时，设由 X 发出的声波运动到与 X 相距 x m 处，则波程差为 $\Delta s=(3-x)-x=3-2x$。当波程差为波长的整数倍时有干涉极大，即 $3-2x=n\lambda$，解得 $2x=3-\dfrac{n}{2}$，显然 n 最大只能取 6。因此，在 X、Y 连线上包含端点在内共有 13 个干涉极大。

(2) 设 P' 为 X'、Y' 连线上的某一点，它与 X' 的距离为 x，则与 Y' 的距离为 $3-x$，因而有 $XP'=\sqrt{4^2+x^2}$，$YP'=\sqrt{4^2+(3-x)^2}$，由题设数据可知波程差的范围为 $2\lambda\sim-2\lambda$，即在 X'、Y' 连线上包括端点在内共有 5 个干涉极大。

10. 1200 Hz，1200 Hz，1200 Hz，1350 Hz。

提示 风吹动引起介质相对于声源和观察者以速度 v_{F} 运动，即 $|u_{观}|=|u_{源}|=|v_{\mathrm{F}}|$，应用多普勒效应公式 $\nu'=\dfrac{v+v}{v-u}\nu$，$\nu=1200\ \mathrm{Hz}$，对甲，$v=-v_{\mathrm{F}}$，$u=v_{\mathrm{F}}$，则 $\nu'_{甲}=\dfrac{v-v_{\mathrm{F}}}{v-v_{\mathrm{F}}}\nu=1200\ \mathrm{Hz}$；对乙，由于 v_{F} 在东西方向无速度分量，故 $v=u=0$，所以 $\nu'_{乙}=\dfrac{v+0}{v-0}\nu=1200\ \mathrm{Hz}$；对丙，$v=v_{\mathrm{F}}$，$u=-v_{\mathrm{F}}$，则 $\nu'_{丙}=\dfrac{v+v_{\mathrm{F}}}{v+v_{\mathrm{F}}}\nu=1200\ \mathrm{Hz}$；对丁，$u=40\ \mathrm{m/s}$，$v=320\ \mathrm{m/s}$，则 $\nu'_{丁}=\dfrac{v+u}{v-0}\nu=1350\ \mathrm{Hz}$。

11. $\lambda=2\left(\sqrt{4H^2+4h^2+8Hh+d^2}-\sqrt{4H^2+d^2}\right)$。

提示 在 H 高度反射时，波程为 r_1；在 $H+h$ 高度反射时，波程为 r_2。根据题意，$r_2-r_1=\dfrac{\lambda}{2}$，则

$$\begin{aligned}\lambda&=2(r_2-r_1)=2\left[2\sqrt{(H+h)^2+\left(\frac{d}{2}\right)^2}-2\sqrt{H^2+\left(\frac{d}{2}\right)^2}\right]\\&=2\left(\sqrt{4H^2+4h^2+8Hh+d^2}-\sqrt{4H^2+d^2}\right)\end{aligned}$$

12. $h\approx1083\ \mathrm{m}$。

提示 如图 6.4.19 所示，声源沿声线 AM 向 M 接近的速度 $u_A=v\cos\alpha$，沿声线 BM 远离 M 的速度 $u_B=v\cos\beta$，则由多普勒效应公式有

$$f_1=\frac{v_{声}}{v_{声}-v\cos\alpha}f_0,\quad f_2=\frac{v_{声}}{v_{声}+v\cos\beta}f_0$$

得

$$\cos\alpha = \frac{11}{40}, \quad \cos\beta = \frac{33}{80}$$

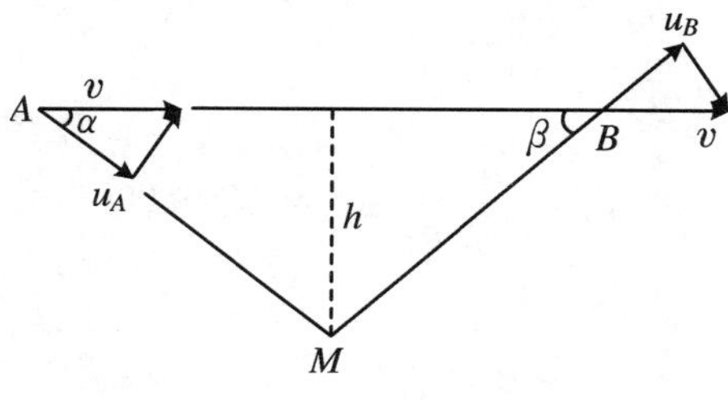

图 6.4.19

又由几何关系易得 $h(\cot\alpha + \cot\beta) = vt$，则

$$h = \frac{vt}{\cot\alpha + \cot\beta}$$

将 $v = 200\ \mathrm{m/s}$，$t = 4\ \mathrm{s}$，$\cot\alpha = \dfrac{11}{\sqrt{51\times 29}}$，$\cot\beta = \dfrac{33}{\sqrt{113\times 47}}$代入，计算得 $h \approx 1083\ \mathrm{m}$。

13. (1) $v_S \approx 0.25\ \mathrm{m/s}$；(2) 3398 Hz。

提示　(1) 如图 6.4.20 所示，观察者接收到的直接来自波源的声音频率为

$$f_{R1} = \frac{u}{u + v_S} f_S$$

观察者接收到的反射波的频率等于反射面接收到的频率，即

$$f_{R2} = f_{反} = \frac{u}{u - v_S} f_S$$

而拍频为

$$\Delta f = f_{R2} - f_{R1} = 3\ \mathrm{Hz}$$

联立以上各式，得 $v_S \approx 0.25\ \mathrm{m/s}$。

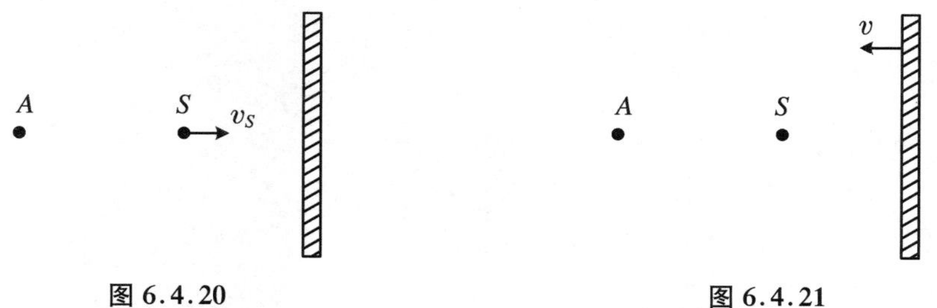

图 6.4.20　　图 6.4.21

(2) 如图 6.4.21 所示，反射面接收到的频率为

$$f_{反R} = \frac{u + v}{u} f_S$$

观察者接收到的反射波频率为

$$f_{R1}=\frac{u}{u-v}f_{反R}=\frac{u}{u-v}\cdot\frac{u+v}{u}f_S=\frac{u+v}{u-v}f_S$$

观察者直接接收到的波的频率就是波源的振动频率，即 $f_{R2}=f_S$，则拍频为

$$\Delta f=f_{R1}-f_{R2}=\frac{u+v}{u-v}f_S-f_S=\frac{2v}{u-v}f_S$$

所以

$$f_S=\frac{u-v}{2v}\Delta f=3398\ \mathrm{Hz}$$